DVD 附超值光盘

收录 CTeX 中文套装，包括 Basic 和 Full 两种版本。

提供全书 512 个示例的源文件及其编译后生成的 PDF 文件。

LaTeX 2ε 完全学习手册（第二版）

胡伟 编著

清华大学出版社
北京

内 容 简 介

LaTeX2e，简称 LaTeX，是一种专业的高品质文稿排版系统，目前已成为国际学术出版界广泛使用的排版软件。在欧美，很多大学和出版机构都推荐或要求使用 LaTeX 撰写论著；在国内，已经有很多大学师生采用 LaTeX 写作学位论文和科研论文。

本书从 LaTeX 的基础知识开始，逐步深入，直到论文写作的实际应用，文字精炼，内容丰富，配有大量示例和图表资料以及分类索引，并附带 DVD 资料光盘，其中收录有中文 LaTeX 系统和书中全部 512 个示例的源文件。本书可作为 LaTeX 的入门教材，更适合作为大学师生、科研人员在使用 LaTeX 写作论文和报告时的工具书。

图书在版编目(CIP)数据

LaTeX2e 完全学习手册 / 胡伟等编著.—2 版.—北京：清华大学出版社，2013.4(2022.7 重印)
ISBN 978-7-302-31504-9

Ⅰ.①L… Ⅱ.①胡… Ⅲ.①排版－应用软件－手册 Ⅳ.①TS803.23-62

中国版本图书馆 CIP 数据核字(2013)第 027126 号

责任编辑：夏兆彦
封面设计：刘晓春
责任校对：胡伟民
责任印制：朱雨萌

出版发行：清华大学出版社
网　　址：http://www.tup.com.cn，http://www.wqbook.com
地　　址：北京清华大学学研大厦 A 座　　**邮　　编**：100084
社 总 机：010-83470000　　**邮　　购**：010-62786544
投稿与读者服务：010-62776969，c-service@tup.tsinghua.edu.cn
质量反馈：010-62772015，zhiliang@tup.tsinghua.edu.cn
课件下载：http://www.tup.com.cn，010-62795954
印 装 者：天津鑫丰华印务有限公司
经　　销：全国新华书店
开　　本：185mm×260mm　　**印　　张**：32.25　　**字　　数**：865 千字
版　　次：2011 年 1 月第 1 版　2013 年 4 月 2 版　　**印　　次**：2022 年 7 月第10 次印刷
附光盘 1 张
定　　价：59.80 元

产品编号：045742-01

序

本书的特点是以目前国内用户最广泛的 CTeX 系统为主来介绍 LaTeX 排版，同时详细介绍了 ctex 系列中文排版宏包。这是我一直想做却没有做的事情。希望这本书能够帮助更多的国人顺利地用上 TeX，用好 TeX。

中文排版一直是 TeX/LaTeX 的一块短板。这体现在两个方面：一方面是 TeX 内核对中文字符的支持；另一方面是 LaTeX 对中文排版样式和规范的支持。TeX 用户在使用中文排版时很大的一部分麻烦是由于 TeX 内核不支持中文造成的。在 Knuth 开发 TeX 的时候，受到当时计算机技术的限制，TeX 存在着一些先天不足，其中就包括对东亚语言的支持。于是人们不得不考虑各种扩展方法，例如 CCT 和 TY，还有 LaTeX 中的 CJK 宏包。但是这种非原生的扩展方式有很多弊病，例如兼容性和易用性差。促使我制作 CTeX 套装的一个主要原因就是配置这些中文扩展过于烦琐。最佳的解决办法是让排版引擎直接支持 Unicode。这一幕有点像微软的 Windows 中文操作系统的发展历程。早期的微软 Windows 内核不支持中文，于是出现了各种各样的中文外挂程序，为人们带来了很大的便利，但同时也带来了很多麻烦。在 Windows 内核直接支持中文后这些中文外挂程序逐渐淡出了人们的视野。新的排版引擎如 XeTeX 和 LuaTeX 都直接在内核支持 Unicode，因此随着这些新引擎的成熟和普及，TeX 内核对中文字符的支持将不再是问题。

然而中文排版并不仅仅是对中文字符的支持。在早期 TeX 对中文支持不好的时候，能够在 TeX 中使用中文就已经很不错了，大家也不敢有其他的奢望。TeX 对中文字符的支持不再成为问题的今天，中文排版的美观就得到了越来越多用户的关注。LaTeX 在设计的时候主要是针对西文的排版方式和习惯，没有考虑中文排版。中文排版的样式和规范与西文有着很大的不同。因此中文用户在使用 LaTeX 排版中文文档时，不得不将很大一部分精力用于修改 LaTeX 的样式。而这也提高了 LaTeX 中文排版的进入门槛。在 CTEX 论坛上几位志愿者的共同努力下，我们开发了 ctex 系列中文排版宏包，希望能尽量将 LaTeX 中文排版简单化和标准化，一方面降低初学者的学习曲线；另一方面也为其他中文宏包和模板的开发提供一个基础平台。这仅仅是万里长征的第一步。基于 TeX 的中文排版还有很多事情要做，也需要更多的志愿者和爱好者的加入。如果您感兴趣，可以加入到 CTEX 论坛的讨论组中。

希望本书能够帮助更多的人跨入 TeX/LaTeX 这扇大门，为 TeX 在中国的推广普及做出贡献。如果最终能够从读者中涌现出一批 TeX 爱好者，为 TeX 中文排版添砖加瓦，那就更是求之而不得的好事了。

吴凌云
2010 年 10 月于
北京中关村

前言

1978 年美国著名数学家与计算机专家，斯坦福大学的 Donald E. Knuth 教授发明了 TeX 排版系统，其精美的排版效果立即引起学术界和出版界的一片赞叹，美国数学学会率先采用。1985 年美国数学家与计算机专家 Leslie Lamport 博士，在 TeX 的基础上开发出更便于普通用户掌握的 LaTeX 排版系统。1989 年以德国数学家 Frank Mittelbach 为首组成 LaTeX3 项目小组，负责对 LaTeX 的维护和开发工作，并于 1994 年推出目前广为使用的版本 LaTeX2e。

LaTeX 的缺点就是文稿编排不直观，命令繁杂，不易短时间熟练掌握。为此，国内外许多大学、出版公司和学术会议都提供相关的 LaTeX 模板，以便于论文写作。尽管如此，要想顺利完成论文写作，还是需要对 LaTeX 有所了解，如表格编排、插图处理等；而且各种模板互不兼容，如果不熟悉 LaTeX，就很难灵活使用和修改；也就是说，学会使用某个 LaTeX 模板并不等于就会使用其他模板，更不等于学会使用 LaTeX 写作。

编著本书的目的是希望：初学者读后可以无师自通，能够自行顺利地使用 LaTeX 完成论文写作；对于熟悉 LaTeX 的读者，可作为这方面的工具书，随时查阅，例如遇到表格问题，可查阅**表格**一章，若是编译出现问题，可查阅**编译**一章，如果需要制作陈述幻灯片，可参阅**幻灯片**一章。

近年来国内使用最为广泛的中文 LaTeX 系统是 CTeX 中文套装，它所附带的文本编辑器是 WinEdt，本书就是使用 CTeX 在 WinEdt 中编写的，书中介绍的所有 LaTeX 写作方法、技巧和示例都通过了 CTeX 的编译检查。

本书自 2011 年 1 月出版以来收到大量热心读者的来信，他们提出了很多有益的建议和希望，与此同时 CTeX 和 WinEdt 的版本也多次更新升级，这些是修订本书的根本原因。第二版除了修正初版的几处错误外，主要是更新对 CTeX 和 WinEdt 的说明，添加了对 XeLaTeX 和很多实用宏包的介绍，示例也从 303 个增加到 512 个。

本书附带一张 DVD 资料光盘，其中的资料由两部分组成：1. CTeX 中文套装，它分为 Basic 和 Full 两种版本。2. 本书全部示例的源文件及其编译后生成的 PDF 文件。

本书在编写过程中参考了国内外许多学者的相关论著，在此向他们表示感谢和敬意。还要感谢 CTEX 网站向社会无偿提供 CTeX 中文套装，感谢 CTEX 网站站长、中科院应用数学所副研究员吴凌云博士应邀为本书作序。感谢香港中文大学胡海博士对书稿的校对和修改意见，感谢清华大学出版社夏兆彦、赖晓等编辑人员的大力支持和帮助。

LaTeX 博大精深，文献资料浩如烟海，编者学识有限，书中难免有错误和欠缺之处，敬请批评指正或提出修改建议；所发现的错误及其更正将随时公布在 http://zzg34b.w3.c361.com/errata.htm 网页。

感谢您阅读本书，并期待您的宝贵意见。

编者
latexer2010@gmail.com
2012 年 11 月

目录

第 1 章　LaTeX 简介

LaTeX 是一种文字排版系统，它基于 TeX 排版系统并由此发展而来，其间经历了几次重大改进，今后仍将与时俱进。和其他文字处理系统相比，LaTeX 具有非常明显的优势和弱点，其最突出的优势就是高质量、高专业水准的文稿排版效果，而它最大的弱点就是使用可视程度低，致使很多人敬而远之，但对于习惯于抽象思维的科研技术人员来说，与优异的排版性能相比，这一弱点无关紧要，反倒是为他们施展才华预留了无限宽广的发挥空间。其实只要经过很短时间的学习和实践，普通科技人员就可以轻松地排版出高质量的长篇科研论文，这在以往就算是出版社的专业技术人员都难以做到。因此，世界上很多著名的出版机构和学术刊物都接受或要求作者使用 LaTeX 稿件，其目的就是为了提高出版物的排版质量，降低编辑人员的工作量。

1.1　LaTeX 简史

1976 年　美国斯坦福大学计算机系教授 Donald Ervin Knuth，在审阅其著作《计算机程序设计艺术》(The Art of Computer Programming) 第二卷的校样时发现文稿已改用计算机排版，但是排版质量仍然很差，而且前后两卷的字体、版式和格式等都不一致。既然自己是搞计算机编程的，不如自己开发一个高质量的排版程序，于是他暂停了第二卷的出版。

1977 年　Knuth 教授开始构思后来被称为 TeX 的排版系统，他研究了古今的排版技术，把其中最优秀的部分引入 TeX 中。取名 TeX 的灵感源自希腊语中艺术和技术这两个单词的前 3 个希腊字母 $\tau\varepsilon\chi$；Knuth 还为这个名称创造了一个独特的标识符：$\TeX$，它必须使用专有命令 `\TeX` 生成，下移字母 E 提示人们这是个排版软件，并可明显地区别于其他系统的名称。但为了方便，通常都写成 TeX，念做 tecks。与此同时，Knuth 还开发了一个名为 METAFONT 的字体生成程序，TeX 中的计算机现代字体 (CM Fonts) 就是用它生成的，它所生成的是位图字体，放大后清晰度降低，现已被转换为 Type 1 等向量字体。同年 Knuth 访问中国，临行前著名计算机科学家姚储枫女士给他起了个中文名字：高德纳。

1978 年　TeX 第一版问世，其源程序是用当时最流行的 Pascal 语言编写的，首次用它排版的书稿就是《计算机程序设计艺术》第二卷。用 TeX 生成的是 DVI 格式文件。

1979 年　高德纳撰写的 $\TeX$ and METAFONT: New Directions in Typesetting 一书出版，并应邀在美国数学学会 (AMS) 年会上演讲，题目为 Mathematical Typography–$\TeX$ and METAFONT，引起数学界关注，从此 TeX 开始在数学界流行。

1980 年　在斯坦福大学成立 TeX 用户组织，简称 TUG，其网址是 www.tug.org。

1982 年　使用 TeX 排版的《计算机程序设计艺术》第二卷出版。在此之后，高德纳还不断地改进 TeX，他用无理数 π 的近似值作为 TeX 系统的版本序号，e 的近似值作为 METAFONT 版本序号，每升级一次其版号就增加一位小数，不断地趋近于 π 和 e，这也表达了创始者不断追求完美的愿望。美国数学家 Michael Spivak 博士在 Plain TeX 的基础上，成功开发出侧重于排版数学式的 TeX 系统 AMS-TeX，其中包括一套数学字符库 (AMSFonts)。

1983 年 由 Michael Spivak 编写的 AMS-TeX 教材 The Joy of TeX: A Gourmet Guide to Typesetting With the AMS-TeX Macro Package 一书出版。

1984 年 高德纳撰写的 The TEXbook 一书出版，该书全面详细地介绍了以 TeX 为基础的 Plain TeX 排版系统，成为最权威的 TeX 工具书。同年，美国数学家、计算机科学家 Leslie Lamport 在使用 Plain TeX 撰写论文时，感到还是不太方便。虽然 TeX 的功能很强大，可以排版任何样式的出版物，用户还可以自定义各种自用命令来扩展 TeX 的排版功能，但是多达 900 条的 TeX 命令，让专家都感到不便，更何况普通用户。为了便于自己使用，Lamport 博士给 TeX 编写了一组自定义命令宏包(package)并命名为 LaTeX，其中 La 取自其姓氏的前两个字母。

1985 年 Lamport 博士将 LaTeX 的源程序整理后公开。LaTeX 对 TeX 的主要改进是把版面设计与文稿内容分开处理，只要使用者选择了一种文档类型(documentclass)，LaTeX 就会自动将整本书或者整篇论文的版面和标题按照这种文档类型的典型格式来设置，作者只须专注于文稿的内容编写就可以了。使用 LaTeX 写作论文基本上不需要作者再自行定义其他新的命令，LaTeX 已经根据文稿排版的典型格式，预先定义了许多相应的命令和环境，用户只要学会使用这些命令和环境，就可以得到非常专业的排版效果。LaTeX 可以认为是特殊版本的 TeX，因为每一个 LaTeX 命令最后都会被分解成若干个 TeX 命令。Lamport 博士也为 LaTeX 这个名称设计了一个专用的标识符：LATEX，它只能使用专有命令 \LaTeX 来生成，但通常人们为了方便，还是写成 LaTeX，读音为 lay-tecks。

1986 年 Lamport 编写的 LaTeX 使用手册 LaTeX: A Document Preparation System 出版，当时流行的 LaTeX 版本是 v2.09。用 LaTeX 生成的也是 DVI 格式文件。

1987 年 美国数学学会成立 AMS-LaTeX 项目组，着手将 AMS-TeX 移植到 LaTeX 中。

1988 年 第 3 届欧洲 TeX 用户会议在英国的 Exeter 大学召开，由此 LaTeX 开始在欧洲以及世界各国传播。

1989 年 TeX 用户组织在斯坦福大学召开年会，研讨 LaTeX 的现状与未来。自从 LaTeX 问世以来，由于其众多优点，在计算机科学、数学及相关学科得到迅速广泛的应用，许多专家、爱好者为其编写和添加了各式各样的宏包和字体，例如 PostScript 字体处理、排版复杂数学公式的 AMSLaTeX 等，这使得 LaTeX 的排版功能不断地扩充，应用领域不断地扩大。但是，由于没有统一的宏包编写规划和编写格式，造成某些宏包的功能彼此接近，而命令相互冲突，同一个源文件在某种版本的 LaTeX 中能够完美地运行，而在另一种版本中就可能编译出错或者结果有所不同。很多网站和编辑部为了能够处理不同来源的 LaTeX 源文件，不得不置备各种版本的 LaTeX 系统；有些宏包很难分辨出是为哪种版本编写的，还得反复尝试。有鉴于此，会议决定成立 LaTeX3 项目小组，负责研发一个用途更加广泛，功能更为完善，用户更易使用的崭新版本：LaTeX3。会上，Lamport 将 LaTeX 的维护和开发工作交给由德国学者 Frank Mittelbach 领导的 LaTeX3 项目小组。

1990 年 美国数学学会发布 AMS-LaTeX，版本序号是 1.0。由 Michael Spivak 编写的 The Joy of TeX 一书修改后再版。

1991 年 在巴黎召开的 TUG 年会上，有学者指出：由于 TeX/LaTeX 优异的排版性能以及系统的开放性和可扩充性，吸引了无数爱好者为其添砖加瓦，涌现出大量文档类型文件、宏包文件以及说明演示文件，使得相关资料非常丰富；但随之而来的问题是这些资料以不同形式存放在许许多多的网站中，这给资料的检索、修改和更新造成很大困难，建议将散落在世界各地的 TeX/LaTeX 资料进行系统整理，集中存放在一个固定的网站中，并为其取名 Comprehensive TeX Archive Network（TeX 综合资源网），简称 CTAN。

1992 年 在美国波特兰 TUG 年会上决定成立工作组，负责协调对用于不同语言的 TeX 相关软件的标准化工作。由 Rainer Schöpf、Sebastian Rahtz 和 George Greenwade 等人着手筹建 CTAN，由于当时互联网刚起步，更没有 Google，所以文件资料的收集整理工作量很大。同年 3 月 25 日最后一次对 LaTeX 2.09 更新。

1993 年 在英国阿斯顿大学举行的欧洲 TeX 用户组织年会上宣布 CTAN 正式投运，它的网址是 www.ctan.org。该网站存储了几乎所有与 TeX、LaTeX 相关的程序文件和说明文件，而且查询简便，免费下载，是互联网中最权威的 TeX 资源库。CTAN 现有三个骨干网站，分别位于美国、英国和德国；此外还在 39 个国家和地区设有 75 个镜像网站，中国镜像网站的网址是 ftp.ctex.org/CTAN/。同年，高德纳教授宣布不再对 TeX 和 METAFONT 进行更新，从此这两个软件的版本序号就永远停留在 3.141 592 653 和 2.718 281。

1994 年 为了解决版本不兼容、宏包相互冲突等问题，Lamport 和 LaTeX3 项目组对 LaTeX 作了一次重大的改进，并将新版本命名为 LaTeX2e，然后修订出版了用于 LaTeX2e 的教材 LaTeX: A Document Preparation System 第二版。LaTeX2e 也有一个专用拼写方式：$\LaTeX\,2_{\varepsilon}$，它可以使用专有命令 `\LaTeXe` 生成，不过人们更愿意写成 LaTeX2e，其读音是 lay-tecks two e。在希腊语中 ε 是版本一词的首字母，也就是说 $\LaTeX\,2_{\varepsilon}$ 是 LaTeX 的第二版。新版 LaTeX 主要做了三点改进：(1) 将新字体选择机制（New Font Selection Scheme，NFSS）作为标准的字体选择方法，它可处理任意编码的字体，而旧版仅支持 OT1 编码，NFSS 是用属性的方式描述字体，因此可分别独立地选择某种属性的字体，例如先选粗体，再选斜体，从而得到粗斜体字，这在以前的版本是做不到的；(2) 把 AMSLaTeX、SLiTeX 等各种版本的 LaTeX 都整合在 LaTeX2e 旗下，成为所附属的宏包套件，并将其中所有宏包的命令格式统一，以便用命令调用，例如要排版数学公式不再改用 AMSLaTeX，而是在 LaTeX2e 中调用 amsmath 等数学宏包，如果要排版幻灯片不需换用 SLiTeX，只要调用 slides 幻灯文类就可以了；(3) 增添 tools、graphics 等宏包套件和宏包，改进和增加了很多排版功能，并可更好地支持对图形和色彩的处理。LaTeX3 是一个长远艰巨的奋斗目标，在它最终完成之前，LaTeX2e 将是标准的 LaTeX 版本，由 LaTeX3 项目小组负责日常维护，其网址是 www.latex-project.org。

1996 年 美国数学学会发布 AMSLaTeX 1.2。俄罗斯人 Sergey Lesenko 开发出 dvi2pdf 转换程序，它可将 DVI 格式文件转换为 PDF 格式文件。

1998 年 发布由 Hàn Thế Thành 等人开发的 pdfTeX/pdfLaTeX，简写为 PDFTeX/PDFLaTeX，它是对 LaTeX 的功能扩展，可直接将源文件编译生成 PDF 格式文件。

2000 年 美国数学学会发布 AMSLaTeX 2.0。

2004 年 由 Frank Mittelbach 等 5 人编写的全面介绍 LaTeX2e 应用的 The LaTeX Companion Second Edition 一书出版，作者中有 4 位是 LaTeX3 项目小组的成员。该书对 1993 年

出版的第一版内容进行了全面修改更新，全书 1 100 多页，内有近千个示例，涉及到 200 多个宏包，是最重要的 LaTeX 教材。这本书中的所有示例源文件都可以从网址 http://mirror.ctan.org/info/examples/tlc2.zip 下载。同年，发布由 Jonathan Kew 开发的 XƎTEX（念做 z-tecks）和 XƎLATEX，简写为 XeTeX/XeLaTeX，它在编译源文件时先在其内部生成 DVI 格式文件然后转换为 PDF 格式文件输出，它支持 `Unicode` 字体编码，可选用计算机中的所有向量字体，但仅适用于 Mac OS X 系统。

2005 年 为及时修正错误，不断提高系统性能，LaTeX2e 通常每 6 个月左右升级一次。随着系统逐步稳定，升级周期也随之逐渐拉长，截至 2005 年底，LaTeX2e 已升级 17 次。这一新版 LaTeX 至少要维持到 2020 年。

2007 年 发布可用于各种主流操作系统的 XeTeX/XeLaTeX。

2010 年 发布 LuaTEX/LuaLATEX，简写为 LuaTeX/LuaLaTeX，它是对 PDFTeX/PDFLaTeX 的功能扩展，并内置 Lua 脚本语言，可在源文件中进行编程。

2012 年 9 月，XeTeX/XeLaTeX 再次更新，版本号为 0.9999。

在以上的编年简史中提到了很多专业名词，它们之间的关系可以用 George Grätzer 所著 Math Into LATEX 一文中的 LaTeX 结构图来形象地说明，如图 1.1 所示。

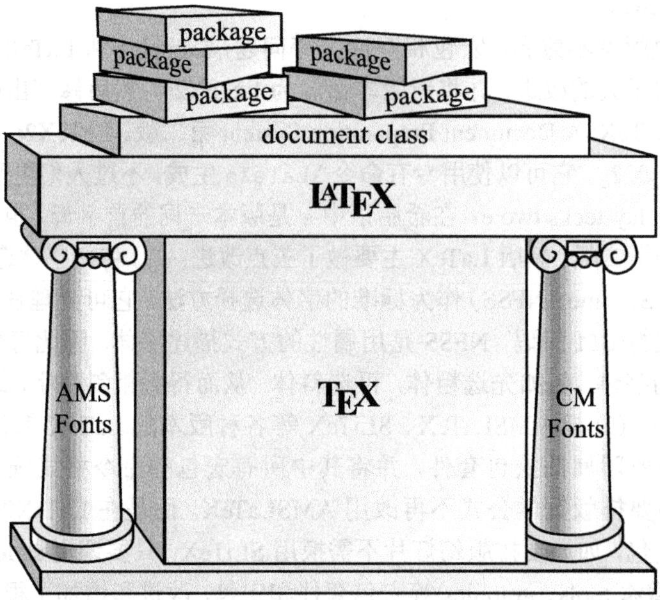

图 1.1 LaTeX 排版系统的结构示意图

如果将 LaTeX 比作一个宏伟的建筑，那 TeX 就是它的基础，所有 TeX 基本命令和扩展命令都是构成 LaTeX 的基础。基本命令是不能再分解的底层命令，扩展命令是由若干基本命令组成的上层命令。

1.2 LaTeX 的缺点

1.2.1 起点门槛较高

很多字处理软件是“所见即所得”（What You See Is What You Get，WYSIWYG），就是在显示器中看到什么样，打印出来就什么样，其基本功能初学者很容易掌握，很多用户都是无师自通。对于 LaTeX 初学者，就算是编写很简单的文章，也要花较多的精力和时间去学习那些枯燥的命令和使用方法，特别是编辑数学公式，经常出错，多次编译不能通过，使很多初学者望而却步。可是一旦掌握，不论文稿长短和复杂与否都会熟练迅速地完成，先前学习 LaTeX 的精力投入将由此得到回报。

1.2.2 可视性差

使用 LaTeX 写论文，就是用一种简易高效的排版语言编程序，如同制作 HTML 网页一样，需要经过编译才能看到最终结果。虽然有很多命令可以用单击按钮或菜单生成，但距可视化还有很大差距。当发生错误时，系统只给出一些原则性的提示，具体问题所在还要靠自己分析判断，不仅要用眼，更要用脑，所以 LaTeX 也被形容为“所思即所得”（What You Think Is What You Get，WYTIWYG）。

1.3 LaTeX 的优点

1.3.1 排版质量高

当年开发 TeX 排版系统的唯一目的就是为了提高文稿的排版质量，用开山鼻祖高德纳教授的话说：“The first goal was quality: we wanted to produce documents that were not just nice, but actually the best.”。排版质量表现在对版面尺寸的严格控制，对字距、词距、行距和段距等字符间距松紧适中的掌握，对数学式的精确细致设计，对表格和插图的灵活处理，等等，这些排版细节要与其他字处理软件比较才能看出其中的差别，不过只要知道 TeX 和 LaTeX 都是由美国数学学会首先采用，它的各种出版物都采用 LaTeX 排版，并强烈要求所有作者都使用 LaTeX 投稿，就可以想见 LaTeX 的排版质量尤其是数学式的排版质量非同寻常。在很多 TeX 教材首页都有这样一句话：“TEX is a trademark of the American Mathematical Society.”。

1.3.2 具备注释功能

在科技著作的手稿中经常可以看到在边空里，在行间空白处，密密麻麻地写了很多文字，其中有些内容是遗漏补充，需要加入正文，有些则是注释，如对文稿中某些论述的说明、出处或考证等，这些注释内容通常不进入正文，专供作者备忘。在 LaTeX 源文件中，可在任何位置使用注释标记，将上述这些注释内容完整地保留下来，以备作者查阅，而在编译后的 PDF 文件中还看不到这些注释内容。

在写作或者修改论文时，有时会将某些语句、段落或者图表公式等全部或部分删除，可事后又觉得不妥，但很难恢复，只好重新再写。在 LaTeX 中，可以利用注释的方法将这些需要删除的内容或可能会用到的资料保存下来，以备不时之需。科研论文要经过反复推敲，多次修改，注释功能非常实用。

1.3.3 格式自动处理

在写论文时，要花很多精力对页版式、章节标题样式、字体属性、对齐方式、行距以及图表之间距离等正文格式进行反复调整和测试，尤其是长篇论文，经常会出现因疏忽而前后格式不一致的现象；当在文稿中插入或删除一章或章节次序调整时，各章节标题、图表和公式的序号都要用手工作相应修改，稍有不慎就会出现重号或跳号。在写作论文的同时还要兼顾编辑和排版。如果多人合著一篇论文，每人分头撰写不同章节，那么格式问题在所难免。

LaTeX 将文稿的内容处理与格式处理分离，作者只要选定文稿的类型，就可专心致志地写文章了，至于论文格式的各种细节都由 LaTeX 统一规划设置，而且非常周到、细致和严谨；当修改文稿时，其中的章节、图表和公式的位置都可以任意调整，无须考虑序号问题，因为在源文件里就没有序号，论文中的所有序号都是在最后编译时 LaTeX 自动统一编排添加的，所以绝对不会出错。如果对格式有特殊要求，也可使用命令修改，LaTeX 会自动将相关设置更新，无一遗漏。格式自动处理功能在多人合著论文时就更能显示出它的优势。

接受 LaTeX 稿件的出版社大都有自己的稿件格式模板，主要就是一个文档类型文件，简称文类。如果稿件未被甲出版社采用，在转投乙出版社之前，只需将稿件的第一条命令，即文档类型命令中的文类名称由甲出版社的改为乙出版社的，整篇稿件的格式就会随之自动转换过来。

1.3.4 数学式精美

LaTeX 的特长之一就是数学式排版，其方法简单直观，排版效果精致细腻，而且数学式越是复杂这一优点就越是明显。LaTeX 系统可以为公式自动排序，公式的字体、序号的计数形式和位置等既可由作者自行设定，也可交给 LaTeX 按照常规方式处理。尽管在默认状态下就能将数学式编排的非常精致美观，但 LaTeX 仍然还提供了很多调节命令，可以对数学式的排版作更加细微的调整，使其尽善尽美。

1.3.5 参考文献管理

创建参考文献是 LaTeX 的强项之一。LaTeX 自带一个辅助工具程序 BibTeX，它可以根据作者的检索要求，搜索一个或者多个文献数据库，然后自动为文稿创建所需的参考文献条目列表。文献数据库可自行编写，也可从网上下载。如果在编写其他论文时用到相同的参考文献，可直接引用相同的文献数据库。参考文献的格式和排序方式都可以由作者自行设定。很多著名的科技刊物出版社、学术组织和 TUG 网站等都提供有相关的 BibTeX 文献数据库文件，可免费下载。

1.3.6 可扩充性强

用户可以像搭积木那样对 LaTeX 进行功能扩充或者添加新的功能。例如，加载一个 ctex 宏包，就可以处理中文，调用 eucal 宏包可将数学式中的字体改为欧拉书写体；如果对某个宏包效果不太满意，完全可以打开来修改，甚至照葫芦画瓢自己写一个。这些可附加的宏包文件绝大多数都可从 CTAN 等网站免费下载。

因为设计的超前性，TeX 系统几十年来没有什么改动，而且由于它的可扩充性，LaTeX 将永葆其先进性，也就是说，学习和使用 LaTeX 永远不会过时。例如通过调用相关宏包，LaTeX 立刻就具备了排版高质量高专业水准象棋谱、五线谱或化学分子式的能力。

1.3.7 安全稳定灵活

LaTeX 及其前身 TeX，几十年来没有发现系统漏洞，即使有，造成源文件损坏的可能性也很小；迄今为止在 LaTeX 系统所能使用的上千个宏包和文类中没有发现任何病毒。

通常论文中的插图都要完整地插入页面。随着插图数量的增多，文件处理的速度将明显减慢，写一篇论文还要经过无数次地打开、保存和关闭，累积的等待时间相当可观，还容易造成死机。如果将论文按章节分解为多个子文件，固然可以缓解这一问题，但又会出现无法自动创建目录、索引和参考文献等新问题；若章节、图表和公式需要在子文件之间调换调整，那序号就全乱套了。

LaTeX 源文件是纯文本文件，所有插图都是在最后编译时才调入，所以同一篇论文，用 LaTeX 编排，其源文件的尺寸要小很多倍，因此不会对文件存取和编辑过程产生明显影响。为了便于写作，或者多人合著，LaTeX 允许采用子源文件的形式，其中章节和图表可以随意增删，因为 LaTeX 是在最后编译时才将所有子源文件汇总排序，生成统一的论文页码以及标题、图表和公式的序号。

1.3.8 免费使用

TeX 和 LaTeX 都是免费软件，它们的源程序也是公开的，可分别从下列网址下载。

www.ctan.org/tex-archive/macros/plain/base/

www.ctan.org/tex-archive/macros/latex/base/

其他用于扩展 LaTeX 排版功能的各种宏包、文类及其说明文件也都可以从 CTAN 网站免费下载。CTAN 的资料目录和搜索网址如下。

http://ctan.org/tex-archive/help/Catalogue/bytopic.html

http://www.ctan.org/search/ 或 http://www.ctan.org/keyword/

国内 LaTeX 用户还可以使用 CTeX 中文套装，它是一种中文 LaTeX 系统，可以从下面的网址免费下载最新版本或者过往版本。

www.ctex.org/CTeXDownload

ftp://ftp.ctex.org/pub/tex/systems/ctex/obsolete/

该网站还设有 CTEX 论坛，其网址是 bbs.ctex.org/，使用中文的用户可以在此相互交流经验或是寻求帮助。

1.3.9 通用性强

随着计算机软件和硬件性能的提高，使用 UNIX/Linux、Mac OS 等操作系统的用户也越来越多。由于 LaTeX 的程序源代码是公开的，因此人们开发了用于各种操作系统的版本，例如 MiKTeX 是运行于 Windows 的 LaTeX 系统，teTeX 和 MacTeX 分别用于 UNIX 和 Mac OS。由于各种版本的 LaTeX 系统以及各种主流文本编辑器都支持 `Unicode` 编码，所以含有各种语言文字的 LaTeX 源文件可以毫无阻碍地跨系统使用，也就是说采用 MiKTeX 编辑的 LaTeX 源文件，拿到 teTeX 上仍然可以正常地进行编辑和编译。

LaTeX 源文件经过编译生成 PDF 格式文件。PDF 是 Portable Document Format（便携式文件格式）的简称，它是 1993 年由 Adobe Systems 开发的一种通用文件格式，其特点是与操作系统无关，就是说 PDF 文件可以无任何障碍地在 Windows、UNIX 或 Mac OS 等操作系统中传阅。PDF 格式文件的阅读软件 Adobe Reader、GSview 等都是免费的。PDF 格式文件还可以包含超文本链接、声音和动态影像等多媒体数据信息，支持特长文件，集成度和安全可靠性都很高。PDF 格式文件的这些特点使它成为在互联网上进行电子文件发行和数字化信息传播的理想文件格式。越来越多的电子图书、产品说明、公司文告、网络资料等开始使用 PDF 格式。PDF 格式目前已成为数字化信息领域中事实上的一个工业标准。

1.4 接受 LaTeX 稿件的出版社

国内外有很多著名的出版机构都接受 LaTeX 稿件，在美国几乎所有学科的学术刊物都可以用 LaTeX 源文件投稿，下列是其中部分出版机构的名称及其稿件要求的网页地址。

应用数学学报 www.applmath.com.cn/cn/download.asp
自动化学报 www.aas.net.cn/cn/tgzn.asp
应用概率统计 aps.ecnu.edu.cn/cn/typeset.asp
模糊系统与数学 www.cfsm.cn/mambo/
数学学报 http://159.226.47.202:8080/Jweb_sxxb_cn/CN/column/column106.shtml
数学物理学报 http://159.226.124.171/sxwlxbA/CN/column/column6.shtml
系统工程学报 http://jse.tju.edu.cn/ch/first_menu.aspx?parent_id=20070624153255001
系统工程理论与实践 http://www.sysengi.com/CN/column/column113.shtml
系统科学与数学 http://www.sysmath.com/jweb_xtkxysx/CN/column/column199.shtml
系统科学与复杂性 http://www.sysmath.com/jweb_xtkxyfzx/EN/column/column132.shtml
计算物理通讯 http://www.global-sci.com/authors/submission.html
工程数学学报 http://schsci.xjtu.edu.cn/new_emj/wstg/tg_login.aspx
物理学报 http://wulixb.iphy.ac.cn/cn/UploadFile/apstemplet.tex
中国物理 C hepnp.ihep.ac.cn/cn/dqml.asp
中国科技论文在线 http://www.paper.edu.cn/
中国光学快报 http://www.col.org.cn/preparing.aspx
中国物理快报 http://cpl.iphy.ac.cn/en/Authors.asp
新加坡世界科学出版社 www.worldscibooks.com/contact/author_style.shtml
日本筑波数学杂志 http://www.math.tsukuba.ac.jp/~journal/tjm/guide.pdf
印度国际计算机科学与应用期刊 http://www.tmrfindia.org/ijcsa/submit.html
美国天文学会 http://aas.org/publications/baas/baasems.php
美国计算机学会 www.acm.org/publications/latex_style/
美国数学学会 www.ams.org/authors/latexbenefits.html
美国物理学会 authors.aps.org/esubs/guidelines.html
美国光学学会 www.opticsinfobase.org/submit/templates/default.cfm
美国地震学会 http://www.seismosoc.org/publications/bssa/authors/latex.php
美国经济学会 http://www.aeaweb.org/aer/styleguide.php
美国化学学会 http://pubs.acs.org/page/4authors/submission/tex.html
美国声学学会 http://acousticalsociety.org/for_authors/jasa
美国工业和应用数学学会 www.siam.org/journals/auth-info.php
美国运筹学与管理学会 http://www.informs.org/Pubs/IJOC/Submission-Guidelines
美国人工智能发展协会 www.aaai.org/Publications/Author/author.php
美国物理研究所 http://www.aip.org/pubservs/compuscript.html
美国威力出版公司 www.wiley.com/bw/submit.asp?ref=0280-6495
美国 Annual Reviews 出版社 http://www.annualreviews.org/page/authors/author-instructions
美国 PLOS ONE 出版社 http://www.plosone.org/static/latexGuidelines.action

美国科学促进会 http://www.sciencemag.org/site/feature/contribinfo/prep/
美国数学杂志 www.press.jhu.edu/journals/american_journal_of_mathematics/guidelines.html
美国符号逻辑杂志 http://www.math.ucla.edu/~asl/
加拿大国家研究委员会出版社 pubs.nrc-cnrc.gc.ca/eng/journals/style_cjp.html
加拿大数学杂志 http://cms.math.ca/cjm/authors
英国自然杂志 http://www.nature.com/nnano/authors/submit/index.html
英国牛津大学出版社 http://www.oxfordjournals.org/china/for_authors/instructions.html
英国剑桥大学出版社 authornet.cambridge.org/information/productionguide/laTex_files/
英国物理学会 authors.iop.org/atom/usermgmt.nsf/EGWebSubmissionWelcome
英国皇家天文学会 http://www.ras.org.uk/publications
法国工业和应用数学学会 http://smai.emath.fr/spip.php?article27
德国施普林格出版社 www.springer.com/authors?SGWID=0-111-0-0-0
荷兰爱思唯尔出版公司 www.elsevier.com/wps/find/authorsview.authors/latex
荷兰 IOS 出版社 www.iospress.cn/authco/instruction_crc.html
意大利欧洲控制杂志 http://journals.dei.polimi.it/ejc/
欧洲计算机图形学会 www.eg.org/publications/guidelines
以色列数学杂志 http://www.ma.huji.ac.il/~ijmath/instructions.html
国际电气电子工程师学会 www.ieee.org/web/publications/authors/transjnl/index.html

1.5 CTeX 中文套装简介

CTeX 中文套装是国内 CTEX 网站开发的一种中文 LaTeX 排版系统，可以在 Windows 7/Vista/XP/Server 2008/Server 2003 操作系统中运行，它在 MiKTeX 的基础上增加了对中文的完整支持，如对 CCT、CJK 和 xeCJK 等多种中文处理方式的支持。

1.5.1 主要组成

CTeX 中文套装还集成有 WinEdt、Yap、PostScript、Ghostscript、GSview、SumatraPDF 和 TeXworks 等工具软件，分别简单介绍如下。

(1) WinEdt 是一个功能很强的文本编辑器，它特别针对 LaTeX 用户设计开发，可用它编辑 LaTeX 源文件。WinEdt 6.0 及以下版本的默认文件格式是 `ANSI`；2012 年 1 月，WinEdt 已升级到 7.0，其默认文件格式仍为 `ANSI`，但可完美支持 `UTF-8`。`UTF-8` 是根据 `Unicode` 标准制定的可变长度字符编码，能容纳上百万个字符。`ANSI` 是指 Windows 的代码页方式（ACP），它将输入文本中的非 `ASCII` 字符，例如汉字、希腊字母等 `UTF-8` 字符，通过代码页方式进行转换，而标准 `ASCII` 编码仅能表示英文字母和阿拉伯数字等 128 个字符。

(2) Yap（Yet Another Previewer）是专门用于显示 DVI 格式文件的阅读器，它具有文件缩放、单双页显示、打印和正反向搜索等功能。

(3) PostScript（PS）是一种页面描述语言，可以描述任意字符和图形；而 GhostScript 则是 PostScript 语言的解释器。

(4) GSview 是一个基于 GhostScript，运行在 Windows 的图形界面软件，可以用作 PS 和 PDF 文件的阅读器，它具有文档浏览、查找、复制、打印和多种文件格式转换等功能，还可将 PS 文件全文或指定页转换为 PDF 文件。

(5) SumatraPDF 是一款免费开源的运行于 Windows 的 PDF、DjVu、CHM 阅读器，其功能简洁实用，运行速度很快。

(6) TeXworks 是个简易文本编辑器，自带 PDF 阅读器，用于编写源文件，默认文本格式为 `UTF-8`；支持正反向搜索：按 Ctrl 键，点击源文件，对应 PDF 内容高亮显示，反之亦然。

CTeX 中文套装的版本序号由 3 个数字构成，其中前两个数字表示内含 MiKTeX 的版本序号。截至 2012 年 4 月更新后的 CTeX 版本序号是 2.9.2.164。

CTeX 中文套装又分 Basic 和 Full 两种版本。Basic 版本中的 MiKTeX 只含有最基本的 LaTeX 系统，安装空间为 200 多兆，在使用时如果没有找到所需的宏包，系统将给出安装提示信息，只要单击“安装”按钮，系统就会自动下载该宏包。Full 版本包含完整的 MiKTeX，需要 1 400 多兆的安装空间，适用于需要功能齐全的用户。对于初学者建议采用 Full 版本。

在本书的资料光盘中收录有 Basic 和 Full 两种版本的 CTeX 2.9.2.164 中文套装。

1.5.2 安装与测试

(1) 使用本书的资料光盘安装 CTeX 中文套装；也可从 CTeX 网站的下载中心或 FTP 服务器 ftp.ctex.org/pub/tex/systems/ctex/，下载安装最新版本的 CTeX 中文套装。

(2) 按照提示安装 CTeX 之后，就会在 Windows 的开始菜单中出现 WinEdt 图标 。

(3) 单击 WinEdt 图标，打开 WinEdt 7 文本编辑器，其初始窗口如图 1.2 所示。

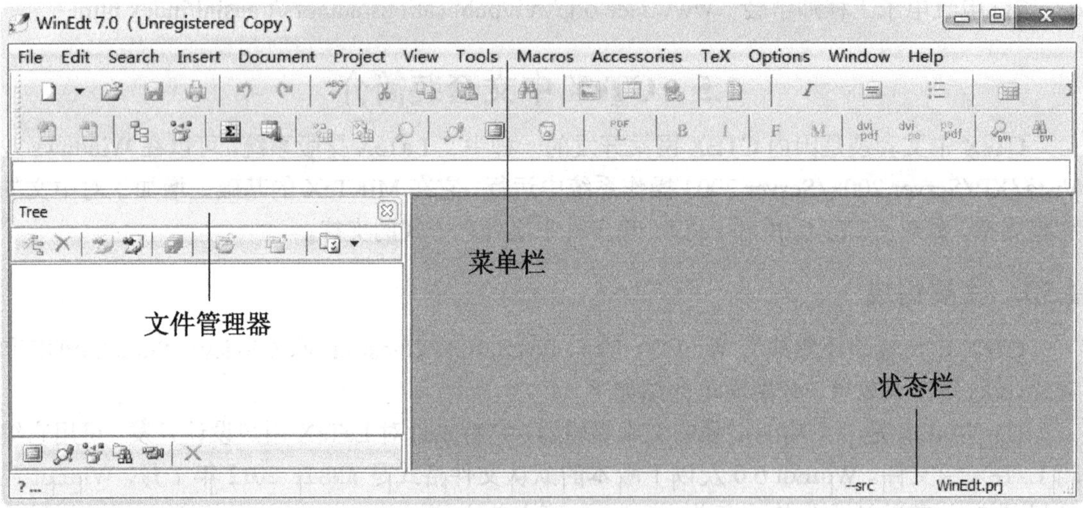

图 1.2 WinEdt 初始窗口

(4) 选择菜单栏中的 View → Tree 命令，关闭文件管理器，其作用类似 Windows 的资源管理器，只有当文件较多时才需要用到。

(5) 选择菜单栏中的 File → New 命令，就会自动创建一个名为 `Doc1` 的空文件。

(6) 用键盘在编辑区输入下列文本，注意其中字母的大小写，如图 1.3 所示。

```
\documentclass{book}
\usepackage{ctex}
\begin{document}
你好\LaTeX
\end{document}
```

(7) 从图 1.2 到图 1.3 可以看出，在编辑区输入文本后，工具栏中很多按钮的图标由灰色转为彩色，状态栏也出现了多个信息显示，这说明它们由禁用状态转为工作状态。WinEdt 窗口的构成及其功能简要说明如下。

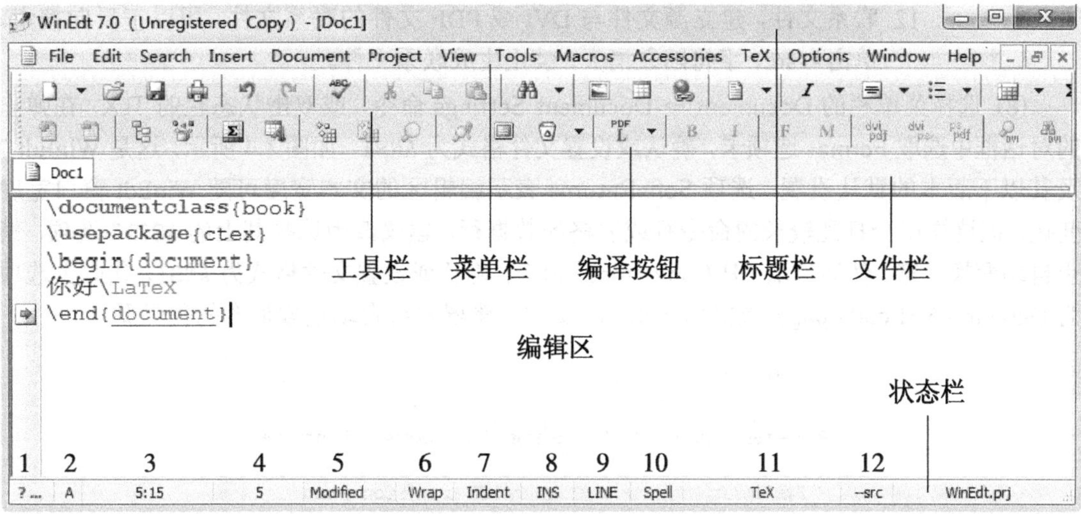

图 1.3 WinEdt 窗口的构成

标题栏 用于显示当前的源文件名及其存取路径。

菜单栏 该栏中有 14 个下拉菜单，里面集中了所有可执行命令。

工具栏 该栏是由两层快捷按钮组成的，用于快速便捷地执行菜单栏中的各种命令。其中最常用的是编译按钮，它是一个功能可订制的按钮。

文件栏 显示所有打开文件的文件名，其中当前文件的文件名底色反白。

状态栏 显示当前源文件的各种状态信息，其中有十多个显示项目，扼要说明如下。

1 帮助指示，单击后将打开状态栏的说明文件。

2 位置指示，分为 A 和 B 两种，表示当前显示位置和初始位置，可单击切换。注意，字符 B 为红色，在状态栏中，红色表示非默认状态。

3 光标位置，用光标所在的行数与列数指示的光标当前位置。

4 文件行数，显示当前源文件的总行数。

5 保存状态，新建或被修改文件显示 NeW 或 Modified，存盘后显示消失。

6 换行控制，在默认条件下，当输入文本接近编辑区右侧时将自动换行；若单击 Wrap，字符改为灰色，换行控制功能被禁，输入文本将无限向右延伸，除非手动回车换行。

7 缩进控制，默认为每个段落可整体缩进，若单击 Indent，字符转为灰色，每一段落改为只有首行可以缩进。

8 插入控制，默认为插入状态，若单击 INS，显示变为红色 Over，转入改写状态，其功能相当于键盘中的 Insert 插入/改写转换键。

9 选取方式，在选取文本复制时，默认是横向选取，若单击 LINE，显示变为红色 Block，选取方式改为纵向，可用于表格列数据的选取复制。

10 拼写检查，可在拼写错误的单词下方给出红色波浪线，若单击 Spell，字符转为灰色，拼写检查功能被禁用。

11 文件模式，指示当前文件的工作性质，默认为 TeX，即文件打开或保存时的扩展名为 `.tex`，也就是 LaTeX 源文件。关于文件模式及其子模式的详细说明，可查阅 WinEdt 帮助文件的 Modes and Submodes 一节。

12 联系文件，建立源文件与 DVI 或 PDF 文件的联系文件，用以正反向搜索。单击 --src，字符随之消失，禁止生成联系文件。

(8) 选择菜单栏的 Document → Document Settings 命令，或双击状态栏的 TeX，在弹出的对话框中选取 Format 选项卡，确认或设置文件格式为 `ANSI`，如图 1.4 所示，这是 WinEdt 7 及其以下版本的默认设置。选项 Soft Returns 表示编辑区的文本宽度可随 WinEdt 窗口宽度变化，但这样将会打乱较长的命令行或表格的数据行，建议改为选择其上的 `ASCII` 选项，禁止自动变换行宽。然后选取 CP Converter 选项卡，确认或设置文件格式为 `ANSI`，代码页选项为 Default ANSI code page，如图 1.5 所示，文本编辑器将会自动选取适合的代码页。

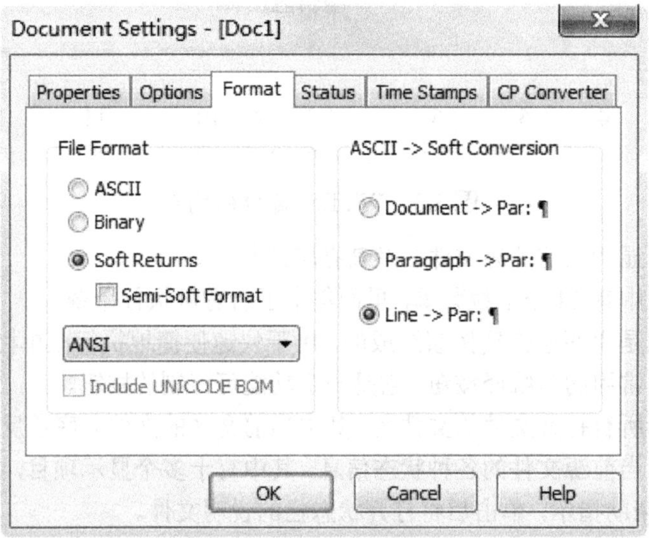

图 1.4 文件设置对话框 –1

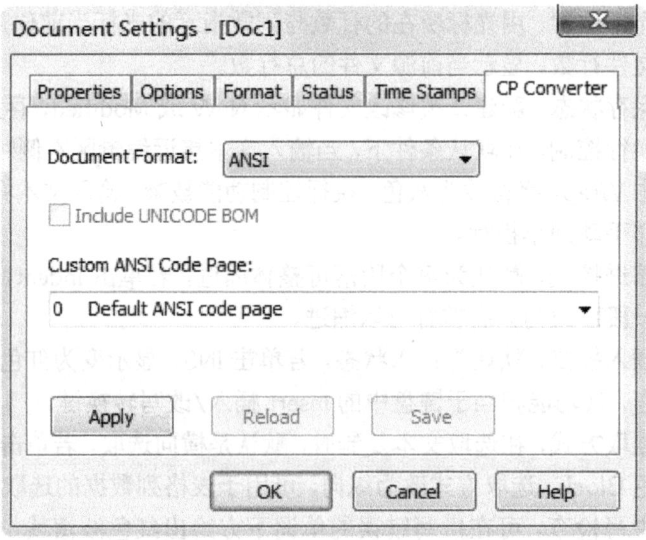

图 1.5 文件设置对话框 –2

(9) 单击快捷按钮，或者选择菜单栏中的 File → Save 命令，将所输入的文本内容以例如 `mylatex` 的文件名保存到例如 mythesis 的文件夹中，文本编辑器将会自动为其添加扩展名 `.tex`，成为 `mylatex.tex`，这就是最简单的 LaTeX 中文源文件。

(10) 单击编译按钮右侧的下拉按钮，在调出的下拉菜单中选择 PDFLaTeX 命令，在编译按钮上立即显示其图标，表示该按钮被订制为专用于 PDFLaTeX 编译。

(11) 单击编译按钮，或选择 TeX → PDF → PDFLaTeX 命令，对源文件进行编译，立即在编辑区底部分出一个操作窗，如图 1.6 所示，编译过程在窗中自动滚动显示。当滚动停止，尾行显示 `Errors: 0`，即编译顺利完成。如果滚动中止，而操作窗上的按钮仍为红色，说明编译出错，需要核对上述设置和输入文本，然后单击按钮，再重新编译。

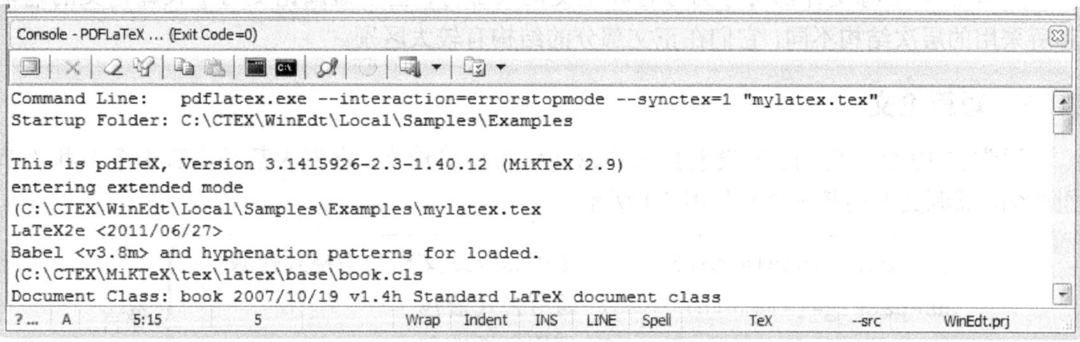

图 1.6 当编译源文件时分出的操作窗

(12) 单击快捷按钮，或选择 Accessories → Preview 命令，将调出 SumatraPDF 阅读器，并且自动打开一个名为 `mylatex.pdf` 的 PDF 格式文件，其中显示：你好LaTeX。双击“你好LaTeX”，光标将返回到源文件的“你好`\LaTeX`”行前，并使该行以高亮显示；这就是反向搜索，当 PDF 文件较长时，可利用此功能快速找到相应的源文件行。

(13) 打开 mythesis 文件夹，可看到 5 个同名不同扩展名的文件，其中 `.synctex.gz` 是同步文件 `.synctex` 的压缩文件，用于正反向搜索；`.aux` 是引用记录文件，`.log` 是编译过程文件，这两个文件的功能将在后续章节中详细说明。

至此，CTeX 中文套装的安装与基本功能的测试工作结束。本书将以 CTeX 2.9.2.164 中文套装这个中文 LaTeX 系统为准介绍使用 LaTeX 进行论文写作。

源文件的编译方法主要有 LaTeX、PDFLaTeX 和 XeLaTeX 三种，前两种支持 `ANSI` 格式，后者支持 `UTF-8` 格式。由于历史原因，目前很多学术出版机构对稿件编译仍然采用前两种方法，所以本书的示例除**本机字体**一节采用 XeLaTeX 编译以外，其他均采用 PDFLaTeX 编译。三种编译方法将在**编译**一章中具体介绍。

对于 v6.0 及以下版本的 WinEdt 用户，本书对 WinEdt 7.0 的使用介绍可供参考；对于非 CTeX 系统的 LaTeX 用户，除对中文的设置外，本书其他所有 LaTeX 应用介绍都是适用的。

第 2 章　LaTeX 基础

本章所介绍的内容都是在使用 LaTeX 写作时所需掌握的最基本的知识。在论文写作过程中，所出现的问题究其原因很多都是对这些基础知识没有正确理解。磨刀不误砍柴工，为了能够熟练和灵活地运用 LaTeX 进行写作，尽量减少错误的出现，就必须耐心细致地研习这些基础知识，这将会收到事半功倍的效果。

2.1　源文件的结构

所有 LaTeX 源文件都可分为导言和正文两大部分；由于短篇论文与中长篇论文的篇幅和所采用的层次结构不同，它们在正文部分的结构有较大区别。

2.1.1　短篇论文

通常在 10 页以内的、不设置目录的论文称为短篇论文，它们大都是由若干个节和小节组成的，其源文件的基本结构如图 2.1 所示。

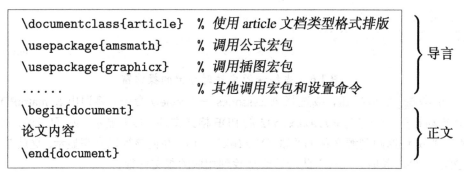

```
\documentclass{article}  % 使用 article 文档类型格式排版   } 导言
\usepackage{amsmath}     % 调用公式宏包
\usepackage{graphicx}    % 调用插图宏包
......                   % 其他调用宏包和设置命令
\begin{document}                                          } 正文
论文内容
\end{document}
```

图 2.1　短篇论文源文件的基本结构

从源文件的第一行命令 \documentclass 开始，到命令 \begin{document} 之前的所有命令语句统称为导言；在 \begin{document} 与 \end{document} 之间的所有命令语句和文本统称为正文。命令 \end{document} 之后的任何字符，LaTeX 都将忽略。

导言主要由文档类型命令和调用宏包命令以及其他设置命令组成，其作用是对文稿的排版格式和排版功能进行设置，在导言中的任何设置都将对正文的全文产生影响。

正文是由论文内容包括文本、插图、表格、公式等和各种 LaTeX 命令组成，正文中的命令只对其后的局部正文产生影响。

短篇论文通常使用 article 文类或出版机构提供的专用文类。由于短篇论文篇幅短小，层次结构简单，直接将论文内容写入正文区域就可以了。

图 2.1 中的 % 符号是注释符，它表示其右侧的文字是对左侧命令或文本的说明；在编译源文件时，LaTeX 将忽略注释符及其右侧的所有字符。

2.1.2　中长篇论文

一般篇幅在 10 页以上至几百页的、需要设置目录的论文称为中长篇论文，它们都是由若干个章组成的，其源文件的典型结构如图 2.2 所示。

中长篇论文通常使用 book 文类、report 文类或出版机构提供的专用文类。

为了便于写作和编译，通常都是以章为单位，将中长篇论文的源文件分解组合为一个主源文件和若干个子源文件，图 2.2 中的源文件即为主源文件，其中的 abstract.tex 等为子源文件；当编译主源文件时，包含命令 \include 分别将各个子源文件调入主源文件中。

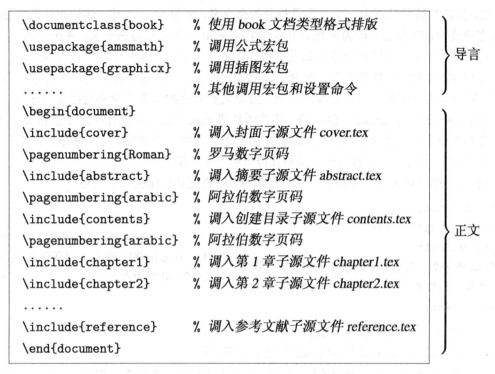

```
\documentclass{book}        % 使用 book 文档类型格式排版
\usepackage{amsmath}        % 调用公式宏包
\usepackage{graphicx}       % 调用插图宏包
......                      % 其他调用宏包和设置命令
\begin{document}
\include{cover}             % 调入封面子源文件 cover.tex
\pagenumbering{Roman}       % 罗马数字页码
\include{abstract}          % 调入摘要子源文件 abstract.tex
\pagenumbering{arabic}      % 阿拉伯数字页码
\include{contents}          % 调入创建目录子源文件 contents.tex
\pagenumbering{arabic}      % 阿拉伯数字页码
\include{chapter1}          % 调入第 1 章子源文件 chapter1.tex
\include{chapter2}          % 调入第 2 章子源文件 chapter2.tex
......
\include{reference}         % 调入参考文献子源文件 reference.tex
\end{document}
```

导言（\documentclass 至其他调用宏包和设置命令）

正文（\begin{document} 至 \end{document}）

图 2.2 中长篇论文源文件的典型结构

2.1.3 文件名

在保存源文件时，要设定文件名，通常还要创建新文件夹，对于源文件名以及源文件夹名的设定应符合下列原则。

- 简短并便于记忆和区分。不得使用符号 / \ < > * ? ":| 和变音字母以及空格。
- 可用小写英文字母和阿拉伯数字，类似网址，以便在互联网和各种操作系统中传递。
- 不应大小写字母混组，因为有些应用程序区分大小写，而有些不区分。

2.2 命令

LaTeX 是一种可编程的排版系统，整个 LaTeX 源文件是论文作者用文本和各种 LaTeX 命令编写而成的，其中所有命令都是用于指示 LaTeX 系统执行各种论文排版操作的，它们的作用如同高级编程语言中的各种控制语句。

在本书中，所有命令包括其中的参数或参数的选项都采用等宽体字体书写，命令中参数的含义使用楷体中文表示。

2.2.1 命令的构成

命令的类型

LaTeX 命令都是以反斜杠符号 \ 作为转义符开头，后跟命令名，其中的用户命令可分为以下两种类型。

(1) 反斜杠符号后跟由若干个英文字母组成的命令名，它区分大小写，以空格、数字(个别命令如 `\fontdimen` 等除外)或非字母符号作为结束标志。绝大部分这种命令都可以顾名思义，例如命令 `\newline` 表示另起一行，命令 `\today` 表示显示当前日期。

(2) 反斜杠符号后跟由一个非字母符号的命令名，例如 `\!`、`\^` 等；这种命令无需任何字符或空格作为结束标志，因为系统只认反斜杠后的第一个符号为命令名；在编译源文件时，系统将保留一个紧跟在这种命令之后的空格。例如：`17 \%    VAT`，得到：17 % VAT。

在编译源文件时，紧跟在第 1 种命令之后的所有空格，系统都将视为命令结束标志而被忽略，即不认为它们是文本中的实际空格，因为大部分这种命令本身不直接参与排版。例如 `\textsl{Asia}` 与 `\textsl   {Asia}`，其排版结果是相同的。但也有些命令直接参与排版，例如专有命令、符号命令等，这时如希望在命令之后保留一个空格，可在命令后紧跟一对空花括号 `{}` 和一个空格，或紧跟一个反斜杠符号和一个空格。

例 2.1 在一段文本中有两个单独的标识符，需要在其后保留一个空格。

```
\documentclass{book}
\usepackage[space]{ctex}
\begin{document}
\LaTeX3 是一个长远而艰巨的奋斗目标，在它最终
完成之前，\LaTeXe{} 将是标准的 \LaTeX\ 版本。
\end{document}
```

LaTeX3 是一个长远而艰巨的奋斗目标，在它最终完成之前，LaTeX 2_ε 将是标准的 LaTeX 版本。

在上例中，左侧为示例的源文件，右侧灰色小页中的内容为排版结果，这样左右编排便于对照阅读，本书中的大部分示例都采用这种显示方法。

在上例中：数字 3 同时也起到了命令结束标志的作用；系统把一对空花括号 `{}` 视为高和宽均为零的非字母符号；若采用 `{\LaTeX}` 的方法也会起到防止忽略其后空格的作用。

命令的参数

命令可以附带若干个参数。参数是影响命令作用的数据，例如高度、宽度、对齐方式或者文本等。参数的内容或其选项是由作者设置或选定的。参数的设定将直接影响全文或局部正文的排版效果。参数可分为以下两种类型。

(1) 必要参数，命令必须要求附带的参数，不能省略。必要参数被置于命令名后的一对花括号中，即 `{参数}`。一条命令中可以有多个必要参数，即 `{参数1}{参数2}...`，各参数的前后顺序不能调换。

(2) 可选参数，命令可以选择附带的参数，可以省略。可选参数被置于命令名后的一对方括号中，即 `[参数]`。一条命令中可以有多个可选参数，即 `[参数1][参数2]...`，各参数的前后顺序不能调换；若是两个可选参数，通常可两个都省略，或只省略后一个，前一个不宜或不能单独省略。可选参数也可以是由多个可选子参数构成的，其构成方式有两种形式：

`[参数1,参数2,...]` 或者 `[参数1=选项,参数2=选项,...]`

子参数之间必须用半角逗号分隔，它们的前后顺序可任意调换，也可任意省略。每个可选参数或可选子参数可以有多个选项，例如某命令的位置可选参数有 `l`、`c`、`r` 即左、中、右 3 个选项，作者可根据需要选用其中之一。如果省略可选参数或某个可选子参数，就意味着使用系统对该参数预先设定的值，即该参数的默认值。

如果一个命令中既有必要参数又有可选参数，通常它的可选参数都位于必要参数之前。

综上所述，一个常规的 LaTeX 命令的语法结构形式为：

\命令名[可选参数]{必要参数}

在实际应用中，若可选参数均采用默认值，其方括号通常应予删除。有些命令还具有带星号的形式，即 \命令名*，两者的功能基本相同，只是在某个或某些排版细节之处略有不同。

2.2.2 命令的种类

LaTeX 定义了大量具有各种排版功能的命令，根据这些命令的使用情况，可以将它们分为三大类，即用户命令、编写命令和内部命令。

(1) 用户命令，LaTeX 提供给作者在写作论文时使用的命令，例如节命令 \section、字体尺寸命令 \small 等，这些命令的命令名大都是由较简短的小写字母串组成。本书主要介绍的就是用户命令。用户命令按照其功能又可分为以下三种：

① 常规命令，可以在源文件中单独使用的、具有某种排版功能的命令，例如字体尺寸命令 \small 等。

② 数据命令，代表某一数值，例如表示缩进宽度的长度数据命令 \parindent，表示节序号值的计数器数据命令 \value{section} 等；数据命令不能单独使用，它们只能被作为参数应用于常规命令之中。

③ 环境命令，是由两个以上的命令组成的命令组，具有某一专项排版功能，例如表格环境、公式环境和列表环境等。组成环境命令的各种命令不能各自单独使用，只能共同配合使用。环境命令可以具有必要参数和可选参数。

用户命令按照其具体用途还可细分为字体命令、长度命令、引用命令、表格命令、数学命令和绘图命令等许多种。

(2) 编写命令，用于编写文类或宏包文件的命令，例如 \RequirePackage 等，这些命令的命令名是由较长的大小写混合字母串组成。

(3) 内部命令，系统内部使用的命令。部分内部命令也可用在源文件中，但不推荐使用；内部命令中有一部分在命令名中含有 @ 符号，它们又被称为核心命令，都不能直接用于源文件中。例如在排版论文题名页时，系统假设作者姓名为 \@author，而实际姓名需要由用户命令 \author 提供。从用户命令中提取内部命令所需的信息是系统收集用户信息的主要方法。在命令名中加入 @ 符号的主要目的是为了避免与同名的用户命令或自定义命令冲突。系统不会把源文件中的 @ 当成字母，而是符号，而在系统本身和文类或宏包中的 @ 符号，则视其为字母。同一个 @ 符号，在源文件和系统文件中的定义不同，功能各异。例如 \par 是用于换段的用户命令，而 \@par 是内部命令，若将其用于源文件，得到是 par，而不是另起一段；再例如将表示节计数器的内部命令 \c@section 用于源文件，得到的是 ¸section。

2.2.3 命令的作用范围

在 LaTeX 命令中，有些只能用在导言，有些只能用于正文，有些既可在导言也可在正文中使用。导言中的命令将对整个正文的内容产生作用。在正文中，有些命令只能在左右模式或段落模式或数学模式中使用，有些则可以跨模式使用。

还可根据不同的作用范围，把在正文中使用的命令分为以下 4 种形式。

(1) 声明形式，将作用于命令之后的所有相关内容，例如粗体命令 \bfseries，可将其后所有文本和表格中的字体改为粗体。

(2) 参数形式，只作用于命令所带的参数，例如倾斜体命令 \textsl{Asia}，得到 *Asia*，该命令仅将其所带参数 Asia 这个单词改为倾斜体，花括号以外的文本不受影响。如果没有用花括号界定参数，参数形式的命令则将其后的第一个字母作为参数，例如 \textsl Asia，得到 *A*sia，即倾斜体命令只将其后的第一个字母 A 改为倾斜体。因此，这种命令的参数可以空置，例如 \textsl{}，但不能省略。

(3) 组合形式，就是把声明形式的命令和所需作用的内容置于一对花括号中，这样可将声明形式的命令作用范围限制在花括号之内。例如 {\bfseries Asia}，只将 Asia 这个单词改为粗体。组合可以嵌套，即组合中还可以有组合。

(4) 环境形式，在各种环境中使用的声明形式命令，其作用范围只限于该环境之内。对于嵌套的环境，在外层使用的声明形式命令，将对其中各层都有效；而在内层使用的声明形式命令不会影响到外层。

注意，有一例外！那就是对某个计数器的赋值或新计数器的定义，无论它是否在组合或在环境中，都将在其后的正文中有效。

2.2.4 自定义命令

LaTeX 系统提供了一整套用于常规排版的用户命令，各种用途的宏包也提供有很多针对各种专项排版需求的用户命令。因此，只要能够正确地使用这些命令，就可以顺利地完成常规格式的论文排版。但是论文的内容丰富多彩，包罗万象，对排版的要求也是层出不穷，再多的命令、再强的功能也不可能面面俱到，无所不能，所以有时会感到命令不够用，命令的效果不够理想。好在系统提供了一条新定义命令：

```
\newcommand{新命令}[参数数量][默认值]{定义内容}
```

它允许作者自行定义一条新命令来解决所遇到的排版问题。该命令中的各种必要参数和可选参数说明如下，其中新命令两端的花括号可以省略，但不建议省略。

新命令 自定义新命令的名称，它必须符合命令的构成规则，并且不能与系统和已调用宏包提供的命令和环境重名，也不能以 \end 开头，否则都将提示出错。

参数数量 可选参数，用于指定该新命令所具有参数的个数，它可以是 0～9 之中的一个整数，其默认值是 0，即该命令没有参数。

默认值 可选参数，用于设定第一个参数的默认值；如果在新定义命令中给出默认值，则表示该新命令的第一个参数是可选参数。新命令中最多只能有一个可选参数，并且必须是第一个参数。

定义内容 对新命令所要执行的排版任务进行设定，其中涉及某个参数时用符号 #*n* 表示，例如涉及第一个参数时用 #1 代表，第二个参数用 #2，……。

新定义命令是个声明形式的命令，通常放在导言里，这样在全文中都可以使用其定义的新命令；它也可以置于正文中，而作用范围仅限于其后的内容，或是所在环境或组合之内。在新定义命令的各种参数中不得含有抄录命令 \verb 或抄录环境 verbatim。

例 2.2 自定义一条新命令，使其可生成高德纳教授的姓名。

```
\newcommand{\mycmdA}{Donald Knuth }
In 1971, \mycmdA was the recipient of ACM
Grace Murray Hopper Award. \mycmdA's father
was a school teacher.
```

In 1971, Donald Knuth was the recipient of ACM Grace Murray Hopper Award. Donald Knuth 's father was a school teacher.

在上例中，将新命令 \mycmdA 定义为高德纳教授的姓名，每当使用这条命令，就会在当前位置排出他的名字。在论文中频繁使用的词汇、符号或数学式等都可以将其定义为命令，以简化文本，防止出错，提高输入速度。

例 2.3 在例 2.2 的新定义命令的最后是一个空格，用以弥补新命令 \mycmdA 所忽略的其后空格，但在 \mycmdA 之后是标点符号，就会在其中多出一个空格。为解决这个问题，可在导言中调用由 David Carlisle 编写的 xspace 空格宏包：\usepackage{xspace}，然后将空格改为空格宏包提供的 \xspace 空格命令。

```
\newcommand{\mycmdA}{Donald Knuth\xspace}
In 1971, \mycmdA was the recipient of ACM
Grace Murray Hopper Award. \mycmdA's father
was a school teacher.
```

In 1971, Donald Knuth was the recipient of ACM Grace Murray Hopper Award. Donald Knuth's father was a school teacher.

空格命令 \xspace 可自动生成一个空格，除非其后是标点符号。

例 2.4 自定义一条带有一个参数的新命令，用来将部分文本转变为黑体字。

```
\newcommand{\mycmdB}[1]{{\heiti #1}}方程%
有两种：\mycmdB{恒等式}和\mycmdB{条件等式}。
```

方程有两种：**恒等式**和**条件等式**。

可以用已有的命令来定义新命令。上例中，给新命令 \mycmdB 设置了一个必要参数，并定义该命令要对这个参数执行黑体字命令；在源文件第一行右端添加 % 注释符是用以避免在文本或命令换行时被插入多余的空格，见 2.6.2 **专用符号**的说明。

例 2.5 自定义一条带有两个参数的新命令，用于编排数列。

```
\newcommand{\mycmdC}[2]{%
$#1_1,#1_2,\dots,#1_#2$}
我们常把数列写作：\mycmdC{x}{n}，或者写作：
\mycmdC{a}{m}。
```

我们常把数列写作：$x_1, x_2, \dots, x_n$，或者写作：$a_1, a_2, \dots, a_m$。

在上例源文件中，新命令 \mycmdC 设置两个参数来表示数列，定义里的 $ 是行间数学模式符号，详见本书的**数学式**一章。

例 2.6 自定义一个具有两个参数的新命令，其中一个是可选参数。

```
\newcommand{\mycmdD}[2][n]{%
$#2_1,#2_2,\dots,#2_#1$}
我们常把数列写作：\mycmdD{x}，或者写作：
\mycmdD[m]{a}。
```

我们常把数列写作：$x_1, x_2, \dots, x_n$，或者写作：$a_1, a_2, \dots, a_m$。

例 2.5 和上例所定义新命令的排版效果相同，只是后者给出了第一个参数的默认值，使之成为可选参数。采用可选参数使命令简化而灵活，但也容易被遗忘其存在。

带星号的新定义命令

新定义命令还有一种带星号的形式，其不同之处在于使用它定义新命令时，命令中的各种参数不能含有换段命令 \par 或空行，即每个参数的内容不能超过一个段落，否则在编译时系统将提示出错。例如：

```
\newcommand{\A}[1]{\bfseries #1}    \newcommand*{\B}[1]{\bfseries #1}
\A{The sun is \par a fixed star}    \B{The sun is \par a fixed star}
```

同样定义内容的两条新命令，因为命令 \B 的参数中含有换段命令，故将会提示出错。

由 \newcommand 定义的命令称为长命令，由 \newcommand* 定义的命令称为短命令。使用短命令的好处是有利于错误位置的测定，例如短命令 \B{world 的右花括号遗漏，在编译源文件时，系统将给出错误信息，其中就有参数 world 所在行号，而长命令 \A{world，系统也将给出错误信息，但无法指出错误所在位置。所以在自定义新命令时，通常都采用短命令的形式，除非其参数中可能含有换段命令或空行。

防止同名命令冲突

有时无法预知某个命令是否存在于当前源文件中。当需要定义一个新命令，但又不希望因重名而引起冲突，造成编译中断，可使用下面这条预防命令：

\providecommand{新命令}[参数数量][默认值]{定义内容}

来自定义新命令，其中各参数的用途与新定义命令 \newcommand 的相同；所不同的是若新命令与当前源文件中某个已有命令重名，系统并不提示出错，而是将定义内容保存起来，如果当前源文件中不存在同名命令，或提供同名命令的宏包被取消，则该新命令随即生效。

使用 \providecommand 预防命令来自定义新命令，可以防止与某个宏包中的同名命令发生冲突；同一条命令，当有宏包时以其定义为准，若没有宏包则以预防命令的定义为准。

例如在源文件中调入某个子源文件或文献数据库文件，其中使用了 \MF 命令来生成标志 METAFONT，但该命令是由宏包 mflogo 提供的，如果在导言中没有调用这个宏包，系统将提示出错；若在子源文件或数据库文件中用预防命令：

```
\providecommand{\MF}{\textsf{METAFONT}}
```

事先将 \MF 作为新命令进行定义，这样，如果未调用 mflogo 宏包，也可以正确显示，如果已经调用了 mflogo 宏包，那就以该宏包对 \MF 命令的定义为准，而不会因命令重名提示出错，中断编译。

预防命令 \providecommand 也有带星号的形式：\providecommand*，它的作用与带星号的新定义命令 \newcommand* 相同。

定义带有可选子参数的命令

调用由 Florent Chervet 编写的 keycommand 关键词宏包并使用其提供的 \newkeycommand 命令，可自定义带有多个可选子参数的新命令，具体方法请查阅该宏包的说明和示例文件。

2.2.5 修改已有命令

LaTeX、所选文类和所调用宏包提供的所有用户命令和系统自身使用的内部命令以及已经自定义的新命令都属于已有命令。

如果对某个已有命令的排版效果不满意，希望加以修改，可采用重新定义命令：

\renewcommand{已有命令}[参数数量][默认值]{定义内容}

对该已有命令进行重新定义。重新定义命令中的后 3 个参数的作用与新定义命令中的完全相同。重新定义命令只适用于对已有命令的修改，而不能用于未定义命令的定义，否则在编译源文件时系统将提示出错。

对已有命令建议不要轻易将其重新定义，如确属需要，应先搞清楚已有命令的原定义，然后再使用重新定义命令来修改。例如希望将目录标题名 Contents 改为 Catalog，可先查看文类 book 对目录标题名命令 \contentsname 的定义为：

```
\newcommand{\contentsname}{Contents}
```

于是可在导言中使用重新定义命令对这个已有命令重新定义：

```
\renewcommand{\contentsname}{Catalog}
```

重新定义命令 \renewcommand 也有带星号的形式：\renewcommand*，它的作用与带星号的新定义命令 \newcommand* 相同。

2.2.6 核心命令的修改

含有 @ 符号的命令是系统内部的核心命令，虽然它们不能在源文件中直接使用，但可在源文件中对其定义进行修改或用它来修改其他命令的定义；不同于对已有用户命令的使用或修改，在使用核心命令或对其重新定义时，应将核心命令或 \renewcommand 重新定义命令插在下面两条命令之间：

```
\makeatletter  \makeatother
```

其中，第一条命令通知 LaTeX 将符号 @ 与其他英文字母一样看待，这样其后含有 @ 符号的核心命令就符合了用户命令的构成规则，可以在源文件中使用了；第二条命令告诉 LaTeX 仍然将 @ 当作符号来处理，于是其后就不得再出现核心命令了。

2.2.7 定义命令中的命令

在新定义命令和重新定义命令的定义内容中可以使用已有命令和自定义命令，还可以使用未经自定义的命令，以及定义命令，即定义命令可以相互嵌套。

定义的次序

如果新命令 \A 的定义内容中有需要新定义的命令 \B 和重新定义的命令 \C，这两条命令可以是在此之前已被定义，也可以是尚未定义或重新定义，即：

`\newcommand{\B}{...}`		`\newcommand{\A}{\B \C}`
`\renewcommand{\C}{...}`	或	`\newcommand{\B}{...}`
`\newcommand{\A}{\B \C}`		`\renewcommand{\C}{...}`

这两种不同的定义次序，系统都是认可的。

\B 和 \C 这两条命令只要在使用 \A 命令之前被定义和重新定义就可以了，这是因为系统在读取新定义命令时仅检查新命令是否重名，并不过问定义内容；在读取重新定义命令时也只关心已有命令是否曾经定义，并不在意定义内容；只有当用到命令 \A 时，系统才会去查找 \B 和 \C 这两条命令的定义内容。

参数的传递

在定义命令中，被定义命令的参数可作为定义内容中的命令参数，如果 \B 是带有一个参数的命令，新定义命令：

```
\newcommand{\A}[2]{#1 \B{#2}}
```

系统是认可的。在实际使用中，命令 \A 会将它的第二个参数传递给命令 \B。

例 2.7 自定义一个具有两个参数的新命令，对其第二个参数使用倾斜体字体。

```
\newcommand{\mycmdE}[2]{#1: \textsl{#2}}
\mycmdE{System}{GSM}
```

System: *GSM*

如果被定义的命令中含有多个参数，那么这种传递参数也可以有多个。

定义命令的嵌套

新定义命令或重新定义命令可以多个嵌套，也可以相互嵌套。例如：

```
\newcommand{\A}{\renewcommand{\B}{...}}
```

系统是认可的。如果嵌套的定义命令都含有参数，为了区别，LaTeX 规定最外层的参数用 #1、#2、……、#9 表示，第二层的参数用 ##1、##2、……、##9 表示，依次类推。

例 2.8 采用定义命令嵌套的方法自定义一个具有两个参数的命令。

```
\newcommand{\lvec}{} \newcommand{%
\DEFlvec}[2]{\renewcommand{\lvec}[1][#2]{\ensuremath{#1_1+\cdots+#1_{##1}}}}
\DEFlvec{x}{n}
Default: $\lvec \neq \lvec[k]$ \par
\DEFlvec{y}{i}
Now: $\lvec \neq \lvec[k]$
```

Default: $x_1+\cdots+x_n \neq x_1+\cdots+x_k$
Now: $y_1+\cdots+y_i \neq y_1+\cdots+y_k$

为了演示新定义命令与重新定义命令嵌套，在上例中首先定义了一个空命令 \lvec 作为已定义命令，为其重新定义做准备。

数学命令的处理

在新定义命令 \newcommand 或重新定义命令 \renewcommand 的定义内容中可能会用到数学命令，如数学符号命令等。

例 2.9 自定义一条复合数学符号命令。

```
\newcommand{\CC}{$\Gamma_{i}$}
Let \CC\ be the number of gnats per cubic
meter, where \CC\ is normalized with
respect to $\nu(s)$.
```

Let Γ_i be the number of gnats per cubic meter, where Γ_i is normalized with respect to $\nu(s)$.

在新命令 \CC 的定义内容中含有数学符号命令 \Gamma 和下标符号 _{i}，它们只能在数学模式中使用，故将全部定义内容都置于行内数学模式中。

用上例方法定义的命令 \CC 只能用于文本模式，不能用于数学模式，因为该命令遇到第一个 $ 符号后就会退出数学模式，转入段落模式，而命令 \Gamma 和下标符号都只能在数学模式中使用，所以系统将提示出错。为解决这个问题，系统给出了一条确保数学模式命令：

```
\ensuremath{文本}
```

其特点是：在数学模式中，*文本*只是它自身；在文本模式中，它相当于 $*文本*$。

例 2.10 将上例改用 \ensuremath 来重新定义命令 \CC。

```
\renewcommand{\CC}{\ensuremath{\Gamma_{i}}}
Let \CC\ be the number of gnats per cubic
meter, where $e^{\CC}=\nu(s)$.
```

Let Γ_i be the number of gnats per cubic meter, where $e^{\Gamma_i}=\nu(s)$.

这样自定义命令 \CC 既可用于文本模式也可用于数学模式。

例 2.11 定义一个具有两个参数的、可在文本模式或数学模式中使用的数列命令。

```
\newcommand{\ary}[2][x]{%
\ensuremath{\{#1_1,\ldots,#1_{#2}\}}}
\ary{n}, $\ary[y]{k}$
```

$\{x_1,\ldots,x_n\}$, $\{y_1,\ldots,y_k\}$

2.2.8 命令汇总

用户命令汇总

LaTeX 用户命令的数量，包括各种文本和数学符号命令在内，总计有六百多条，本书将在后续的章节中陆续介绍其中最常用的用户命令。如果要查找所有用户命令，可在 WinEdt 中选择 Help → LaTeX Help e-Book 命令，在弹出的帮助文件中就有 LaTeX 命令列表和每条命令的详细说明。也可从下列网址：

www.ctan.org/tex-archive/documentation/latex2e-help-texinfo/latex2e.pdf

下载 LaTeX: Structured Documents for TeX 一文。该文对所有 LaTeX 用户命令分门别类并作简短说明，最后还附有命令索引表。

在本书中有几处用到 TeX 基本命令，如果需要了解所有基本命令的含义和使用方法，可查阅 TeX by Topic, A TeXnician's Reference 一文，其下载网址如下。

www.ctan.org/pub/tex-archive/info/texbytopic/TeXbyTopic.pdf

编写命令汇总

本书不专门介绍编写命令，如果需要了解这方面的内容可从下列网址：

www.ctan.org/tex-archive/macros/latex/doc/clsguide.pdf

下载 LaTeX 2_ε for Class and Package Writers 一文。

命令定义的查阅

LaTeX 所涉及的命令可分 3 个部分：TeX 基本命令、TeX 扩展命令和 LaTeX 命令。基本命令是最基础的命令；扩展命令是用基本命令定义的命令；LaTeX 命令是用 TeX 的基本命令和扩展命令定义的命令。若要了解某条命令的功能，它是如何定义的，可用下列方法查阅。

(1) 从网址 http://www.tug.org/utilities/plain/trm.html 下载 TeX Primitive Control Sequences 一文，其中分别按照字母顺序和功能顺序罗列出 325 条 TeX 基本命令，然后逐条讲解其功能和用途。

(2) 从网址 http://web.mit.edu/jgross/Dropbox/LaTeX/texbook.pdf 下载由高德纳教授撰写的 The TeXbook 一书，在书后附录 B 中罗列出约 600 条 TeX 扩展命令的定义命令，并附有详细的说明。

(3) 从网址 http://www.tug.org/texlive/Contents/live/texmf-dist/doc/latex/base/source2e.pdf 下载 The LaTeX2e Sources 一文，它是 LaTeX 源程序的说明书，所有 LaTeX 命令的定义命令都在其中，有些定义复杂的命令附有详细的说明。

(4) 对 `\show命令` 进行编译，可在操作窗中或编译过程文件 `.log` 中显示该命令的定义内容。用这种方法可查阅大部分用户命令的定义内容。例如 `\show\TeX`，经编译后显示：

```
> \TeX=macro:
->T\kern -.1667em\lower .5ex\hbox {E}\kern -.125emX\@.
```

即扩展命令 `\TeX` 的定义为 `T\kern-.1667em \lower.5ex\hbox{E}\kern-.125em X`。再例如 `\show\kern`，经编译后显示：

```
> \kern=\kern.
```

这说明 `\kern` 是 TeX 基本命令，无需用其他命令来定义。如果将 `\show命令` 放在源文件的正文区域，还可显示所用文类和宏包提供的用户命令的定义内容。

2.3 文类

文类是文档类型文件的简称，它是用 TeX 和 LaTeX 命令编写的、用于规范某种类型文档排版格式的程序文件，其扩展名为 .cls。文类的作用类似于某种类型建筑物的设计规范，例如地基深度、墙体厚度和门窗尺寸等。

导言的第一句话，通常也是 LaTeX 源文件的第一条命令，就是文档类型命令：

```
\documentclass[参数1,参数2,...]{文类}[日期]
```

每个源文件都必须从这条命令开始，它通知 LaTeX，将该论文源文件按照指定文类规定的文档格式排版。文档类型命令必须用在导言首句，其中的必要参数文类用于指定所使用文类的名称，它不区分大小写，但通常都为小写，其扩展名无须给出，系统会自动添加；通常每种文类都附有一个可选参数，它可由多个可选子参数组成，子参数之间须用半角逗号分隔，它们排列的前后顺序可以是任意的，每个子参数都有两个或多个选项，可供作者对论文的排版格式做出更为细致的设置。可选参数日期常被省略，它用于指定所需文类的版本日期，其格式为 YYYY/MM/DD，若实际日期早于指定日期，系统将给出警告信息。

在本书中，所有文类和宏包的名称都使用小写等线体字体书写，但当它们作为命令中的参数时则改用等宽体字体书写。

2.3.1 标准文类

不同版本的 CTeX 所附带的文类有几十个至一两百个不等，其中最常用于论文写作和幻灯片制作的主要是表 2.1 所列的 4 种。

表 2.1 常用文类的用途和特点

文类名	用途	特点
article	短文、评论、学术论文	无左右页区分处理，无章设置
book	专业著作、学位论文	默认有左右页区分处理，章起右页
report	商业、科技和试验报告	默认无左右页区分处理，章起新页
beamer	论文陈述幻灯片	提供多种主题样式，可方便地更改幻灯片的整体风格

在表 2.1 中，前 3 种文类由于广泛应用于论文写作，因此被称为标准文类。写作短篇论文时通常都采用 article 文类；中长篇论文中用得最多的是 book 文类；本书的**幻灯片**一章将介绍 beamer 文类，它专用于制作在论文陈述时所使用的幻灯片。

2.3.2 标准文类的选项

每种文类通常都会提供由多个选项组成的可选参数，这些选项主要用于设定纸张幅面、字体尺寸和单双栏等排版格式的具体细节，作者可根据需要自行确定是否采用这些选项。表 2.2 列出了三种标准文类所提供的可选参数选项。

在表 2.2 中，“无”表示该文类没有此选项；“默认”表示该文类将此选项作为默认值，例如 10pt 是这 3 个文类共同的默认值，如果作者既没有选择 10pt，也没有选择 11pt 或 12pt，则表示使用文类所默认的 10pt 作为论文的常规字体尺寸。

一旦作者选定了常规字体尺寸，论文中的其他文本字体尺寸，例如章节标题、脚注和页眉的字体尺寸等，都由系统根据常规字体尺寸自动加以设置。

表 2.2 三种标准文类的选项及说明

选项	book	report	article	说明
10pt	默认	默认	默认	常规字体尺寸 10 pt
11pt				常规字体尺寸 10.95 pt
12pt				常规字体尺寸 12 pt
a4paper				纸张幅面，宽 210 mm×高 297 mm
a5paper				纸张幅面，宽 148 mm×高 210 mm
b5paper				纸张幅面，宽 176 mm×高 250 mm
draft				草稿形式，在边空中用黑色小方块指示超宽行
executivepaper				纸张幅面，宽 184 mm×高 267 mm
final	默认	默认	默认	定稿形式，取消用黑色小方块指示超宽行
fleqn				公式左缩进对齐，默认均为居中对齐
landscape				横向版面，即纸张幅面的宽与高对调
legalpaper				纸张幅面，宽 216 mm×高 356 mm
leqno				公式序号置于公式的左侧，默认均为右侧
letterpaper	默认	默认	默认	纸张幅面，宽 216 mm×高 279 mm
notitlepage			默认	论文题名和摘要都不单置一页
onecolumn	默认	默认	默认	单栏排版
oneside		默认	默认	单页排版，每页的左边空宽度以及页眉和页脚内容相同
openany		默认	无	新一章从左页或右页都可开始
openbib				每条参考文献从第二行起缩进，默认不缩进
openright	默认		无	新一章从右页开始
titlepage	默认	默认		论文题名和摘要均为独立一页
twocolumn				双栏排版
twoside	默认			双页排版，左、右页的右边空宽度以及页眉和页脚内容可不同

表 2.2 中，三种文类的常规字体尺寸的默认值同为 `10pt`，说明此值对排版英文论文的正文是最合适的。但中文笔画复杂，`10pt` 嫌小，`11pt` 又偏大，通常排版中文书刊正文用的是五号字，相当于 `10.54pt`，详见 3.10.6 **中文字号设置**一节的介绍。本书正文用的就是五号字。

现在复印和打印的纸张幅面主要是 A4，很多学校也要求用 A4 纸打印论文，所以纸张幅面的选项通常是 `a4paper`。选定纸张幅面后，论文版面的各种尺寸，例如文本宽度、文本高度和边空宽度等，都由系统根据纸张幅面自动加以设置。

文类 book 默认每个新章都是从右页即奇数页开始，这会有 50 % 的可能造成其左页完全空白；所以中短篇论文常采用 openany 选项，使新的一章既可从左页也可从右页开始。

表 2.2 中的其他选项通常都采用默认值。注意，应绝对避免同时选用相互冲突的选项，例如 `oneside` 与 `twoside` 等，其后果难以预料。如果需要了解三种标准文类的源程序及其详细的说明，可在 CTAN 中查阅由 Leslie Lamport 等人编写的 Standard Document Classes for LaTeX version 2e 一文。

2.3.3 专用文类

为了统一论文整体的排版格式，很多出版社和学术刊物会根据自身出版物排版要求而给出专用的 .cls 文类文件。通常这些专用文类还附有简单的使用说明文件，或者附带实际应用示例的 .tex 源文件，俗称模板。例如《计算物理通讯》就提供有 cicp.cls 专用文类，并且附带 instruction.tex 说明文件和 template.tex 应用示例文件。

通常作者只要将应用示例文件中的内容改换成自己论文的内容，基本上就完成了论文源文件的编写，如同做填空题一样，很方便。如果出版机构只提供专用文类文件，说明它仅对论文的基本格式作出限定，作者只要有些 LaTeX 常识就能顺利地完成写作。

2.3.4 文类选项的通用作用

表 2.2 所列的选项或宏包所具有的选项都是文类或宏包在其内部预先定义的，也被称为专用选项(local option)，所不同的是在文档类型命令中使用的选项还被称为通用选项(global option)，因为它们还将作用于其后所有调用的宏包。例如在文档类型命令中使用 draft 草稿选项，它不仅要完成在文类中定义的规定动作，还会在所调用的宏包中寻找同名选项，若发现其中的插图宏包 graphicx 具有同名选项，就会自动启用该宏包的 draft 选项。也可以使用插图宏包的定稿选项 final，以禁止被自动启用草稿选项。

如果在文档类型命令中给出的选项不是文类的专用选项，例如 pdftex，在编译时，系统不会因此中断编译提示出错，而是把它视为通用选项，继续编译，若发现具有同名专用选项的宏包，例如 hyperref 链接宏包，就会自动启用该宏包的 pdftex 选项；只有当编译到导言结束处仍没找到哪个宏包具有 pdftex 专用选项时，系统才会在编译过程文件 .log 中给出警告信息：LaTeX Warning: Unused global option(s): [pdftex].，然后继续编译。

因此，如果所启用的文类和宏包选项的名称相同，应将它们合并为一，放到文档类型命令的可选参数中，这样便于对源文件的统一转换。例如在文档类型命令中使用 draft 选项，可使全文包括其中所有插图都进入草稿形式；取消该选项，全文都转为定稿形式。

2.3.5 CTeX 提供的中文文类

CTeX 专门提供了三种用于排版中文论文的文类：ctexbook、ctexrep 和 ctexart，可分别替换 book、report 和 article 这三种英文标准文类，其主要特点是可在正文中直接使用中文，并按中文的排版习惯做了相应的设置；也可以继续保持所使用的英文文类，而在导言中调用 CTeX 提供的中文字体宏包 ctex 或中文标题宏包 ctexcap。使用这两种方法排版中文论文的效果是相同的。

ctex 宏包主要提供整合的中文环境和字体，它可配合大多数文类使用；而 ctexcap 宏包则是在 ctex 的基础上对三种标准文类进行了中文化处理，因此该宏包只能配合这三种标准文类使用。

由于要向国际学术会议或国外科技刊物投稿，很多论文是用英文撰写的，或者是论文采用英文格式撰写，其中含有中文，另外国内外有很多学术刊物都要求作者使用其提供的专用文类，所以本书仍以介绍 book 等三种英文标准文类为主，当论文出现中文时调用中文字体宏包 ctex，若要完全按照中文传统格式排版，则改为调用中文标题宏包 ctexcap。

中文字体宏包 ctex 将在**字体**一章中介绍，中文标题宏包 ctexcap 将在**标题**一章中介绍，在 CTeX 文件夹下也可找到关于这两个宏包的说明文件 ctex.pdf。

2.3.6 本书所用文类及其选项

LaTeX 自身结合某一文类共同组成基本的 LaTeX 排版系统。选择不同的文类或同一文类不同的选项，其排版结果在某些方面会有显著区别。本书源文件的第一条命令是：

```
\documentclass[a4paper,openany]{book}
```

本书称其为常规文类设置，书中的所有介绍和示例，除**幻灯片**一章和**多栏排版**一节外，均以此为准；书中提及的 LaTeX 系统或系统特指由常规文类设置构成的基本 LaTeX 排版系统。

2.4 宏包

每个功能强大的命令或环境都是由多个 TeX 基本命令和 LaTeX 命令组合而成的，这种命令组合称为宏(macro)或宏命令，存储这些宏命令的文件称为宏包，其扩展名为 .sty。

宏包的作用是扩展或新增某种排版功能，即重新定义某些已有的命令和环境，或是提供一些新的命令和环境。如果说 LaTeX 系统是一栋精致美观的住宅，那么各种宏包就是其中的家用电器，使用它们可以让家庭生活更为舒适和便捷。宏包也像家用电器那样，不断地推陈出新，更新换代。

在导言中使用调用宏包命令：

```
\usepackage[参数1,参数2,...]{宏包1,宏包2,...}[日期]
```

系统就具备了所调用宏包提供的某种排版功能。调用宏包命令只能在导言中使用，其中必要参数*宏包*用于指定所调用宏包的名称，它不区分大小写，但通常都为小写，其扩展名无须给出，系统会自动添加；有些宏包没有可选*参数*，有些宏包附带一个可选*参数*，它可由多个可选子参数组成，子参数之间须用半角逗号分隔，它们排列的前后顺序可以是任意的，每个子参数都有两个或多个选项，可供作者对该宏包提供的某种排版功能的各项细节做出取舍。可选参数*日期*用于指定*宏包*的版本日期，若实际日期早于指定日期，系统将给出错误信息。

2.4.1 常用宏包

由于版本不同，CTeX 附带宏包的数量从几百到几千不等，但撰写论文最常用的宏包也就二十几个，表 2.3 列出了它们的名称和用途。

表 2.3 常用宏包名称及其用途

宏包名	用途	宏包名	用途
amsmath	多种公式环境和数学命令	graphicx	插图处理
amssymb	数学符号生成命令	hyperref	创建超文本链接和 PDF 书签
array	数组和表格制作	ifthen	条件判断
booktabs	绘制水平表格线	longtable	制作跨页表格
calc	四则运算	multicol	多栏排版
caption	插图和表格标题格式设置	ntheorem	定理设置
ctex	中文字体	paralist	多种列表环境
ctexcap	中文字体和标题	tabularx	自动设置表格的列宽
fancyhdr	页眉页脚设置	titlesec	章节标题格式设置

表 2.3（续）

宏包名	用途	宏包名	用途
fancyvrb	抄录格式设置	titletoc	目录格式设置
fontspec	字体选择	xcolor	颜色处理
geometry	版面尺寸设置	xeCJK	中日朝文字处理和字体选择

上述这些常用宏包和其他相关宏包将在随后的章节中做详细的介绍。

CTeX 附带有大量的宏包说明文件和示例文件，它们大都存放在 /doc/latex 文件夹中。在 WinEdt 中选择 Help → LaTeX Doc 命令，然后在弹出的对话框中输入宏包名称，就可以查到该宏包的所有相关资料。

2.4.2 宏包套件

宏包通常是以一个文件夹一个宏包文件的形式保存在 CTeX 系统中的，但也有由多个宏包文件及其相关文件共存于一个文件夹的情况，这被称为宏包套件。

宏包套件一般以其中某个宏包为主，其他宏包为辅。例如 graphics 宏包套件共有宏包和定义文件 21 个，以插图宏包 graphicx 为主宏包。当调用主宏包时，该宏包会自动加载相关的宏包和定义文件，或是根据可选参数的选项自动加载所需的辅助宏包。

也有多个相互独立的宏包共存于一个宏包套件的，例如 tools 工具宏包套件，其中有 30 多个宏包文件，大部分可独立使用，它们的作者都是 LaTeX3 项目小组的成员。

2.4.3 调用宏包的方法

调用宏包命令只有一条，但调用宏包的方法可有以下 3 种。

(1) 将所需的各种宏包分别使用调用宏包命令逐一调入系统。这种方法的好处是可单独设置所调用宏包的选项，缺点是效率不高，一条命令反复使用，使导言显得繁杂冗长。例如：

```
\usepackage{amsmath}          \usepackage{array}
\usepackage[space]{ctex}  \usepackage[table]{xcolor}
```

(2) 将没有可选参数或使用默认选项的宏包集中起来，用一条调用宏包命令调入系统，而有选项的宏包则仍分别使用调用宏包命令，这样上例可改为：

```
\usepackage{amsmath,array}
\usepackage[space]{ctex}  \usepackage[table]{xcolor}
```

(3) 将所有宏包使用一条调用宏包命令统一调入系统，其中有些宏包的选项改作文档类型命令中的通用选项，这样上例可改为：

```
\documentclass[space,table]{book} \usepackage{amsmath,array,ctex,xcolor}
```

采用这种调用宏包方法应注意，所有与通用选项同名的宏包选项都将被自动启用，无论其是否需要使用。

2.4.4 CTAN 中的宏包

本书所介绍的宏包都是最常用的，而科研论文涉及的学科很广泛，需要用到很多相关的宏包，例如算法宏包、电子元件宏包和化学分子式宏包等。如果所需的宏包 CTeX 没有附带，可到 CTAN 网页查找下载，网址为：

http://ctan.org/tex-archive/help/Catalogue/brief.html

该网页将 CTAN 中的全部宏包按字母顺序排列并附有简短说明。

在论文写作中经常会遇到一些排版问题，例如希望修改公式字体或多页文本旋转等，但不知道是否有解决这类问题的宏包，这时可到 CTAN 网页中查找，网址为：

http://ctan.org/tex-archive/help/Catalogue/bytopic.html

该网页将 CTAN 中的全部宏包按其功能分门别类地加以归纳，以便于分类查寻。也可以按照 CTAN 的分类目录查找所需宏包及其相关说明文件，网址如下。

http://ctan.org/tex-archive/help/Catalogue/hier.html

2.5 模式

模式也称排版模式，它是系统处理源文件的方式。LaTeX 系统具有左右模式、段落模式和数学模式这三种排版模式。在编译源文件时，系统总是处在这三种模式中的一种，每种模式可决定某一部分内容的排版格式，例如是否换行、空白如何处置等等；当进入或退出某一环境，或是执行某一命令时，系统会自动转换相应的排版模式。

在 LaTeX 系统中还有一种绘图模式，主要用于绘图环境 `picture`，它实际上是一种受限的左右模式。

由于左右模式和段落模式主要用于文本排版，而且很多系统命令都能在这两个模式中使用，所以也可将这两个模式笼统地称为文本模式。

在通常情况下，作者无需知道在排版何种文本内容时应处于何种排版模式，但了解一些模式的基本知识有助于处理在模式方面出现的问题。例如，当看到“`Command 命令 invalid in math mode`”错误信息时，就知道该命令不能用在数学模式中。

2.5.1 左右模式

在左右模式中，系统将其中的内容看作是由单词、标点符号和空白组成的一串字符，无论这串字符有多长，系统都将从左到右顺序排版而不换行；如果超出设定的行宽，系统将提示溢出：`Overfull \hbox`。在源文件中，`\mbox`、`\fbox` 和 `\framebox` 等左右盒子命令中的内容，系统都将按照左右模式排版。左右模式也被称为受限水平模式。

2.5.2 段落模式

在段落模式中，系统将其中的内容看作是由单词、标点符号和空白组成的一串字符，系统自动对这串字符进行分行、分段和分页处理。某些命令只能用在段落模式中。段落模式是最常用的排版模式，常规文本的排版就是采用这一模式。在源文件中，除了处在左右模式和数学模式的内容外，其他所有内容都将按照段落模式排版，即段落模式是系统默认的排版模式。在 LaTeX 内部又将段落模式分解为水平模式和垂直模式。

2.5.3 数学模式

由于很多数学式是二维结构，而编排数学式只能采用字符和命令结合的一维形式，因此系统提供了一种专门用于排版数学式的数学模式。所有数学符号命令和数学式排版命令都必须在数学模式中使用。某些在文本模式中使用的命令也可应用于数学模式。在数学模式中，系统将其中的字母都认为是数学符号，把它们的字体由直立形状转换为斜体形状，并且忽略所有符号之间的空白。在源文件中，两个 $ 符号之间的内容和各种数学环境中的内容，系统都将按照数学模式排版。

2.6 符号

在写作论文时要用到标点符号、数学符号和单位符号等许多符号。在 LaTeX 系统中可以把各种符号分为以下 3 类。

- 专用符号，被 LaTeX 赋予特殊用途的符号。
- 文本符号，可在文本模式中使用的符号，有些文本符号也可用于数学模式。
- 数学符号，可在数学模式中使用的符号，有些数学符号也可用于文本模式。

本章主要介绍专用符号和文本符号，数学符号放到**数学式**一章中介绍。专用符号是 LaTeX 赋予特殊使命的符号，文本符号是指可以在文本模式中使用的符号，如标点符号、单位符号等。

2.6.1 符号命令的获得

在 LaTeX 中，除键盘符号外，其他所有符号都是用符号命令表示的，只有在源文件编译后才能看到实际的符号。符号命令通常从以下三种途径获得。

(1) WinEdt 以按钮的形式提供有很多常用的符号命令。在工具栏中，单击 Σ 按钮，在其下方会分出一个符号工具条，WinEdt 将所提供的符号命令按符号的用途分成十几个类别按钮，罗列在符号工具条上，比如单击 Math 按钮，就会出现一组数学符号按钮，再单击所选数学符号按钮，对应的符号命令就会自动插到编辑区中的光标处。在这些符号命令中，一部分是由 LaTeX 提供的，可直接使用；另一部分是由数学字符宏包 amssymb 提供的，使用前必须在导言中添加该宏包的调用命令，否则系统将给出错误信息。

(2) 在 WinEdt 中，选择 TeX → CTeX Tools → TeXFriend 命令，可调出系统附带的符号工具 TeXFriend，其图标是个黄底红色三重闭路积分符号，它可提供多种类别的上千个符号命令，是对 WinEdt 符号命令的补充。在 TeXFriend 中，只需单击所选符号，对应的符号命令就会插入到光标处，而且 TeXFriend 还会检查源文件中是否调用了该符号命令所需的符号宏包，若没有，则会在文档类型命令 `\documentclass` 之下自动插入调用该宏包的命令。

(3) 在 Windows 中，选择“开始”→“所有程序”→ CTeX → Help → Symbols 命令，可自动打开一个名为 The Comprehensive LaTeX Symbol List 的 PDF 文件，其中列举了数千个文本符号和数学符号及其对应的符号命令。在这些符号命令中有些是系统本身就能提供的，但大部分是由各种字体宏包和符号宏包提供的，所以在使用这些符号命令时，应根据文件说明调用相应的字体宏包或符号宏包。

由于 WinEdt 和 TeXFriend 都可以自动在源文件中插入符号命令，所以本书只列出这些符号，以备查寻；而两者之外的符号，还将列出其符号命令以及所需宏包的名称。

2.6.2 专用符号

在键盘符号中，有 10 个被 LaTeX 赋予了特殊用途，成为 LaTeX 的专用符号，所以它们不能脱离使用条件，作为独立的符号单独使用，否则在编译时或不显示或显示错误，或造成编译中止，如表 2.4 所示。

表 2.4 10 个专用符号及其用途

专用符号	用途
%	注释符，在源文件中该符号及其右侧的所有字符，在编译时都将被忽略
\	转义符，左端带有这个符号的字母串，均被认为是命令
$	数学模式符，必须成对使用，用于界定数学模式的范围
#	参数符，用于代表所定义命令中的参数
{	必要参数或组合的起始符
}	必要参数或组合的结束符
^	上标符，用在数学模式中指示数学符号的上标
_	下标符，用在数学模式中指示数学符号的下标
~	空格符，产生一个不可换行的空格
&	分列符，用在各种表格环境中，作为列与列之间的分隔符号

如果在论文的内容中需要用到这些专用符号，就必须在源文件中采取特殊的措施，而不能直接使用，其具体方法有多种，如表 2.5 所示。

表 2.5 在论文中显示专用符号的方法

专用符号	显示方法			
%	\%	\verb"%"		\texttt{\symbol{'45}}
\		\verb"\"	\textbackslash	\texttt{\symbol{'134}}
$	\$	\verb"$"	\textdollar	\texttt{\symbol{'44}}
#	\#	\verb"#"		\texttt{\symbol{'43}}
{	\{	\verb"{"	\textbraceleft	\texttt{\symbol{'173}}
}	\}	\verb"}"	\textbraceright	\texttt{\symbol{'175}}
^	\^{}	\verb"^"	\textasciicircum	\texttt{\symbol{'136}}
_	_	\verb"_"	\textunderscore	\texttt{\symbol{'137}}
~	\~{}	\verb"~"	\textasciitilde	\texttt{\symbol{'176}}
&	\&	\verb"&"		\texttt{\symbol{'46}}

在表 2.5 中：10 个专用符号中有 9 个在其前添加反斜杠后就可在论文中正常显示了，只有反斜杠自己不能用这种方法显示，因为两个反斜杠 \\，是用于换行的 LaTeX 命令；符号 ^ 和 _ 在数学模式中表示上标和下标，这两个符号的功能也可分别用命令 \sp 和 \sb 来实现。

此外，键盘符号 <、> 和 |，也被定义为数学符号，它们通常用在数学式。如果要在论文的文本中使用这 3 个符号，可选择表 2.6 所示的 4 种显示方法。

表 2.6 3 个键盘符号的显示方法

键盘符号	显示方法			
|	\verb"|"	\texttt{|}	$\|$	\textbar
<	\verb"<"	\texttt{<}	$<$	\textless
>	\verb">"	\texttt{>}	$>$	\textgreater

在表 2.6 中，\texttt 是等宽体字体命令，在系统默认的 3 个字族中，只有等宽体字体有这 3 个符号，而罗马体和等线体都没有，例如 \textrm{<>|}，得到的是 ¡¿—。

2.6.3 西欧字符

西欧国家的变音字母等字符不属于标准 ASCII 编码字符，不能直接从键盘输入。单击符号工具条中的 International 按钮，可得到下列西欧字符的符号命令。

ò ó ô ö õ ō ȯ œ æ å ø ł ı ¿ ä ë ï ö ü ÿ ß
ŏ ǒ ő o͡o ǫ ọ o̲ Œ Æ Å Ø Ł € ¡ Ä Ë Ï Ö Ü Ÿ ß
ç à á â è é ê ì í î ò ó ô ù ú û
Ç À Á Â È É Ê Ì Í Î Ò Ó Ô Ù Ú Û

在以上字符中，欧元符号需要调用 eurosym 欧元符号宏包才能显示。如果使用 UTF-8 文件格式，可单击  按钮，在文件栏下分出一个字符表，共有 6 万多个字符，每一字符都有对应的代码，可直接从中得到上述西欧字符，其中欧元符号的代码是 20AC。

2.6.4 标点符号

标点符号是辅助文字记录的符号，是书面语言的重要组成部分。在撰写论文时要用到很多标点符号，有些可以用键盘符号直接输入，如逗号、句号和冒号等，有些则需要特定的方法、模式或命令，如表 2.7 所示。

表 2.7 特殊标点符号的生成方法

标点符号	生成方法		示例
中文双引号	“ ”		“引号”
英文单引号	‘ ’	\textquoteleft 与 \textquoteright	‘mark’
英文双引号	‘‘ ’’	\textquotedblleft 与 \textquotedblright	“mark”
连字符	-		re-mark
连数符	--	\textendash	22–29
破折号	---	\textemdash	—, —
正号，负号	$+$, $-$		+2，−9
正负号	$\pm$		±9
上标	^{字符}	^{字符}	29th
下标	$_{字符}$	\textsubscript{字符}（须调用 fixltx2e 宏包）	H_2O
可见空格符	\verb*" "	\textvisiblespace	␣, ␣
省略号	\dots	\ldots　　　\textellipsis	…, …

在表 2.7 中：英文双引号是由两个左单引号和两个右单引号组成的；夹在两个 $ 之中的命令表示只能在数学模式中使用；键盘符号中的正号、负号和等号虽然可以作为文本符号在文本模式中直接使用，但是没有在数学模式中美观精致，因为在数学模式中，系统会将这些文本符号转换为数学符号并插入适当的数学间距；用数学模式生成的上下标不支持中文。

中文标点符号的使用应遵照 GB/T 15834－2011《标点符号用法》国家标准的规定，其中的破折号较长，相当于两个汉字的宽度，例如：北京------上海，得到：北京——上海；由于汉字的中心高于小写英文字母的中心，所以得到的破折号偏低，可使用位移命令适当地抬高破折号，例如：北京\raisebox{1.5pt}{------}上海，得到：北京——上海。

2.6.5 货币符号

调用表 2.8 所示的符号宏包并使用其提供的符号命令，就可生成各种货币符号。

表 2.8 货币符号及其符号命令

宏包名称	货币符号及其符号命令							
textcomp	฿	\textbaht	¤	\textcurrency	₲	\textguarani	₩	\textwon
	¢	\textcent	$	\textdollaroldstyle	ƒ	\textflorin	¥	\textyen
	đ	\textdong	£	\textsterling	₦	\textnaira	₤	\textlira
	€	\texteuro	₡	\textcolonmonetary	$	\textdollar	₱	\textpeso
marvosym	₰	\Denarius	€	\EUR	€	\EURdig	€	\EURtm
	℔	\Pfund	@	\Ecommerce	β	\Shilling	€	\EURcr
	€	\EURhv	$	\EyesDollar				
eurosym	€	\geneuro	€	\geneuronarrow	€	\officialeuro		

2.6.6 图形符号

在 TeXFriend 中，选择下拉菜单中的 bbding 选项，可得到下列图形符号的符号命令。

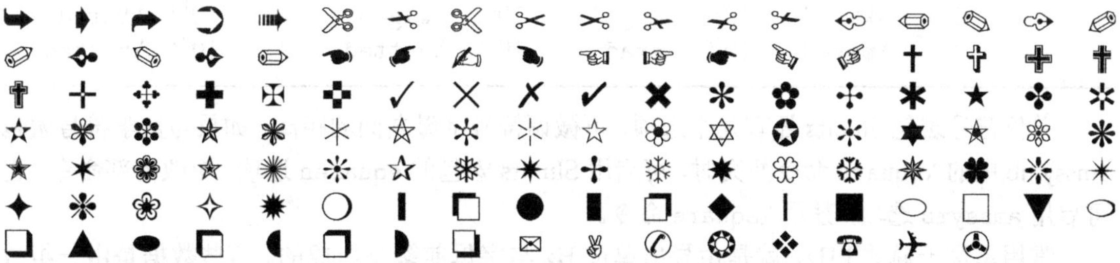

这些符号需要调用图形符号宏包 bbding 才能显示；TeXFriend 会自动检测是否调用了所需宏包，如果没有，它将自行在导言中添加。

在 TeXFriend 中，选择下拉菜单中的 pifont-1 选项，可得到下列图形符号的符号命令。

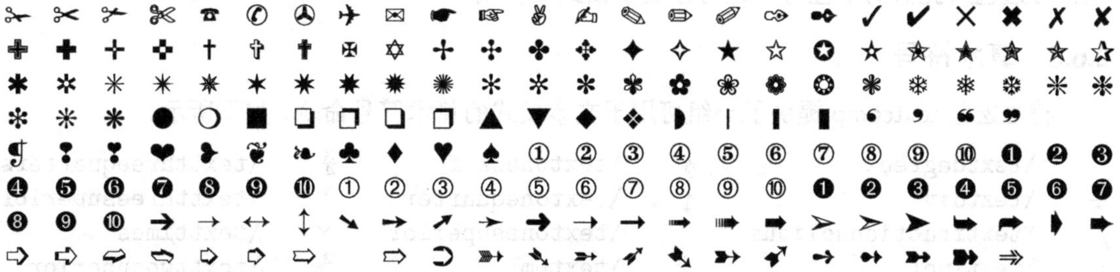

这些符号需要调用图形符号宏包 pifont 才能显示。

2.6.7 单位符号

论文中经常要用到一些理化单位符号，可调用单位符号宏包 SIunits 并使用其提供的符号命令，能够得到表 2.9 所示的单位符号。

表 2.9　单位符号及其符号命令

单位类别	单位符号及其符号命令							
基本单位	m	\metre	s	\second	mol	\mole	A	\ampere
	cd	\candela	kg	\kilogram	K	\kelvin		
导出单位	Hz	\hertz	F	\farad	°C	\degreecelsius	N	\newton
	Ω	\ohm	lm	\lumen	Pa	\pascal	S	\siemens
	lx	\lux	J	\joule	Wb	\weber	Bq	\becquerel
	W	\watt	T	\tesla	Gy	\gray	C	\coulomb
	H	\henry	Sv	\sievert	V	\volt	°C	\celsius
非标单位	d	\dday	min	\minute	Å	\angstrom	′	\arcminute
	°	\degree	Np	\neper	eV	\electronvolt	″	\arcsecond
	rad	\rad	a	\are	Gal	\gal	rem	\rem
	b	\barn	g	\gram	R	\roentgen	L	\liter
	ha	\hectare	bar	\bbar	r/min	\rperminute	h	\hour
	t	\tonne	B	\bel	u	\atomicmass	l	\litre
	Ci	\curie						
字母前缀	a	\atto	f	\femto	k	\kilo	m	\milli
	M	\mega	n	\nano	p	\pico	μ	\micro
数字前缀	10^{-24}	\yoctod	10^{-21}	\zeptod	10^{-18}	\attod	10^{-15}	\femtod
	10^{-12}	\picod	10^{-9}	\nanod	10^{-6}	\microd	10^{-3}	\millid
	10^{-2}	\centid	10^{-1}	\decid	10^{1}	\decad	10^{2}	\hectod
	10^{3}	\kilod	10^{6}	\megad	10^{9}	\gigad	10^{12}	\terad
	10^{15}	\petad	10^{18}	\exad	10^{21}	\zettad	10^{24}	\yottad

单位符号宏包 SIunits 还有几个选项，可微调符号字母之间的距离；如果与数学符号宏包 amssymb 中的 \square 命令冲突时，可启用 SIunits 宏包的 squaren 选项，更改内部命令，也可启用 amssymb 选项，禁用 \square 命令。

常用单位千赫兹 kHz，就是由导出单位 Hz 与字母前缀 k 组成的。有些数据是由一组数字和单位组成的，例如：夹角 $\alpha = 36°18'56''$。

由 Joseph Wright 编写的单位符号宏包 siunitx 也提供有很多单位符号，并且还提供有多个更为智能的单位符号命令。例如 \ang{36;18;56}，就可直接得到 36°18′56″。上述两个单位符号宏包所提供的单位符号也可在数学模式中使用。

2.6.8　算术符号

符号宏包 textcomp 提供了一组可用于文本模式的算术符号命令，如下所示。

°	\textdegree	½	\textonehalf	¾	\textthreequarters
÷	\textdiv	¼	\textonequarter	³	\textthreesuperior
/	\textfractionsolidus	¹	\textonesuperior	×	\texttimes
¬	\textlnot	±	\textpm	²	\texttwosuperior
−	\textminus	√	\textsurd		

2.6.9　杂项符号

符号宏包 textcomp、wasysym、ifsym 和 dingbat 还提供有处方符号、波形符号和百分符号等许多杂项符号命令，如表 2.10 所示。

表 2.10 杂项符号及其符号命令

宏包名称	杂项符号及其符号命令			
textcomp	∗	\textasteriskcentered	ª	\textordfeminine
	‖	\textbardbl	º	\textordmasculine
	◯	\textbigcircle	¶	\textparagraph
	ƀ	\textblank	·	\textperiodcentered
	¦	\textbrokenbar	‱	\textpertenthousand
	•	\textbullet	‰	\textperthousand
	†	\textdagger	¶	\textpilcrow
	‡	\textdaggerdbl	'	\textquotesingle
	=	\textdblhyphen	‚	\textquotestraightbase
	=	\textdblhyphenchar	„	\textquotestraightdblbase
	⁒	\textdiscount	℞	\textrecipe
	℮	\textestimated	※	\textreferencemark
	‽	\textinterrobang	§	\textsection
	⸘	\textinterrobangdown	—	\textthreequartersemdash
	♪	\textmusicalnote	~	\texttildelow
	№	\textnumero	—	\texttwelveudash
	◦	\textopenbullet		
wasysym	‰	\permil	ℓℓℓℓℓ	\gluon
	∼	\AC	≋	\VHF
	∿∿∿	\photon	∢	\varangle
	∴	\wasytherefore		
ifsym	⎿	\FallingEdge	⎺⎽⎺	\LongPulseLow
	⎽⎺⎽	\LongPulseHigh	⎽⎺⎽	\PulseHigh
	⎺⎽⎺	\PulseLow	⎽⎺⎽	\ShortPulseHigh
	⎾	\RaisingEdge	⎺⎽⎺	\ShortPulseLow
dingbat	✓	\checkmark	↵	\carriagereturn

在表 2.10 中，符号宏包 wasysym 提供的杂项符号命令也可以用于数学模式；如果使用 ifsym 提供的脉冲符号，还需选用该宏包的 electronic 选项。

其他符号宏包如 MnSymbol、marvosym、mathabx 和 ifsym 等还提供有天文符号、七段数码符号和信封符号等杂项符号的生成命令。

2.6.10 音标符号

在 TeXFriend 中，选择下拉菜单中的 tipa-1 选项，可得到下列各种音标符号的符号命令。

ɤ ʡ ɭ ƀ ˑ ɳ є ъ ɽ đ ʳ ʂ ɟ ɓ ʈ ɠ ʄ ʐ ʢ ƈ ̡ ɨ ɗ ᴀ
ɫ ɠ ʙ ɵ ɦ ᴇ ʢ ɧ ɢ ʉ ƙ ʜ ɬ ɓ ə β ʠ ɪ ʘ ʛ ᴊ ˊ ƭ ʟ
χ hʊ ɴ ɞ ƽ ɶ ɷ ʁ ʊ ɞ ɩ ʐ ƛ ʀ ˥ ː ɑ ƀ ţ ʋ ᴜ ɡ ʅ
ʏ ħ ɾ ˌ ƾ ˂ ь ƛ ɱ ʗ ƻ ɲ ʨ ɕ ɬ ʧ ȡ ʓ θ ʥ þ ʆ ɟ ʦ
ʝ ɮ ɐ ȵ ω æ ƫ ˹ ɥ ʨ ɔ ʞ ʒ ̢ ɪ ʑ ɸ ɯ ʥ | ɰ ǂ ˈ ɹ
ǂ ˀ ɻ ≠ ɿ ɒ ‖ ɤ ɟ ‖ ʌ ↓ ʿ ʍ ʤ ɘ ʎ ʣ ɜ ʊ ɛ ʕ ↑ ʃ
ɛ | ɾ ɝ ʅ ɡ ɚ ɥ ɣ ˜ p ↘ ˃ ʒ ↗ ɖ

这些符号需要调用音标符号宏包 tipa 才能显示。此外，还有 tipx、wasysym、phonetic 和 t4phonet 等符号宏包也都提供有多种音标和变音符号的符号命令。

2.6.11 化学符号

由 Shinsaku Fujita 编写的 xymtex 化学宏包主要用于绘制分子结构式。由于该宏包对很多典型的分子结构式定义了绘制命令，使这些分子结构式符号化，因此本书将它们归为化学符号命令。下面列出几种常见的分子结构式，其中各种命令及其参数的定义可查阅该宏包的说明文件。该宏包将自动加载 epic 和 chemstr 等多个相关宏包。

(1) 苯衍生物（Benzene Derivatives）：

```
\bzdrh[pa]{4D==O;1D==CH$_{3}$SO$_{2}$--N;3==CH$_{3}$} \qquad
\bzdrh[pa]{1D==O;4D==N--SO$_{2}$CH$_{3}$;2==CH$_{3}$}
```

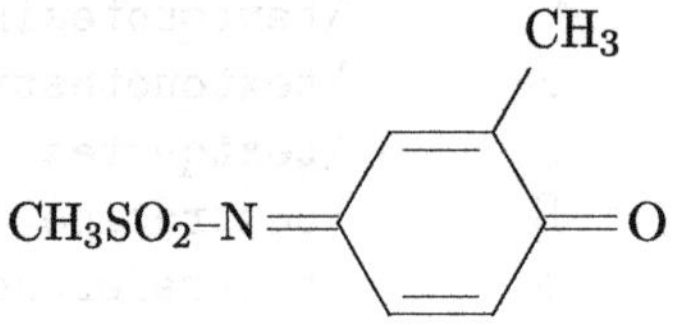

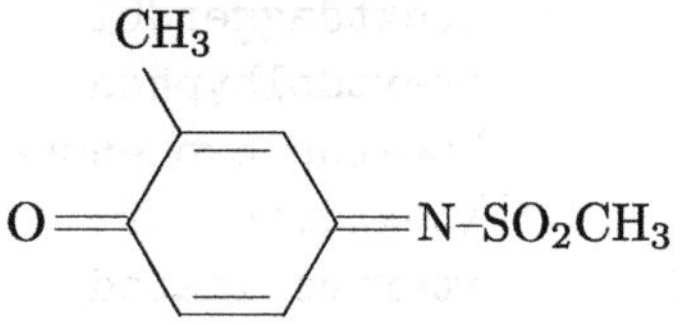

(2) 环己烷衍生物（Cyclohexane Derivatives）：

```
\cyclohexaneh{4D==CH$_{2}$;3SB==CH$_{3}$;3SA==H} \hspace{5em}
\cyclohexaneh{3D==O;5D==O;1Sb==CH$_{3}$;1Sa==CH$_{3}$;4==CH$_{2}$CO$_{2}$H}
```

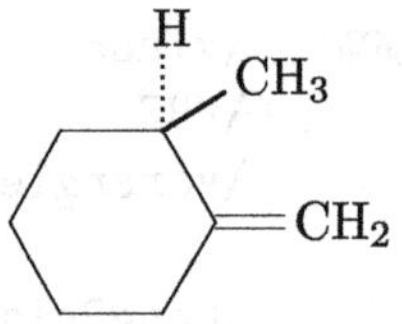

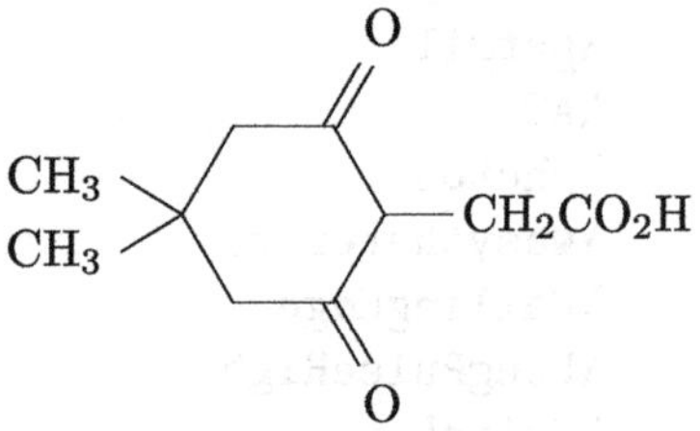

(3) 萘衍生物（Naphthalene Derivatives）：

```
\naphdrv{1==CH$_{2}$CH=CH$_{2}$;2==OH} \hspace{4em}
\naphdrv{6==H$_{3}$C;2==COCH$_{2}$CH$_{2}$COOH}
```

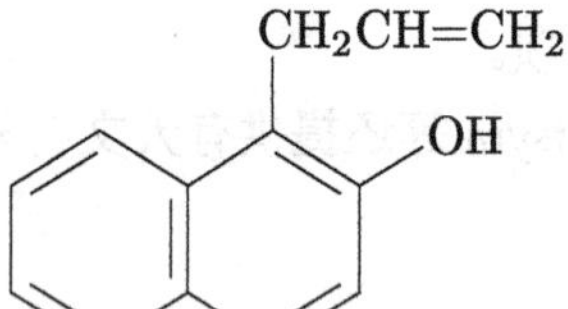

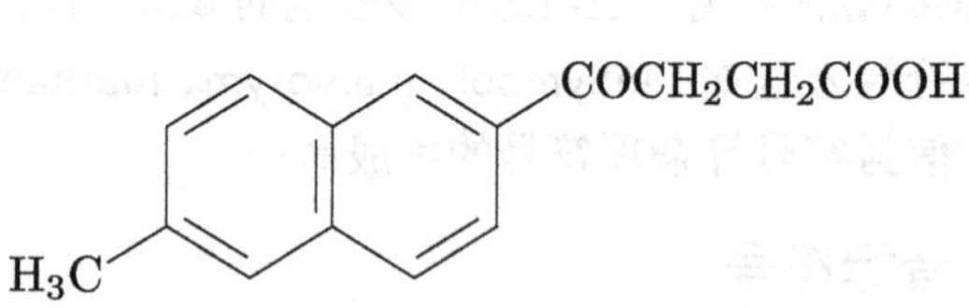

(4) 蒽衍生物（Anthracene Derivatives）：

```
\anthracenev[pa]{9D==O;{{10}D}==O;2==COOH}\hspace{5em}
\anthracenev[pA]{9D==O;{{10}D}==O;2==COOH}
```

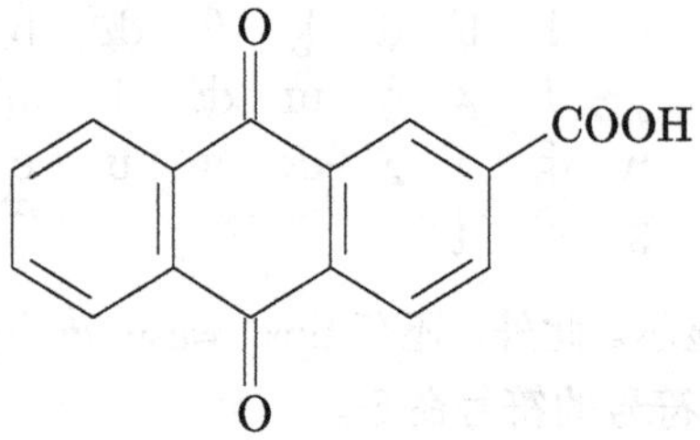

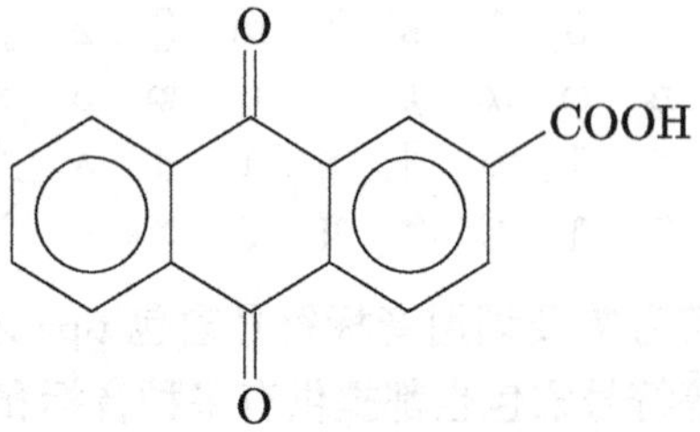

(5) 三元杂环化合物(Three-Membered Heterocycles)：

```
\threehetero[H]{1==C;2==C;3==C}{1Sa==H;1Sb==H;2Sa==COOCH$_{3}$;%
2Sb==COOCH$_{3}$;3Sa==H$_{3}$C;3Sb==H$_{3}$C}\hspace{6em}
\threehetero[H]{2==C}{2Sa==COOH;2Sb==COOH}
```

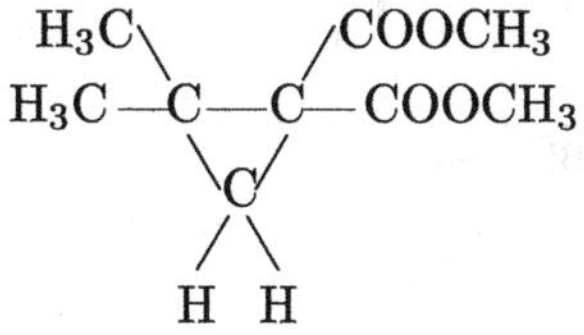

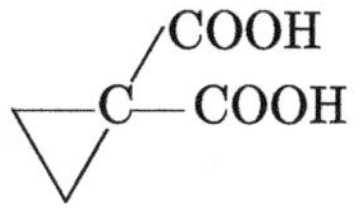

此外，化学宏包 chemsym 为每个化学元素定义了一个命令，它还可以使上下标符号直接在文本模式中使用，例如水的分子式是 H_2O，源文件可写为 `H_20`；调用化学宏包 chemfig 并使用其提供的 `\chemfig` 命令也可绘制各种化学分子式。

2.6.12 光学符号

由 Manuel Luque 和 Herbert Voß 编写的 pst-optic 光学宏包主要用于绘制光学图形的，由于它定义了很多典型的光路图命令，使光学图形符号化，所以本书将其归为光学符号。下面列出几个常见的光路图，其中各种命令及其参数的定义可查阅该宏包的说明文件。

(1) 凸透镜光路图：

```
\lens
```

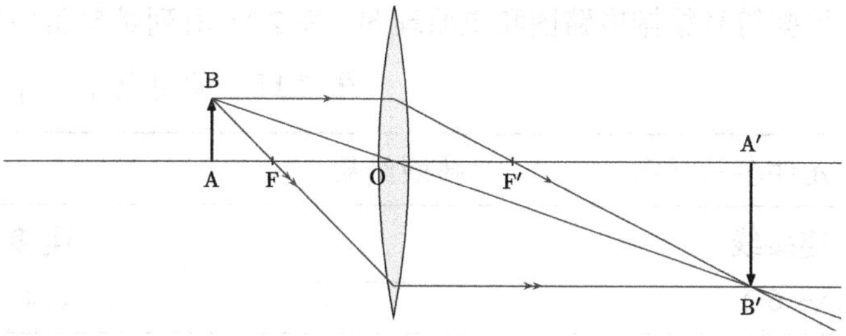

(2) 凹透镜光路图：

```
\lens[lensType=PDVG,focus=-2,
spotAi=270,spotBi=90]
```

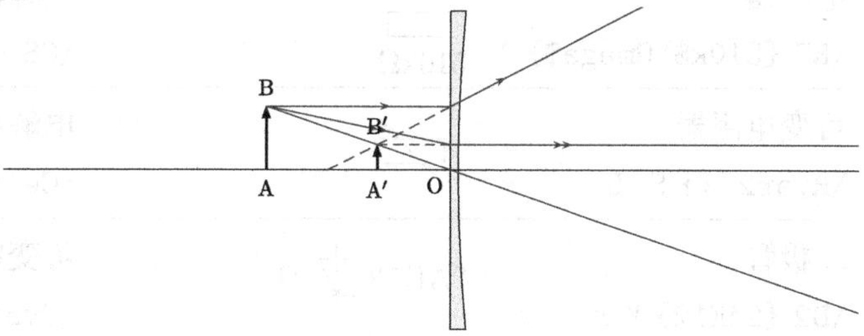

(3) 三棱镜光路图：

```
\begin{pspicture*}(-8,-1)(8,8)
\psprism
\end{pspicture*}
```

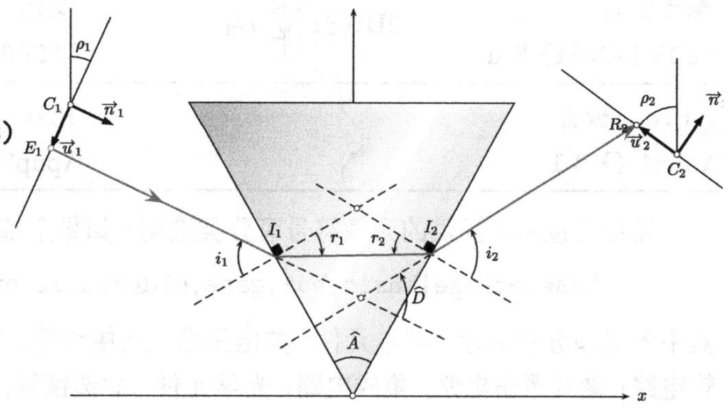

(4) 反射镜光路图：

\mirrorCVG[mirrorType=SPH]

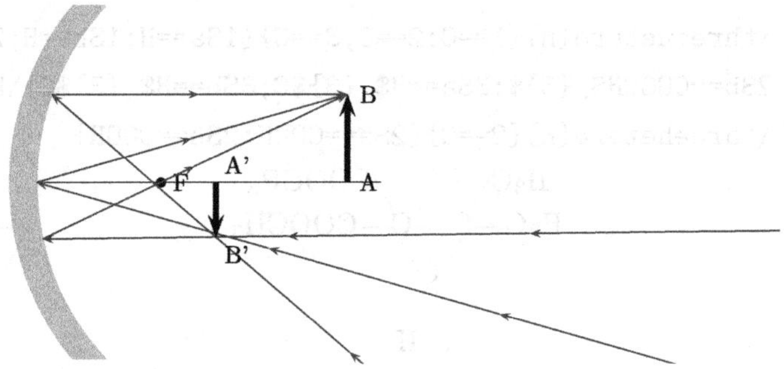

当使用光学宏包 pst-optic 提供的光学符号命令后，源文件的编译方法应改为：LaTeX → dvi2ps → ps2pdf，否则得不到正确的光学符号。

2.6.13　电子元件符号

元件宏包 circ

由 Sebastian Tannert 和 Andreas Tille 编写的元件宏包 circ 提供一个 `circuit` 环境和许多常用的电子元件和其他元件符号，例如电阻器、电容器、三极管、运算放大器、JK 触发器和透镜符号；所有元件符号都必须在 `circuit` 环境中使用，其位置和方向都可以设定。可使用这些符号编排电路图和电原理图。表 2.11 所列是最常用的电子元件符号。

表 2.11　常用电子元件符号

元件名及示例	排版结果	元件名及示例	排版结果
连接线 `\- 6 l`	——	连接点 `\.4`	•
电阻器 `\R7 {510k$\Omega$} l`	R_7 510kΩ	电容器 `\C8 {27pF} d`	27pF C_8
可变电阻器 `\Rvar2  {} S  D`		电解电容器 `\Cel9 {5.1$\mu$F} + d`	5.1μF C_9
二极管 `\D2 {2AK12} K r`	2AK12 D_2	可变电容器 `\Cvar2 {72k$\Omega$} d`	72kΩ C_2
稳压极管 `\ZD3 {2DW81} K u`	2DW81 D_3	发光二极管 `\LED6 {绿} K d`	绿 D_6
NPN 三极管 `\npn1 {} B l`		PNP 三极管 `\pnp5 {} B l`	

元件宏包 circ 提供的元件符号可分类选用，如果全部需要，则宏包的调用命令为：

```
\usepackage[basic,box,gate,oldgate,ic,optics,physics]{circ}
```

其中各选项分别表示：基本元件，如电阻器、连接线等；四端器件，如放大器、转换器等；逻辑电路；老式逻辑电路；集成电路；光学元件，如透镜等；机械元件，如弹簧等。

例 2.12　绘制一个可测量基极电流和集电极电流的三极管放大电路。

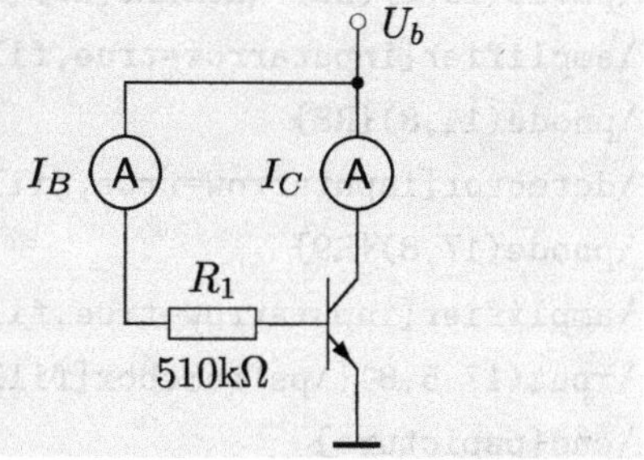

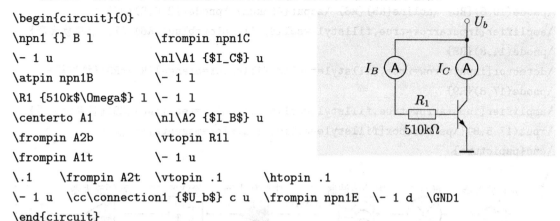

```
\begin{circuit}{0}
\npn1 {} B 1          \frompin npn1C
\- 1 u                \nl\A1 {$I_C$} u
\atpin npn1B          \- 1 l
\R1 {510k$\Omega$} l \- 1 l
\centerto A1          \nl\A2 {$I_B$} u
\frompin A2b          \vtopin R1l
\frompin A1t          \- 1 u
\.1      \frompin A2t  \vtopin .1       \htopin .1
\- 1 u  \cc\connection1 {$U_b$} c u  \frompin npn1E  \- 1 d  \GND1
\end{circuit}
```

表 2.11 和例 2.12 中的各种命令及其参数的定义可查阅该宏包的说明文件。元件宏包 circ 提供的符号可以采用各种编译方法进行编译。

元件宏包 pst-circ

由 Christoph Jorssen 和 Herbert Voß 编写的元件宏包 pst-circ 除了提供很多电子元件符号以外，还提供有很多电路符号，例如滤波器、混频器电路符号等，其中常用的电路及其电路符号如表 2.12 所示。因此，该宏包很适合用于绘制系统电路原理框图。

表 2.12　常用电路符号表

电路	电路符号	电路	电路符号	电路	电路符号
高通滤波器	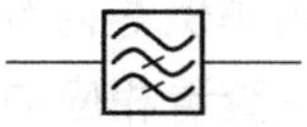	带通滤波器	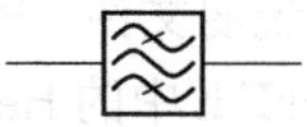	低通滤波器	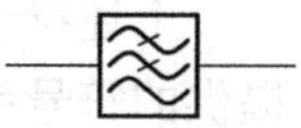
隔离器	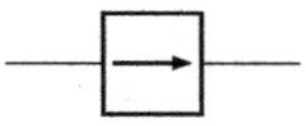	移相器		压控振荡器	
放大器	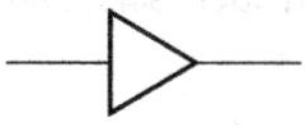	检波器		混频器	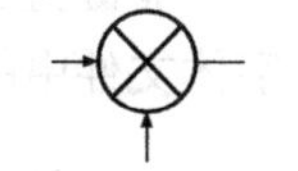
分频器	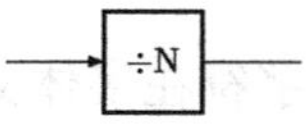 ÷N	倍频器	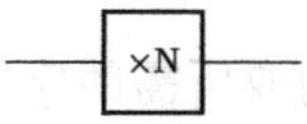 ×N	耦合器	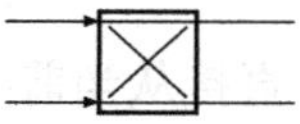

例 2.13　绘制一张超外差式调幅收音机的电路原理框图。

```
\begin{pspicture}(1,2)(19,9)
\pnode(2.5,8){A} \antenna[antennastyle=three](A)
\pnode(2.5,8){R1} \pnode(5.5,8){R2}
\amplifier[inputarrow=true,fillstyle=solid,fillcolor=red](R1)(R2){高频放大器}
\pnode(5,8){R2} \pnode(7,8){R3} \pnode(6,7){X2}
\mixer[inputarrow=true](R2)(R3)(X2){混频器}{fillstyle=solid,fillcolor=yellow}
\pnode(6,6){X3}
\oscillator[output=top](X3){高频发生器}{fillstyle=solid,fillcolor=lime}
\pnode(7,8){R4} \pnode(9.0,8){R5} \ncline{R3}{R4}
```

```
\filter[inputarrow=true,fillstyle=solid,fillcolor=cyan](R4)(R5){中频滤波器}
\pnode(10,8){R6} \ncline{R5}{R6} \naput{465kHz} \pnode(12.0,8){R7}
\amplifier[inputarrow=true,fillstyle=solid,fillcolor=blue](R6)(R7){中频放大器}
\pnode(14,8){R8}
\detector[inputarrow=true,fillstyle=solid,fillcolor=orange](R7)(R8){检波器}
\pnode(17,8){R9}
\amplifier[inputarrow=true,fillstyle=solid,fillcolor=teal](R8)(R9){音频放大器}
\rput(17.5,8){\psframebox[fillstyle=solid,fillcolor=magenta]{音箱}}
\end{pspicture}
```

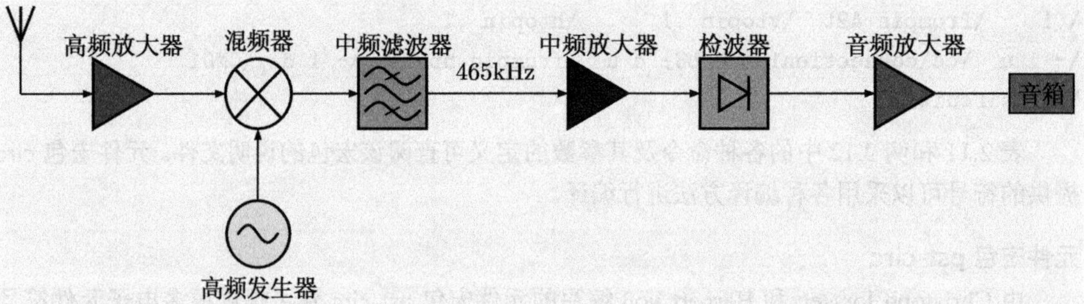

上例源文件中的各种命令及其参数的定义可查阅 pst-circ 宏包和 pst-node 宏包的说明文件。如果在源文件中使用了 pst-circ 宏包提供的符号，就必须采用 LaTeX → dvi2ps → ps2pdf 的编译方式。该宏包将自动加载 pstricks 和 xcolor 等相关宏包。

2.6.14 符号的使用说明

上述符号宏包都有很具体的说明文件，其中有选项说明和应用举例等内容，在使用它们提供的符号命令前，最好通过 WinEdt 中的 Help → LaTeX Doc 命令查看相应的说明文件。

2.6.15 直接访问字体文件

非键盘字符无法从键盘直接输入，查找相关命令或宏包也很麻烦，如果知道所需字符在字体文件中的代码，就可使用字符命令：

```
\symbol{代码}
```

直接从当前字体的字体文件中调取所需的字符，其中*代码*是所需字符在字体文件中的编号，*代码*可用十进制数表示，也可用八进制数表示，还可用十六进制数表示。

例 2.14 在当前字体中，分别用三种编号记数方法显示希腊字母 ø。

```
\symbol{28}, \symbol{'34}, \symbol{"1C}
```

ø, ø, ø

上例源文件中的三种记数方法得到的排版结果是一样的。从表 2.13 可以看出，采用八进制数表示代码较为方便。如果所给出的字符代码有误，系统将提示出错或显示非所需字符。

字符的代码

使用 \symbol 字符命令必须知道当前的字体和所需字符的字体文件以及对应的代码，表 2.13、表 2.14 和表 2.15 分别是系统默认的罗马体 cmr、等线体 cmss 和等宽体 cmtt 的字符代码表。有关字体的详细介绍见本书的**字体**一章。

表 2.13 罗马体 cmr 字符代码表

OT1	′0	′1	′2	′3	′4	′5	′6	′7	
′00x	Γ	Δ	Θ	Λ	Ξ	Π	Σ	Υ	″0x
′01x	Φ	Ψ	Ω	ff	fi	fl	ffi	ffl	
′02x	ı	ȷ	`	´	ˇ	˘	¯	˚	″1x
′03x	¸	ß	æ	œ	ø	Æ	Œ	Ø	
′04x	-	!	”	#	$	%	&	’	″2x
′05x	(	)	*	+	,	-	.	/	
′06x	0	1	2	3	4	5	6	7	″3x
′07x	8	9	:	;	¡	=	¿	?	
′10x	@	A	B	C	D	E	F	G	″4x
′11x	H	I	J	K	L	M	N	O	
′12x	P	Q	R	S	T	U	V	W	″5x
′13x	X	Y	Z	[	“	]	ˆ	˙	
′14x	‘	a	b	c	d	e	f	g	″6x
′15x	h	i	j	k	l	m	n	o	
′16x	p	q	r	s	t	u	v	w	″7x
′17x	x	y	z	–	—	˝	˜	¨	
	″8	″9	″A	″B	″C	″D	″E	″F	

在表 2.13 的两侧，x 和 x 分别表示某个字符所在列的八进制序号和十六进制序号。例如，问号的八进制代码是 '077，十六进制代码是 "3F。

表 2.14 等线体 cmss 字符代码表

OT1	′0	′1	′2	′3	′4	′5	′6	′7	
′00x	Γ	Δ	Θ	Λ	Ξ	Π	Σ	Υ	″0x
′01x	Φ	Ψ	Ω	ff	fi	fl	ffi	ffl	
′02x	ı	ȷ	`	´	ˇ	˘	¯	˚	″1x
′03x	¸	ß	æ	œ	ø	Æ	Œ	Ø	
′04x	-	!	”	#	$	%	&	’	″2x
′05x	(	)	*	+	,	-	.	/	
′06x	0	1	2	3	4	5	6	7	″3x
′07x	8	9	:	;	¡	=	¿	?	
′10x	@	A	B	C	D	E	F	G	″4x
′11x	H	I	J	K	L	M	N	O	
′12x	P	Q	R	S	T	U	V	W	″5x
′13x	X	Y	Z	[	“	]	ˆ	˙	
′14x	‘	a	b	c	d	e	f	g	″6x
′15x	h	i	j	k	l	m	n	o	
′16x	p	q	r	s	t	u	v	w	″7x
′17x	x	y	z	–	—	˝	˜	¨	
	″8	″9	″A	″B	″C	″D	″E	″F	

可看出，表 2.13 和表 2.14 中的字符及其代码都是相同的，只是字符的形状有明显不同。

表 2.15　等宽体 cmtt 字符代码表

OT1	′0	′1	′2	′3	′4	′5	′6	′7	
′00x	Γ	Δ	Θ	Λ	Ξ	Π	Σ	Υ	″0x
′01x	Φ	Ψ	Ω	↑	↓	'	¡	¿	
′02x	ı	ȷ	`	´	ˇ	˘	¯	˚	″1x
′03x	¸	ß	æ	œ	ø	Æ	Œ	Ø	
′04x	␣	!	"	#	$	%	&	'	″2x
′05x	(	)	*	+	,	-	.	/	
′06x	0	1	2	3	4	5	6	7	″3x
′07x	8	9	:	;	<	=	>	?	
′10x	@	A	B	C	D	E	F	G	″4x
′11x	H	I	J	K	L	M	N	O	
′12x	P	Q	R	S	T	U	V	W	″5x
′13x	X	Y	Z	[	\	]	^	_	
′14x	‘	a	b	c	d	e	f	g	″6x
′15x	h	i	j	k	l	m	n	o	
′16x	p	q	r	s	t	u	v	w	″7x
′17x	x	y	z	{	|	}	~	¨	
	″8	″9	″A	″B	″C	″D	″E	″F	

表 2.15 与上两表的主要差别是没有了连字符。以上 3 个字符代码表各有 0～127 共 128 个码位，即有 128 个字符可供选择。也可以从 CTeX 文件夹中找到 `cmr10.pfb`、`cmss10.pfb` 和 `cmtt10.pfb` 字体文件，从中可看到系统默认的这三种文本字体的字符代码。

键盘符号的样式

从表 2.13、表 2.14 和表 2.15 这 3 个表格中可以看出以下两点。

(1) 所有键盘符号的显示样式还与所使用的字体有关。例如，使用等宽体字体显示注释符 `\texttt{\symbol{'045}}`，得到 `%`；而用当前字体 `\symbol{'045}`，得到 %。

(2) 有些键盘符号并不是所有系统默认的字体文件中都有。例如在系统默认的等宽体字体文件中有反斜杠符号，而在默认的罗马体和等线体字体文件中就没有。如果用等宽体字体显示反斜杠 `\texttt{\symbol{'134}}`，可得到 `\`；而用等线体 `\textsf{\symbol{'134}}`，得到的却是 “。等宽体中有花括号，而罗马体和等线体中没有。

其他编码字符

系统默认的三种文本字体都是 OT1 编码，如果需要使用其他编码字体的字符，例如 T1 编码的 fnc 字族字符，可在 `\symbol` 命令之前使用字体属性命令：

```
\fontencoding{T1}\fontfamily{fnc}\selectfont
```

将当前的文本字体由默认的 OT1 编码的 cmr 字族改为 T1 编码的 fnc 字族。还可使用字体属性命令，在文本模式中调用 OML、OMS 或 OMX 编码的数学符号。

OT1 编码的字符只有 128 个，有些带变音符号的变音字母，例如 $\ddot{a}$，必须在数学模式中用字母加命令的方式生成，即 `$\ddot{a}$`，这种输入方法很麻烦，也无法正确断词；而 T1 编码的字符有 256 个，其中就有各种变音字母，可直接在文本中使用。在系统中就附带有 T1 编码的 cmr、cmss 和 cmtt 字族。

上述编码是系统直接支持的，如果需要使用系统以外的其他编码字符，例如 OT2 和 OT4 编码字符，须先在导言中调用 fontenc 编码选择宏包，并在其可选参数中指明所需编码：

```
\usepackage[OT2,OT4,OT1]{fontenc}
```

由于该命令可选参数中的最后一个编码将作为系统的默认编码，所以可将系统默认的 OT1 编码作为可选参数的最后一项。

例 2.15 PDFLaTeX 的开发者是个捷克籍越南人，其名字中有个双变音字母。

```
{\fontencoding{T1}\selectfont
H\`an Th\'{\symbol{"EA}} Th\`anh}
```

Hàn Thế Thành

例 2.16 例 2.15 中的双变音字母也可直接使用 T5 越南文字编码字符来编排。

```
\usepackage[T5,OT1]{fontenc}
{\fontencoding{T5}\selectfont
H\`an Th\symbol{"B8} Th\`anh}
```

Hàn Thế Thành

2.6.16 字符编号表的生成

从表 2.13、表 2.14 和表 2.15 这 3 个字符编号表中可以查找系统默认的三种文本字体的字符编号，如果要查找其他某种字体的字符编号，首先要能得到这种字体的字符编号表。以第 105 页表 3.8 中的 fplmbb 字体为例说明字符编号表的生成方法。

(1) 在系统文件夹下找出 nfssfont.tex 文件，这是用于生成字符编码表的源文件。

(2) 使用 PDFLaTeX 对 nfssfont.tex 进行编译，在编辑区底部分出的操作窗中会出现一条提示信息 \currfontname=，要求给出字体文件名，通常并不知道完整准确的字体文件名，可以直接回车，表示采用后面指定字体属性的方式来确定字体文件名。

(3) 又出现提示信息 \encodeing=，要求给出字体编码名，输入 U 后回车。注意，编码名必须使用大写字母输入。

(4) 又出现提示信息 \family=，要求给出字族名，输入 fplmbb 后回车。

(5) 又出现提示信息 \series=，要求给出序列名，回车，表示采用默认值 m。

(6) 又出现提示信息 \shape=，要求给出形状名，回车，表示采用默认值 n。

(7) 又出现提示信息 \size=，要求给出尺寸值，回车，表示采用默认值 10pt。

(8) 又出现提示信息 Now type a test command，要求给出字符的显示方式命令，输入命令 \table\bye 后回车，表示指定生成字符编号表。

(9) 源文件经编译后生成一个名为 nfssfont.pdf 的 PDF 文件，其中内容就是 fplmbb 字体的字符编号表，如表 2.16 所示。

表 2.16 罗马体 fplmbb 字符编号表

	´0	´1	´2	´3	´4	´5	´6	´7	
´06x		𝟙							″3x
´07x									
´10x		𝔸	𝔹	ℂ	𝔻	𝔼	𝔽	𝔾	″4x
´11x	ℍ	𝕀	𝕁	𝕂	𝕃	𝕄	ℕ	𝕆	
´12x	ℙ	ℚ	ℝ	𝕊	𝕋	𝕌	𝕍	𝕎	″5x
´13x	𝕏	𝕐	ℤ						
	″8	″9	″A	″B	″C	″D	″E	″F	

如果将输入命令 `\table\bye` 改为 `\text\bye`，源文件经编译后将生成一篇用该字体编排的短文，用以展示使用该字体的排版效果。

2.6.17 软键盘符号

在微软或谷歌的中文输入栏中都有个“软键盘”，其中有数字序号、标点符号、注音符号、拼音字母、希腊字母、俄文字母、日文假名和特殊符号等大量的全角或半角符号，在使用这些符号前应调用 ctex 中文字体宏包。

2.6.18 TeX 家族的标识符

自从 TeX 诞生以来，出现了很多为其服务或拓展其排版功能的应用软件，它们都有各自的标识符，必须使用专用的符号命令来生成，如表 2.17 所示。

表 2.17 TeX 家族的标识符

标识符	符号命令	所需宏包	说明
AMS-TEX	`\AMSTEX`、`\AmSTeX`、`\AMSTeX`	texnames	
BIBTEX	`\BIBTEX`、`\BIBTeX`、`\BibTeX`	texnames	文献管理
LATEX	`\LaTeX`		
LATEX 2ε	`\LaTeXe`		
LuaLATEX	`\LuaLaTeX`	metalogo	
LuaTEX	`\LuaTeX`	metalogo	
METAFONT	`\MF`	mflogo、texnames	字体生成
METAPOST	`\MP`	mflogo	绘图工具
TEX	`\TeX`		
XƎLATEX	`\XeLaTeX`	metalogo	
XƎTEX	`\XeTeX`	metalogo	

2.6.19 标点符号的使用

在撰写中文论文时应遵守 GB/T 15834－2011《标点符号用法》国家标准的规定。但在中文论文中也会用到很多英文，如专业词汇和数学式等，在中英文混排的时候究竟是用中文还是用英文标点符号呢？在这方面并没有统一的规定。有的全文采用英文标点符号；有的在中文之后用中文标点符号，在英文之后用英文标点符号。

在中文论文中使用英文标点符号显然不妥，在一篇论文中采用两种类型的标点符号也不合适。根据《中国大百科全书》数学卷的排版格式，所有文本段落都使用全角逗号和空心句号，只有在数学式之中的逗号为半角。例如：“$f(x,y)=0$。”，公式中的两个变量用半角逗号分隔，而在公式结尾处使用全角空心句号。

标点符号是论文的重要组成部分，应特别引起重视，使用不当会造成误解，甚至会对论文的科学性、严谨性产生怀疑。台湾农委会网站有篇钟博先生的文章《中英文标点、符号、打字、排版、编校须知》，http://www.coa.gov.tw/view.php?catid=17630，其中列举了很多标点符号使用不当的实例，并分别给出精辟的点评，可供参考。

2.7 长度设置

长度是对两点之间距离的度量。在源文件中，文本行的宽度、插图的高度等都可以作为相关命令中的长度参数由作者来设定。

2.7.1 长度单位

要准确地描述和调整各种 LaTeX 对象在版面中的位置，就必须使用标准的长度单位来度量。在源文件里可以使用的长度单位有两种：通用长度单位和专用长度单位。

通用长度单位

在这里，通用长度单位是指国际标准的长度单位和在社会或出版界通行的长度单位。在源文件中可以使用的通用长度单位如表 2.18 所示。

表 2.18 通用长度单位

单位	名称	说明	单位	名称	说明
mm	毫米	1 mm = 2.845 pt	cm	厘米	1 cm = 10 mm = 28.453 pt
pt	点	1 pt = 0.351 mm	cc	西塞罗	1 cc = 4.513 mm = 12 dd = 12.84 pt
bp	大点	1 bp = 0.353 mm ≈ 1 pt	in	英寸	1 in = 25.4 mm = 72.27 pt
dd	迪多	1 dd = 0.376 mm = 1.07 pt	ex	ex	1 ex = 当前字体中 x 的高度
pc	派卡	1 pc = 4.218 mm = 12 pt	em	em	1 em = 当前字体尺寸 ≈ M 的宽度
sp	定标点	65 536 sp = 1 pt			

在表 2.18 中所列的通用长度单位可分为以下两种类型。

(1) 绝对长度单位，它有固定不变的数值，例如 mm、cm 和 pt 等。

(2) 相对长度单位，例如 ex 和 em，其数值大小正比于字体尺寸。当字体尺寸确定后，相对长度单位也是定值。例如当前字体尺寸是 11 pt，那 1 em 就是 11 pt，1 em 相当于一个汉字的宽度。如果行距使用相对长度单位来设置，当字体尺寸改变时，行距也会随之自动改变。这两个相对长度单位分别由基本命令 `\fontdimen5` 和 `\fontdimen6` 来控制。

长度单位 pt 是 point 的缩写，很细小，多用于字体尺寸等精细设定；1 pc 相当于常规文本的行距；LaTeX 系统内部所使用的长度单位主要是 pt、em 和 ex；EPS 图形的坐标单位采用的是 bp；在英语国家，pt、pc 和 em 是印刷出版界的传统度量单位；cc 和 dd 这两个长度单位起源于 18 世纪法国的铅字度量标准，欧洲很多国家沿用至今；工程设计人员常用 mm 和 cm；英美学者仍习惯于 in。为了照顾到方方面面，LaTeX 只能对这些长度单位兼容并蓄。

每种字体都有自己的 em 和 ex 值，它们是直接来自当前字体。例如，当前字体是 `10pt` 罗马体，1 em = 10 pt，1 ex = 4.3 pt；若是 `10pt` 粗罗马体，1 em = 11.5 pt，1 ex = 4.4 pt；若是 `10pt` 等宽体，1 em = 10.5 pt，1 ex = 4.3 pt。由于在同一字体尺寸下，em 对不同字体的变化较大，而 ex 不明显，所以对水平距离的设置常用 em，而对垂直距离的设置，如行距，常用 ex。

定标点 sp 是系统中最小的长度单位，1 sp 约为二十万分之一毫米；在源文件里使用任何长度单位设定的长度，都将在系统内部转换为 1 sp 的整倍数，可见 LaTeX 系统的排版精细程度。在源文件里，所设置的各种长度都不得大于 2^{30} sp，相当于 16 383 pt 或 5 758.3 mm，否则系统将提示出错。

系统和各种宏包提供的命令里很多带有长度或宽度参数，还有许多长度数据命令，它们都可以用表 2.18 中的通用长度单位来设置长度，除非特别注明。

专用长度单位

除了表 2.18 中的通用长度单位外，系统还自行定义了以下两个专用的长度单位。

(1) mu，数学长度单位，也是一种相对长度单位，它专用于在数学模式中使用的某些间距设置命令，18 mu = 1 em。

(2) fil、fill 和 filll，它们 3 个都表示任意长，其中 fill 的伸展力度大于 fil，而 filll 最大，但不推荐作为外部长度单位使用。通常都是用第一个档次的任意长 fil，只有当它无法伸展到的时候才使用第二个档次的任意长 fill。这种长度单位主要用在对无法预知长度的设置，例如将版面所剩空间用空白填满等。

需要使用这两个专用长度单位的命令，本书将特别注明。

2.7.2 刚性与弹性长度

在设置某一长度值时，有以下两种类型的长度可供选择。

(1) 刚性长度，不会随排版情况变化而变化的长度，例如 `15pt`、`3em` 以及长度数据命令 `\parindent` 等都是刚性长度。

(2) 弹性长度，可根据排版情况有一定程度伸长或缩短的长度，它由设定长度、伸长范围和缩短范围 3 个部分组成。例如：`2mm plus 0.2mm minus 0.3mm`，它表示这个长度的设定长度是 2 mm，系统可根据实际排版情况将它最多伸长 0.2 mm，达到 2.2 mm，或者最多缩短 0.3 mm，变成 1.7 mm，这相当于工程上的尺寸标注：$2^{+0.2}_{-0.3}$ mm。

可伸缩的弹性长度，是 LaTeX 的重要排版设计理念之一，系统在排版时，字词之间的距离就是使用的弹性长度，这样才能保证所有文本行的宽度相同。

有时希望所设定的长度有一定的伸缩性，比如文本中经常要植入插图，有时差一点放不下，如果插图与上下文之间的距离、标题与上下文之间的距离、段落之间的距离都是刚性长度，那么硬碰硬互不相让，系统只好将插图移到下一页，这将给当前版面的底部留下大片空白；要是标题和文本行等都稍微挤一挤，插图就很可能放下，并使底部齐整，若仍然放不下，那都稍微松一松，也会使底部的空白减小或消除。

因此，在设置章节标题与上下文之间的距离、插图或表格之间的距离、插图或表格与上下文之间的距离时最好使用弹性长度，给系统以充分的排版自主权。

2.7.3 长度命令

LaTeX 系统提供了很多与长度有关的命令，它们基本上可分为以下三种类型。

(1) 长度数据命令，仅代表某一长度值，不能单独使用，只能作为其他命令中的长度数据。例如代表段落首行缩进宽度的长度数据命令是 `\parindent`，其默认值是 `17pt`。

(2) 长度赋值命令，用于为长度数据命令赋值。例如 `\setlength{\parindent}{9mm}`，将首行缩进宽度 `\parindent` 的默认值改为 `9mm`。

(3) 长度设置命令，用于生成某一高度或者宽度的空白。例如生成一段宽度是段落首行缩进宽度两倍的水平空白：`\hspace{2\parindent}`，或者生成一段高度是 6.5 mm 的垂直空白：`\vspace{6.5mm}`。`2\parindent` 表示两倍于 `\parindent` 的长度，而 `-\parindent` 等于 `-1.0\parindent`。

与版面、表格、数学式和插图等有关的专用长度命令，将在随后的相关章节中介绍。下面集中列出系统以及公式宏包 amsmath 和算术宏包 calc 提供的各种通用长度命令及其简要说明。通用长度命令是适用于各种 LaTeX 对象的长度命令。

长度数据命令

\smallskipamount	代表的长度值是 3pt plus 1pt minus 1pt。
\medskipamount	代表的长度值是 6pt plus 2pt minus 2pt。
\bigskipamount	代表的长度值是 12pt plus 4pt minus 4pt。
\fill	代表的长度值是 0pt plus 1fill，也就是从零到任意长。
\stretch{*n*}	伸展命令，它所代表的长度值是 0pt plus *n*fill，其中 *n* 为伸展系数，是个十进制数。\stretch{1} 等效于 \fill。
\unitlength	单位长度，默认值是 1pt。

长度赋值命令

\addtolength{命令}{长度} 将长度与长度数据命令的原有值相加，生成新的长度值。例如代表段距的长度数据命令 \parskip 的原有值为 20pt，在执行命令 \addtolength{\parskip}{-0.1\parskip} 后，段距改为 18pt。

\newlength{新命令} 新长度命令，用于自定义新的长度数据命令，其初值被自动赋为 0pt；如新命令与已有命令重名，系统将提示出错。

\setlength{命令}{长度} 用长度为长度数据命令赋值，长度可以是刚性也可以是弹性长度。绝大部分长度数据命令都可以用这条命令赋值。

\settodepth{命令}{字符串} 用字符串的深度为长度数据命令赋值。

\settoheight{命令}{字符串} 用字符串的高度为长度数据命令赋值。例如字符串 Fun 的高度，也就是 F 的高度，执行命令 \settoheight{\parskip}{Fun} 后，段距与当前字体 F 的高度相同。

\settototalheight{命令}{字符串} 用字符串的总高度为长度数据命令赋值，使用该命令前须调用 calc 算术宏包。

\settowidth{命令}{字符串} 用字符串的宽度为长度数据命令赋值。字符串的宽度，以及下面提到的高度、深度和总高度的定义详见第 2.8 节：**盒子**。

长度设置命令

\addvspace{长度}	有条件地生成一段高度为长度，宽度为文本行宽度的垂直空白。
\hspace{长度}	水平空白命令，生成一段高度为零，宽度为长度的水平空白。可以把它认为是一个宽度为长度的空白字符。
\hspace*{长度}	若命令 \hspace{长度} 产生的空白位于一行的开始或结尾，该空白将被系统删除，如需保留这段空白，可改用 \hspace*{长度}。
\vspace{长度}	垂直空白命令，生成一段高度为长度，宽度为文本行宽度的垂直空白。该命令常用于段落之间或图表与上下文之间。
\vspace*{长度}	若命令 \vspace{长度} 产生的空白位于一页的开始或结尾，该空白将被系统删除，如需保留这段空白，可改用 \vspace*{长度}。
\smallskip	生成一段高度为 3pt plus 1pt minus 1pt 的垂直空白。

\medskip	生成一段高度为 6pt plus 2pt minus 2pt 的垂直空白。
\bigskip	生成一段高度为 12pt plus 4pt minus 4pt 的垂直空白。
\hphantom{字符串}	生成一段总高度为零，宽度等于字符串宽度的水平空白，形成一个无形的水平支柱，字符串可以是文本或各种符号命令。
\vphantom{字符串}	生成一段宽度为零，高度等于字符串高度的垂直空白，形成一个无形的垂直支柱，例如可用于保证分处两行数学式的左、右括号高度一致。
	生成一块高度和宽度分别等于字符串高度和宽度的空白。
\negthickspace	生成一段宽度为 -0.277 7em 的水平空白，实际为缩小原有间距；需调用 amsmath 公式宏包；该命令在各模式中通用。
\negmedspace	生成一段宽度为 -0.222 2em 的水平空白，实际为缩小原有间距；需调用公式宏包；该命令在各模式中通用。
\negthinspace 或 \!	生成一段宽度为 -0.166 67em 的水平空白，实际为缩小原有间距；可用于字符间距调整，因不会在此被断词；其中简化命令 \! 只能在数学模式中使用，若调用公式宏包，可在各模式通用。
\thinspace 或 \,	生成一段宽度为 0.166 67em 的水平空白，可用于字符间距调整，因不会在此被断词；该命令在各模式中通用。
\medspace 或 \:	生成一段宽度为 0.222 2em 的水平空白；需调用公式宏包；该命令在各模式中通用。
\thickspace 或 \;	生成一段宽度为 0.277 7em 的水平空白；需调用公式宏包，该命令在各模式中通用。
\enskip	生成一段宽度为 0.5em 的水平空白。
\enspace	生成一段宽度为 0.5em 的水平空白，可用于字符间距调整，因不会在此被断词。
\quad	生成一段宽度为 1em 的水平空白。
\qquad	生成一段宽度为 2em 的水平空白。
\vfil、\vfill	它们都表示将当前版面所剩余空间用空白填满，只是后者的伸展填充能力强于前者。\vfill 等效于 \vspace{\fill}。高德纳教授是这样解释的：你可以把 \vfil 看作一英里的伸长能力，而 \vfill 的能力是一万亿英里 [1, p. 71]。
\hfil、\hfill	它们都表示将当前行所剩余空间用空白填满，只是后者的伸展填充能力强于前者。\hfill 等效于 \hspace{\fill}。

长度可以为零，也可以为负值，例如 -2mm，表示缩短原有间距。如果要设置的长度为零，应写作 0pt 或 0mm 等，不能只写作 0，因为它并不是一个长度值。相对长度单位 em 最好用于水平长度的设置，而 ex 最好用于垂直长度的设置。

\vspace 与 \addvspace 的区别

通常为了条理清晰，在表格与下文之间设置一段垂直空白，比如 \vspace{5mm}，在节标题与上文之间也设有垂直空白，比如 \vspace{6mm}；在实际论文写作时，如果表格之后是节标题，那么两者之间的空白就会叠加，即 \vspace{5mm}\vspace{6mm}，将造成高度为 11 mm 的垂直空白，显然就不美观了。

如果将上述两条 \vspace 命令都改为 \addvspace，当连续出现两个 \addvspace 命令时，其中长度值较短的命令将被忽略。例如当出现 \addvspace{5mm}\addvspace{6mm} 时，所产生的垂直空白的高度是 6 mm。

所以系统在设置插图、表格、数学式、列表和标题等排版元素与上下文之间的垂直距离时，大都是采用 \addvspace，而不是 \vspace。

此外，命令 \addvspace 只能用于段落之间，即用在换段命令 \par 或空行之后，而命令 \vspace 没有这个限制。

弹性的消失

弹性长度不能与其他数字相乘，否则其弹性将消失。比如将弹性长度 \fill 乘以 1.5，则 1.5\fill 变为刚性长度 0 pt。

例 2.17 4 个内容相同的边框盒子命令，在第 1 个中使用弹性长度，第 2 个中用数字乘弹性长度，第 3 个中设置一个空盒子，比较四者的排版效果。

```
\parindent=0pt
\framebox[60mm][l]{左 \hspace{\fill} 右}\\
\framebox[60mm][l]{左 \hspace{1.5\fill} 右}\\
\framebox[60mm][l]{左 \mbox{} 右}\\
\framebox[60mm][l]{左 右}
```

左 右

左 右

左 右

左右

在上例中，\hspace{1.5\fill}=\hspace{0pt}，但系统把它视为宽度是零的字符，相当于插入一个空盒子 \mbox{}（见 2.8 节：**盒子**），所以第二行和第三行的左、右之间空格比第四行多出一个。

\hfil 与 \hfill 的伸展能力

水平空白命令 \hfill 的伸展能力强于 \hfil，当两者出现在一行之中，前者将抑制后者的伸展能力。

例 2.18 两个内容相同的边框盒子命令，一个其中用两个 \hfil 命令，另一个其中分别使用 \hfil 和 \hfill，对比两者的排版结果。

```
\parindent=0pt
\framebox[60mm][l]{左 \hfil 中 \hfil 右}\\
\framebox[60mm][l]{左 \hfil 中 \hfill 右}
```

左 中 右

左中 右

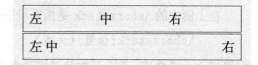

从上例可以看出 \hfill 对 \hfil 的抑制作用。

\hfill 的伸展能力虽然很强，但它若出现在一行之尾将被忽略，如仍需保持其伸展能力，可在该命令之后加一个空格符或空盒子命令，即 \hfill~ 或 \hfill\mbox{}。

\vfil 与 \vfill 的伸展能力

垂直空白命令 \vfill 的伸展能力强于 \vfil，当两者出现在一页之中，前者将抑制后者的伸展能力。

例 2.19 两个内容相同的段落盒子命令，一个其中用两个 \vfil 命令，另一个其中分别使用 \vfil 和 \vfill，对比两者的排版结果。

```
\fbox{\parbox[c][20mm][t]{1em}{
上 \vfil 中 \vfil 下}}
\fbox{\parbox[c][20mm][t]{1em}{
上 \vfil 中 \vfill 下}}
```

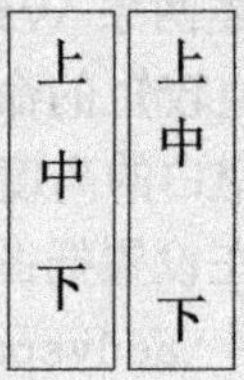

命令 \vfill 的伸展能力虽然很强，但它若出现在一页之首将被忽略，如仍需保持其伸展能力，可在该命令之前加一个空格符或空盒子命令，即 ~\vfill 或 \mbox{}\vfill。

\stretch 与 \fill 的区别

命令 \stretch{*n*} 和 \fill 都可以生成零到任意长度的空白，所不同的是当同一页或同一行的空间中有多个 \stretch 命令时，它们将按伸展系数的比例分配各自需充满的高度或宽度。

例 2.20 在一行中，将 ABC 三个字母的间距按照 1:3 分配。

```
\parindent=0pt
A\hspace{\stretch{1}}B\hspace{\stretch{3}}C
```

A B C

其中 BC 之间的空白宽度占该行总空白宽度的四分之三。

\hfill 的衍生命令

例 2.21 水平空白命令 \hfill 还有多个衍生命令，它们都是从 \hfill 变化而来的，所以这些命令的最后都有 fill 这 4 个字母。

```
\parindent=0pt
\makebox[6cm]{\dotfill}\\
\makebox[6cm]{\hrulefill}\\
\makebox[6cm]{\downbracefill}\\
\makebox[6cm]{\upbracefill}\\
\makebox[6cm]{\leftarrowfill}\\
\fbox{\shortstack{左边\\文本}}
\rightarrowfill
\fbox{\shortstack{右边\\文本}}
```

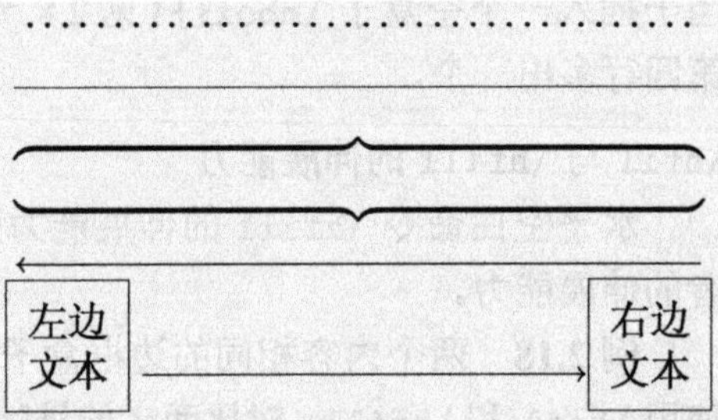

在上例中的 \shortstack 是由系统提供的堆叠命令：

\shortstack[*位置*]{*文本*}

它可将*文本*堆叠成一列，其中*位置*可选参数用于设定堆叠文本行的对齐方向，它有 l、c 和 r 三个选项，分别表示左、中、右，c 为默认选项。该命令常用于编排边注。

长度数据命令的赋值

有些长度数据命令只能在导言中用长度赋值命令修改才有效，例如文本宽度 \textwidth 等版面尺寸数据命令；有些可以在源文件的任何地方修改；有些根本就不能更改；使用新长度命令 \newlength 定义的新长度数据命令可以在任何地方修改。

有些宏包提供的长度数据命令不是用新长度命令 \newlength 定义的，而是用新定义命令 \newcommand 定义的，如果要修改它们的默认值，就必须用重新定义命令来重新赋值。所以，当对一个长度数据命令赋值无效时，应查看它是用何种命令定义的。

命令名中含有 skip 或 sep 的长度数据命令大都代表的是弹性长度，或者可以用弹性长度对其赋值，例如段距命令 \parskip 和条目间距命令 \itemsep 等，在对这些长度数据命令重新赋值时，也应尽量使用弹性长度。

长度赋值命令的简化形式

为了简便起见，在源文件中也可使用长度赋值命令 \setlength 的简化形式，例如：

```
\setlength{\baselineskip}{16pt plus 1pt minus 1pt}
\setlength{\leftmargin}{\labelwidth}
```

可以写作：

```
\baselineskip=16pt plus 1pt minus 1pt   \leftmargin=\labelwidth
```

有的宏包文件干脆写成：

```
\baselineskip16pt plus 1pt minus 1pt  \leftmargin\labelwidth
```

这两种简化形式系统都认可，不过前者更为形象直观。

如果长度值是以加减法等多项式的形式表示的，例如 \linewidth-\parindent，就不能用简化形式赋值，而必须使用规范的长度赋值命令。

2.7.4 长度数据的显示

长度数据命令不能单独使用，只能作为其他命令的参数，但有时还是需要知道或显示长度数据命令所代表的具体数值。

临时显示

有时只是希望了解某个长度数据命令在某个环境中所代表的具体数值，以便确定是否需要修改或如何修改。例如希望知道长度数据命令 \parindent 在当前环境中所代表的长度值，可临时使用命令：\showthe\parindent，然后编译源文件，系统将在该命令处停止编译，并在分出的操作窗中显示 \parindent 命令所代表的长度值：15.0pt。得知长度值后就可以将命令 \showthe 删除了。\showthe 是 TeX 的一条基本命令，用于在操作窗中显示由新长度命令 \newlength 定义的长度数据命令或系统内部的各种数据命令的当前值。

固定显示

如果需要在论文中显示出某个长度数据命令在某个环境中所代表的具体数值，例如需要显示 \parindent 在当前环境中所代表的长度值，可使用命令 \the\parindent，源文件经过编译后，就会在该命令所在位置显示出长度值：15.0pt。命令 \the 是 TeX 的一条基本命令，用于显示数据命令的当前值。再例如 1em=\the\fontdimen6\font。

2.8 盒子

北宋人毕升发明的活字印刷，就是把各种字符做成小方块，再将这些方块按照文本顺序在固定尺寸的盒子中排列组合形成活字版，这样就可以印刷了。其实这些字符小方块就是最小尺寸的盒子，活字版中的表格和数学式等也都是由若干个字符盒子在各种尺寸的小盒子中组合排列而成，然后再嵌入活字版这个大盒子之中。活字版中的小盒子尺寸可变，其中的字符盒子也可任意变换，这就是活字排版。

LaTeX 实际上是一个计算机活字排版系统，它将活字排版的原理应用于计算机中。在 LaTeX 排版系统中，版面是由大大小小的盒子排列镶嵌而成。

首先，每个字符就是一个盒子，系统还提供了多种命令和环境可生成三种类型的盒子：左右盒子、段落盒子和线段盒子，以适应不同的排版要求。此外，作者还可将需要多次使用的内容存放到自定义盒子中，以便随时调用。

每个盒子都是一个二维矩形区域，它可以用宽度、高度、深度和总高度这 4 个尺寸加以度量。有的盒子带有边框，有的盒子没有边框，有的盒子甚至看不见。

2.8.1 盒子的特点

(1) 一个盒子无论大小，系统都将其视为一个不能拆分的整体，把它当作一个字符来处理：作者可根据需要将某个盒子在版面中上下左右移动，也可以任意旋转或是缩小放大，但无法将它分放在两行或两页中，即盒子不能跨行也不能跨页。

(2) 盒子的宽度、高度或深度可以是负值。例如水平空白命令 `\hspace{-5pt}` 可生成一个高度和深度都是 0 pt、宽度是 −5 pt 的空白盒子。

(3) 盒子可以相互重叠。例如 `A\hspace{-5pt}A`，得到 AA。

2.8.2 字符盒子

在系统中，每个字符都是一个盒子，字符盒子是最小最基本的排版单元，文稿排版就是用一个个字符盒子进行堆砌，就像泥瓦工用砖头砌墙。所有字符在设计时就确定了其盒子的各种尺寸，如图 2.3 所示。

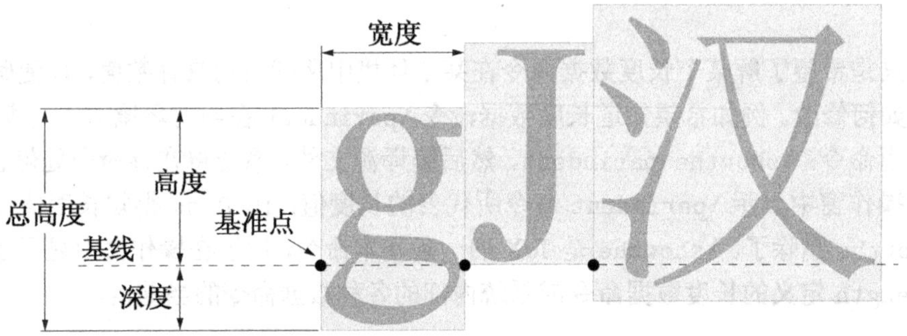

图 2.3 字符盒子的外形尺寸示意图

例如，11pt 直立罗马体字母 g 的宽度是 5.5 pt，高度是 4.7 pt，深度是 2.1 pt。虽然都称为 11pt 字体，但只有圆括号、方括号等特殊字符的高度加深度等于 11 pt。除 Q 以外，英文大写字母的深度都为零。11pt 宋体中文字“汉”的宽度是 11 pt，高度是 8.4 pt，深度是 1 pt。中文虽然都是方块字，但为了在中英文混排时能与大写字母的水平中心对齐，每个中文字都有一定的深度。

字符的外形不一定都处于盒子边线以内，例如 11pt 倾斜罗马体字母 *g* 的右上端就超出其盒子的右边线，左下端超出左边线，但它的宽度仍为 5.5 pt，且基线位置保持不变。

基线是一条横贯每个字符盒子的假象线，它将字符盒子的总高度分为高度和深度两个部分；基线与左边线的交叉点称为基准点。由于英文大小写字母的高低起伏很大，设置基线和基准点以便相互对齐，也利于带有变音符号的字母和数学符号的定位。当需要旋转字符盒子时，其基准点就是默认的旋转点。

字符盒子的设计理念适用于插图、表格和数学式等任何盒子。

若干个字符盒子基准点水平对齐组成一个单词，单词之间用具有弹性长度的水平空白加以分隔；将若干个单词装入名为 hbox 的水平盒子，成为一行。在单词之间插入弹性水平空白是为了便于系统准确地换行，尽量避免断词或字符凸出版心右侧，使所有水平盒子的宽度即行宽保持一致。

水平盒子之间插入固定高度的垂直空白，使它们的基线之间保持一定的距离，也就是使行距为定值。再将若干个水平盒子装入名为 vbox 的垂直盒子中，形成版心。垂直空白为刚性长度是为了保持所有版面文本行的排版一致性，因为基线间距的微小改变，哪怕只有半个 pt，也会因黑白对比度的改变造成版面之间的明显差异。

一个完整的版面还应包括页眉水平盒子和页脚水平盒子。

在撰写论文时并不需要考虑字符盒子的处理，系统会自动将作者输入的文本转换为相应的字符盒子，再自动将它们组成单词，将单词组成行，将行组成页。不过了解字符盒子及其处理方法，可以更好地理解系统处理文稿的原理和过程。

2.8.3 左右盒子

系统对左右盒子中的内容将按左右模式处理，所以左右盒子中的内容不应超出 1 行，否则多出的内容将会凸出文本行的右端，进入右边空，造成版面溢出。

左右盒子命令

下列是系统提供的一组创建左右盒子的命令及其简要说明，其中的前 5 条命令可分别生成 5 种形态的左右盒子。

\mbox{对象} 创建一个内容是对象的左右盒子，其宽度、高度和深度等于对象的宽度、高度和深度。其中对象可以是文本、表格、插图、公式和小页等。

\fbox{对象} 创建一个四周围带有边框，内容为对象的左右盒子，例如 \fbox{系统}，得到：系统，其边框线的宽度是 0.4 pt，边框与对象之间的距离是 3 pt，也就是说相同的对象，\fbox 盒子要比 \mbox 盒子宽 6.8 pt，高 6.8 pt。

\makebox[宽度][位置]{对象} 创建一个可指定宽度的左右盒子，其中可选参数宽度用于指定该盒子的宽度，如 9mm，15pt 等；可选参数位置用于设置对象在左右盒子中的水平位置，它有下列 4 个选项。

- l 表示对象在盒子中左对齐。
- c 默认值，表示对象居于盒子之中。
- r 表示对象在盒子中右对齐。
- s 表示对象从左向右伸展，间隔均匀地占满整个盒子。

位置参数可以省略，而要省略宽度参数就必须同时省略位置参数。

\framebox[宽度][位置]{对象} 创建一个可指定宽度，带有边框的左右盒子，其中可选参数宽度和位置的作用与 \makebox 命令相同。

\raisebox{位移}[高度][深度]{对象} 创建一个位置可上下垂直移动的左右盒子，其中位移参数用于指定该盒子的基线与当前文本行基线之间的垂直距离，正值表示将盒子向当前基线以上移动，负值表示向下移动；可选参数高度和深度用于设置该盒子的高度和深度，若都被省略，其默认值为对象的高度和深度。

\fboxrule	边框线宽度，默认值 0.4pt。若果将该长度数据命令设为 0pt，则边框消失。
\fboxsep	边框与对象之间的距离，该长度数据命令的默认值是 3pt。

由于 \mbox 盒子命令所创建盒子的尺寸等于其中对象的尺寸，且其中对象又不能被分为两行，所以该命令常被用于保护某些不宜断词的英文词语，如姓名或缩略语等，也可用来将普通文本插入数学式中。

当 \makebox 或 \framebox 命令中的位置参数选用 s 时，对象中的英文字母之间应有空格，即含有弹性宽度的空白，否则不能伸展，而汉字之间无须空格。

例 2.22 将中文“电子计算机”和英文 computer 分别在一行中均匀排列。

```
\parindent=0pt
\makebox[60mm][s]{电子计算机}\\
\makebox[60mm][s]{computer}\\
\makebox[60mm][s]{c o m p u t e r}
```

电　子　计　算　机
computer
c　o　m　p　u　t　e　r

在各种左右盒子命令的对象中不能使用抄录命令 \verb 或抄录环境 verbatim，否则系统将提示出错。

在文本行中使用 \raisebox 命令时，如省略高度和深度这两个可选参数，系统将按照该盒子的实际尺寸来统计该行所有盒子的高度和深度，以确定与前后行的距离，避免出现两行中部分文字距离过近或重叠的现象。

例 2.23 在文本中使用 \raisebox 命令来强调某个单词。

```
For emphasis, you may wish to \raisebox{
1.5ex}{raise} or \raisebox{-1.5ex}{lower}
certain text inside your documents.
```

For emphasis, you may wish to raise or lower certain text inside your documents.

在上例中，盒子命令 \raisebox 省略了两个可选参数，由系统自行确定适合的行距。

例 2.24 如果在例 2.23 的 \raisebox 位移命令中使用高度或者深度可选参数，系统将按照设定值来确定相邻两行之间的距离；这时若所设值小于实际值，则可能出现邻行文本与位移文本的距离过近甚至重叠的现象。通常这种情况应尽量避免发生。

```
For emphasis, you may wish to \raisebox{
2.5ex}[12pt]{raise} or \raisebox{-1.0ex}{
lower} certain text inside your documents.
```

For emphasis, you may wish to raise or lower certain text inside your documents.

在实际应用中，可利用这种方法排除某个数学式上部或下部的多余空白。

零宽度盒子

在设置盒子命令中的宽度值时，一般都是大于或等于对象的宽度，如果小于，对象将根据位置的选项，向左、向右或是向左右两个方向凸出盒子。

最极端的情况就是将左右盒子的宽度参数设置为 0pt，这样盒子的左右两边重合，若此时位置参数选 l 选项，则对象将位于零宽度盒子的右侧，若位置参数选 r 选项，则对象将位于零宽度盒子的左侧，尽管对象仍然被正确地排版，但系统认为它的宽度为零，与其前面的或后面的文本排版无关，从而造成相互重叠。通常这种现象显然不正常，但有时却可利用零宽度盒子的这一特点，制作出多种页面特效。

例 2.25 采用零宽度盒子制作一个警示边注，以提醒读者注意右侧文本的重要性。

```
\noindent \makebox[0pt][r]{
\fbox{注意}} \qquad 如果重新安装操作系统，
则系统盘中所有数据将被删除!
```

注意 如果重新安装操作系统，则系统盘中所有数据将被删除!

在上例中，无缩进命令 \noindent 是用于某段落首行之前，可取消该段落首行缩进。一个无缩进命令只对一个段落有效。

例 2.26 使用插图宏包 graphicx 提供的旋转对象命令 \rotatebox(详见本书插图一章)，将零宽度盒子逆时针旋转 90°，制作一个与文本行垂直的边注。

```
\noindent
\makebox[0pt][r]{\rotatebox{90}{%
\makebox[0pt][r]{零宽度盒子}}\quad}%
\qquad 尽管对象仍然被正确地排版，但系统认
为它的宽度为零，与其前面的或后面的文本排
版无关，从而造成相互重叠。通常这种现象显然
不正常，但有时却可利用零宽度盒子的这一特
点，制作出多种页面特效。
```

零宽度盒子 尽管对象仍然被正确地排版，但系统认为它的宽度为零，与其前面的或后面的文本排版无关，从而造成相互重叠。通常这种现象显然不正常，但有时却可利用零宽度盒子的这一特点，制作出多种页面特效。

例 2.27 数学公式通常是以文本行宽度居中排版的，如果公式附有说明文字，则公式本身就不再居中，若希望公式本身仍能保持居中，可将说明文字装入零宽度盒子中。

```
\[a^{2}+b^{2}=c^{2}\]
\[a^{2}+b^{2}=c^{2}\makebox{~(勾股定理)}\]
\[a^{2}+b^{2}=c^{2}\makebox[0pt][l]{%
~(勾股定理)\]
```

$$a^2+b^2=c^2$$
$$a^2+b^2=c^2\ \text{(勾股定理)}$$
$$a^2+b^2=c^2\ \text{(勾股定理)}$$

例 2.28 也可利用零宽度盒子的左对齐内容将与随后文本重叠的现象，制作各种重叠或交错的文本特效，例如制作下画线，其长度、宽度、颜色以及高低都可以自行设定。

```
\newlength{\Mylen}
\settowidth{\Mylen}{勾股定理}
\makebox[0pt][l]{%
\color{blue}\rule[-0.9ex]{\Mylen}{1pt}}勾
股定理：直角三角形两直角边的平方和等于斜边
的平方。
```

勾股定理：直角三角形两直角边的平方和等于斜边的平方。

例 2.29 PDFLaTeX 的主要开发者是个捷克籍越南人，他的越南文名字中有个字母上有两个变音符号，可利用零宽度盒子编排这个双变音字母。

```
H\`an Th\^e\makebox[0pt][r]{%
\raisebox{0.5ex}{\'{}}\hspace{1pt}} Th\`anh
```

Hàn Thế Thành

在上例中，先使用 \^ 命令，再使用零宽度盒子命令给字母 e 装上两个变音符号。

各种边框的盒子

(1) 由 Timothy Van Zandt 所编写的盒子宏包 fancybox 对左右盒子命令 \fbox 做了功能扩展，它提供了多条可生成各种类型边框的盒子命令。

\doublebox{对象} 例如 双边框盒子，其内框线的宽度为 0.75\fboxrule，外框线的宽度是 1.5\fboxrule，内外框间距是 1.5\fboxrule plus 0.5pt。

\fancypage{版心边框设置命令}{版面边框设置命令} 为所有版心或版面添加边框。例如：\fancypage{\fboxsep=5pt\shadowsize=6pt\shadowbox}{}，为所有版心添加带阴影的边框。该命令的第二个参数通常空置。

\ovalbox{对象} 例如 圆角边框盒子，可使用命令 \cornersize{系数} 修改边框 4 个圆角的直径，系数的默认值是 0.5，四角圆弧的直径等于盒子宽度与高度之中的较短者乘以系数；也可用命令 \cornersize*{直径} 直接设置圆角的直径，例如 \cornersize*{8mm}。

\Ovalbox{对象} 例如 粗圆角边框盒子，除了边框线较粗外，其他性能均与 \ovalbox 命令相同。

\shadowbox{对象} 例如 阴影边框盒子，边框线宽度的默认值是 0.4pt，可用 \fboxrule 命令重新设置；边框阴影宽度的默认值是 4pt，可用命令 \shadowsize 加以修改。

\thisfancypage{版心边框设置命令}{版面边框设置命令} 为当前版心或版面添加边框。

在上述各条命令中，边框与对象之间距离的默认值均为 3pt，该值可使用 \fboxsep 长度数据命令加以修改。

(2) 由 Mauro Orlandini 编写的阴影盒子宏包 shadow 也提供有一条阴影盒子命令：

\shabox{对象}

其阴影效果与 \shadowbox 相同。它的边框线宽度为 \sboxrule，默认值 0.4pt；边框线与文本之间的距离为 \sboxsep，默认值 10pt；阴影宽度为 \sdim，默认值 4pt。

(3) 调用由 Reuben Thomas 编写的 dashbox 虚线盒子宏包并使用其提供的下列命令，可创建四周为虚线边框的左右盒子。

\dbox{对象} 功能同 \fbox，例如 \dbox{系统}，得到：系统。

\dashbox[宽度][位置]{对象} 创建一个可指定宽度，带有虚线边框的左右盒子，其中可选参数宽度和位置的定义与命令 \framebox 的相同。

\dashlength 虚线中的空隙宽度，该长度数据命令的默认值为 6pt。

\dashdash 虚线中的线段宽度，该长度数据命令的默认值是 3pt。

虚线的默认宽度是 0.4pt，虚线与对象之间的默认距离为 3pt，可分别使用长度数据命令 \fboxrule 和 \fboxsep 重新设定这两个长度值。

2.8.4 段落盒子

段落盒子中的内容，系统将按段落模式处理，通常其内容应长于 1 行。系统分别提供了一个小页环境 minipage：

```
\begin{minipage}[外部位置][高度][内部位置]{宽度}
对象
\end{minipage}
```

和一条段落盒子命令 \parbox:

\parbox[外部位置][高度][内部位置]{宽度}{对象}

两者都可用于创建段落盒子；它们常被用于将一个或多个段落插入图形或表格中；它们具有相同的参数，其定义也是相同的，如下所示。

外部位置 可选参数，用于指定所创建盒子的基线位置，它有以下 3 个选项。

- c 默认值，指定基线位于盒子的水平中线上。
- t 指定盒子中顶行对象的基线为盒子的基线。
- b 指定盒子中底行对象的基线为盒子的基线。

高度 可选参数，设定所创建盒子的高度，例如 20mm 等。盒子的高度值应大于或者等于其中对象的高度，否则对象将根据位置的不同选项，从盒子的顶端、底端或两端凸出，与上文、下文或上下文重叠。如果省略高度参数，系统则将对象的自然高度作为盒子的高度。

内部位置 可选参数，用于设定对象在盒子中的垂直对齐方式，它有以下 4 个选项。

- c 指定对象在盒子里居中对齐。
- t 指定对象与盒子的顶部对齐。
- b 指定对象与盒子的底部对齐。
- s 指定对象从盒子顶部均匀伸展到底部，充满整个盒子的垂直空间。使用该选项，还要在环境中插入弹性行距命令，例如：\baselineskip=12pt plus 2pt，否则无效，因为通常文本的行距是刚性长度。

宽度 必要参数，用于设定盒子的宽度，它可以是具体的固定长度值，如 50mm 等，也可以是 \textwidth 或 0.5\linewidth 等代表刚性长度的数据命令，系统将据此确定其中文本行的宽度。

(1) 外部位置与内部位置的区别在于：前者用于确定段落盒子与外部文本的对齐方式；后者用来指定对象在段落盒子内部所处的位置。

(2) 内部位置参数必须在指定段落盒子高度的前提下才有效，否则系统将提示出错；该可选参数自身并没有默认值，如果省略它，系统将把外部位置的选项赋予该参数，尽管两者的作用有所不同，但它们都具有相同的选项。

(3) 小页环境和段落盒子命令中的 3 个可选参数不能随意省略，只能是从右到左，逐个省略，即第三个参数没省略，第二个参数就不能省略，否则在编译时系统将提示出错。

(4) 在实际使用中，因难以预计也无需控制段落盒子的高度，所以小页环境或段落盒子命令中的后两个可选参数通常都被省略。

例 2.30 将某校学位论文封面的代码信息部分采用小页环境编写，其中将代码信息文本的最大宽度作为小页环境的宽度，小页的顶行与外部文本行对齐。

```
\noindent 分 类 号: U491 \hfill
\newlength{\Mycode}
\settowidth{\Mycode}{学\qquad 号: S2000000}
\begin{minipage}[t]{\Mycode}
单位代码: 10000\\ 学\qquad 号: S2000000\\
密\qquad 级: 公开
\end{minipage}
```

分 类 号：U491　　单位代码：10000
学　　号：S2000000
密　　级：公开

在上例中，使用新长度命令 \newlength 自定义了一个长度数据命令 \Mycode，用于代表最宽代码信息文本的宽度，并用它作为小页环境的宽度。

例 2.31 在例 2.30 中，小页环境的位置参数为 t，使其中首行文本与外部文本对齐，如果位置参数改为 b，将使其中底行文本与外部文本对齐。

```
\noindent 分 类 号: U491 \hfill
\begin{minipage}[b]{\Mycode}
单位代码: 10000\\ 学\qquad 号: S2000000\\
密\qquad 级: 公开
\end{minipage}
```

单位代码：10000
学　　号：S2000000
分类号：U491　　密　　级：公开

类似于例 2.31 这种较复杂的文本结构都可以采用小页环境或段落盒子命令来编写，将其化解为一个或多个简单的文本段落。

小页环境创建的是一种段落盒子，其中文本可以像在常规版面中一样，自动断词和自动换行，可排版数学式、表格和插图等，还可以使用脚注；除浮动环境和边注命令外，其他各种排版环境和命令都可以使用。实际上，小页环境创建的是一个尺寸可变、位置可变的小型版面，相当于电视机中的画中画。

例 2.32 使用段落盒子命令编排楞次定律，将定律的名称与定义分为两个部分。

```
\noindent 楞次定律: %
\parbox[t]{43mm}{\sl 磁通变化感生的电流的
方向是在它能阻止磁通变化的方向上。}
```

楞次定律：*磁通变化感生的电流的方向是在它能阻止磁通变化的方向上。*

段落盒子和其中文本的缩进

通常每段文本的首行都会缩进一定宽度，表示新一段的开始。系统将每个段落盒子视同单个字符盒子，在段首使用段落盒子时也会出现整个盒子缩进。如果不希望缩进，可在小页环境或段落盒子命令之前添加无缩进命令：\noindent。

段落盒子内的文本与普通版面中的文本区别是：前者的文本行两侧的边空宽度为零，每段首行缩进的宽度也为零。如果需要段落首行缩进，可在小页环境或者段落盒子命令中对代表缩进宽度的长度数据命令 \parindent 重新赋值，例如：\parindent=3em，将缩进宽度由零改为 3 em；如果已经在导言里调用了中文字体宏包 ctex，还可以改用 \CTEXindent 中文缩进命令，将每段首行都缩进两个汉字的宽度，或用 \CTEXnoindent 中文无缩进命令，使其后的段落首行不再缩进。

小页环境与段落盒子命令的区别

小页环境和段落盒子命令的排版功能基本相同，但两者在使用上还是有些区别的。

(1) 段落盒子命令常用于比较简短的文本，例如将一段文本插入表格中；对于内容较长且复杂的文本，如含有表格、插图或数学式等，使用小页环境会更方便些。

(2) 在段落盒子命令中不能使用抄录命令 \verb 或者抄录环境 verbatim 以及脚注命令，而在小页环境中则都可以。

2.8.5 线段盒子

线段盒子是一种将自身的矩形区域用黑色填充的盒子，如同一段黑色直线，线段盒子的宽窄高低，也就是线段的长短粗细。系统提供的线段命令：

\rule[垂直位移]{宽度}{高度}

可创建任意尺寸的线段盒子，常用于画水平或垂直线段。该命令中的各种参数说明如下。

宽度　用于设置线段盒子的宽度。

高度　用于设置线段盒子的高度。

垂直位移　可选参数，用于设定线段盒子基线与当前行基线之间的距离，正值表示线段盒子向上移动，负值表示向下移动。该参数的默认值是 0pt，即两基线重合对齐。例如：pp\rule{6mm}{3mm}dd，排版结果为 pp■dd；如果将线段向上移动 1 mm，即 pp\rule[1mm]{6mm}{3mm}dd，其结果为 pp■dd。

例 2.33 使用线段命令在一行文本的下方绘制一条下画线。

```
\parbox{37mm}{Did You Know ?\par
\rule[4mm]{37mm}{1.5pt}}
```

Did You Know ?

另外，TeX 基本命令 \hrule 也可以绘制线段，它的命令格式为：

\hrule width 长度 height 长度 depth 长度

其中参数 width、height 和 depth 的默认长度分别为 \linewidth、0.4pt 和 0pt，所以它常用于绘制与行宽相等的标题装饰线或文本分隔线。命令 \hrule 与 \rule 的主要区别是：后者可视为宽高可变的矩形字符，而前者是从行左端起始的独立水平线段，是一条纯粹的线段，即它上下所占据的垂直空间高度为零。

2.8.6 不可见盒子

通常用线段命令 \rule 绘制具有一定粗细的水平或垂直线段。如果某个线段盒子的宽度值或高度值为零，那这条线段就看不见了，但是系统认为零长度也是长度，因此该线段的高度或宽度仍然有效。

例 2.34 在两个带边框的左右盒子中，分别绘制相同宽度和高度的可见和不可见线段。

```
\framebox{\rule{9mm}{1pt}\rule{1pt}{5mm}}
\framebox{\rule{9mm}{0pt}\rule{0pt}{5mm}}
```

在上例的第二个方框中虽然看不到任何线段，但它仍然占有与第一个方框相同的二维空间。可利用不可见线段盒子的这一特点，在不改变其内容的前提下，调整左右盒子、表格行或数学式的高度或深度。

这种宽度为零的不可见线段盒子也被称为支柱，由于在左右模式中 \vspace 垂直空白命令不起作用，而支柱可以起到控制左右盒子高度或深度的支撑作用，而不影响其中内容。例如，将支柱用在表格中的某一行，以保证该行的最低高度。系统还提供一条支柱命令 \strut，它是一个高 0.7\baselineskip，深 0.3\baselineskip，宽 0pt 的不可见盒子。

零高度的线段盒子也可以作为不可见的水平支柱，但直接使用水平空白命令 \hspace 就可以达到这一效果，因为在左右模式中允许水平方向的延展。

2.8.7 无形行

无形行的定义是其宽度等于文本行宽、所占据的垂直空间高度为零，故为不可见，但系统视其为一行。线段命令 \hrule height 0pt 就具有无形行的特性。

例 2.35 将小页中的两个文本盒子顶行对齐，小页底线与外部文本基线对齐。

```
AAA
\begin{minipage}[b]{35mm}
\fbox{\parbox[t][3mm]{12mm}{BBBB}}\hfill
\fbox{\parbox[t]{12mm}{BBBB\\BBBB}}
\end{minipage}
AAA
```

AAA BBBB BBBB AAA
BBBB

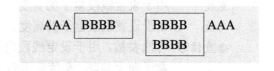

因为系统将每个小页或文本盒子都视为一个字符，上例小页中的两个文本盒子以其顶行文本基线作为基线，而小页中只有两个“字符”，它们既是顶行也是底行，所以无论小页环境的位置参数选 b 还是 t，其结果都是相同的，只有在小页环境中添加一个无形行，才能使小页底线与外部文本基线对齐。

```
AAA
\begin{minipage}[b]{35mm}
\fbox{\parbox[t][3mm]{12mm}{BBBB}}\hfill
\fbox{\parbox[t]{12mm}{BBBB\\BBBB}}
\hrule height 0pt
\end{minipage}
AAA
```

BBBB BBBB
BBBB
AAA AAA

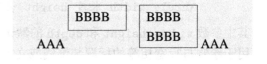

上例是个极端情况，只是为了便于说明无形行的用途。当插图、表格或公式需要与版心顶边或底边对齐时，就可使用无形行，并用垂直空白命令 \vspace 从中调节。

2.8.8 盒子的嵌套

各种类型的盒子不仅可以像字符盒子那样多个水平排列或垂直排列，也可以相互任意层次地嵌套，这样可以将各种盒子的特点融为一体。

例 2.36 将一段警示语装入一个带边框的段落盒子中，使之更为突出醒目。

```
\fbox{\parbox{57mm}{\CTEXindent 请在整个关
机过程结束后再关闭显示器和打印机！}}
```

请在整个关机过程结束后再关闭显示器和打印机！

在上例源文件中：为了得到一个带边框的段落盒子，采用带边框的左右盒子与段落盒子相互嵌套；\CTEXindent 是中文缩进命令。

由 Mario Wolczko 编写的 boxedminipage 宏包将边框盒子命令 \fbox 与小页环境结合，定义了一个 boxedminipage 边框小页环境，其功能与小页环境完全相同，而且还能在段落文本的四周添加边框。

例 2.37 将例 2.36 中的警示语改为使用边框小页环境编写。

```
\begin{boxedminipage}[t]{6cm} \CTEXindent
请在整个关机过程结束后再关闭显示器和打印机!
\end{boxedminipage}
```

请在整个关机过程结束后再关闭显示器和打印机!

用 boxedminipage 环境生成的文本边框：边框线的宽度是 \fboxrule，默认值 0.4pt；边框线与文本之间的距离是 \fboxsep，默认值 3pt。

例 2.38 将例 2.36 中的警示语再改用阴影盒子命令与段落盒子命令嵌套来编写。

```
\shadowsize=2pt
\shadowbox{\parbox{57mm}{\CTEXindent 请在
整个关机过程结束后再关闭显示器和打印机! }}
```

请在整个关机过程结束后再关闭显示器和打印机!

2.8.9 盒子自然尺寸的测量

自然尺寸就是实际尺寸。在 \makebox、\framebox、\raisebox、\savebox、\parbox 盒子命令和 minipage 小页环境中，可分别用宽度、高度或深度参数来设置所创建盒子的尺寸。有时希望采用其中对象的自然尺寸作为设置这些参数的长度值，例如将宽度设置为对象宽度的两倍，但又不知道对象确切的自然宽度，这时可在这些参数中使用系统提供的下列尺寸测量命令，当系统创建这个盒子时，会自动设置这些尺寸测量命令。

\width	测量对象盒子的自然宽度。
\height	测量对象盒子的自然高度，即盒子的基线与顶边之间的距离。
\depth	测量对象盒子的自然深度，即盒子的基线与底边之间的距离。
\totalheight	测量对象盒子的总高度，它等于 \height + \depth。

注意，这些尺寸测量命令仅可用在左右盒子命令的宽度参数中，或者段落盒子命令和小页环境的高度参数中，但不能用在它们的宽度参数中，否则系统将提示出错，因为只有当宽度为定值时才能测量对象的高度。

例 2.39 制作一个带边框的的标签，其边框宽度是标签文本宽度的两倍。

```
\framebox[2\width]{电子计算机}
```

电子计算机

尺寸测量命令通知系统测量对象的外形尺寸并自动应用于外形参数的设置，但所测量的具体尺寸数值，作者并不知道，如果希望得到，例如“电子计算机”的自然宽度值，可以使用两条临时命令：\settowidth{\parskip}{\mbox{电子计算机}} \showthe\parskip，在编译时，系统到此停止并显示 54.74998pt。还可以利用 \settoheight 和 \settodepth 长度赋值命令来测量对象的自然高度和深度。

2.8.10 自定义盒子及其存取

有些文本、插图或用各种盒子编辑的内容可能会在论文中被多次使用，为了便于取用，可先将这些会被重复使用的对象存入自定义的盒子中，然后在需要的时候将其调出。系统提供了一组自定义盒子及其存取的命令。

\newsavebox{命令}	用于自定义可创建左右盒子的命令，该命令不得与已有命令重名。
\sbox{命令}{对象}	将对象存入命令创建的盒子中，注意：在对象中不能使用 \verb 抄录命令和 verbatim 抄录环境。
\savebox{命令}[宽度][位置]{对象}	功能与 \sbox 相同，只是增加了两个可选参数宽度和位置，其定义与左右盒子命令 \makebox 中的相同。
\usebox{命令}	调用命令所保存的对象。

例 2.40 将一个用线段盒子制作的方框图形存入自定义盒子，然后连续调用。

```
\newsavebox{\Mysquare}
\sbox{\Mysquare}{\fboxrule=1pt%
\framebox{\rule{7mm}{0pt}\rule{0pt}{7mm}}}
\usebox{\Mysquare} \usebox{\Mysquare}
```

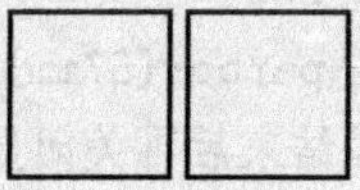

例 2.41 将一个徽标图形存入自定义盒子，然后两次调用。

```
\newsavebox{\Mylogo}
\sbox{\Mylogo}{%
\includegraphics{fig-box1.pdf}}
\usebox{\Mylogo} \fbox{\usebox{\Mylogo}}
```

利用自定义盒子的存取方法可将校徽或会徽等图形插到论文的封面、页眉或页脚等处。

2.8.11 存储盒子环境 lrbox

还可采用系统提供的存储盒子环境 lrbox，替代 \sbox 来存储内容较为复杂的对象：

```
\begin{lrbox}{命令}
对象
\end{lrbox}
```

它被认为是 \sbox 命令的环境形式，但两者还是有些不同之处。

(1) 在 lrbox 环境中的对象可含有抄录命令和抄录环境，而命令 \sbox 则不行。

(2) 在 lrbox 环境中，对象前后的所有空格都被忽略，而 \sbox 命令则可保留一个空格。

存储盒子环境除了可保存内容复杂的对象外，还可定义一些具有特殊样式的新环境。

例 2.42 使用新环境定义命令 \newenvironment 和 lrbox 环境定义一个带有阴影边框、段落首行缩进为两个汉字宽度的小页环境 Framepage。

```
\newsavebox{\Fmbox} \newenvironment{Framepage}[2][c]{%
\begin{lrbox}{\Fmbox}\begin{minipage}[#1]{#2}\CTEXindent}
{\end{minipage}\end{lrbox}\shadowsize=2pt
\shadowbox{\usebox{\Fmbox}}}
\begin{Framepage}{58mm}
在小页环境中可以使用抄录命令和抄录环境。
\end{Framepage}
```

在小页环境中可以使用抄录命令和抄录环境。

2.8.12 可跨页的盒子

通常将某些关键的段落装入带边框的盒子中，以凸显其重要性。但这种文本盒子若处在换页位置，将要遇到麻烦，因为它不能被拆分。

如果需要可跨页的带边框的文本盒子，可在导言中调用 lineno 行号宏包，并使用其提供的 bframe 边框环境：

```
\begin{bframe}
文本
\end{bframe}
```

该环境可以将一个盒子在换页处拆分为两个盒子。在 bframe 环境中的文本可以含有行内公式，但不能使用行间公式。

例 2.43 将开普勒定律的解释文本装入一个带有边框的盒子，并在换页处可以拆分。

```
\begin{bframe}
根据开普勒定律：行星围绕太阳运动的轨道是以
太阳为焦点的椭圆。后来，牛顿在数学上严格地证
明了开普勒定律。
\end{bframe}
```

根据开普勒定律：行星围绕太阳运动的轨道是以太阳为焦点的椭

圆。后来，牛顿在数学上严格地证明了开普勒定律。

在这种可跨页的边框文本盒子中，文本与边框线之间的距离以及边框线的宽度分别由命令 \bframesep 和 \bframerule 控制，它们的默认值分别为 3pt 和 0.4pt，可使用长度赋值命令自行修改这两个长度数据命令的默认值。

2.9 计数器

计数是一种最简单、最基本的运算，计数器就是能够实现这种运算的可控存储单元。

论文中的每个章节、插图、表格、公式、脚注和页码等文本元素都有一个递增排序的序号，以便区分、查阅和引用。因此，在 LaTeX 系统中需要有专用的计数器为每种文本元素自动排序。此外，为了在排版过程中控制每页可放置浮动体的数量、章节目录的目录深度和层次标题的排序深度，也需要设置相应的计数器。

2.9.1 计数器的名称与用途

在系统中共内置了 23 个计数器，其中 17 个作为序号计数器，6 个作为控制计数器。

序号计数器

序号计数器用于为各种文本元素生成序号。每个序号计数器的名称与为其排序的命令名或环境名相同（只有 enumi 等 4 个略有不同），如表 2.19 所示。

表 2.19 序号计数器及其用途

计数器名	用途	计数器名	用途
part	部序号计数器	equation	公式序号计数器
chapter	章序号计数器	footnote	脚注序号计数器
section	节序号计数器	mpfootnote	小页环境中的脚注序号计数器
subsection	小节序号计数器	page	页码计数器
subsubsection	小小节序号计数器	enumi	排序列表第 1 层序号计数器
paragraph	段序号计数器	enumii	排序列表第 2 层序号计数器
subparagraph	小段序号计数器	enumiii	排序列表第 3 层序号计数器
figure	插图序号计数器	enumiv	排序列表第 4 层序号计数器
table	表格序号计数器		

控制计数器

控制计数器用于控制浮动体数量和目录深度，它们的名称和用途说明如表 2.20 所示。

表 2.20 控制计数器及其用途

计数器名	用途
bottomnumber	控制每页底部可放置浮动体的最大数量，默认值为 1
dbltopnumber	双栏排版时，控制每页顶部可放置跨栏浮动体的最大数量，默认值为 2
secnumdepth	控制层次标题的排序深度，文类 book 和文类 report 的默认值为 2，文类 article 的默认值为 3
tocdepth	控制章节目录的目录深度，文类 book 和文类 report 的默认值为 2，而文类 article 的默认值为 3。通常 secnumdepth ⩾ tocdepth
topnumber	控制每页顶部可放置浮动体的最大数量，默认值为 2
totalnumber	控制每页中可放置浮动体的最大数量，默认值为 3

2.9.2 计数器的计数形式

序号计数器的计数形式有多种，可通过计数形式命令确定或改变，以下是各种计数形式命令及其计数形式说明。

\alph{计数器}	将计数器设置为小写英文字母计数形式，其计数值应小于 27。
\Alph{计数器}	将计数器设置为大写英文字母计数形式，其计数值应小于 27。
\arabic{计数器}	将计数器设置为阿拉伯数字计数形式。
\chinese{计数器}	将计数器设置为中文小写数字计数形式，这种计数形式是由中文字体宏包 ctex 提供的，使用前须调用该宏包。
\fnsymbol{计数器}	将计数器设置为脚注标识符计数形式，它仅有 $*$、†、‡、§、¶、‖、$**$、††和‡‡共 9 种，故其计数值应小于 10。
\roman{计数器}	将计数器设置为小写罗马数字计数形式。
\Roman{计数器}	将计数器设置为大写罗马数字计数形式。

在上述各种计数形式命令中，计数器可以是 17 个序号计数器中的任意一个，也可以是自定义的新计数器。

序号计数器的默认计数形式

在所有的 17 个序号计数器中，enumii 和 mpfootnote 的默认计数形式都是小写英文字母，enumiii 为小写罗马数字，enumiv 为大写英文字母，其余序号计数器的默认计数形式均为阿拉伯数字。

序号计数器的计数形式修改

可用重新定义命令改变序号计数器的计数形式，例如将章序号计数器改为大写罗马数字计数形式：\renewcommand{\thechapter}{\Roman{chapter}}。

2.9.3 计数器设置命令

LaTeX 系统还提供了一组有关计数器设置的命令，下面列出这些命令及其用途说明。

\addtocounter{计数器}{数值} 计数器赋值命令，将数值与该计数器原有值相加。数值可以是正整数、负整数或零。

\newcounter{新计数器}[排序单位] 创建一个自命名的新计数器，其初值为 0，默认计数形式为阿拉伯数字；可选参数排序单位用于设定新计数器的排序单位，若设定为 chapter，则每当新一章开始时，将把这个新计数器清零，该参数默认以全文为排序单位；新计数器不得与已有计数器重名，否则系统将提示出错，但可与已有命令或环境重名。

\refstepcounter{计数器} 作用与下面的 \stepcounter 命令相同，并将计数器的当前值作为其后书签命令 \label 的值，这样可在任何位置使用 \ref 命令引用计数器的当前值。

\setcounter{计数器}{数值} 计数器赋值命令，将计数器置为所设数值。

\stepcounter{计数器} 将计数器的值加 1；如果计数器是层次标题的序号计数器，还将比其低一层的序号计数器清零。例如 \stepcounter{chapter}，将 chapter 序号计数器加 1，同时将 section 序号计数器置 0。

\the计数器 显示计数器的值；该命令只适用于序号计数器。例如 \thepage，显示当前的页码，\thechapter 显示当前章标题的序号。

\usecounter{计数器} 专用于 list 通用列表环境的声明参数中，调用该计数器作为条目序号计数器。

\value{计数器} 调用计数器的值，无论计数器的计数形式如何，都将被转换为对应的阿拉伯数字。

每当使用命令 \newcounter 自命名一个新计数器时，系统将会自动地定义一条新命令：

```
\newcommand{\the新计数器}{\arabic{新计数器}}
```

这条 \the新计数器 命令可用于显示该新计数器的当前值。

命令 \refstepcounter 的应用

计数器命令 \refstepcounter 常用于定义可生成序号的命令或环境，以备在正文中被引用。例如本书自定义的示例命令 \EX：

```
\newcounter{Emp}[chapter]  \renewcommand{\theEmp}{\thechapter.\arabic{Emp}}
\newcommand{\EX}{\par{\bf 例~}\refstepcounter{Emp}{\bf\theEmp}\hspace{1em}}
```

它可以生成格式如“**例 5.18**”的带序号的示例标志。上述定义命令说明如下。

(1) 第一条命令定义了一个名为 Emp 的新计数器，并设定它以章为排序单位，每当新一章开始，它将被自动清零。

(2) 第二条命令重新定义随新计数器 Emp 自动生成的 \theEmp 命令，在该新计数器的当前值前增设了所在章的当前值和一个分隔圆点。

(3) 第三条命令定义了一个 \EX 示例命令，它以新计数器 Emp 作为序号计数器，每使用一次 \EX 命令，计数器命令 \refstepcounter 就会将新计数器 Emp 的值加 1；如果在 \EX 命令之后跟有书签命令 \label，命令 \refstepcounter 还会将 \theEmp 的当前值传递给这个书签命令，这样就可以在正文中使用 \ref 命令引用这个示例了。定义命令中的 \bf 是粗体命令，命令 \hspace 用于在示例标志与例题内容之间生成一段分隔空白。

计数器数据的显示

可以使用 \showthe 命令临时显示或者使用 \the 命令固定显示某个计数器的当前值，例如：\the\value{page}，得到当前页码：66。由于数据命令 \value{计数器} 存储的是阿拉伯数字，所以还可将 \value{计数器} 或 \the\value{计数器} 作为其他命令的参数，进行四则运算，前者可以是变量，而后者是当前值，是定量，具体应用见例 7.12。

计数器最大处理数值

当使用 \setcounter 或 \addtocounter 对各种计数器赋值时，计数器可接受的最大数值是 2 147 483 647，如果超出此值，系统将中止编译并显示错误信息。

2.9.4 计数器命令

在系统内部定义有许多计数器命令，它们用于记录不断变化的数据，例如 \time 记录当前的时间，或者控制某些排版细节的处理方式，例如 \hangafter 控制段落悬挂缩进的行数。本书在后续的章节中将分别介绍一些常用的计数器命令。

(1) 命令 \value{计数器} 是特殊形式的计数器命令。

(2) 计数器命令是一种数据命令，不能单独使用，只能作为其他命令中的参数。如果要显示某个计数器命令所存储的数值可使用 \showthe 或 \the 命令。

(3) 通常无需修改计数器命令的当前值，如遇需要，可使用例如 \hangafter=3 的方式自行对计数器命令重新赋值。

2.10 交叉引用

在论文写作时，经常会出现前面章节里援引后面章节中的公式、表格数据等，后面章节里提及前面章节中的某个插图、某页论述等，这种情况被称为交叉引用。交叉引用的作用是精简论述，减少不必要的内容重复。

在 LaTeX 中，是采用援引被引用对象的序号，或是其所在章节的序号，或是其所在页面页码的方法来实现交叉引用的，读者可根据这些序号或页码查阅所引用的内容。

2.10.1 书签与引用

在论文写作过程中，章节、插图、表格、公式和文本等经常要前后调整和增添删减，所以在最终定稿之前无法确定被引用对象的准确位置。

人们在读书时，对书中感兴趣的地方通常并不是记录其章节序号或页码，而是插上书签，以后想再阅读时只要翻到书签的位置，就会找到所需的内容。LaTeX 也是采用类似的办法来解决被引用对象位置不确定的问题，它提供了 3 条交叉引用命令。

\label{书签名}	书签命令，它并不生成任何文本，但它可记录其所在位置，将它像书签一样插在被引用对象之中，例如章节命令中、图表标题命令中、环境命令中或文本中，不论该对象走到哪里，它都会跟到哪里。书签名是作者为该书签命令所起的名字，以便区别于其他书签命令，书签名通常是由英文字母（区分大小写）和数字组成的字符串。
\ref{书签名}	序号引用命令，插在引用处，用于引用书签命令 \label 所在标题或环境的序号，或文本所在章节的序号。

\pageref{书签名} 页码引用命令，插在引用处，用于引用书签命令所在页面的页码。

例 2.44 在一个段落中使用上述三条交叉引用命令，来说明它们的具体使用方法。

```
有关交叉引用方面的问题\label{text:cross}可
以参考本书第\pageref{text:cross}页
第\ref{text:cross}节的介绍。
```

有关交叉引用方面的问题可以参考本书第 67 页第 2.10.1 节的介绍。

使用了交叉引用命令的源文件，都必须经过连续两次编译才能得到正确的排版结果。在第一次编译源文件后，系统将其中所有书签命令的书签名、所在标题或者环境的序号和页码，写入与源文件同名的 .aux 引用记录文件；因为在编译过程中还无法确定被引用对象的准确位置，故在序号引用命令 \ref 和页码引用命令 \pageref 所在的位置给出两个问号：**??**。

随即进行第二次编译，序号引用命令和页码引用命令将在 .aux 文件提供的数据中，查找相同书签名所对应的序号或页码，并将其显示在相同书签名的引用命令所在位置；如果某个引用命令在 .aux 文件中因故找不到相同的书签名，则会在该引用命令所在的位置继续保持这两个问号：**??**，以提示出错。

(1) 如果书签命令插在具有序号的标题或环境命令之中，或列表的条目命令之后，序号引用命令得到的是该标题或环境的序号；如果插在没有序号的标题或环境命令之中，得到的是该书签命令所在章节的序号。

(2) 序号引用命令和页码引用命令既可用在相应的书签命令之后，也可用在其前。

(3) 在每次源文件编译过后，系统还将生成或刷新一个与源文件同名的 .log 编译过程文件，供分析参考之用。在源文件中，如果某一书签命令没有对应的引用命令，或某一引用命令没有对应的书签命令，系统都将在编译过程文件中给出警告信息。

(4) 通常在引用文本与引用命令之间空一格，例如：见图 \ref{figure2}，为了防止在空格处换行或换页，可将空格改为不可换行的空格符，即：见图~\ref{figure2}。

2.10.2 书签名的样式

在论文中，很多表格、插图和公式等都是围绕同一个主题展开论述的，当分别在这些对象之后或其中使用书签命令时，它们的书签名可能会出现相似或重名的现象。为了避免产生这种情况，并便于区分和理解，通常将书签名分为类型、冒号和标志三个部分，如例 2.44 所示。类型表示书签命令所跟随的对象，以区分不同类型的被引用对象，如表 2.21 所示，而标志是具体的书签名，以区别于同一类型对象的不同书签命令。

表 2.21 书签名中的类型及其含义

类型	含义	类型	含义	类型	含义	类型	含义
cha	章书签	fig	插图书签	equ	公式书签	exe	示例书签
sec	节书签	tab	表格书签	text	文本书签	def	定理书签

2.10.3 引用格式的修改

在编译源文件时，每个书签命令 \label{书签名} 将生成一个新书签命令

```
\newlabel{书签名}{{序号}{页码}}
```

并被写入 .aux 文件中，作为交叉引用的依据；序号引用命令和页码引用命令就是在这些新书签命令中寻找和确定对应的序号和页码的。新书签命令中的各参数说明如下。

序号 由内部的当前书签命令 \@currentlabel 生成，其默认定义为 \the*计数器*。

页码 书签命令所在页面的页码，它是由页码命令 \thepage 生成的。当使用页码引用命令时，得到的就是 .aux 文件中的这个*页码*。

由于当前书签命令的系统定义是 \the*计数器*，所以得到的仅是一个序号。如果要修改引用格式，例如希望得到“推论 2.3”或者“第 5.18 题”之类的引用格式，就需要对当前书签命令 \@currentlabel 进行重新定义，具体方法可见例 7.32。如果使用由 prettyref 宏包提供的 \newrefformat 命令，就可以很方便地设置和修改全文中各种类型的引用格式。

2.11 环境

“环境”是一个重要的 LaTeX 排版设计理念。简单地说，环境就是具有某一专项排版功能的软件模板，比如表格环境，只要按照规定的格式输入数据，系统就会自动完成表格的排版工作，如行列对齐、横竖格线和标题排序等。

2.11.1 环境命令的格式

各种环境的排版功能是通过其环境命令来实现的。各种环境命令的典型格式为：

```
\begin{环境名}          \begin{环境名*}
内容           或       内容
\end{环境名}            \end{环境名*}
```

其中*环境名*是所使用环境的名称，它区分大小写。所有环境都是以命令 \begin 开始，*环境名*是该命令的必要参数，有些环境命令在此之后还有一个或多个参数；所有环境都是以命令 \end 结束，*环境名*是该命令唯一的参数。有些环境还具有带星号的形式。通常，同一环境，带星号的与不带星号的功能基本相同，只是在某个或某些排版细节之处略有不同。

在本书中，所有环境的名称都是使用等宽体字体书写的。

2.11.2 LaTeX 和标准文类提供的环境

LaTeX 和三种标准文类分别提供有多种不同用途的排版环境，它们的名称及其用途说明如表 2.22 所示，其中符号 √ 表示提供，而没有此符号则表示不提供。

表 2.22 LaTeX 和三种文类提供的环境

环境名	LaTeX	book	report	article	说明
abstract			√	√	摘要环境
array	√				数组环境
center	√				居中环境
description		√	√	√	解说列表环境
displaymath	√				无序号单行公式环境
document	√				文件环境
enumerate	√				排序列表环境

表 2.22（续）

环境名	LaTeX	book	report	article	说明
eqnarray	√				排序公式组环境
eqnarray*	√				无序号公式组环境
equation	√				排序单行公式环境
figure		√	√	√	浮动环境，双栏时可生成单栏图形
figure*		√	√	√	浮动环境，双栏时可生成跨栏图形
filecontents	√				附带文件环境，自动生成文件注释
filecontents*	√				附带文件环境，无文件注释
flushleft	√				左对齐环境
flushright	√				右对齐环境
itemize	√				常规列表环境
list	√				通用列表环境
lrbox	√				存储盒子环境
math	√				行内公式环境
minipage	√				小页环境
picture	√				绘图环境
quotation		√	√	√	引用环境，两端缩进，首行再缩进
quote		√	√	√	引用环境，两端缩进，首行不缩进
sloppypar	√				宽松环境，增大词距防止文本溢出
tabbing	√				表格环境，无框线
table		√	√	√	浮动环境，双栏时可生成单栏表格
table*		√	√	√	浮动环境，双栏时可生成跨栏表格
tabular	√				表格环境，有框线
tabular*	√				表格环境，定宽、有框线
thebibliography		√	√	√	参考文献环境
theindex		√	√	√	索引环境
theorem	√				定理环境
titlepage		√	√	√	题名页环境
trivlist	√				简化通用列表环境
verbatim	√				抄录环境
verbatim*	√				抄录环境，空格用“␣”表示
verse		√	√	√	诗歌环境

表 2.22 所列的各种环境中，一部分是主要用于文本处理的通用环境，如居中环境等，它们将在本节中逐一介绍；其余的专用环境，如表格环境等，将放在随后的相关章节中介绍。

2.11.3 文件环境

这是每个源文件都必须使用的环境。源文件的正文部分，也就是使用 LaTeX 的各种命令和环境撰写的全部论文内容都必须置于文件环境中：

```
\begin{document}
全部论文内容
\end{document}
```

其中，命令 \begin{document} 表示源文件的正文部分从此开始，它是源文件的导言部分与正文部分之间的分界线，其作用非常特殊；命令 \end{document} 表示退出文件环境，即源文件到此结束，在编译源文件时，系统将忽略该命令之后的任何字符。因此，可以将一些与论文有关的简短资料置于该命令之后，以备随时查阅。

2.11.4 居中环境和命令

通常在排版文本时是将所有文本行的左、右两端都对齐。使用系统提供的居中环境：

```
\begin{center}
对象
\end{center}
```

可以将其中的对象，如文本、插图或表格等，关于文本行宽度居中排列，而每行文本的两端则无须对齐。

例 2.45 将某书的封面内容使用居中环境编排。

```
\begin{center}
{\large 高等数学讲义}\\[4mm]
下册\\[1mm]
樊映川 等编\\
\end{center}
```

高等数学讲义

下册

樊映川 等编

在居中环境中，每行文本的末尾通常都用换行命令 \\ 来指示换行，否则系统将根据情况自行确定换行位置；如果希望加大某行与下一行之间的距离，例如加大 4 mm，可在该行的换行命令中使用其长度可选参数，即：\\[4mm]。

由于无须两端对齐，居中环境中的文本也就不会为了对齐而被断词处理。

系统还提供有居中命令：

```
\centering
```

它可以将其后的所有文本内容关于文本行宽度居中排版。由于居中命令 \centering 是声明形式的命令，所以通常都是将其置于某一环境或者组合之中，用以限制它的作用范围，例如：{\centering 对象}。

例 2.46 将某书的封面内容使用居中命令编排。

```
{\centering
{\large 高等数学讲义}\\[4mm]
下册\\[1mm]
樊映川 等编\\}
```

高等数学讲义

下册

樊映川 等编

居中命令与居中环境的居中功能是相同的，其主要区别在于所居中的文本与上下文之间的距离，前者为当前的文本行距，而后者都有约一行的空白。

如果只是需要将一行文本，或者某个插图，或者某个表格居中排版，也可以使用系统提供的行居中命令：

```
\centerline{对象}
```

使用该命令居中的文本与上下文之间的距离也等于当前文本的行距，然而行居中命令采用左右模式排版，如果其中的文本长度超过一行，它将凸出文本行的两端，甚至不见首尾，即使用换行命令 `\\` 或 `\newline` 也无效。

2.11.5 左对齐环境和命令

如果需要将多行简短文字或者插图等 LaTeX 对象沿文本行左侧边对齐排版，可以使用系统提供的左对齐环境：

```
\begin{flushleft}
对象
\end{flushleft}
```

该环境可将其中的对象与文本行的左侧边对齐，而与文本行的右侧边可以不用对齐。

可以在左对齐环境中使用 `\\` 换行命令来指定其中文本的换行处，否则系统将在不断词的情况下自行确定每行文本的换行位置。左对齐环境常被用来排版多个短于一行的文本，而且每行文本都不需要缩进。

例 2.47 将静电引力公式中的符号说明使用左对齐环境编排。

```
\begin{flushleft}
f: 电极板之间的吸引力，\\
E: 电极板之间的电场强度 [V/m]，\\
D: 电极板之间的电通密度，\\
V: 电极板之间的电位差。
\end{flushleft}
```

f：电极板之间的吸引力，
E：电极板之间的电场强度 [V/m]，
D：电极板之间的电通密度，
V：电极板之间的电位差。

系统还提供有声明形式的左对齐命令：

```
\raggedright
```

它可以将其后的对象与文本行的左侧边对齐，而与右侧边无须对齐。通常该命令被置于某个组合或环境之中，以限定其作用的范围，例如：`{\raggedright 对象}`。

左对齐命令与左对齐环境的区别是：前者中的文本与上下文之间的距离等于当前文本的行距，而后者要明显大于行距。

如果只是需要将一行简短文本，或者某个插图或表格靠文本行的左侧排版，也可使用系统提供的行左对齐命令：

```
\leftline{对象}
```

使用该命令左对齐的文本与上下文之间的距离也等于当前文本的行距，不过行左对齐命令采用的是左右模式排版，如果文本超出一行，多余的部分将凸入右边空。

2.11.6 右对齐环境和命令

如果需要将多行简短文字或者插图等 LaTeX 对象沿文本行右侧边对齐排版，可以使用系统提供的右对齐环境：

```
\begin{flushright}
对象
\end{flushright}
```

该环境可将其中的对象与文本行的右侧边对齐，而与文本行的左侧边可以不用对齐。可在右对齐环境中使用 \\ 换行命令来指定其中文本的换行处，否则系统将在不断词的情况下自行确定换行的位置。右对齐环境常用来排版多个短于一行的文本。

例 2.48 将论文中作者的各种联系方法统一编排到文本行的右侧。

```
\begin{flushright}
QQ: 86802345678\\
Tel: 198867889966\\
Email: latexer@yahu.com
\end{flushright}
```

QQ: 86802345678
Tel: 198867889966
Email: latexer@yahu.com

系统还提供有声明形式的右对齐命令：

```
\raggedleft
```

它可以将其后的对象与文本行的右侧边对齐，而无须与左侧边对齐。通常该命令被置于某个组合或环境之中，以限定其作用的范围，例如：{\raggedleft 对象}。

右对齐命令与右对齐环境的区别是：前者中的文本与上下文之间的距离等于当前文本的行距，而后者要明显大于行距。

如果只是需要将一行文本或某个插图或表格靠右侧排版，也可使用行右对齐命令：

```
\rightline{对象}
```

使用该命令右对齐的文本与上下文之间的距离也等于当前文本的行距，不过行右对齐命令采用的是左右模式排版。

2.11.7 对齐宏包 ragged2e

系统提供的居中、左对齐和右对齐环境或命令都关闭了断词功能，如果其中文本有很多较长的单词，就会使每行文本的宽度相差很大，看起来长长短短，过于粗旷。

如需解决这一问题可调用由 Martin Schröder 编写的 ragged2e 对齐宏包，它提供的居中、左对齐和右对齐环境或命令

```
Center   FlushLeft   FlushRight
\Centering   \RaggedRight   \RaggedLeft
```

都具有断词功能，所以可使其中各文本行的宽度差距明显缩小。

2.11.8 引用环境

有时会在论文章节的开始或其中引用某位大师的相关名言。为了凸显和醒目，在编排名人名言时可选用系统提供的 quotation 和 quote 两种引用环境：

```
\begin{quotation}     \begin{quote}
引用文本               引用文本
\end{quotation}       \end{quote}
```

这两种引用环境的排版格式基本相同，字体和字体尺寸也与正文中的常规字体相同。

例 2.49 使用引用环境编排一段法国天体物理学家卢米涅关于黑洞的名言。

```
\begin{quotation}
黑洞是恒星的一种残骸，它是引力收缩的极点，极
端到近乎荒唐。\par
\raggedleft---约翰·卢米涅
\end{quotation}\par
黑洞一词是在 1968 年由美国天体物理学家惠勒
首先提出来的。
```

> 黑洞是恒星的一种残骸，
> 它是引力收缩的极点，极端
> 到近乎荒唐。
>
> —约翰·卢米涅

黑洞一词是在 1968 年由美国天体物理学家惠勒首先提出来的。

两种引用环境中的文本行左右两端都各缩进 2.5 em，引用文本与上下文之间的距离都大于行距。而它们的区别是：quotation 环境常用于多段文本的引用，其段距等于行距，每段首行再缩进 1.5 em；quote 环境常用于单段文本的引用，或用空行分隔的多个短句引用，因其段距大于行距，且对每段引用文本的首行不再缩进。

2.11.9 抄录环境和命令

在论文中经常要引用计算机程序，如果直接将其插入源文件中就会出现很多问题，例如 Basic 的字符串函数 LEFT$(x$,n)，经编译后显示为 LEFT(x,n)。出现类似问题的主要原因有两点：(1) 在各种语言程序里有些符号，例如控制符、换码符和括号等，在源文件中可能属于系统赋予特殊含义的专用符号；(2) 各种语言程序通常在换行处留下多个空格用以填补剩余空间，而 LaTeX 并不理会这些空格，仅把它们看作一个空格，若一行没排满，就将下一行程序提上来接着排，直到一行排满才换行，这样就打乱了语言程序的原有书写格式。

为了解决这些问题，系统提供有抄录环境和抄录命令，很多相关宏包也提供有具备各种抄录功能的抄录环境。

抄录环境 verbatim

使用系统提供的抄录环境 verbatim 或其带星号的形式 verbatim*，可以将其中的文本按照其原有的书写格式和字符形态，包括专用符号、空格以及换行位置等，逐字逐句逐空格地抄写记录下来，其默认字体为等宽体：

```
\begin{verbatim}        \begin{verbatim*}
文本                     文本
\end{verbatim}          \end{verbatim*}
```

带星号的抄录环境 verbatim* 的不同之处在于它将文本中的每个空格都用 ␣ 符号显示出来，成为可见的空格，以便于了解文本中空格位置及其数量。

例 2.50 将一段 Fortran 语言程序使用 verbatim 抄录环境编排。

```
\begin{verbatim}
REAL FUNCTION TRIPPLE(NUM)
IMPLICIT NONE
        REAL NUM
        TRIPPLE = NUM * 3
        RETURN
END
\end{verbatim}
```

```
REAL FUNCTION TRIPPLE(NUM)
IMPLICIT NONE
        REAL NUM
        TRIPPLE = NUM * 3
        RETURN
END
```

例 2.51 将例 2.50 中的语言程序改为使用 verbatim* 抄录环境编写。

```
\begin{verbatim*}
REAL FUNCTION TRIPPLE(NUM)
IMPLICIT NONE
        REAL NUM
        TRIPPLE = NUM * 3
        RETURN
END
\end{verbatim*}
```

```
REAL␣FUNCTION␣TRIPPLE(NUM)
IMPLICIT␣NONE
␣␣␣␣␣␣␣␣REAL␣NUM
␣␣␣␣␣␣␣␣TRIPPLE␣=␣NUM␣*␣3
␣␣␣␣␣␣␣␣RETURN
END
```

抄录命令 \verb

系统还提供了两条抄录命令，其功能分别类似于 verbatim 和 verbatim* 环境，所不同之处是它们只适用于抄录一行以内的英文文本，否则将凸出文本行右端进入右边空：

\verb符号 文本 符号　　　　\verb*符号 文本 符号

这两个命令中的参数：*文本*，被置于两个相同的*符号*之中，而不是像其他系统命令用一对花括号或方括号来界定参数的范围，这是因为*文本*中有可能含有花括号；*符号*可以是没有出现在*文本*中，且不是 * 和空格的任何符号或数字，通常采用无方向的双引号 " 或定界符 | 等没有左右之分的符号。

例 2.52 使用抄录命令在文档中显示专用符号。

```
在源文件中，符号 \verb"\、$ 和 #" 都是系统
赋予特殊含义的专用符号。
```

在源文件中，符号 \、$ 和 # 都是系统赋予特殊含义的专用符号。

在上例中，先用光标选取 \、$ 和 #，然后再单击  按钮，选择 Typeface → Verbatim 命令，抄录命令就会自动插到光标处。若使用 shortvrb 宏包提供的 \MakeShortVerb{\|} 命令，那么 |*文本*| 的作用与 \verb|*文本*| 相同；而 \DeleteShortVerb{\|} 将恢复 | 的原意。

抄录环境与命令的异同

(1) 抄录命令 \verb 或 \verb* 及其参数和界限符号都必须同在一个文本编辑行中，否则系统将提示出错。

(2) 抄录命令不能对英文自动换行，所以只能抄录一行以内的英文文本；而对中文或中英文混排文本却可以自动换行，故能抄录多行以中文为主的文本。抄录环境也不能对英文文本自动换行，但对以中文为主的文本却可以。

(3) 抄录环境和命令不能在其他任何系统命令中使用，但它们可以在其他环境中使用。

(4) 抄录环境中的文本与文本行的左侧边对齐；抄录命令中的文本若处在一段之首，将被缩进处理。

抄录字体的修改

抄录环境 verbatim 采用等宽体抄录其中的英文文本，字体尺寸为 \normalsize，如果希望修改抄录字体和字体尺寸，可重新定义抄录字体命令 verbatim@font。

例 2.53 将例 2.50 中的抄录字体改为倾斜等线体，字体尺寸改为 \small。

```
\makeatletter \renewcommand{\verbatim@font}{\sffamily\slshape\small} \makeatother
```

```
\begin{verbatim}
REAL FUNCTION TRIPPLE(NUM)
IMPLICIT NONE
        REAL NUM
        TRIPPLE = NUM * 3
        RETURN
END
\end{verbatim}
```

```
REAL FUNCTION TRIPPLE(NUM)
IMPLICIT NONE
     REAL NUM
     TRIPPLE = NUM * 3
     RETURN
END
```

需要注意的是，抄录环境 verbatim 中的文本里不能有反斜杠符号 \，否则在改变抄录字体后，可能会将其改为半角双引号："，因为在系统默认的字体里只有等宽体有反斜杠符号。

其他命令中的抄录命令

按说在章节命令、脚注命令等其他命令的参数中不能使用抄录命令，但如果在这些命令之前加入 cprotect 宏包提供的保护命令：

```
\cprotect
```

就可以在这些命令中使用抄录命令了。

例 2.54 使用 cprotect 宏包提供的保护命令，以便在脚注命令中能够使用抄录命令。

```
脚注命令\cprotect\footnote{\verb"\footnote"}
中也可使用抄录命令。
```

脚注命令[1]中也可使用抄录命令。

[1] \footnote

在有些环境中也不能直接使用抄录命令，例如公式环境 align 等，可在这些环境命令之前加入该宏包提供的环境保护命令：\cprotEnv\begin{...}。

抄录宏包 verbatim

在抄录环境中，纯英文文本不能自动换行，而纯中文或中英文混排文本却可以自动换行。如果要抑制中文在抄录环境中自动换行，可在导言中调用由 Rainer Schöpf 编写的抄录宏包 verbatim，再使用 CJK 宏包提供的 CJKverbatim 环境：

```
\begin{CJKverbatim}
\begin{verbatim}
文本
\end{verbatim}
\end{CJKverbatim}
```

(1) 抄录宏包 verbatim 重新定义了系统的 verbatim 和 verbatim* 环境，弥补了原环境的某些不足，并可抄录任意长度的文本甚至整个文件。例如使用其提供的 \verbatiminput{文件名} 命令，可将整个外部文件，如计算程序，抄录下来，而不增加源文件的大小。

(2) 调用 verbatim 宏包后，在抄录环境结束命令 \end{verbatim} 右侧的所有字符或命令都将被忽略。

抄录宏包 fancyvrb

系统提供的抄录环境 verbatim 功能较简单，难以修改抄录文本的字体和外观样式。抄录宏包 fancyvrb 提供了一个 Verbatim 抄录环境，它可根据其中的选项生成各种不同的抄录样式，例如为每行抄录文本添加行号，可加边线，可设定字体及其尺寸和颜色等：

```
\begin{Verbatim}[参数1=选项,参数2=选项,...]
文本
\end{Verbatim}
```

其中，可选参数是由多个可选子参数构成，而每个子参数又有多个选项，其定义如下。

commentchar 指定注释符号，它有两个选项：! 和 \%，前者表示以 ! 打头的文本无须抄录；后者表示 % 之后的文字也无须抄录。

gobble 指示每个文本行缩进的空格数量，可选值为 0～9，默认值是 0。指定缩进的空格数后，系统在抄录时会将所有文本行右移相同的格数。

formatcom 设置抄录文本的格式，例如：formatcom=\color{blue}，将抄录字体设置为蓝色。

fontfamily 设置抄录字体的字族，其可选项有 tt、rm、helvetica 和 courier，它的默认值为 tt。

fontsize 设置抄录字体的尺寸，它可以是 \small、\large 等字体尺寸命令，默认值是当前字体尺寸。

fontshape 设置抄录字体的形状，选项有 it、sc 和 up，默认值是当前字体的形状。

fontseries 抄录字体的序列，选项为 b 和 m，默认值是当前字体的序列。

frame 为抄录文本的四周设置边线，该参数有下列选项。

- none 默认值，表示不为抄录文本设置边线。
- leftline 表示在抄录文本左侧划一条垂直边线。
- topline 表示在抄录文本的顶端划一条水平边线。
- bottomline 表示在抄录文本的底端划一条水平边线。
- lines 表示在抄录文本的顶端和底端各划一条水平边线。
- single 表示在抄录文本的四周划一条外框线。

framerule 设置边线的宽度，默认值是 \fboxrule，即 0.4pt。

framesep 设置抄录文本与边线的距离，默认值为 \fboxsep，即 3pt。

rulecolor 设置边线的颜色，例如蓝色：\color{blue}，默认值是黑色。

fillcolor 设置抄录文本与边线之间空白的颜色，例如黄色：\color{yellow}，默认值是白色。

numbers 为每个抄录文本行添加行号，该参数有下列选项。

- none 默认值，表示不为抄录文本行添加行号。
- left 表示在抄录文本行的左端添加行号。
- right 表示在抄录文本行的右端添加行号。

numbersep 设置抄录文本与行号之间的距离，默认值是 12pt。

firstnumber 设置抄录文本行第一行的起始行号，该参数有以下选项。

- auto 默认值，表示第一行的序号为 1。
- last 表示接续前一个抄录环境中最后一行的行号。
- 整数 设定第一行的起始行号，如 50、-70 等任意整数。

stepnumber 设置每间隔几行给出一个行号，它可以是 2、3、4、5 等正整数，其默认值是 1，表示每行都给出行号。

numberblanklines 设定空行是否给出行号，默认值是 true，即空行也给出行号；如果是 numberblanklines=false，则表示空行不给出行号。

showspaces 设定每个空格是否用可见空格符 ␣ 来显示，其默认值是 false，即不用空格符显示空格；如果选择 true，则表示每个空格都用可见空格符来显示。

baselinestretch 设置抄录文本的行距系数，它是一个十进制数，表示当前行距的倍数，其默认值为当前行距系数值。

commandchars 指定 3 个符号，如果是专用符号仍将保持其作用，如果是其他符号则可使其具有专用符号的作用。通常 3 个符号为 \\\{\}，这样很多系统命令仍可在抄录文本中起作用；如果只要某些命令起作用，而其他命令不起作用，就可设置例如 +\[\] 这 3 个符号来替代某些命令中的专用符号。

xleftmargin 设置抄录文本行左边空的宽度，其默认值是 0pt。

xrightmargin 设置抄录文本行右边空的宽度，其默认值是 0pt。

samepage 设定抄录文本是否能中间换页，该参数的默认值是 false，即可以换页；如果选择 true，则表示不能中间换页。

例 2.55 将例 2.50 的抄录字体由默认的等宽体字族改换为罗马体字族，并且调整抄录文本的行距，将行距增加百分之十。

```
\begin{Verbatim}[fontfamily=rm,baselinestretch=1.1]
REAL FUNCTION TRIPPLE(NUM)
IMPLICIT NONE
        REAL NUM
        TRIPPLE = NUM * 3
        RETURN
END
\end{Verbatim}
```

```
REAL FUNCTION TRIPPLE(NUM)
IMPLICIT NONE
        REAL NUM
        TRIPPLE = NUM * 3
        RETURN
END
```

例 2.56 在例 2.50 所抄录的文本中使用书签命令 \label，以便在正文中能够引用抄录文本中的语句。

```
\begin{Verbatim}[numbers=left,commandchars=\\\{\}]
REAL FUNCTION TRIPPLE(NUM)
IMPLICIT NONE
        REAL NUM
        TRIPPLE = NUM * 3
        RETURN \label{verbtext}
END
\end{Verbatim}
上例中第 \ref{verbtext} 行语句是返回...。
```

```
1 REAL FUNCTION TRIPPLE(NUM)
2 IMPLICIT NONE
3         REAL NUM
4         TRIPPLE = NUM * 3
5         RETURN
6 END
```

上例中第 5 行语句是返回主程序命令。

为了使书签命令能够在抄录环境中仍然保持其功能，必须使用 commandchars 参数来指定 \、{ 和 } 这 3 个符号，以恢复其专用符号的作用。

例 2.57 在例 2.50 所抄录的文本中使用书签命令 \label，还要在抄录后的文本中显示这个书签命令。

```
\begin{Verbatim}[numbers=left,commandchars=+\[\]]
```

```
REAL FUNCTION TRIPPLE(NUM)
IMPLICIT NONE
        REAL NUM
        TRIPPLE = NUM * 3
        RETURN +label[verb]\label{verb}
END
\end{Verbatim}
上例中第 \ref{verbtext} 行语句是返回....。
```

```
1 REAL FUNCTION TRIPPLE(NUM)
2 IMPLICIT NONE
3         REAL NUM
4         TRIPPLE = NUM * 3
5         RETURN \label{verb}
6 END
```

上例中第 5 行语句是返回主程序命令。

在上例中，使用 commandchars 参数指定 +、[和] 这 3 个符号分别具有 \、{ 和 } 这 3 个专用符号的功能，这样 +label[verb] 就具有了 \label{verb} 的功能。但应注意，在所抄录的文本中不应出现这 3 个指定符号，否则会提示出错或不予显示。

抄录宏包 alltt

由 Leslie Lamport 和 Johannes Braams 编写的抄录宏包 alltt 提供了一个 alltt 抄录环境，功能与 verbatim 环境相似，只是 \、{ 和 } 这 3 个专用符号仍然可以在其中发挥它们的特殊作用，因此可在该环境中使用 LaTeX 命令，例如修改抄录文本的字体、插入数学式等。

例 2.58 将一个数学式的源文件及其编译结果都用同一个抄录环境来编写。

```
\begin{alltt}
源文件 $x^\{m\}y_\{n\}$ 经编译后得到:
      \(x\sp{m}y\sb{n}\)
\end{alltt}
```

源文件 $x^{m}y_{n}$ 经编译后得到:
$x^m y_n$

抄录宏包 listings

由 Brooks Moses 和 Carsten Heinz 编写的 listings 抄录宏包常用于各种编程语言源程序的抄录，它提供的抄录环境具有众多可选参数，可对源程序的排版格式做详尽的设置:

```
\begin{lstlisting}[参数1=选项,参数2=选项,...]
源程序
\end{{lstlisting}
```

其中最常用的可选参数及其选项和简要说明如下。

- basicstyle　全部抄录文本字体，其选项可以是字体设置和尺寸命令以及颜色命令，例如 \itshape\small\color{blue}，默认为常规字体。
- caption　设置标题内容，生成格式为“Listing 序号: 标题内容”的标题；可重新定义 \lstlistingname 命令，将标题名改为: 源程序；其中“:”为分隔符，可使用 caption 宏包对其另行设定，详见第 5.5.2 节说明。
- captionpos　标题的位置，选项有 t 和 b，分别表示顶部和底部，t 为默认值。
- commentstyle　注释文本字体，其选项与 basicstyle 的相同，默认为 \itshape。
- frame　边线设置，常用选项是 lines 或 single，可在抄录文本的顶部和底部或四周生成边线，该边线可跨页，默认为无边线。
- identifierstyle　标识符字体，其选项与 basicstyle 的相同，默认为常规字体。
- keywordstyle　关键词字体，其选项与 basicstyle 的相同，默认为 \bfseries。
- label　书签名，以便在正文中使用命令 \ref 引用该源程序标题的序号。

language　设定编程语言，常用选项有 C、C++、Fortran、Java 和 Pascal等。

name　为所抄录的源程序命名，同名的源程序将共享同一个行号计数器，这样分段抄录的同名源程序，它们的行号可保持连续。

numbers　行号位置，选项有 left 和 right，默认为无行号。

numberstyle　行号字体，其选项与 basicstyle 的相同。

stringstyle　字符串字体，其选项与 basicstyle 的相同。

numbersep　行号与抄录文本的距离，即与版心左或右侧的距离，默认值是 10pt。

title　设置标题内容，生成无标题名和序号的标题，默认为无标题。

该抄录宏包提供有一个抄录设置命令，可为全文中所有 lstlisting 抄录环境统一设置源程序排版格式，其中的可选参数及其选项与抄录环境 lstlisting 的相同：

\lstset{*参数1*=*选项*,*参数2*=*选项*,...}

例 2.59　抄录计算 1+2+3+· · · +100 之和的 Pascal 源程序。

```
\begin{lstlisting}[language=Pascal,frame=single,numbers=left]
Program SUM;
var n,sum:integer;
  Begin
    Sum:=0;
    For i:=1 To 100 Do
      Sum:=Sum+i;
    Writeln(Sum);
  End.
\end{lstlisting}
```

```
Program SUM;
var n,sum:integer;
  Begin
    Sum:=0;
    For i:=1 To 100 Do
      Sum:=Sum+i;
    Writeln(Sum);
  End.
```

抄录宏包 listings 还提供了一个源程序抄录命令，其功能类似于 \verb 抄录命令，可将简短的源程序语句插入文本行中：

\lstinline[*参数1*=*选项*,*参数2*=*选项*,...]*符号 源程序 符号*

其中的可选参数及其选项与抄录环境 lstlisting 的相同，只是行号、标题等参数在该命令中无效；*符号*可以是没有出现在*源程序*中，且不是空格的任何符号或数字。例如循环控制语句：**For** i:=1 **To** 100 **Do**，可用 \lstinline[language=Pascal]"For i:=1 To 100 Do" 抄录命令得到。

2.11.10　诗歌环境

诗歌环境 verse 其实也是一种引用环境，其中文本的两端也都有相同宽度的缩进，所不同的是要由作者根据诗歌的韵律自行确定换行的位置：

```
\begin{verse}
第 1 行 \\ 第 2 行 \\ ......
\end{verse}
```

环境中的行是指诗歌的行，欧美人写诗论行，例如莎士比亚十四行诗。如果一行诗较长，超过了诗歌环境的文本行宽度，系统将会自动换行，并且把该行的剩余文字再缩进 1.5 em 后排到下一行。

例 2.60 将毛泽东主席的长征诗英译文用诗歌环境 verse 编排。

```
\begin{verse}
The Red Army fears not the trials of the
Long March,\\
Holding light ten thousand crags and
torrents.\\......\\
\end{verse}

这是毛泽东主席 1935 年 10 月所写七律长征...。
```

The Red Army fears not the tri-
als of the Long March,
Holding light ten thousand
crags and torrents.
......

这是毛泽东主席在 1935 年 10 月所写七律长征的英译文。

诗歌环境的排版格式适合英文诗歌，如果用其排版中文诗词看起来就很别扭，不如改为引用环境 quote 更合适些。诗歌环境可与引用环境多层嵌套。

2.11.11 宽松环境和命令

为了得到美观的排版效果，系统对字词间距、断词和换行都有严格的要求。有时要保持高标准，就要对行尾的单词进行断词处理，如果找不到适当的断点，就只能将多出的字母凸出文本行右端。这种精细严格的要求，有时反而有损外观效果。这种现象在纯英文和中英文混排的文稿中时常出现。为此，系统提供了一个宽松环境 sloppypar：

```
\begin{sloppypar}
内容
\end{sloppypar}
```

它通知系统对其中内容降低排版标准，加大单词间距，以减少断词和凸出的几率。

例 2.61 两段完全相同的文本，将第二段置于宽松环境中，比较两者的排版结果。

```
\documentclass[11pt]{book} \textwidth=20em \parindent=0pt
\begin{document}
A human book designer ... formulae, etc.
\begin{sloppypar}
A human book designer ... formulae, etc.
\end{sloppypar}
\end{document}
```

A human book designer tries to find out what the author had in mind while writing the manuscript. He decides on chapter headings, citations, ex-amples, formulae, etc.
A human book designer tries to find out what the author had in mind while writing the manuscript. He decides on chapter headings, citations, examples, formulae, etc.

在上例中，第一段有一个单词因要保持单词间距而又没有合适的断点来断词，致使部分字母凸出文本行右侧，还有一个单词被自动断词；第二段由于被置于宽松环境，就避免了凸出和断词，但缺点是单词之间的空隙加大，段落有些松散的感觉。

在编译后生成的编译过程文件中，将对第一段提出溢出警告：Overfull \hbox，说明有文本行的宽度超过设定值；对第二段也会提出松散警告：Underfull \hbox，说明单词间距过宽，致使排版质量降低。对于第一段，可在造成凸出的单词 manuscript 之前插入 \linebreak 命令，强制换行，也能达到第二段的效果。但是上述问题的最佳解决方法还是应耐心地调整语句的叙述顺序，或是重新遣词造句。

系统还提供了一个声明形式的宽松命令：

```
\sloppy
```

它可以降低其后文本的排版标准，避免文本行右侧凸出或者过多的断词。宽松命令与宽松环境的区别在于：前者可以用于段落之中，而后者只能用在段落之间。宽松环境 sloppypar 相当于：{\par \sloppy 文本 \par}，其中 \par 是换段命令。

如果在宽松命令之后的某处，希望再返回到系统默认的单词间距控制范围，可使用系统提供的声明形式的精细命令：

```
\fussy
```

若使用 PDFLaTeX 编译源文件，可调用 microtype 宏包，它能自动调整字词间距，以减少断词和溢出，使版心右侧边沿整齐。

2.11.12 绘图环境

如果需要在论文中绘制由直线段和圆形组成的简单图形，可使用系统提供的 picture 绘图环境和一组在该环境中使用的绘图命令：

```
\begin{picture}(宽度,高度)(x偏移,y偏移)
绘图命令
\end{picture}
```

注意，绘图环境命令的后两个参数都用的是圆括号，这与常规系统命令中使用的花括号和方括号有所不同。绘图环境命令中的这两个参数的用途说明如下。

宽度,高度	必要参数，分别设定所绘制图形的宽度和高度，默认长度单位是 pt；所设定矩形区域的左下角即为图形的基准点。
x偏移,y偏移	可选参数，分别设定所使用坐标系的原点与图形基准点之间的水平和垂直偏移距离，其默认长度单位也是 pt；偏移量可以为负值，表示坐标原点位于基准点的右侧或上方；如果省略这个可选参数，其默认值是 0,0。

绘制图形前应确定图形的幅面尺寸，即图形的宽度和高度，以便系统在排版时留出相应的空间。所设定的幅面尺寸应等于或略大于实际图形尺寸。通常图形都是独处一行，可使用居中环境或居中命令将其置于一行之中，如果宽度过大或过小，会使图形明显偏离中心；如果高度过低，图形上部将与上文重叠，过高，则图形与上文距离过宽。

在绘图环境中设置各种尺寸和坐标时不需要填写长度单位，其默认值是 pt，若要改换长度单位，例如改为毫米，可在环境中对单位长度命令重新赋值：\unitlength=1mm。

在绘图环境中绘制图形还需要使用系统提供的各种绘图命令，下面只介绍几条最常用的绘图命令，其他绘图命令可查阅相关说明文件 [2, p. 118][7, p. 253]。

\circle{直径}	绘制圆形命令，直径表示所绘圆形的直径，其最大值为 40pt。
\circle*{直径}	绘制实心圆命令。
\line(x,y){长度}	绘制直线段命令，线段的斜率 = y/x；x 和 y 只能是 -6～6 的整数，并且互为质数，即公约数不大于 1。例如：(1,0)，为水平线段；(0,1)，为垂直线段。对于水平线段和垂直线段，其长度就是线段的实际长度；对于倾斜线段，其长度是用该线段在水平方向上的投影长度来表示的，其最小值是 10pt，再短就画不出来了。长度不能取负值。
\vector(x,y){长度}	向量命令，可绘制一端带有箭头的直线段。

\put(x,y){图形元素}	将图形元素放置到绘图区域，其基准点位于坐标 (x,y)。图形元素可以是文本、线段和圆形等。
\thicklines	粗线命令，指定使用较粗的线条，宽度 0.8pt。
\thinlines	细线命令，默认值，指定使用较细的线条，宽度 0.4pt。

例 2.62 使用绘图环境绘制一个直角等边三角形。

```
\begin{picture}(200,170)(-20,-18)
\graphpaper(0,0)(150,150)
\thicklines\color{blue}
\put(17,22){\line(1,0){100}}
\put(117,22){\line(0,1){100}}
\put(17,22){\line(1,1){100}}\color{red}
\put(74,11){1}
\put(122,71){1}
\put(63,90){$\sqrt{2}$}
\end{picture}
```

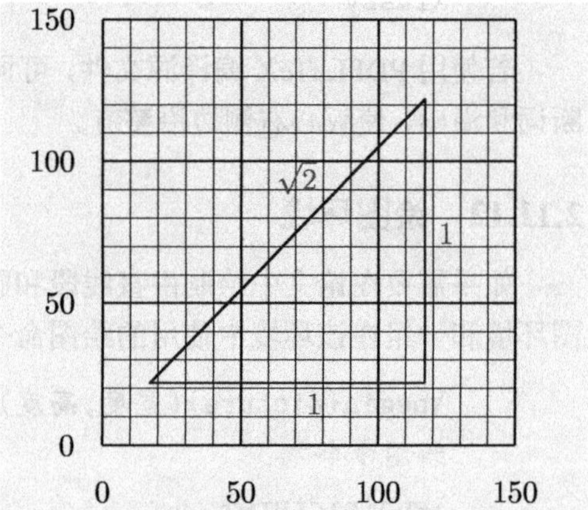

在上例中，为了能够直观地显示坐标的位置，在导言中调用了坐标纸宏包 graphpap，并使用其提供的坐标纸命令 \graphpaper。

LaTeX 系统是一种功能强大的字处理系统，其强项是文本和数学式的排版，而弱项就是绘图。尽管系统提供的绘图环境和命令可绘制较复杂的图形，并且在被调用时也可对其进行缩放、旋转等图形处理，但在图形绘制过程中需要对各点的坐标做烦琐的计算，还要熟悉各种绘图命令的使用方法，线段的斜率和圆形的直径等都有所限制，绘制图形如同语言编程。

借助各种绘图宏包虽然可以扩展系统的绘图功能，但仍然无法解决使用不便这一根本问题。因此，论文中的复杂图形大都采用 Matlab、Photoshop、Excel 和 Visio 等可视绘图软件来绘制，然后插入到论文中。所以这里只简单地介绍绘图环境，因为在插图时有可能会利用到该环境和 \put 等常用绘图命令。

2.11.13 自定义环境

如果需要具有某种排版功能的环境，可先在表 2.22 中寻找；在本书后续章节中还介绍了一些可提供某种排版环境的宏包，它们大多都是对表 2.22 中环境的功能扩展或补充；还可以在 CTAN 的资料目录中查寻，例如有关表格方面的，可查 Tables 这个条目，它将现有各种表格宏包分成几大类集中列出来供用户选择。如果在这些宏包中仍未找到所适合的环境，还可以使用 LaTeX 提供的新环境定义命令：

```
\newenvironment{新环境}[参数数量][默认值]{开始定义}{结束定义}
```

来自定义一个新环境。然后就可以使用这个新环境了：

```
\begin{新环境}{参数1}{参数2}...
内容
\end{新环境}
```

新环境定义命令中的各种参数的用途说明如下。

新环境　自定义新环境的名称，它不能与系统和调用宏包中已有的环境重名，也不能与已有的命令重名，否则都将提示出错。

参数数量　可选参数，用于指定该新环境所具有参数的个数，它可以是 0～9 的一个整数，默认值是 0，即该新环境没有参数。

默认值　可选参数，用于设定第一个参数的默认值；如果在新环境定义命令中给出默认值，则表示该新环境的第一个参数是可选参数。新环境中最多只能有一个可选参数，并且必须是第一个参数。

开始定义　对进入新环境后所要执行的排版任务进行设定，其中涉及某个参数时用符号 #n 表示，n 为 1～9 的一个整数，例如涉及第一个参数时用 #1 代表，第二个参数用 #2，……。每当系统读到 \begin{新环境} 时就会执行开始定义。

结束定义　对退出新环境前所要执行的排版任务进行设定。每当系统读到 \end{新环境} 时就会执行结束定义。表示参数的 #1、#2 等不能在结束定义中使用。

新环境定义命令也有带星号的形式：\newenvironment*，其功能与 \newcommand* 命令相同，也是用于阻止所带参数中的文本超过一个段落。

例 2.63　自定义一个证明环境 Proof。

```
\newenvironment{Proof}{{\noindent\em Proof}\par}{\hfill $\diamondsuit$\par}
\begin{Proof}
The idea ... completes the proof.
\end{Proof}
```

Proof

The idea ... completes the proof. $\diamondsuit$

在上例源文件中：换段命令 \par 的作用是将紧随其后的内容另起一段；采用数学符号 \diamondsuit 作为证毕符号。

例 2.64　自定义一个带序号的示例环境 Example。

```
\newcounter{Exam}[chapter]
\renewcommand{\theExam}{\thechapter.\arabic{Exam}}
\newenvironment{Example}{{\noindent\sc Example \stepcounter{Exam}\theExam}%
\\[-2ex]\rule{\linewidth}{0.8pt}\\}{%
\nopagebreak\\*\rule{\linewidth}{0.8pt}}
\begin{Example}
Suppose a set of data points ...
\end{Example}
```

EXAMPLE 2.1

Suppose a set of data points ...

上例先创建一个名为 Exam 的计数器，为自定义的示例环境 Example 排序；结束定义中的 \nopagebreak 命令禁止在此处换页，以防可能把示例结束线放到下一页的顶部。

例 2.65　自定义一个带有可选参数的定理环境 Theorem。

```
\newenvironment{Theorem}[1][]{\par\noindent{\heiti 定理} #1 \quad}{\par}
\begin{Theorem}[(必要条件)]
设可微分的函数...
\end{Theorem}
```

定理 (必要条件)　设可微分的函数...

在上例中，默认值可选参数以空置的方式给出，即表示所定义定理环境的这个参数是可选的，但它没有默认值。对于多参数环境的定义可参见例 7.31。

实际上每定义一个新环境，新环境定义命令就会自动将其分解为两个新定义命令：

\newcommand{\新环境}[参数数量]{开始定义}

\newcommand{\end新环境}{结束定义}

当系统读到 \begin{新环境} 就执行 \新环境 命令，读到 \end{新环境} 就执行 \end新环境 命令，所以要求新环境名不能与已有命令重名。同样道理，新命令名也不能与已有环境重名。注意，被自动定义的两条命令作者不能使用。

多余的空格

在使用自定义的命令或环境时，可能会出现并不需要的空格。如果希望消除这些空格，可在新定义命令或新环境定义命令中分别使用下列忽略空格命令。

\ignorespaces	该命令通知系统忽略所有空格直到读入非空格符号为止。
\ignorespacesafterend	相当在环境结束命令 \end 之后追加一个 \ignorespaces 命令。
\unskip	删除所定义内容的最后符号，如果它是空格的话。

例 2.66 自定义两个引用环境，其中第二个使用忽略空格命令，对比两者的排版结果。

```
\newenvironment{QuoteA}{“}{”}
当设备处于%
\begin{QuoteA} 休眠 \end{QuoteA}
状态时，...\par
\newenvironment{QuoteB}{“\ignorespaces}{\unskip”\ignorespacesafterend}
当设备处于%
\begin{QuoteB} 休眠 \end{QuoteB}
状态时，...
```

当设备处于“ 休眠 ” 状态时，...

当设备处于“休眠”状态时，...

上例只是为了说明 3 个忽略空格命令的使用方法及其功效，在实际应用中应根据具体情况有选择地使用这些命令。

定义带有可选子参数的环境

调用由 Florent Chervet 编写的 keycommand 关键词宏包，并使用该宏包所提供的新环境命令 \newkeyenvironment，可自定义带有多个可选子参数的新环境，具体方法请查阅该宏包的说明和示例文件。该宏包还将自动加载 xkeyval 等多个相关宏包。

2.11.14 修改已有环境

LaTeX、所选文类和所调用宏包提供的各种环境以及已经自定义的新环境都属于已有环境。如果对某个已有环境的排版效果基本满意，但是仍希望稍加修改，可不必另外自定义新环境，而是采用 LaTeX 提供的重新定义环境命令：

\renewenvironment{已有环境}[参数数量][默认值]{开始定义}{结束定义}

对该已有环境进行重新定义。该命令中的后 4 个参数的作用与新环境定义命令中的相同。重新定义环境命令只适用于对已有环境的修改，而不能用于未定义的环境，否则在编译源文件时系统将提示出错。

对已有环境建议不要轻易将其重新定义，如确属需要，应先搞清楚已有环境的原始定义，然后再使用重新定义环境命令来修改。

例 2.67 在引用环境 quote 中：段落的首行不缩进，英文为罗马体，中文为宋体，字体尺寸是 \normalsize。若将例 2.49 改用 quote 环境，且各段首行缩进两个汉字的宽度、中文字体为楷书、字体尺寸是 \large，首先查找到 book 文类对 quote 环境的定义：

```
\newenvironment{quote}{\list{}{%
\rightmargin\leftmargin}\item\relax}{\endlist}
```

然后对该环境进行重新定义：

```
\renewenvironment{quote}{\list{}{%
\large\kaishu\itemindent=2em%
\rightmargin\leftmargin}\item\relax}{%
\endlist}
\begin{quote}
黑洞是恒星的一种残骸，它是引力收缩的极点，极
端到近乎荒唐。\par
\raggedleft---约翰{\songti · }卢米涅
\end{quote}\par
黑洞一词是在 1968 年由美国天体物理学家...。
```

黑洞是恒星的一种
残骸，它是引力收缩的
极点，极端到近乎荒唐。

—约翰 · 卢米涅

黑洞一词是在 1968 年由美国天体物理学家惠勒首先提出来的。

在上例中，命令 \relax 并不作任何排版动作，只是告诉系统它前面的命令到此为止；该命令并非必需，它常被用在与长度有关的命令之后，以防系统误解 height、width、plus 和 minus 等词的用意。

重新定义环境命令也有带星号的形式：\renewenvironment*，它的作用与带星号的新环境定义命令 \newenvironment* 相同。

2.12 加减乘除

有时在设置表格的宽度或小页环境的高度时，需要做些简单的算术四则运算，例如希望表格的宽度等于文本行的宽度减去 20 mm，即 \textwidth-20mm。可利用 LaTeX 提供的下列 4 条命令对某一数值或长度值进行算术运算：

```
\addtocounter{计数器}{数值}        \setlength{命令}{长度}
\setcounter{计数器}{数值}          \addtolength{命令}{长度}
```

例如在源文件中，可以使用计数器设置命令 \addtocounter 增减某一数值，也可以使用长度赋值命令例如 \setlength{\parindent}{0.75\parindent} 对某一长度值做乘除，但不能对两个以上的数值做四则运算。此外，由于 \addtocounter 和 \setcounter 都是对全文有效的命令，不会受环境或组合的束缚，如果使用它们做算术运算将对其后的正文产生无法预知的影响，除非采用自定义的专用计数器。

LaTeX 系统没有给用户提供任何运算命令，在其内部，加减乘除是采用 TeX 基本命令 \advance、\multiply 和 \divide 来完成的，这些复杂的底层命令主要用于专家们编写文类和宏包，并不适合作为论文作者使用的用户命令。

当需要对两个或两个以上的数值或长度作算术运算时，可调用由 Kresten Krab Thorup 和 Frank Jensen 编写的 calc 算术宏包，它将上列 4 条命令中的数值和长度参数，分别由单一的整数和长度扩展为整数表达式和长度表达式。表达式可以是由数字量（常数和计数器数据命

令)或长度值(长度和长度数据命令)、常规含义的二元算术运算符(+、-、* 、/)和可改变运算顺序的圆括号(正常的算术运算顺序是从左到右，先乘除后加减)组成；在做常数乘除时，常数应为整数，如果含有小数，则需要使用转换命令。

例 2.68 分别在计数器命令和长度命令中使用整数表达式和长度表达式。

```
\newcounter{Mycounter} \setcounter{Mycounter}{2}
计数器 Mycounter 的初值是 2,\setcounter{Mycounter}{\value{Mycounter}+5}%
加 5 后，其值为 \theMycounter。%
\setlength{\parindent}{10.5pt+3pt*5}%
经过运算，长度数据命令 \verb"\parindent" 所%
表示的长度是：\the\parindent。
```

计数器 Mycounter 的初值是 2，加 5 后，其值为 7。经过运算，长度数据命令 \parindent 所表示的长度是：25.5pt。

在上例中，第一条命令是创建一个名为 Mycounter 的计数器。

例 2.69 将每段首行缩进的宽度设置为行宽的十二分之一加两毫米。

```
\setlength{\parindent}{\linewidth/12+2mm}
```

当调用 calc 算术宏包后，很多命令或者环境中的长度参数都可以接受长度表达式，例如 \makebox、\parbox、minipage 和 tabular 及其列格式中的宽度值等。宏包 calc 并没有重新定义这些命令和环境，只是因为它们都是用 \setlength 命令读取其长度参数的。

例 2.70 设置小页环境的宽度比版心的宽度窄 20 mm。

```
\begin{minipage}{\textwidth-20mm}
内容
\end{minipage}
```

小数的乘除

在表达式中，不能直接用小数乘除，如果需要用小数乘除时，应采用下列两条命令之一对小数进行整型转换：

\real{十进制数}　　\ratio{长度表达式}{长度表达式}

其中，第一条命令是直接对非整数的十进制数进行转换；第二条命令是用两个长度表达式之比进行转换。

例 2.71 在整数表达式中使用小数乘法。

```
\setcounter{Mycounter}{2*\real{2.5}}
2 乘 2.5 得 \theMycounter。
\setcounter{Mycounter}{2*\real{2.95}}
2 乘 2.95 得 \theMycounter。
```

2 乘 2.5 得 5。2 乘 2.95 得 5。

从上例可知在整数表达式中，小数经过转换可进行乘除运算，在运算过程中也将保留小数的作用，只是最终结果将忽略小数部分。

例 2.72 在长度表达式中使用小数乘法。

```
\setlength{\parindent}{2pt*\real{2.95}}
\the\parindent, \setlength{%
\parindent}{3pt*\ratio{2.5pt}{2pt}}
\the\parindent
```

5.9pt，3.75pt

在上例的长度表达式中，小数经过转换也可进行乘除运算，而且在最终结果中也将保留小数部分。

长度运算的注意事项

(1) 长度表达式中的各项都必须是长度，其长度单位可以各不相同。例如 6mm+7pt 和 6mm+7pt*2 都是正确的，而 6mm+7 和 6mm+7*2 都是错误且无效的。

(2) 在乘法和除法中，被乘数和被除数必须是长度，乘数和除数必须是整数或是经过整型转换的实数。例如 3mm*5 是正确的，而 5*3mm 或 3mm*5mm 都是错误且无效的。

(3) 弹性长度在作乘除时，其 3 个组成部分都将分别被乘除。

例 2.73 自定义一个长度数据命令并赋予弹性长度值，然后分别除 2 和乘 3，观察其长度值的变化情况。

```
\newlength{\Len} \Len=2pt plus 2pt minus 2pt
\the\Len\\ \setlength{\Len}{\Len/2}
\the\Len\\ \setlength{\Len}{\Len*3}
\the\Len
```

2.0pt plus 2.0pt minus 2.0pt
1.0pt plus 1.0pt minus 1.0pt
3.0pt plus 3.0pt minus 3.0pt

2.13 条件判断

源文件的编译即排版过程是由系统自动完成的，通常无须干涉，但有时为了控制排版的效果，需要在排版过程中对是否满足某种条件作出判断，然后根据判断结果再决定如何排版。例如有连续两页内容相关的插图，希望左页一幅，右页一幅，以便对照阅览，这就需要在排版到插图时对当前页码的奇偶进行判断，然后才能确定是否插图。

LaTeX 并没有给出任何用于条件判断的用户命令，在其内部仍沿用 TeX 的原始条件判断命令，这些命令主要用于对排版细节的处理，例如对各种模式的判断等，所以这些底层命令常用在新宏包或文类的开发，而在论文写作时如遇到条件判断问题，通常都是调用 ifthen 条件判断宏包或 multido 条件循环宏包，并使用其提供的条件命令，在源文件中编写简单易读的条件控制或条件循环程序。

2.13.1 条件控制

由 Leslie Lamport 等人编写的条件判断宏包 ifthen 提供了一个条件控制命令：

```
\ifthenelse{条件判断}{肯定语句}{否定语句}
```

其中，*条件判断*是对所设定的某种条件作出判断，如果判断的结果是肯定的，即结果为 true，就执行*肯定语句*；如果是否定的，即结果是 false，则执行*否定语句*。*语句*参数可以由文本和命令组成，可根据需要选用下列条件表达式作为*条件判断*参数。

数值1 关系符 数值2

其中*关系符*可以是 $<$ 或 $=$ 或 $>$。该表达式用于判断*数值1*是否小于或者等于或者大于*数值2*。*数值*可以是某个整数，也可以是表示整数的计数器数据命令，例如：\value{section}<18。

\lengthtest{*长度1 关系符 长度2*}

其中*关系符*可以是 $<$ 或 $=$ 或 $>$。该表达式用于判断*长度1*是否小于或者等于或者大于*长度2*。

\isodd{数值} 判断该数值是否为奇数。

\equal{字符串1}{字符串2}

判断字符串1是否与字符串2完全相同。例如：a~b 与 a b，系统认为并不相同，尽管它们的排版结果有时完全相同。

\boolean{条件}

判断名为条件的布尔寄存器的值是否为 true。所有布尔寄存器的值都只有两个，不是 true 就是 false。

\isundefined{命令}

判断该命令是否未曾定义，如未定义，判断结果为肯定，即 true。

在系统内部已定义有多个条件布尔寄存器，可借用来做相关的布尔判断。以下是较常见的条件名称及其内部用途的简要说明。

hmode	true，如果处于水平方向排版，即处于段落或左右盒子之中。
mmode	true，如果正在排版数学式。
vmode	true，如果处于垂直方向，即处于段落之间。
@afterindent	false，阻止章节标题后第一个段落的首行缩进。
@firstcolumn	true，如果 @twocolumn 为 true，并且正在排版左栏。
@inlabel	true，当处于列表环境的条目命令之后与其条目文本之前时。
@newlist	true，当进入列表环境时；若遇到第一个条目文本时其值改为 false。
@tempswa	临时布尔寄存器，被很多命令用于在系统内部进行临时相互通信。
@twocolumn	true，如果处于系统的双栏排版格式中；若是处在 multicol 多栏排版宏包提供的 multicols 环境中，其值则为 false。
@twoside	true，处于双页排版。

再有，判断宏包 ifpdf 和 ifxetex 分别提供有条件名为 pdf 和 xetex 的布尔寄存器，可分别用于判断当前的编译程序是否为 PDFLaTeX 和 XeLaTeX。

此外，还可使用命令 \newboolean{条件} 定义一个新的布尔寄存器，其中条件是自定义新布尔寄存器的名称，它可以是任意字母串，但不能与已有的条件布尔寄存器重名。新定义的布尔寄存器被自动赋值：false，可使用命令 \setboolean{条件}{布尔值} 重新赋值，其中的布尔值只能是 true 或是 false。

例 2.74 在上面的条件表达式列表中，当表达式的长度在设定宽度之内，其说明在同一行；若超出设定宽度，其说明将另起一行。这里除了要自定义一个标号宽度可设定的列表环境外，还需要判断每个条目标号的自然宽度是否大于设定宽度，以确定是否需要另起一行。

```
\newenvironment{Booklist}[1]{\begin{list}{}{\vspace{6pt}\hrule width \textwidth
height 1pt\vspace{5pt} \parsep\parskip \itemsep=0pt \topsep=0pt \partopsep\parskip
\renewcommand{\makelabel}{\Booklistlabel}
\settowidth{\labelwidth}{#1}\setlength{\leftmargin}{\labelwidth+\labelsep}}}
{\vspace{5pt}\hrule width \textwidth height 1pt\vspace{6pt}\end{list}}
\newlength{\Itemwidth}
\newcommand{\Booklistlabel}[1]{\tt\kaishu \settowidth{\Itemwidth}{#1}%
\ifthenelse{\lengthtest{\Itemwidth > \labelwidth}}{%
\makebox[\textwidth][l]{#1}}{#1}\hfill}
```

首先使用 \newenvironment 命令定义了一个 Booklist 列表环境，它带有一个参数，该参数可以是任意字符串，该字符串的自然宽度就是所要设定标号宽度；然后使用长度条件表达式 \lengthtest 对标号宽度 \Itemwidth 与设定宽度 \labelwidth 进行判断处理；接下来就可以使用 Booklist 列表环境。

```
\begin{Booklist}{数数数数数数数}
\item[数值1 关系符 数值2] ......。
\item[...]......。
\end{Booklist}
```

其中 7 个“数”字的自然宽度就是所要设定的标号宽度。关于列表的详细介绍可参见本书的**列表**一章。

例 2.75 英文序数词的缩写形式有 3 个例外，如果序数不能事先确定，就要在排版过程中对实际情况作出判断，以决定如何处置。

```
\newcommand{\Eng}[1]{\arabic{#1}\textsuperscript{%
\ifthenelse{\value{#1}=1}{st}{%
\ifthenelse{\value{#1}=2}{nd}{%
\ifthenelse{\value{#1}=3}{rd}{%
\ifthenelse{\value{#1}<20}{th}}{}}}}}
This is the \Eng{subsection} subsection in the \Eng{section} section.
```

This is the 1st subsection in the 13th section.

在论文写作过程中，各章节可能会前后调动，其数量也会有所增减，在各章节序号无法确定而又需要引用时，就要采取条件判断了。

例 2.76 在交叉引用时，如果引用的是同一页的插图，就无须给出页码，否则就应给出页码，以便查阅。

```
\newcommand{\Figref}[1]{\ifthenelse{\value{page}=\pageref{#1}}{%
本页图~\ref{#1}}{第~\pageref{#1}~页图~\ref{#1}}}
第 3 页：\label{fig1}
      \Figref{fig1}，\Figref{fig2}。
第 5 页：\label{fig2}
```

本页图 1，第 5 页图 2。

在上例中，用新定义命令定义了一条引用命令 \Figref，它可将当前页码 \value{page} 与引用页码 \pageref{#1} 进行比较判断，如果两者的数值相同则判断引用页码就是“本页”页码，如果不同则显示引用页码。

例 2.77 如果自定义的命令或环境中有可选参数，且根据可选参数给出与否，生成不同的排版格式，这就需要对两者作出判断，以确定相应的处理方法。

```
\newenvironment{Theorem}[1][]{\begin{quote}\textbf{定理\ifthenelse{%
\equal{#1}{}}{}{: #1}}\par}{\end{quote}}
\begin{Theorem}
......
\end{Theorem}
\begin{Theorem}[极限运算]
......
\end{Theorem}
```

定理

......

定理：极限运算

......

在上例中，使用新环境定义命令定义了一个带有标题可选参数的 Theorem 定义环境；在使用中，一个省略了可选参数，一个给出了可选参数，两者在排版格式上差了一个冒号。

例 2.78 有两幅相关的插图，希望能够对照阅览，也就是希望无论章节如何变换，内容如何增减，第一幅插图总是从左页即从偶数页插入。

```
\afterpage{\clearpage\ifthenelse{%
          \isodd{\value{page}}}{\afterpage{\input{myfigure}}}{\input{myfigure}}}
```

上例需要使用 afterpage 宏包提供的 \afterpage 命令。上例也可使用 dpfloat 宏包提供的 leftfullpage 和 fullpage 环境来编排。

例 2.79 在表示时间时，小时和分钟最多是两位数，当小时数小于 10 时，其十位一般为空不用加 0；而分钟数小于 10 时，通常希望在其十位处加个 0。

```
\newcounter{Hour}\newcounter{Minute}
\newcommand{\Showtime}{\setcounter{Hour}{\time/60}%
\setcounter{Minute}{\time-\value{Hour}*60}\theHour:%
\ifthenelse{\value{Minute}<10}{0}{}%
\theMinute} 当前的时间是 \Showtime。
```

当前的时间是 6:08。

在上例中，\time 是系统的时间数据命令，它保存着从今天零点到当前所经历的分钟数。例如中午十二点整时，\time 的值是 720。

2.13.2 多重条件

有时需要对两个以上的条件作出判断，条件控制命令 \ifthenelse 中的条件判断参数允许使用多个条件表达式，但在表达式之间须插入关系命令：

\and 或 \or 或 \not 或 \(与 \)

以确定判断关系。关系命令中的字母可以是任意大小写，例如 \AnD 等，都能够被识别。

例 2.80 如果是双栏排版，或者页面宽度大于 16 厘米且当前页码小于 50 时，将版心宽度设置为 14 厘米，否则空置。

```
\ifthenelse{\boolean{@twocolumn} \or \(\lengthtest{\paperwidth > 16cm} \and
          \value{page} < 50 \)}{\setlength{\textwidth}{14cm}}{}
```

2.13.3 条件循环

条件判断宏包 ifthen 还提供了一个条件循环命令：

\whiledo{条件判断}{肯定语句}

其中，条件判断参数的定义与命令 \ifthenelse 的相同，如果条件判断为肯定，就执行一遍肯定语句，然后再进行条件判断，若还是为肯定，则再执行一遍肯定语句；就这样循环往复，直到条件判断为否定，才结束循环。

例 2.81 使用 bbding 宏包提供的剪刀符号命令，画一条与行宽相等的剪切示意线。

```
\newlength{\Scissors} \settowidth{\Scissors}{\ScissorLeft}
\whiledo{\lengthtest{\linewidth>\Scissors}}{%
\setlength{\linewidth}{%
\linewidth-\Scissors-1mm} \ScissorLeft}
```

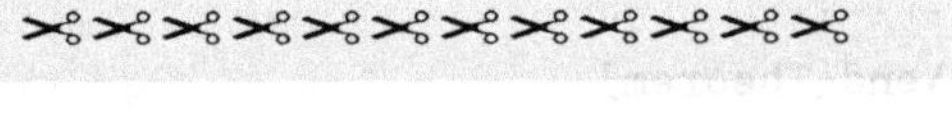

在上例中，在每次条件判断后执行肯定语句时，都从行宽 \linewidth 中减去剪刀符号的宽度 \Scissors 和剪刀符号 \ScissorLeft 之间的间隙 1 mm。

(1) 在条件循环命令的条件判断中不能使用关系命令，即不能进行多重条件判断。

(2) 在条件循环命令的肯定语句中应有对条件判断中的数据作出修改的命令语句，使之经过有限次的循环后能够作出否定判断而跳出循环，否则系统将陷入死循环。

由 Timothy Van Zandt 编写的条件循环宏包 multido 也提供了一个条件循环命令：

```
\multido{可变量}{循环次数}{肯定语句}
```

其中可变量可以空置，也可以是多个，其间用逗号分隔。

例 2.82 连续水平排列 4 个 LaTeX 标识符，其间只空一格。

```
\multido{}{4}{\LaTeXe\ }
```

LaTeX 2ε LaTeX 2ε LaTeX 2ε LaTeX 2ε

例 2.83 从 2 开始，编排一个 10 元素的等差数列，且两元素间相差为 3。

```
\multido{\n=2+3}{10}{\n, }
```

2, 5, 8, 11, 14, 17, 20, 23, 26, 29,

上例中的 \n 是由作者自命名的变量命令，它无需预先定义。

2.14 注释与提示

在论文写作过程中，经常需要对所使用的命令、某段论述内容进行注释说明；论文的写作周期较长，论文中引述的某些数据会随着时间的推移而不断地更新变化，这也需要能够及时提醒作者在定稿时改用当前的最新数据。

2.14.1 注释符

在源文件中，有些命令只在导言或在正文的开头用到，时间一长，很容易忘记它们当时的用意，为了便于记忆、阅读和修改，可对这些命令做简要说明，例如：

```
\setcounter{secnumdepth}{3} % 将层次标题的排序深度设定为3
```

其中 % 为注释符，是系统的专用符号。在 WinEdt 中，将注释符右侧的所有字符的字体改为紫色倾斜体。在编译源文件时，注释符 % 及其右侧直到该行末端的所有字符和空格都将被忽略。所以在源文件中，把对命令或文本的说明文字置于注释符 % 右侧，而在编译后生成的 .pdf 文件中看不见这些说明文字。LaTeX 的这种注释功能相当于可在源文件中随处使用的记事本，它对论文写作有很大的辅助作用。

在书写较长的命令或文本行时，如果用回车的方式分行，在编译源文件时将会在回车处产生一个空格，而有些命令不允许其中出现空格。可以改为使用注释符加回车进行分行，在编译源文件时，系统将忽略注释符之后以及下一行文本之前的所有空格。

例 2.84 两段内容完全相同的文本，一个使用直接回车分行，另一个采用注释符加回车分行，对比使用这两种分行方法的排版结果。

```
系统将忽略注释符之后以及下一行文本之前
的所有空格。\par
系统将忽略注释符之后以及下一行文本之前%
的所有空格。
```

系统将忽略注释符之后以及下一行文本之前 的所有空格。

系统将忽略注释符之后以及下一行文本之前的所有空格。

在上例的编译结果中，第一段的“前”与“的”之间有一个空格，这是因为源文件在此直接分行，右侧留下一串空格，在编译时系统保留了其中的一个空格；第二段中就没有空格。

在 WinEdt 编辑区中，用光标选取需要注释的文本，然后右击鼠标，在弹出的快捷菜单中选择 Insert Comment 选项，所选文本的左端就被自动插入注释符 %，所选文本的字体也由黑色直立体变为紫色倾斜体，以示区别于正文，用这种方法可以同时注释多行文本；如果需要结束注释状态，可用光标选取注释符，然后右击，在弹出的快捷菜单中选择 Remove Comment 选项，所选的注释符消失，其右侧的注释文本转为黑色直立体字。

2.14.2 提示命令

注释内容通常在文本行的右侧，且都改为紫色倾斜体字，这种被动注释方法很容易被忽视或遗忘。因此，系统还提供了两个提示命令：

```
\typeout{提示内容}
\typein[替代命令]{提示内容}
```

其中替代命令是自命名的命令，以替代可能更新的数据。自命名的替代命令不能与在源文件中使用的已有命令重名。

例如发现论文中的某处文本存在问题，但需要查找核对相关的文献资料，不便立即修改，为了备忘，可在该处文本前插入提示命令：`\typeout{别忘了修改此处！}`，在编译源文件时系统将忽略这条提示命令，但在编译后生成的 `.log` 编译过程文件中将记录提示内容“别忘了修改此处！”。提示命令 `\typeout` 与源文件中其他命令的字体和颜色相同，所以比用注释符的注释方式更醒目和主动。

如果在需要修改的文本前插入提示命令：`\typein{此处字体需要修改！}`，当编译时，系统将在此停顿，并在分出的操作窗中显示“此处字体需要修改！ `\@typein=`”，等待输入，若输入 `\slshape` 后回车，则该提示命令后的所有文本字体都改为倾斜体，并在 `.log` 文件中记录“此处字体需要修改！ `\@typein=\slshape`”。

很多科研论文的写作过程长达几年，其中援引的各种数据有些会随着时间发生变化，所以需要在最后定稿时提醒作者更新这些数据。为此，可将这些可能会改变的数据分别用提示命令 `\typein` 选项中的替代命令来替代，而在编译源文件时，按照系统的提示输入当前的最新数据来置换这个替代命令。

例 2.85 软件经常升级，其版本序号也会随之改变，所以在引用软件的版本序号时可采用提示命令以提醒及时更新。

```
\typein[\version]{请输入最新版本序号！}
这个软件的最新版本是 v \version, 在 v
\version\ 中附有详细的说明文件。
```

这个软件的最新版本是 v 3.68，在 v 3.68 中附有详细的说明文件。

在上例中，`\version` 是由作者自行命名的替代命令，它用以替代可能会更新的软件版本序号。当源文件编译到 `\typein` 提示命令时，系统暂停，并在分出的操作窗中显示“请输入最新版本序号！ `\version=` ”，输入最新的版本序号：3.68，然后回车，系统继续编译，将源文件中的所有替代命令 `\version` 都置换为 3.68，并且在 `.log` 文件中记录“请输入最新版本序号！ `\version=3.68`”。在上例中，提示命令 `\typein` 的作用相当于 `\newcommand` 命令或者 `\renewcommand` 命令。

2.14.3 注释宏包 comment

WinEdt 用不同的颜色和字体区分各种类别的命令及其参数，使源文件看上去条理清晰，界限分明，如果命令写错一个字母，其颜色甚至字体都有明显变化，所以很容易发现拼写错误。而使用注释符注释多行文本时，它们将其右侧的所有内容都改变成紫色倾斜体字，这就很难区分其中的各种命令，更谈不上对注释内容进行修改。再有，每个注释符的有效范围最大仅为一个文本编辑行，若进行多行或多段落注释就很不方便。

要解决上述问题，可在导言中调用由 Victor Eijkhout 编写的注释宏包 comment，然后将需要注释的文本置于该宏包所提供的 comment 注释环境中：

```
\begin{comment}
注释内容
\end{comment}
```

在 comment 注释环境中的文本仍然保持原貌，WinEdt 的各种功能继续有效，可以正常地编辑整理这些被注释的文本。在编译源文件时，系统将忽略该环境中的所有内容。注意，在结束命令 \end{comment} 的右侧不能放置任何字符，否则将提示出错。

此外，抄录宏包 verbatim 也提供有与 comment 同名的注释环境，其功能也相同，并且在结束命令的右侧也不能放置任何字符，否则虽不会提示出错，但会被全部忽略。若是电子版论文还可使用 cooltooltips 宏包提供的 \cooltooltip 命令，生成鼠标悬停注释窗。

2.15 颜色

以前学位论文或是学术论文都是黑白打印或印刷，可使用的颜色除了黑、白就是各种灰度的灰色。现在，彩色打印以及电子版或光盘版论文已开始流行，论文中的任何色彩都可以逼真地显示出来，这样可显著地提高论文的表达能力和阅读效果。

由于历史原因 LaTeX 本身并不具备颜色处理能力，如果要对论文中的某种文本元素着色，就要调用由 Uwe Kern 编写的颜色宏包 xcolor，它支持多种颜色模式，可生成任意颜色，可对各种文本元素的前景(文字、线条等)和背景分别着色。颜色宏包 xcolor 是对早期广泛应用的颜色宏包 color 的功能改进和扩充，现在已经完全取代了 color 颜色宏包。

2.15.1 颜色模式

为了适合不同彩色显示设备如显示器、打印机和印刷机等的需要，产生了多种描述颜色的方法，而每一种描述方法就是一种颜色模式。最常用的颜色模式是以下 4 种。

gray

灰度模式。灰度是指由白到黑的一系列颜色的过渡程度。黑白照相和黑白电视等光学或电子设备就是采用的灰度模式。在 xcolor 宏包中，灰度是用一个 0～1 的数字来定义的，例如浅灰色 lightgray 的定义是 [gray]{0.75}。

rgb

三基色模式。可见光谱中的大部分颜色都可以用红(red)、绿(green)、蓝(blue)这三种基本色光按照不同的比例混合而成。彩色显示器等电子设备就是采用的 rgb 颜色模式。这三种基本颜色的混合比例是采用 3 个 0～1 的数字来定义的，自然界中的绝大部分颜色都可通过三基色的线性组合来得到，例如棕色 brown 的定义是 [rgb]{0.75,0.5,0.25}。

RGB

这也是一种三基色模式，只是它将红、绿、蓝三种基本颜色的混合比例采用 3 个 0~255 的数字来定义，例如棕色是 255×0.75、255×0.5、255×0.25，即 [RGB]{191,127.5,64}。

cmyk

四分色模式，它是彩色印刷时采用的一种套色模式。理论上三种基本色光可以生成无数种颜色，但是由于油墨对光线的吸收和反射等原因，有些颜色使用三种基本色的油墨很难配成，因此彩色印刷都是用青色(cyan)、红紫色(magenta)、黄色(yellow)和黑色(black)这四种标准色油墨混合叠加，从而生成可见光谱中的绝大部分颜色。黑色之所以用 k 表示，是为了避免与三基色模式中的蓝色(b)产生混淆。在 xcolor 中，用 4 个 0~1 的数字来定义 4 种标准色的混合比例。例如 [cmyk]{0,0,1,0.5}，它定义的是橄榄色 olive，若改用 rgb 模式定义这个颜色则是 [rgb]{0.5,0.5,0}。

2.15.2 颜色宏包的选项

颜色宏包 xcolor 的可选参数有很多选项，各有不同功能，其中最常用的有以下几个。

dvipsnames 调用颜色定义文件 dvipsnam.def，在该文件中定义了 68 种 cmyk 颜色模式的颜色及其名称。

svgnames 调用颜色定义文件 svgnam.def，在该文件中定义了 151 种 rgb 颜色模式的颜色及其名称。

x11names 调用颜色定义文件 x11nam.def，在该文件中定义了 317 种 rgb 颜色模式的颜色及其名称。

table 自动调用彩色表格宏包 colortbl，并可使用 xcolor 提供的表格行背景颜色命令 \rowcolors。

2.15.3 颜色的定义

要使用某种配比的颜色，必须事先定义。在 xcolor 中，已经分别使用上述三种颜色模式定义了 19 种颜色及其名称，下列是其中的 18 种颜色，未列出的是白色 white。（由于本书是黑白印刷，以下所有色样颜色可从附带的资料光盘中查阅。）

red	green	blue	cyan	magenta	yellow
orange	violet	purple	brown	black	darkgray
gray	lightgray	lime	olive	pink	teal

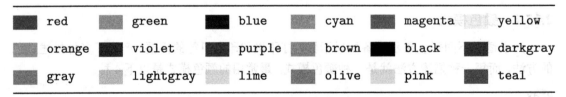

如果上列没有所需要的颜色，还可以使用 xcolor 宏包的选项 dvipsnames、svgnames 或者 x11names，它们分别定义了 68、151 和 317 种颜色，具体色样与名称可查看 xcolor 的说明文件。找到所需的颜色后，只要用它的定义名称就可以代表这个颜色了。

如果上述这些颜色中仍然没有所需的颜色，那就要用 xcolor 提供的颜色定义命令：

```
\definecolor{颜色}{模式}{定义}
```

来自行定义了，其中*颜色*是为所需颜色起的名称。例如：

```
\definecolor{mygray}{gray}{.65}
\definecolor{myblue}{rgb}{0,0,.63} \definecolor{myred}{cmyk}{0,1,0.13,0}
```

以上 3 条颜色定义命令分别用三种颜色模式定义了三种颜色，其名称分别是 mygray、myblue 和 myred。

2.15.4 颜色表达式

在各种颜色模式的基础上，xcolor 提出了一个新的颜色表示方法：颜色表达式，其最典型的表示方法为：

颜色!*百分数*1!*颜色*1!*百分数*2!*颜色*2...*百分数n*!*颜色n*

在颜色表达式中，*颜色*可以是在颜色宏包 xcolor 中已定义的颜色名称，例如 blue、red 等，也可以是作者用颜色定义命令 \definecolor 自定义的颜色名称；! 是分隔符；*百分数*是 [0, 100] 区间的实数，它表示某种颜色的混合比例。如果颜色表达式的最后一项不是颜色名称，其默认值就是 white。

例 2.86 采用颜色表达式制作一套由红白绿蓝灰按一定混合比例生成的六色卡。

```
\newcommand{\Y}[1]{\color{#1}\rule{6mm}{4mm}\hspace{7pt}}
\Y{red!75}
\Y{red!75!green}
\Y{red!75!green!50}
\Y{red!75!green!50!blue}
\Y{red!75!green!50!blue!25}
\Y{red!75!green!50!blue!25!gray}
```

使用颜色表达式的好处就是可以直接定义颜色，而无须使用颜色定义命令，这便于在源文件中对颜色的设置和随时修改。

2.15.5 颜色的应用

颜色宏包 xcolor 提供了多种不同用途的颜色设置命令，下面分别说明。

声明形式的颜色命令

\color{*颜色*}　　\color[*模式*]{*定义*}

其中*颜色*可以是在颜色宏包 xcolor 中已定义的颜色名称，也可以是作者用颜色定义命令自定义的颜色名称，还可以是颜色表达式。这是两种声明形式的颜色命令，它们可将其后的各种文本元素，例如文本、标题、线段、表格和数学式等，都改变为所设定的颜色，直到当前的组合或者环境结束。

例 2.87 分别用颜色命令将一段文本着为蓝色和一条线段染成粉红色。

```
\color{blue} 文本的颜色为蓝色\\
\color[rgb]{1,0,1}\rule{6cm}{1pt}
```

参数形式的颜色命令

\textcolor{*颜色*}{*对象*}　　\textcolor[*模式*]{*定义*}{*对象*}

其中，*对象*可以是各种文本元素，如文本、标题、线段、表格和数学式等。该命令可以将*对象*设置为所需的颜色。这是一种参数形式的命令，其作用仅限于花括号中的参数：*对象*，它等效于 {\color{*颜色*}*对象*} 或 {\color[*模式*]{*定义*}*对象*}。

例 2.88 使用颜色表达式为一段文字设置颜色，并将一个表格设置为橙色。

```
\textcolor{green!15!blue!95}{文本元素的颜色设置}
\textcolor{orange}{%
\begin{tabular}{|c|c|}\hline
123 & 458 \\
316 & 795 \\ \hline
\end{tabular}}
```

文本元素的颜色设置

123	458
316	795

彩色盒子命令

\colorbox{颜色}{对象}　　\colorbox[模式]{定义}{对象}

其中，对象可以是文本、表格和数学式等。该命令可为对象设置背景颜色，就好像把对象装入彩色的盒子中。彩色盒子边沿与对象之间的距离为 \fboxsep，其默认值是 3pt。

例 2.89 分别将一段文本和一个表格装入彩色盒子，文本的底色用颜色表达式设置，表格的底色设置为橙色。

```
\colorbox{green!35!blue!75}{文本元素的颜色设置}
\colorbox{orange}{%
\begin{tabular}{|c|c|}\hline
123 & 458 \\
316 & 795 \\ \hline
\end{tabular}}
```

文本元素的颜色设置

123	458
316	795

彩色边框命令

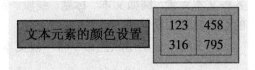

\fcolorbox{边框颜色}{背景颜色}{对象}

\fcolorbox[模式]{边框颜色定义}{背景颜色定义}{对象}

该命令的功能与彩色盒子命令 \colorbox 相同，只是多出了一个边框，并可单独为边框设置颜色。边框的宽度为 \fboxrule，其默认值是 0.4pt。

例 2.90 将例 2.89 中的彩色盒子改为彩色边框盒子，文本盒子的边框为蓝色，表格盒子的边框为红色。

```
\fboxrule=1pt \fcolorbox{blue}{green!35!blue!75}{文本元素的颜色设置}
\fcolorbox{red}{orange}{%
\begin{tabular}{|c|c|}\hline
123 & 458 \\
316 & 795 \\ \hline
\end{tabular}}
```

文本元素的颜色设置

123	458
316	795

在上例中，将边框宽度 \fboxrule 的默认值改为 1pt，使边框效果更为明显。

页面颜色命令

\pagecolor{颜色}　　\pagecolor[模式]{定义}

该命令可以将当前以及其后的页面背景由默认的白颜色改为所指定的颜色。这也是一条声明形式的命令，如果需要从某页开始再改为常规的白颜色页面背景，可使用页面颜色命令 \pagecolor{white}。

常规颜色命令

`\normalcolor`

该命令原本是由 LaTeX 提供的，用于将公式序号和目录页码的颜色恢复到常规颜色，但它对该命令定义是 \relax，即是一条空命令，那常规颜色就是黑色。颜色宏包将该命令重新定义为将字体颜色转变为在导言最后所指定的字体颜色，若没有指定，仍为黑色。因此，可以使用颜色命令 \color 在导言中设置全文字体的常规颜色。

强制黑色

如果临时需要将全文中所设置的各种颜色都一律改为黑色，例如黑白打印等，可在颜色宏包 xcolor 的调用命令中添加 monochrome 选项；但是该选项不能反映原设颜色的深浅而且对 XeLaTeX 编译无效，故可改用 gray 选项，它能将原设颜色转换为相应灰度的灰色。

2.15.6 色系

色系是一系列光谱相近的颜色排列。在绘制图形、编辑表格或者制作幻灯片时，会经常用到很多种颜色，通常都是以一种颜色作为主色调，然后再配以深浅不同的与主色调接近的颜色，即采用同一色系的颜色，这种颜色搭配方法的效果很自然协调。

虽然在颜色宏包中已定义了几百种颜色，但有时却很难找到适合的一组颜色，所需要的颜色经常是在某两个已定义的颜色之间；如果使用自定义或者颜色表达式的方法，都很难快速准确地确定这些颜色，使它们之间的色差保持一致。为此，颜色宏包提供了一套很完善的色系生成方法，可根据指定颜色创建相应的色系，这里只介绍其最典型的应用方法，主要是 3 个步骤：色系定义、色系初始化和色系使用。

色系定义

首先使用色系定义命令：

`\definecolorseries{色系}{模式}{last}{首颜色}{尾颜色}`

自定义所需的色系。该命令中的各种参数说明如下。

色系	给所定义色系起的名称。
last	是颜色宏包内部色差值的一种计算方法。
首颜色	表示该色系为首的颜色名称。
尾颜色	表示该色系末尾的颜色名称。

*首颜色*和*尾颜色*这两种颜色名称可以是已定义的或者自定义的颜色名称，也可以是颜色表达式；通常这两种颜色是在红 red、橙 orange、黄 yellow、绿 green、青 cyan、蓝 blue、紫 purple，以及白 white、黑 black 这几种标准颜色中选取，且两者的间隔不要大于两个标准颜色，例如选择红和黄，其间隔只有一个橙色。

色系初始化

在自定义色系后，还需要使用初始化命令至少对它进行一次初始化：

`\resetcolorseries[级数]{色系}`

在初始化命令中，可选参数*级数*用于设定该色系所包含的颜色数量，如同楼梯的级数，应为正整数，颜色宏包 xcolor 用 (*尾颜色*-*首颜色*)/*级数* 的方法确定出该色系中相邻颜色的色差值；色系中的所有颜色由首至尾的排列顺序是：0、1、2、3、……、*级数*，如果*级数*的设置为 5，则该色系首尾共有 6 种颜色，首颜色的序号是 0，尾颜色的序号是 5；如果省略*级数*这个可选参数，其默认值为 16。

初始化命令的另一个作用就是将序号为 0 的首颜色设置为该色系的当前颜色。在色系的使用过程中，有时会将其中某个序号的颜色作为当前颜色，有时又需要从 0 序号的颜色开始设置，这时就需要再次使用色系的初始化命令，将当前颜色的序号置 0。

色系使用

接下来就可以在各种颜色设置命令中使用所定义的色系了。

例 2.91 定义一个色系，其首颜色和尾颜色分别为红色和黄色，级数为 5，并用色块和文字显示这一色系。

```
\definecolorseries{mycolors}{rgb}{last}{red}{yellow}
\resetcolorseries[5]{mycolors} \newcommand{\M}{\rule{6mm}{0mm}\rule{0mm}{2mm}}
\newcommand{\R}{\colorbox{mycolors!!+}{\M}}
\R\R\R\R\R\R\\[9pt]
\resetcolorseries[5]{mycolors}
\color{mycolors!!+}AA,
\color{mycolors!!+}AA,
\color{mycolors!!+}AA,
\color{mycolors!!+}AA \\[9pt]
\resetcolorseries[5]{mycolors}
\textcolor{mycolors!!++}{颜色，}
\textcolor{mycolors!!++}{颜色，}
\textcolor{mycolors!!++}{颜色，}
\textcolor{mycolors!!++}{颜色}\\[9pt] \colorbox{mycolors!![0]}{\M}
\colorbox{mycolors!![3]}{\M} \colorbox{mycolors!![5]}{\M}
```

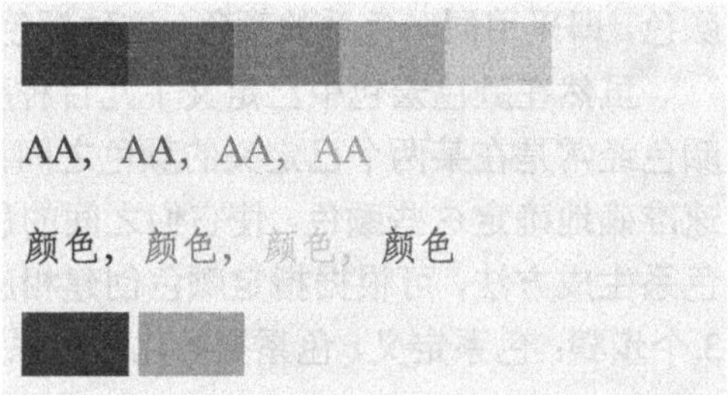

上例源文件简要说明如下。

(1) 先用色系定义命令定义了一个名为 mycolors 的色系，再用初始化命令将该色系设定为是由红到黄的 6 种颜色组成，首颜色是红色，其序号为 0。

(2) {mycolors!!+} 中的两个 !! 号表示色系，+ 号表示每使用一次该色系的颜色后，其颜色序号加 1，例如第一个 \color 命令所使用的是序号为 0 的颜色，即为首颜色：红色，而下一个相同的 \color 命令，它使用的颜色则改为该色系中序号为 1 的颜色；如果是 ++ 或是 +++，则表示每使用一次该色系的颜色后，其颜色序号加 2 或是加 3，依次类推；如果没有 + 号，例如 {mycolors!!}，表示使用色系的当前颜色，其序号维持不变；如果颜色序号累加到所设的级数后，其序号将自动返回到 0。因为采用色系中颜色的相对地址，有时并不知道当前颜色在色系中的确切位置，所以在设置其他文本元素的颜色前，需要再使用初始化命令。

(3) {mycolors!![*序号*]} 表示指定该色系中序号为*序号*的颜色作为当前颜色。上例中的 [0]、[3] 和 [5] 表示分别指定使用序号为 0 的红色、序号为 3 的颜色和序号为 5 的黄色，由于采用色系中颜色的绝对地址，故无须在此之前使用初始化命令。

第 3 章 字体

在 LaTeX 中，字体分为文本字体和数学字体两类，通常文本字体只能在文本模式中使用，数学字体只能在数学模式中使用。本章主要介绍文本字体的选择和使用，数学字体将在**数学式**一章中专门介绍。

传统的字体选择方式是用指定字体的属性来确定的，作者无需了解字体的名称和访问的路径，但只限于 CTeX 系统之内的字体。自从出现 XeLaTeX 之后，字体还可以直接使用字体名或字体文件名来确定，而且它适用于计算机内的任何 TrueType 或 OpenType 字体，只要知道它们的存取路径就行。

3.1 字体的属性

在 LaTeX 中，每种文本字体都具有五个属性，它们各自独立而又相互依存，即改变字体的某一属性，并不影响其他属性。

3.1.1 字体的五个属性

字体的五个属性及其说明如表 3.1 所示。

表 3.1 字体的五个属性及其说明

属性	说明
`encoding`	编码，将字符按照某种规定的方式编制成相应的代码信息，例如 `OT1`、`T1` 编码
`family`	字族，某一类型字体集合的名称，例如 Computer Modern Roman 字族、仿宋字族和方正舒体字族等。字族就是通常所说的字体
`series`	序列，字体笔画的粗细和宽窄程度
`shape`	形状，字体的外表形态，如倾斜、直立等
`size`	尺寸，字体的大小，以点数表示，如 `11pt`、`20pt` 等

3.1.2 属性的默认值和可选值

字体的每个属性都有多个可选值，只有分别确定每个属性的可选值，字体才能最终被确定。所以要了解每个属性及其各种选项分别对输出字体的影响和作用。

(1) 在使用 LaTeX 写论文时会遇到两种编码：输入字体编码和输出字体编码。输入字体编码就是通过键盘或者复制粘贴输入到文本编辑器的字符编码，在 WinEdt 中所支持的输入字体编码主要有 `UTF-8` 和 `ANSI` 两种，这已经在 1.5.2 **安装与测试**中说明。本章中的字体编码是指输出字体编码，就是经编译输出到 PDF 文件中的字符编码。为了能够在字体文件中查找所需字符，就要对其中所有字符进行编码。字体文件，俗称字库，是某一类字形和符号的显示描述文件；编码就是在字体文件中查找字符的索引表。LaTeX 采用的字符编码如下。

- 文本字体的默认编码是 `OT1`，也可使用字体属性命令改为 `T1` 编码或者其他编码。`OT1` 编码的字符只有 128 个，其中包含英文字母、阿拉伯数字和标点符号，如果需要用到西欧文字中的变音字母，例如法文中的 é，只能用符号命令生成；而 `T1` 编码的字符有 256 个，它在 `OT1` 字符的基础上增加了 128 个西欧文字符号。

- 数学字体的默认编码是 OML，包括英文字母、希腊字母和数字共 128 个字符。
- 常规数学符号的默认编码是 OMS，其中有关系、运算和箭头等 128 个符号。
- 大型数学符号的默认编码是 OMX，其中有求和、积分和定界等 128 个大尺寸符号。
- 对于未知编码的字体可用 U 代表其编码，它常于对某些数学字符的定义。

(2) 每种编码都有其默认的字族。CTeX 附带的文本字体有上千个，它们被分成三类：罗马体字族、等线体字族和等宽体字族。文本字体编码 OT1 默认的罗马体字族是 cmr（Computer Modern Roman），等线体字族是 cmss（CM Sans），等宽体字族是 cmtt（CM Typewriter）。数学字符编码 OML、OMS 和 OMX 的默认字族分别是 cmm、cmsy 和 cmex。

(3) 根据笔画的粗细宽窄，字体可分为十多种序列，LaTeX 采用了其中常规和粗宽两种序列，默认为常规序列。

(4) 字体按外表形态还可分为多种形状，LaTeX 采用了其中直立、斜体、倾斜和小型大写四种形状，默认为直立形状。

(5) 字体的尺寸，LaTeX 预定为 5～25pt，如表 3.6 所示；book 等 3 个标准文类对常规字体尺寸的默认值均设定为 10pt。

可将上述内容用表格形式总结，如表 3.2 所示。

表 3.2 字体属性的默认值和部分可选值

编码		字族		序列		形状		尺寸
OT1	文本字体	cmr	现代罗马体	m	常规	n	直立	10pt
T1	文本字体	cmss	现代等线体	bx	粗宽	it	斜体	5～25pt
OML	数学字体	cmtt	现代等宽体			sl	倾斜	
OMS	数学符号	cmm	现代数学斜体			sc	小型大写	
OMX	数学大符号	cmsy	现代数学符号					
U	未知	cmex	现代数学扩充					

表 3.2 中的 6 种编码和 6 个字族是 LaTeX 对文本字体和数学字符的预先设定，可使用字体命令或相关字体宏包对其重新定义。

表 3.2 中的第一行就是常规字体 5 个属性的默认值。可使用字体命令在导言中对全文的字体属性，或在正文中对其后的字体属性进行修改。

系统提供有很多涉及修改字体属性的字体命令，它们大体上可以归纳为三类：字体设置命令、字体尺寸命令和字体属性命令。

3.2 字体设置命令

字体设置命令用于对英文字体的字族、序列和形状在表 3.2 所列值中进行选择设定，其中部分命令也会影响中文，例如粗体命令 \textbf 会使汉字变粗，倾斜命令 \textsl 会使汉字倾斜。字体设置命令分为参数形式和声明形式两种：参数形式的只作用于其必要参数中的文本；声明形式的将影响其后所有文本的字体，直到当前环境或组合结束。

在工具栏中单击  按钮，在分出的符号工具条中单击 Typeface 按钮，就可得到表 3.3 所示的各种参数形式的字体设置命令。在表 3.3 中还有 7 条简化的声明形式字体设置命令，它们常被用在某一环境或组合之中来设置文本的字体。

表 3.3 字体设置命令及其字样

参数形式	声明形式	简化形式	字样	说明
\textrm{文本}	\rmfamily	\rm	Roman Family	罗马体字族
\textsf{文本}	\sffamily	\sf	Sans Serif Family	等线体字族
\texttt{文本}	\ttfamily	\tt	Typewriter Family	等宽体字族
\textbf{文本}	\bfseries	\bf	**Boldface Series**	粗宽序列
\textmd{文本}	\mdseries		Medium Series	常规序列
\textit{文本}	\itshape	\it	*Italic Shape*	斜体形状
\textsc{文本}	\scshape	\sc	SMALL CAPS SHAPE	小型大写形状
\textsl{文本}	\slshape	\sl	*Slanted Shape*	倾斜形状
\textup{文本}	\upshape		Upright Shape	直立形状
\textnormal{文本}	\normalfont		Normal Style	常规字体
\emph{文本}	\em		*emphasized text*	强调某段文字

常规字体就是不使用任何字体设置命令所生成的文本字体，即默认文本字体。LaTeX 对常规字体的定义是：OT1 编码、罗马体字族、常规序列和直立形状。因此，\textrm、\textmd 和 \textup 这 3 条字体设置命令很少用到，除非修改了系统对常规字体的定义。常规字体命令 \normalfont 或 \textnormal 是用于恢复使用常规字体，但不改变字体尺寸。

注意，表 3.3 中的所有简化形式的字体设置命令都是由 book 文类提供的，是针对常规字体的，例如 \bf 的定义是 \normalfont\bfseries。如果要得到粗宽等线体字，不能使用命令 \sf\bf，那样得到的是粗宽罗马体字，应该改为 \sf\bfseries 复合字体设置命令。如果希望简化形式的字体设置命令能够完全等效于对应的声明形式，可调用 newlfont 宏包。

如果希望明确地界定声明形式或其简化形式的字体设置命令的作用范围，也可将其命令名作为环境名，组成字体设置环境。例如环境命令：

```
\begin{bfseries}          \begin{bf}
文本               或      文本
\end{bfseries}            \end{bf}
```

都能将其中的文本全部改为粗宽序列的字体，只是后一个环境命令的书写更为简便。

3.2.1 三种字族的视觉效果

罗马体字和等宽体字在笔画开始和结束处都有装饰衬线，即有字头字脚，易于小号字体的识别，易读性较高，但大号字体看起来瘦弱无力。

罗马体字与等宽体字的明显区别在于后者每个字的宽度基本相等。罗马体字的笔画粗细随横竖变化，而等宽体字保持不变。等宽体又称打字机体，因早年的机械英文打字机都使用这种字体而得名。与罗马体类似的中文字体有宋体和仿宋等。

等线体字没有字头字脚，笔画圆润，粗细均匀，在大字体显示时，显得丰满而有力，比较醒目突出，但在小字体显示时，很容易引起视觉疲劳，使易读性降低。最常见的等线体字体有 Arial、Helvetica、Verdana 以及中文的黑体和幼圆等。

根据各种字体的视觉特点，通常论文的正文使用罗马体，专有名词或者程序命令选用等宽体，章节标题采用等线体。

3.2.2 各种字体形状的区别

斜体形状命令 `\textit` 与倾斜形状命令 `\textsl` 的区别在于前者改变了原字体，而后者并不改变原字体只是将其向右倾斜一个角度。斜体字体常用于数学式中变量的名称，倾斜字体常用于正文和参考文献中的书刊名称。字体的倾斜程度是由基本命令 `\fontdimen1` 设定的，斜体的默认值是每 pt 为 `0.25pt`，倾斜体为 `0.17pt`，而直立体为 `0pt`。

斜体形状(Italic Shape)的直译应是意大利体形状。意大利体是一类字体的统称，因其字形美观，使用广泛，故将意大利体的书写样式归为一种字体形状。意大利体不仅有斜体形状，还有直立形状和小型大写形状，只是长期以来在出版界用得最多的是斜体形状的意大利体，因此将 Italic Shape 译为斜体形状比较直观形象，更能顾名思义，但容易与倾斜形状混淆。

小型大写形状命令可将小写字母转换为较当前字体尺寸小一些的大写字母。小型大写字体常用于全部大写的标题、语句或段落，以提高书面表达的醒目性。但是小型大写字体的易读性要低于常规字体，因为人们已习惯于每个单词的特有字母高低形态，例如 shape，若错拼写为 shepe 或 spape，前者就难以被发现，因为它与 shape 的形态相同；如果都采用小型大写字体 SHEPE 和 SPAPE，则两者都难以被发现，因为它们的拼写形态都与 SHAPE 相同。

强调命令 `\emph` 或 `\em` 具有可变字体形状的功能，常用于强调某段文字，它既可将当前直立形字体变为斜体形或倾斜形字体，也可将当前斜体形或倾斜形字体改为直立形字体。强调命令也可以嵌套使用。因强调命令的特殊性，其命令名也与其他设置命令的明显不同。

例 3.1 将强调命令分别置于直立形、斜体形和等线体文本中，比较其排版结果。

```
The word \emph{frequency} is important.
{\it The word \emph{frequency} is important.}
{\sf The word \emph{frequency} is important.}
```

The word *frequency* is important.
The word frequency *is important.*
The word *frequency* is important.

注意，这些特殊形状的字体有利于对少量字词的强调而不利于长篇阅读，所以在论文写作中应有选择地使用。上例中频率一词改用斜体，既起到强调作用又省了一对双引号。

3.2.3 复合字体设置命令

利用各种字体设置命令组合还可生成多种复合字体。以罗马体为例，如表 3.4 所示。

表 3.4 字体设置命令组合与复合字体

字体设置命令	字样	说明
`\textrm{Roman}` 或 Roman	Roman	罗马体
`\textit{Roman}`	*Roman*	斜罗马体
`\textsl{Roman}`	*Roman*	倾斜罗马体
`\textsc{Roman}`	ROMAN	小型大写罗马体
`\textbf{Roman}`	**Roman**	粗宽罗马体
`\textbf{\textit{Roman}}`	***Roman***	粗宽斜罗马体
`\textbf{\textsl{Roman}}`	***Roman***	粗宽倾斜罗马体

然而，不是任何字体设置命令组合都可以得到相应的复合字体，比如很多字族就没有小型大写形状的字体，也没有粗宽等宽体。在编译源文件时，如果系统没有找到所设定的复合

字体，它将给出字体信息或警告信息，并自行采用它认为最接近的字体加以替代。因此，必须按照表 3.5 所示的系统默认字体的属性，选择使用对应的字体设置命令。

表 3.5　系统默认字体的属性

编码	字族	序列	形状				
		m	n	it	sc	sl	ui
OT1	cmr	b	n				
		bx	n	it		sl	
		m	n			sl	
OT1	cmss	bx	n				
		sbc	n				
OT1	cmtt	m	n	it	sc	sl	

表 3.5 中的粗序列 b、中粗窄序列 sbc 和直立斜体形状 ui 未被系统直接采用，但可使用字体属性命令来选择使用具有这些属性的字体。

例 3.2　使用粗体命令和小型大写命令组合生成粗小型大写字体。

```
\usepackage[T1]{fontenc}
Bold Small Caps\par
\textbf{\textsc{Bold Small Caps}}
```

Bold Small Caps
BOLD SMALL CAPS

从表 3.5 可以看出，采用 OT1 编码的系统默认字体中都没有粗小型大写字体；经查，采用 T1 编码的 cmr 罗马体字族有粗小型大写字体，所以在上例源文件中调用编码选择宏包，将全文字体编码改为 T1。此外，也可以不用改变编码，而是将系统默认的罗马体字族由 cmr 改为 ptm，因为该字族也有粗小型大写字体。

3.2.4 位图字体与向量字体

在 CTeX 中的各种字体，按照生成方式可分为以下两大类。

(1) 位图字体，也称点阵字体，是一种早期的字体显示方法。它的每个字形都是以一组二维像素信息表示。特定的位图字体只能清晰地显示某一特定尺寸的字体，如果将其放大，字体边缘将产生锯齿状失真。位图字体主要用于预览由 LaTeX 编译源文件后所产生的 DVI 格式文件。位图字体文件的扩展名是 .pk。如果使用 PDFLaTeX 编译源文件直接生成 PDF 格式文件，或把 DVI 转换为 PS 或 PDF 文件时，将改用向量字体。

(2) 向量字体，它的每个字形都是通过数学方程来描述的，在一个字形上分割出若干个关键点，相邻关键点之间由一条光滑曲线连接，这条曲线可以由有限个参数来唯一确定。向量字体的好处是字体可以无级缩放而不会产生变形失真。向量字体主要有以下 3 种。

- TrueType，使用二次贝塞尔曲线来描述字形，其字体文件的扩展名是 .ttf。
- Type 1，使用三次贝塞尔曲线来描述字形，故比 TrueType 字体更加精美，其字体文件的扩展名是 .pfb。
- OpenType，集中了前两者的优点并可兼容前两者，其字体文件的扩展名是 .otf。

这三种向量字体都是可以跨操作系统使用的。

3.3 字体尺寸命令

字体尺寸命令用于设定英文和中文字体的尺寸属性，改变字体的大小。字体尺寸命令都是声明形式的命令，它将改变其后所有字体的尺寸，包括数学模式中的数学字体，直到当前环境或组合结束。表 3.6 中的字体尺寸命令是由标准文类提供的。

表 3.6　字体尺寸命令所对应的字体点数值

字体尺寸命令	10pt（默认选项）	11pt	12pt
\tiny	5 pt	6 pt	6 pt
\scriptsize	7 pt	8 pt	8 pt
\footnotesize	8 pt	9 pt	10 pt
\small	9 pt	10 pt	10.95 pt
\normalsize	10 pt	10.95 pt	12 pt
\large	12 pt	12 pt	14.4 pt
\Large	14.4 pt	14.4 pt	17.28 pt
\LARGE	17.28 pt	17.28 pt	20.74 pt
\huge	20.74 pt	20.74 pt	24.88 pt
\Huge	24.88 pt	24.88 pt	24.88 pt

从表 3.6 可以看出：各种字体尺寸命令所对应的字体大小，也就是字体的点数，与所用文类的常规字体尺寸参数有关。对于这个参数，book、report 和 article 这 3 个标准文类都给出了 10pt、11pt 和 12pt 共 3 个选项，其中 10pt 是共同的默认选项。如果选 10pt 或 11pt，字体尺寸命令 \large 对应的字体大小是相同的；如果选 12pt，字体尺寸命令 \huge 与 \Huge 对应的字体大小是相同的。

当使用默认选项 10pt 时，所有字体尺寸命令与其排版效果如表 3.7 所示。

表 3.7　字体尺寸命令及其排版效果

字体尺寸命令	排版效果	字体尺寸命令	排版效果
\tiny	LaTeX	\large	LaTeX
\scriptsize	LaTeX	\Large	LaTeX
\footnotesize	LaTeX	\LARGE	LaTeX
\small	LaTeX	\huge	LaTeX
\normalsize	LaTeX	\Huge	LaTeX

如果希望明确地界定声明形式的字体尺寸命令的作用范围，可将其命令名作为环境名，组成字体尺寸环境。例如字体尺寸环境：

```
\begin{footnotesize}
文本
\end{footnotesize}
```

可将其中文本的字体尺寸全都改为 \footnotesize 命令所对应的点数。

3.4 局部字体修改

有时希望用一种截然不同的字体来凸显个别字词，而又不改变系统原来的字体设置，可使用系统提供的自定义字体设置命令：

```
\DeclareFixedFont{命令}{编码}{字族}{序列}{形状}{尺寸}
```

其中，命令是自命名的字体设置命令，它不能与已有命令重名，否则将覆盖其原定义。例如在导言或正文中加入命令 `\DeclareFixedFont{\myfont}{T1}{pzc}{mb}{it}{14pt}`，它定义了一个名为 `\myfont` 的字体设置命令，其后 5 个花括号里分别是所指定字体的 *5* 个属性。这个大号 5 字就是用自定义的字体设置命令 `{\myfont 5}` 生成的。

3.5 常用字族

要选择一种新颖独特的字体，就要了解系统都附带有哪些字族，它们都是什么模样。不同版本的 CTeX 所附带的字族数量也有所不同，仅用 `ot1*.fd` 搜索 `OT1` 编码的字体定义文件就有几十到两三百个不等。英文字族虽然很多，但是常用的并不多，而且在同一页面中不宜超过三种，以免分散读者的注意力。下面列出一些常用或常见的字族及其字样。

3.5.1 罗马体字族

常用的罗马体字族及其字样如表 3.8 所示。

表 3.8 常用罗马体字族及其字样

编码	字族	序列	形状	字样
T1	anttc	m	n	ABCDEFGHIabcdefghi1234567890
T1	anttc	m	scit	*ABCDEFGHIABCDEFGHI1234567890*
OT1	auncl	m	n	ABCDEFGHIabcdefghi1234567890
OT1	bch	m	n	ABCDEFGHIabcdefghi1234567890
T1	ccr	m	n	ABCDEFGHIabcdefghi1234567890
OT1	cdin	m	n	ABCDEFGHIJKLMNOPQRSTUVWXYZ
OT1	cdr	m	n	ABCDEFGHIJKLMNOPQRSTUVWXYZ
OT1	cmdh	m	n	ABCDEFGHIabcdefghi1234567890
OT1	cmfib	m	n	ABCDEFGHIabcdefghi1234567890
T1	cmor	m	n	ABCDEFGHIabcdefghi1234567890
OT1	cmr	m	n	ABCDEFGHIabcdefghi1234567890
OT1	fmv	m	n	ABCDEFGHIABCDEFGHI1234567890
T1	fnc	m	n	ABCDEFGHIabcdefghi1234567890
U	fplmbb	m	n	ABCDEFGHI1
T1	fve	m	n	ABCDEFGHIabcdefghi1234567890
T1	fwb	m	n	ABCDEFGHIabcdefghi1234567890
T1	hlcf	m	n	ABCDEFGHIabcdefghi1234567890
T1	hlct	bx	n	**ABCDEFGHIabcdefghi1234567890**

表 3.8（续）

编码	字族	序列	形状	字样
T1	hlos	m	n	ABCDEFGHIabcdefghi***1234567890***
T1	hls	m	n	ABCDEFGHIabcdefghi1234567890
T1	hlst	m	n	**ABCDEFGHIabcdefghi1234567890**
T1	hlx	m	n	ABCDEFGHIabcdefghi1234567890
OT1	hmin	m	n	ABCDEFGHIabcdefghi1234567890
T1	lmr	m	n	ABCDEFGHIabcdefghi1234567890
OT1	mak	m	n	ABCDEFGHIabcdefghi1234567890
OT1	mak	m	cal	*ABCDEFGHIabcdefghi1234567890*
OT1	mak	m	sco	*ABCDEFGHIABCDEFGHI1234567890*
OT1	mak	m	ui	ABCDEFGHIabcdefghi1234567890
OT1	mdbch	m	n	ABCDEFGHIabcdefghi1234567890
OT1	panr	m	n	ABCDEFGHIabcdefghi1234567890
OT1	pbk	l	n	ABCDEFGHIabcdefghi1234567890
OT1	pgoth	m	n	ABCDEFGHIabcdefghi1234567890
OT1	pnc	m	n	ABCDEFGHIabcdefghi1234567890
OT1	ppl	m	n	ABCDEFGHIabcdefghi1234567890
OT1	pplj	m	n	ABCDEFGHIabcdefghi1234567890
U	psy	m	n	ΑΒΧΔΕΦΓΗΙαβχδεφγηι1234567890
OT1	ptm	m	n	ABCDEFGHIabcdefghi1234567890
OT1	put	m	n	ABCDEFGHIabcdefghi1234567890
OT1	pxr	m	n	ABCDEFGHIabcdefghi1234567890
T1	pzc	mb	it	*ABCDEFGHIabcdefghi1234567890*
OT1	qbk	m	n	ABCDEFGHIabcdefghi1234567890
T1	rust	m	n	ABCDEFGHIABCDEFGHI1234567890
T1	sqrc	m	n	ABCDEFGHIABCDEFGHI1234567890
OT1	txr	m	n	ABCDEFGHIabcdefghi1234567890
T1	uag	m	n	ABCDEFGHIabcdefghi1234567890
OT1	uaq	m	n	ABCDEFGHIabcdefghi1234567890
T1	unc	m	n	ABCDEFGHIabcdefghi1234567890
T1	uncl	m	n	abcdefghiabcdefghi1234567890
OT1	upl	m	n	ABCDEFGHIabcdefghi1234567890
OT1	zpple	m	n	ABCDEFGHIabcdefghi1234567890
T1	yfrak	m	n	ABCDEFGHIabcdefghi1234567890
U	ygoth	m	n	ABCDEFGHIabcdefghi1234567890
U	yinit	m	n	ABCDEFG
U	yswab	m	n	ABCDEFGHIabcdefghi1234567890

表 3.8 中最常用的是 ptm 字族，即常用的 Times New Roman 字体，本书中的罗马体英文就是采用这个字体；可以直接调用 mathptmx 字体宏包，它将系统默认的罗马体字族 cmr 改为 ptm，但它同时也改变了部分数学字符的字体，见第 293 页所示。

3.5.2 等线体字族

常用的等线体字族及其字样如表 3.9 所示。

表 3.9 常用等线体字族及其字样

编码	字族	序列	形状	字样
OT1	cdss	m	n	ABCDEFGHIJKLMNOPQRSTUVWXYZ
T1	cmbr	m	n	ABCDEFGHIabcdefghi1234567890
T1	cmoss	m	n	ABCDEFGHIabcdefghi1234567890
OT1	cmss	m	n	ABCDEFGHIabcdefghi1234567890
OT1	cmssq	m	n	ABCDEFGHIabcdefghi1234567890
T1	fau	m	n	ABCDEFGHIabcdefghi1234567890
T1	fav	m	n	ABCDEFGHIabcdefghi1234567890
T1	fjd	m	n	ABCDEFGHIabcdefghi1234567890
OT1	frc	m	n	ABCDEFGHIabcdefghi1234567890
T1	fvm	m	n	ABCDEFGHIabcdefghi1234567890
T1	fvs	m	n	ABCDEFGHIabcdefghi1234567890
T1	hmin	m	n	ABCDEFGHIabcdefghi1234567890
OT1	iwona	m	n	ABCDEFGHIabcdefghi1234567890
T1	iwonac	m	n	ABCDEFGHIabcdefghi1234567890
T1	kurier	m	n	ABCDEFGHIabcdefghi1234567890
T1	kurierc	m	n	ABCDEFGHIabcdefghi1234567890
OT1	lcmss	m	n	ABCDEFGHIabcdefghi1234567890
OT1	lhss	m	n	ABCDEFGHIabcdefghi1234567890
T1	lmss	m	n	ABCDEFGHIabcdefghi1234567890
T1	lmssq	m	n	ABCDEFGHIabcdefghi1234567890
T1	maksf	m	n	ABCDEFGHIabcdefghi1234567890
OT1	pag	m	n	ABCDEFGHIabcdefghi1234567890
OT1	phv	m	n	ABCDEFGHIabcdefghi1234567890
OT1	pss	m	n	ABCDEFGHIabcdefghi1234567890
T1	txss	m	n	ABCDEFGHIabcdefghi1234567890
T1	ua1	m	n	ABCDEFGHIabcdefghi1234567890
OT1	ugq	b	n	ABCDEFGHIabcdefghi1234567890
OT1	uni	m	n	ABCDEFGHIabcdefghi1234567890
T1	uhv	m	n	ABCDEFGHIabcdefghi1234567890
T1	zess	m	n	ABCDEFGHIabcdefghi1234567890

3.5.3 等宽体字族

常用的等宽体字族及其字样如表 3.10 所示。

表 3.10 常用等宽体字族及其字样

编码	字族	序列	形状	字样
T1	bcr	m	n	ABCDEFGHIabcdefghi1234567890
OT1	cdtt	m	n	ABCDEFGHIJKLMNOPQRSTUVWXYZ
T1	cmott	m	n	ABCDEFGHIabcdefghi1234567890
T1	cmovt	m	n	ABCDEFGHIabcdefghi1234567890
OT1	cmtt	m	n	ABCDEFGHIabcdefghi1234567890
OT1	cmvtt	m	n	ABCDEFGHIabcdefghi1234567890
T1	fpk	m	n	ABCDEFGHIabcdefghi1234567890
T1	fpt	m	n	ABCDEFGHIabcdefghi1234567890
T1	hlct	m	n	ABCDEFGHIabcdefghi1234567890
T1	lcmtt	m	n	ABCDEFGHIabcdefghi1234567890
T1	lmtt	m	n	ABCDEFGHIabcdefghi1234567890
T1	lmvtt	m	n	ABCDEFGHIabcdefghi1234567890
OT1	pcr	m	n	ABCDEFGHIabcdefghi1234567890
OT1	pntt	m	n	ABCDEFGHIabcdefghi1234567890
T1	pxtt	m	n	ABCDEFGHIabcdefghi1234567890
T1	pxtt	bx	n	**ABCDEFGHIabcdefghi1234567890**
T1	txtt	m	n	ABCDEFGHIabcdefghi1234567890
T1	ul9	m	n	ABCDEFGHIabcdefghi1234567890
T1	zett	m	n	ABCDEFGHIabcdefghi1234567890

以上这些字族的字样除个别外都是常规序列直立形状，在选用某一字体时，可根据需要更改这两个属性，系统会自动寻找所设定的字体；如果没有，系统将把属性最接近的字体作为替代。例如将 phv 字体的序列属性改为 bx(粗宽)，当编译时系统发现没有这个属性，就会用最为接近的 b(粗)作为替代。

3.5.4 制作字体的字样

在表 3.8、3.9 和 3.10 中主要显示的是各种常用字族的常规序列、直立形状的字体字样。如果希望查看某一字族的各种序列和形状的字体字样，可调用由 Alan Jeffrey 编写的 fontsmpl 字样宏包，它提供了一个 \fontsample 命令，可以给出所设定字体的字样。

例 3.3 查看 T1 编码 fnc 字族的各种序列和形状的字体字样。

```
\documentclass{article}
\usepackage{fontsmpl,ctexcap}
\begin{document}
\typein[\family]{请输入一个字族名(例如 cmr):} \section*{字体~\family~的字样}
\fontfamily{\family}\selectfont
```

```
\fontencoding{T1}\selectfont\fontsample
\itshape
\fontencoding{T1}\selectfont\fontsample
\slshape
\fontencoding{T1}\selectfont\fontsample
\scshape
\fontencoding{T1}\selectfont\fontsample
\upshape\bfseries
\fontencoding{T1}\selectfont\fontsample
\itshape
\fontencoding{T1}\selectfont\fontsample
\slshape
\fontencoding{T1}\selectfont\fontsample
\scshape
\fontencoding{T1}\selectfont\fontsample
\end{document}
```

字体 fnc 的字样

Test of font T1/fnc/m/n. Some text:

On November 14, 1885, Senator & Mrs. Leland Stanford called together at their San Francisco mansion the 24 prominent men who had been chosen as the first trustees of The Leland Stanford Junior University. They handed to the board the Founding Grant of the University

当编译上例源文件时，在分出的操作窗中将给出提示：\family=，要求输入字族名，只要输入 fnc 然后回车就可以了；所生成的字样文件有十多页，上例显示的仅是首页。

3.5.5 常用字体宏包

使用字体属性命令修改全文字体，虽然可以做到精确定位，但需要了解各种字体的各种属性，还是不太方便。最简单的办法就是选取调用适合的字体宏包。最常用的字体宏包及其对系统字体的设置如表 3.11 所示。

表 3.11 常用字体宏包的字族设置

宏包	罗马体	等线体	等宽体	数学字符	说明
无	cmr	cmss	cmtt	cmm+cmsy+cmex	系统默认
avant		pag			
bookman	pbk	pag	pcr		
charter	bch				序列 bx 改为 b
courier			pcr		
eco	cmor	cmoss	cmott		编码改为 T1
newcent	pnc	pag	pcr		
palatino	ppl	phv	pcr		早期宏包
pslatex	ptm	phv	pcr	ptm+pzc+psy	等线和等宽体较 times 的窄
times	ptm	phv	pcr		早期宏包
txfonts	txr	txss	txtt	txmi+txsy+txex	
utopia	put				序列 bx 改为 b

在表 3.11 中：所有字族空缺表示仍使用系统默认的字族；可以看出除 pslatex 和 txfonts 字体宏包外，其他字体宏包的调用都不会改变系统默认的数学字符的字族。

3.5.6 文本数字

在常用字体中，所有阿拉伯数字的高度都是相等的，故称等高数字。文本数字也称非等高数字、小写数字或旧体数字，其样式如表 3.8 中 pplj 字族字样所示，因其高低错落的字形与上下起伏的小写字母相映成趣，相得益彰，故而得名“文本”。

如果希望在常规字体中得到文本数字，可使用系统提供的旧体数字命令：

\oldstylenums{阿拉伯数字}

例 3.4 单独使用旧体数字命令只能得到罗马体文本数字，如果调用 textcomp 符号宏包，可得到等宽体或等线体文本数字。

```
\usepackage{textcomp}
\Large\bf
\oldstylenums{1234567890}\par
\texttt{\oldstylenums{1234567890}}\par
\textsf{\oldstylenums{1234567890}}\par
\textsl{\textsf{\oldstylenums{1234567890}}}
```

1234567890
1234567890
1234567890
1234567890

文本数字清新活泼，无拘无束，常用于电话号码、门牌号码，如用于科普读物的页码，可使用下列重新定义命令 \renewcommand{\thepage}{\oldstylenums{\the\value{page}}}。注意，如需使用页码设置命令 \pagenumbering{arabic}，应将其置于上述定义命令之前，否则它将恢复 \thepage 命令的原始定义。

3.6 字体定义文件

除了表 3.2 中系统预先设定的字体属性选项外，字体的编码、序列和形状这 3 个属性还有以下多个可选项。

编码 OT2 斯拉夫文字编码，适用俄罗斯、白俄罗斯、乌克兰和塞尔维亚等国家文字；
OT4 波兰文字编码；
OT6 亚美尼亚文字编码；
T2A、T2B 和 T2C 斯拉夫文字编码，是在 OT1 的基础上扩充，共 256 个字符；
TS1 文本符号编码，例如 ‱、‰、℃、¥、℞ 等符号；
TS3 音标符号编码，例如 ɧ、ɸ、ʁ 等音标符号；
T4 非洲文字编码；
T5 越南文字编码。

序列 ul 超细；el 特细；l 细；sl 中细；sb 中粗；b 粗；eb 特粗；ub 超粗；
uc 超窄；ec 特窄；c 窄；sc 中窄；sx 中宽；x 宽；ex 特宽；ux 超宽。

形状 ol 空心；scit 小型大写斜体；ui 直立斜体。

同一编码不同的字族，或者同一字族不同的序列和形状组合，都可产生非常多的字体。另外，有些字族的序列或形状分类只有一两种，而有些则有六七种，甚至更多。所以，只有根据字体定义文件才能准确地选定字体的属性，系统也是根据它才能找到所需的字体文件。

字体定义文件的作用是以定义命令的形式告诉 LaTeX，该字族都有些什么属性的字体，对应的字体文件名是什么。这些字体定义命令通常只用于字体定义文件中，但它们也可用在文类或宏包文件中，甚至在源文件的导言中。

每种字族的字体定义文件名可由下式确定：

```
编码+字族+.fd=字体定义文件名
```

注意，编码名在各种字体命令中都是大写，但作为文件名的一部分时则应改为小写。

每个字体定义文件 *.fd 都有一条字族定义命令和若干条字形定义命令。

字族定义命令的形式为：

```
\DeclareFontFamily{编码}{字族}{字体加载设置}
```

在命令中，参数字体加载设置主要用于设定在自动断词时的连字符等内容，系统默认的连字符是 -，所以该参数通常为空或者是 \hyphenchar\font45，其中数字 45 是符号 - 在该字体编码中的十进制编号，如果将其改为 42，在系统自动断词时的连字符可能就是 * 星号；如果是 \hyphenchar\font=-1，则表示使用该字体的单词不得断词。

字形定义命令的形式为：

```
\DeclareFontShape{编码}{字族}{序列}{形状}{字体信息}{字体加载设置}
```

其中，字体信息主要用于设定字体尺寸和字体文件名。

例如 T1 编码的 pzc 字族的字体定义文件名是 t1 + pzc + .fd = t1pzc.fd，在 CTeX 中找到并打开这个文件，就可看到各种字体属性的定义命令，其中第一条字形定义命令是：

```
\DeclareFontShape{T1}{pzc}{mb}{it}{<-> pzcmi8t}{}
```

命令中的 <-> 表示所有字体尺寸；pzcmi8t 是字体描述文件名和与之对应的字体文件名，它们的扩展名分别是 .tfm 和 .vf。如果在中英文混排时感觉这种字体的英文字母和数字的尺寸偏小，希望能够放大百分之十五，可将该字形定义命令改为：

```
\DeclareFontShape{T1}{pzc}{mb}{it}{<->[1.15] pzcmi8t}{}
```

知道字体文件名的好处是可直接使用字体命令修改局部文本的字体。例如前面提到的大“5”字，就可以在文本行内插入字体命令 \font\myft=pzcmi8t at 22pt {\myft 5}，得到大号 pzc 字体的 *5* 字。

自定义字体命令 \font 是 TeX 基本命令，可以直接访问字体文件，快速高效，但需要预先知道所需字体的字体文件名。自定义字体命令的格式通常为：

```
\font\自命名命令=字体文件名 at 字体尺寸
```

该命令将使系统调用字体描述文件字体文件名.tfm，然后可用 \自命名命令改变当前字体。

3.7 字体属性命令

字体命令 \font 是系统底层命令，它不通过 LaTeX 的 NFSS 新字体选择机制，直接从字体文件中提字，在某些情况下会出现字体尺寸不一等问题。

例 3.5 在多种字体条件下使用自定义的字体命令 \myft。

```
{\myft 5 \textit{5} $5$ 5}
```

5 5 5 *5*

NFSS 是根据字体的属性进行读取字体文件、显示字体和字体转换等字体处理操作的管理程序。要避免上述问题，应改为使用 NFSS 机制的字体属性命令来选择新字体。字体属性命令可单项也可全面修改字体的属性。

3.7.1 单项字体属性命令

LaTeX 提供了 5 条字体属性命令和 1 条字体选用命令：

```
\fontencoding{编码}      \fontfamily{字族}
\fontseries{序列}        \fontshape{形状}
\fontsize{尺寸}{行距}    \selectfont
```

上列 5 条单项字体属性命令可分别单独使用，也可组合使用；可在导言中使用，也可在正文中使用。如果要修改当前字体的某个属性，就可使用相应的单项字体属性命令，但是都必须在字体属性命令之后紧跟字体选用命令 \selectfont，否则无效。在尺寸属性命令中，尺寸和行距两个参数的默认长度单位都是 pt，所以在实际应用中可不填写长度单位。

例 3.6 将例 3.5 改为使用字体属性命令。

```
{\fontfamily{pzc}\fontsize{22}{26}
\selectfont 5 \textit{5} $5$ 5}
```

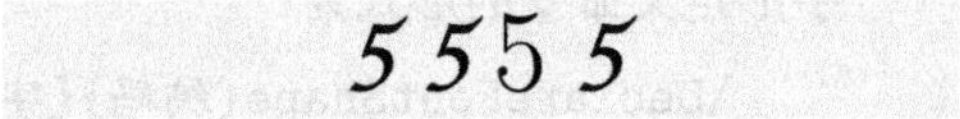

在上例中改用字体属性命令，其排版结果就正常了。

如果只给出字族命令而没有给出编码命令，例如 \fontfamily{hlst}\selectfont，系统则认为该字族的编码为当前默认编码，即为 OT1 编码；如果没有找到 ot1hlst.fd 字体定义文件，系统将在编译过程文件 .log 中给出警告，并自动用默认的字体定义文件 ot1cmr.fd 来替代；这种替代可使编译不致停顿，但也会掩盖错误，使之不易被发现。

3.7.2 综合字体属性命令

上述 5 条单项字体属性命令可分可合，机动灵活，但若逐一使用这些命令来改变当前字体的所有属性，就显得很麻烦和笨拙。于是 LaTeX 又提供了一条综合字体属性命令：

```
\usefont{编码}{字族}{序列}{形状}
```

例 3.7 两段相同的文本分别使用两种字体属性命令，对比两者的排版结果。

```
\fontencoding{U}\fontfamily{fplmbb}
\fontseries{m}\fontshape{n}
\fontsize{16pt}{18pt}\selectfont ABCD
\usefont{U}{fplmbb}{m}{n}
\fontsize{16pt}{18pt}\selectfont ABCD
```

上例两种新字体设置方法的排版效果相同，显然使用 \usefont 命令更为简洁高效。

3.8 全文字体修改

有时希望改变全文的默认字体，也就是修改常规字体。要修改常规字体，应先了解系统对常规字体的定义，然后才能确定如何修改。

3.8.1 常规字体的定义

LaTeX 对常规字体各种属性的定义，即对常规字体命令 \normalfont 的定义为：

```
\usefont{\encodingdefault}{\familydefault}{\seriesdefault}{\shapedefault}
```

而这些默认属性的定义分别是：

```
\newcommand{\encodingdefault}{OT1}
\newcommand{\familydefault}{\rmdefault}
\newcommand{\seriesdefault}{\mddefault}
\newcommand{\shapedefault}{\updefault}
```

它们分别定义：默认编码为 OT1；默认字族为罗马体字族 \rmdefault；默认序列为常规序列 \mddefault；默认形状为直立形状 \updefault。

LaTeX 将各种英文字体分成罗马体字族、等线体字族和等宽体字族三类，并分别选用 cmr、cmss 和 cmtt 字族作为这三类字族的默认字族：

```
\newcommand{\rmdefault}{cmr}
\newcommand{\sfdefault}{cmss}
\newcommand{\ttdefault}{cmtt}
```

字族名用 cm 打头的都是高德纳教授在创建 TeX 时期所开发的字族。

3.8.2 常规字体的修改

根据系统对常规字体的定义方法，就可对其进行修改。例如将常规字体由罗马体改为等线体，可在导言中使用重新定义命令：\renewcommand{\familydefault}{\sfdefault}。

如果希望将默认的罗马体字族由 cmr 改为 ptm(Times)，可在导言中重新定义罗马体的默认字族：\renewcommand{\rmdefault}{ptm}。

使用上述方法也可以修改等线体或等宽体的默认字族。

3.9 手写体

在论文中很少用到手写体。但有时在引用某位大师的语录、说明某一事物的自然性或随意性、或者个人签名而采用手写体，看起来会更为亲切、活泼和真实。

例 3.8 调用 pbsi 宏包及其命令可使用名为 BrushScript-Italic 的手写体字体。

```
\usepackage[T1]{pbsi}
\textbsi{Happy New Year to You}
```

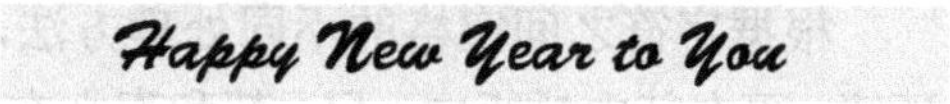
Happy New Year to You

例 3.9 调用 calligra 宏包及其命令可使用名为 Calligraphic 的手写体字体。

```
\usepackage{calligra}
\calligra{Happy New Year to You}
```

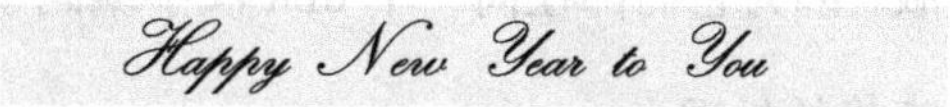
Happy New Year to You

此外，还有 aurical、chancery、emerald、oesch、suetterl 和 tgchorus 等手写体宏包。

3.10 中文字体

LaTeX 系统不能直接处理中文，当用中文撰写论文或论文中有汉字时，就必须要在导言中调用由 CTeX 提供的 ctex 中文字体宏包。

3.10.1 中文字体宏包 ctex

中文字体宏包 ctex 提供了一个统一的中文 LaTeX 文档框架，并定义了一系列有关中文排版的用户命令，它支持 CCT、CJK 和 xeCJK 这三种中文处理方式。该宏包的调用命令为：

```
\usepackage[格式]{ctex}
```

其中，可选参数格式的选项及其说明如下。

`nocap` 保留英文日期格式。例如日期命令 \today 的英文排版格式为：November 26, 2010。如果不使用该选项，则按中文格式排为：2010 年 11 月 26 日。

`nopunct` 在 CJK 环境中，中文标点符号和汉字一样被作为全角字符来处理，如果中文标点符号出现在行尾，就会留有约半角字符宽度的空白，形成一个缺口；在自动换行时，系统为了避免下一行的行首出现标点符号，就将该行末尾的汉字移到下一行的行首，这使得上一行文字显得很松散。为了消除这些现象，ctex 宏包自动加载了中文标点宏包 CJKpunct，它具有行末对齐和标点挤压的功能，可更为合理地调整中文标点符号的位置和宽度。如果使用该选项，则中文标点符号仍按全角字符处理。

`space` 保留汉字与英文或数字之间的空格，详见后续说明。

`noindent` 维持 LaTeX 系统的段首缩进规则，即每个章节的首段首行不缩进。如果不使用该选项，则按中文排版规则，每段首行都缩进两个汉字的宽度。

`fancyhdr` 调用版式设置宏包 fancyhdr，并保持与其的兼容性。该宏包用于设置页眉页脚的格式，详见第 169 页第 4.4 节：**版式**。

`fntef` 调用下画线宏包 CJKfntef，它可以绘制多种类型的下画线，详见第 160 页：**下画线宏包 CJKfntef**。

上述选项也适用于 ctexcap 宏包以及 ctexbook、ctexrep 和 ctexart 这 3 个中文文类。

中文字体宏包 ctex 已按中文的各种排版习惯进行了默认设置，如果论文采用英文的格式，其中只有少量汉字，可根据需要选择使用上述有关保留英文排版格式的选项。

中文字体宏包 ctex 重新定义了文件环境，它在 \begin{document} 和 \end{document} 之间嵌入了由 CJK 宏包提供的 CJK* 环境，中文以及各种与中文有关的命令都可以在其中使用。CJK 宏包是由德国人 Werner Lemberg 编写的，其名称是用中文、日文和朝文的英文首字母(CJK)组成，是 cjk 宏包套件的主宏包。当调用中文字体宏包时，将自动加载 CJK 宏包。

根据字符之间空格的不同处理方法，CJK 宏包提供有 CJK 和 CJK* 两种双字节文字处理环境，可在其中排版中、日、朝和泰文在内的多种亚洲文字，而且可以混合使用。ctex 已将这两种 CJK 环境设置为可直接处理中文，其默认字体为宋体，简体字和繁体字可在其中混合排版，因为它们都在同一个 GBK 汉字编码字体文件中。

空格的处理

在输入英文时，单词之间和标点符号与单词之间都要空一格，而当需要换行时，可直接在单词或标点符号之后回车，LaTeX 会在回车处自动插入一个空格，这样回车前后的两个单词之间或标点符号与单词之间仍保持有一个空格。

例 3.10 按照英文的输入方式输入一段英文文本。

```
The derivative of a linear function
$y=mx+b$ is $D_{x}y=m$. That is, the rate
of change of $y$ with respect to $x$ is
constant.
```

The derivative of a linear function $y = mx + b$ is $D_x y = m$. That is, the rate of change of y with respect to x is constant.

在上例中，所有单词之间、单词与数学符号之间以及换行处都留有一个空格。

而中文是一个汉字紧挨着一个汉字地输入，汉字之间和中文标点符号与汉字之间都不留空格，所以 ctex 将忽略所有汉字和中文标点符号之后的空格，即采用 CJK 宏包提供的 `CJK*` 环境模式，该环境可删除所有 CJK 字符后的空格。

例 3.11 将例 3.10 中的英文译成中文并按中文的输入方式输入。

```
函数 $y=mx+b$ 的导数
是 $D_{x}y=m$。也就是说，
$y$ 对于 $x$ 的变化率是一个常量。
```

函数$y = mx + b$的导数是$D_xy = m$。也就是说，y 对于x 的变化率是一个常量。

在上例中，回车处自动插入的空格被删除，也就不会在“数”与“是”之间和逗号之后出现一个空格，但是汉字与其他字符之间应有的空格也被删除了。

为了解决应有空格被删除的问题，可分别将应有的空格用不可见空格符“~”来替代。

例 3.12 将例 3.11 中的应有空格使用不可见空格符替代。

```
函数~$y=mx+b$ 的导数
是~$D_{x}y=m$。也就是说，
$y$ 对于~$x$ 的变化率是一个常量。
```

函数 $y = mx + b$ 的导数是 $D_xy = m$。也就是说，y 对于 x 的变化率是一个常量。

如果中文论文中的英文、符号和数字较多，逐一在汉字与它们之间插入空格符就很麻烦，还容易漏插。因此，可选用 ctex 宏包的 `space` 选项，它可以保留汉字与其他字符之间的空格以及换行时自动插入的空格，即改用 CJK 宏包提供的 `CJK` 环境模式。

例 3.13 使用 ctex 宏包的 `space` 选项，并重新编写例 3.11 中的文本。

```
函数 $y=mx+b$ 的导数
是 $D_{x}y=m$。也就是说，
$y$ 对于 $x$ 的变化率是一个常量。
```

函数 $y = mx + b$ 的导数 是 $D_xy = m$。也就是说， y 对于 x 的变化率是一个常量。

在上例中，使用中文字体宏包的 `space` 选项虽然解决了汉字与其他字符的空格问题，但由于在手动换行处自动插入的空格造成第一行中的“数”与“是”之间空了一格，第二行的逗号后也空了一格。

为了消除在换行处自动插入的空格，可在每行末尾加个注释符 `%` 再回车，LaTeX 将忽略注释符右侧的任何字符和空格。

例 3.14 在例 3.13 的每个文本行末尾加个注释符，对比两者的排版效果。

```
函数 $y=mx+b$ 的导数%
是 $D_{x}y=m$。也就是说，%
$y$ 对于 $x$ 的变化率是一个常量。
```

函数 $y = mx + b$ 的导数是 $D_xy = m$。也就是说，y 对于 x 的变化率是一个常量。

空格符和空格命令

在 LaTeX 系统中，“~”是个不可换行的空格符，即不允许在该符号所处的位置换行，如果使用过多，对 LaTeX 的自动换行功能非常不利，因此 ctex 宏包将它重新定义，使其成为可以换行的空格符。如果希望仍维持该符号的原定义，可在正文中使用命令：

```
\standardtilde
```

将其后所有“~”改为不可换行的空格符。也可使用命令：

`\CJKtilde`

将其后所有“~”再改为可换行的空格符。

如果在论文中有些中文与其他字符组成的词汇，不希望在它们之间的空格处被换行，而 ctex 宏包已将“~”重新定义为可换行的空格符，这时可在空格前插入空格命令：

`\nbs` 或 `\nobreakspace`

这两条命令都可以生成一个不可换行的空格，前者由 CJK 宏包提供，是后者的简化形式，后者为 LaTeX 提供。例如：图\nbs 3，得到：图 3，在这两个字符之间既不能换行也不能换页。

两种 CJK 环境的转换

中文字体宏包 ctex 在其内部将 CJK* 或 CJK 环境紧密地镶嵌在文件环境 document 之中，使源文件的正文部分全都包括其中。不过也可以根据需要，使用命令在正文中转换这两种 CJK 环境模式。

(1) 如果在 ctex 默认的中文处理模式中，即在 CJK* 环境模式中，可使用命令：

`\CJKspace`

将其后的中文按照 CJK 环境模式来处理。

(2) 如果采用 ctex 的 space 选项，即在 CJK 环境模式中，可使用命令：

`\CJKnospace`

将其后的中文按照 CJK* 环境模式来处理。

中文数字

中文字体宏包提供有两条可将阿拉伯数字转换成两种形式中文数字的命令：

`\CTEXnumber{命令}{阿拉伯数字}`　　`\CTEXdigits{命令}{阿拉伯数字}`

其中命令为自命名命令，且不需要预先定义；第一条命令将阿拉伯数字转换成中文数目后将其值赋予命令，第二条命令将阿拉伯数字转换成中文数字后将其值赋予命令；可用命令来显示中文数目或者中文数字。

例 3.15 将年份数字和当前页码数字分别转换成中文数目和中文数字。

```
\CTEXnumber{\Cna}{2013} \Cna,
\CTEXnumber{\Cnb}{\thepage} \Cnb, \par
\CTEXdigits{\Cnc}{2013} \Cnc,
\CTEXdigits{\Cnd}{\thepage} \Cnd
```

二千零一十三，一百一十六，
二〇一三，一一六

3.10.2 中文字体编码

当使用 LaTeX 或者 PDFLaTeX 编译源文件时，中文字体宏包 ctex 默认的中文字体编码是 GBK；当使用 XeLaTeX 编译时，其默认的中文字体编码是 UTF-8。

GBK 是 1995 年颁布的国家标准《汉字内码扩展规范》的简称，它是一种中文字体编码方案，总共收录了简体和繁体汉字 20 902 个，以及阿拉伯数字、拼音字母、英文字母、希腊文字母、俄文字母、标点符号和数学符号等字符 883 个。而 UTF-8 是一种世界字符编码，它包括 GBK 中的所有汉字以及朝鲜、日本、泰国、西欧、拉美、阿拉伯、希伯来和非洲等国家和地区的数百种语言文字和符号。

3.10.3 中文字体的尺寸

CJK 宏包并不附带中文字体文件，而是由 CTeX 配置；它也不提供字体尺寸命令，通常中文字体的大小是由 LaTeX 的字体尺寸命令如 \normalsize、\large 等来设定的，也就是说在中英文混排时，中文字体的尺寸是随同英文字体的尺寸变化的，如果系统的常规字体尺寸是 11pt，那么每个汉字的宽度都是 11 pt。

3.10.4 中文字体的选用

CTeX 系统配置了 6 种 Windows 的 TrueType 中文字体，它们分别是宋体、黑体、楷书、仿宋、幼圆和隶书，并提供了 6 条相对应的中文字体命令，如表 3.12 所示。

表 3.12 中文字体命令及其字样

字体	宋体	黑体	仿宋	楷书	幼圆	隶书
命令	\songti	\heiti	\fangsong	\kaishu	\youyuan	\lishu
字样	宋体	**黑体**	仿宋	楷书	幼圆	隶书

上述中文字体命令都是声明形式的，可在正文中选用以改变其后的中文字体，但不能在导言中使用，因为所有涉及中文的命令，都只有在 CJK 环境中才能被执行。

中文字体宏包 ctex 将章节命令里的中文设置为黑体，如果希望更改某些标题的字体，就可选用上述的中文字体命令；如果需要更改全文中某个层次标题里所有中文的字体，可查看第 191 页第 5.3.4 节：**中文标题宏包 ctexcap**。

3.10.5 中文字体的特点

宋体是出版印刷行业最为广泛应用的一种中文字体。宋体结构严谨，字形方正匀称，笔画横平竖直，横细竖粗，棱角分明，有极强的笔画规律，适于小号字体的识别，不易产生视觉疲劳，所以普遍用于排版论文的正文部分。

楷书是一种模仿毛笔书法的字体，笔画提顿藏露，间架结构匀称，字形端庄秀美，因常被模仿故称楷书，这种字体常用于插图或表格标题等简短文字的排版。

黑体又称等线体，笔画横平竖直，粗细一致，字形方正，庄严醒目，适用于题名、标题或需要引起注意的词语排版，但因其过于粗壮，所以并不适宜排版正文。

仿宋是一种采用宋体结构、楷书笔画的字体，笔画横竖粗细均匀，字形清秀挺拔，常用于排版副标题、摘要或脚注等简短文字。

隶书和幼圆这两种字体都经过书法艺术的加工处理，常用于标题或副标题的排版。

此外，在 Windows 中还有舒体、姚体、彩云、琥珀、行楷和新魏等中文字体。其中舒体浑圆有力，外柔内刚，常用于书刊中的大字标题；姚体与宋体类似，但更偏瘦长。

3.10.6 中文字号设置

在国内有些学术机构对其出版物的字体尺寸是按字号要求的，如章节标题用四号字，常规字体用五号字等。为此 ctex 宏包提供了一个字号命令：

```
\zihao{代码}
```

其中代码共有 16 个可选值，它们所对应的字号如表 3.13 所示。

表 3.13 字号命令中的代码与其对应的字号

字号	初号	小初	一号	小一	二号	小二	三号	小三	四号	小四	五号	小五	六号	小六	七号	八号
代码	0	-0	1	-1	2	-2	3	-3	4	-4	5	-5	6	-6	7	8

英文字体的尺寸也会随同字号命令作出相应的改变，以使其与中文字体的大小保持适当比例关系。各种字号命令与其排版效果如表 3.14 所示。

表 3.14 字号命令与其排版字样

字号	字号命令	字体尺寸	字样
初号	\zihao{0}	42.16 pt	LaTeX 排版
小初	\zihao{-0}	36.14 pt	LaTeX 排版
一号	\zihao{1}	26.10 pt	LaTeX 排版
小一	\zihao{-1}	24.09 pt	LaTeX 排版
二号	\zihao{2}	22.08 pt	LaTeX 排版
小二	\zihao{-2}	18.07 pt	LaTeX 排版
三号	\zihao{3}	16.06 pt	LaTeX 排版
小三	\zihao{-3}	15.06 pt	LaTeX 排版
四号	\zihao{4}	14.05 pt	LaTeX 排版
小四	\zihao{-4}	12.05 pt	LaTeX 排版
五号	\zihao{5}	10.54 pt	LaTeX 排版
小五	\zihao{-5}	9.03 pt	LaTeX 排版
六号	\zihao{6}	7.53 pt	LaTeX 排版
小六	\zihao{-6}	6.52 pt	LaTeX 排版
七号	\zihao{7}	5.52 pt	LaTeX 排版
八号	\zihao{8}	5.02 pt	LaTeX 排版

以上字体字号的分类和相应字体尺寸参考了 MS Word 对字号的定义。

使用字号命令的好处是每种字号对应的中文字体尺寸点数是固定的，相应的英文字体尺寸点数也是固定的，而与所用文类的常规字体尺寸选项无关。

3.11 任意尺寸字体

从表 3.6 可知，字体尺寸命令 \huge 和 \Huge 对应的字体尺寸分别是 20 pt 和 25 pt，相差 5 pt，有时希望得到在两者之间的某个尺寸字体，例如 22 pt 或 23 pt；在撰写论文正文时，这些字体尺寸命令是足够用的了，但在编排论文封面时，论文题名有时用最大的字体仍然嫌小。遇到这些情况，可利用字体属性命令或缩放盒子命令来解决。

3.11.1 采用字体属性命令

如果是汉字，可直接使用字体属性命令中的尺寸属性命令

\fontsize{尺寸}{行距}\selectfont

来设置任意尺寸的汉字，例如：\fontsize{50}{50}\selectfont；通常行距要比字体尺寸大 20 % 左右，但由于 ctex 已加大了行距，故这两个参数保持等比即可。

如果是英文论文，还需要在导言中调用由 David Carlisle 编写的字体尺寸宏包 type1cm。这是因为系统默认字体对字体尺寸的调整步长和上限做了规定，如果使用 \fontsize 属性命令设置某一字体尺寸，系统会在表 3.6 中寻找最接近的尺寸。例如设置为 22pt，实际得到的是 20 pt 的字体；设置为 23pt，实际是 25 pt；设置若大于 25pt，实际只能是 25 pt。字体尺寸宏包 type1cm 重新定义了字体尺寸设置，取消了字体尺寸步长和字体尺寸上限。

宏包 type1cm 只适用于 OT1 编码的字体。如果改用 fix-cm 字体尺寸宏包，还可对 T1、TS1、OMS 和 OML 编码的字符有效；为了能够确保改变系统默认字体的定义，该宏包的调用命令应为 \RequirePackage{fix-cm}，且须置于 \documentclass 命令之前。

如果是已经调用了中文字体宏包 ctex，就无须再调用 fix-cm 宏包了，因为 ctex 将自动加载 fix-cm、calc、color 和 graphics 等多个相关宏包。

3.11.2 采用缩放盒子命令

另一种方法是调用插图宏包 graphicx，并使用它所提供的缩放盒子命令：

\resizebox{宽度}{高度}{文本}

例如 \resizebox{!}{30mm}{China 中国}，将“China 中国”按比例放大至高度 30 mm，命令中的“!”表示对文本按高度值缩放，同时保持高宽比不变。

采用缩放盒子命令的好处是可制作不同高宽比的字体，以产生各种文字特效，而且这种方法对中文和英文都适用，无需调用其他字体尺寸宏包。

3.12 本机字体

本机是指作者本人的计算机，本机字体包括 Windows、CTeX 和 Adobe 以及其他应用软件所附带的字体，或者自行下载的字体。此前介绍的字体都是 CTeX 内部的，可基本满足论文写作的需要，但调用和修改较繁琐，且中文字体很少。如果调用字体选择宏包 fontspec 并采用 XeLaTeX 或 LuaLaTeX 编译，就可选用本机中的任何 TrueType 字体和 OpenType 字体。这两种编译方法在调用字体方面是基本相同的，只是在某些细节之处有所差别，本节介绍将以 XeLaTeX 编译为准，具体编译方法详见本书的**编译**一章。

3.12.1 字体选择宏包 fontspec

由 Will Robertson 和 Khaled Hosny 编写的 fontspec 字体选择宏包提供了一组字体选择命令，可在用 XeLaTeX 或 LuaLaTeX 编译时调用本机中的任何扩展名为 .ttf 或 .otf 的字体文件，以下是其中最常用的字体选择命令及其简要说明。

\addfontfeature{特征}

增添或修改字体选择命令 \fontspec 中的字体特征，如颜色、尺寸等，该命令以及下列各种字体选择命令中的特征参数详见后续说明。

\defaultfontfeatures{特征}

默认字体特征命令，用于设置默认的字体特征，它将影响此后选用的所有字体。若出现两个默认字体特征命令，后者将覆盖前者。

\fontspec[特征]{字体}

用于在正文中临时改换字体，其中字体可以是字体名或字体文件名，例如姚体的字体名是 FZYaoTi 或“方正姚体”，而字体文件名是 fzytk.ttf，注意字体是区分大小写的。如果所选字体是 Windows 或 CTeX 以外的，还需要使用特征参数指示寻找路径。

\newfontfamily命令[特征]{字体}

自定义字体命令，其中命令是自命名的命令。例如 \newfontfamily\myfnt{FZYaoTi}，那么命令 \myfnt 就等效于 \fontspec{FZYaoTi}。

\setmainfont[特征]{字体}

设置默认的罗马体字体，用在导言全文有效，用于正文，只对其后的文本有效。

\setmonofont[特征]{字体}

设置默认的等宽体字体，用在导言全文有效，用于正文，只对其后的文本有效。

\setsansfont[特征]{字体}

设置默认的等线体字体，用在导言全文有效，用于正文，只对其后的文本有效。

上述字体选择命令中都有特征参数，它主要用来启用字体中具有某些特征的字符。例如某一字符在同一字体文件中具有多种字形，这就需要用特征参数来指定。特征参数具有很多子参数，可多个同时选用，其间用逗号分隔。一种字体所具有的特征是用特征码表示的，字体选择命令就是通过特征参数的选项所对应的特征码，来启用字体中具有相关特征的字符。最常用的特征参数及其选项和特征码如表 3.15 所示。

表 3.15 常用特征参数及其选项和特征码

特征参数	选项	特征码	说明
Annotation	0 – 9		列表标号的样式，见例 3.29 所示
CJKShape	Simplified	smpl	使用简体字
	Traditional	trad	使用繁体字
Color	颜色名		设置字体颜色，例如红色 Color=red
Contextuals	Swash	cswh	大写字母采用花写字形
	WordFinal	fina	改变小写单词尾字母的字形
	WordInitial	init	改变小写单词首字母的字形
BoldFont	字体名		遇粗体命令时应转换的字体
BoldItalicFont	字体名		遇粗斜体命令时应转换的字体
Extension	扩展名		如果字体文件名中不含扩展名，可使用 Extension=.otf 指定
ExternalLocation	无		使用 Windows 或 CTeX 的字体文件名而不写扩展名时应启用该参数
Fractions	Alternate	afrc	指定使用平分数形式
	On	frac	指定使用斜分数形式

表 3.15（续）

特征参数	选项	特征码	说明
HyphenChar	None		不允许断词
ItalicFont	字体名		遇斜体命令时应转换的字体
Kerning	Off	kern	取消字母间距优化
	Uppercase	cpsp	适当增加大写字母之间的距离
Language	Arabic	ARA	阿拉伯语
	Chinese Simplified	ZHS	简体汉语
	Chinese Traditional	ZHT	繁体汉语
	Farsi	FAR	波斯语
	French	FRA	法语
	German	DEU	德语
	Japanese	JAN	日语
	Korean	KOR	朝鲜语
	Russian	RUS	俄语
	Turkish	TRK	土耳其语
Letters	SmallCaps	smcp	将小写字母转为较小的大写字母
LetterSpace	距离系数		调整单词中字母之间的距离
Ligatures	NoCommon	liga	不使用连体字，见第 149 页说明
	TeX	tlig	按照 TeX 规则排版，见例 3.20 所示
Mapping	tex-text		等效于 Ligatures=TeX
Numbers	Lining	lnum	整齐排列，与 OldStyle 相对
	Monospaced	tnum	数字等宽，即 1 所占宽度与 0 相等
	OldStyle	onum	使用高低错落的旧体数字
	Proportional	pnum	数字间距均衡，即 1 所占宽度窄些
	SlashedZero	zero	使用中有斜杠的数字零：0
Path	字体路径		设置 Windows 和 CTeX 以外字体路径
PunctuationSpace	间距系数		调整语句间距，正值加宽，负值紧缩
RawFeature	特征码		该参数的选项是各种特征码
Scale	缩放系数		例如 Scale=1.5，字体尺寸放大 1.5 倍
	MatchLowercase		字体高度与默认罗马体小写字母相同
	MatchUppercase		字体高度与默认罗马体大写字母相同
Script	Arabic	arab	阿拉伯文字
	CJK	hani	中、日、朝等亚洲国家表意文字
	Cyrillic	cyrl	斯拉夫文字
	Default	DFLT	默认文字
	Greek	grek	希腊文字
	Hangul	hang	朝鲜文字
	Katakana	kana	日本文字

表 3.15（续）

特征参数	选项	特征码	说明
	Latin	atn	拉丁文字
SlantedFont	字体名		遇倾斜体命令时应转换的字体
SmallCapsFont	字体名		遇小型大写字体命令时应转换的字体
Style	Alternate	salt	转换字符风格
	Historic	hist	改换旧体风格
	Swash	swsh	大写字母采用花写字形
UprightFont	字体名		遇常规字体命令时应转换的字体
Vertical	RotatedGlyphs	vert	将每个字符逆时针旋转 90°
WordSpace	间距系数		调整单词间距，>1 加宽，<1 变窄

(1) 当调用 fontspec 宏包时，color、graphicx 和 xunicode 等相关宏包也被自行加载。

(2) 特征参数中的颜色名可以是颜色宏包已定义的；也可以是用 \definecolor 命令自定义的；还可以采用 3 组十六进制的 rgb 颜色值：Color=RRGGBB，例如 Color=CF2977。

(3) 当使用 Windows 字体、CTeX 字体或当前源文件夹中字体时，不需要设置字体文件的调取路径，字体选择命令会自动寻找，若使用本机其他文件夹中的字体时，应使用特征参数来指示调取路径，例如 Path=D:/Myfonts/。

(4) 很多特征参数的选项都有一个对应的特征码，它们都是由 3 个或 4 个字符组成的字符串，例如 SmallCaps 是 smcp，OldStyle 是 onum，那么用 [RawFeature=+smcp;+onum] 就可以替代 [Letters=SmallCaps,Numbers=OldStyle] 的作用，其中特征码前的加号表示启用，如果改为减号表示禁用，若无加号或减号，则该特征码无效。注意，特征码之间是用分号分隔的。此外，还有很多字体的特征码并没有对应的特征参数选项，例如 aalt、cpct 等，当要启用这些特征码时就必须使用 RawFeature 特征参数。

应用举例

例 3.16 XeLaTeX 默认的三种字族分别是名为 Latin Modern Roman、Latin Modern Sans 和 Latin Modern Mono 的三种 OpenType 字体。

```
Equations are of great use.\par
\rmfamily Equations are of great use.\par
\sffamily Equations are of great use.\par
\ttfamily Equations are of great use.
```

Equations are of great use.
Equations are of great use.
Equations are of great use.
Equations are of great use.

例 3.17 使用字体选择命令分别设置罗马体、等线体和等宽体这三种字族的字体。

```
\setmainfont{TeX Gyre Termes} \setsansfont{TeX Gyre Heros}
\setmonofont{TeX Gyre Cursor}
Equations are of great use.\par
\sffamily Equations are of great use.\par
\ttfamily Equations are of great use.
```

Equations are of great use.
Equations are of great use.
Equations are of great use.

在上例中所设置的三种字体分别相当于 MS Word 中的 Times New Roman、Helvetica 和 Courier 字体，但它们都是 OpenType 字体，具有更多的字体特征。

例 3.18 若用字体名设置字体，就可直接用字体设置命令调用其粗体、斜体或粗斜体。

```
\fontspec{Times New Roman}
Equations are of  great use.\par
\textbf{Equations are of great use.}\par
\textit{Equations are of great use.}\par
\textbf{\textit{Equations are of great use.}}
```

Equations are of great use.
Equations are of great use.
Equations are of great use.
Equations are of great use.

例 3.19 如果使用字体文件名设置字体，还要用特征参数分别指示对应的字体文件名，才能用字体设置命令调用其粗体、斜体或粗斜体。

```
\fontspec[BoldFont=timesbd.ttf,ItalicFont=timesi.ttf,BoldItalicFont=timesbi.ttf]
{times.ttf} Equations are of great use.\par
\textbf{Equations are of great use.}\par
\textit{Equations are of great use.}\par
\textbf{\textit{Equations are of great use.}}
```

Equations are of great use.
Equations are of great use.
Equations are of great use.
Equations are of great use.

例 3.20 对双引号、倒感叹号和破折号等标点符号，TeX 有特殊的排版规则。

```
\fontspec{TeX Gyre Termes}
``!` A small amount of --- text!''\par
\fontspec[Ligatures=TeX]{TeX Gyre Termes}
``!` A small amount of --- text!''
```

``!` A small amount of --- text!"
"¡ A small amount of — text!"

例 3.21 使用特征参数将阿拉伯数字改为旧体数字样式，字体颜色改为红色。

```
\fontspec{TeX Gyre Adventor}
Arabic numerals 0123456789 \par
\addfontfeature{Numbers=OldStyle,Color=red}
Arabic numerals 0123456789
```

Arabic numerals 0123456789
Arabic numerals 0123456789

例 3.22 使用特征参数 Numbers 的 Proportional 选项将压缩 1 与其他数字的间距。

```
\fontspec{TeX Gyre Termes}
Pi=3.14159265 \par
\addfontfeature{Numbers=Proportional}
Pi=3.14159265
```

Pi=3.14159265
Pi=3.14159265

例 3.23 比较使用特征参数 Scale 的两个不同选项的排版结果。

```
All bodies have inertia.\par  \newfontfamily\lk{Arial}
All bodies {\lk have inertia}.\par  \newfontfamily\lc[Scale=MatchLowercase]{Arial}
All bodies {\lc have inertia}.\par
\newfontfamily\uc[Scale=MatchUppercase]
{Arial}
All bodies {\uc have inertia}.
```

All bodies have inertia.
All bodies have inertia.
All bodies have inertia.
All bodies have inertia.

例 3.24 使用特征参数将单词之间的距离扩大 0.8 倍。

```
\fontspec{Arial}
All bodies have inertia.\par
\addfontfeature{WordSpace=1.8}
All bodies have inertia.
```

All bodies have inertia.
All bodies have inertia.

例 3.25 使用特征参数将单词中的连体字母改为独立字母。

```
\fontspec{TeX Gyre Termes}
firefly suffice effect flag\par
\addfontfeature{Ligatures=NoCommon}
firefly suffice effect flag
```

firefly suffice effect flag
firefly suffice effect flag

例 3.26 使用特征参数将文本中所有小写字母改为小型大写字母。

```
\fontspec{TeX Gyre Heros}
All bodies have inertia.\par
\fontspec[Letters=SmallCaps]{TeX Gyre Heros}
All bodies have inertia.
```

All bodies have inertia.
ALL BODIES HAVE INERTIA.

例 3.27 使用字体特征参数将大写字母都改为花体字形。

```
\fontspec{MinionPro-It}
New Jersey Institute of Technology\par
\fontspec[Contextuals=Swash]{MinionPro-It}
New Jersey Institute of Technology
```

New Jersey Institute of Technology
New Jersey Institute of Technology

例 3.28 使用 Contextuals 字体特征参数改变单词首尾字母的字形。

```
\fontspec{Caflisch Script Pro}
new jersey institute of technology\par
\addfontfeature{%
Contextuals={WordInitial,WordFinal}}
new jersey institute of technology
```

new jersey institute of technology
new jersey institute of technology

例 3.29 使用特征参数 Annotation 分别展示各种阿拉伯数字的列表标号。

```
\fontspec[Path=D:/MyFonts/]
{Hiragino Maru Gothic Pro W4}
1 2 3 4 5 6 7 8 9\\
\multido{\n=0+1}{10}{%
\fontspec[Path=D:/MyFonts/,Annotation=\n]
{Hiragino Maru Gothic Pro W4}
1 2 3 4 5 6 7 8 9\\}
```

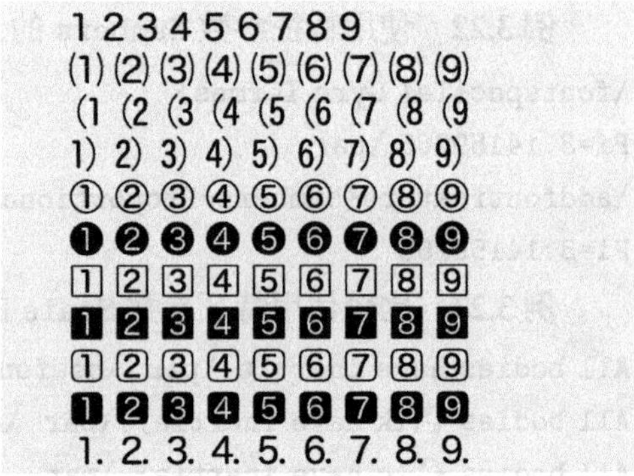

上例选用的是一种日文字体，它具有多种字形的标号字符，通常需要另行下载。

例 3.30 使用特征参数 Annotation 分别展示各种中文数字的列表标号。

```
\fontspec[Path=D:/MyFonts/]
{Hiragino Maru Gothic Pro W4}
一 二 三 四 五 六 七 八 九\\
\multido{\I=0+1}{7}{%
\fontspec[Path=D:/MyFonts/,Annotation=\I]
{Hiragino Maru Gothic Pro W4}
一 二 三 四 五 六 七 八 九\\}
```

例 3.31 将文本中用斜杠分隔的两个数字转变成斜分数和平分数的形式。

```
\fontspec[Path=D:/MyFonts/]{Hiragino Maru Gothic Pro W4}
1/2, 3/4, 5/6, 1357/2468\par
\addfontfeature{Fractions=On}
1/2, 3/4, 5/6, 1357/2468\par
\addfontfeature{Fractions=Alternate}
1/2, 3/4, 5/6, 1357/2468
```

1/2, 3/4, 5/6, 1357/2468
½, ¾, ⅚, 1357/2468
$\frac{1}{2}$, $\frac{3}{4}$, $\frac{5}{6}$, 1357/2468

例 3.32 单词全部大写后略显拥挤，可使用特征参数适当增加大写字母之间的距离。

```
\fontspec{TeX Gyre Heros}
WILL ROBERTSON\par
\addfontfeature{Kerning=Uppercase}
WILL ROBERTSON
```

WILL ROBERTSON
WILL ROBERTSON

例 3.33 很多字体对各种拼写组合时的字母间距进行优化，使其排版更为工整匀称。

```
\fontspec{TeX Gyre Termes}
LV Pa Ta AV \par
\addfontfeature{Kerning=Off}
LV Pa Ta AV
```

LV Pa Ta AV
LV Pa Ta AV

例 3.34 在 OpenType 字体文件中，很多字符都有多种字形。在本例选用的手写体中小写字母 o 就有 7 种字形：ooooooo，究竟采用哪种，这就需要用 `aalt` 特征码来指定。

```
\fontspec{Caflisch Script Pro}
New Jersey Institute of Technology\par
\addfontfeature{RawFeature={+aalt=5}}
New Jersey Institute of Technology
```

New Jersey Institute of Technology
New Jersey Institute of Technology

特征码 `aalt` 是通用的，它还可能使数字改为旧体，若无需要，可用 `+lnum` 来抑制。

例 3.35 使用 `CJKShape` 字体特征参数将简体字转换为繁体字。

```
\fontspec{Adobe 宋体 Std}
闻道有先后，术业有专攻。\par
\addfontfeature{CJKShape=Traditional}
闻道有先后，术业有专攻。
```

闻道有先后，术业有专攻。
聞道有先後，術業有專攻。

几点说明

(1) 字体设置命令 `\setmainfont`、`\setsansfont` 和 `\setmonofont` 通常放在正文之前，因为若放在导言中将同时修改 `\mathrm`、`\mathsf` 和 `\mathtt` 这 3 个数学字体命令，虽然可启用 fontspec 宏包的 no-math 选项加以禁止，但再要修改数学字体就不方便了。

(2) 字体选择宏包 fontspec 可以在编译过程文件 `.log` 中提供很多编译和警告信息，以便作者纠正不当字体设置。例如某一字体不支持某个特征参数或某个选项，字体选择宏包就会在 `.log` 中给出警告信息。如果不需要这些繁冗的信息，可启用该宏包的 `quiet` 选项。

(3) 如果使用了 CTeX 之外的字体，在源文件跨系统传递时，可能会因找不到字体文件而无法编译，因此可将所使用的 CTeX 之外的字体文件放到源文件的文件夹内，或其子文件夹中，例如 Fonts 中，然后用特征参数 `Path=Fonts/` 来指示访问路径。

3.12.2 字体特征查看

字体所具有特征的多少各不相同，如果在字体选择命令中设置字体不具有的特征，则该设置无效，且会在 .log 文件中引发警告。因此，在设置字体特征前最好能了解所选字体具有的全部特征。可在 CTeX 文件夹下找到并打开一个名为 opentype-info.tex 的源文件，将第一条命令中的字体名换为所选字体的字体名，然后使用 XeTeX 编译，在所创建的 PDF 文件中可看到该字体所有字体特征的特征码。该文件将字体的各种特征分为文字、语言和特点 3 个层次，每一层次的特征都用特征码表示，每个特征码的含义可查阅下列网页：

http://www.microsoft.com/typography/otspec/scripttags.htm

http://www.microsoft.com/typography/otspec/languagetags.htm

http://www.microsoft.com/typography/otspec/features_ae.htm

在源文件第一条命令中填写的字体名必须是字体选择命令能够直接调用字体的名称。

上述方法可将一种字体的全部特征码显示在一页 PDF 文件中，非常方便查寻选用；缺点是操作繁琐，每次只能得到一种字体的特征码，字体路径必须是默认的，而且得到的仅是特征码，还需要分别查询其所代表的字体特征。如要解决这一问题，可从网址

http://www.microsoft.com/typography/TrueTypeProperty21.mspx

下载由微软开发的 Font properties extension 字体属性工具，安装后，用右键单击任意扩展名为 .ttf 或 .otf 的字体文件，在弹出菜单中选择"属性"，在弹出的属性对话框上方，比原来多出了几个选项卡，单击其中的 Features 选项卡，就可看到该字体所具有的各种特征及其特征码；单击 CharSet/Unicode 选项卡，还可看到所支持的 Unicode 编码范围和代码页。

3.12.3 字体名查找

在字体选择命令中使用字体名比使用字体文件名要简洁直观，也便于导出粗体、斜体等其他相应的字体，并易于与其他使用字体名的字处理软件进行比较。

Windows 的字体名可通过点击字体文件逐个查看；也可使用 FontLab 字体编辑器的 Open Installed 命令统一查看；本机中的其他字体名都可使用 FontLab 查看；如果安装了微软的字体属性工具，还可通过属性对话框中的 Names 选项卡查看字体名。但这些查找方法都难以得到准确完整的字体名列表。若要得到所有可直接调用字体的字体名列表，可在 WinEdt 的菜单栏中选择 Accessories → WinEdt Console 命令，在编辑区分出的操作窗上单击按钮，然后在 DOS 提示符 > 后输入以下字体列表命令：

```
fc-list >d:\fontname.txt
```

回车。选择 File → Open 命令，设定文件格式为 UTF-8，在 D 盘中查找并打开 fontname.txt 文件，可看到所有可直接调用字体的字体名及其相应的各种字体样式名，如常规体 Regular、粗体 Bold、斜体 Italic 和粗斜体 Bold Italic 等。字体列表 fontname.txt 是个 UTF-8 格式文件，各国文字都有，且字体名排列很杂乱。可选择 Tools → Sort Lines 命令，将字体名按字母顺序排列，看起来就清晰了。某些字体有多个字体名，其间用逗号分隔，例如"YouYuan,幼圆"，两者都有效。将所需的字体名复制到字体选择命令中，就可直接调用该字体了。如果只是需要所有中文字体的字体名，可将字体列表命令改为：

```
fc-list :lang=zh-cn >d:\chinesefont.txt
```

注意，字体列表命令 `fc-list` 是个 Unix 命令，在所生成的字体列表文件中 \ 是转义符，例如 `Sf\-Kp`，则字体名为 `Sf-Kp`。

3.12.4 添加字体

要调用其他应用软件附带的字体或自行下载的字体时，必须使用特征参数 `Path` 来指示路径，如果希望字体选择命令能够自动检索到这些字体，就要事先设定寻找路径。

在 CTeX 的子文件夹 config 中有 `localfonts.conf` 和 `localfonts2.conf` 两个字体路径文件，前者存放的是系统预先设定的字体查询路径，该文件将会随系统升级而被更新：

```
<fontconfig>
<include>localfont2.conf</include>
<dir>C:\Windows\Fonts</dir>  <dir>C:\CTEX\CTeX\fonts/type1</dir>
......
</fontconfig>
```

而后者是个空文件，供作者存放自行设定的字体查询路径，它是对前者的补充，可将其改为：

```
<fontconfig>
<dir>C:\Program Files\Adobe\Acrobat 8.0\Resource\CIDFont</dir>
<dir>D:\MyFonts</dir>
</fontconfig>
```

这样就把 Acrobat 8 中的中文字体和自行下载字体的路径存入字体路径文件。

修改字体路径文件后还要在 DOS 提示符后输入下列字体更新命令：

```
fc-cache -fv
```

刷新系统的字体信息库。约两分钟后显示 `fc-cache: succeeded`，刷新完成。此后就可以在字体选择命令中直接使用字体名调用这些添加的字体，而无需指示路径了；但若使用字体文件名，仍需用 `Path` 参数指示路径。还可使用 `fc-list` 命令查看所添加字体的字体名。

英文的各种字体非常多，为便于对比选择，可从 http://code.google.com/p/fontidguide/ 下载 Font identification Guide 一文，其中列出了 360 多种字体的字样。

3.12.5 Windows 中的字体

Windows 的字体文件存放在 Fonts 子文件夹中，它们都是 TrueType 字体。表 3.16 和表 3.17 分别列出了在 Windows 7 中的部分亚洲字体和其他常用字体。

表 3.16 Windows 7 中的部分亚洲字体

字体文件名	字样	字体名
arialuni.ttf	完全学习手册ABCDEFGHIJKLabcdefghijkl1234567890	
batang.ttc	학습매뉴얼을작성ABCDEFGHIJKLabcdefghijkl1234567	Batang
fzstk.ttf	完全学习手册ABCDEFGHIJKLabcdefghijkl1234567890	方正舒体
fzytk.ttf	完全学习手册ABCDEFGHIJKLabcdefghijkl1234567890	方正姚体
kaiu.ttf	完全學習手冊ABCDEFGHIJKLabcdefghijkl1234567890	標楷體
gulim.ttc	학습매뉴얼을작성ABCDEFGHIJKLabcdefghijkl12345678	Dotum

表 3.16（续）

字体文件名	字样	字体名
meiryo.ttc	完全學習手冊ABCDEFGHIJKLabcdefghijkl1234567890	Meiryo UI
meiryob.ttc	完全學習手冊ABCDEFGHIJKabcdefghijk1234567890	Meiryo UI*
mingliu.ttc	完全學習手冊ABCDEFGHIJKLabcdefghijkl1234567890	細明體
msjh.ttf	完全學習手冊ABCDEFGHIJKLabcdefghijkl1234567890	微軟正黑體
msjhbd.ttf	完全學習手冊ABCDEFGHIJKLabcdefghijkl1234567890	微軟正黑體*
msyh.ttf	完全学习手册ABCDEFGHIJKLabcdefghijkl1234567890	微软雅黑
msyhbd.ttf	完全学习手册ABCDEFGHIJKLabcdefghijkl1234567890	微软雅黑*
msgothic.ttc	学習マニュアルABCDEFGHIJKLabcdefghijkl1234567890	MS Gothic
msmincho.ttc	学習マニュアルABCDEFGHIJKLabcdefghijkl1234567890	MS Mincho
simfang.ttf	完全学习手册ABCDEFGHIJKLabcdefghijkl1234567890	仿宋
simhei.ttf	完全学习手册ABCDEFGHIJKLabcdefghijkl1234567890	黑体
simkai.ttf	完全学习手册ABCDEFGHIJKLabcdefghijkl1234567890	楷体
simli.ttf	完全学习手册ABCDEFGHIJKLabcdefghijkl1234567890	隶书
simsun.ttc	完全学习手册ABCDEFGHIJKLabcdefghijkl1234567890	宋体
simyou.ttf	完全学习手册ABCDEFGHIJKLabcdefghijkl1234567890	幼圆
stcaiyun.ttf	完全学习手册ABCDEFGHIJKLabcdefghijkl1234567890	华文彩云
stfangso.ttf	完全学习手册ABCDEFGHIJKLabcdefghijkl1234567890	华文仿宋
sthupo.ttf	完全学习手册ABCDEFGHIJKLabcdefghijkl1234567890	华文琥珀
stkaiti.ttf	完全学习手册ABCDEFGHIJKLabcdefghijkl1234567890	华文楷体
stliti.ttf	完全学习手册ABCDEFGHIJKLabcdefghijkl1234567890	华文隶书
stsong.ttf	完全学习手册ABCDEFGHIJKLabcdefghijkl1234567890	华文宋体
stxihei.ttf	完全学习手册ABCDEFGHIJKLabcdefghijkl1234567890	华文细黑
stxingka.ttf	完全学习手册ABCDEFGHIJKLabcdefghijkl1234567890	华文行楷
stxinwei.ttf	完全学习手册ABCDEFGHIJKLabcdefghijkl1234567890	华文新魏
stzhongs.ttf	完全学习手册ABCDEFGHIJKLabcdefghijkl1234567890	华文中宋

表 3.16 中的 arialuni.ttf 是一种 Unicode 编码字体，字体名为 Arial Unicode MS，包含中、日、朝等多种亚洲文字以及英文字母、变音字母和大量的图形符号，共计 50 377 个字符。表中字体名后标有星号的表示还需要使用粗宽命令 \bfseries 才能得到该字体。

在表 3.16 中，扩展名为 .ttc 的字体文件是一种含有两个或多个相近 TrueType 字体的组合字体文件，其特点是便于共享字形信息，节省文件占用空间。

表 3.17 Windows 7 中的其他常用字体

字体文件名	字样	字体名
alger.ttf	ABCDEFGHIJKLMABCDEFGHIJKLM1234567890	Algerian
andlso.ttf	ABCDEFGHIJKLMabcdefghijklm1234567890	Andalus
arial.ttf	ABCDEFGHIJKLMabcdefghijklm1234567890	Arial**
cambria.ttc	ABCDEFGHIJKLMabcdefghijklm1234567890	Cambria*

表 3.17（续）

字体文件名	字样	字体名
broadw.ttf	ABCDEFGHIJKLMabcdefghijklm1234567890	Broadway
cour.ttf	ABCDEFGHIJKLMabcdefghijklm1234567890	Courier New*
georgia.ttf	ABCDEFGHIJKLMabcdefghijklm1234567890	Georgia*
gothic.ttf	ABCDEFGHIJKLMabcdefghijklm1234567890	Century Gothic*
lbrite.ttf	ABCDEFGHIJKLMabcdefghijklm1234567890	Lucida Bright*
lhandw.ttf	ABCDEFGHIJKLMabcdefghijklm1234567	Lucida Handwriting
pala.ttf	ABCDEFGHIJKLMabcdefghijklm1234567890	Palatino Linotype*
segoeui.ttf	ABCDEFGHIJKLMabcdefghijklm1234567890	Segoe UI**
times.ttf	ABCDEFGHIJKLMabcdefghijklm1234567890	Times New Roman*
verdana.ttf	ABCDEFGHIJKLMabcdefghijklm1234567890	Verdana*

在表 3.17 的字体名后标有一颗星号的表示该字体还有相应的粗体、斜体和粗斜体；有两颗星号的表示还有更多的相应字体。

3.12.6 Adobe 中的字体

Adobe 公司的 Acrobat 或 Reader PDF 阅读器附带的字体虽然很少，但它们都是 OpenType 字体，清晰美观，字体特征丰富，其中较常用的字体见表 3.18 所示。

表 3.18 Acrobat 8 中的常用字体

字体文件名	字样	字体名
AdobeHeitiStd-Regular.otf	完全学习手册ABCDEFGHIabcdefghi1234567890	Adobe 黑体 Std
AdobeMingStd-Light.otf	完全學習手冊ABCDEFGHIabcdefghi1234567890	Adobe 明體 Std
AdobeSongStd-Light.otf	完全学习手册ABCDEFGHIabcdefghi1234567890	Adobe 宋体 Std
CourierStd.otf	ABCDEFGHIJKLMabcdefghijklm1234567890	Courier Std*
MinionPro-Regular.otf	ABCDEFGHIJKLMabcdefghijklm1234567890	Minion Pro*
MyriadPro-Regular.otf	ABCDEFGHIJKLMabcdefghijklm1234567890	Myriad Pro*

在表 3.18 的字体名后标有星号的表示该字体还有相应的粗体、斜体和粗斜体。

3.12.7 CTeX 中的字体

在 CTeX 系统中附带有大量的 TrueType 字体和 OpenType 字体，其中 OpenType 字体按字体的提供者可大致分为 4 类，详见表 3.19、表 3.20、表 3.21 和 3.22 所示。

表 3.19 GNU 字体

字体名	字样
FreeMono*	ABCDEFGHIJKLMNOPQRSTUVWabcdefghijklmnopqrstuvw1234567890
FreeSans*	ABCDEFGHIJKLMNOPQRSTUVWabcdefghijklmnopqrstuvw1234567890
FreeSerif*	ABCDEFGHIJKLMNOPQRSTUVWabcdefghijklmnopqrstuvw1234567890

在 GNU 字体中含有阿拉伯、埃及、希腊、孟加拉、亚美尼亚和俄罗斯等多个国家和地区的文字符号，甚至还有佛教经典中的梵文字符，但其可供选择的字体特征都比较少。在表 3.19 的字体名后标有一颗星号的表示该字体还有相应的粗体、斜体和粗斜体。

表 3.20 Philipp 字体

字体名	字样
Linux Biolinum O**	ABCDEFGHIJKLMNOPQRSTabcdefghijklmnopqrst12345678
Linux Biolinum Keyboard O	ABCDEFGHIJabcdefghij123
Linux Biolinum Outline O**	ABCDEFGHIJKLMNOPQRSTabcdefghijklmnopqrst12345678
Linux Biolinum Outline Slanted O*	*ABCDEFGHIJKLMNOPQRSTabcdefghijklmnopqrst1234567*
Linux Biolinum Shadow O**	**ABCDEFGHIJKLMNOPQRSabcdefghijklmnopqrs12345**
Linux Biolinum Shadow Slanted O*	***ABCDEFGHIJKLMNOPQRSabcdefghijklmnopqrs1234***
Linux Biolinum Slanted O*	*ABCDEFGHIJKLMNOPQRSabcdefghijklmnopqrs123456789*
Linux Libertine Display O	ABCDEFGHIJKLMNOPQRSabcdefghijklmnopqrs1234567890
Linux Libertine O***	ABCDEFGHIJKLMNOPQRSabcdefghijklmnopqrs1234567890
Linux Libertine Initials	**ABCDEFGHIJKLMNOPQ**ABCDEFGHIJKLMNOPQ**12345**
Linux Libertine Initials O	**ABCDEFGHIJKLMNOPQRSTUVWXYZ1234567**
Linux Libertine Slanted O*	*ABCDEFGHIJKLMNOPQRSTabcdefghijklmnopqrst12345678*
Linux Mono O	ABCDEFGHIJKLMNOPQRSabcdefghijklmnopqrs
Linux Mono Slanted O	*ABCDEFGHIJKLMNOPQRSabcdefghijklmnopqrs*

在 Philipp 字体中含有斯拉夫、希腊、希伯来和拉丁文字符号，其字体特征都很丰富。在表 3.20 的字体名后标有一颗星号的表示该字体还有相应的粗体；两颗星号的表示还有相应的粗体和斜体；三颗星号的表示还有相应的粗体、斜体和粗斜体。

表 3.21 TeX Gyre 字体

字体名	字样
TeX Gyre Adventor*	ABCDEFGHIJKLMNOPQRSTabcdefghijklmnopqrst1234567890
TeX Gyre Bonum*	ABCDEFGHIJKLMNOPQRSTabcdefghijklmnopqrst1234567890
TeX Gyre Chorus	*ABCDEFGHIJKLMNOPQRSTabcdefghijklmnopqrst1234567890*
TeX Gyre Cursor*	ABCDEFGHIJKLMNOPQRSTabcdefghijklmnopqrst1234567890
TeX Gyre Heros*	ABCDEFGHIJKLMNOPQRSTabcdefghijklmnopqrst1234567890
TeX Gyre Heros Cn*	ABCDEFGHIJKLMNOPQRSTabcdefghijklmnopqrst1234567890
TeX Gyre Pagella*	ABCDEFGHIJKLMNOPQRSTabcdefghijklmnopqrst1234567890
TeX Gyre Schola*	ABCDEFGHIJKLMNOPQRSTabcdefghijklmnopqrst1234567890
TeX Gyre Termes*	ABCDEFGHIJKLMNOPQRSTabcdefghijklmnopqrst1234567890

TeX Gyre 字体全部采用 `Unicode` 编码，每一字体都由 1 090 个字符组成，其中包括各种欧洲变音字母、希腊字母、俄文字母、拉丁字母以及越南文字母等几乎所有拼音文字。在表 3.21 的字体名后标有一颗星号的表示该字体还有相应的粗体、斜体和粗斜体。

表 3.22 其他字体

字体名	字样
AntPoltCond*	ABCDEFGHIJKLMNOPQRSTabcdefghijklmnopqrst1234567890
AntPoltExpd*	ABCDEFGHIJKLMNOPQRSTabcdefghijklmnopqrst12345678
AntPoltLt*	ABCDEFGHIJKLMNOPQRSTabcdefghijklmnopqrst1234567890
AntPoltLtCond*	ABCDEFGHIJKLMNOPQRSTabcdefghijklmnopqrst1234567890
AntPoltLtExpd*	ABCDEFGHIJKLMNOPQRSTabcdefghijklmnopqrst123456789
AntPoltLtSemiCond*	ABCDEFGHIJKLMNOPQRSTabcdefghijklmnopqrst1234567890
AntPoltLtSemiExpd*	ABCDEFGHIJKLMNOPQRSTabcdefghijklmnopqrst1234567890
AntPoltSemiCond*	ABCDEFGHIJKLMNOPQRSTabcdefghijklmnopqrst1234567890
AntPoltSemiExpd*	ABCDEFGHIJKLMNOPQRSTabcdefghijklmnopqrst1234567890
Antykwa Torunska*	ABCDEFGHIJKLMNOPQRSTabcdefghijklmnopqrst1234567890
CMU Sans Serif*	ABCDEFGHIJKLMNOPQRSTabcdefghijklmnopqrst1234567890
CMU Serif Extra*	**ABCDEFGHIJKLMNOPQRSTabcdefghijklmnopqrst1234567890**
CMU Serif*	ABCDEFGHIJKLMNOPQRSTabcdefghijklmnopqrst1234567890
CMU Typewriter Text*	ABCDEFGHIJKLMNOPQRSTabcdefghijklmnopqrst1234567890
GFS Artemisia*	ABCDEFGHIJKLMNOPQRSTabcdefghijklmnopqrst1234567890
GFS Bodoni*	ABCDEFGHIJKLMNOPQRSTabcdefghijklmnopqrst1234567890
GFS Didot*	ABCDEFGHIJKLMNOPQRSTabcdefghijklmnopqrst1234567890
GFS Neohellenic*	ABCDEFGHIJKLMNOPQRSTabcdefghijklmnopqrst1234567890
Iwona*	ABCDEFGHIJKLMNOPQRSTabcdefghijklmnopqrst1234567890
Iwona Cond*	ABCDEFGHIJKLMNOPQRSTabcdefghijklmnopqrst1234567890
Kurier Cond*	ABCDEFGHIJKLMNOPQRSTabcdefghijklmnopqrst1234567890
Latin Modern Mono**	ABCDEFGHIJKLMNOPQRSTabcdefghijklmnopqrst1234567890
Latin Modern Roman*	ABCDEFGHIJKLMNOPQRSTabcdefghijklmnopqrst1234567890
Latin Modern Sans*	ABCDEFGHIJKLMNOPQRSTabcdefghijklmnopqrst1234567890
STIXGeneral*	ABCDEFGHIJKLMNOPQRSTabcdefghijklmnopqrst1234567890

在表 3.22 中，字体 CMU Typewriter Text 和 Latin Modern Mono 的字样虽然相同，但前者要比后者多出一千多个字符，其中就有俄文和希腊文字母。

表 3.22 的字体名后标有一颗星号的表示该字体还有相应的粗体、斜体和粗斜体；有两颗星号的表示该字体只有相应的斜体。

3.12.8 直接访问字体文件

如用 FontLab 打开 OpenType 或 TrueType 字体文件，可以看到绝大多数字符都有其对应的统一码(Unicode)，通常是一个 4 位十六进制数字，可使用命令 `\symbol{统一码}` 直接调用字体文件中的某个字符；如果没有给出统一码，也可利用其索引码(Index)和字形命令：

```
\XeTeXglyph索引码
```

直接调用字体文件中的字符。这条命令是由 XeTeX 提供的。

例 3.36 PDFLaTeX 的开发者是越南人，他名字中的双变音字母就可用其统一码调用。

```
\fontspec{TeX Gyre Termes}
H\`{a}n Th\symbol{"1EBF} Th\`{a}h
```

Hàn Thế Thàh

例 3.37 使用统一码或索引码可直接从字体文件中调用无法从键盘输入的字符。

```
\fontspec{Adobe 黑体 Std}
\symbol{"2116}, \symbol{"2103}, %
\XeTeXglyph22358, \XeTeXglyph7713
```

№, ℃, €, ©

3.12.9 文字处理宏包 xeCJK

使用 fontspec 宏包可以调用中文字体，但它不能准确换行和压缩行尾标点符号。如果要用中文撰写论文应改为调用 ctex 中文字体宏包或 ctexcap 中文标题宏包，当使用 XeLaTeX 编译时，它不再调用 CJK 宏包，而改为调用南开大学孙文昌教授编写的 xeCJK 文字处理宏包，这是个专用于 XeLaTeX 的宏包，可自行加载 fontspec 宏包并具有中日朝(CJK)文字处理功能。该宏包还提供有下列 CJK 字体选择命令，可用于设置中文、日文或朝文字体。

`\addCJKfontfeature{特征}`
增添或修改 CJK 字体的字体特征，例如颜色、旋转等。

`\setCJKfamilyfont{字族}[特征]{字体}`
该命令用于定义新字体，其中字族是自行命名的新字体名称。

`\setCJKmainfont[特征]{字体}`
设置英文是罗马体时的 CJK 字体，即在系统默认或使用常规字体命令 `\normalfont` 或罗马体命令 `\rm` 时对应的 CJK 字体。

`\setCJKmonofont[特征]{字体}`
设置英文是等宽体时的中文字体，即在使用等宽体命令 `\tt` 时对应的 CJK 字体。

`\setCJKsansfont[特征]{字体}`
设置英文是等线体时的中文字体，即在使用等线体 命令 `\sf` 时对应的 CJK 字体。

上述字体选择命令都应用在导言之中或正文之前。

在中文字体宏包 ctex 内部，对使用 XeLaTeX 编译时中文字体的默认定义为：

```
\setCJKmainfont[BoldFont={SimHei},ItalicFont={[simkai.ttf]}]{SimSun}
\setCJKsansfont{SimHei} \setCJKmonofont{[simfang.ttf]}
\setCJKfamilyfont{zhsong}{SimSun} \setCJKfamilyfont{zhfs}{[simfang.ttf]}
\setCJKfamilyfont{zhkai}{[simkai.ttf]} \setCJKfamilyfont{zhhei}{SimHei}
\newcommand*{\songti}{\CJKfamily{zhsong}}
\newcommand*{\heiti}{\CJKfamily{zhhei}}
\newcommand*{\kaishu}{\CJKfamily{zhkai}}
\newcommand*{\fangsong}{\CJKfamily{zhfs}}
```

其中：4 个 `\setCJKfamilyfont` 定义新字体命令分别设定了宋体、黑体、楷书和仿宋四种中文字体；4 个 `\CJKfamily{字族}` 命令是文字处理宏包 xeCJK 提供的字体命令，可用于调用所选字族的字体；4 个 `\newcommand*` 命令分别用于简化 4 个 `\CJKfamily` 命令。注意，由于 xeCJK 已重新定义了 CJK 宏包提供的 `\CJKfamily` 等命令，故不得再调用该宏包。

应用举例

例 3.38 从上述的默认定义可知，若使用 XeLaTeX 编译源文件，由 ctex 提供的 6 个字体命令中的宋体、黑体、楷书和仿宋 4 个字体命令仍然有效，而幼圆和隶书字体命令失效。

```
\songti 常用对数的底为 10。\par
\heiti 常用对数的底为 10。\par
\kaishu 常用对数的底为 10。\par
\fangsong 常用对数的底为 10。
```

常用对数的底为 10。
常用对数的底为 10。
常用对数的底为 10。
常用对数的底为 10。

例 3.39 使用 CJK 字体选择命令添加一个魏体字体命令。

```
\setCJKfamilyfont{wei}{华文新魏}
\newcommand*{\weiti}{\CJKfamily{wei}}
\weiti 常用对数的底为 10。
```

常用对数的底为 10。

例 3.40 如果对某个默认字体不满意，比如黑体，可使用字体选择命令重新设置。

```
\heiti 积分与微分是相逆的数学过程。\par
\setCJKfamily{xihei}{华文细黑}
\renewcommand*{\heiti}{\CJKfamily{xihei}}
\heiti 积分与微分是相逆的数学过程。
```

积分与微分是相逆的数学过程。
积分与微分是相逆的数学过程。

例 3.41 由于 xeCJK 宏包能够自动删除汉字之间的空格和自动添加汉字与其他字符之间的空格，所以中文字体宏包 ctex 的 space 选项可以省略。

```
\setCJKmainfont{Adobe 楷体 Std}
公 元前 1400年，在埃及的Ahmes 纸草书中就描
绘有将 2/5、3/7 这类分数变换成以 1 为分子的
分数的方法。
```

公元前 1400 年，在埃及的 Ahmes 纸草书中就描绘有将 2/5、3/7 这类分数变换成以 1 为分子的分数的方法。

在上例中，1400 与“年”和“的”与 Ahmes 之间被自动插入一个空格。

例 3.42 使用字体选择命令将例 3.41 中的中文、英文和数字分别设置不同的字体。

```
\setmainfont{TeX Gyre Schola} \setsansfont{TeX Gyre Heros}
\setCJKmainfont{Adobe 楷体 Std}
公元前 1400 年，在埃及的 \textsf{Ahmes} 纸
草书中就描绘有将 2/5、3/7 这类分数变换成
以 1 为分子的分数的方法。
```

公元前 1400 年，在埃及的 Ahmes 纸草书中就描绘有将 2/5、3/7 这类分数变换成以 1 为分子的分数的方法。

例 3.43 很多成语和典故源自《韩非子》，用竖向排版其中一段，标题黑体，正文宋体。

```
\setCJKmainfont[RawFeature={vertical:+vert}]{Adobe 宋体 Std}
\setCJKsansfont[Vertical=RotatedGlyphs]{Adobe 黑体 Std}
\rotatebox{-90}{%
\begin{minipage}{27mm}
\centerline{\Large\sf《韩非子》}\medskip
夫良药苦于口，而智者劝而饮之，知其入而已己疾也。
忠言拂于耳，而明主听之，知其可以致功也。
\end{minipage}}
```

《韩非子》

夫良药苦于口，而智者劝而饮之，知其入而已己疾也。忠言拂于耳，而明主听之，知其可以致功也。

在上例中：采用 Adobe 的中文字体，因其标点符号中的各种括号不随字体旋转，很适合中文竖排；\rotatebox 是旋转命令，详细说明见 9.2.6 节：**任意对象的旋转和缩放**。

例 3.44 竖排默认标点符号位于右侧，如例 3.43 所示，也可加入相应特征码改为居中。

```
\setCJKmainfont[RawFeature={vertical:+vert;+cpct}]{Adobe 宋体 Std}
\setCJKsansfont[RawFeature={vertical:+vert}]{Adobe 黑体 Std}
\rotatebox{-90}{%
\begin{minipage}{28.5mm}
\centerline{\Large\sf《韩非子》}\medskip
夫良药苦于口，而智者劝而饮之，知其入而已己疾也。
忠言拂于耳，而明主听之，知其可以致功也。
\end{minipage}}
```

《韩非子》

夫良药苦于口，而智者劝而饮之，知其入而已己疾也。忠言拂于耳，而明主听之，知其可以致功也。

例 3.45 在繁体转换为简体时，会有多个不同的繁体字转换为同一个简体字的情况，这种转换通常都很正确。而反过来在简体转换为繁体时，因为会有一个简体字对应多个繁体字的情况，例如“系”字就对应 3 个，可能会出现转换不恰当的问题，这就需要做个别修正。

```
\setCJKmainfont[CJKShape=Traditional]{Adobe 宋体 Std}
系统，维系，系马\par
系统，维{\addCJKfontfeatures{RawFeature={
+aalt=1}}系}，{\addCJKfontfeatures{
RawFeature={+aalt=2}}系}马
```

系統，維系，系馬

系統，維係，繫馬

在上例源文件中，使用特征码 aalt 来分别指定同一汉字的各种不同字形。

例 3.46 从网上以可下载多种中文手写体字体，例如毛泽东字体等。

```
\setCJKmainfont[Path=d:/MyFonts/]
{maozedong.ttf} 风雨送春归，飞雪迎春到。
```

风雨送春归，飞雪迎春到。

例 3.47 在中文字体宏包 ctex 所默认的四种中文字体的字体文件中都含有日文假名字符，所以可直接进行中文和日文混排，通常无需另行设置日文字体。

```
日本では福島原子力発電所\par\heiti
日本では福島原子力発電所\par\kaishu
日本では福島原子力発電所\par\fangsong
日本では福島原子力発電所
```

日本では福島原子力発電所

日本では福島原子力発電所

日本では福島原子力発電所

日本では福島原子力発電所

在 Windows 7 中还有 Meiryo、MS Mincho 和 MS PGothic 等日文字体。

例 3.48 在 Windows 中有多种朝文字体，可使用 CJK 字体选择命令进行设置。

```
\setCJKmainfont{Batang}
\setCJKsansfont{Malgun Gothic}
\setCJKmonofont{GulimChe}
마운트금강관광지역\par\sf
마운트금강관광지역\par\tt
마운트금강관광지역
```

마운트금강관광지역

마운트금강관광지역

마운트금강관광지역

上例中所使用的三种朝文字体分别相当于中文字体的楷书、黑体和幼圆。

注意，文本编辑器 WinEdt 的默认字体是 Courier New，它不支持朝文；可选择 Options → Preferences → font 命令，将默认字体改为 Arial Unicode MS，这样可正常显示朝文。此外，在 Windows 中还有 Dotum、Gungsuh 和 GungsuhChe 等朝文字体。

几点说明

(1) 调用 ctex 宏包后，在所有字体选择命令中应使用字体名，如果使用字体文件名，还需用特征参数 `Path` 指示路径，否则很可能会中断编译，提示找不到字体。

(2) 调用 ctex 宏包后，由 fontspec 宏包提供的各种字体选择命令仅对英文和阿拉伯数字有效，而由 xeCJK 宏包提供的各种字体选择命令仅对 CJK 字体有效，如例 3.42 所示。

(3) 也可以不通过 ctex，而是直接调用 xeCJK 宏包来处理中文，但这样做无法享受 ctex 带来的便利，例如要自行设置中文字体，要使用特征参数 `Mapping=tex-text` 等；如果要将阿拉伯数字转换为中文，还要启用 xeCJK 宏包的 `CJKnumber` 选项，然后使用转换命令：

```
\CJKnumber{阿拉伯数字}  或  \CJKdigits{阿拉伯数字}
```

将阿拉伯数字转换成中文数目或数字。这两条命令是由中文数字宏包 CJKnumb 提供的。

3.13 其他语言文字

标准 LaTeX 系统仅直接支持英文作为系统默认的语言文字，在排版时也是按照英文音节进行断词的。如果在输入文本中有少量的其他语言文字，例如德文变音字母 ä、Ü 等，可使用符号命令 `\"{a}`、`\"{U}` 来生成。但是如果论文大量或全文使用其他语言文字，用这种输入方式就很麻烦，源文件也难以阅读，而且这些符号命令也将妨碍正常的断词处理。

3.13.1 多种文字宏包 babel

由 Johannes Braams 编写的多种文字宏包 babel 具有多种语言文字处理功能，可以在同一篇文章中使用两种以上的语言文字。调用 babel 宏包：

```
\usepackage[语言1,语言2,...]{babel}
```

并使用其提供的命令和环境可以处理法语、德语、俄语和世界语等几十种语言文字。

在 babel 宏包调用命令中，最后一个语言选项所代表的语言文字将成为系统默认的语言文字；语言选项与所代表的语言如表 3.23 所示。

表 3.23 babel 宏包选项与所处理的语言文字

语言	选项	语言	选项
南非荷兰语	afrikaans	希伯来语	hebrew
巴斯克语	basque	匈牙利语	magyar，hungarian
保加利亚语	bulgarian	冰岛语	icelandic
加泰罗尼亚语	catalan	爱尔兰语	irish
克罗地亚语	croatian	意大利语	italian
捷克语	czech	拉丁语	latin
丹麦语	danish	挪威语	norsk
荷兰语	dutch	波兰语	polish

表 3.23（续）

语言	选项	语言	选项
英语	english，USenglish	葡萄牙语	portuges，brazilian
世界语	esperanto	罗马尼亚语	romanian
爱沙尼亚语	estonian	俄语	russian
芬兰语	finnish	西班牙语	spanish
法语	french，canadien	瑞典语	swedish
德语	austrian，german	土耳其语	turkish
希腊语	greek	乌克兰语	ukrainian

在 babel 多种文字宏包提供的各种命令和环境中，最常用的是语言选择命令

`\selectlanguage{语言}`

和其他语言环境

`\begin{otherlanguage}{语言} ......`

其中，语言必须是在 babel 宏包调用命令中所设定的语言选项之一。文字宏包 babel 及其语言选择命令和其他语言环境具有以下功能。

(1) 将 Chapter、Bibliography 等系统预先定义的英文标题名改为所设定语言文字。

(2) 将英文字母等 ASCII 字符或字符命令转换为所设定语言文字的字母和符号，具体每种语言文字所对应的输入方法可查阅 babel 宏包的说明文件。

(3) 按照所设定语言文字的音节构成规律进行断词。

例 3.49 在一篇文章中分别使用英文、希腊文和俄文三种语言文字，并将其中的英文作为默认的语言文字。

```
\usepackage[OT2,OT1]{fontenc}
\usepackage[greek,russian,english]{babel}
Multiple language can be used.\par
\begin{otherlanguage}{greek}
kai hn pasa h gh ceiloV en kai fwnh mia\par
\end{otherlanguage}
\selectlanguage{russian}
Na vsej zemle byl odin jazyk i odno narechie.
```

Multiple language can be used.

και ην πασα η γη ςειλο˝ εν και φωνη μια

На всеj земле был один jазык и одно наречие.

在上例的源文件中，第一条调用宏包命令是用于调用排版俄文所需的 OT2 斯拉夫文字编码定义文件，否则 babel 宏包将在编译过程文件 .log 中给出警告信息：No input encoding specified for Russian language。

如果使用 XeLaTeX 编译，应改为使用 polyglossia 宏包提供的语言命令或环境，该宏包会自动调用 fontspec 和 graphicx 等 30 多个相关宏包，支持 68 种语言。

3.13.2 阿拉伯文宏包 arabtex

调用由 Klaus Lagally 编写的阿拉伯文宏包 arabtex 并使用其提供的 \RL 命令或 arabtext 环境，可将各种 ASCII 字符或设定的字符组合转换为相应的阿拉伯文字，具体方法可查阅该

宏包的说明文件。命令 \RL 主要用于简短文字的转换，如标题等，而环境 arabtext 则用于较长文本的处理。

例 3.50 分别用 \RL 命令和 arabtext 环境编写一段阿拉伯文字。

```
\centerline{\RL{^gu.hA wa-.himAruhu}}
\begin{arabtext}
'at_A .sadIquN 'il_A ^gu.hA ya.tlubu
minhu .himArahu li-yarkabahu
fI safraTiN qa.sIraTiN wa-qAla lahu:\\
sawfa 'u`Iduhu 'ilayka fI al-masA'i, ...
\end{arabtext}
```

جُحَا وَحِمَارُهُ

أَتَى صَدِيقٌ إِلَى جُحَا يَطْلُبُ مِنْهُ حِمَارَهُ لِيَرْكَبَهُ فِي سَفرَةٍ قَصِيرَةٍ وَقَالَ لَهُ:

سَوفَ أُعِيدُهُ إِلَيكَ فِي المَسَاءِ، وَأَدفَعُ لَكَ أُجرَةً.

3.13.3 输入编码宏包 inputenc

上述多国语言文字都是用英文字母通过 babel 等文字宏包转换而成其他语言文字，而不能直接用键盘输入这些文字，因为 WinEdt 是用代码页的编码形式来翻译 ANSI 格式文件的，而它默认的代码页是简体中文。代码页是一种为不同国家或地区文字符号及其键盘布局提供支持的方法。每种代码页都是一组特定文字符号的代码字符表格，它将文件中的二进制字符代码与键盘上的键或屏幕上显示的字符关联起来。每种代码页都有其编号，例如简体中文的代码页编号是 cp936，西欧字符的代码页编号是 cp1252。

如果希望直接使用某国文字写作论文，例如法文，可将键盘设置为法文键盘，然后选择 Document → Document Settings → CP Converter，将 ANSI 代码页编号改为 1252，以正确显示法文字符；再调用 Alan Jeffrey 和 Frank Mittelbach 编写的 inputenc 输入编码宏包，并在其选项中指定法文所需代码页的编号，以指示编译程序将该源文件按照西欧文字翻译输出。

例 3.51 法国作家雨果就圆明园被劫掠致联军上尉巴特勒的谴责信片段。

```
\usepackage[T1]{fontenc}
\usepackage[cp1252]{inputenc}
\usepackage[french]{babel}
Un jour, deux bandits sont entrés dans
le Palais d'été. L'un a pillé, ...
```

Un jour, deux bandits sont entrés dans le Palais d'été. L'un a pillé, l'autre a incendié. La victoire peut être une voleuse à ce qu'il paraît.

注意，在上例源文件的起始命令之前应加入一行注释：% !Mode:: "TeX:ACP:CP1252"，它不会影响编译，但可引导 WinEdt 正确打开该源文件。因为各种文件都是以字节串形式保存的，对于 ANSI 格式的源文件，在打开时通常是按照默认代码页的编码方案来解释文件数据的；如果源文件在保存前修改了默认代码页，那么，在打开时就要指示系统按照何种代码页的编码方案来解释，否则就可能报错或出现乱码。

例 3.52 德国著名的浪漫主义诗人海涅的叙事诗《罗雷莱》片段。

```
\usepackage[T1]{fontenc}
\usepackage[cp1252]{inputenc}
\usepackage[german,english]{babel}
Heinrich Heine: Loreley\\
\selectlanguage{german}%
Ich weiß nicht was soll es bedeuten, ...
```

Heinrich Heine: Loreley

Ich weiß nicht was soll es bedeuten, Daß ich so traurig bin; Ein Mährchen aus alten Zeiten, Das kömmt mir nicht aus dem Sinn.

有关代码页的详细介绍可查阅下列微软网页：

http://www.microsoft.com/typography/unicode/cs.htm

http://www.microsoft.com/typography/unicode/cscp.htm

其中，前一页介绍代码页的形成和技术方案，后一页介绍具体应用范围及其代码页表。

3.13.4 字体选择宏包 fontspec

如果使用 WinEdt 支持的 `UTF-8` 文件格式和用于 XeLaTeX 编译的 fontspec 字体选择宏包及其字体选择命令，就可以直接使用他国文字写作，而无需考虑输入字体编码和输出字体编码，只要是所选字体中有该国文字符号即可。

例 3.53 俄国伟大的诗人、小说家普希金的爱情诗《我曾经爱过你》片段。

```
\usepackage{fontspec}
\setmainfont{CMU Sans Serif}
\setmonofont{CMU Typewriter Text}
\usepackage[english,russian]{babel}
Александр Сергеевич Пушкин\\
\texttt{Я вас любил: любовь еще, ...}
```

Александр Сергеевич Пушкин

`Я вас любил: любовь еще, быть может, В душе моей угасла не совсем; Но пусть она вас больше не тревожит; Я не хочу печалить вас ничем.`

3.14 字数统计

写完一篇论文都希望知道总共有多少字。在菜单栏中选择 Document → Word Count，在弹出的文本框中显示有当前源文件的各种字符数量统计结果，其中：

`Size`	全文字符总数，即源文件中所有文字、数码、符号和空格数量的合计。
`Words`	有效单词总数。有效是指不含注释；一串文字后跟符号或空格即为一个单词；文字是指各种拼音文字和汉字。
`Numbers`	有效数目总数。例如 1234 是一个数目，而 12.34 计为两个数目。
`Spaces`	有效空格总数，即注释以外的所有空格数量。
`Alpha Chars`	有效文字总数，即注释以外的所有拼音文字和汉字的总数量。
`Numeric Chars`	有效数字总数。例如 1234 计为 4 个数字。
`Unicode Chars`	全文 `Unicode` 字符总数，即源文件中所有非 `ASCII` 字符的总数，如果论文是中英文混排，它就是汉字及其标点符号的数量。

(1) 在有效文字总数中不包括声明形式和环境形式命令中的字母，但包括参数形式命令中的参数文字。例如命令 `\textsf{ab亚洲}`，被计为 4 个有效文字，两个 `Unicode` 字符。

(2) 每按一次回车键就会自动向源文件输入两个不可见的控制符：一个是换行符，指示文本编辑器中的输入光标向下移动一行；另一个是回车符，指示输入光标移到左端。所有这种不可见的控制符也被计入全文字符总数中。

(3) 注释是指注释符 `%` 及其右侧的文本内容，它不在有效文字总数的统计范围；而在注释环境中的文本内容将被计入有效文字总数。

因此，`Size` 表示当前源文件的总字符数，经编译后所得论文的总字符数量约为：

`Alpha Chars + Numeric Chars + Words + Numbers`

其中的 `Words + Numbers` 约等于论文中的标点符号和空格的总数。

第 4 章　版面设计

如果说 TeX 是优秀的排字工，那 LaTeX 就是杰出的版面设计师。其实只要在源文件的第一条命令中选定所需的文类，版面设计工作就结束了，系统会自动按照最典型的英文论文的版面格式来设置版面。但由于各院校和出版机构都有自己的版面格式要求，每个人的审美取向也各不相同，一种版面格式再完美也满足不了所有需求，于是 LaTeX 还提供了一系列用来修改版面格式的版面设置命令，使用相关的宏包也可以很方便地进行版面设计。

4.1　版面

版面就是书刊每一页的整面，由版心、页眉、页脚和边注以及四周空白构成，它们被称为版面元素。

4.1.1　版面元素的位置

各种版面元素的位置及其尺寸如图 4.1 所示。版心位于版面的中央，论文的所有内容除边注外都排版于版心中；页眉和页脚分别位于版心的上方和下方，主要用来排版当前页所属

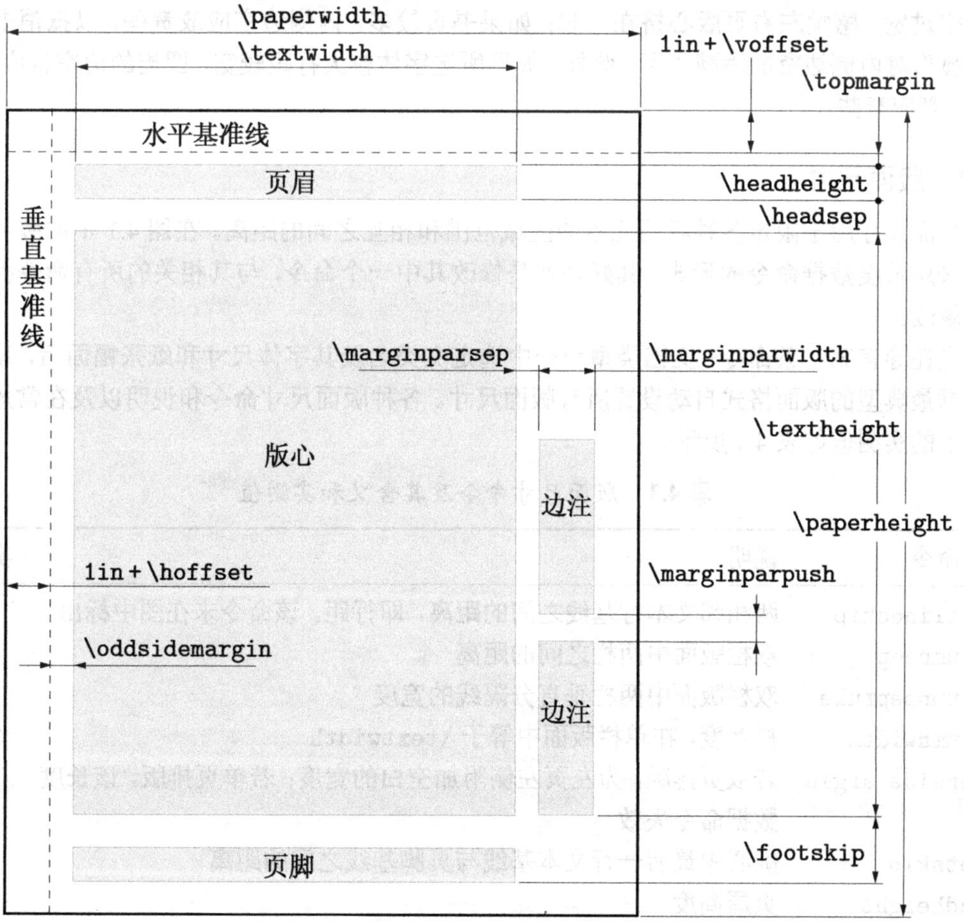

图 4.1　版面元素的位置及其尺寸示意图

章节的标题和页码，以便于读者对论文的阅读和检索。

图 4.1 所示的是单页排版时版面元素的位置，或是双页排版时右页(奇数页)版面元素的位置；而左页(偶数页)中的默认边注区域应改在版心的左侧，其他版面元素的位置都与右页的相同。在图 4.1 中，尺寸线上的所有尺寸命令都是长度数据命令，它们代表某一尺寸，而且都是刚性长度，这样才能确保所有页面中版面元素位置的一致性。

版心

版面的核心是版心，它的面积大小是与所采用纸张的页面尺寸成正比。对于相同尺寸的纸张页面，若版心设置得较小，版面的利用率降低，页面显得空荡；如果版心设置得过大，显得页面拥挤，虽然版面的利用率提高了，但破坏了版面的整体美观。所以版心尺寸的设置应大小适中。

边空

单页排版时，版心两侧的空白分别称为左边空和右边空；双页排版时则称为内侧边空和外侧边空。边空除了可供读者书写批注以外，其最主要的作用就是衬托版心，这一作用经常被忽视。一幅画作的优美程度，不仅取决于图案本身的绘制水平，也与其四周空白的合理运用密不可分。

在版面中，上边空过宽，在视觉上会感到版心下坠；下边空过宽，会感到头重脚轻；外侧边空过宽，感觉左右页版心挤在一起；如果书页较多，内侧边空应放宽些，以抵消书页拱起的弧形对内侧边空的消减作用。此外，如果所选字体较大行距较宽，四周的边空也应宽些，反之，则应窄些。

4.1.2 版面尺寸

版面尺寸用于限定各种版面元素的区域范围和相互之间的距离。在图 4.1 中的版面尺寸都是采用长度数据命令的形式，其好处就是修改其中一个命令，与其相关的所有命令都会自动被修改。

当在导言第一条命令，文档类型命令中选定文类名及其字体尺寸和纸张幅面后，系统将会根据最典型的版面格式自动设置所有版面尺寸。各种版面尺寸命令和说明以及在常规文类设置下的实测值如表 4.1 所示。

表 4.1 版面尺寸命令及其含义和实测值

尺寸命令	说明	实测值
\baselineskip	两相邻文本行基线之间的距离，即行距。该命令未在图中标出	12pt
\columnsep	双栏版面中两栏之间的距离	10pt
\columnseprule	双栏版面中两栏垂直分隔线的宽度	0pt
\columnwidth	栏宽度，在单栏版面中等于 \textwidth	345pt
\evensidemargin	若双页排版，为左页左侧附加空白的宽度；若单页排版，该长度数据命令失效	79pt
\footskip	版心中最后一行文本基线与页脚基线之间的距离	25pt
\headheight	页眉高度	12pt
\headsep	页眉与版心之间的距离	18pt
\hoffset	垂直基准线水平偏移量	0pt

表 4.1（续）

尺寸命令	说明	实测值
\linewidth	当前文本行的宽度，它通常等于 \textwidth，但在某些改变边空宽度或设置总宽的环境中将会不同。例如 quote 环境的行宽是 295pt；设置宽度为 40 mm 的小页环境，其行宽是 113.8pt	345pt
\marginparpush	边注与边注之间的最短距离	5pt
\marginparsep	边注与版心之间的距离	7pt
\marginparwidth	边注的宽度	115pt
\oddsidemargin	若双页排版，为右页左侧附加空白的宽度；若单页排版，为所有页左侧附加空白的宽度	28pt
\paperheight	页面高度	845pt
\paperwidth	页面宽度	597pt
\textheight	版心的高度	598pt
\textwidth	版心的宽度	345pt
\topmargin	页眉与水平基准线的距离	23pt
\topskip	版心顶边到第一行文本基线的最短距离，其值等于常规字体尺寸。该尺寸未在图 4.1 中标出	10pt
\voffset	水平基准线垂直偏移量	0pt

在图 4.1 的上端和左侧各有一条默认宽度为 1in(25.4 mm)的水平和垂直虚线，这是系统排版输出的基准线，两条基准线的交点即为版面基准点，除页面尺寸外，其他所有版面尺寸都是以此为基准展开的。在默认情况下，版心的高度遵守下列关系式：

```
\textheight=\baselineskip*(行数-1)+\topskip=12pt*(50-1)+10pt=598pt
```

页眉距水平基准线的计算方法为：

```
\topmargin=(\paperheight-\textheight-\headheight-\headsep-\footskip-2in)/2
```

当单页排版时，版心居中于页面；当双页排版时，则有下列关系式：

```
\evensidemargin=\paperwidth-\textwidth-\oddsidemargin-2in
```

版面图示宏包 layout

调用由 Kent McPherson 等人编写的 layout 版面图示宏包，然后在正文中使用其提供的版面图示命令 \layout；当编译源文件时，就可在命令处生成当前版面元素的位置及其尺寸示意图，并且在示意图的下方给出具体的版面尺寸数据；如果是单页排版，示意图只有一幅，如果是双页排版，示意图则为两幅，分别显示右页版面和左页版面。

采用版面图示宏包可全面展示所选文类及其选项对各种版面尺寸的默认设置，可直观地进行版面设计，对修改版面布置，以获得最佳排版效果很有帮助。

版面图示宏包 layouts

版面图示宏包 layout 虽然使用便捷，能够自动判别是单页还是双页排版，但不能绘制双栏版面。如果需要绘制双栏版面，可调用 layouts 版面图示宏包，它能自动识别单栏还是双栏版面。在正文中使用该宏包提供的版面图示命令 \currentpage 和 \pagedesign，当编译源文件时，就可在命令处生成当前版面示意图，并给出具体的版面尺寸数据。

4.1.3 版面尺寸的修改

各院校的学位论文和各出版社的出版物都有自己的版面格式要求，为了能够满足这些格式要求，就要对某些版面尺寸进行修改。

修改原则

(1) 与版面尺寸有关的所有长度数据命令，都可以使用长度赋值命令 `\setlength` 或其简化形式，或 `\addtolength` 来修改所代表的长度值，例如 `\textwidth=140mm`，将版心的宽度改为 140 mm。

(2) 所有版面尺寸命令，通常都是在导言中修改，如有特殊需要，其中有些命令也可以在正文中修改，例如 `\textheight` 等；但是有些命令在正文中修改无效，还可能引起混乱，例如 `\textwidth`，不仅在正文中修改无效，还会造成页眉错位。

(3) 文类 book 默认为双页排版，就是分左右页，其垂直基准线与版心之间的距离，即左侧附加空白的宽度，可分别用 `\oddsidemargin` 和 `\evensidemargin` 设置，其目的是调整右页左侧和左页右侧空白的宽度，留出装订所需宽度，通常也是默认情况下，这两侧的空白宽度相等，使得在论文装订后左右页的版面关于中缝对称。

(4) 通常版面的上边空、下边空和外侧边空宽度应在 18 mm 以上，以便于读者在空白处书写批注和修改意见。对于单页排版，每行排印 60～70 个英文字母时的易读性最高，其最佳值是 66 个字母。

(5) 命令 `\hoffset` 和 `\voffset` 的默认值都为零，如果要改变论文的打印位置，可修改这两个版面尺寸命令，例如 `\hoffset=8mm`，则将打印位置向右平移 8 mm。

(6) 改变 `\topmargin` 的长度值将使所有版面元素垂直移动；而改变 `\oddsidemargin` 或者 `\evensidemargin` 的长度值，将使右页或者左页所有版面元素水平移动。

(7) 当双栏版面时，栏宽度 `\columnwidth=(\textwidth-\columnsep)/2`。

(8) 在导言中修改页面高度 `\paperheight` 和宽度 `\paperwidth` 后，要使在 Acrobat 中显示的 PDF 格式文件的页面尺寸与在源文件中所设置的一致，还需要在导言中调用链接宏包 hyperref，将页面的物理尺寸告知 Acrobat；如果用 PDFLaTeX 编译源文件，也可在导言中添加命令：`\pdfpagewidth=\paperwidth \pdfpageheight=\paperheight`。

页面尺寸

在所有版面尺寸中，页面尺寸，即 `\paperwidth` 和 `\paperheight`，是最基本的尺寸，其他大部分版面尺寸都会因其改变而改变，所以在版面设计时，首先要确定页面尺寸。

论文的页面尺寸通常是按学校或所投稿机构规定的尺寸来设置的，如果是 A4 等标准幅面，只要选择文类的 a4paper 等纸张幅面选项，系统就会自动设置相应的页面尺寸了。

如果论文作为图书印刷出版，页面尺寸就要以开数来换算。通常，16 开图书的实际页面尺寸是 185 mm×260 mm；小 16 开是 185 mm×230 mm；32 开是 130 mm×185 mm。

版面设置宏包 geometry

从图 4.1 和表 4.1 可以看出，LaTeX 系统提供的版面尺寸相当精细复杂，要修改某个版面元素的位置，将涉及多个长度数据命令，所以要很熟悉这些命令对版面尺寸的控制作用，才能正确地修改版面元素的位置。

例如要设定版心宽为 140 mm，高为 240 mm，且水平和垂直居中于页面，就要在导言中对 4 个长度数据命令重新赋值，其中要用到减法和除法，还需调用 calc 算术宏包：

```
\usepackage{calc} \setlength{\oddsidemargin}{(\paperwidth-\textwidth)/2-1in}
\setlength{\textwidth}{140mm} \setlength{\textheight}{240mm} \setlength{%
\topmargin}{(\paperheight-\textheight-\headheight-\headsep-\footskip)/2-1in}
```

如果不使用算术宏包，就要用到更多的长度赋值命令了。而如果采用版面设置宏包 geometry，只需一条调用宏包命令就足够了：

```
\usepackage[text={140mm,240mm},centering]{geometry}
```

再例如，设置四周边空宽度为 20 mm 的版面，也是只用一条调用宏包命令：

```
\usepackage[margin=20mm]{geometry}
```

由 Hideo Umeki 编写的版面设置宏包 geometry 采用版面自动居中自动平衡机制，如果提供的版面尺寸数据不完整，它会自动补充剩余的数据，对页面物理尺寸的修改也会自动传递给 PDF 阅读器，所以只要提供最基本的版面尺寸数据，就可以获得最佳的版面设置。

版面设置宏包提供有大量的可选参数，在其调用命令中选取这些参数，可简便灵活地设置各种版面元素的区域范围和相互距离：

```
\usepackage[参数1=选项,参数2=选项,...]{geometry}
```

以下是最常用的可选参数及其选项说明，其中选项为布尔值的可省略。

bottom=长度	页面底边与版心之间的距离，即下边空的高度。
centering	版心水平和垂直居中于页面，它等效于 centering=true。
footnotesep=长度	版心中最后一行文本与脚注文本之间的距离。
headsep=长度	页眉与版心之间的距离。
height=长度	版心的高度。
includefoot	将页脚的高度和与版心的距离，即 \footskip，计入版心高度，其目的是在计算下边空高度时不包括页脚部分。
includehead	将页眉的高度和与版心的距离，即 \headheight 和 \headsep，计入版心高度，目的是在计算上边空高度时不包括页眉部分。
includeheadfoot	相当于同时采用 includehead 和 includefoot 这两个选项，其目的是在计算上边空和下边空高度时不包括页眉和页脚部分。
landscape	横向版面，默认为纵向版面。
left=长度	页面左边与版心之间的距离，若双页排版，为左右页内侧边空的宽度；若单页排版，为所有页左边空的宽度。
lines=行数	用常规字体的文本行数表示版心的高度，行数必须是正整数。
margin=长度	四周边空宽度。
nohead	取消页眉，相当于设置 \headheight=0pt 和 \headsep=0pt。
paperheight=长度	页面高度。
paperwidth=长度	页面宽度。
right=长度	页面右边与版心之间的距离，若双页排版，为左右页外侧边空的宽度；若单页排版，为所有页右边空的宽度。
text={宽度,高度}	版心的宽度和高度。
top=长度	页面顶边与版心之间的距离，即上边空的高度。

vmarginratio=比例 上边空高度与下边空高度的比例，如 1:1、2:3 等，其中比例数必须都是正整数。

width=长度 版心的宽度。

版面设置宏包提供的选项虽然很多，但可顾名思义，非常直观，容易理解。其实排版科技论文也用不到这么多选项，通常只要把版心和内侧边空的尺寸确定，其余版面尺寸都可交由该宏包自动完成最佳设置。例如：

```
\usepackage[text={140mm,210mm},left=45mm,vmarginratio=1:1]{geometry}
```

版面设置宏包可将所设置的页面尺寸传递给最后生成的 PDF 文件，可在编译过程文件中给出所有版面尺寸命令的实测值。该宏包调用命令可紧跟在文档类型命令之后，成为导言的第二条命令，这两条命令就确定了论文的版面尺寸。此外 typearea 和 vmargin 等宏包也具有不同特点的版面设置功能。

还可在正文中使用 \newgeometry{参数1=选项,参数2=选项,...} 命令，改变其后的版面尺寸，或使用 \restoregeometry 命令，恢复之前的版面设置。

4.1.4 版心底部对齐

由于论文中存在标题、图形和表格等众多高度与间距不等的文本元素，所以每页文本的自然高度参差不齐，为了使所有版面的文本高度一致，系统定义了一条版心底部对齐命令：

```
\flushbottom
```

它可以自动微调各种文本元素之间的垂直间距，使每个版面的文本高度 \textheight 都达到设定值。如果对各种文本元素间距的一致性要求很高，而不要求文本高度的一致性，可使用系统提供的版心底部免对齐命令：

```
\raggedbottom
```

该命令指使系统主要控制各种文本元素之间的自然距离，而允许文本的实际高度与设定高度 \textheight 之间存在一定的偏差。

以上两条命令既可以在导言中使用，控制全文所有版心底部是否对齐，也可以用在正文中，对其后所有版心底部的对齐与否进行设置。如果是双页排版或者是双栏排版，默认使用 \flushbottom 命令；若为单页排版，默认使用 \raggedbottom 命令。

4.1.5 局部版面调整

单页版心高度调整

系统总是将每页版面的文本高度控制在设定值以内，但有时因表格或图形等在版心底部差一点而排不下，只好移到下一页，造成当前版面底部出现大片空白或各文本元素的间距拉得过大。如果图表的高度不能缩短，可在换页位置之前插入系统提供的本页加高命令：

```
\enlargethispage{高度}
```

来适当增加当前版面的文本高度，其中*高度*为所需增加的高度，它可以为负值或是长度数据命令，但都应为刚性长度，其最大可设值为 8191pt。有时只要加高几个 pt，就可以避免不良换页。该命令仅对当前版面有效，其后版面的文本高度仍为原先的 \textheight 设定值。加高命令还有个带星号的形式，它可将当前版面中的垂直弹性空白缩减到最小值，因此有时使用 \enlargethispage*{0pt} 就能解决不良换页问题。

- 本页加高命令可以加减当前版心的高度 \textheight，但不会改变其设定值。
- 如果是双页排版，最好将对面页也增减相同的高度。
- 如果是双栏排版，本页加高命令仅对当前栏有效。
- 本页加高命令并不能改变页脚位置，如果增加的高度过大，正文就会与页脚重叠。

局部版心宽度调整

由 Will Robertson 和 Peter Wilson 编写的 changepage 更改版面宏包提供了一个调整版心宽度环境 adjustwidth：

```
\begin{adjustwidth}{左边空}{右边空}
文本
\end{adjustwidth}
```

它仅改变其中*文本*的排版宽度或位置，命令中*左边空*和*右边空*分别用于设定对左边空和右边空宽度的改变量，这两个参数之和即是对局部版心宽度的改变量，之差的一半即是位移量。例如 \begin{adjustwidth}{8mm}{-8mm} 并未改变版心宽度，但使局部版心右移 8 mm。

该环境还具有带星号的形式，它可以根据奇偶页来切换*左边空*和*右边空*的设定宽度。例如 \begin{adjustwidth*}{}{-8mm} 可以使奇数页的右边空或者偶数页的左边空，也就是使所有页的外侧边空宽度减少 8 mm。

局部横向版面

通常论文的版面都是纵向的，就是版面较长的边位于垂直方向，较短的边位于水平方向，即所谓 portrait 版面。但在论文写作中，由于表格列数较多或列宽度较大或插图幅面较宽等原因，有个别页需要采用横向版面，就是把版面旋转 90°，版心的宽度与高度对调。虽然三种标准文类和版面设置宏包 geometry 都有横向版面选项 landscape，可以改变全文的版面方向，但不能仅改变某一页或某几页的版面方向。

遇到这种情况可在导言中调用由 Heiko Oberdiek 编写的 pdflscape 横向版面宏包，然后将需要横向编排的内容置于该宏包提供的 landscape 横向版面环境中：

```
\begin{landscape}
横向编排的内容
\end{landscape}
```

就可以改变其中内容的版面方向，而该环境之外的内容，其版面方向不变。横向版面环境中的内容可以跨页，所以用它结合 longtable 表格环境可以制作出宽幅多页的长表格。

在改为横向的版面中，页眉和页脚仍保持原方向，因此论文在纵向装订后，所有版面的页眉和页脚位置仍保持一致。

旋转页面

如果需要将某一页面包括其中的全部内容整体顺时针旋转 90°，例如竖向中文排版，可在对应的源文件行中插入命令 \special{pdf:put@thispage <</Rotate 90>>}。如果需要旋转所有页面，可在导言中加入命令 \special{pdf:put@pages <</Rotate 90>>}。

上述两条命令只适用 LaTeX 或 XeLaTeX 编译源文件，因为 \special 命令是通过 DVI 文件传递控制信息的。如果需要采用 PDFLaTeX 编译源文件，例如旋转全部页面，可在导言中改为使用 \pdfpagesattr{/Rotate 90} 命令。

4.1.6 本书版面设置

本书的各种版面尺寸设置为：

```
\usepackage[paperwidth=185mm,paperheight=260mm,text={148mm,220mm},left=21mm,
          top=25.5mm]{geometry}
```

其中，页面尺寸是 185 mm × 260 mm，即为 16 开图书的外形尺寸。

4.2 文本格式

版面尺寸的设置是对版面整体的规划，文本格式的设置，如字距、行距等，则是对版面细节的雕琢，而影响排版质量的正是这些细节。

4.2.1 断词

LaTeX 直接设定全文自动断词，通常无须手动设置。例如单词 logarithm，其中部若处于文本行的右端，系统可根据情况将它断为 loga-，其余部分移至下一行行首。但有时希望改变某个单词的断词位置，使单词间距更为均匀，有时并不希望某个单词或缩略语被断词，以防产生误解，这就需要采取措施，使系统能够按照作者的要求进行断词。

断词命令

若希望为某个单词设置或增加断词位置，可将系统提供的断词命令：

```
\-
```

插在希望断词的地方，以指示系统这是一个可断点，可在此处断词。例如：`logari\-thm`，它指示系统不仅可将它断为 loga-，还可根据情况将它断为 logari-。

有些英文词汇是其中带有非字母符号的组合词，例如 x-radiation，应视为一个单词，可使用断词命令设置多个可断点：`x-ra\-di\-a\-tion`，以尽量避免换行时在 x- 之后被断词。

断词声明

如果一篇论文中有许多相同的需要设置可断点的单词，若要逐一设置可断点就太麻烦了；还有，论文中经常会多次提到某几个专业术语或者缩略语等，这些词汇并不希望被断词。遇到这些情况可在导言中使用声明形式的断词命令：

```
\hyphenation{单词1的断词方式 单词2的断词方式 ...}
```

它告诉系统，单词1可在某某位置断词，单词2可在某某位置断词，……。该命令将覆盖系统对单词自动确定的可断点。例如 `\hyphenation{loga-ri-thm Windows}`，它指示系统：

(1) 在换行时可根据需要对单词 logarithm 在 loga 或 logari 处进行断词。

(2) 对单词 Windows、WINDOWS 或 windows 不能断词，win 后的可断点被禁用。

禁止断词

在英文里，专有名词的首字母或全部字母为大写，如 London、WINDOWS 等，通常系统根据需要可以对其断词。若不希望专有名词被断词，可在导言里插入赋值命令 `\uchyph=0`，使全文中所有专有名词都被禁止断词。命令中的 `0` 表示禁止大写名词被断词，若是 `1` 则表示可以断词。命令 `\uchyph` 的默认值是 `1`。

命令 `\uchyph` 也可用在正文中，以控制其后的专有名词是否被禁止断词。

有些词汇不希望被断词，可将其装入左右盒子中，例如软件名 `\mbox{ImageCommander}`，也可以把它装入抄录命令中，例如电话号码 `\verb"0582 8732 5689"`。这两种方法都可能会使文本凸出版心右侧，故应慎用，尽量推敲论述语句的修辞，避免这种情况发生。

如果需要完全禁止断词，可对断词控制命令赋予极端值：`\hyphenpenalty=100000`，该命令的默认值是 `50`。采用这种做法会使很多单词因不能断词而凸进右边空，解决这个问题可使用综合治理的方法：`\hyphenpenalty=1000 \tolerance=1000`。

显示断词位置

如果希望了解系统对某些单词是如何断词的，可使用显示断词命令：

```
\showhyphens{单词1 单词2 ...}
```

它可以在编译过程文件中给出所列单词的可能断词位置。例如 `\showhyphens{convergence equation}`，在编译过程文件中将给出 `con-ver-gence equa-tion`。

断词宏包 hyphenat

由 Peter Wilson 等人编写的 hyphenat 断词宏包专门提供了很多控制断词的功能：(1) 启用 `none` 选项将禁止全文出现断词，但可能造成文本行溢出；(2) 启用 `htt` 选项后可对等宽体字体的单词断词，而系统默认是不对这种字体断词的；(3) 使用 `\nohyphens{文本}` 命令，可使文本中的单词不被断词。

4.2.2 连词

有时希望几个单词连接为一个整体，不要因为换行而被断开。比如英文姓名及其头衔如教授、博士等都要排于一行之内，而不应被断为两行。例如高德纳教授：Prof. D. E. Knuth，就很容易被从中断开；如果这样书写：Prof.~D.~E.~Knuth，就不会被断开了。

中文姓名不应被断行，英文姓名也应尽量避免。中文姓名及其头衔也要留意这一问题，可采取各种修辞方法调整语句顺序，尽可能避免被断行。

斜杠符号也有连词的作用，例如 `input/output` 或 `month/year`，就不会在斜杠符号处被断词，但很有可能因此而凸入右侧边空。如果希望这类组合词能够被中断，可将斜杠符号改为 `\slash` 斜杠命令，例如 `input\slash output`，但这种方法对中文无效。

4.2.3 字距

字距是指英文单词中字母之间的距离，或是中文里汉字之间的距离。在输入英文单词时是一个字母紧挨一个字母，在排版时系统会根据不同字体，不同字母组合，在其中插入不同宽度的空白，即不同的字距，有时字距甚至是负值。例如 `11pt` 直立罗马体的一个 f 的宽度为 `3.346pt`，而 ff 的宽度只有 `6.388pt`，这样使得每个单词的字母间隙看起来均匀一致。中文里的每个汉字和标点符号的宽度都是相同的，因此中文字符之间的自然距离为 `0pt`。所以，通常英文和中文的字距都无须调整就可以得到专业的排版效果，但有时由于各种原因还是希望能够适度调整字母或汉字之间的距离。

全文字距修改

如果要调整包括中文在内的全文字距，可调用由 R Schlicht 编写的 microtype 宏包，并使用其可选参数调整各种尺寸字体的字距：

```
\usepackage[参数1=选项,参数2=选项,...]{microtype}
```

其中，每个子参数都有多个选项或者可选数值范围。以下是 microtype 宏包中用于字距调整的子参数及其选项说明。

tracking 选择需要调整字距的字体，该参数有以下多个选项。

- false 默认值，取消该参数的选择功能。
- alltext 选择源文件中所有文本字体，不包括数学字体。
- allmath 选择源文件中所有字体，包括数学字体。
- basictext 选择源文件中罗马体字族、常规序列和尺寸为 \large、\normalsize、\small 和 \footnotesize 的字体。
- normalfont 选择源文件中所有尺寸为 \normalsize 的字体。
- footnotesize 选择源文件中所有尺寸小于 \small 的字体。
- scriptsize 选择源文件中所有尺寸小于 \footnotesize 的字体。

letterspace 字母间距系数，默认值是 100，可取值为 -1 000～1 000，相当于字母间距为 -1em～1em。

字距宏包 microtype 对英文字母之间距离的调整功能也适用于中文，它把每个汉字当成一个字母。例如 \usepackage[tracking=alltext,letterspace=20]{microtype}，将全文中所有文本字体的字距加宽 0.02 em。

局部字距修改

如果并不需要调整全文的字距，而只是希望加大标题中的字距，或者是调整表格中的字距等局部文本的字距，可使用 microtype 宏包提供的字距调整命令：

```
\textls[字距系数]{文本}
```

其中，字距系数的默认值是 100，它的可取值为 -1 000～1 000，文本可以是任意字符。

例 4.1 使用字距调整命令 \textls 加宽节标题的字距。

```
\section{\textls[150]{Fourier 积分算子}}
```

2.1 Fourier 积分算子

在上例中，将节标题中的英文字母间距和汉字间距都加宽了 0.15 em。

字距调整命令 \textls 虽然来自 microtype，但它不会受该宏包可选参数的影响，可以像 \textit 等字体设置命令那样独立使用，而且它还可在数学模式中使用。如果该命令用在章节命令中，其对字距的调整作用也会反映到目录和页眉中的章节标题。注意，microtype 宏包功能仅适用于 PDFLaTeX 编译。

也可使用 soul 宏包提供的 \so{文本} 命令来加宽文本中的字母间距，但它不支持中文。

汉字的间距

调用中文字体宏包 ctex 后，它会自动在文件环境 document 内嵌入一个 CJK 环境，在该环境中，汉字之间以及汉字与中文标点符号之间的距离为 \CJKglue，其定义是：

```
\newcommand{\CJKglue}{\hskip 0pt plus 0.08\baselineskip}
```

其中，\hskip 是 TeX 基本命令，用于水平弹性长度的设置。可使用重新定义命令修改汉字的间距，例如 \renewcommand{\CJKglue}{\hskip 1pt plus 0.08\baselineskip} 将汉字的间距增大 1 pt。该命令可在导言或正文中使用，以改变全文或其后所有汉字的间距。对汉字间距命令 \CJKglue 的修改不会影响同环境中的英文字母间距。

个别单词的字距调整

有时为了上下对齐等原因，希望加大某个单词的字母或汉字之间的距离，如果使用字距调整命令 `\textls`，还需要调用 microtype 宏包，而且它对编译方法有要求。为了方便起见，可使用系统提供的水平空白命令来调整字间距离，例如表 4.2 所示。

表 4.2　水平空白命令与字距效果

应用示例	排版效果
`OK, 你好`	OK，你好
`O~K, 你~好`	O K，你 好
`O K, 你 好`	O K，你 好
`O \thinspace K, 你 \thinspace 好`	O K，你 好
`O \medspace K, 你 \medspace 好`	O K，你 好
`O \thickspace K, 你 \thickspace 好`	O K，你 好
`O \enspace K, 你 \enspace 好`	O K，你 好
`O \quad K, 你 \quad 好`	O K，你 好
`O \qquad K, 你 \qquad 好`	O K，你 好

双引号与单引号并用

由于英文中的双引号是用两个单引号组成的，所以在双引号与单引号并用时，其间应插入适当宽度的空白，否则成了三引号。例如 `` ``\,`Foo', he said.'' ``，得到 " 'Foo', he said."。中文不存在这个问题，因其双引号和单引号是两个单独的符号。

4.2.4　连体字

系统默认的常规字体是罗马体，在此条件下输入的英文字母其排版结果大部分彼此之间都有一定的间隙，但有少数几种字母组合的排版结果是连为一体的，出版界称其为连体字。

例 4.2　连体字主要出现在罗马体的字母拼写中，而等线体和等宽体很少或没有。

```
ff, ffl, fi, ffi, fl \\
\textsf{ff, ffl, fi, ffi, fl}\\
\texttt{ff, ffl, fi, ffi, fl}
```

ﬀ, ﬄ, ﬁ, ﬃ, ﬂ
ff, ffl, fi, ffi, fl
ff, ffl, fi, ffi, fl

按照罗马体 cmr 字族的字母间隔规则，当 f 与 i 组合时，f 的弯头将撞到 i 上的圆点，所以采用连体字的方法，避免交错重叠。连体字是两个以上字母连为一体的特殊字体。

在例 4.2 中，等线体为防止两个 f 相撞，并没有采用连体的方法，而是将后一个 f 的一横去掉一半，这实际上是变相的连体字，见表 2.14 所示；打开等线体字体描述文件 `cmss9.afm`，可看到对上述字母组合的处理方法。由于等宽体的每个字母宽度相等，所以不存在字母相撞的问题。其实，连数符 – 和破折号 — 也是由两个和三个连字符 - 构成的连体字。

例 4.3　连体字改变了字母的常规形态，如果不希望出现连体字，可在其间插入一对花括号，这相当于插入一个宽度为零的字符。下面是相同的两句话，对比两者的排版结果。

```
That will suffice to me.\par
That will suf{}f{}ice to me.
```

That will suﬃce to me.
That will suffice to me.

连体字主要是某种字体的审美需要，并不是每种字体都有连体字，有些字体的连体字样式和字母组合也不尽相同。例如同是罗马体，系统默认的 cmr 字族中的两个 f 字母组合为连体字，如表 2.13 所示，而 ptm 字族(times 字体)中的则是分立的。

实际上为了排版美观，系统对罗马体和等线体字体中的 AV、FA 和 LW 等特定的字母组合都适当地缩减了其字母间距，可看出组合中两字母的间距为负值，但并未重叠。

4.2.5 词距

词距是指英文单词之间的距离。系统已按照常规排版要求在单词之间插入了适当宽度的空白，这些空白都具有一定的伸缩性，以保证每行文本的宽度一致，因此通常文本输入无须调整词距。如果论文中频繁使用很多较长的词汇或专业术语，造成多处断词或是无法断词而凸出文本行右端时，为增加词间弹性空白的伸缩范围，可对代表单词间距的长度数据命令

```
\spaceskip
```

重新赋值。例如：`\spaceskip=0.4em plus 0.1em minus 0.1em`。这条命令既可放在导言里以影响全文的词距，也可置于正文中而改变其后的词距。该命令对中文无效。

(1) 在系统中 `\spaceskip` 命令也是个长度标志，默认值是 `0pt`，当其为零时，系统使用内置的词距宽度：`\fontdimen2 plus \fontdimen3 minus \fontdimen4`。如果非零，则使用作者对长度数据命令 `\spaceskip` 的设定值。命令 `\fontdimen2` 代表单词之间的设定间距，`\fontdimen3` 和 `\fontdimen4` 分别是可伸、缩宽度。`\fontdimen`*n* 是各种字体参数命令，每种文本字体至少有 7 种参数，其默认值都存于所属字体的描述文件 `*.tfm` 中。

(2) 也可以采用系统提供的字体参数命令来修改词距的伸缩范围，例如将词距的伸展范围扩大一倍：`\fontdimen3\font=2\fontdimen3\font`，其中字体命令 `\font` 无参数独自使用，它所指定的字体就是当前字体。

4.2.6 词距补偿

当有斜体单词出现在直立体文本中，由于斜体字向右倾斜，所以斜体单词的右侧词距要比左侧词距窄一些。因此，系统提供了一个词距补偿命令：`\/`，将它插在斜体单词之后，可略微加大右侧词距，以作为词距补偿。

例 4.4 两行相同的文本，第二行采用词距补偿，对比两者的排版结果。

```
Here is some {\it italicized} text.\par
Here is some {\it italicized\/} text.
```

Here is some *italicized* text.
Here is some *italicized* text.

参数形式的斜体命令 `\textit{`*文本*`}` 本身就具有自动词距补偿功能，如果需要消除该功能的作用，可在*文本*之后使用 `\nocorr` 无补偿命令。

例 4.5 两行相同的文本，其中第二行取消词距补偿，对比两者的排版结果。

```
Here is some \textit{italicized} text.\par
Here is some \textit{italicized\nocorr} text.
```

Here is some *italicized* text.
Here is some *italicized* text.

4.2.7 句距

句距是指英文语句之间的距离。每当文本中出现句号、感叹号或者问号并紧跟一个空格时，系统认为这是一段语句结束的标志，将在词距的基础上再额外插入一段水平空白，其宽度为 `\fontdimen7`，以区别于词距。

如果希望适当加大句距，使其明显有别于词距，可对代表语句间距的长度数据命令

\xspaceskip

重新赋值。例如 \xspaceskip=0.6em plus 0.1em minus 0.1em。

(1) 在系统中 \xspaceskip 命令也是个长度标志，默认值是 0pt，当其为零时，系统使用内置的句距宽度；如果非零，则使用作者对 \xspaceskip 的设定值。

(2) 也可以采用 \fontdimen7 命令来修改额外插入的空白宽度，例如将该空白宽度增大一倍：\fontdimen7\font=2\fontdimen7\font。

4.2.8 句号后的空白

在输入英文时，单词之间和标点符号之后都会空一格。通常在句号之后紧跟一个空格，系统会认为这是一句的结尾，将在其后插入比词距宽一些的空白。但并不是所有句号跟空格就是句尾，有以下几种例外情况。

(1) 在论文中时常会出现人名或者缩略语，例如 Donald E. Knuth，其中的句号是缩略的表示，并非一句结束。故此，紧跟在大写字母后的句号，系统不视其为句尾，仅在其后插入词距所需的空白。

(2) 有时缩略语或计量单位等大写字母就在句尾，这时要在大写字母与句号之间插入句尾命令 \@ 或 \null，以告知系统此处就是本句的结尾。

例 4.6 两行相同的文本，在第二行句尾插入句尾命令 \@，对比两者的排版效果。

```
Noise measurement unit is dB. Really!
Noise measurement unit is dB\@. Really!
```

Noise measurement unit is dB. Really!
Noise measurement unit is dB. Really!

(3) 也并非所有小写字母之后跟句号就是句尾，有时在句中会出现 i.e.、etc.、Rrof. 和 Dir. 等以小写字母结尾的缩略语，这就需要在句号之后加入空格命令：\␣，即反斜杠符号后跟一个空格，以告诉系统这里按词距处理。

例 4.7 两行相同的文本，在第二行中插入空格命令 \␣，对比两者的排版效果。

```
Zhang et al. made the scheme.\\
Zhang et al.\ made the scheme.
```

Zhang et al. made the scheme.
Zhang et al. made the scheme.

在除参考文献以外的非英语文本的排版中，经常需要取消所有句间附加空白，即使一行中的所有词距相等，可在其前加入 \frenchspacing 命令，这样 \@ 命令也就不需要了；此后还可插入 \nonfrenchspacing 命令以恢复系统的默认设置。

4.2.9 换行

源文件经过编译后生成 PDF 格式文件，其行宽是由导言中版面尺寸命令或版面设置宏包设定的。系统会根据所设定的版心宽度，即文本行的宽度，自动进行换行，必要时还可按照所设定的断词规则，在换行处自动进行断词处理，所以通常无须干预系统的自动换行工作。但有时根据某些情况或是某种环境要求，还是需要人为进行换行或者禁止换行处理。

立即换行

如果由于某种原因需要在某处中断排版另起一行，可在该处插入换行命令：

\\ 或 * 或 \\[高度] 或 \newline

系统将在此处结束当前行的排版并新起一行。其中，命令 * 表示在此换行，但是不能在此换页；命令 \\[高度] 表示在此换行，并且在当前行与下一行之间增加一段高度为高度的垂直空白，高度通常为正值，也可根据需要取负值，该命令多用于调节表格数据行之间的间隔，或多行公式之间的间隔。这 4 种换行命令中，\newline 只能用于段落模式，其他 3 种还可在某些数学环境中使用。

智能换行

上述 4 种换行命令都只是要求系统立即在此结束当前行并另起一行，这通常会给当前行留下一段空白，因此这些换行命令多用在表格和多行公式中。在输入的文本中，有些不宜断词的长单词、姓名或专业术语等，或是不宜中断的行间公式，若它们出现在行尾，很可能被断为两行或者部分凸入右侧边空，如果希望系统能根据情况确定是否提前换行，且换行后不给当前行留下空白段，可使用系统提供的智能换行命令：

```
\linebreak[优先级]
```

该命令通知系统考虑是否需要在此处换行，其中优先级分为 0～4 共 5 个可选等级，默认值为 4，相当于从请求到要求，它表示对换行的迫切程度。例如 \linebreak[0]，告诉系统可以在此换行，作者既不反对也不鼓励，而 \linebreak，即 \linebreak[4]，则是命令系统必须在此换行。\linebreak 命令在换行时会将当前行中的英文词距和中文字距拉宽，以弥补当前行的剩余空间，使当前行的宽度与所设定的文本行宽度一致。

例 4.8 4 段内容相同的文本，为避免人名被断词，其中后三段分别使用了不同的换行命令，对比各自的排版结果。

```
公元前 350 年希腊人 Menaechmus 就研究过抛物
线。\par
公元前 350 年希腊人 \\ Menaechmus 就研究过抛
物线。\par
公元前 350 年希腊人 \linebreak[2]
Menaechmus 就研究过抛物线。\par
公元前 350 年希腊人 \linebreak Menaechmus
就研究过抛物线。
```

公元前 350 年希腊人 Menaech-
mus 就研究过抛物线。

公元前 350 年希腊人
Menaechmus 就研究过抛物线。

公元前 350 年希腊人 Menaech-
mus 就研究过抛物线。

公 元 前 350 年 希 腊 人
Menaechmus 就研究过抛物线。

在上例中：第 1 段，正常文本输入，因行宽所限，系统将人名 Menaechmus 断为两行；第 2 段，使用 \\ 命令提前换行，结果在“希腊人”后面留下一段空白；第 3 段，将换行的决定权交给了系统，它认为只要断词就行，没有必要提前换行，其结果与第 1 段相同；第 4 段，命令系统在人名前必须换行，系统奉命行事并且将当前行均匀充满。

禁止换行

系统还提供了一条禁止换行命令：

```
\nolinebreak[优先级]
```

该命令通知系统考虑能否不在此处换行，其中优先级分为 0～4 共 5 个可选等级，相当于从请求到要求，它表示对换行的反对程度，其默认值为 4。命令 \nolinebreak[0] 的作用效果与命令 \linebreak[0] 相同，而 \nolinebreak 与 \linebreak 则截然相反，它指示系统不得在此处换行。但实际上，对于正常的换行，若采用 0～3 的优先级来阻止，通常都被忽略。注意，命令 \nolinebreak 和 \linebreak 都只能在段落模式中使用。

WinEdt 的行宽与换行

WinEdt 会根据所打开窗口的宽度，自动确定输入文本行的宽度，自动换行，使每行文本总是处于编辑区内。但这样也会因每次打开窗口的宽度不同而打乱原先文本的排列，因此，也可自行设置固定的行宽：选择 Options → Preferences → Wrapping 命令，选择 Use Fixed Right Margin，固定行宽的默认值是 78 个半角字符，如要调整，可将对话框中的默认字符数量改为所需数量，然后单击 OK 按钮即可。当输入字符达到默认值时将自动换行，而与窗口的宽度无关。这一设置对所有源文件都有效。

采用固定行宽、自动换行的好处是可以自动严格地控制每行字符的数量，使所编写的源文件整齐美观，便于阅读修改。可有时，例如为使表格数据上下对齐，并不希望自动换行，否则将把表格数据弄得错乱无序，不利于阅读和修改。

为此，建议当需要表格数据对齐或多个较长的定义命令对齐时，可不使用自动换行功能：单击编辑区底部状态栏中蓝色 Wrap 双向按钮，使其变为灰色，即可关闭自动换行功能。也可再单击 Wrap 按钮，恢复自动换行的功能。关闭自动换行功能后，固定行宽的功能也就丧失了，但这一设置仅对当前源文件有效。

关闭自动换行功能后，可在需要换行的地方使用回车或者插入注释符 % 后再回车的方法进行手动换行。手动换行虽然麻烦，但可任意和随时控制输入文本的行宽，尤其是对编辑表格和数学式非常有利。

对 WinEdt 编辑区的行宽设定只是为了便于编写、阅读和修改源文件，它与所设定的版心宽度无关，而后者将决定所生成 PDF 格式文件的文本行宽度。

4.2.10 行距

行距通常是指常规字体尺寸的两个相邻文本行基线之间的距离。行距设置过窄，感觉版面拥挤，阅读容易串行；设置过宽，显得松散，阅读困难。行距设置得恰当，版面看上去整洁美观，读起来轻松流畅。因此，行距设置应引起高度重视，它直接关乎版面的视觉效果和阅读效果。LaTeX 系统会根据文类的常规字体尺寸选项的不同，自动对行距作出相应的调整；当调用中文字体宏包 ctex 后，行距也会自动加以放大，如表 4.3 所示。

表 4.3 行距与文类选项和 ctex 宏包的关系

文类选项	系统默认行距	调用 ctex 后行距
10pt	12.0pt	15.60pt
11pt	13.6pt	17.68pt
12pt	14.5pt	18.85pt

从表 4.3 可知，系统默认的行距约为字体尺寸的 1.2 倍，也称单倍行距；在调用 ctex 宏包后，行距被放宽到约为字体尺寸的 1.56 倍，这是因为汉字的高低基本相同，没有英文那种大小写之分，若是仍然使用系统默认的行距，那中文就挤作一团了。系统还会根据字体尺寸命令对其后的行距自动进行调整。所以通常不需要考虑行距的问题，系统会自动将其设置为比较适合的宽度。

修改全文行距

如果对系统设定的行距不满意，希望修改全文的行距，可在导言中，在 ctex 宏包调用命令(如果已调用)之后，使用系统提供的行距系数命令

`\linespread{系数}`

来修改行距，或者对控制行距的数据命令 `\baselinestretch` 重新赋值

`\renewcommand{\baselinestretch}{系数}`

来修改行距。以上两条命令是等效的，其中的*系数*表示是系统默认行距的倍数，它是一个十进制数，但必须大于或等于 1 才有意义，其默认值是 1。两条命令中任意一条放在 ctex 宏包调用命令之后，可覆盖其对中文行距的定义，否则命令无效，这是因为在 ctex 宏包中已经重新定义了行距：`\renewcommand{\baselinestretch}{1.3}`。

(1) 命令 `\linespread{1.25}` 表示将系统的默认行距扩大 0.25 倍，使其宽度为字体尺寸的 1.5 倍，故称 1.5 倍行距；而 `\linespread{1.667}` 则被称为 2 倍行距。

(2) 如果在正文中使用了字体尺寸命令，其后的行距也会按照 `\linespread` 命令中的行距系数自动变化。例如 `\small` 使其后的行距变为 12pt，那么行距命令 `\linespread{1.25}` 将使 `\small` 后的行距增至 15.0pt。

(3) `\linespread` 命令会自动修改 `\baselinestretch` 的当前值，该值将作为系统调整各种尺寸字体行距的行距系数。

修改局部行距

上述两条修改行距的命令通常只用于导言，以规定全文的行距，如果要用在正文中以修改其后的行距，就要在命令后追加字体选用命令或字体尺寸命令。例如：

```
\linespread{系数}\selectfont
\renewcommand{\baselinestretch}{系数}\normalsize
```

以上两条命令所修改的是相对行距，系统需要根据文类的常规字体尺寸选项和各种字体尺寸命令，按同等行距*系数*缩放行距，作者并不知道确切的行距尺寸。如果希望按照设定尺寸修改行距，可在正文中对控制行距尺寸的长度数据命令

`\baselineskip`

重新赋值。例如：`\baselineskip=1.25\baselineskip` 或 `\baselineskip=16pt`，将其后的文本改为 1.5 倍行距或 16pt 行距。

只能在正文中对 `\baselineskip` 赋值，在导言中无效，而且它只改变文本行的行距，并不影响图表标题、表格行、小页环境和脚注等的行距。

如果在 `\baselineskip` 赋值命令之后又使用了字体尺寸命令，系统将按照默认的行距*系数* 1 对 `\baselineskip` 重新赋值，使行距又回到该字体尺寸命令所对应的常规宽度。例如使用命令 `\small` 将其后的字体尺寸改为 10pt，则系统会自动将 `\baselineskip` 置为 12pt，变为常规的单倍行距。如果希望只改变字体尺寸，而不改变行距，可改用字体属性命令：

`\fontsize{尺寸}{行距}\selectfont`

该命令相当于字体尺寸命令 + `\baselineskip` 赋值命令。例如用字体属性命令将常规字体尺寸的文本改为 1.5 倍行距：`\fontsize{11}{1.25\baselineskip}\selectfont`，之后可再用

字体属性命令：\fontsize{10}{\baselineskip}\selectfont，将字体尺寸改为 10pt，而行距保持不变。使用字体属性命令的好处是可以同时控制文本的字体尺寸和行距。

修改单行行距

在有些文本行中会有数学式或小插图等，很可能使该行与下一行的行距变窄，如果只希望调整这一行的行距，可在该行插入命令：

```
\vadjust{垂直空白}
```

其中*垂直空白*通常为正值，但也可取负值，用以缩短该行与下一行之间的距离。

例 4.9 前后两段完全相同的文本，只是后者做了单行行距调整，对比两者的排版结果。

```
如果 $x'=\frac{x}{\sqrt{x^{2}+1}}$，其中平方
根总取正号，那么，在和无限区间....\par
如果\vadjust{\vspace{3pt}}
$x'=\frac{x}{\sqrt{x^{2}+1}}$，其中平方根总
取正号，那么，在和无限区间....
```

如果 $x' = \frac{x}{\sqrt{x^2+1}}$，其中平方根总取正号，那么，在和无限区间....

如果 $x' = \frac{x}{\sqrt{x^2+1}}$，其中平方根总取正号，那么，在和无限区间....

行距宏包 setspace

行距命令 \linespread 或 \baselinestretch 将影响论文中的所有行距，其中包括脚注的行距。有时只是想要加大文本行的行距，而并不希望改变插图和表格标题以及脚注的行距。为此可调用由 Geoffrey Tobin 编写的行距宏包 setspace，它将自动禁止修改图表标题和脚注的行距。该宏包有个可选参数，以下是它的 3 个选项及其功能说明。

singlespacing	默认值，单倍行距，即原行距不变。
onehalfspacing	1.5 倍行距。
doublespacing	2 倍行距。

该宏包还提供有单倍行距命令、1.5 倍行距命令和 2 倍行距命令：

```
\singlespacing   \onehalfspacing   \doublespacing
```

这 3 条命令既可在导言中也可在正文中使用。

4.2.11 本书行距

由于本书的标题行和命令行遗留的空白较多，故将行距设置为 \linespread{1.245}，其行距系数略小于中文字体宏包默认的 1.3，可使每页五号字文本排版整 40 行。

4.2.12 段落

若干行文本之后连按两次回车键插入一个空行或紧跟一个换段命令：

```
\par
```

可作为这个段落结束的标志；在编译时，系统将在标志处进行换段处理，即在标志处换行，并将下一行文本缩进一定宽度，表示上一段落结束，新一段落开始。

段落间距

在系统中，段落与段落之间除了行距之外，还附加了一段垂直距离，它由段距命令

```
\parskip
```

控制，其默认值为 0pt plus 1pt，它是一个弹性长度，也就是说，在一般情况下段距与行距相等，只有当版面比较松散时，段距比行距要宽 1 pt。

在源文件中，段落之间的空行多少并不能改变段落之间的距离，这是因为段距是由长度数据命令 \parskip 控制的。

通常中文论文的段距与行距相等，英文论文多数也是如此。若希望段落之间有比较明显的区分，比如将全文所有段落间距加宽 1 mm，可将赋值命令 \parskip=1mm plus 1pt 置于导言中。这条命令也可在正文中应用，它将改变其后所有段落之间的距离。

在导言中对段距命令重新赋值，不会影响各种环境中文本段落的间距，但会改变目录条目的间距。如要修改某个环境的段落间距，需将上列长度赋值命令插入该环境中；如要保持目录条目的间距，可将上列长度赋值命令从导言移至目录命令之后。

段落形状修改

通常无须单独调整段落的形状，但偶尔也可能需要对某个或某些段落的行宽、缩进行数及其缩进宽度进行修改，这时可使用下列几条数据命令。

\leftskip	段落左侧移动宽度，默认值是 0pt，可使用长度赋值命令修改其值，正值为向右移动，负值为向左移动。修改默认值将影响其后所有段落。
\rightskip	段落右侧移动宽度，默认值是 0pt，可使用长度赋值命令修改其值，正值为向左移动，负值为向右移动。修改默认值将影响其后所有段落。
\hangafter	段落悬挂缩进的行数，默认值为 1，可使用赋值命令 \hangafter=*整数*，修改其值，正值表示段落前*整数*行的位置不变，之后所有行从左侧向右或从右侧向左缩进，负值表示段落前|*整数*|行从左侧向右或从右侧向左缩进，其后所有行的位置不变。修改默认值仅影响其后一个段落。
\hangindent	段落悬挂缩进的宽度，默认值是 0pt，可使用长度赋值命令修改其值，正值为从左侧向右缩进，负值为从右侧向左缩进。修改默认值仅影响其后一个段落。

例 4.10 在某一段落前设置一个弯道标志，表示可跳过此处，先阅读其后的内容。

```
\parindent=0pt
\includegraphics{danger.pdf}\par
\vspace{-11ex}
\hangindent=4em \hangafter=-3
为了适应不同读者的需求，在有些论著的段落起始
处设有一个弯道标志，表示这一部分内容较....
```

为了适应不同读者的需求，在有些论著的段落起始处设有一个弯道标志，表示这一部分内容较深奥，可先绕过去，这些细节并不影响后续的阅读。

在上例中：设定前三行缩进，其宽度为 4 em，以便放置弯道标志；\includegraphics 是插图命令，详见**插图**一章中的说明。

异形段落

通常段落两侧是垂直对齐的，但有时段落的一侧有放大的下沉字母或圆形、三角形等异形边界的插图，如果希望段落的一侧或两侧的形状也能随之变化，形成特殊形状的段落，可使用系统提供的段落形状命令：

$$\texttt{\textbackslash parshape=}n\ i_1\ l_1\ i_2\ l_2\ \ldots\ i_n\ l_n\textit{段落文本}$$

其中，n 用于设定*段落文本*的行数；i_k 和 l_k 应成对使用，它们分别表示第 k 行的缩进宽度和该行的长度，$k=1,2,\ldots,n$；如果实际*段落文本*不够 n 行，剩余的行参数将被忽略，如果超出 n 行，将按第 n 行的行参数重复到*段落文本*结束。

例 4.11 将一段落文本的左侧编排成与其放大首字母 V 平行的倾斜形状。

```
\parshape=5 25mm 35mm 22mm 38mm 20mm 40mm
18mm 42mm 16mm 44mm ectors are a kind of
sequence container. As such, ...\par
\vspace{-20mm}
\mbox{\fontsize{80}{90}\selectfont\bf V}
```

Vectors are a kind of sequence container. As such, their elements are ordered following a strict linear sequence.

由 shapepar 宏包提供的 `\shapepar` 命令可根据段落字数自动调整异形段落的尺寸。

4.2.13 空格与空行

为了整齐美观或便于区分，在输入文本时会留有很多空格和空行，空格可以是由空格键或 Tab 键产生的，在编译时，系统会对源文件中不同空格和空行情况采取不同的处理方式。

- 每行文本之前的所有空格都将被忽略。
- 两个单词之间的所有空格，只保留一个，其他的都被忽略。
- 文本中保留的所有空格都转换为弹性空白，以使每行文本两端对齐。
- 按一次回车键仅相当插入一个空格，尽管源文件在此换行，但系统不会在此换行。
- 连续多个空行，系统只视其为一个空行，即只相当一个换段命令。

4.2.14 首行缩进

如果需要将一个段落的首行缩进或者禁止其缩进，可在该段落首行之前分别使用缩进命令或者无缩进命令：

`\indent` 或 `\noindent`

它们也适用于对表格、插图或小页的缩进处理。这两条命令在段落文本中使用无效。

在英文论文或书刊中，所有章节的首段首行通常是不缩进的，都是从第二段开始首行才缩进，系统就是按这种格式处理的，即就是使用缩进命令也无济于事。若要所有段落首行都缩进，可调用 indentfirst 缩进宏包，它没有可选参数，也不提供任何命令，调入即生效。

在系统中，段落首行缩进的宽度是用段落缩进命令

`\parindent`

控制的，在常规文类设置下其默认值是 `15pt`。如果需要将每段首行的缩进宽度改为 `20pt`，可对该长度数据命令重新赋值：`\parindent=20pt`，将这条长度赋值命令加入导言，则对全文有效；而加在正文中，只对其后的段落有效。

(1) 缩进宽度采用刚性长度以使全文中各种字体尺寸的段落首行缩进宽度保持一致。

(2) 很多环境和段落盒子命令中的段落首行是不缩进的，因为它们将段落缩进命令预置为 `0pt`，且不受上述重新赋值命令的影响。如果需要缩进，可将对段落缩进命令的赋值命令插入这些环境或命令中。

(3) 有时在段落中插入的图形、表格或公式等，把一个段落分成上下两个部分，系统会误将下部分当成一个段落，进行首行缩进处理；为了消除这种现象，可在下部分的开头处插入无缩进命令 `\noindent`，禁止该行缩进。

中文缩进宽度

按照中文排版的习惯，每段首行缩进两个汉字的宽度。当调用中文字体宏包 ctex 后，所有段落的首行都自动缩进两个汉字的宽度。

若要某个环境或段落盒子命令中每段文本首行都能缩进两个汉字的宽度，可将命令

\CTEXindent

插入其中。该中文缩进命令将 \parindent 重新定义为两个汉字的宽度，并且在中文字体尺寸和字距改变时可自动修改缩进宽度。也可使用 \CTEXnoindent 命令取消缩进。

无缩进宏包 parskip

通常用首行缩进的方法来区分段落，但也有些英文刊物的段落首行并不缩进，而是用加大段距的方法来区分段落。如需这种排版格式，可调用 parskip 无缩进宏包，它将缩进宽度设置为 \parindent=0pt，段距设置为 \parskip=0.5\baselineskip plus 2pt。该宏包对引用环境 quotation 和 quote 中文本无效，但后者就是用段距区分段落且段首不缩进。

4.2.15 换页

当将源文件排版到版心底部的右端，即当前页最后一行的末尾时，系统会自动换页，并从下一页的第一行开始继续从左到右、从上到下排版，如此周而复始，直到将源文件全部排版完。所以通常无须人为地去干预系统的自动换页工作。

立即换页

有时由于某种原因，例如表格或插图的摆放等，需要在某处提前结束当前页，将后续内容放到下一页，这时可在该处插入新页命令或清页命令或清双页命令：

\newpage 或 \clearpage 或 \cleardoublepage

它将迫使系统即刻在此处换页。使用新页命令的好处是不论处于何种情况，说换就换，适用于图表或公式之后的换页。使用清页命令不仅可以立即换页，它还迫使系统立即清理此前尚未安置的插图和表格。如果启用了文类的 twoside 双页排版选项，且当前页为偶数页，清双页命令的功能与清页命令相同；若当前页为奇数页，清双页命令还将清空后继的偶数页，把其后的文本放到下一个奇数页开始排版。

智能换页

如果在一个段落中使用上述的各种立即换页命令，很可能给当前行留下一段空白，还可能在当前行的下方留下大片空白，即使采用了底部对齐命令 \flushbottom 也无济于事，而且放到下一页的文本首行被缩进处理，形成了独立的一段。如果需要解决这些问题，可改用由系统提供的智能换页命令：

\pagebreak[优先级]

该命令通知系统考虑是否需要在此换页，其中可选参数优先级共有 0～4 五个等级选项，默认值为 4，相当于从请求到要求，它表示对换页的迫切程度。例如 \pagebreak[0]，告诉系统可以在此换行，作者既不反对也不鼓励，而 \pagebreak，即 \pagebreak[4]，则是命令系统必须在此换页。

需要换页时，智能换页命令 \pagebreak 会将当前行排满后才换页，被放到下一页的文本首行并不缩进，这样就不会给当前行留下一段空白，也不会把一段分为两段；如果采用常规文类设置，或使用了底部对齐命令 \flushbottom，那么智能换页命令还会把当前页中各段落之间的距离拉大，以使当前行伸展到版心底部，这样既保证了当前页的文本高度与其他页一致，也避免了在当前页的下方出现大片空白。

禁止换页

系统还提供了一条禁止换页命令：

\nopagebreak[*优先级*]

该命令通知系统考虑能否不在此处换页，其中可选参数*优先级*共有 0～4 五个等级选项，默认值为 4，相当于从请求到要求，它表示对换页的反对程度。命令 \nopagebreak[0] 的作用效果与 \pagebreak[0] 相同，而 \nopagebreak 与 \pagebreak 截然相反，它指示系统不得在此处换页。

如果禁止换页命令仍不奏效，还可辅以 \samepage 同页命令，它可阻止在设定的范围内换页。例如为防止在某两行文本之间换页，可采用：

{\samepage *前一行文本* \nopagebreak *后一行文本*}

由于同页命令是声明形式的命令，所以应将其效力限制在某一组合范围之中。

空白页

有时需要在换页后再空出一页，即将后续内容隔一页再排版，但是连用两个新页命令并不能连换两次页，因为系统不能凭空换页，每页起码应有一个 LaTeX 对象。为此，可在其中插一个不可见的空盒子或空格符 ~，例如：\newpage \mbox{} \newpage。

4.2.16 数值和单位符号

数值和单位符号都是科技论文中最为频繁使用的字符，在编排这些字符时应遵守 GB/T 1.1－2009《标准化工作导则》国家标准的相关规定。

(1) 除年号外，任何数值，均应从小数点符号起，向左或向右每三位数字为一组，组间用四分之一个汉字宽的间隙分隔，即 0.25 em 宽的空白；长度命令 \: 可生成 0.22 em 水平空白，非常适合作为组间分隔命令，它既可保证所有组间空白宽度一致，还可防止从中换行，而且在文本或数学模式中都能使用。例如 $\pi\approx3.141\,592\:65$，得到 $\pi \approx 3.141\,592\,65$。

(2) 除表示度(°)、分(′)和秒(″)的单位符号应紧跟其数值之后，其他所有单位符号与其数值之间应空四分之一个汉字宽的间隙。例如 26\:800\:kg，得到 26 800 kg。

命令 \: 使用比较方便，如果出版机构给出的专用文类不能正确处理该命令，可改为使用 \hspace{0.25em} 命令。由于数字 1 的前后空白较多，与其分隔时建议改用 \, 命令。

4.2.17 下画线

有时为了强调某些词语，会在其下加下画线。系统提供了一个下画线命令：

\underline{*文本*}

它可在文本模式也可在数学模式中使用，对中文也有效。但是该命令使*文本*进入左右模式，不能中断，给自动换行造成不便，也不能调整下画线的粗细和与*文本*的距离。

加下画线是一种传统的词语强调方式。由于有些文本底部本身就带有点线，例如有些字母底部有变音符号，有的网址中有短横线等，为了避免重叠，现在常用改变字体的方式来表示强调，例如直立体改为斜体，宋体改为黑体。

下画线宏包 ulem

调用由 Donald Arseneau 编写的下画线宏包 ulem 并使用它提供的一组命令，可生成下画线、双下画线和波浪线等多种线型。

例 4.12 使用下画线宏包 ulem 提供的各种线型命令，对比它们的排版效果。

```
\uline{important 重要}\\
\uuline{urgent 急迫}\\
\uwave{prompt 提示}\\
\sout{wrong 错误}\\
\xout{removed 删除}
```

important 重要
urgent 急迫
prompt 提示
wrong 错误
removed 删除

在这些线型中最常用的是下画线，它的粗细是 \ULthickness，默认值为 0.4pt，它与文本的距离是 \ULdepth，默认值与当前字体尺寸相关。可使用重新定义和长度赋值命令来修改这两个长度数据命令。例如 \renewcommand{\ULthickness}{0.8pt} 和 \ULdepth=4pt，分别将下画线的粗细改为 0.8pt，与文本的间距改为 4pt。

长度数据命令 \ULthickness 适用于 \uline 和 \sout 这两条命令；而 \ULdepth 只适用于 \uline 命令。

调用 ulem 宏包将抑制 \emph 强调命令将其中文本改为斜体，而是添加下画线；若希望恢复强调命令的作用，可使用该宏包的 normalem 选项或其提供的 \normalem 命令。

下画线宏包 ulem 所提供的画线命令，对于英文都可以自动换行，但不能自动断词，可使用断词命令 \- 手动断词；这些画线命令都支持中文，但不能中断中文以准确换行，只能在需要换行的位置插入空格或者换行命令 \\、\newline，手动控制换行。也可以调用 CJKulem 宏包，使画线命令中的中文能够自动换行。

下画线宏包 CJKfntef

如果在中文字体宏包 ctex 的调用命令中添加 fntef 选项，它将会自动加载下画线宏包 CJKfntef，该宏包也提供了一组画线命令，可以画多种类型的下画线，还可在每个汉字下面加小圆点，以示强调。

例 4.13 使用下画线宏包 CJKfntef 提供的各种线型命令，对比它们的排版效果。

```
\CJKunderdot{important 非常重要}\\
\CJKunderline{notice 注意}\\
\CJKunderdblline{urgent 必须}\\
\CJKunderwave{prompt 提示}\\
\CJKsout{wrong 错误}\\
\CJKxout{removed 删除}
```

important 非常重要
notice 注意
urgent 必须
prompt 提示
striking out 取消
removed 删除

下画线宏包 CJKfntef 的一个特点是其画线命令中的中文可自动中断正确换行，这是因为在调用该宏包的同时就自动加载了 CJKulem 宏包。

该宏包还提供 4 条长度数据命令，可分别调整上例中前 4 种下画线与文本之间的距离：

```
\CJKunderdotbasesep     \CJKunderdbllinebasesep
\CJKunderlinebasesep    \CJKunderwavebasesep
```

它们的默认值都是 0.2em。可使用重新定义命令来调整各种下画线与文本的距离，例如将下画圆点与汉字的间距改为 0.3 em：\renewcommand{\CJKunderdotbasesep}{0.3em}。

下画线宏包 CJKfntef 的另一个特点是它还提供了 6 条颜色命令，可分别为例 4.13 中 6 种下画线设置颜色：

\CJKunderdotcolor \CJKunderdbllinecolor \CJKsoutcolor
\CJKunderlinecolor \CJKunderwavecolor \CJKxoutcolor

其中下画圆点和取消线的默认颜色是红色，其他为蓝色。可使用重新定义命令修改各种下画线的颜色，例如 \renewcommand{\CJKunderdotcolor}{\color{blue}} 将下画圆点的颜色改为蓝色。要达到默认颜色的效果，还需要在 ctex 宏包的调用命令之前调用颜色宏包 xcolor，如果放在其后，则各种下画线的颜色都为黑色。

由于调用 CJKfntef 宏包时，CJKulem 和 ulem 这两个下画线宏包也被同时自动加载，所以 ulem 宏包提供的单下画线粗细设置命令 \ULthickness 仍然有效。

4.2.18 首字下沉与上浮

有些英文论文将全文首段首字母，或每章首段首字母放大，然后下沉或是上浮，起到醒目凸显的美学效果，给读者以深刻印象。

要得到首字母沉浮的效果，可调用由 Daniel Flipo 编写的 lettrine 宏包，它提供了一条首字母沉浮命令：

\lettrine[参数1=数值,参数2=数值,...]{首字母}{文本}

该命令有多个可选子参数，以下是最常用的子参数及其可选数值范围的说明。

- lines 首字母下沉的行数，默认值是 2；如果取值为 1，首字母将上浮一行。
- lhang 首字母向左侧边空凸进的宽度与首字母宽度的比值，它的取值范围是 (-1,1]，默认值为 0。如果选取 0.5，表示首字母有一半凸进左边空。
- loversize 首字母高度与其原高度的比值，取值范围是 (-1,1]，默认值为 0。如选 0.2，表示首字母增高 20 %。首字母增高的同时，其宽度也成比例增加。

例 4.14 使用首字母沉浮命令将一段文本的首字母放大并下沉三行。

```
\lettrine[lines=3,lhang=0.2,loversize=0.2]
{W}{} e already know that the ancient
Chinese employed for $\pi$ the value 3,
or that they counted the ... as 3 to 1.
```

W e already know that the ancient Chinese employed for π the value 3, or that they counted the circumference of a circle compared with diamenter as 3 to 1.

(1) 当子参数 lines 的选值大于 2 时，首字母的字体尺寸将超过 25pt，这时还应在导言中调用字体尺寸宏包 type1cm。

(2) 首字母沉浮命令 \lettrine 将其中的文本都转换为大写字母，如果不需要转换，可将该必要参数空置。

按照中文的排版习惯，文章的首字是不用放大下沉或上浮的，如果希望取得这种版面特效，也可对首字使用 \lettrine 命令。

例 4.15 将例 4.14 中的内容译为中文并将首字放大上浮一行。

```
\lettrine[lines=1,lhang=0.1,loversize=0.1]
{我}{} 们 已 经 知 道 古 代 中 国 人 用 三 来 作
为 $\pi$ 的 值 或 他 们 按 三 比 一 来 计 算 圆 周 与 直
径之比。
```

我 们已经知道古代中国人用三来作为 π 的值或他们按三比一来计算圆周与直径之比。

也可在沉浮命令中为首字着色，例如 \lettrine[...]{\textcolor{red}{W}}{}。

对于例 4.14，也可以添加 \usepackage{lmodern} 和 \usepackage[T1]{fontenc} 两条宏包调用命令，将系统默认的三种 OT1 编码的 CM 字体，全都改为 T1 编码的 LM 字体，这不仅可以解决对字体尺寸的限制问题，还可以解决缺少西欧字符的问题。

4.2.19 文字轮廓线与阴影

由 Harald Harders 和 Morten Høgholm 编写的 contour 宏包定义了一个轮廓线命令：

```
\contour{颜色}{文本}
```

它可以为*文本*添加所设*颜色*的轮廓线或阴影，其中*文本*可以是文字和标点符号。

例 4.16 使用轮廓线命令分别对两行文字添加灰色阴影和黑色轮廓线。

```
\definecolor{shadow}{gray}{0.65}
\contour{shadow}{\color{black}
\fontsize{40}{50pt}\selectfont \bf 论文集}
\Huge\bf \color{yellow}
\contour{black}{LaTeX 源文件}
```

宏包 contour 还有个 outline 选项，启用后可使文本的阴影部分变为空心阴影。

4.2.20 文本并列

有时希望将两部分内容截然不同的文本并肩排列以便对照阅读。例如，中文原文与英文译文对照，语言程序与执行结果对照，插图或表格与解释说明对照等。

调用由 Matthias Eckermann 编写的文本并列宏包 parallel 并使用其提供的 Parallel 环境和左、右列文本命令：

```
\begin{Parallel}[格式]{左列宽度}{右列宽度}
\ParallelLText{左列文本}
\ParallelRText{右列文本}
\end{Parallel}
```

就可以编排左右并列的文本。环境命令中的各种参数说明如下。

格式 设置并列文本的排版方式，它有以下 3 个选项，只能根据需要选择其一。
- c 默认值，按左右两列排版，其间空白宽度默认为 1em。
- v 按左右两列排版，并在其间加一条垂直列分隔线。
- p 新启一页或两页，将*左列文本*排版在左页，即偶数页，将*右列文本*排版在对面的右页，即奇数页。

宽度 设置左列文本行和右列文本行的宽度，如 20mm 或 0.6\textwidth 等。

文本 编排用于并列的文本，其中可以含有数学式、表格、插图、小页环境以及抄录环境等，但不能含有浮动环境；脚注将紧随并列文本之后。

(1) 如果*右列宽度*参数被空置，则 \textwidth-*左列宽度*-2\ParallelUserMidSkip 为右列文本行的宽度；上式也适用*左列宽度*参数被空置。在上式中，\ParallelUserMidSkip 表示两列之间空白宽度的一半，默认值是 0.5em，可使用长度赋值命令对其重新设值。

(2) 如果*左列宽度*参数和*右列宽度*参数都被空置，那么左列文本行和右列文本行的宽度均为 0.5\textwidth-\ParallelUserMidSkip。

例 4.17 将介绍古代科学家张衡的一段文字与其英译文并列排版。

```
\begin{Parallel}{0.38\textwidth}{}
\ParallelLText{在最早的中国求圆学者中，必须
首先要提到的是张衡。他是汉朝的...科学家。}
\ParallelRText{Among the earliest Chinese
circle-squarers mention ... Han Dynasty.}
\end{Parallel}
```

在最早的中国求圆学者中，必须首先要提到的是张衡。他是汉朝的一位著名科学家。	Among the earliest Chinese circle-squarers mention must be made of Chang Heng in the first place. He was a famous scholar of the Han Dynasty.

文本并列宏包 parallel 还有几个辅助功能的选项，通常可不启用；该宏包只能用于两列文本的并列排版。如果需要多列文本并列排版，可以改用由 Jonathan Sauer 编写的文本并列宏包 parcolumns 及其提供的 parcolumns 环境和相关命令。

4.2.21 劣质警告

系统总是先读入一整段文本后才考虑如何将它断为水平宽度相等、单词间距一致的行。因此，就是段落的最后一个单词也会对第一行的排版产生影响。也就是说对一行的微小调整，如增减单词间距或断词，都会影响到该行及后续各行排版质量的优劣。系统使用劣质参数 badness 作为排版质量的检验标准，它是系统对每一行单词间距的宽松程度的度量，其值范围是 0～10000。0 为最佳，表示该行单词间距刚好是设定的自然宽度。劣质参数的值越大说明该行单词的间距越偏离其自然宽度。

为了能够严格地控制单词间距，系统设置了一个容许度 \tolerance，用以限制单词的最大间距，其取值范围是 0～10000，默认值为 200。容许度越大，容许的单词间距就越大。

如果小页或版心宽度设置的较宽，通常系统总能通过调整单词间距或断词得到恰当的换行点。但是如果行宽设置的较窄，其中的长单词又较多，由于单词间距的伸缩范围受到容许度的限制，系统时常会因找不到适当的换行点而使文本行“溢出”(overfull)，即所排版文本行的宽度超出设定值。当超出的宽度大于警告值 \hfuzz(默认值为 0.1pt)时，系统将在编译过程文件中给出 Overfull \hbox 的警告，如例 2.61 的第 1 段所示。

可采用适当加大容许度的方法来解决上述问题，例 2.61 的第 2 段所使用的宽松环境其实就是将容许度提高到 \tolerance=9999，并将警告值改为 \hfuzz=0.5pt。如果把容许度设为 10000，系统将视其为无穷大，即容许任意宽度的单词间距，而不会再发出溢出警告，除非出现比行宽还宽且无法断词的单词。加大容许度就是加大单词间距的宽度范围，它虽然可以解决溢出问题，但可能造成单词间距过大，显得段落排版过于松散(underfull)。因此加大单词间距会使劣质参数值加大，当其值超过警告值 \hbadness(默认值为 1000)时，系统将在编译过程文件中给出 Underfull \hbox 的警告，如例 2.61 的第 2 段所示。

上述系统对水平方向排版质量的控制方法也同样适用于垂直方向。当小页或版心在垂直方向出现溢出，其值超过警告值 \vfuzz(默认值为 0.1pt)时，系统将给出 Overfull \vbox 的警告；如果各段落的间距过大，其劣质参数值超过警告值 \vbadness(默认值为 1000)时，系统将给出 Underfull \vbox 的警告。

Overfull 和 Underfull 都是系统在认为某处文本排版质量低劣时发出的警告，希望由作者来确认是否需要整改。对于这些排版缺陷，有些也许并不明显，肉眼很难发现，可置之不理，而有些可能比较明显，例如连续两行都以连字符结尾或一行松散一行紧密等，需要采取措施加以消除。

消除这些排版缺陷的方法有很多，最常用的就是断词。系统在给出劣质警告的同时也会指出其中有哪些单词是可以断词的，如果将其中的一个单词调整到文本行的右端，系统就可以自动断词了。但是有些单词，例如 database，系统是不会自动将其中断的，作者可使用断词命令 data\-base，人为添加可断点，也可使用断词声明 `\hyphenation{data-base}`，使全文中的 database 都可以中断。当然，最明智的办法还是反复调整论述语句，尽量避免在文本行的右端出现断词或溢出。

4.2.22 孤行控制

对于高水准的专业排版，都会避免将段落的最后一行流落到下一页，或者将段落的第一行遗弃在前一页，这两种孤行情况在西方出版界被形象地称为寡妇和孤儿。孤行既不美观也容易被误解，所以要尽量避免在版面的顶部或底部出现孤行，尤其要避免出现只有一两个字的孤行，或者整个版面只有孤独的一行。

可分别使用各种换页命令来防止或解决孤行问题，但论文修改后又要重新调整这些换页命令，很不方便。在系统内部有两条控制孤行的计数器命令，其默认值都是 `150`，这个数值越大对孤行的抑制作用越明显，所以可加大这个数值，以加强自动抑制孤行的能力。例如：

```
\widowpenalty=300  \clubpenalty=300
```

其中第一条命令是顶部孤行控制命令，第二条命令是底部孤行控制命令。

孤行控制命令可接受的最大值是 `10000`，但不建议使用，以免产生其他副作用。

采用自动消除孤行会经常出现左页与右页的行数相差一行，而在极端情况下会差两行，造成一页段距较松，另一页段距较紧，很不美观。为解决这个问题，可将两个孤行控制命令置零，而对出现孤行的段落及其之前的段落内容进行适当调整，使之增加或减少一行，用这种手动处理的方法来逐一消除孤行。

系统提供有一个松散度命令 `\looseness`，其默认值为 `0`。如果将松散度命令重新赋值：

`\looseness=`n

其中 n 为整数，该命令将试图通过调整单词间距且不超过当前容许度 `\tolerance` 的方法，把当前段落的行数增加 n 行，若 n 为正值；或减少 $|n|$ 行，若 n 为负值。段落的行数越多，松散度命令的调节功能就越强。如果顶部孤行的文本接近一整行，可使用命令 `\looseness=1` 来增加一行；如果只有一两个很短的单词，可使用命令 `\looseness=-1` 将其并入上一页。这种加减段落行数的方法也可应用于正文中的其他段落。

4.3 多栏排版

如果文本行过宽容易造成视觉疲劳，降低阅读速度，所以国际上很多科技刊物或是学术会议都要求论文稿件使用双栏撰写，因其所选字体尺寸较小而页面尺寸又较大；即使在单栏写作的论文中，有时为了使某些内容集中紧凑，便于阅读查询，例如目录、索引或术语表等每行文字都很简短的内容，也需要局部采用双栏或多栏编写。

4.3.1 双栏选项

通常对论文要求使用双栏撰写的同时，还对论文的篇幅即页数有所限制，所以双栏论文多数为中短篇论文。因此绝大部分用双栏写作的论文都是采用 article 文类及其双栏选项。

(1) 该文类没有章命令，直接从节标题开始排序。

(2) 提供摘要环境 abstract。

(3) 论文题名默认与正文同页。

标准文类 book 和 report 也都有双栏选项，不过它们都是要从章标题开始，故在中短篇双栏排版论文中很少使用。

例 4.18 使用 article 文类及其双栏选项 twocolumn 编写双栏论文。

```
\documentclass[twocolumn]{article}
\begin{document}
\title{Physical Model Order Reduction}
\author{Qiang Wang and Guo-Hua Li\\[4pt]
Department of Electronic ... China}
\date{December 17, 2009}
\maketitle
\begin{abstract}
This paper presents a novel approach ...
\end{abstract}
\section{Introduction}
As the Radiofrequency modules having ...
\end{document}
```

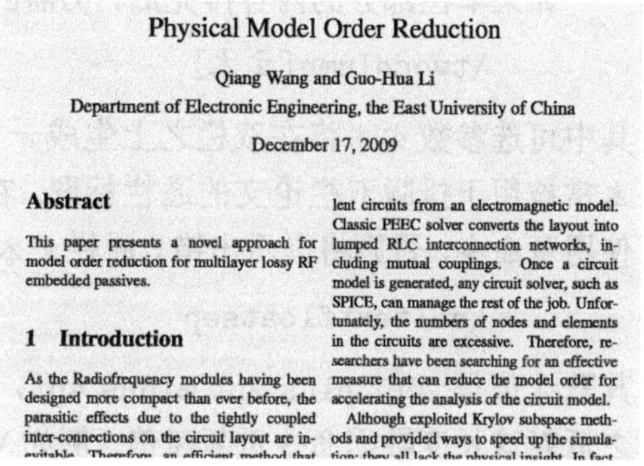
Physical Model Order Reduction

Qiang Wang and Guo-Hua Li

Department of Electronic Engineering, the East University of China

December 17, 2009

Abstract

This paper presents a novel approach for model order reduction for multilayer lossy RF embedded passives.

1 Introduction

As the Radiofrequency modules having been designed more compact than ever before, the parasitic effects due to the tightly coupled inter-connections on the circuit layout are in-

lent circuits from an electromagnetic model. Classic PEEC solver converts the layout into lumped RLC interconnection networks, including mutual couplings. Once a circuit model is generated, any circuit solver, such as SPICE, can manage the rest of the job. Unfortunately, the numbers of nodes and elements in the circuits are excessive. Therefore, researchers have been searching for an effective measure that can reduce the model order for accelerating the analysis of the circuit model.

Although exploited Krylov subspace methods and provided ways to speed up the simula-

栏距、栏宽和栏线

栏距是指两栏之间的距离，用长度数据命令 \columnsep 表示，其默认值为 10pt。可使用长度赋值命令修改栏距，例如 \columnsep=15pt，可将栏距增宽至 15pt。

在双栏排版格式中，左右两栏的宽度即栏宽是相等的，栏宽是用 \columnwidth 长度数据命令表示的，其值可由关系式 \columnwidth=(\textwidth-\columnsep)/2 得出。如果要修改栏宽，必须对版心宽度 \textwidth 重新赋值，而不能用 \columnwidth，这是因为前者是自变量，而后者是因变量。

两栏之间可设置一条垂直分隔线，称为栏线，其宽度用 \columnseprule 长度数据命令表示，默认值 0pt，所以通常是看不到这根竖直线的。如果需要使用栏线，可使用长度赋值命令修改其宽度，例如 \columnseprule=1pt 就可在两栏之间看到一条宽度为 1 pt 的栏线。

换栏与换页

系统在双栏排版时，是从左栏开始自上而下，逐行排版，直到将左栏排满后自动转向右栏，再自上而下，当右栏也排满时，系统将会自动换页。如果在左栏底部某处需要提前换栏，可在该处插入换页命令 \newpage 或 \clearpage 或 \pagebreak，这是因为实际上系统是将两个版面合在一起，形成双栏，因此换栏可使用换页命令。如果需要从左栏某处换页，可使用 \cleardoublepage 清双页命令。

两栏的平衡

由于系统是将左栏排满后再排右栏，如果左栏还未排满或是刚排到右栏的上方，论文就结束了，两栏文本的高度差别很大，并给两栏的下方留下大片空白，这样既不美观也降低了版面使用效率。

所以在采用双栏写作时，应尽量使最后一页的右栏高度接近左栏，例如调整各页中多行公式或表格行的间距，调整插图之间、插图与上下文之间的距离，以及适当增减内容等，使尾页两栏的文本高度基本平衡，尤其要避免整个右栏完全空置。

双栏与单栏的转换

在双栏排版时，如果希望将某一部分内容改用单栏排版，如插图或表格等，可在该处使用单栏命令：

```
\onecolumn
```

如果单栏部分的内容排完后，仍需回到双栏排版格式，可在该处使用双栏命令：

```
\twocolumn[文本]
```

其中可选参数*文本*将在双栏之上生成一个宽度为 `\textwidth` 的段落盒子，所以可选参数*文本*常被用于排版双栏论文的通栏标题。在*文本*中可使用节及节以下层次的章节命令，而不能使用章命令，否则将提示出错。通栏*文本*与双栏文本之间的距离为：

```
\dbltextfloatsep
```

其默认值是 `20pt plus 2pt minus 4pt`，如果需要调整这个距离，可紧跟在 `\twocolumn` 命令之后对该长度数据命令重新赋值。例如 `\dbltextfloatsep=25pt plus 2pt minus 2pt`。

使用 `\onecolumn` 或 `\twocolumn` 命令都将立即结束当前页而另起一页，这很可能给当前栏或当前页留下大片空白。

双栏选项与双栏命令的区别

当使用双栏选项时，系统会自动加宽文本行的宽度，减小首行缩进宽度；而使用双栏命令不会改变原有文本行的宽度和缩进宽度。例如表 4.1 中 `\textwidth` 是 345pt，使用双栏选项后则改为 469pt，即每栏的宽度 `\columnwidth` 为 229.5pt。如果论文是以双栏格式为主，应使用双栏选项。

跨栏图表

如果双栏论文中有的插图或表格的宽度超过栏宽，可使用 `figure*` 或 `table*` 浮动环境将其置于两栏之中，这被称为跨栏图表，具体方法见 5.4.1 节介绍。

4.3.2 多栏排版宏包 multicol

使用标准文类的双栏选项只能排版两栏，不能排版多栏，而且在单、双栏转换时需要换页，两栏之间不能自动平衡，跨栏图表不能在当前位置摆放。如果希望解决这些问题，可取消双栏选项 `twocolumn`，改为调用由 Frank Mittelbach 编写的多栏排版宏包 multicol，并将需要多栏排版的内容置于该宏包提供的多栏环境 `multicols` 中。

- 采用多栏环境可以从 2 到 10 指定所需排版的栏数。
- 多栏环境既可用于全文，也可用于局部内容。
- 可在同一页中进行单栏与多栏的转换。
- 该环境能够自动平衡每栏文本的高度，自动将每栏文本的底部对齐。
- 它可嵌套于其他环境之中，例如可在 `minipage`、`quote` 和 `figure` 等环境中使用。
- 各栏中的脚注统一置于所在版心的底部。

多栏环境 `multicols` 的命令格式为：

```
\begin{multicols}{栏数}[标题][高度]
论文内容
\end{multicols}
```

其中的各种参数说明如下。

栏数 用于指定排版所需的栏位数量，可选值为 2～10。

标题 可选参数，设置排于各栏之前的内容，如标题等。系统不会在标题处进行换页。

高度 可选参数，设定一个长度值，如果当前版心所剩高度小于所设定的高度，系统将改为从下一页的顶部开始多栏排版。

多栏排版宏包 multicol 还提供了一组可调整多栏环境排版效果的命令，以下是其中最常用的命令及其说明。

`\columnbreak`	换栏命令。如果在段落中使用，它可将当前行排满后再换栏排版。
`\multicolsep`	多栏文本与上文之间或者多栏文本与下文之间附加的垂直空白距离，它的默认值是 12pt plus 4pt minus 3pt。可对这个长度数据命令重新赋值。
`\postmulticols`	结束排版多栏所需的最低高度，其默认值是 20pt。当要结束排版时，多栏环境将检测当前版心的剩余高度，如果高于 `\postmulticols`，立即结束，否则结束后将另起一页。也可对该长度数据命令重新赋值。
`\premulticols`	排版多栏所需的最低高度，其默认值是 50pt。多栏环境在排版前首先要检测当前版心的剩余高度，如果低于 `\premulticols` 或低于多栏环境的可选参数高度，将会另起一页进行多栏排版，否则，就地进行多栏排版。
`\raggedcolumns`	该命令允许各栏文本的底部可以不对齐。在默认情况下，多栏环境将执行预定命令 `\flushcolumns`，它采用拉大段落间距等方法将各栏底部强行对齐，但这会造成各栏中的段落间距宽窄不一。在多栏环境之前使用 `\raggedcolumns` 命令可保持各栏中的段落间距一致。

例 4.19 使用 multicols 环境编写一个三栏数据表。

```
\begin{multicols}{3}[\section*{行星质量系统}]\noindent
水星 6\:023\:600\\ 金星 408\:523.5\\
火星 3\:098\:710\\ 木星 1\,047.355\\
天王星 22\:869\\ 海王星 19\:314
\end{multicols}
```

行星质量系统

水星 6 023 600	火星 3 098 710	天王星 22 869
金星 408 523.5	木星 1 047.355	海王星 19 314

可分别使用长度数据命令 `\columnsep` 和 `\columnseprule` 来调整栏间距离和栏间分隔线宽度。多栏环境还有个带星号的形式：`\begin{multicols*} ...`，它在最后一页不再自动平衡对齐各栏底部，而是恢复逐行排版。

在多栏环境中只能使用带星号的浮动环境，而且浮动体即插图或表格只能被放置在下一页的顶部中间。对于栏内图表可不使用浮动环境，其缺点是无法生成可自动排序的标题。对于跨栏图表可改为单栏排版，然后再恢复多栏排版。因此，多栏环境最适合用在单栏排版的论文中对局部内容做多栏排版，而不适宜对图表较多的论文进行全文多栏排版。

若要分别调整每个多栏的内外边空宽度，可改用 adjmulticol 宏包提供的多栏环境命令：

```
\begin{adjmulticols}{栏数}{内侧边空宽度}{外侧边空宽度} ...
```

该宏包是对 multicol 宏包的功能扩展，可分别设置双页排版的每个多栏的边空宽度。

4.3.3 多栏标题宏包 multicap

多栏环境 multicols 不支持用浮动环境排版栏内图表。为了能够在双栏格式中排版栏内图表，可以将插图命令 \includegraphics 或者表格环境 tabular 等插入 center 环境中。这种做法的缺点是不能使用仅可在浮动环境中使用的 \caption 命令，来生成带有序号的图表标题，更无法将图表标题排入图表目录。

如果要解决上述图表标题问题，可调用由 John Vassilogiorgakis 编写的 multicap 多栏标题宏包，它提供了两条标题命令：

```
\mfcaption[插图目录标题]{插图标题}  \mtcaption[表格目录标题]{表格标题}
```

可替代 \caption，分别作为插图标题命令和表格标题命令；这两条命令中的可选参数功能与命令 \caption 的相同，都是用于插图或表格目录标题。这两条命令的典型应用为：

```
\begin{center}
\begin{tabular}{...}
......
\end{tabular}
\mtcaption{表格标题}
\end{center}
```

和

```
\begin{center}
\includegraphics{...}
\mfcaption{插图标题}
\end{center}
```

(1) 这两条标题命令分别使用插图序号计数器 figure 和表格序号计数器 table，所以能够分别与源文件中其他使用 \caption 标题命令的插图和表格统一排序。

(2) 这两条标题命令只能用在表格环境或插图命令之后，而不能在此之前，也就是说图表的标题只能在其下方。

(3) 该宏包提供的所有命令既可在 multicols 环境中使用，也可在单栏格式中使用。

标题字体

多栏标题宏包 multicap 有个可选参数，它有两个选项，一个是默认选项 Sans，它使标题命令 \mfcaption 和 \mtcaption 所生成的标题字体为等线体；另一个选项是 normal，它可将标题字体改为常规字体，即罗马体。

标题字体尺寸与行距

标题命令 \mfcaption 和 \mtcaption 所生成图表标题的字体尺寸为常规字体尺寸，如果所用文类的常规字体尺寸选项为 11pt，那么图表标题的字体尺寸及其行距分别是 11pt 和 13.6pt。如果要修改图表标题的字体尺寸和行距，可使用多栏标题宏包 multicap 提供的两条计数器命令：

```
\setcounter{mcapsize}{字体尺寸}  \setcounter{mcapskip}{行距}
```

其中：mcapsize 和 mcapskip 是多栏标题宏包自定义的字体尺寸计数器和行距计数器；字体尺寸和行距的默认值都为零，其默认长度单位是 pt，所以在使用这两条命令时，只需填写字体尺寸和行距的数值，而无须长度单位。

虽然图表标题的字体尺寸和行距设置各使用一条设置命令，但无论是只修改字体尺寸还是行距，这两条命令都要同时使用，因为它们在 multicap 宏包文件内部被转化为一个字体属性命令 \fontsize{\value{mcapsize}}{\value{mcapskip}}\selectfont。

标题与图表的距离

在多栏标题宏包 multicap 中，图表标题与图表之间的距离是用长度数据命令：

```
\abvmcapskip
```

来控制的，其默认值是 `10pt`。可使用长度赋值命令修改这一默认距离。

标题与下文的距离

在多栏标题宏包 multicap 中，图表标题与下文之间的距离是用长度数据命令：

```
\blwmcapskip
```

来控制的，其默认值是 `\parsep`，即 `4.5pt plus 2.5pt minus 1pt`。也可使用长度赋值命令修改这一默认距离。

长度数据命令 `\blwmcapskip` 并不能影响在 `center` 居中环境里的标题命令 `\mfcaption` 和 `\mtcaption`，如果需要调整图表标题与下文之间的距离，就必须取消 `center` 环境，改为使用 `\centering` 居中命令。

4.4 版式 — 页眉与页脚

在 LaTeX 中，版式是指版面中页眉与页脚的格式。页眉包括页眉文本行和页眉线，页脚包括页脚文本行和页脚线。当版面尺寸确定后，各版面元素的区域范围和相对位置就固定不变了，但版面元素中的页眉和页脚是否启用，其中显示什么内容却是可变的。通常学位论文都要用到页眉和页脚，但它们之中的内容及其所处的位置不尽相同，也就是版式不同。

4.4.1 版式的种类

LaTeX 系统可以提供 4 种版式，其名称和格式说明如下。

- `empty` 页眉和页脚都空置，即没有页眉和页脚。
- `plain` 页眉空置，页脚中间是页码，无页脚线。如果论文选用的是 report 或 article 文类，则该版式为其默认版式。
- `headings` 文类 book 的默认版式，左页(偶数页)页眉的左端是页码，右端是章标题；右页(奇数页)页眉的右端是页码，左端是节标题；无页眉线和页脚；新章另起一页，该章标题页的版式为 `plain`。如果改为单页排版，则所有页的页眉左端均为章标题。该版式由 book 文类提供。
- `myheadings` 格式与 `headings` 版式相同，只是左页页眉的右端和右页页眉的左端都空置，其内容必须由作者用命令自行设置。该版式由 book 文类提供。

可使用系统提供的版式设置命令：

```
\pagestyle{版式}
```

在导言中设置全文的版式，也可在正文中设置当前页及后续页的版式。该命令中的*版式*，可以是上述 4 种版式中的一种。还可以使用本页版式命令：

```
\thispagestyle{版式}
```

在正文中设置当前页的版式。该命令仅改变所在页的版式，而后续页又恢复为该命令之前的版式。例如，论文的封面通常是不设页眉和页脚的，因此可使用 `\thispagestyle{empty}` 本页版式命令清空封面的页眉和页脚区域。

headings 版式

系统默认的版式是 headings，其格式如图 4.2 所示。该版式将章节标题和页码都集中在页眉上，非常便于资料翻阅查找，国内外很多中、英文科技图书都是采用这种类型的版式。但是它把章节标题都改为倾斜形状字体，其中的英文字母也全都换成大写，倾斜大写的英文虽然美观气派可是不易阅读，汉字倾斜后产生变形失真也使易读性降低，通常都希望页眉中的章节标题为直立形状的字体，其中的英文字母仍保持原状。

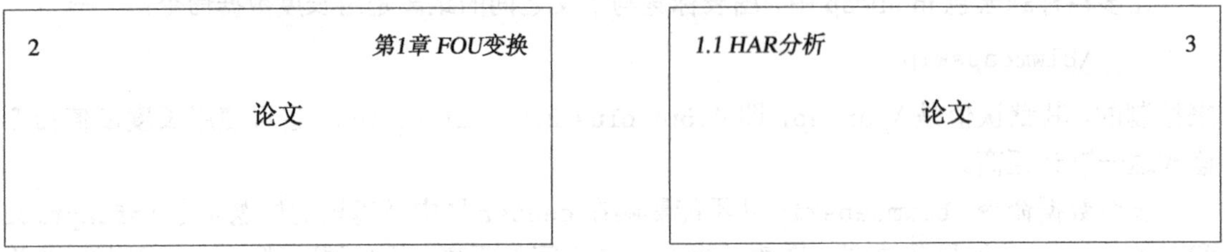

图 4.2 headings 版式示意图

若章节标题中含有数学式，但不希望其中的小写字母在页眉里被转换为大写字母，可调用由 David Carlisle 编写的 textcase 宏包并使用其提供的 \MakeTextUppercase 命令对系统命令 \MakeUppercase 重新定义：\renewcommand{\MakeUppercase}{\MakeTextUppercase}。

若改为单页排版，即在文档类型命令的可选参数中添加 oneside 选项，系统则将所有页的版式都转为右页的格式，但每页页眉的左端改用当前章的标题。

myheadings 版式

如果选用 myheadings 版式，其格式与 headings 版式相同，只是左页页眉的右端和右页页眉的左端内容，都必须使用双标志命令或右标志命令

\markboth{*左页页眉右端内容*}{*右页页眉左端内容*}

\markright{*右页页眉左端内容*}

来自行设置。在使用这两条标志命令时应注意：

(1) 双标志命令 \markboth 有左、右两个参数，可分别用于设置左、右页的页眉内容；如果采用的是单页排版，则对左页的设置无效，而对右页的设置适用于所有页。

(2) 右标志命令 \markright 仅能对右页的页眉内容进行设置，或在正文中覆盖双标志命令 \markboth 对右页的设置；若用于单页排版，可对所有页的页眉内容进行设置。

(3) 这两条标志命令既可用在导言中对全文的页眉内容进行设置，也可用在正文中对当前页以及其后页面的页眉内容进行设置，例如摘要、参考文献和索引等页面的页眉设置。

(4) 其实，在默认的 headings 版式中，系统会自动将章节标题置入这两条标志命令中，而在 myheadings 版式中，系统将这两条标志命令的使用权交给了论文作者。

(5) 这两条标志命令中的参数内容，系统将按左右模式处理，所以应避免使用长标题和多行标题，以防页眉内容"溢出"。

空白页的页眉

如果在文档类型命令中没有启用 openany 选项，文类 book 默认每个新章都从右页开始，这很可能造成多处左页完全空白，而页眉仍然存在。这种空白页是自动生成的，无法用空白版式命令 \thispagestyle{empty} 来消除空白页的页眉。遇到这种问题，可在前一章的结尾处添加清理命令 \clearpage{\pagestyle{empty}\cleardoublepage} 来解决。

4.4.2 页码

在中、长篇论文的页眉或页脚中都设有页码，以便于读者翻阅查找有关内容。页码的另一个作用是在交叉引用中指示被引用对象所在的页面。

页码的计数形式

系统默认的页码计数形式是阿拉伯数字。可使用页码设置命令：

```
\pagenumbering{计数形式}
```

修改当前页及后续页的页码计数形式，其中*计数形式*有下列选项。

alph	小写英文字母，默认起始页码为 a，计数顺序为 a、b、c、……。
Alph	大写英文字母，默认起始页码为 A，计数顺序为 A、B、C、……。
arabic	阿拉伯数字，默认起始页码为 1，计数顺序为 1、2、3、……。
roman	小写罗马数字，默认起始页码为 i，计数顺序为 i、ii、iii、……。
Roman	大写罗马数字，默认起始页码为 Ⅰ，计数顺序为 Ⅰ、Ⅱ、Ⅲ、……。

页码设置命令不仅可以改变页码计数形式，而且它将当前页的页码置为默认起始页码，并从此重新为后续页面的页码排序。

论文封面之后与正文之前的页码，如摘要和目录的页码，通常都采用大写罗马数字的计数形式，即 \pagenumbering{Roman}；而正文以及其后的参考文献等所有页面的页码全都采用阿拉伯数字的计数形式并统一排序，即 \pagenumbering{arabic}，如 2.1 节图 2.2 所示。

在图 2.2 中，页码设置命令 \pagenumbering{arabic} 不仅将页码计数形式改为阿拉伯数字，还将当前页码置为 1，即将页码计数器 page 置为 1。

在图 2.2 中，页码设置命令置于子源文件调用命令之间。如果不采用子源文件的形式，页码设置命令应紧跟在章命令 \chapter 之后，以免不能正确设置页码的计数形式，因为每个章命令将另起一页。

起始页码的设定

在正常情况下，页码都是从默认起始页码开始，连续不间断地排序，如果需要在某页从某一页码起始排序，可在该页的源文件中使用计数器设置命令：\setcounter{page}{*页码*}，其中，page 是系统定义的页码计数器，*页码*是所需设定起始页码的数值。

带章序号的页码

如果希望页码以章为排序单位，并在页码前加入章序号，可重新定义页码设置命令：

```
\renewcommand{\pagenumbering}[1]{\setcounter{page}{1}%
\renewcommand{\thepage}{\thechapter-\csname @#1\endcsname{\value{page}}}}
```

其中，命令 \csname 和 \endcsname 将其中的字符串作为命令名，如使用 arabic 计数形式，将生成 \@arabic 命令。此外，还要在每个章命令 \chapter 后加入 \setcounter{page}{1} 命令，使每新起一章时页码计数器都重新置 1。调用 chappg 宏包也可得到同样效果。

4.4.3 分区版式

以上述 4 种版式为基础，文类 book 还提供了 3 条分区命令：

```
\frontmatter  \mainmatter  \backmatter
```

它们可将正文部分再根据不同的内容划分为 3 个版式区域，其使用方法如图 4.3 所示。

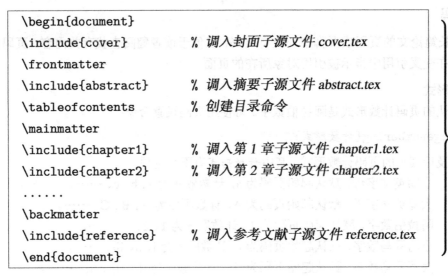

```
\begin{document}
\include{cover}              % 调入封面子源文件 cover.tex
\frontmatter
\include{abstract}           % 调入摘要子源文件 abstract.tex
\tableofcontents             % 创建目录命令
\mainmatter
\include{chapter1}           % 调入第 1 章子源文件 chapter1.tex
\include{chapter2}           % 调入第 2 章子源文件 chapter2.tex
......
\backmatter
\include{reference}          % 调入参考文献子源文件 reference.tex
\end{document}
```

正文

图 4.3 三条分区命令使用位置示意图

在图 4.3 中：\frontmatter 与 \mainmatter 之间的部分称为前文区，\mainmatter 与 \backmatter 之间的部分称为主文区，\backmatter 之后的部分称为后文区。这三条命令对其后区域中的页码计数形式、章节标题序号和首章位置等都有不同的作用，如表 4.4 所示。

表 4.4 三条分区命令的作用比较

	\frontmatter	\mainmatter	\backmatter
页码形式	小写罗马数字	阿拉伯数字	阿拉伯数字，续此前页码
章标题	无序号，可入目录	有序号，可入目录	无序号，可入目录
其他标题	有序号，可入目录	有序号，可入目录	有序号，可入目录
首章位置	右页	右页	任何页
涉及内容	前言、摘要和目录	论文正文	参考文献、索引和附录等

在表 4.4 中：首章是指该区域中第一个 \chapter 命令所产生的章标题页，能看出第二个章标题页都可从任何页起始，只是首章有所不同；其他标题是指节和小节标题。

分区版式的优缺点如下。

(1) 采用分区命令可以使前文区和后文区中所有用章命令 \chapter 创建的标题，例如摘要、总结和致谢等，没有序号且可以编入目录，否则每个标题都要使用 \chapter* 命令以阻止排序，再用 \addcontentsline 命令将标题加入目录，甚至还要用 \markboth 标志命令将标题写入页眉。

(2) 如果在前文区或者后文区中使用节命令 \section，节标题将给出错误序号并被写入目录。不过在这两个区中通常不会用到节命令，若需要可采用带星号的节命令 \section*，以避免节标题被排序和编入目录。

(3) 前文区和主文区的首章都必须从右页开始，这很可能造成对面的左页完全空白。

(4) 如果要修改前文区的页码计数形式，还需使用 \pagenumbering 命令；若前文区或后文区某个标题不希望被编入目录，还是要改用 \chapter* 章命令。

综上所述，分区版式的好处是很明显的，所以在论文写作时建议采用。

4.4.4 版式设置宏包 fancyhdr

有些院校学位论文的页码设在页脚，有些则将章节标题放在页眉的中部，版式种类繁多，上述 4 种版式根本不够用，也难以修改。为了满足各种版式要求，可调用由 Piet van Oostrum 编写的版式设置宏包 fancyhdr 并紧跟版式设置命令：

```
\usepackage{fancyhdr}  \pagestyle{fancy}
```

在调用宏包命令之后紧跟版式设置命令 `\pagestyle{fancy}` 是为了覆盖 book 文类预置的版式设置命令 `\pagestyle{headings}`；`fancy` 是版式设置宏包 fancyhdr 提供了一种自定义版式，它将页眉和页脚各分为左、中、右 3 个部位。该宏包的特点如下。

- 可单独对每个部位的内容进行设置。
- 可分别设置左页和右页的页眉和页脚，还可单独设置浮动体页的页眉和页脚。
- 可排版多行页眉或页脚。
- 可分别设置页眉线和页脚线的样式，它们的宽度也可大于文本行的宽度。
- 可重新定义 `plain` 等 4 种系统提供的版式。
- 可设置页眉和页脚的文本字体。
- 页眉和页脚文本按段落模式居中处理，故可使用长标题或多行标题，而不致“溢出”。

自定义版式

自定义版式 `fancy` 将页眉和页脚各分为左、中、右 3 个部位，可使用 fancyhdr 版式设置宏包提供的页眉和页脚设置命令：

```
\fancyhead[位置]{页眉内容}  \fancyfoot[位置]{页脚内容}
```

对每个部位的内容分别进行设置，其中位置可选参数的选项及其所代表的部位如图 4.4 所示。在图中，页眉和页脚各有 6 个选项，其中字母 `E` 和 `O` 分别表示左页和右页，字母 `L`、`C` 和 `R` 分别表示左、中和右。

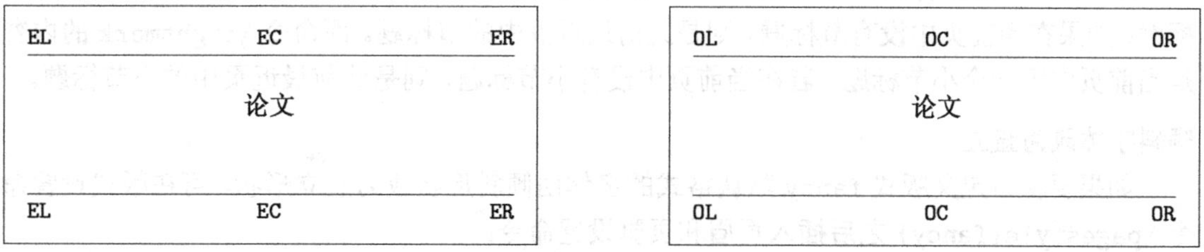

图 4.4 页眉和页脚设置命令中的选项示意图

页眉和页脚置命令中的选项，例如 `[EL,OR]`，表示左页的左端和右页的右端，其字母顺序和选项顺序均可颠倒，也可改为小写字母，其含义不变；如果选项中没有标明 `E` 或 `O`，则表示其设置适用于所有页。

这两条页眉和页脚设置命令既可用在导言中对全文的页眉和页脚内容进行设置，也可用在正文中对部分页面的页眉和页脚内容进行设置。

自定义版式的默认格式

自定义版式 `fancy` 的默认格式如图 4.5 所示。在图中，左页页眉的左端和右页页眉的右端是节标题，左页页眉的右端和右页页眉的左端是章标题，页眉文本下方有一条页眉线，页码置于页脚中间。若改为单页排版，所有页的页眉格式与图中左页相同。

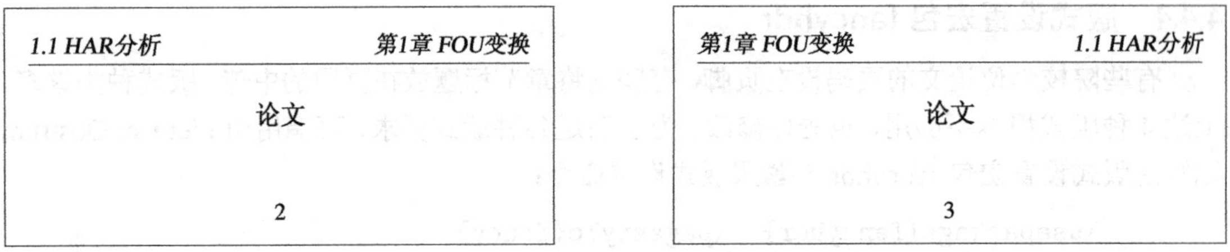

图 4.5 自定义版式 fancy 默认格式示意图

自定义版式 fancy 的默认格式是由以下页眉和页脚等设置命令预定义的：

```
\fancyhead[ER,OL]{\slshape \leftmark}
\fancyhead[EL,OR]{\slshape \rightmark} \fancyfoot[C]{\thepage}
\newcommand{\headrulewidth}{0.4pt} \newcommand{\footrulewidth}{0pt}
```

其中各种数据命令的功能说明如下。

(1) \leftmark 是系统内部的文本数据命令，其内容是当前页中的章标题；如果当前页中没有章标题，则是此前最近页中的章标题。每个章命令 \chapter 都将该数据命令刷新，同时把数据命令 \rightmark 清空。

(2) \rightmark 也是系统内部的文本数据命令，其内容是当前页中第一个节标题；如果当前页中没有节标题，则是此前最近页中的节标题。这条数据命令是由当前页中的第一个节命令 \section 来刷新的。

(3) \headrulewidth 和 \footrulewidth 都是长度数据命令，它们分别表示页眉线的高度和页脚线的高度。

此外，还有以下两点需要说明。

(1) 文类 book 在其内部使用 \MakeUppercase 命令，将页眉文本中的所有小写字母都转换为大写字母。

(2) 若论文源文件选用的是 article 文类，命令 \leftmark 的内容是当前页中最后一个节标题；如果在当前页中没有节标题，则是此前最近页中的节标题。而命令 \rightmark 的内容是当前页中第一个小节标题；若在当前页中没有小节标题，则是此前最近页中的小节标题。

倾斜字体改为直立

如果要将自定义版式 fancy 默认格式的字体由倾斜形状改为直立形状，可在版式设置命令 \pagestyle{fancy} 之后插入页眉和页脚设置命令：

```
\fancyhf{} \fancyhead[ER,OL]{\leftmark}
\fancyhead[EL,OR]{\rightmark} \fancyfoot[C]{\thepage}
```

其中第一条命令的作用是清空对页眉和页脚的原有设置。

校名置于页眉

如果要将学校的名称置于左页页眉的中部，章标题放在右页页眉的中部，页码放在页脚的中部，可使用页眉和页脚设置命令：

```
\fancyhf{} \fancyhead[EC]{\fangsong 东方大学硕士学位论文}
\fancyhead[OC]{\fangsong \leftmark} \fancyfoot[C]{\thepage}
```

其中 \fangsong 是 ctex 中文字体宏包提供的仿宋体命令。也可以在设置命令中使用字体尺寸命令修改页眉或页脚字体尺寸。该版式设置的排版结果示意图如图 4.6 所示。

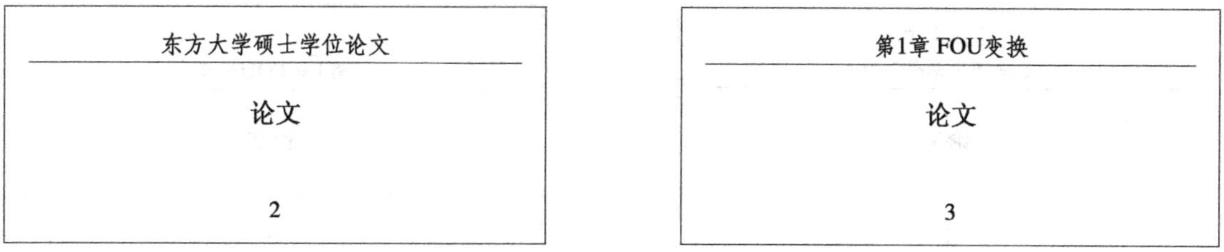

图 4.6 校名置于左页页眉的中部示意图

章标题页的版式

文类 book 将每一新章另起一页，该页的默认版式为 plain，即页眉空置，页码置于页脚中部。如果希望所有章标题页的版式与其他页的版式保持一致，就需要修改 plain 版式的定义。版式设置宏包 fancyhdr 专门提供了一条版式修改命令：

\fancypagestyle{*版式*}{*设置命令*}

其中*版式*是所要修改版式的名称。若在上例的版式设置命令之后插入下列版式修改命令：

```
\fancypagestyle{plain}{\fancyhf{}%
\fancyhead[EC]{\fangsong 东方大学硕士学位论文}%
\fancyhead[OC]{\fangsong \leftmark}\fancyfoot[C]{\thepage}}
```

就可以使新章起始页与其他页的版式保持一致。在版式修改命令中，命令 \fancyhf{} 的作用是清除对 plain 版式的原定义。

Acrobat 页码

如果要采用 Acrobat 的页码样式，例如：第 16/28 页，可调用由 Jeff Goldberg 编写的末页标签宏包 lastpage，并将页脚设置命令改为：

```
\fancyfoot[C]{第 \thepage /\pageref{LastPage} 页}
```

中文页码

若要改用中文页码，可在页码设置中使用 ctex 宏包提供的中文数字转换命令。例如：

```
\fancyhead[EL,OR]{\CTEXdigits{\Chnum}{\thepage}\Chnum}
```

大小写转换

上述示例都将章节标题中的小写英文字母转换成大写形式。如果希望保持标题中英文字母的原状，可使用版式设置宏包 fancyhdr 提供的 \nouppercase 非大写命令，例如：

```
\fancyhf{} \fancyhead[EC]{\nouppercase{\leftmark}}
\fancyhead[OC]{\nouppercase{\rightmark}} \fancyhead[EL,OR]{\thepage}
```

多行页眉或页脚

可使用换行命令 \\ 生成多行页眉或页脚，但应事先增加页眉或页脚的高度，以防出现左、右页的页眉线或页脚线的位置高低不一的问题。例如：

```
\addtolength{\headheight}{\baselineskip} \fancyhf{}
\fancyhead[EC]{\fangsong 东方大学\\工学硕士学位论文}
\fancyhead[OC]{\fangsong \leftmark} \fancyfoot[C]{\thepage}
```

其中第一条命令是长度赋值命令，它将页眉增高一行。排版结果示意图如图 4.7 所示。

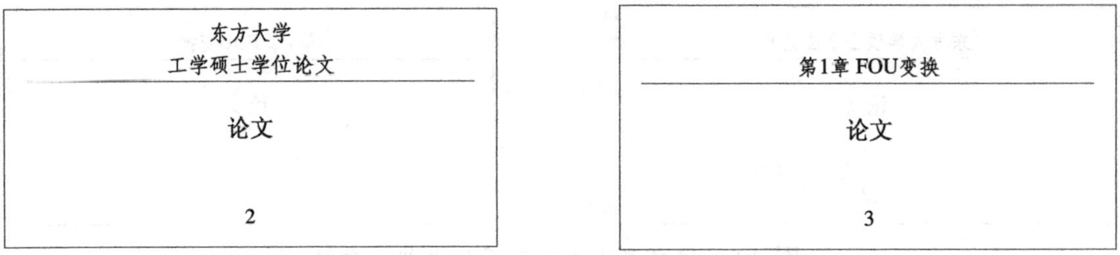

图 4.7 多行页眉示意图

页眉线与页脚线

自定义版式 fancy 的页眉线和页脚线高度，可分别用长度数据命令 \headrulewidth 和 \footrulewidth 表示，其默认值是 0.4pt 和 0pt。因为这两条命令是用 \newcommand 命令定义的，所以不能用长度赋值命令来修改，只能用重新定义命令

```
\renewcommand{\headrulewidth}{高度} \renewcommand{\footrulewidth}{高度}
```

来重新设定页眉线和页脚线的高度。

页眉线和页脚线通常是一条高度为 0.4pt 的细实线。也可对页眉线命令 \headrule 或页脚线命令 \footrule 重新定义，以创建新的页眉线或页脚线样式，例如双页眉线：

```
\renewcommand{\headrule}{%
\hrule width\headwidth height1.2pt \vspace{1pt}\hrule width\headwidth}
```

其中 \headwidth 是版式设置宏包提供的页眉宽度数据命令，其默认值是 \textwidth，可用长度赋值命令修改其值。所重新定义的页眉线命令可画两条平行的页眉线，上一条线的高度是 1.2pt，下一条线是 0.4pt，两线间距 1pt，由于两线一细一粗，也被称为文武线。

页脚线与页脚文本的距离

页脚线与页脚文本行顶端之间的距离为 \footruleskip，它的默认值是行距的 30 %，可使用重新定义命令，例如 \renewcommand{\footruleskip}{5pt}，来重新设定页脚线与页脚文本的间距。

水印效果

有些文字处理软件将页眉和页脚都处理为灰色，呈现水印效果，以区别于论文正文。自定义版式 fancy 也可以做到这一点，例如将页眉和页脚都改为灰色，示意图如图 4.8 所示：

```
\fancyhf{} \fancyhead[EC]{\color{gray}\leftmark}
\fancyhead[OC]{\color{gray}\rightmark} \fancyfoot[C]{\color{gray}\thepage}
\renewcommand{\headrule}{\color{gray}\hrule width\headwidth}
```

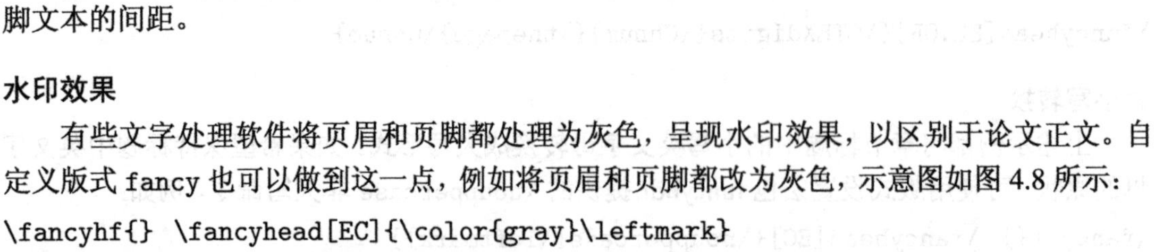

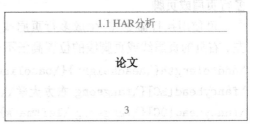

图 4.8 页眉和页脚水印效果示意图

在打印论文时也会把页眉和页脚打印成灰色，但打印效果不如屏幕显示清晰。如果希望将灰色打印成黑色就要修改打印设置：以 Acrobat 8 为例，选择“文件”→“打印”命令，弹出“打印”对话框，点选“将彩色打印为黑色”，再单击“属性”按钮，弹出“属性”对话框，选择“纸张/质量”→“颜色”→“黑白”，最后单击“确定”按钮，退出。

超宽页眉

通常页眉的宽度与版心的宽度相同，但也有些图书、期刊的页眉比版心宽，超出的部分大都凸入外侧边空，看起来很别致。使用版式设置宏包 fancyhdr 提供的超宽页眉命令：

```
\fancyheadoffset[位置]{宽度}
```

就可以生成超宽页眉，其中*宽度*用于设置超出部分的宽度，可取负值，如果调用了 calc 算术宏包，还可采用长度表达式。例如将页眉外侧超宽 20pt，其效果如图 4.9 所示：

```
\fancyhf{}
\fancyheadoffset[RO,LE]{20pt}  \fancyhead[EL,OR]{\thepage}
\fancyhead[LO]{\rightmark}     \fancyhead[RE]{\leftmark}
```

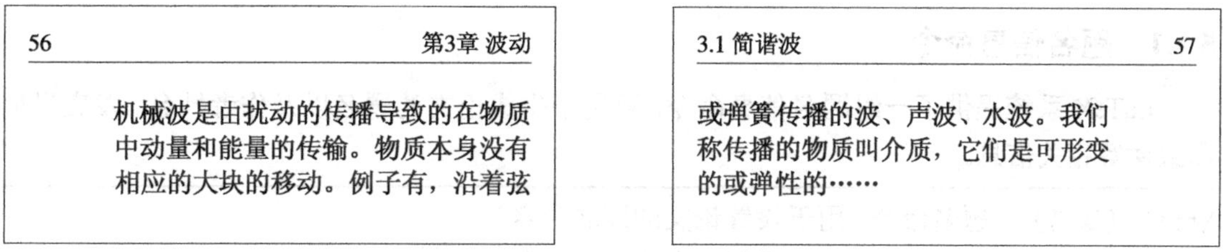
56
第3章 波动
机械波是由扰动的传播导致的在物质
中动量和能量的传输。物质本身没有
相应的大块的移动。例子有，沿着弦
3.1 简谐波
57
或弹簧传播的波、声波、水波。我们
称传播的物质叫介质，它们是可形变
的或弹性的……

图 4.9 外侧超宽页眉示意图

如果将上例中超宽页眉命令的*位置*可选参数省略，则页眉两侧均超宽 20pt。

4.4.5 本书版式设置

本书使用中文标题宏包 ctexcap 的 fancyhdr 选项，并在导言中对版式做如下设置：

```
\usepackage[fancyhdr,fntef,nocap,space]{ctexcap}
\pagestyle{fancy} \fancyhf{} \fancyhead[EL,OR]{\thepage}
\fancyhead[OC]{\nouppercase{\fangsong\rightmark}}
\fancyhead[EC]{\nouppercase{\fangsong\leftmark}}
\fancypagestyle{plain}{\renewcommand{\headrulewidth}{0pt}\fancyhf{}}
```

其中：第一行调用 ctexcap 宏包，详见 5.3.4 **中文标题宏包**的说明；最后一行的版式修改命令用于修改系统的 plain 版式，使所有章标题页的页眉和页脚都为空白。

注意，当调用 ctexcap 中文标题宏包后，不能再调用 fancyhdr 宏包！如果需要修改版式，应启用中文标题宏包的 fancyhdr 选项，它将自动加载 fancyhdr 宏包，并对其中某些命令重新定义，以正确显示中文页眉。

第 5 章　标题

标题是标明某一论述内容的简短语句，是对该论述的高度概括。标题应紧扣内容，简明扼要，易于理解，使读者一目了然。在论文写作中要用到三种类型的标题：论文题名(title)、层次标题(heading)和图表标题(caption)。

5.1　论文题名

论文都有题名。题名的内容应简短准确地概括论文的核心内容和主要论点，题名所用的词语应便于作为文献数据进行著录和检索。长篇论文有单独的题名页，通常就是论文的封面；短篇论文的题名一般与正文相连，不单独设页。为此，系统提供了两种创建论文题名的方法：一种是使用一组题名信息命令生成论文题名，它既可单独一页，也可与正文相连；另一种就是用题名页环境生成单独的题名页。

很多学术论文要求双栏排版，但对论文题名总是以通栏即单栏的格式排版。

5.1.1　题名信息命令

LaTeX 系统提供了一组题名信息命令，可用于生成论文的题名以及作者姓名、发表日期和致谢等相关信息。

`\title{题名}`	题名命令，用于设置论文的题名内容。
`\author{姓名}`	作者命令，用于设置论文作者的姓名。
`\and`	并列命令，如果论文有多个作者，可在 `\author` 中使用该命令来分隔并列。
`\thanks{脚注}`	致谢命令，用在 `\title` 或者 `\author` 命令中，它可以在题名页的底部生成脚注，只是没有脚注线，*脚注*内容可以是对题名的说明、作者的简历、联系的方式或是对某人表示感谢等。
`\today`	当天日期命令，由系统自动生成编译源文件时当天的日期，其排版格式为：August 14, 2010，它实际上是由系统内部的 `\month`、`\day` 和 `\year` 这三个计数器数据命令组成的，每当系统启动时就会向它们赋予当前值。
`\date{日期}`	日期命令，设置论文发表的日期。若*日期*为 `\today` 或不使用该命令，所显示的是当前日期；如果*日期*空置，即 `\date{}`，则不显示日期。
`\maketitle`	题名生成命令，它可根据上述命令中所含的题名信息，自行确定其字体、尺寸和位置，自动生成论文的题名及其相关信息。该命令必须置于上述各种题名信息命令之后，没有该命令，其他题名信息命令都无法生效，因为它们只是提供题名信息，并无排版功能。

在上述这组题名信息命令中，只有题名生成命令 `\maketitle` 是由所选文类提供的，也就是说不同的文类，对题名信息的处理会有所不同：book 和 report 文类默认为创建单独的题名页，而 article 默认为题名与正文相连，不单独设题名页。

如果采用 book 或是 report 文类，而又希望题名与正文相连，可使用这两种文类都具有的 `notitlepage` 选项；如果采用的是 article 文类，而又希望生成独立的题名页，可使用该文类的 `titlepage` 选项。

例 5.1 使用题名信息命令编写一个有两位作者的论文题名页。

```
\title{%
\vspace{-30mm}\heiti\Huge
数字信号的接收与处理 \vspace{9mm}}
\author{%
张国华\thanks{博士、副教授、硕士生导师}
\\[2mm]
东方科技大学电子工程系\\
\texttt{guohua@mail.com.cn} \and 李志强
\\[2mm]
华北理工学院计算机系\\
\texttt{zhiqiang@176.com}}
\date{2012.10.5}
\maketitle
```

数字信号的接收与处理

张国华[1]
东方科技大学电子工程系
guohua@mail.com.cn

李志强
华北理工学院计算机系
zhiqiang@176.com

2012.10.5

[1]博士、副教授、硕士生导师

在独立的题名页中，用致谢命令生成的脚注不附带一条脚注线，脚注序号为阿拉伯数字，脚注字体尺寸为 \small；在题名与正文同页面中，用致谢命令生成的脚注附带了一条脚注线，脚注的序号改为星号等脚注标识符，脚注字体尺寸为 \footnotesize。

如果采用题名生成命令生成题名信息，就必须使用题名命令，否则系统将中断源文件编译并显示错误信息；作者姓名也应使用作者命令编写，不然也将给出警告信息；其他题名信息命令可以选用。

如果希望修改由当天日期命令所生成日期的格式，例如将其格式改为：日/月/年，可调用由 Nicola Talbot 编写的 datetime 日期格式宏包：

```
\usepackage[ddmmyyyy]{datetime}
```

它还有多种日期格式选项，并提供当前时间命令 \currenttime，具体可查阅其说明文件。

使用题名信息命令可以很方便地创建论文题名，但是很多系统命令不能在题名信息命令中使用，所以不易对题名页的样式做大范围的改动，只能在设定的样式上做适量调整；如果希望对论文的封面进行艺术设计，最好采用 titlepage 题名页环境。

5.1.2 题名页环境 titlepage

标准文类 book、report 和 article 都提供有 titlepage 题名页环境，其命令格式为：

```
\begin{titlepage}
论文题名、作者姓名、日期等
\end{titlepage}
```

它可以创建独立的论文题名页面，该页面没有页眉和页码，其后页面的页码为 1，当天日期命令 \today 可用于该环境中。

采用题名页环境的好处是灵活性很强，大部分系统命令，如插图命令、旋转命令等，都可以在其中使用，因此能够制作出非常精美的题名页；但它只能生成独立的题名页，即就是使用 notitlepage 选项也不予理睬。

例 5.2 将例 5.1 中的题名信息改为使用题名页环境编排。

```
\begin{titlepage}
\vspace*{10mm}
\begin{center}
{\heiti\Huge 数字信号的接收与处理}\\[30mm]
{\Large 张国华\footnote{博士、副教授、硕士生
导师}}\\[5mm]
东方科技大学电子工程系\\\texttt{
guohua@mail.com.cn}\\[9mm]
{\Large 李志强}\\[5mm]
北理工学院计算机系\\\texttt{
zhiqiang@176.com}\\[15mm]
2012.10.5
\end{center}
\end{titlepage}
```

除当天日期命令 \today 以外，其他题名信息命令在题名页环境中均无效。

5.1.3 学位论文的封面

学位论文通常都有封面，它实际上也相当一个题名页。各院校学位论文的封面内容和格式不尽相同，下面举一个封面内容较为复杂的示例，来说明学位论文封面的编排方法。

例 5.3 使用题名页环境编写一个完整的学位论文封面。

```
\documentclass[a4paper,openany]{book} \usepackage[space]{ctex} \usepackage{ulem}
\renewcommand{\rmdefault}{ptm} \renewcommand{\sfdefault}{phv}
\begin{document}\begin{titlepage}\begin{center}
分 类 号: U491 \hfill
\newlength{\Mycode} \settowidth{\Mycode}{学\qquad 号: S2000000}
\begin{minipage}[t]{\Mycode}
单位代码: 10000\\ 学\qquad 号: S2000000\\密\qquad 级: 公开
\end{minipage}
\linespread{2.2}\vspace{18mm}\\ \centerline{\Huge 东方科技大学硕士学位论文}
\vspace{26mm}\heiti\large
\renewcommand{\ULthickness}{0.6pt} \setlength{\ULdepth}{4pt}
题\qquad 名 \uline{\hfill\kaishu{左向材料的微波滤波器应用}\hfill}\par 英\qquad 文
\uline{\hfill\sf{Left-handed Material Structure Applied}\hfill}\par
~\qquad\qquad \uline{\hfill\sf{to Microwave Filter
Design}\hfill}\par \vspace{20mm} 研究生姓名
\uline{\hfill\kaishu{李自强}\hfill}\par 专\qquad\quad 业
\uline{\kaishu\makebox[45mm]{电子信息工程}}\hfill 研究方向
\uline{\kaishu\makebox[35mm]{微波通信}}\par 导\qquad\quad 师
\uline{\kaishu\makebox[45mm]{张国栋}}\hfill 职\qquad 称
\uline{\kaishu\makebox[35mm]{教授}}\par \vspace{20mm}
```

```
论文报告提交日期 \uline{\kaishu\makebox[30mm]{2012 年 4 月}}\hfill
学位授予日期 \uline{\kaishu\makebox[30mm]{~~~}}\par
授予学位单位名称和地址 \uline{\hfill\kaishu{东方科技大学}\hfill}\par
\end{center}\end{titlepage}\end{document}
```

以下是排版结果，为了节省版面并尽量放大，故将其旋转 90 度。

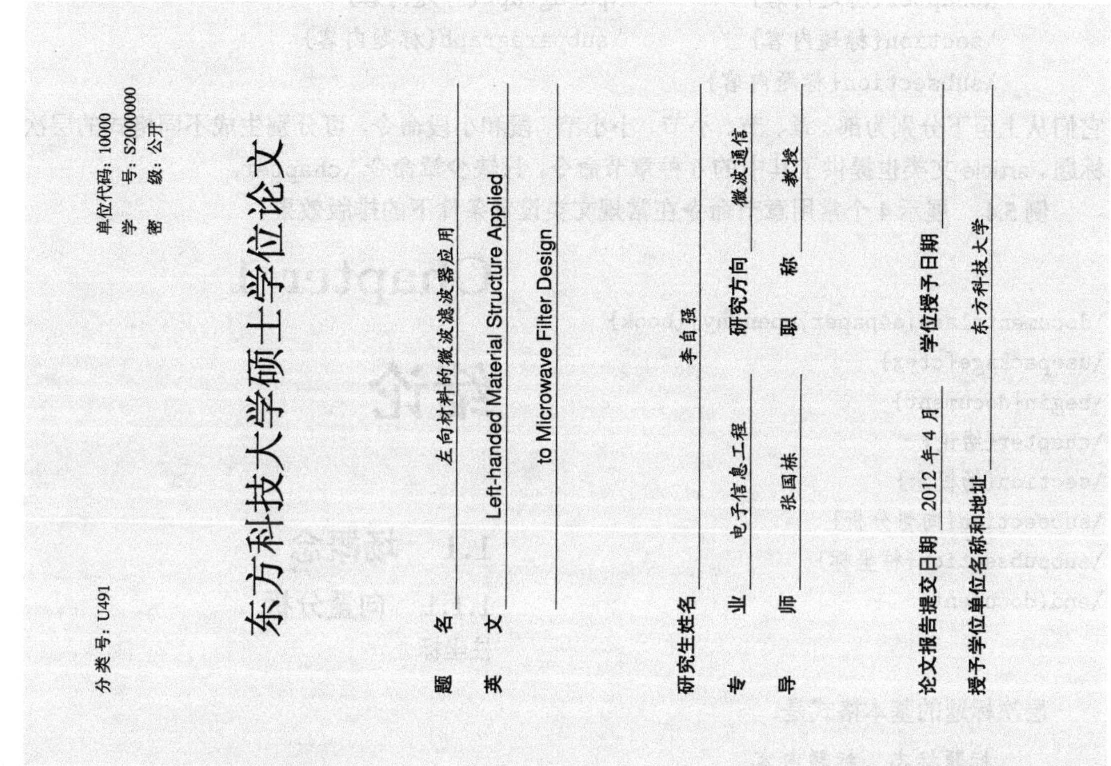
分类号：U491

单位代码：10000
学　　号：S2000000
密　　级：公开

东方科技大学硕士学位论文

题　　名　左向材料的微波滤波器应用
英　　文　Left-handed Material Structure Applied to Microwave Filter Design

研究生姓名　李自强
专　　业　电子信息工程　研究方向　微波通信
导　　师　张国栋　职　　称　教授

论文报告提交日期　2012 年 4 月　学位授予日期
授予学位单位名称和地址　东方科技大学

5.1.4 其他样式的题名页

前面几例所显示的题名页样式都比较典型和传统，它们都受到题名命令、题名生成命令等题名信息命令或题名页环境的框框约束，所能改变的范围很有限。如果要创建具有独特风格的题名页，就要摆脱这些题名信息命令或题名页环境的束缚，改为使用其他 LaTeX 命令来开发自己的想象空间。具体实现方法有很多种，可从 CTAN 网址

www.ctan.org/tex-archive/info/latex-samples/TitlePages/titlepages.pdf

下载由 Peter Wilson 所著的 Some Examples of Title Pages 一文，其中展示了 40 种题名页的样式并附有相应的源文件和说明，很值得参考借鉴。使用 CoverPage 封面宏包还可自动生成含有参考文献、版权和校徽等内容的论文封面。

5.2 层次标题

层次是指对复杂事物的论述次序和论述方式。论文都是用章、节等不同格式的层次标题来划分和展开不同深度的论述内容，并以此反映它们之间的逻辑或隶属关系。通常一篇论文由若干个章组成，每一章又分为若干个节，每一节可能有若干个小节，……。所有标题都应能点明本层次论述的主要论点或是大致内容。

5.2.1 章节命令

在系统中，各种层次标题都是由所选文类提供的各种章节命令生成的。book 和 report 两种文类都提供有下列 7 种章节命令，可分别用于生成 7 个层次的标题：

```
\part{标题内容}            \subsubsection{标题内容}
\chapter{标题内容}         \paragraph{标题内容}
\section{标题内容}         \subparagraph{标题内容}
\subsection{标题内容}
```

它们从上至下分别为部、章、节、小节、小小节、段和小段命令，可分别生成不同格式的层次标题。article 文类也提供了其中的 6 种章节命令，只缺少章命令 \chapter。

例 5.4 展示 4 个常用章节命令在常规文类设置条件下的排版效果。

```
\documentclass[a4paper,openany]{book}
\usepackage{ctex}
\begin{document}
\chapter{绪论}
\section{场概念}
\subsection{向量分析}
\subsubsection{柱坐标}
\end{document}
```

Chapter 1

绪论

1.1 场概念

1.1.1 向量分析

柱坐标

层次标题的基本格式是：

标题标志 标题内容

其中的标题标志说明如下。

标题标志 可包括层次名和序号两个部分。在例 5.4 中 Chapter 就是层次名，而 1、1.1 和 1.1.1 分别是章、节和小节标题的序号；章标题以下各层次标题的序号都是由上一层标题的序号，加一圆点，再加上该标题在本层的序数组合而成，并由左到右，从高层到低层顺序排列。所以，只要看到序号，就知道该标题的层级。例 5.4 中序号 1.1.1 表示这是第 1 章第 1 节第 1 小节的标题。

如果选用 book 或 report 文类，系统对各层次标题的预定义如下。

- 部和章标题具有完整的标题标志，即有层次名和序号。
- 节标题和小节标题有序号无层次名。
- 小小节及以下标题无标题标志，即无层次名和序号。
- 小节及以上层次的标题可被排进章节目录。
- 章标题和节标题还可被写入页眉。

章节命令的功能

各种章节命令具有以下功能。

(1) 不同层次的章节命令，可自动设置相应的标题格式，如字体尺寸、缩进宽度、与上下文间距等；同层次的标题格式相同。

(2) 同层次的标题与上下文之间的空白宽度相同。当节标题或节以下标题出现在页面顶部时，该标题与上文的垂直空白被取消。

(3) 所有层次标题不会被排版到页面的底部，即版心的最后一行。

(4) 每种章节命令都有与其命令名相同的序号计数器，每执行一次章节命令，其序号计数器加 1，并将低于其一个层次的序号计数器清零。例如每执行一次章命令 `\chapter`，就会将 `chapter` 计数器加 1，并将 `section` 计数器清零。注：如果所执行的章节命令的层次深度低于标题排序深度，则不会触动与其同名的序号计数器，详见表 5.1 及其说明。

(5) 自动为符合设定排序深度的层次标题编排序号，这些层次标题的增删或前后位置调整不会影响排序的正确性。所以作者在写作时并不知道也无需知道标题的序号。

(6) 各种章节命令之前或之后的所有空行都将被忽略。

(7) 章命令和节命令可将其标题内容写入页眉；如果采用的是 article 文类，则是节命令和小节命令可将其标题内容写入页眉。

(8) 将层次名、标题序号、标题内容和标题所在页的页码写入 `.aux` 引用记录文件；如果是子源文件，在分段编译时这些标题信息数据将被调入 `.toc` 章节标题记录文件。

章节命令的使用

文类 book 和 report 提供的部命令 `\part` 可生成单独的部标题页，文类 article 提供的部命令则不专设一页。部标题的作用是将具有很多章的长篇论著分成若干个部分。由于部标题单独用罗马数字排序，如 Part Ⅰ、Part Ⅱ 等，不参与其他层次标题的排序，而其他层次标题是用阿拉伯数字按层次排序，所以部标题的有无并不影响其他层次标题的排序。因此，部命令 `\part` 是个可根据论文篇幅选用的章节命令。

除部命令以外，其他所有章节命令都应从高到低逐层使用，中间不得空缺。例如在采用 book 或 report 文类的源文件中，首先要使用的是最高层次的章命令 `\chapter`，而不能是节命令 `\section`，否则该节标题的序号为 0.1；如果采用 article 文类，其最高层次的章节命令是节命令 `\section`。

文类 book 和 report 提供的章命令 `\chapter` 都将新开一页，其中 book 文类默认为每个新章都从右页即奇数页开始，这就有 50 % 的可能造成其左页完全空白，可以启用 book 文类的 `openany` 选项，它使新的一章既可从左页开始也可从右页开始，但是论文的第一章通常都是从右页开始；而 report 文类默认新章可从任意页开始，如果需要统一从右页开始，可使用其 `twoside` 和 `openright` 选项。

通常采用 book 文类写作学位论文，因其篇幅较长，要用到章标题；学术论文大都对篇幅有所限制，一般最高用到节标题，所以常用 article 文类写作。因此，可将整篇 article 论文改作 book 中的一章，也可将 book 中的一章改为整篇 article 论文。

章节命令的可选参数

每种章节命令都有一个可选参数。以节命令为例：

```
\section[目录标题内容]{标题内容}
```

通常在使用章节命令时都省略了*目录标题内容*可选参数，如果给出，则*标题内容*只排版到论文的正文中，而将*目录标题内容*排入章节目录和页眉中。有时*标题内容*很长，为了避免在目录中出现多行标题或多行页眉，就可使用该章节命令的可选参数，其主要作用就是简化*标题内容*。也可使用章节命令的可选参数来改变目录中的标题字体。

例 5.5 论文中的某个节标题内容很长，为了防止它在章节目录中生成多行标题，可使用节命令的可选参数将其简化。

```
\section[裂隙环谐振结构的设计与模拟]{裂隙环谐振结构(Split Ring Resonator Structure)
的设计原理与模拟试验}
```

如果在*标题内容*中含有参考文献引用命令或脚注命令，就会在章节目录或页眉中出现参考文献的引用标号或脚注序号。为了解决这个问题也可利用章节命令的可选参数，将*标题内容*写入*目录标题内容*并删除其中的引用命令或脚注命令。

带星号的章节命令

各种章节命令还有一种带星号的形式，例如 \chapter*{*标题内容*}、\section*{*标题内容*} 等，它们生成的层次标题没有标题标志，也不被排进章节目录和页眉。在编排学位论文的摘要、独创性声明和总结等内容的标题时，就可使用 \chapter* 命令。目录和参考文献的标题就是系统使用 \chapter* 或 \section* 命令生成的。

有时希望某个用带星号的章节命令生成的标题，如摘要、参考文献或索引等也能被排入章节目录，可在该章节命令或环境命令之后紧跟一条添加条目命令：

```
\addcontentsline{toc}{层次名}{标题内容}
```

其中*层次名*可以是 chapter 或者 section 等。

如果想要某个用带星号的章节命令生成的标题也能被排入页眉，可在该章节命令之后再紧跟一条双标签命令：

```
\markboth{章标题内容}{节标题内容}
```

其中：*章标题内容*是指用 \chapter* 命令生成的标题内容，*节标题内容*是指用 \section* 命令生成的标题内容。如果这两个参数只用到其中之一，可将另一个空置；如果只是节标题，也可以改用右标签命令：

```
\markright{节标题内容}
```

所有带星号的章节命令都没有*目录标题内容*可选参数，也不会触动与它们命令名相同的序号计数器。

5.2.2 章节命令中的命令

有时需要在章节命令中加入某种命令来达到说明或控制作用，例如脚注或抄录命令等。

脚注命令

例如在节命令中加入一个脚注命令：\section{北斗系统\footnote{CNSS}的应用}，以解释标题中的某个词语，但在编译时会出现错误信息，中断编译，这说明系统无法处理这种情况。这时可在导言中调用由 Robin Fairbairns 编写的脚注宏包 footmisc 并使用其可选参数的 stable 选项：

```
\usepackage[stable]{footmisc}
```

就可以解决这个问题了。上述节命令的排版结果为：**北斗系统[1]的应用**，并在其页面底部给出脚注：[1]CNSS 。

脚注宏包 footmisc 重新定义了系统的 \footnote 脚注命令，使章节命令能够对其正确处理，并可避免脚注随同该标题出现在章节目录或页眉之中。

反斜杠

如果标题内容中有带反斜杠的字母串，如 LaTeX 命令等，不能在章节命令中使用抄录命令 \verb 来限制它的作用，否则系统将提示出错，中断编译。可以改为使用 \string 字符串命令。例如：\section{盒子命令 \texttt{\string\fbox} 的使用}，其排版结果为：**盒子命令 \fbox 的使用**。字符串命令将反斜杠转变为普通字符，而非命令起始符。

如果论文中设有章节目录，上述方法仍然不能将标题的内容正确地传递给章节目录，因此不能通过编译，也就是说这种用命令来限制命令的做法，在章节目录中行不通。可将这个盒子命令 \fbox 分解成两组字符串来解决这一问题：

```
\section{盒子命令 \texttt{\symbol{92}fbox} 的使用}
```

其中 \symbol 是系统提供的字符命令，可以直接访问当前字体所使用的字符库，它的参数 92 是反斜杠符号“\”在当前的等宽体字符库 cmtt 中的十进制编号。

如果在论文中还使用了链接宏包 hyperref 提供的书签功能，见本书**正文工具**一章中的介绍，则使用上述方法的节标题在 Acrobat 书签上的显示为“盒子命令 92fbox 的使用”。这是因为书签是很简易的文本文件，它的内容全部来自章节命令，而其中含有的字体、颜色和数学式等命令都无法执行。为此，可采用 hyperref 提供的双字符命令：

```
\texorpdfstring{LaTeX字符}{PDF字符}
```

来处理这个问题。其中，LaTeX字符是用于章节命令中的字符和各种命令，PDF字符是可在书签中使用的字符和字符命令。这样，上例可改为：

```
\section{盒子命令 \texorpdfstring{\texttt{\symbol{92}fbox}}{%
                                          \textbackslash fbox} 的使用}
```

这样在书签中的显示改为：盒子命令 \fbox 的使用。

双字符命令对章节命令中可能出问题的地方采用双重标准：在章节命令中各种命令可继续使用；而对传递到书签的标题内容则降低标准，只要不出现乱码错码，能够基本正确地显示标题的内容就可以了。

数学式

在层次标题中时常带有简单的数学式，例如节标题：**相对论与 $E = mc^2$ 关系式**，可使用节命令 \section{相对论与 $E=mc^2$ 关系式} 得到，并可正确地传递给章节目录。但是如果使用 hyperref 的书签功能，在 Acrobat 书签上显示的则为“相对论与 E=mc2 关系式”，这说明书签并不支持 LaTeX 的数学模式及数学命令。

为了使书签能够正确地显示数学式，仍需要使用双字符命令，将可在文本模式中使用的数学符号传递给 Acrobat 书签：

```
\section{相对论与 \texorpdfstring{$E=mc^2$}{E=mc\texttwosuperior} 关系式}
```

5.2.3 标题的排序深度

每种章节命令都有一个层次深度代号，它表示该章节命令的层次深度，也是系统对层次标题排序的判别依据，如表 5.1 所示。

在三种标准文类中，节命令 \section 的层次深度都是 1，小节命令 \subsection 都是 2，……；文类 book 和 report 的章命令 \chapter，其层次深度都是 0，部命令 \part 都为 -1；文类 article 虽然没有提供章命令，但有部命令，其层次深度降为 0。

为了指示层次标题之间的隶属关系，系统可为层次标题附加序号，但不是所有层次的标题都加序号，这会使标题序号过于复杂，反而降低了指示效果。在例 5.4 中，小节以下的层次标题就没有给出序号，也就是说 book 文类默认的层次标题排序深度是 2；而 report 和 article 文类的默认排序深度分别为 2 和 3。

表 5.1 三种标准文类的章节命令与层次深度

层次深度	层次名	book	report	article
-1	part	\part	\part	
0	chapter	\chapter	\chapter	\part
1	section	\section	\section	\section
2	subsection	\subsection	\subsection	\subsection
3	subsubsectrion	\subsubsection	\subsubsection	\subsubsection
4	paragraph	\paragraph	\paragraph	\paragraph
5	subparagraph	\subparagraph	\subparagraph	\subparagraph

如果要改变排序深度，例如希望小小节标题也能给出序号，可在导言里使用计数器设置命令将排序深度计数器 secnumdepth 的值改为 3：\setcounter{secnumdepth}{3}。

如果不了解所用文类的默认排序深度，也可采用 \addtocounter 命令来增减排序深度。如果希望所有层次标题都取消序号，可将排序深度计数器的值改为 -2。

5.2.4 标题的引用

使用引用命令 \ref 得到的只是章节标题或图表标题的序号。但在论文中有时需要引用章节标题或图表标题的内容或包括序号和内容在内的完整标题，如果采用手工引用，当标题内容被修改后，这些手工引用的标题内容则因无法跟随改动而造成错误，所以还是应该采用交叉引用的方式来引用标题。

标题引用宏包 titleref

调用由 Donald Arseneau 编写的标题引用宏包 titleref 并使用其提供的 \titleref{书签名} 标题引用命令，就可以引用章节标题或图表标题的标题内容，如果还需要添加标题序号，可对命令 \theTitleReference 重新定义。

例 5.6 在章节标题引用时要得到标题序号和标题内容在内的完整标题。

```
\renewcommand{%
\theTitleReference}[2]{\bf\textit{#1}\ #2}
\subsection{定积分\label{sub:a}}
......
\subsection{不定积分}
在 \titleref{sub:a}中引入了极限的概念，...
```

5.3.1 定积分

……

5.3.2 不定积分

在 ***5.3.1*** **定积分**中引入了极限的概念，…

在上例源文件中，\theTitleReference 是 titleref 宏包提供的引用格式命令，#1 和 #2 分别代表标题序号和标题内容。

如果已调用了 hyperref 链接宏包，在有些情况下标题引用宏包 titleref 与其存在着兼容问题，可改为使用标题引用宏包 nameref，它是 hyperref 宏包套件中的一个宏包。

标题引用宏包 nameref

调用由 Heiko Oberdiek 和 Sebastian Rahtz 编写的标题引用宏包 nameref 并使用其提供的标题引用命令 `\Nameref{书签名}`，就可以引用章节标题或图表标题的标题内容，还可以得到所在页的页码。

例 5.7 引用在第 68 页的某小节标题内容。

```
\subsection{Definite integral\label{sub:a}}
......
\subsection{Indefinite integral}
In \Nameref{sub:a}, we have introduced the
concept of limit, ...
```

5.3.1 Definite integral

……

5.3.2 Indefinite integral

In 'Definite integral' on page 68, we have introduced the concept of limit, …

从上例可以看出，若要在中文论文中使用 `\Nameref` 标题引用命令，必须修改其定义：

`\newcommand{\Nameref}[1]{'\nameref{#1}' on page~\pageref{#1}}`

例 5.8 在中文论文中使用 `\Nameref` 命令引用完整的章节标题。

```
\renewcommand{\Nameref}[1]{%
\textbf{\ref{#1}~\nameref{#1}}}
\subsection{定积分\label{sub:a}}
......
\subsection{不定积分}
在 \Nameref{sub:a}中引入了极限的概念, ...
```

5.3.1 定积分

……

5.3.2 不定积分

在 **5.3.1 定积分**中引入了极限的概念，…

如果在章节命令中使用了目录标题内容可选参数，那么标题引用命令 `\Nameref` 所引用的是该章节命令中的目录标题内容。

5.3 层次标题格式的修改

从第 5.2.1 节的例 5.4 中可以看出：章标题的标题标志与标题内容分为两行，章标题与下文的距离较大，所有层次标题都是左对齐，英文字体是直立形罗马体。这是系统提供的唯一层次标题格式，它根本无法满足多种多样的论文标题格式要求，而且它也不符合中文的排版和阅读习惯。可是 LaTeX 并没有提供任何专用于修改标题格式的命令，所以标题格式改起来就很困难。

因此，通常的做法是：如果论文里因有中文而调用了 ctex 中文字体宏包，那就改为调用中文标题宏包 ctexcap 来修改标题的格式，详见本章第 5.3.4 节：**中文标题宏包 ctexcap**；如果论文是纯英文的，可调用 titlesec 标题设置宏包。

5.3.1 标题设置宏包 titlesec

由 Javier Bezos 编写的标题设置宏包 titlesec 具有多个选项并提供了一组命令，可简便全面地对各种层次标题的格式以及与周边之间的距离进行设置。

宏包选项

标题设置宏包具有一个 `compact` 选项，可缩减标题前后的垂直空白；另外还具有下列三组选项，可分别用于对标题的字体、尺寸和对齐方式进行设置。

rm sf tt md bf up it sl sc 设置标题字体的字族、序列和形状，bf 为默认值。

big medium small tiny 设置标题字体的尺寸，big 为默认值。

raggedleft center raggedright 设置标题的对齐方式，raggedright 为默认值。

使用宏包选项是最简单方便的标题格式修改方法；如需更为细致的修改就要使用标题格式命令和标题周距命令等标题设置命令了。

标题格式设置

标题设置宏包 titlesec 提供了一条标题格式命令：

```
\titleformat{章节命令}[形状]{标题格式}{标题标志}{间距}{标题内容}[后命令]
```

它可对各层次标题命令的排版格式做全面而细致的设置。命令中的各种参数说明如下。

章节命令 指定所需设置排版格式的章节命令，如 \chapter、\section 等。

形状 可选参数，用于设置标题的整体结构形式。该参数具有下列选项。

hang 默认值，表示标题的标题标志和标题内容排为一行。

block 将整个标题作为一个段落。例如：

> ***2.6*** **Use of MATLAB's FFT Routine for Filtering and Compression**

display 将标题标志与标题内容分为两个段落，且都左对齐，这类似于章命令 \chapter 的默认格式。

runin 将标题作为其后段落文本的一部分，类似于段命令 \paragraph 的默认格式。例如：

> § **3.2. Integrated Circuits** There are many advantages to doing this, including lower cost and smaller size ...

leftmargin 将标题置于左边空中。例如：

> **5.6 Television Delivery** There are basically three ways to receive a television signal today: over the air, by cable, or via satellite.

rightmargin 将标题置于右边空中。

drop 首段文字绕排于标题。首段文字应有一定的长度，否则可能反被标题绕排。例如：

> **19. Signal Analysis** Another common task in signal analysis is data compression. The goal here is to send a signal in a way that requires minimal data transmission. One approach is to express the ...

wrap 功能与 drop 选项类似，不同之处是它对标题宽度可自动调整。

frame 标题标志与标题内容分为两行，后者四周带有边框。边框线的粗细为 \fboxrule，其默认值是 0.4pt。例如：

> SECTION 4.8
>
> **Special Amplifiers**

标题格式 用于设置整个标题的字体、与上文的附加距离或上画线等格式内容，可在其中使用 \bf、\large、\centering、\titlerule 和 \vspace 等命令。

标题标志 设置层次名和序号的排版格式，例如：SECTION \thesection、\Large、\bf 等；若标题标志为单独一行，还可在此设置上标题线等装饰图线。此参数不能空置，否则标题将无标题标志。

间距 设置标题标志与标题内容之间的距离，它可以设置为 0pt，但不能空置。该距离对于 display 选项是垂直距离，对于 frame 选项则是标题内容与边框之间的距离。

标题内容 设置标题内容的排版格式，其中可使用字体命令 \Large、\bf、\it 等，也可使用位置命令 \centering 等。若标题内容为单独一行，还可在此设置上标题线等装饰图线。此参数常被空置。

后命令 可选参数，用于设置在标题本身排版之后还需要执行的命令，例如下标题线 \titlerule、与下文的附加距离等；对于 runin 选项，可在此设置标题与段落之间的水平距离或关系符号，如破折号 —— 等。此参数常被省略。

以上各种标题格式示例的设置命令可查阅该宏包的说明文件 titlesec.pdf。

上述标题格式命令功能虽强但使用复杂，通常用不到这么多参数。因此，该宏包给出了一个简化的、带星号的标题格式命令：

```
\titleformat*{章节命令}{标题格式}
```

例 5.9 将节标题的排版格式由左对齐改为居中，其字体由罗马体改为斜体。

```
\titleformat*{\section}{\centering\Large\bfseries\songti\itshape}
```

例 5.10 若不希望在多行节标题中出现断词，可在其标题格式命令中使用左对齐命令。

```
\titleformat*{\section}{\raggedright\Large\bf}
```

标题周距设置

标题设置宏包 titlesec 还提供了一条标题周距命令：

```
\titlespacing*{章节命令}{左间距}{上间距}{下间距}[右间距]
```

用它可以设置每种层次标题与四周之间的距离。该命令中的各种参数说明如下。

章节命令 指定所需设置标题周距的章节命令，如 \chapter 或 \section 等。

左间距 设置标题与版心左边缘之间的距离。如果该距离被设置为负值，则标题将凸入左边空；如果在标题格式命令中使用了 leftmargin、rightmargin、wrap 或者 drop 选项，该参数则改为标题宽度，若使用了 runin 选项，则改为标题缩进宽度。

上间距 设置标题与上文之间的垂直距离。

下间距 设置标题与下文之间的距离，如果在格式设置命令中已使用了 leftmargin、rightmargin、runin、wrap 或 drop 选项，该参数是两者之间的水平距离，而其他选项则是垂直距离。通常在该参数中使用标题设置宏包提供的 \wordsep 命令，它表示当前字体的词距，是个弹性长度；因此，标题的字体越大，它与下文之间的距离就越大。

右间距 可选参数，如果在格式设置命令中使用了 hang、block 或 display 选项，该参数可用来设置标题与版心右边缘的距离。如果标题内容很长，希望在排版到右边缘之前换行，就可在此设置提前距离。

通常对上间距和下间距的设置都是采用弹性长度，使得对设置命令的输入和阅读都不方便，为此该宏包又提供一个简化的、不带星号的标题周距命令：

```
\titlespacing{章节命令}{左间距}{*n}{*m}[右间距]
```

其中，$*n$ 和 $*m$ 分别表示上间距和下间距，其值分别为：$n$ex plus 0.3ex minus 0.06ex 和 $m$ex plus 0.1ex，n 和 m 都是十进制数，通常取正值，也可以是零或负值。例如：

```
\titlespacing*{\section}{0pt}{3ex plus 0.3ex minus 0.06ex}{1.5ex plus 0.1ex}
\titlespacing{\section}{0pt}{*3}{*1.5}
```

这两条标题周距命令是等效的。注意，标题周距命令 \titlespacing 不能直接用于 \part 和 \chapter 章节命令，除非它们已经用 \titleformat 标题格式命令修改了格式。

标题线的设置

标题设置宏包定义了两条画标题线的命令：

```
\titlerule[高度]
\titlerule*[宽度]{字符}
```

命令 \titlerule 可用在标题格式命令或标题周距命令中画水平实线，其总长度等于当前环境的宽度，通常为文本宽度 \linewidth。在命令中，可选参数*高度*用于设置水平实线的高度，其默认值为 0.4pt。

命令 \titlerule* 可用在标题格式命令或标题周距命令中画水平虚线，其总长度等于当前环境的宽度；该命令将*字符*置于*宽度*可设置的盒子中，并连续重复水平排印而形成虚线；如果可选参数*宽度*被省略，其默认值等于*字符*的自然宽度。

例 5.11 在标题上方画一道文武线，即上粗下细的两条水平实线，在标题下方用小圆点画一条水平虚线。

```
\titleformat{\chapter}{\titlerule[1pt]
\vspace{1pt}\titlerule\vspace{9pt}\bf}{
\thechapter}{1em}{}[\vspace{6pt}{
\titlerule*[3pt]{\textperiodcentered}}]
\chapter{Antenna Gain}
```

带星号章节命令的修改

上述对章节命令的格式和周距的修改也等效于对带星号的章节命令的修改，只是它将忽略标题标志和间距的设置。

因此，对章命令的排版格式修改将会影响到目录、参考文献和附录等标题的排版格式，因为这些无标题标志的标题是由系统在其内部使用 \chapter* 命令生成的。如果希望目录标题仍然保持原有格式，可将对章命令的修改命令放到正文中，且在章节目录命令之后。

5.3.2 预定名的修改

在第 5.2 节的例 5.4 中，层次名 Chapter 是由章命令 \chapter 自动生成的。参考文献环境 thebibliography 可使用章命令 \chapter* 为其自动生成标题 Bibliography。这些自动生成的标题名称都是系统预先定义的，被称为预定名。

LaTeX 系统中的各种预定名及其定义命令如表 5.2 所示。

表 5.2 各种预定名与其定义命令

定义命令	预定名	中文名	说明
\abstractname	Abstract	摘要	用于 article 和 report 文类
\appendixname	Appendix	附录	
\bibname	Bibliography	参考文献	用于 book 和 report 文类
\chaptername	Chapter	章	用于 book 和 report 文类
\contentsname	Contents	目录	章节目录
\indexname	Index	索引	
\listfigurename	List of Figures	插图	插图目录
\listtablename	List of Tables	表格	表格目录
\partname	Part	部	
\refname	References	参考文献	用于 article 文类

在表 5.2 中，中文名是在调用中文标题宏包 ctexcap 后可自动转换而成；如果需要修改表中的某个预定名，可对其定义命令进行重新定义。

例 5.12 将目录的标题由罗马体改为小型大写字体。

```
\renewcommand{\contentsname}{\sc Contents}
```

例 5.13 将参考文献的标题由 Bibliography 改为中文黑体字“参考文献”。

```
\renewcommand{\bibname}{\heiti 参考文献}
```

这些预定名的定义命令很难查找和记忆，有的还与所选文类有关。有些预定名改为中文名比较麻烦，例如将 Chapter 1 改为“第 1 章”。此外，要修改这些预定名的排版格式也不方便。如需解决这些问题可调用 ctexcap 中文标题宏包。

5.3.3 排序单位的修改

标准文类 book 和 report 的章标题以及 article 的节标题都是以全文为排序单位，而部标题的存在与否并不影响排序。如果在论文中使用了部标题并且希望以部作为章或节的排序单位，可调用 amsamth 公式宏包，对于 book 和 report 文类，可在导言中插入下列命令：

```
\numberwithin{chapter}{part} \renewcommand{\thechapter}{\arabic{chapter}}
```

对于 article 文类，可在导言中插入下列命令：

```
\numberwithin{section}{part} \renewcommand{\thesection}{\arabic{section}}
```

排序单位命令 \numberwithin 是由公式宏包 amsmath 提供的，其通用格式为：

```
\numberwithin{计数器}{排序单位}
```

其中计数器用于指定需要重新设置排序单位的计数器。该命令还可用于脚注、公式、插图或表格排序单位的修改。

5.3.4 中文标题宏包 ctexcap

中文标题宏包 ctexcap 是由 CTEX 网站编写的，它可以自动完成预定名的中文转换和层次标题的中文格式设置，还可使用其提供的命令对这些中文化的默认设置进行修改，可完全取代标题设置宏包 titlesec。当调用 ctexcap 宏包时，应删除对 titlesec 宏包的调用命令和其提供的各种设置命令，以免相互冲突。

中文标题宏包 ctexcap 有与中文字体宏包 ctex 相同的选项，其中 nocap 选项，如果使用它，将恢复所有预定名和层次标题的原貌，作者仍可在此基础上使用其所提供的命令对各种预定名和层次标题的排版格式进行重新设置。

当调用 ctexcap 中文标题宏包时，它将自动加载 ctex 中文字体宏包，如果此前已经调用了 ctex 宏包，应将其选项转移到 ctexcap 的调用命令中，而将原有的 ctex 调用命令删除，以免相互冲突。

预定名的修改

当在导言中调用 ctexcap 宏包后，它将自动把表 5.2 中所列的各种英文预定名全部改为对应的中文名，并将英文层次名，例如：Part I、Chapter 1，改为：第一部分、第一章。

如果希望将某些预定名修改为其他名称，可使用 ctexcap 提供的参数命令：

```
\CTEXoptions[参数1={中文名},参数2={中文名},...]
```

来修改默认的预定名，其中*参数*的相关设置如表 5.3 所示。

表 5.3 参数命令中各种参数的默认设置和 nocap 选项设置

参数	默认设置	nocap 选项设置
contentsname	目录	Contents
listfigurename	插图	List of Figures
listtablename	表格	List of Tables
figurename	图	Figure
tablename	表	Table
abstractname	摘要	Abstract
indexname	索引	Index
bibname	参考文献	Bibliography

在表 5.3 的“nocap 选项设置”中，ctexcap 宏包将三种标准文类的参考文献标题都设置为 Bibliography。

例 5.14 使用参数命令将插图目录的预定名“插图”改为“插图目录”。

```
\CTEXoptions[listfigurename={插图目录}]
```

层次标题格式的设置

在调用 ctexcap 宏包后，它还会自动将各种层次标题按照中文的阅读和排版习惯重新设置，例如将中文字体都使用黑体，将章标题由两行左对齐，改为一行居中对齐，等等。如果使用 ctexcap 宏包的 nocap 选项，则将恢复各层次标题的原有格式。

如果希望修改层次标题的中文默认格式或 nocap 选项格式，可使用标题格式命令：

```
\CTEXsetup[参数1={格式},参数2={格式},...]{层次名}
```

来修改。在命令中，*层次名*可以是 chapter、section 等各层次标题的层次名以及 appendix。命令中的可选参数是由多个子*参数*组成的，可同时选取多个子*参数*进行相应的格式设置，以下是各种子参数名及其格式设置说明。

name　设置层次名的预定名，它是由前名和后名两部分组成，其间用半角逗号分隔。该参数的默认设置与 nocap 选项设置如表 5.4 所示。

表 5.4　name 参数的默认设置与 nocap 选项设置

层次名	默认设置	nocap 选项设置
chapter	第,章	Chapter\space,
section	,	,
subsection	,	,
subsubsection	,	,

例如要生成中文格式为“第 2.1 节”的层次名，可使用设置命令：

```
\CTEXsetup[name={第~,~节}]{section}
```

number　设置序号的计数形式，其默认设置与 nocap 选项设置如表 5.5 所示。

表 5.5　number 参数的默认设置与 nocap 选项设置

层次名	默认设置	nocap 选项设置
chapter	\chinese{chapter}	\arabic{chapter}
section	\thesection	\thesection
subsection	\thesubsection	\thesubsection
subsubsection	\thesubsubsection	\thesubsubsection

例如将章标题序号的计数形式改为大写罗马数字：

```
\CTEXsetup[number={\Roman{chapter}}]{chapter}
```

format　设置整个标题的格式，例如字体尺寸和对齐方式等。该参数的默认设置与 nocap 选项设置如表 5.6 所示。

表 5.6　format 参数的默认设置与 nocap 选项设置

层次名	默认设置	nocap 选项设置
chapter	\centering	\raggedright
section	\Large\bf\centering	\Large\bf
subsection	\Large\bf\flushleft	\large\bf
subsubsection	\normalsize\bf\flushleft	\normalsize\bf

nameformat　设置标题标志的格式，它包括层次名和序号两个部分。该参数的默认设置与 nocap 选项设置如表 5.7 所示。

表 5.7　nameformat 参数的默认设置与 nocap 选项设置

层次名	默认设置	nocap 选项设置
chapter	\huge\bf	\huge\bf
section	empty	empty
subsection	empty	empty
subsubsection	empty	empty

numberformat 设置序号的格式，如字体和尺寸等，通常为空置。如果希望序号的格式与层次名的格式有所区别，就可使用该参数。

aftername 设置标题标志与标题内容之间的距离，以及后者是否另起一行。该参数的默认设置与 nocap 选项设置如表 5.8 所示。

表 5.8 afternane 参数的默认设置与 nocap 选项设置

层次名	默认设置	nocap 选项设置
chapter	\quad	\par\vskip 20pt
section	empty	empty
subsection	empty	empty
subsubsection	empty	empty

titleformat 设置标题内容的格式，其默认设置与 nocap 选项设置如表 5.9 所示。

表 5.9 titleformat 参数的默认设置与 nocap 选项设置

层次名	默认设置	nocap 选项设置
chapter	\huge\bf	\huge\bf
section	empty	empty
subsection	empty	empty
subsubsection	empty	empty

beforeskip 设置标题与上文之间的附加垂直距离。该参数的默认设置与 nocap 选项设置如表 5.10 所示。

表 5.10 beforeskip 参数的默认设置与 nocap 选项设置

层次名	默认设置	nocap 选项设置
chapter	50pt	同左
section	3.5ex plus 1ex minus .2ex	同左
subsection	3.25ex plus 1ex minus .2ex	同左
subsubsection	3.25ex plus 1ex minus .2ex	同左

因章标题总是新启一页，故其附加距离通常是刚性长度，其值可以是零或为负；章以下标题的附加距离应为弹性长度，其值只能为正或零。

afterskip 设置标题与下文之间的附加垂直距离。该参数的默认设置与 nocap 选项设置如表 5.11 所示。

表 5.11 afterskip 参数的默认设置与 nocap 选项设置

层次名	默认设置	nocap 选项设置
chapter	40pt	40pt
section	2.3ex plus .2ex	2.3ex plus .2ex
subsection	1.5ex plus .2ex	1.5ex plus .2ex
subsubsection	1.5ex plus .2ex	1.5ex plus .2ex

章标题的附加距离可以是零或是负值，而章以下标题只能是正值。

indent　　设置标题的缩进宽度，其默认设置与 nocap 选项设置如表 5.12 所示。

表 5.12　indent 参数的默认设置与 nocap 选项设置

层次名	默认设置	nocap 选项设置
chapter	0pt	0pt
section	0pt	0pt
subsection	0pt	0pt
subsubsection	0pt	0pt

以上各参数设置表格中列举了最常用的 chapter 等 4 个层次的标题格式设置数据，如需其他层次标题的格式设置数据可在 CTeX 目录下查阅 ctex 宏包的说明文件 ctex.pdf；表格中的 \space 是空格命令；表格中的 empty 表示空置。

部分修改标题格式

使用 \CTEXsetup 命令对某一参数的设置，将完全覆盖该参数的原有设置。如果只是在原有设置基础上，对部分设置内容进行修改，可使用带“+”号的参数。例如：

```
\CTEXsetup[format+={\fangsong}]{section}
```

将节标题的字体改为仿宋，而该参数的其他格式仍保持原有设置。所有与标题格式相关的参数都支持这一功能。

例 5.15　将章标题改为中文格式，其序号仍沿用阿拉伯数字计数形式，在标题上方画一道文武线，在标题下方用小圆点画一条水平虚线。

```
\CTEXsetup[name={第~,~章},number={\arabic{chapter}},nameformat+={\Large},%
titleformat+={\Large},beforeskip={%
0pt\hrule height1pt \vspace{1pt}\hrule},%
afterskip={%
-1mm\dotfill\vspace{5mm}}]{chapter}
\chapter{天线增益}
```

附录的预定名修改

如表 5.2 所示，附录的预定名与所使用的文类有关，文类 book 和 report 中的附录预定名是借用章命令生成的，其序号是用 chapter 计数器编排的，而 article 文类采用的是节命令和 section 计数器，且无预定名，只有序号。

附录相当于 book、report 中的一章，或 article 中的一节；修改章或节标题的格式也就修改了附录的标题格式。因此，在修改附录的预定名时只涉及两个参数，如表 5.13 所示。

表 5.13　修改附录预定名所涉及的参数及其相关设置

参数	默认设置	nocap 选项设置	文类
name	附录~	Appendix\space	book、report
	empty	empty	article
number	\Alph{chapter}	\Alph{chapter}	book、report
	\Alph{section}	\Alph{section}	article

例 5.16 把附录的预定名改为“附件”，并将其计数形式改为中文小写数字。

```
\appendix  \CTEXsetup[name={附件},
number={\chinese{chapter}}]{appendix}
\chapter{高斯积分}
```

附件一 高斯积分

5.3.5 本书层次标题格式设置

本书对章标题的格式做了较大修改：章序号的前后各插入一个空格；章序号计数形式仍采用阿拉伯数字；章标题的字体尺寸改为 \LARGE；因为标题的中文字体默认为黑体，故不再使用粗宽命令 \bf；将章标题位置提升至版心的顶部，尽量利用版面空间。具体设置如下：

```
\CTEXsetup[name={第~,~章},number={\arabic{chapter}}]{chapter}
\CTEXsetup[nameformat+={\LARGE},titleformat+={\LARGE}]{chapter}
\CTEXsetup[beforeskip={-23pt},afterskip={20pt plus 2pt minus 2pt}]{chapter}
```

其他层次的标题格式基本上采用 ctexcap 宏包的默认设置。

5.4 图表标题

一段文字到版面底部没有排完，系统可将剩余部分移至下一页的顶部继续排。而一个插图或表格被整体装入一个盒子不能拆分，如遇当前页剩余空间排不下时，系统只能将整个插图或表格移至下一页的顶部，这会给当前页留下大片空白，而且图表标题的位置也被打乱。

5.4.1 浮动环境

为了能够解决上述问题，系统提供了一个 figure 图形浮动环境、一个 table 表格浮动环境和一个 \caption 图表标题命令，它们的命令结构分别为：

```
\begin{figure}[位置]
插图命令或绘图环境
\caption[目录标题内容]{标题内容}
\end{figure}
```

```
\begin{table}[位置]
\caption[目录标题内容]{标题内容}
表格环境
\end{table}
```

前者用于插图，后者用于表格。这两个环境可以根据其中图表的高度结合版面编排情况，确定图表在版面中的位置，而图表前后的文本，也可推后或前移，以填补因图表“浮动”而产生的空间。图表标题命令 \caption 所生成的图表标题可随同图表一起浮动。

浮动环境将其中所有插图或表格放在一个宽为 \linewidth 的 \parbox 段落盒子中，构成一个不可分割的，但可以在版心中沉浮的盒子，所以在浮动环境中的插图或表格被称为浮动体。在浮动环境命令中，可选参数*位置*具有下列选项。

- h 指定将该浮动体就地放置(here)，即放置在该浮动环境所在位置。如果版面所剩空间放不下该浮动体，作者又没有指定其他选项，系统则将 h 改为 t，即尝试将该浮动体放到下一页的顶部。
- t 表示将该浮动体放置在当前页或下一页的顶部(top)。
- b 表示将该浮动体放置在当前页或下一页的底部(bottom)。
- p 表示将该浮动体放置在当前页(或当前栏)之后的单独一页(或一栏)，该页被称为浮动体页(page of floats)。

! 取消因保证排版美观而对版面中浮动体数量和占据版面比例的大部分限制，具体可见**浮动体处理**一章中的介绍。该选项应与其他选项组合使用。

位置参数可以由一个或多个选项组成，其排列顺序并不影响系统对浮动体的浮动定位运算，因为系统总是按照 h→t→b→p 的试探顺序来确定放置浮动体的位置。因此，给出的选项越多越有利于图表的安置。例如，只给出 h，如果不能就地放置，系统就只能将其放到当前章或全文的末尾。再例如，给出 !ht，表示取消美观限制，尽量将该浮动体就地放置，实在不行就放到下一页的顶部，如果还是不行，系统才会将其放到浮动页中。

如果在浮动环境命令中没有给出位置可选参数，其默认值就是 tbp。

浮动环境中的内容将按照导言中的格式设置进行排版，在正文中的各种格式设置命令对其无效。如果要改变浮动环境的排版格式，例如字体、字体尺寸、行距或颜色等，必须将相应的设置命令置于浮动环境内部。

由于图表排版位置的不确定性，在解说图表时不宜使用“下图”、“上表”之类的定位词，而应使用图表的标题标志，如“图 2.6”、“表 3.8”等，其中序号最好采用交叉引用的方式自动生成，以免图表或章节调整时造成序号错乱。

使用浮动环境的好处是给系统在排版图表时有更多自主权，使图表与文本能够更完美地融为一体。但使用浮动环境也可能会产生新的问题，具体可见**浮动体处理**一章。

浮动体的放置原则

浮动环境中的位置参数是作者对浮动体摆放位置的建议，但系统握有否决权。在处置浮动体时，系统将遵循下列原则，只有在不违背这些原则的前提下，系统才会采纳作者的建议。

(1) 浮动体不能放置在其浮动环境所在版面之前，即浮动体可以向上、向下和向后浮动，但不能向前浮动。

(2) 插图浮动体按出现的顺序放置，不能先后颠倒，表格浮动体也是如此，但这两种浮动体之间允许错位。在双栏版面中的两种跨栏浮动体也允许错位放置。

(3) 如果所给位置参数的选项是 ht，那么系统将优先考虑选项 h 的可能性，即就是在版面顶部具有足够的放置空间。

(4) 不能因放置浮动体而造成版面“溢出”(overfull)，即超出版心的侧边或底边。

(5) 遵守为保证排版美观而对浮动体放置所采取的限制措施，但如果给出 ! 位置选项，将部分取消对文本页中浮动体的限制。

双栏版面的跨栏浮动环境

上面介绍的浮动环境适用于浮动体的宽度小于或等于版面宽度或一栏的宽度，如果在双栏版面中，浮动体的宽度超过栏宽，或希望将浮动体置于两栏之间，即横跨两栏，就要使用带星号的浮动环境：

```
\begin{figure*}[位置]
插图命令或绘图环境
\caption[目录标题内容]{标题内容}
\end{figure*}
```

```
\begin{table*}[位置]
\caption[目录标题内容]{标题内容}
表格环境
\end{table*}
```

其中可选参数位置只有 t 和 p 两个选项，默认值为 t，即将跨栏图表置于下一页的顶部或单独一页。若希望将跨栏图表置于下一页的底部，可调用由 Morten Høgholm 编写的 dblfloatfix 宏包，此时位置参数的默认值改为 tbp。

5.4.2 图表标题命令

图表标题命令

\caption[目录标题内容]{标题内容}

只能在浮动环境中使用，它可以为浮动环境中的图表生成标题。其中，可选参数目录标题内容是只出现在插图目录或表格目录中的标题内容；标题内容是在图表上方或下方的图表标题内容。若可选参数目录标题内容被省略，其默认值就是标题内容。如果标题内容很长，为避免在目录中出现多行标题，就可以使用可选参数目录标题内容来简化标题内容。

图表标题命令 \caption 所生成的插图或表格标题的格式为：

标题标志 分隔符 标题内容

例如："Figure 3.6: 系统框图"。图表标题格式中的各部分说明如下。

标题标志 它由标题名和序号两部分组成：在 figure 环境中，标题名是 Figure，序号是由 figure 计数器编排；在 table 环境中，标题名是 Table，序号是由 table 计数器编排。如果采用 book 或 report 文类，序号是由章序号加一圆点再加该插图或表格在本章的序数组成，即以章为排序单位；如果是 article 文类，序号是以全文为排序单位。

分隔符 用于区分标题标志与标题内容这两部分的符号，其默认值为冒号和一个空格。

通常将插图的标题放在其正下方，表格的标题放在其正上方。因此在两种浮动环境中，图表标题命令 \caption 的位置有上下之分。

如果图表标题的长度不足一行，它将居中排版，否则将按首行不缩进的段落排版。

一个浮动环境里可以含有多个插图或表格和多个 \caption 图表标题命令，而每个图表标题命令将使与浮动环境同名的计数器加 1。

例 5.17 将两幅插图置于一个图形浮动环境 figure 中。

```
\begin{figure}[!ht]
\centering
\includegraphics{graphics1.pdf}
\caption{第一幅插图}
\includegraphics{graphics2.pdf}
\caption{第二幅插图}
\end{figure}
```

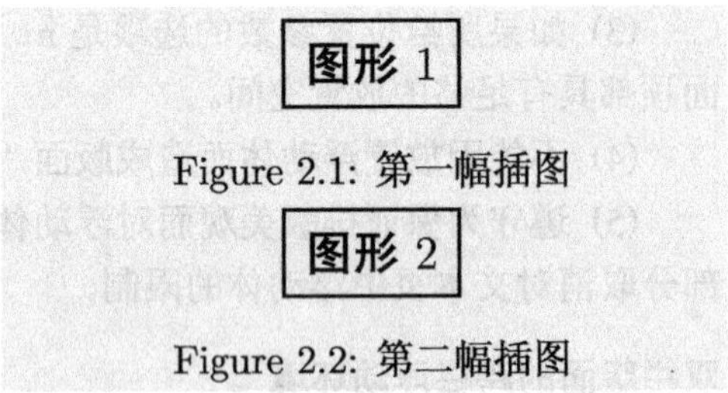

在上例源文件中，\includegraphics 是插图宏包 graphicx 提供的插图命令，可参见本书插图一章中的说明。

标题名的修改

标题名 Figure 和 Table 也是由系统预先定义的预定名，其定义命令分别是：

\figurename 和 \tablename

可使用重新定义命令来修改这两个标题名。

例 5.18 将标题名 Figure 改为中文黑体字"图"。

```
\renewcommand{\figurename}{{\heiti 图}}
```

在上例中，\heiti 是由中文字体宏包 ctex 提供的 6 条中文字体命令中的黑体命令。

标题位置的调整

图表标题与其上方的图表或上文之间的距离为 \abovecaptionskip，默认值是 10pt；图表标题与其下方的图表或下文之间的距离为 \belowcaptionskip，默认值是 0pt。若要调整图表标题与图表或与上下文之间的距离，可使用长度赋值命令对这两条数据命令重新赋值。

5.5 图表标题格式的修改

在 LaTeX 系统中，对插图和表格的标题未能给予足够的重视，如同一般段落，与周围的文本没有明显的视觉差别，也没有给用户提供任何可以修改图表标题格式的命令。如果要改变图表标题的格式，通常要借助相关的宏包。

5.5.1 排序单位的修改

在采用 book 或 report 文类的论文中，图表标题都是以章为排序单位，在采用 article 文类的论文中，图表标题都是以全文为排序单位。若希望将图表标题的排序单位改为节，可使用公式宏包 amsmath 提供的排序单位命令：

```
\numberwithin{figure}{section} \numberwithin{table}{section}
```

如果已调用了 caption 图表标题宏包，也可使用其序号选项来改变排序单位。

5.5.2 图表标题宏包 caption

图表标题宏包 caption 是由 Axel Sommerfeldt 编写的，其可选参数分为多个子参数，每个子参数具有多个选项，使用这些选项可以对全文所有浮动环境中的图表标题格式，如字体、对齐方式和边空宽度等进行全面设置；它还提供了多条命令，可以对正文中部分图表标题的格式进行设置；该宏包还允许在浮动环境之外使用 \caption 命令。该宏包可替代曾广为使用的 caption2 图表标题宏包。

格式参数

若要重新设置全文中的图表标题格式，可调用 caption 宏包并使用其可选格式参数：

```
\usepackage[参数1=选项,参数2=选项,...]{caption}
```

如果需要对正文中的某些图表标题格式进行设置，可使用 caption 提供的标题设置命令及其相应的格式参数：

```
\captionsetup[浮动体类型]{参数1=选项,参数2=选项,...}
```

其中可选参数*浮动体类型*的选项可以是 figure 或 table，如果省略该参数，则表示这两种浮动体都适用。

在上述两条命令中*参数*是用来设置标题的格式，它的种类和选项有很多，下面仅列出常用的部分。

(1) 样式参数的名称及其选项说明。

format 设置图表标题的整体结构形式，它有下列两种选项。

plain 默认值，将标题作为普通段落排版。例如：

表 2.3: 三种不同质量的主序星的理论计算与实际观测所得这三种恒星的参量对比表

hang　将标题从第二行起悬挂缩进排版，缩进宽度等于标题标志加分隔符的宽度。例如：

表 2.3: 三种不同质量的主序星的理论计算与实际观测所得这三种
　恒星的参量对比表

indention　设置从标题第二行起的附加缩进宽度，例如 indention=5mm，其默认值是 0pt。该参数适用于上述两种标题结构形式选项。

labelformat 设置标题标志的样式，它有下列几种选项。

- default 默认值，标题标志按照所选文类定义的样式排版，通常由标题名和序号组成，类似于下面的 simple 选项。
- empty　无标题标志，即无标题名和序号。
- simple　标题标志由标题名和序号组成。
- brace　标题标志由标题名和序号组成，序号只用右圆括号包括。
- parens　标题标志由标题名和序号组成，序号用左右圆括号括起来。

labelsep　设置分隔符的样式，有下列几种选项。

- none　无分隔符号。
- colon　默认值，分隔符为冒号和一个空格。
- period　分隔符是半角句号和一个空格。
- space　分隔符是一个空格。
- quad　分隔符是空白命令 \quad，相当于 1 em 宽的空白。
- newline 分隔符是换行命令 \\，即标题标志为单独一行。该选项只能与 plain 选项配合使用。
- endash　分隔符是空格、破折号和空格。例如：

　图 3.6 — 自动控制系统框图

(2) 对齐参数的名称及其选项说明。

justification 设置标题的对齐方式，可有下列几种选项。

- justified　默认值，将标题作为普通段落排版。
- centering　标题的每一行都居中对齐。
- centerlast　标题的最后一行居中对齐。
- centerfirst 标题的第一行居中对齐。
- raggedright 标题的每一行都左对齐。
- RaggedRight 标题的每一行都左对齐，并将自动断词功能运用其中。
- raggedleft　标题的每一行都右对齐。

singlelinecheck 设置如果标题只有一行时的对齐方式，有以下两种选项。

- true　默认值，自动将标题居中。
- false　将标题改为左对齐。

(3) 字体参数的名称及其选项说明。

font　设置整个标题的字体，它具有下列几种选项。

- scriptsize　字体尺寸为 \scriptsize。
- footnotesize　字体尺寸为 \footnotesize。
- small　字体尺寸为 \small。

normalsize	默认值，字体尺寸为 \normalsize。
large	字体尺寸为 \large。
Large	字体尺寸为 \Large。
normalfont	默认值，字体为常规字体。
up	字体为直立形状，例如：中国 China。
it	字体为斜体形状，例如：中国 *China*。
sl	字体为倾斜形状，例如：*中国 China*。
sc	字体为小型大写形状，例如：中国 CHINA。
md	字体为常规序列，例如：中国 China。
bf	字体为粗宽序列，例如：**中国 China**。
rm	字体为罗马体字族，例如：中国 China。
sf	字体为等线体字族，例如：中国 China。
tt	字体为等宽体字族，例如：中国 `China`。
singlespacing	默认值，单倍行距。
onehalfspacing	1.5 倍行距，需要调用 setspace 宏包。
doublespacing	2 倍行距，需要调用 setspace 宏包。
stretch=*系数*	标题行距系数，例如 font={stretch=1.5}，该选项需要调用 setspace 宏包。
normalcolor	默认值，常规颜色，即 \normalcolor。
color=*颜色*	设置字体的颜色。例如将字体设置为蓝色和粗体：\captionsetup{font={color=blue,bf}}
normal	将 normalcolor、normalfont、normalsize 和 singlespacing 四个选项功能合并的选项。

labelfont　设置标题标志和分隔符的字体，所有选项与 font 参数的相同。

textfont　设置标题内容的字体，所有选项与 font 参数的相同。例如：

\captionsetup{labelfont=bf,textfont=it}

Figure 8: *A typical seismic trace. Displacement is plotted versus time. Both the oscillations and the time they occur are important.*

还可以在导言中使用 caption 宏包提供的声明标题字体命令：

\DeclareCaptionFont{*字体名*}{*字体命令*}

来自定义各种字体参数中的中文字体选项，其中*字体名*是自行命名的字体名称。

例 5.19　将标题的标题标志字体设置为黑体，标题内容的字体设置为楷体。

```
\DeclareCaptionFont{hei}{\heiti}
\DeclareCaptionFont{kai}{\kaishu}  \captionsetup{labelfont=hei,textfont=kai}
```

标题设置命令的字体参数并没有中文字体选项，上例使用 \DeclareCaptionFont 命令分别自定义了黑体 hei 和楷书 kai 两个中文字体选项。

(4) 边空参数的名称及其选项说明。

margin　设置标题的左、右端与版心左、右边缘之间的空白宽度。例如：margin={15pt,20pt}，表示标题的左侧边空宽度为 15 pt，右侧边空宽度是 20 pt；

如果只给出了一个宽度值，例如：margin=15pt，则表示两侧的边空宽度都是 15 pt。

width 设置标题的宽度，例如 width=80mm 或 width=0.8\textwidth，这时标题的左右边空宽度相同。

oneside 在双页排版中，标题的左右边空宽度是以右页即奇数页为准，而在左页即偶数页时左右互换，如果希望无论奇偶页，标题的左右边空宽度不变，就可使用该参数。

twoside 默认值，标题的左右边空宽度随奇偶页互换。

(5) 间距参数的名称及其选项说明。

aboveskip 设置标题与插图或表格之间的垂直距离，例如：aboveskip=15pt，该参数的默认值是 10pt。

belowskip 设置标题与下文之间的附加距离，如果标题在图表之下；或标题与上文之间的附加距离，如果标题在图表之上。该参数的默认值是 0pt。

(6) 序号参数的名称及其选项说明。

figurewithin 通常插图标题都是以章为排序单位，一个新章开始，插图标题序号清零，也可以使用下列选项修改排序单位。

chapter 默认值，插图标题以章为排序单位。

section 插图标题以节为排序单位。

none 插图标题以全文为排序单位。

tablewithin 修改表格标题的排序单位，其选项与 figurewithin 参数的相同。

(7) 类型参数的名称及其选项说明。

type 如果在浮动环境之外，例如在小页环境 minipage 中不能使用浮动环境，如果在其中使用 \caption 命令，系统将给出错误提示信息，因为它不知道标题是什么类型的。该参数只能用在标题设置命令中，用以通知系统标题的类型。

figure 标题类型为图形。可以在图表标题命令 \caption 之前使用标题设置命令 \captionsetup{type=figure} 告知系统。

table 标题类型为表格。

标题设置命令

宏包 caption 提供了很多标题设置命令，可在浮动环境之外创建不浮动的图表标题，可对浮动或不浮动图表标题进行全面细致的格式设置，下列是一组常用的标题设置命令。

\captionsetup[浮动体类型]{参数1=选项,参数2=选项,...}

标题设置命令，其中两个参数的选项前面已经列出。该命令如果在导言中，其作用与使用 caption 宏包可选参数相同。例如命令：

\usepackage[margin=10pt,font=small,labelfont=bf]{caption}

它等效于下面两条命令：

\usepackage{caption} \captionsetup{margin=10pt,font=small,labelfont=bf}

但是，标题设置命令可用在正文之中，对其后的图表标题格式进行设置，它还可以置于浮动环境中，标题命令 \caption 之前，仅修改某个浮动体的标题格式。

`\caption*{标题内容}`

带星号的图表标题命令，它可以生成无标题标志的图表标题，即无标题名和序号，其标题内容也不会被编入插图目录或表格目录。该命令的功能与跨页表格宏包 longtable 提供的 `\caption*` 命令相同。

`\captionof{浮动体类型}[目录标题内容]{标题内容}`

该命令可以为浮动环境之外的插图或表格生成标题。其中，浮动体类型可以是 `figure` 或者 `table`，目录标题内容是只排入插图或表格目录中的标题内容，当标题内容过长时就可使用这个可选参数来简化，以免在插图或表格目录中出现多行标题。

`\captionof*{浮动体类型}{标题内容}`

该命令可以为浮动环境之外的插图或表格生成标题，但无标题标志，标题内容也不进入目录，功能与 `\caption*` 类似，浮动体类型可以是 `figure` 或者 `table`。

`\ContinuedFloat`

若希望一组相关插图或表格的标题都用同一个序号，就可采用这条命令来实现。

`\ContinuedFloat*`

该命令可在序号之后添加一个子序号。注意：该命令会与 subfig 子浮动体宏包冲突。

例 5.20 将两个数据相关的表格分别使用相同的标题序号，在第二个表格标题之后加个“续”字，以示区别。

```
\begin{table}
\caption{热反应数据表}
......
\end{table}
\begin{table}\ContinuedFloat
\caption{热反应数据表 (续)}
......
\end{table}
```

表 2.6 热反应数据表

......

表 2.6 热反应数据表 (续)

......

例 5.21 将 3 个相关插图的标题使用同一个序号，而用子序号相互区分。

```
\renewcommand{\theContinuedFloat}{\alph{ContinuedFloat}}
\begin{figure}\ContinuedFloat* ......
\caption{热反应图之一}
\end{figure}
\begin{figure}\ContinuedFloat ......
\caption{热反应图之二}
\end{figure}
\begin{figure}\ContinuedFloat ......
\caption{热反应图之三}
\end{figure}
```

......

图 3.5a 热反应图之一

......

图 3.5b 热反应图之二

......

图 3.5c 热反应图之三

在上例中，`ContinuedFloat` 是 caption 宏包定义的计数器，它的默认值为空。

由 Peter Wilson 等人编写的标题宏包 ccaption 也提供了一组命令，可分别用于标题格式的修改，生成有序号标题、无序号标题、浮动环境外的文本标题，例如边注标题，以及双语言标题和浮动体组的子标题等。

5.5.3 图表的侧标题

图表标题宏包 caption 可以对图表标题的格式进行全面的设置，但它不能改变标题与图表的相对位置。如果希望将标题置于图表的左侧或者右侧，就需要调用由 Olga Lapko 编写的浮动体宏包 floatrow 并使用其提供的设置命令。

格式参数

浮动体宏包 floatrow 也是采用宏包可选参数或设置命令这两种方式，对全文或局部图表标题的格式进行设置：

```
\usepackage[参数1=选项,参数2=选项,...]{floatrow}
\floatsetup[浮动体类型]{参数1=选项,参数2=选项,...}
```

其中，*浮动体类型*可以是 `figure` 或者 `table`；调用命令和设置命令中的*参数*定义相同，涉及字体、脚注等多方面，下面仅列出与侧标题有关的参数及其选项。

`style` 对图表整体结构形式的综合设置，其中涉及标题的选项如下。

- `plain` 默认值，将标题置于图表之下。
- `plaintop` 将标题置于图表之上。
- `Boxed` 在插图或表格的四周添加边框。
- `BOXED` 在插图或表格包括标题在内的四周添加边框。

`facing` 如果使用了文类的 `twoside` 双页排版选项，该参数的作用就是确定侧标题的位置是否与奇偶页有关。

- `yes` 表示侧标题的位置与奇偶页有关。
- `no` 默认值，表示侧标题的位置与奇偶页无关。

`capbesideposition` 设置侧标题的水平与垂直位置，其选项有以下几个。

- `left` 默认值，将标题置于图表的左侧。
- `right` 将标题置于图表的右侧。
- `inside` 如果采用的是双页排版，且 `facing=yes`，将标题置于图表的内侧；如果是单页排版，即使用了文类的 `oneside` 选项，或者是 `facing=no`，将标题置于图表的左侧。
- `outside` 如果是双页排版，且 `facing=yes`，将标题置于图表的外侧；如果是单页排版，或 `facing=no`，将标题置于图表的右侧。
- `top` 标题与图表的顶部对齐。
- `bottom` 默认值，标题与图表的底部对齐。
- `center` 标题与图表的中心对齐。

`capbesidewidth` 设置侧标题的宽度，例如 `capbesidewidth=35mm`；它的默认值=(行宽度-图表与侧标题之间的空白宽度)/2。

`capbesidesep` 设置图表与侧标题之间的空白宽度，其选项有以下几个。

- `columnsep` 默认值，即双栏间距 `\columnsep`，其默认宽度值为 `10pt`。
- `quad` `1em` 宽水平空白。
- `qquad` `2em` 宽水平空白。
- `fil` `10pt plus 1fil` 宽水平空白。

fill 10pt plus 1fill 宽水平空白。

none 无水平空白。

图表默认的对齐方式是左对齐，当调用 floatrow 宏包后，全文中所有浮动环境中的图表都居中对齐，除非另有对齐命令；所有浮动环境中的标题都置于其图表之下，无论标题命令 \caption 在浮动环境中的位置如何。然而，通常表格的标题位于表格之上，因此可在宏包调用命令之后再加一行设置命令：\floatsetup[table]{style=plaintop}，就可将表格标题置于表格之上，无论标题命令在浮动环境中的位置如何。

侧标题设置

如果要将某个图表的标题置于其侧面，还需在该浮动环境中插入侧标题命令：

\fcapside[宽度]{标题命令}{插图或表格}

该命令实际上是将浮动环境排版为两栏：标题栏和插图栏或表格栏，两栏之间的空白宽度可以用参数 capbesidesep 来设定。在命令中，宽度参数是用于设置图表栏的宽度，它的长度值可以是 60mm、0.7\textwidth 等，如果为 \FBwidth，表示侧标题栏的宽度 = 行宽度 - 图表宽度 - 栏间空白宽度。如果在导言中调用了 calc 算术宏包，还可以在宽度参数中使用长度表达式。例如 \FBwidth+12mm，即图表栏的宽度等于图表的自然宽度加 12 mm。

例 5.22 在默认情况下，即省略侧标题命令中的宽度可选参数，\fcapside 命令将浮动环境中的图表排版为等宽的两栏，标题和图表分别水平居中。

```
\begin{figure}
\fcapside{\caption{标题在插图的一侧}}
{\includegraphics{TUG.pdf}}
\end{figure}
```

图 2.1 标题在插图的一侧

例 5.23 在侧标题命令中使用宽度可选参数的 \FBwidth 选项后，图表栏的宽度 = 图表的自然宽度。

```
\begin{figure}
\fcapside[\FBwidth]{\caption{标题在插图的
一侧}}
{\includegraphics{TUG.pdf}}
\end{figure}
```

图 2.2 标题在插图的一侧

例 5.24 无论是奇数页还是偶数页，使用设置命令将插图标题移至插图的右侧，并设定侧标题的宽度为 25 mm。

```
\floatsetup{capbesideposition=right,%
facing=yes,capbesidewidth=25mm}
\begin{figure}
\fcapside{\caption{标题在插图的右侧}}
{\includegraphics{TUG.pdf}}
\end{figure}
```

图 2.3 标题在插图的右侧

如果把上例中的 capbesideposition 参数选项改为 inside，标题将置于插图的内侧。

例 5.25 在例 5.24 的设置命令中再添加垂直居中选项，在侧标题命令中再添加宽度可选参数的 \FBwidth 选项。

```
\floatsetup{capbesideposition={right,%
center},facing=yes,capbesidewidth=25mm}
\begin{figure}
\fcapside[\FBwidth]{\caption{标题在插图的
右侧}}{\includegraphics{TUG.pdf}}
\end{figure}
```

图 2.4 标题在插图的右侧

如果侧标题的位置与奇偶页有关，那么源文件就需要经过连续两次编译才能得到正确的结果：通过第一次编译可确定侧标题所在的页码，并将其写入与源文件同名的 .aux 文件中；在第二次编译时根据页码的奇偶，才能确定侧标题的排版位置。

5.5.4 本书图表标题格式设置

本书插图和表格标题的格式设置为：

```
\usepackage[labelfont=bf,labelsep=quad]{caption}
\DeclareCaptionFont{kai}{\kaishu}
\DeclareCaptionFont{five}{\zihao{5}} \captionsetup{textfont=kai,font=five}
```

以上设置中 \zihao 是中文字体宏包 ctex 提供的字号命令；本书的默认字体尺寸是五号字，即 \zihao{5}，ctex 对它的定义是 \fontsize{10.54}{12.65}，并没有修改 \normalsize 常规字体尺寸命令，而图表标题默认的字体尺寸是 \normalsize，即 10pt，要比五号字小些；因此，需要将图表标题的字体尺寸也改为五号字。

第 6 章　表格

在论文中经常用表格罗列各种数据，用行列对比的方式说明这些数据的相互关系。表格的特点就是醒目直观，便于分析理解。用数据说话，胜于大段的文字描述。

LaTeX 系统提供了一个无表格框线的 tabbing 表格环境和 3 个可以排版有表格框线的 tabular、tabular* 和 array 表格环境，其中 array 是用于数学模式的表格环境；后来 Frank Mittelbach 等人编写的 array 宏包对这 3 个表格环境的制表功能做了重大改进和扩展，得到广泛应用。下面将以 array 宏包为准介绍这 3 个表格环境。

上述几种表格环境的制表功能还有很多局限，比如不能跨行和跨页排版等，因此出现了许多以上述表格环境为基础的具有各种特殊功能的表格宏包。

6.1　无框线表格环境 tabbing

表格环境 tabbing 是由 LaTeX 系统提供的，适用于段落模式，它没有表格框线绘制命令，列与列之间采用空间分隔，列数据处于左右模式中，不能自动换行，所以该环境适合用于编排可预知各列数据最大宽度的表格。tabbing 表格环境的基本命令结构为：

```
\begin{tabbing}
数据 \= 数据 \= ... 数据 \\
数据 \> 数据 \> ... 数据 \\
......
\end{tabbing}
```

6.1.1　制表命令

在 tabbing 表格环境中可使用以下多种制表命令。

\=	列宽命令，表示两列之间以此为界，第 1 行的各列必须用其确定列宽度，一列的宽度是由其第 1 行数据的自然宽度加所设水平空白宽度；该命令还可用在其他行来设置新的列。
\\	换行命令，表示当前行结束，开始新的一行。最后一行可省略此命令。可采用如 \\[5pt] 的方法加宽与下一行的距离。
\>	分列命令，用于分隔两列数据。
\+	右移命令，表示将其后各行数据向右移动一列。
\-	左移命令，表示将其后各行数据向左移动一列，相当于取消之前设置的一个 \+ 的作用。
\<	用于一行之首，表示该行数据向左移动一列，相当于取消之前设置的一个 \+ 在该行的作用。
\‘	可用于一行中最后一列数据之前的任何位置，它可将该行最后一列数据移至版心右侧边。
\’	该命令可以插在某一数据之中，将其一分为二，左半部置于该列左侧的左边，右半部置于右边；左半部与该列左侧之间的距离可以用 \tabbingsep 长度数据命令来设定，其默认值为 0.5em。

\a	在 LaTeX 中，命令 \=、\‘ 和 \’是用于生成变音字母的，例如 \=o、\‘o 和 \’o，生成 ō、ò 和 ó；tabbing 环境重新定义了这 3 个命令，如果在表格数据中有这三种变音字母，可改用 \a=、\a‘ 和 \a’来生成。
\kill	取消命令，它用于取代换行命令 \\，表示取消该行，即该行的内容不被排版出来，但其中的 \=、\+ 或 \- 命令和列宽度设置仍然有效。
\pushtabs	堆栈命令，存储当前各列宽度的设置。
\poptabs	弹出命令，恢复最后一个 \pushtabs 命令所存储的各列宽度设置。

例 6.1 使用 tabbing 环境编排一个四列无框线表格。

```
\begin{tabbing}
{\heiti 项目}\hspace{4mm} \= {\sf 802.11b}
\hspace{4mm} \= {\heiti 蓝牙}\hspace{10mm}
\= {\sf HomeRF}\\
频率 \> 2.4\:GHz \> 2.4\:GHz\> 2.4\:GHz\\
技术 \> DSSS     \> FHSS    \> FHSS
\end{tabbing}
```

项目	802.11b	**蓝牙**	HomeRF
频率	2.4 GHz	2.4 GHz	2.4 GHz
技术	DSSS	FHSS	FHSS

例 6.2 左移和右移命令在 tabbing 表格环境中的应用。

```
\begin{tabbing}
夸克quark \hspace{5mm}\= 介子meson\\
\> 重子baryon\hspace{5mm}\=核子nucleon\+\+\\
超子hyperon\-\\
轻子 \>强子\\
\< 量子 \> 光子 \>胶子\\
引力子\>重子\\
\end{tabbing}
```

夸克quark	介子meson	
	重子baryon	核子nucleon
		超子hyperon
	轻子	强子
量子	光子	胶子
	引力子	重子

在上例源文件中，\+\+ 表示将其后各行的数据右移两列。

例 6.3 命令 \pushtabs 和 \poptabs 用于在表格中临时改变原有列数量及其宽度的设置；\kill 命令通常放在第 1 行的末尾，或 \pushtabs 命令后的第 1 行末尾，用来创建一个不可见的表格模板。

```
\begin{tabbing}
程序\quad \= : \= \TeX\\
开发者 \> : \> Donald Knuth\\
教材 \> :\\
\pushtabs
\quad\= \hspace{33mm} \= \hspace{30mm}\kill
\>{\kaishu 书名}     \>{\kaishu 出版社}\\
\>The \TeX Book      \>Addison-Wesley\\
\>The Advanced \TeX \>Springer-Verlag\\
\poptabs
网址 \> : \>\sf http://tug.org.in/tutorial
\end{tabbing}
```

程序　: TeX
开发者: Donald Knuth
教材　:
　书名　　　　　　出版社
　The TeXBook　　　Addison-Wesley
　The Advanced TeX　Springer-Verlag
网址　: http://tug.org.in/tutorial

堆栈命令 \pushtabs 和弹出命令 \poptabs 必须成对使用。否则，在编译源文件时系统将中断编译，提示出错。

例 6.4 制表命令 \' 可用于需要小数点对齐的列数据。

```
\tabbingsep=0pt
\begin{tabbing}
\heiti 行星\hspace{7mm}\=\heiti 赤道半径 km\hspace{8mm}\=\heiti 公转周期 d\\
\pushtabs
水星\hspace{20mm} \=  2\'.439\hspace{18mm}
\= 87\'.9\\
金星 \>    6\'.1     \> 224\'.682\\
地球 \> 6\:378\'.14 \> 365\'.25
\poptabs
\end{tabbing}
```

行星	赤道半径 km	公转周期 d
水星	2.439	87.9
金星	6.1	224.682
地球	6 378.14	365.25

在上例中，赋值命令 \tabbingsep=0pt 表示：将整数部分与该列左侧之间的距离从默认值 0.5em 改为零，即取消整数部分与小数点之间的空白。

6.1.2 环境特点

(1) 由于系统将 tabbing 表格作为段落而不是一个整体盒子来处理，所以 tabbing 表格能够自动分页，因此可以用它来编写多页表格。然而，在 tabbing 表格环境中不能使用换页命令 \pagebreak 或 \newpage 来强制换页，否则无效或提示出错。

(2) 如果要将 tabbing 表格居中或与其他文字、插图等并排显示，就要将其放入 \parbox 段落盒子命令或 minipage 小页环境中。

(3) 表格环境 tabbing 不能相互嵌套，即使其中一个装入 \parbox 也不行。

6.2 数组宏包 array

数组宏包 array 改进和扩展了 LaTeX 的 tabular、tabular* 和 array 环境功能，主要是增加和增强了列格式功能，还增加了许多表格参数的调整功能。

6.2.1 表格设置

表格环境 tabular、tabular* 和 array 的命令结构分别为：

```
\begin{tabular}[位置]{列格式}
表格行
\end{tabular}

\begin{tabular*}{宽度}[位置]{列格式}
表格行
\end{tabular*}

\begin{array}[位置]{列格式}
表格行
\end{array}
```

其中的各种参数及其选项说明如下。

位置 可选参数，指定表格与外部文本行的基线在垂直方向上的对齐方式，也就是设定表格与外在文本行的相对垂直位置，它有以下 3 个选项。

- `t` 表格的顶线与当前文本行的基线对齐，例如 11。
- `c` 默认值，表格的中线与当前文本行的基线对齐，例如 11。
- `b` 表格的底线与当前文本行的基线对齐，例如 11。

列格式 分别设置每一列数据的对齐方式、列宽、列间距和字体以及附加标记等排列格式，其选项如下。

- `l` 指定该列所有数据以左对齐方式排列，例如 22 2。
- `c` 指定该列所有数据以居中方式排列，例如 22 2。
- `r` 指定该列所有数据以右对齐方式排列，例如 22 2。
- `|` 表示在所处位置画一条长度等于表格总高度的垂直线；若是表格侧边线，原表格侧边与列之间的距离保持不变，若是列间线，则列间距离随之增加一条垂直线的宽度。
- `||` 画两条并排的垂直线，其间距可用双线距离命令 \doublerulesep 来设置，它的默认值是 2pt。
- `*{n}{列格式}` 表示 n 个*列格式*选项相同的相邻列，例如 `*{3}{|c}|`，它表示表格中有相邻三列的*列格式*选项是相同的：每列数据居中排列并且两侧都有一条垂直线，它等效于列格式：`|c|c|c|`。
- `@{声明}` 该选项也被称为 @-表达式，它将表格侧边与列之间的每行空白，或列与列之间的每行空白删除，插入*声明*内容，例如字符等；如果仍需要一定宽度的空白，可在*声明*中加入 \hspace{*宽度*} 等水平空白命令；如果*声明*被空置，即 @{}，则只删除空白，这将使表格侧边与列之间的空白，或列与列之间的空白宽度为零；可在*声明*中使用附加宽度命令 \extracolsep{*宽度*}，它将其后与下一个 \extracolsep{*宽度*} 命令之前的所有列间插入长为*宽度*的水平空白；还可在 tabular* 环境的第 1 列*列格式*中插入：@{\extracolsep{\fill}}，将所有列在设定的表格*宽度*中均匀展开。如果 @-表达式的内容较长，可使用新列格式定义命令，例如 \newcolumntype{E}{@{\extracolsep{\fill}}，定义一个新的列格式 E 来替代。
- `p{宽度}` 设定该列所占的*宽度*，并且该列数据左对齐排列，垂直方向顶端对齐，例如 11 22 33。这里的 p 表示段落，如果该列中的某个数据是一个文本段落，它会在指定*宽度*处自动断词自动换行；每段首行的缩进宽度默认值为 0pt，可使用列格式：>{\parindent=18pt}p{*宽度*}，来设定缩进宽度。它相当于 \parbox[t]{*宽度*}{...}。
- `m{宽度}` 设定该列所占的*宽度*，并且列数据左对齐排列，垂直方向中心对齐，例如 11 22 33；可自动断词自动换行。相当于 \parbox{*宽度*}{...}。
- `b{宽度}` 设定该列所占的*宽度*，并且列数据左对齐排列，垂直方向底端对齐，例如 22 11 33；可自动断词自动换行。相当于 \parbox[b]{*宽度*}{...}。

>{声明} 用在列格式选项 l、c、r、p、m 和 b 之前，它将声明内容如字符等，插在该列所有数据之前；在声明中还可使用 \kaishu、\tt 等命令，改变该列所有数据的字体。

<{声明} 用在列格式选项 l、c、r、p、m 和 b 之后，它将声明内容如字符等，插在该列所有数据之后。

!{声明} 它可以在列格式的任何位置中使用，它将声明内容如字符和空白等插入该列所有数据的左侧或右侧；但是不同于 @{声明}，它并不删除原有空白。这样：c!{\hspace{5mm}}c，两列之间的空白宽度大于 5 mm，而 c@{\hspace{5mm }}c 正好为 5 mm。

宽度 设定表格的总宽度，该参数仅用于 tabular* 环境。tabular 环境的表格总宽度是由各列数据的自然宽度和列格式确定的。

表格行 水平排列的数据，数据之间用分列符 & 分隔，每行末尾加入换行命令 \\ 表示本行结束；每行数据的个数即列数应等于列格式所定义的列数；数据可以为空，但分列符 & 不能少。通常每行的分列符 & 的数量 = 列数 -1，除非在该行中使用了合并列命令 \multicolumn。在表格行里可使用下列命令。

\hline 该命令必须用于首行之前或紧跟在换行命令 \\ 之后，它表示画一条长度与表格宽度相同的水平线；若连用两个 \hline 画线命令，表示画两条并排的水平线。

\cline{i-j} 必须紧跟在换行命令 \\ 之后，它表示从第 i 列的左侧到第 j 列的右侧，画一条水平线。例如 \cline{1-1}\cline{3-5} 表示从第 1 列的左侧至第 1 列的右侧，以及从第 3 列的左侧至第 5 列的右侧，分别画一条水平线。

\multicolumn{n}{列格式}{文本} 它表示将本行其后的 n 列合并为一列，该列的数据是文本，该列的列格式选项可以是 l、c 或 r，也可含有 @{声明} 和画垂直表格线的符号 | 等。n 可以是 1，主要用于修改一列中某个数据如列标题的列格式，因为通常列标题居中，而列数据不是左对齐就是右对齐。

\vline 在所处位置画一条长度等于行高的垂直线，用这种方法可在某列一侧画垂直线，而不改变表格的总高度。

环境 array 与 tabular 的命令结构相同，位置参数和列格式定义也完全一致，但前者只能用在数学模式中，所以将它的应用放在**数学式**一章中介绍，本节主要介绍 tabular 环境。

例 6.5 用 tabular 环境制作一个四周带边线的表格，并用合并列命令生成表格标题。

```
\begin{tabular}{|l|c|r|}\hline
\multicolumn{3}{|c|}{Sample Tabular}\\\hline
col head   & col head& col head\\\hline
Left       & centered& right\\\cline{1-2}
aligned    & items    & aligned\\\cline{2-3}
items      & items    & items\\\cline{1-2}
Left items& centered& right\\\hline
\end{tabular}
```

Sample Tabular		
col head	col head	col head
Left	centered	right
aligned	items	aligned
items	items	items
Left items	centered	right

在上例中，使用合并列命令将表格第 1 行的三列合并为一列，并将该列数据居中形成表格标题；使用画线命令 `\cline` 画水平线段。

例 6.6 当表格中某一列或者多列的数据都是带有小数点的数字，且小数的位数多少不一时，为了能使这些数据以小数点对齐，以便于阅读和分析，可将带有小数的数据列再分成两列：整数列和小数列，整数列右对齐，小数列左对齐，将小数点插在两列之中。

```
\begin{tabular}{c r @{.} l}\hline
太阳系中的行星 & \multicolumn{2}{c}{赤道半径
km} \\\hline
水星          &      2 & 44 \\
金星          &      6 & 1  \\
地球          & 6\:378 & 142\\\hline
\end{tabular}
```

太阳系中的行星	赤道半径 km
水星	2.44
金星	6.1
地球	6 378.142

在上例中，用 @-表达式：`@{.}`，将小数点插在整数列与小数列之间，同时将这两列之间的空白删除；用合并列命令将表格第 1 行的第 2 列和第 3 列合并为一列，并将该列数据居中，成为整数列和小数列共有的列标题。

例 6.7 使用 `tabular` 表格环境制作一个化学元素电子状态分布表。

```
\newcommand{\bb}[1]{\raisebox{-7ex}[0pt][0pt]{\shortstack{#1}}}
\begin{tabular}{|c|c|c|c|}\hline
\multicolumn{4}{|c|}{\parbox[c][9mm]{0pt}{}%
\kaishu\bfseries 前 5 种化学元素的电子状态分布}\\\hline
\bb{原子\\序数} & \bb{元素\\符号} &
\multicolumn{2}{c|}{各电子层上的电子数} \\
\cline{3-4}
&  & K 层, $n=1$ & L 层, $n=2$ \\\cline{3-4}
&  & $s$ 亚层     & $s$ 亚层 $p$ 亚层 \\
&  & $l=0$        & $l=0$\quad $l=1$\\\hline
1  & H            & 1     &   \\
2  & He           & 2     &   \\\cline{2-3}
3  & Li           & 2     & 1\qquad ~ \\
4  & Be           & 2     & 2\qquad ~ \\
5  & B            & 2     & 2\qquad 1\\\hline
\end{tabular}
```

前 5 种化学元素的电子状态分布			
原子序数	元素符号	各电子层上的电子数	
		K 层，$n=1$	L 层，$n=2$
		s 亚层 $l=0$	s 亚层 $l=0$　p 亚层 $l=1$
1	H	1	
2	He	2	
3	Li	2	1
4	Be	2	2
5	B	2	2　1

上例中定义了一个新命令 `\bb{文本}`，它将文本下移 7 ex，使其纵跨四行之中，文本中可用换行命令 `\\` 强制换行，使文本成为行中一“列”；第一行用合并列命令 `\multicolumn` 将四列合为一列，其中 `\parbox` 命令创建了一个高为 9 mm，宽为 0 pt 的不可见盒子，将第一行的高度设置为 9 mm，以凸显表格标题。

例 6.8 论文中的每个表格都应在其前的正文中被明确提及，即每个表格的序号都应在其前的正文中被引用。因此，表格都应置于 `table` 表格浮动环境或其他可使用 `\caption` 图表标题命令的环境中，这样可使用图表标题命令为表格生成带有序号的标题，也可在该命令中使用交叉引用命令，还可将表格标题编入表格目录。

```
甲、乙两组...结果如表 \ref{tab:levin} 所示。
\begin{table}[!ht]\centering
\caption{一周闪电数量统计\label{tab:levin}}
\begin{tabular}{c|*{7}{>{\sf}c}}
组  & 一 & 二 & 三 & 四 & 五 & 六 & 日\\\hline
甲  & 3  & 0  & 5  & 7  & 2  & 4  & 5 \\
乙  & 4  & 1  & 3  & 6  & 3  & 6  & 2
\end{tabular}
\end{table}
```

甲、乙两组一星期中每天观测闪电数量的统计结果如表 5.6 所示。

表 5.6 一周闪电数量统计

组	一	二	三	四	五	六	日
甲	3	0	5	7	2	4	5
乙	4	1	3	6	3	6	2

在上例中，使用交叉引用命令引用表格序号，当表格序号变动，正文中的序号也会随之变动；如果多个相邻列的列格式完全相同，它们就可共用 *{*n*}{*列格式*} 选项。

例 6.9 很多表格的第 1 列是序号，以便于在正文中引用某行数据。可创建一个新计数器，例如 Rownumber，再定义一个排序命令 \Rown，每使用一次该命令，计数器就加 1，这样，无论表格行如何调换或增删，都不会打乱行序号的升序排列。

```
\newcounter{Rownumber}  \newcommand{\Rown}{\stepcounter{Rownumber}\theRownumber}
\begin{tabular}{|c|c|c|}\hline
序号  & 材料 & 电阻温度系数 \\ \hline
\Rown & 银   & 0.003\:8 \\ \hline
\Rown & 铜   & 0.003\:9 \\ \hline
\Rown & 铝   & 0.003\:9 \\ \hline
\end{tabular}
```

序号	材料	电阻温度系数
1	银	0.003 8
2	铜	0.003 9
3	铝	0.003 9

在此后的表格中还可继续使用新定义的 \Rown 排序命令来生成行序号，不过需要先将计数器 Rownumber 清零。

如果在表格数据中使用了抄录环境或列表环境，在编译时可能会引发错误信息：

Something's wrong--perhaps a missing \item

这时可将该数据所在列的列格式选项改为 p{*宽度*} 或 m{*宽度*} 或 b{*宽度*}。

6.2.2 参数调整

前面示例中的各种表格参数都是采用了默认值，如果要修改表格线的粗细，表格行的间距等参数，可使用下列表格参数命令，它们都是长度数据命令。

\arrayrulewidth	表格线的粗细，默认值是 0.4pt，可用长度赋值命令修改其值。
\doublerulesep	双表格线的间距，默认值是 2pt，可用长度赋值命令修改其值。
\arraystretch	表格行与行之间的距离系数，默认值是 1。如需将行距加宽 20 %，可使用重新定义命令 \renewcommand{\arraystretch}{1.2}。
\extrarowheight	每行附加高度，它保持每行的深度不变，默认值为 0pt。如果因为大写字母靠近顶线等原因，需要增加每行的高度，就可对该命令重新赋值，例如 表A 和 表B ，后者使用了赋值命令 \extrarowheight=2pt。
\tabcolsep	代表在 tabular 或 tabular* 环境中，列与列之间空白宽度的一半，默认值为 6pt，两列之间的空白就是 12 pt，可用长度赋值命令修改其值。

可将上述这些表格参数的赋值命令置于表格之前的任何位置；如果仅对某个表格适用，应将赋值命令和该表格限制在某个组合或环境之中。

例 6.10 修改表格参数的默认值，将例 6.5 中表格的所有表格线加宽为 1 pt。

```
\arrayrulewidth=1pt
\begin{tabular}{|l|c|r|}\hline
\multicolumn{3}{|c|}{Sample Tabular}\\\hline
col head   & col head& col head\\\hline
Left       & centered& right\\\cline{1-2}
aligned    & items   & aligned\\\cline{2-3}
items      & items   & items\\\cline{1-2}
Left items& centered& right\\\hline
\end{tabular}
```

Sample Tabular		
col head	col head	col head
Left	centered	right
aligned	items	aligned
items	items	items
Left items	centered	right

例 6.11 表格环境 tabular 与其外部文本行在垂直方向上的对齐方式有 t、c 和 b 三种，其中 t 和 b 是以表格的顶线或底线与外部文本行的基线对齐。

```
表壹 \begin{tabular}[t]{|c|}\hline
11\\22\\\hline \end{tabular}
，表贰 \begin{tabular}{|c|}\hline
11\\22\\\hline \end{tabular}
，表叁 \begin{tabular}[b]{|c|}\hline
11\\22\\\hline \end{tabular}
```

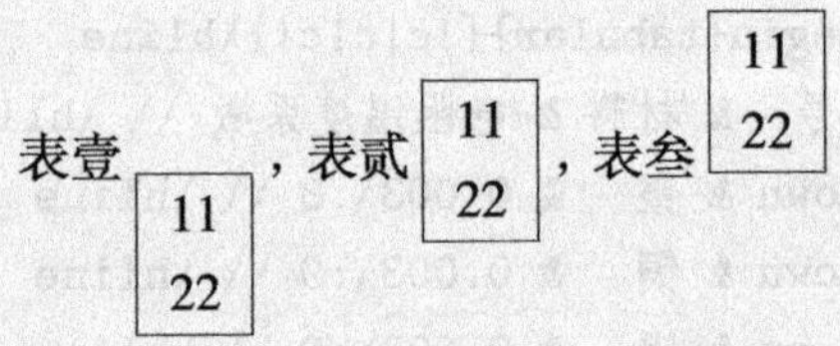

通常都是希望表格的首行数据或末行数据与外部文本对齐，而不是表格的顶线或底线与外部文本对齐。为解决这个问题，可使用 array 宏包提供的两条画线命令：

```
\firsthline  \lasthline
```

来替代 \hline，其中第一条命令用在首行之前，第二条命令用在末行之后。

例 6.12 将例 6.11 中前后两个表格的画线命令改用 \firsthline 和 \lasthline。

```
表壹 \begin{tabular}[t]{|c|}\firsthline
11\\22\\\lasthline \end{tabular}
，表贰 \begin{tabular}{|c|}\hline
11\\22\\\hline \end{tabular}
，表叁 \begin{tabular}[b]{|c|}\firsthline
11\\22\\\lasthline \end{tabular}
```

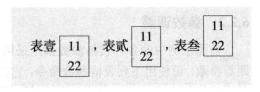

上述两条画线命令在执行中都使用了 array 宏包定义的一条长度数据命令：

```
\extratabsurround
```

它在表格的顶线和底线与上下文之间附加了一段垂直空白，其宽度的默认值是 2pt。该命令可用于调整表格与上下文的间距，或表格嵌套时内外表格的上下间距。

例 6.13 两个数据相同的嵌套表格，而后者修改了 \extratabsurround 命令的默认值，对比两者的排版结果。

```
\begin{tabular}{|cc|}\hline
11 & \begin{tabular}[t]{|c|c|}\firsthline
```

```
    22 & 33 \\ 44 & 55 \\ \lasthline
    \end{tabular}\\ \hline
\end{tabular}  {\extratabsurround=5pt
\begin{tabular}{|cc|} \hline
11 & \begin{tabular}[t]{|c|c|}\firsthline
    22 & 33 \\ 44 & 55 \\ \lasthline
    \end{tabular}\\ \hline
\end{tabular}}
```

11	22	33	11	22	33
	44	55		44	55

6.2.3 列格式的新选项

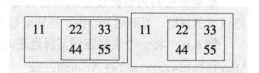

列格式的选项有很多，它们各种组合而成的新选项就更多。如果表格的列数很多，列格式较复杂，或多次编写相同列格式的表格，就会显得杂乱无章且使用不便，于是 array 宏包提供了一条新列格式选项定义命令：

```
\newcolumntype{新选项名}[参数数量]{列格式}
```

其中，*新选项名*是自命名的新列格式选项名称，它只能用一个字母表示；可选参数*参数数量*用于指定该新选项所具有的参数数量，其默认值为 0。

例 6.14 使用新列格式选项定义命令简化表格环境命令中的列格式。

```
\newcolumntype{M}{|>{\kaishu}p{35mm}|>{\bf\centering\arraybackslash}p{15mm}|}
\begin{tabular}{M}\hline
哈勃太空望远镜    & HST  \\
钱德拉空间天文台 & CXRO \\\hline
\end{tabular}
```

哈勃太空望远镜	**HST**
钱德拉空间天文台	**CXRO**

在列格式中使用 \centering 等对齐命令时，会改变表格环境内部对换行命令 \\ 的处理，因此应紧跟 array 宏包提供的 \arraybackslash 命令；也可以改用 ragged2e 宏包提供的 \Centering 等对齐命令，而省略 \arraybackslash 命令。

例 6.15 给新定义列格式选项设置数据格式和宽度两个参数，使其应用简便灵活。

```
\newcolumntype{P}[2]{>{#1\arraybackslash}p{#2}|}
\begin{tabular}{|P{\kaishu}{35mm} P{\centering\bf}{15mm}}\hline
哈勃太空望远镜    & HST  \\
钱德拉空间天文台 & CXRO \\\hline
\end{tabular}
```

哈勃太空望远镜	**HST**
钱德拉空间天文台	**CXRO**

6.2.4 tabbing 与 tabular

(1) tabbing 环境只能用于段落模式作为一个单独的段落，而 tabular 环境可用于任何模式，可放在正文中的任何位置，例如在脚注中，甚至在数学公式中（改为 array 环境）。

(2) tabbing 环境可跨页排版连续多页的长表格，而 tabular 环境不能跨页排版，因为系统将整个 tabular 表格视为一个字符盒子，并按照段落模式排版。可使用居中环境或居中命令将 tabular 表格居中，而对 tabbing 表格无效。

(3) tabbing 环境不能嵌套，而 tabular 环境可以任意层数地嵌套。

(4) tabbing 环境中的每列宽度需要人工逐一设定，而 tabular 环境可以自动测定。

(5) tabbing 中列的调整范围大于 tabular，它允许一个表格中可以有多种列设置。

6.3 表格旋转

如果表格的列数据较宽或列数量较多，希望将表格旋转 90°，利用版面的高度来解决表格过宽的问题，可调用 rotating 旋转宏包并使用其提供的 sidewaystable 旋转环境。

例 6.16 将一个表格连同其标题逆时针旋转 90°。

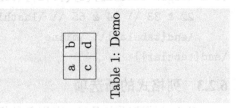

```
\begin{sidewaystable} \centering
\begin{tabular}{|c|c|}\hline
a & b \\\hline  c & d\\\hline
\end{tabular} \caption{Demo}
\end{sidewaystable}
```

a	b
c	d

Table 1: Demo

旋转环境 sidewaystable 将新启一页，图表标题命令 \caption 可直接在其中使用，所旋转的表格朝向页面的外侧。也可改为使用 pdflscape 横向版面宏包提供 landscape 环境，它直接将表格所在页面旋转 90°，但是在该环境中不能直接使用 \caption 命令，必须将其置于 table 环境中，所旋转的表格朝向页面的右侧。如果只需旋转表格中的某一列标题，可使用 makecell 表格宏包提供的 \rothead 命令。

6.4 跨行表格宏包 multirow

表格中经常有需要跨占多行的数据，在前面的示例中，曾用位移命令 \raisebox 来实现跨行数据排版，但很烦琐，要反复调整位移量才能达到最佳位置。由 Piet van Oostrum 和 Jerry Leichter 编写的跨行表格宏包 multirow 提供了一个编排跨行数据的跨行命令：

```
\multirow{所跨行数}[补偿数]{数据宽度}[位移量]{数据}
```

它可一次性地排版纵跨多行的表格数据，其中各参数的说明如下。

所跨行数 设置数据所要跨占的行数。

补偿数 可选参数，默认值为 0，当使用 bigstruct 宏包提供的 \bigstruct 命令时才用到此参数。

数据宽度 用于设置跨行*数据*的列宽度，也可用符号 * 表示使用*数据*的自然宽度，但符号 * 不能用花括号括起来。

位移量 可选参数，用于调整*数据*的垂直位置，正值向上移动，负值向下移动。

数据 所要跨行编排的数据。若已设定*数据宽度*，*数据*处于段落模式，可自动换行，也可用换行命令 \\ 强制换行；如果已用 * 符号表示*数据宽度*，则*数据*处于左右模式，不能换行。

例 6.17 使用 \multirow 跨行命令编排一个列数据跨四行的表格。

```
\begin{tabular}{|c|c|}\hline
\multirow{4}*{宇宙中的力}
& 万有引力     \\ \cline{2-2}
& 电磁力       \\ \cline{2-2}
& 弱相互作用力 \\ \cline{2-2}
& 强相互作用力 \\ \hline
\end{tabular}
```

宇宙中的力	万有引力
	电磁力
	弱相互作用力
	强相互作用力

上例中的 * 符号表示采用跨行数据“宇宙中的力”的自然宽度作为该列的数据宽度。

例 6.18 在例 6.17 的表格中，第 2 列的行高有些矮，可调用 bigstrut 宏包，并使用其提供的 \bigstrut 命令，它能为某一行的行高和行深分别增加 2 pt，这个默认值也可使用长度数据命令 \bigstrutjot 来修订。这样例 6.17 的表格可改为：

```
\begin{tabular}{|c|c|}\hline
\multirow{4}*{宇宙中的力}
& 万有引力     \bigstrut\\ \cline{2-2}
& 电磁力       \bigstrut\\ \cline{2-2}
& 弱相互作用力 \bigstrut\\ \cline{2-2}
& 强相互作用力 \bigstrut\\ \hline
\end{tabular}
```

宇宙中的力	万有引力
	电磁力
	弱相互作用力
	强相互作用力

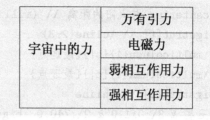

例 6.19 在例 6.18 的表格中，第 2 列的行高和行深都增加了，但是第 1 列中的跨行数据“宇宙中的力”并没有跟随调整，而未能保持垂直居中，这时就要用到 \multirow 命令中的补偿数可选参数了，将所用 \bigstrut 命令的次数乘 2 就是补偿数。

```
\begin{tabular}{|c|c|}\hline
\multirow{4}[8]*{宇宙中的力}
& 万有引力     \bigstrut\\ \cline{2-2}
& 电磁力       \bigstrut\\ \cline{2-2}
& 弱相互作用力 \bigstrut\\ \cline{2-2}
& 强相互作用力 \bigstrut\\ \hline
\end{tabular}
```

宇宙中的力	万有引力
	电磁力
	弱相互作用力
	强相互作用力

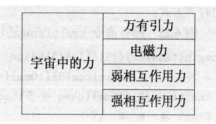

从上例可以看出，当使用 \multirow 命令中的补偿数可选参数后，跨行数据就垂直居中了。也可以不使用 补偿数可选参数，而是改用位移量可选参数，使跨行数垂直居中，但准确的位移量需要多次尝试才能确定。

例 6.20 在例 6.17 中，表格的第 2 列主要是行高偏低，显得行数据比较拥挤，而它的行深可以不增加。命令 \bigstrut 有个可选参数，即 \bigstrut[位置]，其中位置参数有两个选项，它们分别是 t 和 b，前者表示只增加行高 2 pt，后者表示只增加行深 2 pt，这时的补偿数等于所使用 \bigstrut[位置] 命令的次数。可将例 6.17 中的表格改为：

```
\begin{tabular}{|c|c|}\hline
\multirow{4}[4]*{宇宙中的力}
& 万有引力     \bigstrut[t]\\ \cline{2-2}
& 电磁力       \bigstrut[t]\\ \cline{2-2}
& 弱相互作用力 \bigstrut[t]\\ \cline{2-2}
& 强相互作用力 \bigstrut[t]\\ \hline
\end{tabular}
```

宇宙中的力	万有引力
	电磁力
	弱相互作用力
	强相互作用力

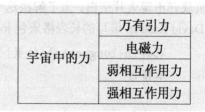

从上面几例可知，\bigstrut 命令主要用于对局部数据行的行高或行深进行调整，且不会在表格线交叉处出现垂直缺口。如果省略 \bigstrut 命令的位置可选参数，该命令将同时调整行高和行深。

跨行数据在段落模式中默认为左对齐，即为 \raggedright，也可以使用重新定义命令 \renewcommand 将对齐方式控制命令 \multirowsetup 重新定义为居中 \centering 或者是右对齐 \raggedleft。

例 6.21 将表格中第 1 列的跨行数据由默认的左对齐改为水平居中对齐。

```
\renewcommand{\multirowsetup}{\centering}
\begin{tabular}{|l|r|r|}\hline
\multirow{3}[2]{12mm}{行星} & \multicolumn{2}{p{29mm}|}%
{\centering 与太阳的距离 \\ (million km)}
\bigstrut[t] \\ \cline{2-3}
& \multicolumn{1}{c|}{最远点}
& \multicolumn{1}{c|}{最近点}
\bigstrut[t] \\ \hline
天王星 & 3\:011.0 & 2\:740.0 \bigstrut[t]\\
金星   & 109.0    & 107.6 \\
地球   & 152.6    & 147.4 \\ \hline
\end{tabular}
```

行星	与太阳的距离 (million km)	
	最远点	最近点
天王星	3 011.0	2 740.0
金星	109.0	107.6
地球	152.6	147.4

修改 `\multirowsetup` 命令仅是控制跨行数据的对齐方式，并不会影响同列中其他数据的对齐方式。

例 6.22 跨行命令 `\multirow` 还可以在一个表格里的多个数据列中使用。

```
\begin{tabular}{|l|l|l|l|}\hline  \multirow{3}{10mm}{轻子}
& e 族       & \multirow{3}{10mm}{夸克}
& \multirow{3}{15mm}{q\=q 介子\\qqq 重子}\\
& $\mu$ 族  &  &  \\
& $\tau$ 族 &  &  \\\hline
\end{tabular}
```

轻子	e 族 μ 族 τ 族	夸克	q$\bar{\text{q}}$ 介子 qqq 重子

6.5 长表格宏包 longtable

数组宏包 array 的制表功能很强大，足以排版各种样式的表格，但它美中不足的是不能跨页，因为系统是将整个 tabular 表格作为一个盒子来处理的，因此不能从中分割。在论文中有时会用到含有大量数据的表格，其长度超过一页；或是表格虽然不长，可当前版面所剩的空间排不下，有时仅差一两行，就是放不下，只好将整个表格移到下一页的顶部，从而造成当前页底部出现大片空白。为了解决这个问题，可在调用数组宏包后，再调用由 David Carlisle 和 David Kastrup 编写的长表格宏包 longtable，并使用其提供的 longtable 长表格环境：

```
\begin{longtable}[位置]{列格式}
表格行
......
\end{longtable}
```

它是一个可自动换页接排的 tabular 表格环境，除了*位置*可选参数的定义不同外，*列格式*和*表格行*的设置方法与 tabular 的完全相同。长表格环境的最大特点就是采用系统的换页运算机制，可对长表格进行分页排版；它的另一个特点就是具有某些 table 表格浮动环境功能，可在其中使用图表标题命令，并使用 table 表格计数器为表格标题排序，因此长表格环境中的表格标题可与其他表格浮动环境中的表格标题统一排序，表格目录命令既可将表格浮动环境中的表格标题，也可将长表格环境中的表格标题写入表格目录中。

6.5.1 格式设置

由于需要分页，长表格宏包还定义了一组格式设置命令。下面是用于长表格环境的各种表格设置命令和选项及其说明。

长度数据命令	
\LTleft	表格左边空的宽度，默认值是 \fill，即 0pt plus 1fill。
\LTright	表格右边空的宽度，默认值是 \fill。
\LTpre	表格与上文之间的距离，默认值为 \bigskipamount。
\LTpost	表格与下文之间的距离，默认值也是 \bigskipamount。
\LTcapwidth	设置标题命令 \caption{标题} 中标题所占宽度，其默认值是 4in。如果标题文本的宽度超过设定宽度后将自动换行，并且左对齐。
位置选项	
c	表格居中于文本行。
l	表格左对齐。
r	表格右对齐。
无	即省略了位置可选参数，则表格的水平位置由长度数据命令 \LTleft 和 \LTright 的值决定。
换行命令	
\\	换行。
\\[高度]	换行，然后附加一段高度为高度的垂直空白。
*	换行，但不得在此换页。
\tabularnewline	若在表格行中使用了 \raggedright 等对齐命令，应将换行命令 \\ 改为该命令。
\kill	删除行，但行中各列所占宽度被统计在内，仍可能影响表格的总宽度。
\endfirsthead	用于换行命令 \\ 后，表示该命令之前的表格行都是只排在首页表格顶部的首页标题行。
\endhead	用于换行命令 \\ 后，表示该命令之前，\endfirsthead 命令之后的表格行都是排在所有续页表格顶部的续页标题行。
\endfoot	用于换行命令 \\ 后，表示该命令之前，\endhead 命令之后的表格行都是排在首页表格和所有续页表格底部的表底行。
\endlastfoot	表示该命令之前，\endfoot 命令之后的表格行都是排在末页表格底部的表底行，通常是一条水平底线。
标题命令	
\caption{标题}	所生成标题的格式如："Table 2.1: 标题"，标题可被写入表格目录。
\caption[目录标题]{标题}	所生成标题的格式如："Table 2.1: 标题"，目录标题可被写入表格目录，而标题只跟随表格。
\caption[]{标题}	所生成标题的格式如："Table 2.1: 标题"，标题不被写入表格目录。
\caption*{标题}	所生成标题的格式如："标题"，无序号，标题不被写入表格目录。

块行数命令

\LTchunksize	设置块行数，默认值是 20。它指示系统按每 20 行一块，把长表格分成若干块输入到内存。可用 \LTchunksize=10 的方法调整块行数值；改变块行数并不影响表格分页，块行数多处理速度就快，但占用内存也多；块行数至少要大于标题行数或表底行数。

脚注命令

\footnote{*脚注*}	脚注命令，但不能用于标题行、表底行和标题中。
\footnotemark[*序号*]	脚注序号命令，它与 \footnote 脚注命令统一排序，可用于标题行、表底行和标题中，可选参数*序号*用于自设定脚注序号。
\footnotetext[*序号*]{*脚注*}	脚注文本命令，\footnotemark 只生成脚注序号，而*脚注*内容要用该命令给出，它可插在标题行或表底行之后的任何位置，其可选参数*序号*用于自设定*脚注*的序号。

换页命令

\pagebreak[*优先级*]	智能换页命令。
\nopagebreak[*优先级*]	禁止换页命令。
\newpage	新页命令，在此换页。所有换页命令须在*表格行*之前使用。

用长表格环境编写的表格需要连续编译两三次才能获得正确结果：在第一次编译时，它将标题和分页信息写入 .aux 引用记录文件，这时的表格很可能参差不齐，再经反复编译才能将表格排列整齐。

表格宽度控制

命令 \LTleft 和 \LTright 只是限定了表格两侧的边空宽度，但要使表格水平伸展到限定的宽度，还需要在*列格式*中使用 @-表达式：@{\extracolsep{\fill}}。例如：

```
\LTleft=0pt \LTright=0pt
\begin{longtable}{@{\extracolsep{\fill}}...}
......
\end{longtable}
```

创建了一个与文本行宽度相等的表格。附加宽度命令 \extracolsep 也可用于 !-表达式。

标题宽度调整

在长表格环境中可直接使用标题命令 \caption{*标题*}，它实质上等效于命令：

\multicolumn{*n*}{c}{\parbox{\LTcapwidth}{*标题*}}

在命令中：n 是表格的总列数，\LTcapwidth 是表格标题所占宽度，其默认值是 4in，如果要改变表格标题的宽度，可在长表格环境之前使用长度赋值命令重新设定标题宽度。

首页标题与续页标题

命令 \endfirsthead、\endhead、\endfoot 和 \endlastfoot 表示的内容可以是一行或是多行，但都必须在表格的数据行之前使用。

如果要求每页表格都有标题，但首页标题不同于其他续页标题，可在长表格环境中的首页标题行中使用 \caption{*标题*} 标题命令，而在续页标题行中使用 \caption[]{*标题*} 标题命令，而两者的*标题*内容可以各不相同。

例 6.23 使用长表格环境编排一个连续三页的长表格，每页表格都有相同的标题。

```
\begin{longtable}{lcr}
\caption{常用激光器的特性\label{tab:long}}\\\hline
增益介质 & 功率 &
\multicolumn{1}{c} {波长}\\\hline
\endfirsthead
\caption{常用激光器的特性}\\
\multicolumn{3}{r}{%
\small 表 \ref{tab:long} (续)}\\\hline
增益介质 & 功率 &
\multicolumn{1}{c}{波长}\\\hline\endhead
\hline\multicolumn{3}{r}{%
\small 接下页}\\\endfoot
\hline\hline\endlastfoot
HeNe         & 1\,mW    & 633\:nm\\
Ar           & 10\:W    & 488\:nm\\
CO$_{2}$     & 200\:W   & 0.01\,nm\\
GaAs         & 10\:mW   & 840\:nm\\
红宝石(QS)   & 100\:MW  & 694\:nm\\
Nd:YAG       & 50\:W    & 0.001\,nm\\
Nd:YAG(ML)   & 2\:kW    & 0.001\,nm\\
Nd:玻璃      & 10\:TW   & 0.001\,nm\\
Rh6G(ML)     & 10\:kW   & 600\:nm\\
ArF          & 10\:MW   & 193\:nm\\
\end{longtable}
```

表 2.1 常用激光器的特性

增益介质	功率	波长
HeNe	1 mW	633 nm
Ar	10 W	488 nm
CO_2	200 W	0.01 nm
GaAs	10 mW	840 nm
		接下页

表 2.1 常用激光器的特性

表 2.1 (续)

增益介质	功率	波长
红宝石(QS)	100 MW	694 nm
Nd:YAG	50 W	0.001 nm
Nd:YAG(ML)	2 kW	0.001 nm
		接下页

表 2.1 常用激光器的特性

表 2.1 (续)

增益介质	功率	波长
Nd:玻璃	10 TW	0.001 nm
Rh6G(ML)	10 kW	600 nm
ArF	10 MW	193 nm

为便于对照说明长表格环境的使用方法，上例将版心尺寸设置为宽 65 mm，高 36 mm。在上例中展示了长表格环境的各种表格排版功能；如果根据 GB/T 1.1－2009《标准化工作导则》国家标准的规定，续页的表格标题可以省略，“接下页”应取消。

6.5.2 longtable 环境优缺点

(1) 由于可以跨页排版表格，所以可在它出现的任何位置就地排版表格，不必担心表格被浮动到其他位置或页面而打乱论文的叙述顺序。

(2) 可使用只有在浮动环境中才能使用的图表标题命令，为表格添加标题，并可选择该标题是否排入表格目录，还提供有可用于控制标题宽度的 \LTcapwidth 长度数据命令。

(3) 提供 \LTpre 和 \LTpost 两条垂直长度数据命令，可方便地分别调整表格与上下文之间的距离；提供 \LTleft 和 \LTright 两条水平长度数据命令，可方便地调整表格的宽度以及表格的水平位置。

(4) 可使用脚注命令 \footnote，并能与环境之外的脚注统一排序。

(5) 只能用于单栏排版，不能用于双栏或多栏排版。

(6) 不论其中是否使用 \caption 图表标题命令，都将使表格计数器 table 的值加 1。

(7) 需要连续编译两到三次才能得到正确的排版结果。

6.5.3 longtable* 环境

每使用一次长表格环境，不论其中是否使用图表标题命令，都将使表格计数器加 1。如果在论文中，有些长表格环境使用了图表标题命令，而有些并没有，这会造成表格标题序号的混乱。如果希望不使用图表标题命令的长表格环境不对表格计数器加 1，可调用图表标题宏包 caption，并改用其提供的 longtable* 环境，它除了不触动表格计数器外，其他的功能与 longtable 长表格环境相同，当然也不能使用图表标题命令。

6.6 超表格宏包 supertabular

表格环境 tabular 所能排版的表格不能超出一页，否则表格将突出版心底边而不会自动换页，它只能在编译过程文件 .log 中给出溢出警告。

由 Johannes Braams 和 Theo Jurriens 编写的超表格宏包 supertabular 提供了一个可排版多页表格的 supertabular 超表格环境，顾名思义，它是对 tabular 表格环境的功能扩展：

```
\begin{supertabular}{列格式}
表格行
\end{supertabular}
```

其中*列格式*和*表格行*的定义与 tabular 环境的相同。该环境没有 tabular 环境所具有的位置可选参数。

超表格环境在其内部仍使用 tabular 环境，只不过它不断地检测每个换行命令 \\ 出现时已使用的版面空间，当这个空间的高度达到 \textheight 时，将自动插入 \end{tabular} 命令，结束当前表格行的排版，另起一页，并再新生一个 tabular 环境，接排剩余表格行。超表格环境并不能自动换页接排长表格，而是把长表格自动分成若干个 tabular 表格，用化整为零的方法来排版多页表格。超表格宏包还有 pageshow 和 debugshow 两个选项，可在编译过程文件 .log 中提供详细的表格行和分页信息。

6.6.1 标题命令

超表格宏包还另外提供了一组与排版多页表格相关且可选的标题命令，它们必须在超表格环境之前使用才有效。

\bottomcaption[*目录标题*]{*表格标题*}

底部标题命令，指定在表格的下方生成*表格标题*。

\tablecaption[*目录标题*]{*表格标题*}

表格标题命令，它将*表格标题*生成在默认的位置，即位于表格的上方；可选参数*目录标题*可作为写入表格目录的表格标题。该命令的作用与 \caption 图表标题命令类似。

\tablefirsthead{*首页列标题*}

首页列标题命令，用于设置第一页表格的各列标题。该命令可根据需要选择使用。

\tablehead{*续页列标题*}

续页列标题命令，用于设置后续各页表格的各列标题；它可含有多个表格行。

\tablelasttail{*结束标识*}

结束标识命令，用于设置在表格结束时，即在最后一个 \end{tabular} 结束命令前，所要显示的*结束标识*，通常是一条水平线。

\tabletail{分页标识}

分页标识命令，它用于设置在每次分页前，即在自动插入命令 \end{tabular} 前，所要显示的分页标识，如“接下页”等。这是个可选择使用的命令。

\topcaption[目录标题]{表格标题}

顶部标题命令，指定在表格的上方生成表格标题。

上面所列 \tablecaption、\topcaption 和 \bottomcaption 这 3 个标题命令中的两个参数的作用，与可在浮动环境中使用的图表标题命令 \caption 的相同，而且它们都是用 table 表格计数器为表格标题排序。

命令 \tablefirsthead 或 \tablehead 都将生成以列标题为内容的表格行，所以在它们之后都要使用 \\ 换行命令。

例 6.24 将例 6.23 中的多页表格改为使用超表格环境编排，对比两者的排版结果。

```
\begin{center}  \tablecaption{常用激光器的特性\label{tab:super}}
\tablefirsthead{%
\hline\multicolumn{1}{c}{增益介质} &
\multicolumn{1}{c}{功率} &
\multicolumn{1}{c}{波长} \\\hline}
\tablehead{\multicolumn{3}{r}{%
\small 表 \ref{tab:super} (续)}\\\hline
\multicolumn{1}{c}{增益介质} &
\multicolumn{1}{c}{功率} &
\multicolumn{1}{c}{波长} \\\hline}
\tabletail{\hline
\multicolumn{3}{r}{\small 接下页}\\}
\tablelasttail{\hline}
\begin{supertabular}{p{19mm}p{13mm}p{14mm}}
HeNe         & 1\,mW     & 633\:nm\\
Ar           & 10\:W     & 488\:nm\\
CO$_{2}$     & 200\:W    & 0.01\,nm\\
GaAs         & 10\:mW    & 840\:nm\\
红宝石(QS)   & 100\:MW   & 694\:nm\\
Nd:YAG       & 50\:W     & 0.001\,nm\\
Nd:YAG(ML)   & 2\:kW     & 0.001\,nm\\
Nd:玻璃      & 10\:TW    & 0.001\,nm\\
Rh6G(ML)     & 10\:kW    & 600\:nm\\
ArF          & 10\:MW    & 193\:nm\\
\end{supertabular}
\end{center}
```

表 2.1 常用激光器的特性

增益介质	功率	波长
HeNe	1 mW	633 nm
Ar	10 W	488 nm
CO_2	200 W	0.01 nm

接下页

表 2.1 (续)

增益介质	功率	波长
GaAs	10 mW	840 nm
红宝石(QS)	100 MW	694 nm
Nd:YAG	50 W	0.001 nm
Nd:YAG(ML)	2 kW	0.001 nm
Nd:玻璃	10 TW	0.001 nm

接下页

表 2.1 (续)

增益介质	功率	波长
Rh6G(ML)	10 kW	600 nm
ArF	10 MW	193 nm

在上例源文件中，所有列的宽度都是固定值，因为系统是将 supertabular 表格分成 3 个 tabular 表格，而每个表格中列数据的自然宽度并不相同，如果不设置固定的列宽度，而是任由它们的自然宽度，将会造成 3 个表格的总宽度不一致。

(1) 从例 6.24 可以看出，被分割的 3 个表格高度不一，且相差较大。为此，超表格宏包提供了一个可调整被分割表格高度的命令：

```
\shrinkheight{高度}
```

该命令必须置于某个表格行之前，其中高度表示对当前表格高度的增减值，如果高度为正值表示缩减，负值表示增加。

(2) 不能将超表格环境再插入表格浮动环境 table 中，因为它将所分割的表格装入一个盒子里而无法分页。

(3) 与长表格环境相比，超表格环境的最大特点就是可以双栏排版。

6.6.2 其他变体环境

超表格宏包 supertabular 还提供了以下 3 个超表格环境的变体，它们各有所长。

(1) supertabular* 环境，功能与 supertabular 环境相同，只是多出一个宽度参数：

```
\begin{supertabular*}{宽度}{列格式}
表格行
\end{supertabular*}
```

其中宽度参数用于设定表格的总宽度。该环境在内部使用 tabular* 环境分割长表格，这样可使所分割的表格宽度保持一致。

(2) mpsupertabular 环境，其命令结构和功能与 supertabular 环境的相同，只是它将所分割的 tabular 表格装入小页环境 minipage 中，这样就可在该环境中使用脚注命令了。

(3) mpsupertabular* 环境，其命令结构与 supertabular* 环境的相同，功能与上述的表格环境 mpsupertabular 相同。

6.7 可调列宽表格宏包 tabularx

在 tabular* 环境中可以设置表格的总宽度，但它只是增减列间空白，使表格本身伸展到设定宽度，而无法控制数据列的宽度，这很可能造成有些数据凸出表格。

例 6.25 使用 tabular* 环境制作一个航天器编年表，其总宽度设定为 50 mm。

```
\begin{tabular*}{50mm}{ll}\hline
年份 & 探测目标 \\\hline
1959 & 苏联月球 3 号发回月球背面照片。\\
1964 & 美国水手 4 号飞往火星。\\\hline
\end{tabular*}
```

年份	探测目标
1959	苏联月球 3 号发回月球背面照片。
1964	美国水手 4 号飞往火星。

在上例中，部分列数据超出表格范围。所以在采用 tabular* 环境并且设定表格总宽度后，应注意各列数据的宽度，以防部分数据因超宽而凸出表格右侧。

如果改用 p{宽度} 列格式选项，虽然可以控制列的宽度和自动换行，但宽度设置多少为合适需要多次尝试，如果表格总宽度改变，那么宽度又要重新手动反复调整。

由 David Carlisle 编写的 tabularx 宏包提供了一个 tabularx 表格环境，其命令结构和列格式定义与 tabular* 环境相同，它是对 tabular* 环境功能的扩展，它定义了一个新的列格式选项：X，使用该选项的数据列其宽度可根据所设定的表格总宽度和其他列的宽度自动推算出来，并将该列的列格式自动转换为 p{宽度}。

例 6.26 将例 6.25 表格改用 tabularx 环境编排，其中第 2 列的列格式选项改为 X。

```
\begin{tabularx}{50mm}{lX}\hline
年份 & 探测目标 \\ \hline
1959 & 苏联月球 3 号发回月球背面照片。\\
1964 & 美国水手 4 号飞往火星。\\ \hline
\end{tabularx}
```

年份	探测目标
1959	苏联月球 3 号发回月球背面照片。
1964	美国水手 4 号飞往火星。

例 6.27 如果将例 6.26 中表格的总宽度由 50 mm 改为 60 mm，则 X 列的宽度也会自动增宽 10 mm，而如果采用列格式选项 p{宽度} 就没有这个自动变宽功能。

```
\begin{tabularx}{60mm}{lX}\hline
年份 & 探测目标 \\ \hline
1959 & 苏联月球 3 号发回月球背面照片。\\
1964 & 美国水手 4 号飞往火星。\\ \hline
\end{tabularx}
```

年份	探测目标
1959	苏联月球 3 号发回月球背面照片。
1964	美国水手 4 号飞往火星。

例 6.28 表格的总宽度很容易确定，但若要表格中的所有列或某几列的宽度相等，就很难确定其最佳宽度，这时就可使用 X 列格式选项，通常所有 X 列的宽度都是等分的。

```
\begin{tabularx}{60mm}{XX}\hline
年份 & 探测目标 \\ \hline
1959 & 苏联月球 3 号发回月球背面照片。\\
1964 & 美国水手 4 号飞往火星。\\ \hline
\end{tabularx}
```

年份	探测目标
1959	苏联月球 3 号发回月球背面照片。
1964	美国水手 4 号飞往火星。

例 6.29 在例 6.28 中，由于各 X 列的宽度相等，从而造成有的列数据宽松，有的列数据拥挤。可采用附加列格式的 >{声明} 选项来设定各 X 列的宽度比例。

```
\begin{tabularx}{60mm}{>{\hsize=0.4\hsize}X
>{\hsize=1.6\hsize}X}\hline
年份 & 探测目标 \\ \hline
1959 & 苏联月球 3 号发回月球背面照片。\\
1964 & 美国水手 4 号飞往火星。\\ \hline
\end{tabularx}
```

年份	探测目标
1959	苏联月球 3 号发回月球背面照片。
1964	美国水手 4 号飞往火星。

在上例源文件中，将第 1 列的宽度设置为原宽度的 0.4 倍，将第 2 列的宽度设置为原宽度的 1.6 倍；列格式中的 \hsize 是 TeX 的一个基本命令，它主要用于设置文本行的宽度，在这里是用于控制表格列的宽度。

例 6.29 中的列格式显得有些繁杂，如果要多次使用这种列格式，可采用 array 数组宏包提供的 \newcolumntype 新列格式选项定义命令来简化。例如：

```
\newcolumntype{Y}{>{\hsize=0.4\hsize}X}
\newcolumntype{Z}{>{\hsize=1.6\hsize}X}
```

这样，例 6.29 的环境命令可改为：\begin{tabularx}{60mm}{YZ} ⋯。此外，还可以对 X 选项附加其他列格式选项，例如 >{\tt\kaishu}X 等。

在 X 列格式中采用上述列宽度比例分配的方法应遵守规则：(1) 保持所有 X 列的宽度之和不变，即所设置各 X 列的宽度比例之和应等于 X 列的数量之和，例 6.29 为 $0.4 + 1.6 = 2$；(2) 合并列命令 \multicolumn 不能合并任何 X 列。

例 6.30 X 选项经过计算和调试后，由 \tabularxcolumn 命令自动转换为行数据顶端对齐的 p{宽度} 选项，如果希望改为中心对齐的 m{宽度} 选项，可对该命令重新定义。

```
\renewcommand{\tabularxcolumn}1{m{#1}}
\begin{tabularx}{60mm}{lX}\hline
年份 & 探测目标 \\ \hline
1959 & 苏联月球 3 号发回月球背面照片。\\
1964 & 美国水手 4 号飞往火星。\\ \hline
\end{tabularx}
```

年份	探测目标
1959	苏联月球 3 号发回月球背面照片。
1964	美国水手 4 号飞往火星。

在 tabularx 环境中可使用 \footnote 脚注命令，脚注内容将排到当前版心的底部，并与正文中的其他脚注统一排序。如果希望脚注内容紧随表格之后，并能单独排序，可将表格环境 tabularx 装入小页环境中。

表格宏包 tabularx 有两个选项：infoshow 和 debugshow，两者的作用基本相同，只要任选一个，就可在编译源文件后生成的 .log 文件中得到 tabularx 表格中所有 X 列的宽度值。

该宏包作者还编写了 tabulary 宏包，它提供一个总宽可设、列宽自动确定的表格环境：

```
\begin{tabulary}{宽度}{列格式}
......
\end{tabulary}
```

其中列格式有 L、C、R 和 J 共 4 个选项，分别表示列数据左对齐、居中、右对齐和两端对齐。

在调用 tabularx 或 tabulary 宏包时，数组宏包 array 也被自动加载。此外 ltablex 表格宏包扩展了 tabularx 环境功能，能自动分页，可用于排版跨页长表格。

表格环境 tabularx 与 tabular* 的命令结构相同，两者都可以用于创建可设定总宽度的表格，它们主要的不同之处在于以下几个方面。

(1) tabularx 环境改变的是列宽度，而 tabular* 环境改变的是列间空白的宽度。

(2) tabularx 环境若相互嵌套，里层的要用花括号 {} 包括起来，而 tabular* 环境和 tabular 环境没有这一限制。

(3) tabularx 环境要经过多次自动调试才能确定最佳列宽度，而 tabular* 环境采用系统的列间空白调整功能。

(4) 在 tabularx 环境中可使用脚注命令，而在 tabular* 和 tabular 环境中不能使用。

6.8 表格线宏包 booktabs

垂直表格线的粗细可以用列格式中的 !{声明} 选项：!{\vrule width 1pt}，加以修改，而水平表格线的粗细就很难改变。修改长度数据命令 \arrayrulewidth 虽然可以调整表格线的粗细，但它是统一调整，而不能单独设置每条水平线的粗细，更不能控制每条水平线与上下行或上下文之间的距离。为此，由 Danie Els 和 Simon Fear 编写的 booktabs 表格线宏包提供了一组命令，专门用于绘制水平表格线，其特点是水平线的粗细可以任意设置，水平线的上方和下方附加一段垂直空白，其高度也可任意设置。

以下是 booktabs 表格线宏包提供的各种表格线命令及其简要说明。

\toprule[高度]	画表格顶线，替代画线命令 \hline，高度用于设置顶线的粗细，默认值 0.08em，该值可用长度数据命令 \heavyrulewidth 来修改。
\midrule[高度]	画表格中线，替代 \hline 命令，高度用于设置中线的粗细，其默认值是 0.05em，该值可用长度数据命令 \lightrulewidth 修改。
\bottomrule[高度]	画表格底线，替代 \hline 命令，高度用于设置底线的粗细，其默认值是 0.08em，该值可用长度数据命令 \heavyrulewidth 修改。
\cmidrule[高度](修整){i-j}	用于画局部水平线段，其功能类似于画线命令 \cline，高度用于设置水平线的粗细，其默认值是 0.03em，该值可以用长度数据命令 \cmidrulewidth 来修改；修整为可选参数，它通常不需要给出；i-j 指示水平线从第 i 列的左端画到第 j 列的右端。
\morecmidrules	如果要画双水平线段，不能直接连用两个 \cmidrule 命令，其中应插入 \morecmidrules 命令，否则两条线段将重叠为一条。双水平线段的间距可用长度数据命令 \cmidrulesep 来设定，它的默认值是 \doublerulesep，即 2pt。
\specialrule{高度}{上方空白}{下方空白}	画一条与表格同宽的水平线，粗细为高度，其上下方附加的垂直空白高度可分别在上方空白和下方空白中设置。
\addlinespace[高度]	用于增加某一表格行的高度或深度，其值为高度，默认值 0.5em，该值可用 \defaultaddspace 长度数据命令修订。该命令与换行命令 \\[高度] 的区别在于：前者既可插在各种画线命令之前或之后，还可插在两条画线命令之中，而后者只能用于表格行的结尾。该命令的作用相当于 \specialrule{0pt}{0pt}{下方空白}。

例 6.31 使用上述各种表格线命令制作一个降雨天数统计表。

```
\begin{tabular}{cccc}\toprule
~ & \multicolumn{3}{c}{降雨天气(天)} \\
\cmidrule{2-4}\morecmidrules\cmidrule{2-4}
月份 & 小雨 & 中雨 & 大雨 \\ \midrule
1  & 2   & 1   & 0 \\
\addlinespace[7pt]\midrule
2    & 3    & 2    & 1 \\
\specialrule{1pt}{7pt}{7pt}
3    & 4    & 2    & 2 \\ \midrule
4    & 4    & 3    & 3 \\[7pt]\midrule
5    & 5    & 3    & 3 \\
\midrule\addlinespace[7pt]
合计 & 18   & 11   & 9 \\ \bottomrule
\end{tabular}
```

	降雨天气(天)		
月份	小雨	中雨	大雨
1	2	1	0
2	3	2	1
3	4	2	2
4	4	3	3
5	5	3	3
合计	18	11	9

表格线宏包 booktabs 提供的绘制水平表格线命令还可以用来调整表格行的行高或行深，或表格与上下文的间距，具体说明如下。

(1) 顶线命令 \toprule 在所画顶线的上方和下方分别附加了一段垂直空白，其默认值是 0pt 和 0.65ex，它们可分别用长度数据命令 \abovetopsep 和 \belowrulesep 来调整。例如可用 \abovetopsep 命令来调整表格与其标题之间的距离。

(2) 中线命令 \midrule 在所画中线的上方和下方分别附加了一段垂直空白，其默认值是 0.4ex 和 0.65ex，可分别用长度数据命令 \aboverulesep 和 \belowrulesep 来调整。

(3) 底线命令 \bottomrule 在所画底线的上方和下方分别附加了一段垂直空白，其默认值是 0.4ex 和 0pt，可分别用 \aboverulesep 和 \belowbottomsep 长度数据命令来调整。

(4) 局部线段命令 \cmidrule 在所画线段的上方和下方分别附加了一段垂直空白，其默认值是 0.4ex 和 0.65ex，它们可分别用 \aboverulesep 和 \belowrulesep 长度数据命令来调整。如果 \cmidrule 命令是紧跟在另一个 \cmidrule 命令之后，那它附加在上方的垂直空白的高度为 0pt，也就是说两条水平线重叠了。

由于这些水平线绘制命令都附加有垂直空白，所以不宜在表格中使用垂直线，例如在列格式中用“|”选项，否则会在交叉点的上下出现空缺。

命令 \morecmidrules 必须插在上述任意两条画线命令之中才能起作用，它指示系统将两条线分隔一定宽度；该命令不能单独使用，因为它不是通常意义的垂直空白命令。

局部线段命令 \cmidrule 中的修整可选参数主要是用来修整所画局部线段的两端，它具有 r、r{*宽度*}、l 和 l{*宽度*} 4 种选项，其中 r 表示右端修整，l 表示左端修整，*宽度*设定要修整的长度，正值表示剪短，负值表示加长；若未设定*宽度*，只选 r 或 lr，其修整长度是右端或左右两端各剪短 0.5em，该值可用长度数据命令 \cmidrulekern 来修改。

例 6.32 编排一个宽 60 mm 的表格，采用 @-表达式，使各列均匀地伸展到设定宽度。

```
\begin{tabular*}{60mm}{@{\extracolsep{\fill}}|c|ccc|} \hline
~ & \multicolumn{3}{c|}{降雨天气(天)} \\
\cline{2-4}
月份 & 小雨 & 中雨 & 大雨 \\ \hline
1    & 2    & 1    & 0 \\ \hline
2    & 3    & 2    & 1 \\ \hline
\end{tabular*}
```

	降雨天气(天)		
月份	小雨	中雨	大雨
1	2	1	0
2	3	2	1

例 6.33 在例 6.32 中，为了能使表格伸展到设定宽度，在各列之间自动插入适量的水平空白，当使用 \cline 命令画局部水平线段时，它仍从第 2 列自然宽度的左端起始，而造成一段缺口。遇到这类问题就可改用 \cmidrule 命令及其可选参数修整。

```
\aboverulesep=0pt \belowrulesep=0pt
\begin{tabular*}{60mm}{@{\extracolsep{\fill}}|c|ccc|} \hline
~ & \multicolumn{3}{c|}{降雨天气(天)} \\
\cmidrule[0.4pt](l{-5mm}){2-4}
月份 & 小雨 & 中雨 & 大雨 \\ \hline
1    & 2    & 1    & 0 \\ \hline
2    & 3    & 2    & 1 \\\hline
\end{tabular*}
```

	降雨天气(天)		
月份	小雨	中雨	大雨
1	2	1	0
2	3	2	1

上例中第 1 行的两条命令是为了消除 \cmidrule 命令附加的上下方垂直空白。

表格线宏包提供的画线命令都适用于 array、longtable、tabular 和 tabular* 环境。

6.9 小数点对齐宏包 dcolumn

前面曾介绍过，如果列数据都带有小数点，可将其分为两列，中间插入 @{.}，使小数点对齐，但这种方法比较麻烦也很笨拙，而且如果在列数据中既有带小数点的，也有不带小数点的，这种方法就行不通了。当遇到小数点对齐这种问题时，可将调用 array 数组宏包改为调用由 David Carlisle 编写的 dcolumn 小数点对齐宏包，它专为 tabular 和 array 表格环境定义了一个用于对齐小数点或逗号等标点符号的列格式选项：

D{输入符号}{输出符号}{小数位数}

其中各种参数的用途说明如下。

输入符号 在表格环境中作为数据分隔符的符号，通常是需要对齐的小数点或逗号。

输出符号 通过编译，将输入符号转为排版输出的符号，两者可以相同也可以不同，输出符号还可以是数学符号命令，例如 \cdot 等。

小数位数 该列中输入符号之后的最大数据位数，通常是该列小数的最多位数；若是负值，则表示小数位数可以是任意值，这样输出符号将居中于该列，有可能造成该列左侧或右侧空白过宽。系统将按小数位数预留列空间，若所设值大于实际值，则该列右侧空间会过宽；若小于实际值，则该列右侧空间会过窄，多出的小数位甚至可能凸进相邻列。

在调用小数点对齐宏包 dcolumn 时，它会自动加载 array 数组宏包。

例 6.34 三列相同的数据，而所设定的小数位数不同，对比三者的排版结果。

```
\begin{tabular}{|D{.}{,}{2}|D{.}{.}{5}|D{.}{.}{-1}|}\hline
10.33   & 10.33   & 10.33 \\
1000    & 1000    & 1000  \\
5.1     & 5.1     & 5.1   \\
3.14159 & 3.14159 & 3.14159 \\\hline
\end{tabular}
```

10,33	10.33	10.33
1000	1000	1000
5,1	5.1	5.1
3,14159	3.14159	3.14159

在上例中，第 1 列的小数位数设为 2，而实际是 5，造成最后两位小数凸进相邻列；第 3 列小数位数设为 -1，即为任意值，则小数点居于该列中间，致使左侧空白过宽；第 2 列的排版效果较好，因为其所设的小数位数与实际位数相等。

列格式选项 D 带有 3 个参数项，功能很强，但用起来不方便，也显得较杂乱，如果这个选项要多次使用，可利用 array 宏包提供的 \newcolumntype 命令将其简化。

例如 \newcolumntype{,}{D{.}{,}{5}}，定义列格式新选项“,”，它表示输入符号是小数点，输出符号是逗号，小数位数最多为 5 位。

例如 \newcolumntype{d}[1]{D{.}{.}{#1}}，定义列格式新选项 d{小数位数}，它表示输入符号和输出符号都是小数点，小数位数可根据实际需要设定。

例如 \newcolumntype{.}{D{.}{.}{-1}}，定义列格式新选项“.”，它表示输入符号是小数点，输出符号也是小数点，小数位数可以是任意数值。列格式选项 D 可正确处理无小数、无整数和空置的数据。

例 6.35 将例 6.34 表格中三列相同的数据改为分别改用上述 3 个新定义的列格式选项来编排表格，比较两者的排版结果。

```
\begin{tabular}{|,|d{5}|.|}\hline
10.33   & 10.33   & 10.33 \\
1000    & 1000    & 1000  \\
5.1     & 5.1     & 5.1   \\
3.14159 & 3.14159 & 3.14159 \\\hline
\end{tabular}
```

10,33	10.33	10.33
1000	1000	1000
5,1	5.1	5.1
3,14159	3.14159	3.14159

需要注意的是，选用列格式选项 D 或是其简化形式的列就自动进入了数学模式，可直接使用数学命令，其中的英文字母都改为斜体，若希望保持文本模式，则要用数学模式符号 $ 来抵消，但这样做小数点对齐的功能也被取消了。

例 6.36 三列相同的数据，但对 d 选项的处理不同，对比三者的排版结果。

```
\begin{tabular}{|d{3}|d{3}|>{$}d{3}<{$}|}\hline
2.35x    & $ 2.35x$ & 2.35x    \\
-126.1x & -126.1x  & -126.1x \\\hline
\end{tabular}
```

$2.35x$	2.35x	2.35x
$-126.1x$	$-126.1x$	-126.1x

从上例可以看出，对表格的第 2 列第 1 行数据和第 3 列数据使用数学模式符号后，反而使它们都退出了数学模式，同时也丧失了小数点的对齐功能。

此外，数字对齐宏包 rccol 也具有类似功能；单位符号宏包 siunitx 还提供了一个 S 列格式选项，可用于表格环境，使列数据以小数点对齐，而列中非数字数据应置于花括号中。

6.10 对角线宏包 slashbox

有时希望在表格左上角的单元格中画一条对角线，线上方是列标题，线下方是行标题。由 Koichi Yasuoka 和 Toru Sato 编写的 slashbox 宏包提供了一条 \backslashbox 命令，可以在表格的某个单元格内画对角线。

例 6.37 使用 \backslashbox 命令编排一个带对角线的课程表。

```
\begin{tabular}{|l|c|c|}\hline
\backslashbox[2cm]{时间}{星期}
     & 一   & 二  \\\hline
8:30 & 化学 & 物理\\
9:30 & 汉语 & 数学\\\hline
\end{tabular}
```

星期 / 时间	一	二
8:30	化学	物理
9:30	汉语	数学

由刘海洋编写的 diagbox 对角线宏包所提供的 \diagbox 命令，不仅可在表格的单元格内画对角线，还可画两条斜线，把一个单元格分为三部分。

例 6.38 根据 GB/T 1.1 国家标准，表头不得使用斜线，故建议对例 6.37 作相应改动。

```
\begin{tabular}{|l|c|c|}\hline
\multirow{2}*{时间} &
\multicolumn{2}{c|}{星期}\\\cline{2-3}
     & 一   & 二  \\\hline
8:30 & 化学 & 物理\\
9:30 & 汉语 & 数学\\\hline
\end{tabular}
```

时间	星期	
	一	二
8:30	化学	物理
9:30	汉语	数学

6.11 彩色表格宏包 colortbl

由 David Carlisle 编写的 colortbl 彩色表格宏包提供了一组颜色设置命令，可分别用于设置表格中列、行和单元格的背景颜色以及表格线的颜色。该宏包需要 array 数组宏包和 color 颜色宏包的支持，在调用彩色表格宏包的同时，这两个宏包也被自动加载。

这些颜色设置命令可用于 array、longtable、tabular、tabular* 和 tabularx 等表格环境。下面介绍最常用的几条颜色设置命令。

6.11.1 列背景颜色

列背景颜色命令：

\columncolor[*颜色模式*]{*颜色*}[*左伸宽度*][*右伸宽度*]

用于设置表格中某一列的背景颜色，其中各参数的说明如下。

颜色模式 可选参数，常用选项有 3 种：cmyk、gray 和 rgb。

颜色 通常使用在 xcolor 宏包中已定义的颜色名称，或是用 \definecolor 颜色定义命令自定义的颜色名称；也可结合*颜色模式*选项，给出颜色定义。

左伸宽度 可选参数，列背景色向左侧空白伸展的宽度。

右伸宽度 可选参数，列背景色向右侧空白伸展的宽度。

如果在列背景颜色命令中省略了*右伸宽度*可选参数，则被默认为与*左伸宽度*相同。

例 6.39 将表格第 1 列背景颜色设为灰色，第 2 列设为黑色。

```
\begin{tabular}{
|>{\columncolor[gray]{.8}[0pt]}l
|>{\color{white}\columncolor{black}[0pt]}l|}
哈勃太空望远镜  & HST  \\
钱德拉空间天文台 & CXRO \\
\end{tabular}
```

哈勃太空望远镜	HST
钱德拉空间天文台	CXRO

在上例中，命令 \color{white} 将该列前景颜色即列数据的颜色改为白色。

若*右伸宽度*和*左伸宽度*这两个可选参数都被省略，那它们的默认值在 tabular 环境中是 \tabcolsep，而在 array 环境中则是 \arraycolsep，即将列背景颜色充满该列两侧空白。

例 6.40 将例 6.39 表格中的列两侧空白用其列背景颜色充满。

```
\begin{tabular}{
|>{\columncolor[gray]{.8}}l
|>{\color{white}\columncolor{black}}l|}
哈勃太空望远镜   & HST  \\
钱德拉空间天文台 & CXRO \\
\end{tabular}
```

哈勃太空望远镜	HST
钱德拉空间天文台	CXRO

例 6.41 如果需要列背景色只伸展到列两侧空白宽度的一半，可使用 \columncolor 命令的*左伸宽度*可选参数。

```
\begin{tabular}{
|>{\columncolor[gray]{.8}[.5\tabcolsep]}l
|>{\color{white}\columncolor{black}
```

```
[.5\tabcolsep]}l|}
哈勃太空望远镜    & HST  \\
钱德拉空间天文台 & CXRO \\
\end{tabular}
```

哈勃太空望远镜	HST
钱德拉空间天文台	CXRO

列背景颜色命令 \columncolor 只能用在表格环境或 \multicolumn 命令的*列格式*选项 >{*声明*} 之中。

6.11.2 行背景颜色

行背景颜色命令：

\rowcolor[*颜色模式*]{*颜色*}[*左伸宽度*][*右伸宽度*]

用于设置表格中某一行的背景颜色，其中各项的定义与命令 \columncolor 相同。

例 6.42 将表格第 1 行的背景颜色设为青色，第 2 行为灰色。

```
\begin{tabular}{ll}\hline
\rowcolor{cyan}[0pt]哈勃太空望远镜  & HST
\\\hline
\rowcolor[gray]{.7}钱德拉空间天文台 & CXRO
\\\hline
\end{tabular}
```

哈勃太空望远镜	HST
钱德拉空间天文台	CXRO

行背景颜色命令 \rowcolor 必须置于一行的起始处。

如果 \rowcolor 命令所在行的某列被 \columncolor 命令在表格环境的*列格式*中定义，即 \rowcolor 命令定义的行与 \columncolor 命令定义的列在交汇处单元格的背景颜色，以 \rowcolor 命令的定义为准。

如果在 \multicolumn 合并列命令中使用 >{\rowcolor...} 列格式，则该命令所合并列的背景颜色以该命令中的 \rowcolor 命令定义为准，所在行或列的颜色设置对其失效。

6.11.3 单元格背景颜色

单元格背景颜色命令：

\cellcolor[*颜色模式*]{*颜色*}

它用于设置表格中某一单元格的背景颜色，其中*颜色模式*和*颜色*的定义与 \columncolor 命令中的相同。

例 6.43 将表格两个对角单元格的背景颜色分别设置为青色和灰色。

```
\begin{tabular}{ll}\hline
\cellcolor{cyan}哈勃太空望远镜 & HST
\\ \hline
钱德拉空间天文台 & \cellcolor[gray]{.7}CXRO
\\ \hline
\end{tabular}
```

哈勃太空望远镜	HST
钱德拉空间天文台	CXRO

命令 \cellcolor 可以用于表格中的任何单元；如果由 \cellcolor 命令定义的单元格与 \rowcolor 定义的行重叠，或与 \columncolor 命令定义的列重叠，则重叠处的单元格颜色是以 \cellcolor 命令的定义为准。

6.11.4 表格线颜色

表格线颜色命令：

`\arrayrulecolor[颜色模式]{颜色}`

通常置于表格环境之前，它可改变其后所有表格的表格线颜色，其中*颜色模式*和*颜色*的定义与命令 `\columncolor` 中的相同。

例 6.44 使用表格线颜色命令将表格线的颜色设置为紫红色。

```
\arrayrulecolor{magenta}
\begin{tabular}{ll} \hline
哈勃太空望远镜    & HST  \\ \cline{1-1}
钱德拉空间天文台 & CXRO \\ \hline
\end{tabular}
```

哈勃太空望远镜	HST
钱德拉空间天文台	CXRO

在上例中，`magenta` 是颜色宏包 xcolor 预定义的紫红色颜色名，可直接使用。

例 6.45 命令 `\arrayrulecolor` 只能将所有表格线设置为同一种颜色。如果希望将垂直线和水平线分别设置为不同的颜色，可用 `\arrayrulecolor` 命令设置水平线的颜色，如例 6.44，而用列格式的 `!{声明}` 选项来设置垂直线的颜色。

```
\newcolumntype{Y}{!{\color{blue}\vline}}
\begin{tabular}{YlYlY}
哈勃太空望远镜    & HST \\
钱德拉空间天文台 & CXRO \\
\end{tabular}
```

哈勃太空望远镜	HST
钱德拉空间天文台	CXRO

在上例中，使用新列格式选项定义命令 `\newcolumntype` 定义了一个 `Y` 列格式选项，它可将垂直表格线着为蓝色。

例 6.46 将例 6.45 中的单垂直线改为双垂直线，其间着黄色。

```
\newcolumntype{Y}{!{\color{blue}\vline}
@{\color{yellow}\vrule width \doublerulesep}!{\color{blue}\vline}}
\begin{tabular}{YlYlY}
哈勃太空望远镜    & HST \\
钱德拉空间天文台 & CXRO \\
\end{tabular}
```

哈勃太空望远镜	HST
钱德拉空间天文台	CXRO

在上例中，在新列格式选项定义命令中使用 `@-` 表达式，在表格侧边与表格列之间和列与列之间，添加了一条宽为 `\doublerulesep` 的黄色垂直线。

由 Timothy Van Zandt 编写的彩色表格宏包 colortab 也可以对单元格或表格线着色，但彩色表格宏包 colortbl 的着色功能更为齐全，使用也便捷，应为首选。

6.12 颜色宏包 xcolor 的行颜色命令

通常表格行的背景颜色都是采用同一色系的两种颜色，交替变换，如果使用彩色表格宏包 colortbl 的行背景颜色命令 `\rowcolor`，逐行对长表格，比如 50 行，设置每个表格行的背景颜色，就很烦琐而笨拙。

颜色宏包 xcolor 除了可以对各种颜色进行定义和设置外，它还提供了一个专用于表格的行背景颜色交替命令：

```
\rowcolors[命令]{行号}{奇数行颜色}{偶数行颜色}
```

该命令可以为表格的奇数行和偶数行分别设置背景颜色，它必须置于表格环境之前，其中*命令*是可作用于每一行的命令，例如 `\hline` 等，该可选参数经常被省略；*行号*是指从表格的第几行开始着色，通常都是从第 1 行开始，行号就是 1；*奇数行颜色*和*偶数行颜色*是分别为表格奇数行和偶数行设置背景颜色，其中一项也可空置，表示不着任何颜色。

在调用 xcolor 宏包时，还须添加 `table` 选项才能使用其提供的行背景颜色交替命令，选项 `table` 的主要作用就是加载 colortbl 彩色表格宏包和激活 `\rowcolors` 命令。

例 6.47 定义一个蓝绿色系，选用其中的两种颜色分别作为表格奇偶行的背景色。

```
\definecolorseries{mycolor}{rgb}{last}{green}{blue}
\resetcolorseries[10]{mycolor} \rowcolors{1}{mycolor!!}{mycolor!![2]}
\begin{table}[!h] \caption{各种广播的频带}
\begin{tabular}{ccc}
\number\rownum & 广播方式 & 频带\\
\number\rownum & 调幅广播 & 535-1605kHz\\
\number\rownum & 调频广播 & 88-108MHz\\
\number\rownum & 电视 VHF & 54-216MHz\\
\end{tabular}
\end{table}
```

表 2.1 各种广播的频带

1	广播方式	频带
2	调幅广播	535-1605kHz
3	调频广播	88-108MHz
4	电视VHF	54-216MHz

上例源文件说明如下。

(1) 首先使用色系定义命令自定义了一个名为 `mycolor` 的蓝绿色系。

(2) 然后用初始化命令 `\resetcolorseries` 将 `mycolor` 色系设置为 10 级。

(3) 再用行背景颜色设置命令 `\rowcolors` 选取 `mycolor` 色系序号是 0 和 2 的两种颜色，分别为表格奇偶行背景着色。

(4) 表格第 1 列中的 `\number\rownum` 是颜色宏包 xcolor 提供的行序号命令，它们必须在 `\rowcolors` 命令之下使用，否则无效。

6.13 虚线表格宏包 arydshln

如果需要编排含有垂直虚线和(或)水平虚线的表格时，可调用由 Hiroshi Nakashima 编写的虚线表格宏包 arydshln 并使用其提供的各种虚线命令，在 `array`、`tabular` 和 `tabular*` 等表格环境中绘制虚线。以下是虚线表格宏包提供的最常用的两条虚线命令及其说明。

`\hdashline[线段长度/线段间隔]`

用于替换 `\hline` 命令，绘制一条长度与表格宽度相同的水平虚线；虚线是由若干个间隔相等的线段构成，*线段长度*用于设定虚线中每个线段的长度，*线段间隔*用于设定线段之间的间隔宽度，这个可选参数的默认值是 4pt/4pt。

`\cdashline{i-j}[线段长度/线段间隔]`

用于替代 `\cline` 命令，绘制一条从第 i 列左侧到第 j 列右侧的水平虚线，其可选参数的默认值也是 4pt/4pt。

`\dashlinedash` 和 `\dashlinegap`

两个长度数据命令，前者用于控制虚线中每个线段的长度，其默认值是 4pt；后者用于控制虚线中线段之间的宽度，其默认值也是 4pt。

虚线表格宏包还定义了一个 : 列格式选项，可用于绘制垂直虚线，其线段长度和间距均为 4pt；若要调整线段长度和间距，可将列格式选项 : 改为 ;{*线段长度*/*线段间隔*}。

例 6.48 使用虚线表格宏包提供的虚线命令编排一个用虚线分隔的三列三行表格。

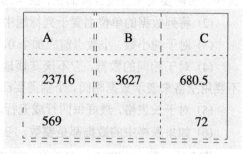

```
\renewcommand{\arraystretch}{2.6}
\tabcolsep=15pt
\begin{tabular}{|l::c;{5pt/3pt}r|}\hline
A    &  B & C    \\\hdashline[2pt/3pt]
23716&3627&680.5\\\cdashline{1-2}[1pt/3pt]
\multicolumn{2}{:l;{2pt/2pt}}{569} & 72\\
\hdashline\hdashline
\end{tabular}
```

A	B	C
23716	3627	680.5
569		72

如果已经调用或是还需要调用与表格有关的 array、colortab、colortbl 或 longtable 宏包，应将 arydshln 的调用命令放在这些宏包的调用命令之后，否则可能会造成莫名的错误。

6.14 表格的整体缩放

有时希望适当调整表格的整体外形尺寸，以获得最佳的排版效果。虽然改变表格的字体尺寸可以改变表格的整体尺寸，但很难将表格的外形控制在某一尺寸，而且有时只是需要调整表格的宽度或高度，或是以不同的比例分别调整表格的宽度和高度。

要精确地调整表格的整体尺寸，可在导言中调用插图宏包 graphicx，然后将需要缩放的表格置于该宏包提供的缩放命令中：

`\scalebox{水平缩放系数}[垂直缩放系数]{表格}`

该命令中各种参数的说明详见**插图**一章。

例 6.49 将例 6.47 中表格的宽度放大 0.25 倍，高度缩小 20%。

```
\definecolorseries{mycolor}{rgb}{last}{green}{blue}
\resetcolorseries[10]{mycolor} \rowcolors{1}{mycolor!!}{mycolor!![2]}
\begin{table}[!h] \caption{各种广播的频带}
\scalebox{1.25}[0.8]{%
\begin{tabular}{ccc}
\number\rownum & 广播方式 & 频带\\
\number\rownum & 调幅广播 & 535-1605kHz\\
\number\rownum & 调频广播 & 88-108MHz\\
\number\rownum & 电视 VHF & 54-216MHz\\
\end{tabular}}
\end{table}
```

表 2.1 各种广播的频带

1	广播方式	频带
2	调幅广播	535-1605kHz
3	调频广播	88-108MHz
4	电视 VHF	54-216MHz

在上例中，表格中所有字符的宽度和高度也随同表格的宽度和高度缩放，造成字符变形。因此，缩放命令 `\scalebox` 常用于制作文字特效。

6.15 表格的使用

6.15.1 表格的设计原则

为了便于编排和达到清晰美观的视觉效果，表格线宏包 booktabs 的作者 Simon Fear 等人还专门提出几条设计正规表格的原则，可供参考。

(1) 不使用垂直表格线，它妨碍浏览数据，列与列之间采用空间分隔。如果认为表格中的数据确实需要用垂直线分隔的话，应考虑将其分为两个表格。也不要使用双表格线。

(2) 将列数据的单位名置于列标题中，不要跟在每个数据之后。

(3) 对于纯小数，小数点前应加个 0，例如 0.15，而不要写作 .15。

(4) 对于相同的数据，应不厌其烦地复制，而不要用“ditto”、“同上”之类的词替代，也不要用空格来表示数据相同。个别需要凸显的数据可使用粗体或斜体。

(5) 对于长表格，最好每四行或五行，增加一段垂直空白，使数据显示具有节奏感。

(6) 如果表格中的数据都是整数，应全部右对齐；若有小数，则都以小数点对齐。

例 6.50 作者 Simon Fear 还举个例子来说明常见的表格设计问题。

```
\begin{tabular}{||l|lr||} \hline
gnats      & gram    & \$13.65\\\cline{2-3}
           & each    & .01     \\\hline
gnu        & stuffed & 92.50   \\
\cline{1-1}\cline{3-3}
emu        &         & 33.33   \\\hline
armadillo  & frozen  & 8.99    \\\hline
\end{tabular}
```

gnats	gram	$13.65
	each	.01
gnu	stuffed	92.50
emu		33.33
armadillo	frozen	8.99

在上例中，表格制作得很花哨，可就是看不明白它要表达什么意思。表格中的各类数据应有相应的标题式说明，即列标题，以明确数据的类型。再有，采用表格的目的是要直观地显示数据间的相互关系，使读者感兴趣的应是表格中的数据而不是各种框线。

例 6.51 将例 6.50 表格的垂直线取消并添加列标题，表格内容就一目了然了。

```
\begin{tabular}{@{}llr@{}} \hline
\multicolumn{2}{c}{Item}   \\\cline{1-2}
Animal     & Itemlist & Price (\$)\\\hline
Gnat       & per gram & 13.65     \\
           & each     & 0.01      \\
Gnu        & stuffed  & 92.50     \\
Emu        & stuffed  & 33.33     \\
Armadillo  & frozen   & 8.99      \\\hline
\end{tabular}
```

Item		
Animal	Itemlist	Price ($)
Gnat	per gram	13.65
	each	0.01
Gnu	stuffed	92.50
Emu	stuffed	33.33
Armadillo	frozen	8.99

例 6.52 例 6.51 中的表格经过删减完善，从内容上看是明白无误，但要从排版美观的角度看，表格的标题行偏窄，标题有些压抑，如果统一增大行距，数据行就有些松散；另外，所有水平线的粗细相同，显得表格外观过于平淡，若改为使用 booktabs 宏包提供的画线命令来绘制水平线，其效果会更好些。

```
\begin{tabular}{@{}llr@{}}\toprule
\multicolumn{2}{c}{Item}\\\cmidrule(r){1-2}
Animal     & Itemlist & Price (\$)\\\midrule
Gnat       & per gram & 13.65 \\
           & each     & 0.01  \\
Gnu        & stuffed  & 92.50 \\
Emu        & stuffed  & 33.33 \\
Armadillo  & frozen   & 8.99  \\\bottomrule
\end{tabular}
```

Item		
Animal	Itemlist	Price ($)
Gnat	per gram	13.65
	each	0.01
Gnu	stuffed	92.50
Emu	stuffed	33.33
Armadillo	frozen	8.99

6.15.2 其他表格宏包

calctab 提供一组表格环境和命令，可对列数据求和，可计算列数据的百分数等。

spreadtab 用于制作电子表格，可对表格数据运算，例如行列数据合计和求平均值等。

6.15.3 本书的表格

可用于排版表格的环境很多，但在一篇论文中不宜使用多种表格环境，以免在调整与标题或上文间距时相互影响。除示例外，本书的表格大都采用 `longtable` 环境编制，表格线使用 booktabs 宏包提供的三种画线命令绘制；这两种宏包分别提供有调整表格与上下文间距、表格与标题间距和表格左右位置的命令；并且调用 tabularx 宏包，用以增强 `longtable` 环境中列格式的功能。

例 6.53 本书中表格的简单编排示例，其中表格标题格式在调用 caption 图表标题宏包时做了修改，详见第 5.5.4 节的介绍。

```
\begin{longtable}{@{\extracolsep{\fill}}>{\tt}ll@{}}
\caption{序号计数器及其用途}\\
\toprule[1pt]
计数器名        & 用途 \\\midrule
chapter        & 章序号计数器 \\
section        & 节序号计数器 \\
subsubsection  & 小小节序号计数器 \\
\bottomrule[1pt]
\end{longtable}
```

表 6.2 序号计数器及其用途

计数器名	用途
`chapter`	章序号计数器
`section`	节序号计数器
`subsubsection`	小小节序号计数器

上例所示的表格样式也被称为三线表。很多刊物，例如工程数学学报等，都明确规定稿件中的表格要使用三线表。三线表在必要时也可添加若干条水平辅助分隔中线。

第 7 章　列表

列表就是将某一论述的内容分成若干个简短的条目，并按一定的顺序排列，以达到简明扼要，醒目直观的阅读效果。列表是论文写作的重要论述手段。

LaTeX 系统提供有常规列表环境 itemize、排序列表环境 enumerate 以及解说列表环境 description 3 种标准列表环境用于编写列表；可使用相关的命令在全文或者局部文本中修改这 3 种标准列表环境的排版样式；如果调用 paralist 和 mdwlist 等列表宏包还可以得到具有更多排版样式的列表环境；此外，LaTeX 还提供有 list 和 trivlist 两个通用列表环境，作者可使用它们自行创建新的列表环境或者其他用途的环境。

7.1　常规列表

常规列表环境 itemize 用黑点或星号等符号作为列表中每个条目的起始标志，以示区别于其他文本行。没有主次和先后顺序关系的条目排列都可以使用常规列表环境来编写，所以常规列表也被称为无序列表。常规列表是论文中最常用的列表样式。

常规列表环境 itemize 的命令结构为：

```
\begin{itemize}
\item[标志] 条目1
\item[标志] 条目2
......
\end{itemize}
```

- 在常规列表环境以及所有列表环境中，每个条目都是以条目命令 \item 开头的。
- 标志是条目命令的可选参数，其默认值是 \textbullet，即大圆点符号；该参数值也可由作者在某个条目命令中加入其他字符或符号命令而改变。
- 条目文本可以是任意长度。每个条目的起始标志位于该条目文本的第 1 行之首。
- 条目与条目之间附加一段垂直空白，以明显分隔。

例 7.1　将常规列表中第 3 个条目的起始标志改为双星符号。

```
理想气体的微观描述有以下几点:
\begin{itemize}
\item 它是由 N 个全同分子组成的，N 很大。
\item 这些分子的运动遵循牛顿定律。
\item[**] 碰撞是弹性的，碰撞时间可忽略。
\end{itemize}
```

理想气体的微观描述有以下几点：

- 它是由 N 个全同分子组成的，N 很大。
- 这些分子的运动遵循牛顿定律。

** 碰撞是弹性的，碰撞时间可忽略。

在上例中，使用条目命令 \item 的可选参数，修改了默认的条目标志符号。

(1) 在条目命令的可选参数中，可使用文本符号或数学符号命令，例如 $\star$ 等。若调用各种符号宏包，如 pifont、amssymb 等，还可使用更多样式的符号作为条目标志。

(2) 在条目段落中，每行文本的左缩进宽度相等，使得列表中的所有条目左边竖直对齐，用以凸显每个条目标志，使其起到醒目和指引的作用。

常规列表的嵌套

常规列表环境可相互嵌套，最多可达 4 层。为以示区别，每层列表中的条目段落都有不同程度的左缩进，且每层列表中的默认条目标志符号也各不相同，具体设置如表 7.1 所示。

表 7.1 常规列表环境各层的条目标志命令及其定义

嵌套层次	标志命令	默认定义	标志
第 1 层	\labelitemi	\textbullet	•
第 2 层	\labelitemii	\normalfont\bf\textendash	–
第 3 层	\labelitemiii	\textasteriskcentered	*
第 4 层	\labelitemiv	\textperiodcentered	·

每层列表的条目标志都是由对应的标志命令生成的，如果要改换某层列表的标志符号，可将表 7.1 中对应的标志命令进行重新定义。

例 7.2 将例 7.1 常规列表中的大圆点标志符号改换为铅笔头符号。

```
理想气体的微观描述有以下几点:
\renewcommand{\labelitemi}{\PencilRight}
\begin{itemize}
\item 它是由 N 个全同分子组成的，N 很大。
\item 这些分子的运动遵循牛顿定律。
\item 碰撞是弹性的，碰撞时间可忽略。
\end{itemize}
```

理想气体的微观描述有以下几点：

✏ 它是由 N 个全同分子组成的，N 很大。

✏ 这些分子的运动遵循牛顿定律。

✏ 碰撞是弹性的，碰撞时间可忽略。

在上例中，铅笔符号命令 \PencilRight 是由符号宏包 bbding 提供的，该宏包提供有 120 多个符号生成命令，详见第 30 页第 2.6 节：**符号**。

如果把 \renewcommand 这条重新定义命令置于导言，将改变全文中所有常规列表的条目标志，如果放在正文里，只是改变其后常规列表中的条目标志。

系统在常规列表的条目之间附加了两段垂直空白，它们分别是 \itemsep 和 \parskip，其默认值都是 4pt plus 2pt minus 1pt，加大条目间距以示区别外部文本。如果希望条目间距与外部文本行的行距相同，可将这两段附加的垂直空白消除。

例 7.3 两个内容相同的常规列表，其中后者将条目与条目之间附加的垂直空白删除了，使之与外部文本的行距相同，对比这两者的排版效果。

```
\begin{itemize}
\item 核子有自己的核子态。
\item 核子遵守泡利不相容原理。
\end{itemize}
\begin{itemize}
\itemsep=0pt \parskip=0pt
\item 核子有自己的核子态。
\item 核子遵守泡利不相容原理。
\end{itemize}
```

- 核子有自己的核子态。

- 核子遵守泡利不相容原理。

- 核子有自己的核子态。
- 核子遵守泡利不相容原理。

在上例中，使用长度赋值命令将控制两段附加垂直空白的长度数据命令都置为 0pt。

常规列表环境 dinglist

要改换常规列表的默认标志，就要对相关层次的标志命令重新定义，在实际应用中显得很烦琐。符号宏包 pifont 定义了近 200 个文本符号，参见第 2.6 节：**符号**，每个符号都有各自的编号；该宏包还提供了一个带参数的常规列表环境 dinglist，只要将所选定符号的编号写入参数项中，就完成了对条目标志的重新定义。

例 7.4 将例 7.2 中的常规列表改为使用 dinglist 常规列表环境编排。

```
理想气体的微观描述有以下几点：
\begin{dinglist}{47}
\item 它是由 N 个全同分子组成的，N 很大。
\item 这些分子的运动遵循牛顿定律。
\item 碰撞是弹性的，碰撞时间可忽略。
\end{dinglist}
```

理想气体的微观描述有以下几点：

✏ 它是由 N 个全同分子组成的，N 很大。

✏ 这些分子的运动遵循牛顿定律。

✏ 碰撞是弹性的，碰撞时间可忽略。

在上例中，首先在导言中调用 pifont 符号宏包，然后将所查到的铅笔符号的编号 47 填入常规列表环境 dinglist 的参数项中。常规列表环境 dinglist 也可以相互嵌套，而每层列表的条目标志也是可以通过更改编号的方法来修改。

7.2 排序列表

在排序列表中，每个条目之前都有一个标号，它是由标志和序号两个部分组成的：序号自上而下，从 1 开始升序排列；标志可以是括号或小圆点等符号。

相互之间有密切的关联，通常是按过程顺序或是重要程度排列的条目都可以采用排序列表环境编写，因此排序列表也被称为有序列表或编号列表。

排序列表环境 enumerate 的命令结构为：

```
\begin{enumerate}
\item 条目1
\item 条目2
......
\end{enumerate}
```

其中，每个条目命令 \item 将在每个条目之前自动加上一个标号；条目段落中每行文本的左缩进宽度相等。

例 7.5 将描述行星运动基本规律的开普勒定律用排序列表环境编写。

```
开普勒定律 (Kepler's laws):
\begin{enumerate}
\item 行星绕太阳运动的...阳为焦点的椭圆。
\item 行星与太阳的连线...扫过相等的面积。
\end{enumerate}
```

开普勒定律 (Kepler's laws):

1. 行星绕太阳运动的轨道是以太阳为焦点的椭圆。

2. 行星与太阳的连线在相等时间内扫过相等的面积。

条目命令 \item 生成的默认标号样式为阿拉伯数字加小圆点；条目段落中每行文本的左缩进宽度相等，使得标号突出，以便于查寻。

7.2.1 排序列表的嵌套

排序列表可相互嵌套，系统为此提供了 4 个专用计数器，为可能多达 4 层的嵌套列表分别排序。当排序列表嵌套时，为了便于区分，不仅每层列表中的条目段落都有不同程度的左缩进，而且每层列表中的条目标号也各不相同，其中序号的计数形式与条目所在的层次有关，标志所用的符号除第 2 层是圆括号外，其他各层均为小圆点，具体设置如表 7.2 所示。

表 7.2 排序列表环境各层的条目标号命令及其定义

行标题	第 1 层	第 2 层	第 3 层	第 4 层
计数器名	enumi	enumii	enumiii	enumiv
序号命令	\theenumi	\theenumii	\theenumiii	\theenumiv
序号定义	\arabic{enumi}	\alph{enumii}	\roman{enumiii}	\Alph{enumiv}
标号命令	\labelenumi	\labelenumii	\labelenumiii	\labelenumiv
标号定义	\theenumi.	(\theenumii)	\theenumiii.	\theenumiv.
标号示例	1., 2.	(a), (b)	i., ii.	A., B.
前缀命令	\p@enumi	\p@enumii	\p@enumiii	\p@enumiv
前缀定义	{}	\theenumi	\theenumi(\theenumii)	\p@enumiii\theenumiii
引用示例	1, 2	1a, 2b	1(a)i, 2(b)ii	1(a)iA, 2(b)iiB

表 7.2 中的各行标题说明如下。

计数器名　系统分别为每层列表排序所设计数器的名称。

序号命令　用以生成各层列表中条目序号的命令。

序号定义　对序号命令的定义内容，主要是计数形式的设定。

标号命令　用以生成各层列表中条目标号的命令。

标号定义　对标号命令的定义内容，其中包括序号和标志两部分的定义。

前缀命令　在使用 \ref 命令引用嵌套的排序列表条目时，所生成的引用标号是由外层和本层标号两部分组成的，其中外层标号即前缀就是由前缀命令生成的。

前缀定义　对前缀命令的定义内容。

作者可对上述的序号命令、标号命令和前缀命令进行重新定义，以生成所需要的条目标号样式和引用标号样式。

例 7.6 如希望将例 7.5 中的序号计数形式改为大写罗马数字，标志改为圆括号，可对表 7.2 中第 1 层的相关命令重新定义。

```
\renewcommand{\theenumi}{\Roman{enumi}}
\renewcommand{\labelenumi}{(\theenumi)}
\begin{enumerate}
\item 行星绕太阳运动的...为焦点的椭圆。
\item 行星与太阳的连线...过相等的面积。
\end{enumerate}
```

(I) 行星绕太阳运动的轨道是以太阳为焦点的椭圆。

(II) 行星与太阳的连线在相等时间内扫过相等的面积。

在上例源文件中，第一条重新定义命令将排序列表第 1 层序号命令 \theenumi 的定义由默认的阿拉伯数字计数形式，改为大写罗马数字计数形式；第二条重新定义命令将第 1 层标号命令 \labelenumi 的定义由默认的序号加一点，改为序号和一对圆括号。

7.2.2 列表宏包 enumerate

在例 7.6 中通过修改序号命令和标号命令的定义，改变了序号的计数形式和标号的样式，运用这两条命令可生成各式各样的标号。不过使用这些命令来修改标号样式毕竟还是比较麻烦的，要对相关命令和计数器名都很熟悉才行。

简便起见，可以在导言中调用由 David Carlisle 编写的 enumerate 列表宏包，它给系统提供的排序列表环境命令添加了一个可选参数：

```
\begin{enumerate}[标号样式]
\item 条目1
\item 条目2
......
\end{enumerate}
```

只要将所需的标号样式填入方括号中就完成了对标号的重新定义。

(1) 标号样式可以分别设置为 A、a、I、i 或 1，它们分别表示标号中序号的计数形式为大写英文字母、小写英文字母，大写罗马数字、小写罗马数字或阿拉伯数字，即在环境内部分别使用命令 \Alph、\alph、\Roman、\roman 或 \arabic 转换条目计数器的计数形式。

(2) 标号样式还可以设置为 A、a、I、i 或 1 与其他字符组合的形式，例如 [Ex i]，将生成标号：Ex i、Ex ii、……。

(3) 如果在标号样式中使用了 A、a、I、i 或 1，但并非用于排序，而是作为普通字符，那就必须用花括号将其括起来，例如 [{A}-1]，将生成标号：A-1、A-2、……。

(4) 这种带有可选参数的排序列表环境也可以嵌套使用；对内层条目的引用，同样可以得到由外层序号和所在层序号组成的引用标号。但是，如果条目标号中有非用于排序的字符，例如 Ex-2，当使用交叉引用命令时，得到的只是该条目计数器的值。

如果要修改排序列表的标号样式，采用 enumerate 宏包提供的标号样式可选参数，可以免除很多繁杂的重新定义工作。

例 7.7 将例 7.6 中的排序列表改为使用 enumerate 宏包重新定义的 enumerate 排序列表环境来编写，其中标号样式仍为大写罗马数字序号加一对圆括号。

```
\begin{enumerate}[(I)]
\item 行星绕太阳运动的...阳为焦点的椭圆。
\item 行星与太阳的连线...扫过相等的面积。
\end{enumerate}
```

(I) 行星绕太阳运动的轨道是以太阳为焦点的椭圆。

(II) 行星与太阳的连线在相等时间内扫过相等的面积。

在上例源文件中，只是将符号 (I) 填入 enumerate 排序列表环境的可选参数中，就完成了对条目标号样式的修改，使得排序列表的编排工作大为简化。

7.2.3 排序列表的交叉引用

在排序列表环境中，每使用一次条目命令 \item，其序号计数器就会自动被计数器设置命令 \refstepcounter 加 1，同时它还可把该计数器的当前值传递给紧随条目命令 \item 之后的书签命令 \label；这样，作者就可以在正文中的任何位置使用 \ref 引用命令来引用排序列表中的某个条目了。

例 7.8 编排一个排序列表，并在之后的文本中引用该列表中的两个条目。

```
\begin{enumerate}
\item 空间两直线位置关系 \label{aa}
\item \label{bb} 空间直线与平面位置关系
\end{enumerate}
列表中 \ref{aa} 和 \ref{bb} 都与线面...
```

1. 空间两直线位置关系

2. 空间直线与平面位置关系

列表中 1 和 2 都与线面...

从上例可以看出，书签命令 \label 既可插在所引用条目内容之前，也可以放到之后，这两者的排版结果都是一样的。

例 7.9 编排两个相互嵌套的排序列表，并在之后的文本中引用第 2 层里的两个条目。

```
\begin{enumerate}
\item 线面位置关系
\begin{enumerate}
\item 空间两直线位置关系\label{jj}
\item 空间直线与平面位置关系\label{kk}
\end{enumerate}
\item 空间角
\end{enumerate}
列表中 \ref{jj} 和 \ref{kk} 都与线面...
```

1. 线面位置关系

   (a) 空间两直线位置关系

   (b) 空间直线与平面位置关系

2. 空间角

列表中 1a 和 1b 都与线面...

在上例中，两个引用命令 \ref 分别生成了 1a 和 1b 两个组合标号，它们的外层标号即前缀都是 1，而本层标号分别是 a 和 b。

例 7.10 在例 7.9 嵌套排序列表第 1 层的条目序号之前添加一个符号 §，条目序号之后的小圆点保持不变，再将引用第 2 层条目时所得组合标号的前缀改为 §1– 的样式。

```
\makeatletter
\renewcommand{\labelenumi}{\S\theenumi.} \renewcommand{\p@enumii}{\S\theenumi--}
\makeatother
\begin{enumerate}
\item 线面位置关系
\begin{enumerate}
\item 空间两直线位置关系\label{jj}
\item 空间直线与平面位置关系\label{kk}
\end{enumerate}
\item 空间角
\end{enumerate}
列表中 \ref{jj} 和 \ref{kk} 都与线面...
```

§1. 线面位置关系

   (a) 空间两直线位置关系

   (b) 空间直线与平面位置关系

§2. 空间角

列表中 §1–a 和 §1–b 都与线面...

在上例源文件中，使用重新定义命令分别对排序列表的第 1 层标号命令 \labelenumi 和第 2 层前缀命令 \p@enumii 作了重新定义；由于前缀命令中含有 @ 符号，在重新定义时必须将其置于 \makeatletter 和 \makeatother 命令之中。

例 7.11 在例 7.10 中，嵌套排序列表第 2 层的条目标号为 (a) 和 (b)；而在引用生成的组合标号中，本层标号是 a 和 b，没有两侧的圆括号。如果要解决这个问题，可调用 varioref 引用宏包，并使用它提供的标号格式命令：

```
\labelformat{计数器名}{引用标号格式}
```

其中计数器名可以是任何序号计数器的名称。这样例 7.10 中的嵌套排序列表可改为：

```
\renewcommand{\labelenumi}{\S\theenumi.} \labelformat{enumii}{\S\theenumi--(#1)}
\begin{enumerate}
\item 线面位置关系
\begin{enumerate}
\item 空间两直线位置关系\label{jj}
\item 空间直线与平面位置关系\label{kk}
\end{enumerate}
\item 空间角
\end{enumerate}
列表中 \ref{jj} 和 \ref{kk} 都与线面...
```

§1. 线面位置关系

(a) 空间两直线位置关系

(b) 空间直线与平面位置关系

§2. 空间角

列表中 §1–(a) 和 §1–(b) 都与线面...

在上例中，标号格式命令中的 #1 代表计数器 enumii 的当前值。此外，标号格式命令也可用于对图表的引用，例如 \labelformat{figure}{图~\thefigure}；或者对公式的引用，例如 \labelformat{equation}{方程式~(#1)}。

例 7.12 在导言中调用符号宏包 pifont，并使用其提供的编号为 172 的带圈阿拉伯数字符号作为排序列表第一个条目的标号，然后其他条目按顺序排列，还要在其后的文本中能够引用这种标号。

```
\newcounter{local} \renewcommand{\theenumi}{\protect%
\setcounter{local}{171+\the\value{enumi}}%
\protect\ding{\value{local}}}
\renewcommand{\labelenumi}{\theenumi}
\begin{enumerate}
\item 行星绕太阳...焦点的椭圆。\label{aa}
\item 行星与太阳...相等的面积。\label{bb}
\end{enumerate}
其中 \ref{aa} 和 \ref{bb} 称为开普勒定律。
```

① 行星绕太阳运动的轨道是以太阳为焦点的椭圆。

② 行星与太阳的连线在相等时间内扫过相等的面积。

其中 ① 和 ② 称为开普勒定律。

上例源文件的说明如下。

(1) 数据命令 \value{enumi} 是第 1 层排序计数器的值，每个条目命令 \item 将该计数器加 1；第一个 \item 命令使 \value{enumi} 的值变为 1，再加 171 就得到了所需的编号；由于用到了加法，所以还需要调用算术宏包 calc。

(2) \ding{编号} 是 pifont 宏包提供的符号生成命令，只要注明其提供的符号编号，就可以生成该符号。

(3) \protect 是保护命令，它告诉 LaTeX，将其后的 \setcounter 命令正常处理，但不应将功能扩展，即该命令被写入引用记录文件 .aux 后，在引用命令 \ref 调用时不得再次被执行，以确保计数器 local 的当前值不变。

由于每种带圆圈的数字符号 pifont 宏包只提供了 1～10，共 10 个数字，所以用它排序的条目数量不能超过 10 个。

符号宏包 pifont 还提供有其他样式的带圈阿拉伯数字符号，如 ❶、① 等，详细介绍可参见第 2.6 节：**符号**，或者该宏包的说明文件。

例 7.13 在例 7.12 源文件中，对排序列表标号的定义比较复杂，作者必须对相关的命令非常熟悉，否则就很难弄清来龙去脉。为此 pifont 宏包专门提供了一个 dingautolist 列表环境，只要将首个数字符号的编号填入该环境的参数项中就可以了。

```
\begin{dingautolist}{172}
\item 行星绕太阳...焦点的椭圆。\label{cc}
\item 行星与太阳...相等的面积。\label{dd}
\end{dingautolist}
其中 \ref{cc} 和 \ref{dd} 称为开普勒定律。
```

① 行星绕太阳运动的轨道是以太阳为焦点的椭圆。

② 行星与太阳的连线在相等时间内扫过相等的面积。

其中 ① 和 ② 称为开普勒定律。

使用 dingautolist 排序列表环境可以很方便地解决标号重新定义和标号引用的问题，该环境可以相互嵌套，也可以与其他列表环境嵌套。

7.3 解说列表

解说列表环境 description 是由 book 等标准文类提供的，它常用于对一组专业术语进行解释说明，其命令结构为：

```
\begin{description}
\item[词条1] 解说1
\item[词条2] 解说2
......
\end{description}
```

在解说列表环境命令中，每个词条默认为粗宽字体，它们都是需要分别进行解说的词语，每个解说可以是一个或多个文本段落。这种列表形式很像词典，因此诸如名词解释说明之类的列表就可以采用解说列表环境来编写。

例 7.14 使用解说列表环境 description 编写一个缩略语注释表。

```
\begin{description}
\item[APLL] Automatic Phase-Locked Loop 自
动锁相环
\item[GPS] Global Positioning System 全 球
定位系统
\item[SPACETRACK] Space Tracking 空间跟踪
\end{description}
```

APLL Automatic Phase-Locked Loop 自动锁相环

GPS Global Positioning System 全球定位系统

SPACETRACK Space Tracking 空间跟踪

在解说列表环境中，词条的格式是用 \descriptionlabel 命令控制的，其原始定义为：

```
\newcommand{\descriptionlabel}[1]{\hspace{\labelsep}\normalfont\bfseries #1}
```

如果词条中有中文，希望将词条的字体改为楷书，可使用下列重新定义命令：

```
\renewcommand{\descriptionlabel}[1]{\hspace{\labelsep}\normalfont\kaishu #1}
```

其中，参数 #1 代表词条；长度数据命令 \labelsep 代表词条与条目之间的距离，其默认值是 0.5em，由于系统内部设置的缘故，必须在词条之前插入 0.5 em 宽的水平空白，否则词条将凸出版心左侧边 0.5 em。

7.4 嵌套列表

一个列表环境可以插入另一个列表环境中，从而产生一个新的列表样式，这种列表样式被统称为嵌套列表。各种类型的列表环境都可以相互嵌套，通常使用最多的是排序列表与常规列表之间相互嵌套。

例 7.15 采用嵌套列表的方式编排一个数的分类表。

```
复数 ($a+bi$) 分为:
\begin{enumerate}
\item 实数 ($b=0$)
\begin{itemize}
\item 有理数
\item 无理数
\end{itemize}
\item 虚数 ($b\neq 0$)
\begin{itemize}
\item 纯虚数 ($a=0$)
\item 非纯虚数 ($a\neq 0$)
\end{itemize}
\end{enumerate}
```

复数 $(a+bi)$ 分为：

1. 实数 $(b=0)$
    - 有理数
    - 无理数
2. 虚数 $(b\neq 0)$
    - 纯虚数 $(a=0)$
    - 非纯虚数 $(a\neq 0)$

在上例中，使用排序列表环境与常规列表环境相互嵌套。

列表环境在相互嵌套时，为了区别，各层的标号或者标志各不相同；与此同时，每层列表的条目段落也都有不同程度的左缩进。根据系统的默认设置：第 1 层左缩进宽度为 2.5em，第 2 层再缩进 2.2em，第 3 层进一步缩进 1.87em，第 4 层还要再缩进 1.7em。

各种类型的列表环境还可以与其他段落环境如 quote 引用环境等嵌套。在论文写作中，嵌套列表不宜超过 2 层，否则会产生头绪繁多，条理不清的感觉。

7.5 列表宏包 paralist

使用标准 LaTeX 列表环境排版的列表与上下文之间以及列表中条目之间都附加有一段垂直空白，明显有别于列表环境之外的文本格式，通常列表中的条目内容都很简短，这样会造成很多空白，使得列表看起来很稀松，与前后文本极不协调。

由 Bernd Schandl 编写的 paralist 列表宏包可以提供三种形式的常规列表环境、三种形式的排序列表环境和三种形式的解说列表环境，它们与系统提供的三种标准列表环境的最大区别就在于前者的条目与上下文的距离、条目与条目之间的距离都等于环境之外的文本行的行距，这使得列表条目与上下文融为一体，再有就是每种类型的列表环境都有一个行内列表形式，它将列表中的所有条目作为一个段落来处理。

7.5.1 三种常规列表环境

由列表宏包 paralist 所提供的三种常规列表环境它们分别是 compactitem、asparaitem 和 inparaitem，其中 compactitem 环境与 itemize 环境的排版样式相似，所有条目行的左缩进宽度相等，以使列表的条目标志更为凸显；asparaitem 环境将每个条目作为一个首行缩进的段落；而 inparaitem 把所有条目作为一个段落。

这三种形式的常规列表环境都有一个可选参数，如果要改变标志符号，只需将所要改用的符号添加到参数项中即可，而不必使用复杂的定义命令。

例 7.16 使用 compactitem 常规列表环境编排碰撞的物理定义。

```
对于碰撞的物理定义已有许多种，例如:
\begin{compactitem}
\item 一种以脉冲力相互作用的过程。
\item 两个质点交换它们动量和能量的持续过程。
\end{compactitem}
我们倾向于第二种说法。
```

对于碰撞的物理定义已有许多种，例如:
- 一种以脉冲力相互作用的过程。
- 两个质点交换它们动量和能量的持续过程。

我们倾向于第二种说法。

在上例中，条目标志的左缩进宽度使用的是默认值。如果希望调整条目标志的左缩进宽度，可以使用环境命令所附带的可选参数对标志重新定义，例如:

```
\begin{compactitem}[\hspace{2em} $\bullet$]
```

将列表中所有标志的左缩进改为两个汉字的宽度，所有条目行的左缩进宽度也会随之自动调整，以保持左对齐。

各种列表环境可以相互嵌套，但最多为 6 层。当 compactitem、itemize、enumerate 和 compactenum 环境相互嵌套时，每层默认的左缩进宽度被设置为:

```
\setdefaultleftmargin{2.5em}{2.2em}{1.87em}{1.7em}{1em}{1em}
```

可使用该命令对各层的缩进宽度进行修改。例如，当采用双栏排版时，就可将各层列表项目的缩进宽度改为:

```
\setdefaultleftmargin{2em}{}{}{}{.5em}{.5em}
```

例 7.17 将例 7.16 中碰撞的物理定义改为使用 asparaitem 常规列表环境编排。

```
对于碰撞的物理定义已有许多种，例如:
\begin{asparaitem}
\item 一种以脉冲力相互作用的过程。
\item 两个质点交换它们动量和能量的持续过程。
\end{asparaitem}
我们倾向于第二种说法。
```

对于碰撞的物理定义已有许多种，例如:

• 一种以脉冲力相互作用的过程。

• 两个质点交换它们动量和能量的持续过程。

我们倾向于第二种说法。

也可用 asparaitem 环境的可选参数来调整条目标志的左缩进宽度，但只有每个条目的首行随同调整，其他行的左缩进宽度保持不变。

例 7.18 将例 7.16 中碰撞的物理定义再改用 inparaitem 常规列表环境编排。

```
对于碰撞的物理定义已有许多种，例如:
\begin{inparaitem}[$\triangle$]
\item 一种以脉冲力相互作用的过程。
\item 两个质点交换它们动量和能量的持续过程。
\end{inparaitem}
我们倾向于第二种说法。
```

对于碰撞的物理定义已有许多种，例如: △ 一种以脉冲力相互作用的过程。△ 两个质点交换它们动量和能量的持续过程。我们倾向于第二种说法。

在上例中，使用了 inparaitem 环境命令的可选参数，将默认标志符号大圆点改为空心三角。不过在论文中很少使用这种形式的列表。

列表宏包 paraliet 还对 compactitem 环境以及下面介绍的 compactenum 和 compactdesc 环境，提供了一段列表与上下文之间的附加垂直空白，它由命令 \pltopsep 控制，其默认值是 0pt，可使用长度赋值命令，例如 \pltopsep=12pt，加以修改。

7.5.2 三种排序列表环境

列表宏包 paralist 提供了的三种排序列表环境，它们分别是 compactenum、asparaenum 和 inparaenum，其中 compactenum 与 enumerate 环境的排版样式相似，所有条目行的左缩进宽度相等，使得标号更加醒目；asparaenum 环境将每个条目作为一个首行缩进的段落；而 inparaenum 把所有条目作为一个段落。

这三种形式的排序列表环境都有一个可选参数，如果要改变标号的样式，只需将所希望得到的标号样式写入参数项中即可，而不用管它如何生成，其中序号既可以是数字也可以是字母，但必须是 A、a、I、i 或 1，否则无法排序；参数项中的其他字符或命令仍保持正常含义，例如 [\S 1.]，生成：§1.、§2. 等；如果参数项中含有字符串，应将其用花括号括起来，例如 [{Example} A]。

例 7.19 将例 7.16 中碰撞的物理定义改为使用 compactenum 排序列表环境编排。

```
对于碰撞的物理定义已有许多种，例如：
\begin{compactenum}[a)]
\item 一种以脉冲力相互作用的过程。
\item 两个质点交换它们动量和能量的持续过程。
\end{compactenum}
我们倾向于第二种说法。
```

对于碰撞的物理定义已有许多种，例如：
a) 一种以脉冲力相互作用的过程。
b) 两个质点交换它们动量和能量的持续过程。
我们倾向于第二种说法。

在上例源文件中，使用 compactenum 排序列表环境的可选参数将默认标号改为小写英文字母和右圆括号。

例 7.20 将例 7.16 中碰撞的物理定义改为使用 asparaenum 排序列表环境编排。

```
对于碰撞的物理定义已有许多种，例如：
\begin{asparaenum}[(1)]
\item 一种以脉冲力相互作用的过程。
\item 两个质点交换它们动量和能量的持续过程。
\end{asparaenum}
我们倾向于第二种说法。
```

对于碰撞的物理定义已有许多种，例如：

(1) 一种以脉冲力相互作用的过程。

(2) 两个质点交换它们动量和能量的持续过程。

我们倾向于第二种说法。

例 7.21 将例 7.16 中碰撞的物理定义改为使用 inparaenum 排序列表环境编排。

```
对于碰撞的物理定义已有许多种，例如：
\begin{inparaenum}[(\itshape 1\upshape)]
\item 一种以脉冲力相互作用的过程。
\item 两个质点交换它们动量和能量的持续过程。
\end{inparaenum}
我们倾向于第二种说法。
```

对于碰撞的物理定义已有许多种，例如：(*1*) 一种以脉冲力相互作用的过程。(*2*) 两个质点交换它们动量和能量的持续过程。我们倾向于第二种说法。

上例所用排序列表很适合对一事物的多方面分析论述，本书就有多处采用这种列表。

7.5.3 三种解说列表环境

由列表宏包 paralist 所提供的三种解说列表环境它们分别是 compactdesc、asparadesc 和 inparadesc，其中 compactdesc 与 description 环境的排版样式相似，除条目首行以外，所有条目行的左缩进宽度相等，以利于突出词条；asparadesc 环境将每个条目作为一个首行缩进的段落；而 inparadesc 把所有条目作为一个段落。

例 7.22 使用 compactdesc 解说列表环境编排一个术语说明。

```
\begin{compactdesc}
\item[APLL] Automatic ... Loop 自动锁相环
\item[GPS] Global ... System 全球定位系统
\end{compactdesc}
```

APLL Automatic Phase-Locked Loop 自动锁相环
GPS Global Positioning System 全球定位系统

例 7.23 将例 7.22 中的术语说明改用 asparadesc 解说列表环境编写。

```
\begin{asparadesc}
\item[APLL] Automatic ... Loop 自动锁相环
\item[GPS] Global ... System 全球定位系统
\end{asparadesc}
```

APLL Automatic Phase-Locked Loop 自动锁相环

GPS Global Positioning System 全球定位系统

例 7.24 再将例 7.22 中的术语说明改用 inparadesc 解说列表环境编排。

```
\begin{inparadesc}
\item[APLL] Automatic ... Loop 自动锁相环
\item[GPS] Global ... System 全球定位系统
\end{inparadesc}
```

APLL Automatic Phase-Locked Loop 自动锁相环 **GPS** Global Positioning System 全球定位系统

从上例可知，解说列表环境 inparadesc 最适合用于多个简短条目的集中编排。

对于 compactdesc 环境中的词条格式，仍然可以通过 \descriptionlabel 命令来重新定义；而 asparadesc 环境和 inparadesc 环境中的词条格式，则要改用 paralist 宏包提供的命令 \paradescriptionlabel 来重新定义，该命令的原定义是：

```
\newcommand*{\paradescriptionlabel}[1]{\normalfont\bfseries #1}
```

其中，参数 #1 代表词条，字体设置命令 \normalfont\bfseries 表示常规粗体。

7.5.4 其他特点

(1) 当调用 paralist 列表宏包后，它给系统提供的常规列表环境和排序列表环境也添加了可选参数，可使用其来修改条目标志或标号，例如 \begin{itemize}[$\star$]。

(2) 所提供的常规列表环境和排序列表环境可以相互嵌套，而每层的标志或者标号与系统的相应列表环境嵌套相同。列表宏包 paralist 提供的各种列表环境也可以与系统提供的各种列表环境相互嵌套。

(3) 支持 \label 与 \ref 命令构成的交叉引用机制。

(4) 列表宏包本身有个可选参数，它具有多个选项，可对列表样式中的细节进行设置。例如 itemize、enumerate、compactitem 和 compactenum 4 个列表环境的标志或标号，默认都是右对齐，如果希望改为左对齐，可在宏包调用命令中添加 flushleft 选项。

(5) 列表宏包还定义了一组命令，可用来对标志和标号的样式等列表的外观进行设置。例如 \setdefaultenum{}{I.}{}{}，可将排序列表第 2 层的序号改为大写罗马数字。

7.6 通用列表环境 list

前面已经介绍了多种列表环境，可以基本满足论文写作的需要，如果还是对某个列表环境的排版样式不够满意而又难以修改，可采用 list 通用列表环境，上述各种列表环境都是用它创建的，其命令结构为：

```
\begin{list}{默认标号}{声明}
\item[标号] 条目1
\item[标号] 条目2
......
\end{list}
```

其中各参数的说明如下。

默认标号 在条目之前加入的标号，若条目命令 \item 中没有给出可选参数标号的话。默认标号可以空置也可以是一段文本，文本中可包含符号和命令。

声明 针对条目标号、条目字体和条目尺寸等列表样式的设置命令，其中对各种条目尺寸的设置要用到专用于通用列表环境的条目尺寸命令。

通用列表环境 list 允许环境之间相互嵌套多达 6 层。

LaTeX 系统提供了一组长度数据命令，专用于修改 list 通用列表环境中的各种条目尺寸，可统称为条目尺寸命令，它们各自的控制范围如图 7.1 所示。

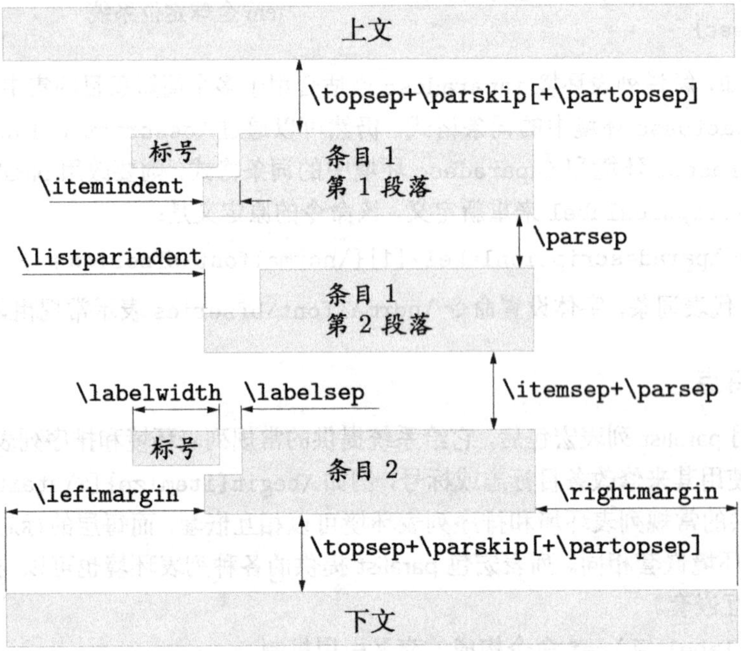

图 7.1 条目尺寸命令示意图

图 7.1 中的各种条目尺寸命令都可在通用列表环境 list 的声明中，使用长度赋值命令，例如 \rightmargin=20pt，对其重新赋值。图 7.1 中的各种条目尺寸命令及其说明如下。

\itemindent	每个条目的首行缩进宽度，默认值为 0pt，可以取负值。
\itemsep	条目之间附加的垂直距离，其默认值是 4pt plus 2pt minus 1pt。条目之间的距离等于 \itemsep 加 \parsep。
\labelsep	盛放标号的盒子右端与条目首行文本之间的距离，其默认值为 0.5em，可以取负值。
\labelwidth	盛放标号的盒子名义宽度，默认值为 2em，如标号的自然宽度小于等于此值，标号将在盒内右对齐，否则，盒子的宽度等于标号的自然宽度，这将造成条目首行文本向右缩进。此值必须为正。
\leftmargin	条目左缩进宽度，即条目左端与所在环境左端，通常是版心左端之间的空白宽度，或者是本层条目左端与上层条目左端之间的空白宽度。此值不能为负，而且该值是与列表嵌套的层次有关，每层列表的条目左缩进宽度可分别用命令 \leftmargini、\leftmarginii、\leftmarginiii 和 \leftmarginiv 表示，它们的默认值分别是 2.5em、2.2em、1.87em 和 1.7em，其中第 1 层的 \leftmargini 等于 \leftmargin。
\listparindent	每个条目从第二段起每段首行缩进宽度，默认值是 0pt，可设为负值。
\parsep	一个条目中的两段落之间附加的垂直空白，它的默认值是 4pt plus 2pt minus 1pt。
\parskip	列表与上文或下文之间设定的垂直空白，其默认值是 0pt plus 1pt。
\partopsep	附加垂直空白，其默认值是 2pt plus 1pt minus 1pt。
\rightmargin	条目右缩进宽度，即条目右端与所在环境右端，通常是版心右端之间的空白宽度，或本层条目右端与上层条目右端之间的空白宽度。此值不能为负。在标准文类中，条目右缩进宽度的默认值都为 0pt。
\topsep	列表与上、下文之间设定的垂直空白，默认值 8pt plus 2pt minus 4pt。

在上述条目尺寸命令中，表示水平方向的长度都是刚性的，以保证列表格式的一致性，而表示垂直方向的长度都是弹性的，当使用版心底部对齐命令 \flushbottom 时，这些弹性长度将起到伸缩调控的作用。

列表与上下文之间的总垂直空白是 \topsep+\parskip，如果列表是以新段落开始，即列表之前是一空行或换段命令，则列表与上下文之间还附加一段 \partopsep 垂直空白。

例 7.25 将通用列表环境所生成条目序号的计数形式设置为大写罗马数字。

```
\newcounter{Gaus}
\begin{list}{%
A--\Roman{Gaus}}{\usecounter{Gaus}%
\itemsep=0pt plus 1pt\labelsep=1em}
\item 高斯积分...和 $\Gamma$ 函数
\item 单摆的运动和雅可比 (Jacobean) 椭圆函数
\end{list}
```

A–I　高斯积分 (Gaussian Integral) 和 Γ 函数

A–II　单摆的运动和雅可比 (Jacobean) 椭圆函数

上例中，首先在列表环境之外，用计数器创建命令新设一个名为 Gaus 的计数器，然后在声明中用计数器调用命令调用 Gaus 计数器作为列表的序号计数器；这样，默认标号就可以将 Gaus 中的数值作为条目的序号。

例 7.26 条目的标号默认为右对齐。在例 7.25 中，由于 A-I 与 A-II 的自然宽度不一致，造成列表左边缘参差不齐。可以在声明中将标号定义为左对齐。

```
\newcounter{Jaco}
\begin{list}{%
A--\Roman{Jaco}}{\usecounter{Jaco}%
\itemsep=0pt plus 1pt\labelsep=1em%
\renewcommand{\makelabel}[1]{#1 \hfil}}
\item 高斯积分...和 $\Gamma$ 函数
\item 单摆的运动和雅可比 (Jacobean) 椭圆函数
\end{list}
```

A–I 高斯积分 (Gaussian Integral) 和 Γ 函数

A–II 单摆的运动和雅可比 (Jacobean) 椭圆函数

条目命令 `\item` 产生的标号是由 `\makelabel` 命令根据默认标号生成的，可使用重新定义命令对 `\makelabel` 重新定义；盛放标号的是左右模式的盒子，左对齐命令 `\raggedright` 在其中并不起作用，只能用 `\hfil` 命令将标号 `#1` 挤到标号盒子的左端；还可以使用粗体命令 `\textbf{#1}` 将标号中的字符变成粗体。

例 7.27 常规列表的标志符号都是黑色的，标志符号也不易改换。使用通用列表定义一个标志符号为蓝色，标志符号可变换的常规列表环境。

```
\newenvironment{colorlist}[1]{\begin{list}{\textcolor{blue}{\ding{#1}}}{}}
{\end{list}}
\begin{colorlist}{42}
\item 静力学的基本物理量
\item 静力学的研究方法
\end{colorlist}
```

☛ 静力学的基本物理量

☛ 静力学的研究方法

在上例中，只要改换 `colorlist` 环境命令中编号参数的编号，即改换 pifont 宏包提供的各种符号的编号，就可改换列表的标志符号。

例 7.28 在通用列表环境的默认标号参数中，使用 ctex 中文字体宏包提供的 `\chinese` 中文计数形式命令，就可以将条目序号的计数形式改为中文小写数字。

```
\newcounter{Meth}
\begin{list}{%
\heiti 步骤 \chinese{Meth}、}{%
\usecounter{Meth}%
\itemsep=-2pt\labelsep=0.2em}
\item 建立适当的直角...动点 $P$ 的坐标。
\item 找出动点 $P$ 运动所满足的条件。
\end{list}
```

步骤一、建立适当的直角坐标系，用 (x, y) 表示动点 P 的坐标。

步骤二、找出动点 P 运动所满足的条件。

例 7.29 通用列表环境 `list` 机动灵活，变化多端，但须使用的命令颇多，故很少在论文写作中直接使用，它强大的功能主要应用在宏包文件里定义各种用途的环境。本例就是用通用列表环境定义一个新的列表环境 `Notes`。

```
\newcounter{Atte}
\newenvironment{Notes}{\begin{list}{\heiti 注意 \arabic{Atte}.}{%
\labelsep=1em \itemindent=3em \leftmargin=0pt%
```

```
\usecounter{Atte}}}{\end{list}}
\begin{Notes}
\item 转到..., 键入 SVPW, 按 Enter 键。
\item 按 Y, ..., 输入口令, 按 Enter 键。
\end{Notes}
```

注意 1. 转到 MS-DOS 提示符下，键入 SVPW，按 Enter 键。

注意 2. 按 Y，将显示 Enter Password，输入口令，按 Enter 键。

在上例源文件中，将条目左缩进宽度设为 0pt，使条目段落左端与所在环境的左端对齐，并把标号与条目首行之间的距离由默认值的 0.5em 扩大为 1em，同时为了使标号不致凸出环境左端，将条目首行的缩进宽度由默认值的 0pt 改为 3em。

例 7.30 可用 list 环境来修改或创建新的列表环境，如创建一个新的解说列表环境，将其中所有词条左对齐，词条的字体改为倾斜体，所有条目行的左缩进宽度相等。

```
\newenvironment{Description}[1]{\begin{list}{}{\renewcommand{\makelabel}[1]{%
\textsl{##1}\hfil}\settowidth\labelwidth{\makelabel{#1}}\itemsep=-5pt%
\setlength{\leftmargin}{%
\labelwidth+\labelsep}}}{\end{list}}
\begin{Description}{SPACETRACK}
\item[APLL] Automatic ... 自动锁相环
\item[GPS] Global ... 全球定位系统
\item[SPACETRACK] Space Tracking 空间跟踪
\end{Description}
```

APLL Automatic Phase-Locked Loop 自动锁相环
GPS Global Positioning System 全球定位系统
SPACETRACK Space Tracking 空间跟踪

在上例中，新创建的解说列表环境 Description 带有一个参数，可将字符最多的词条放入其中，以测定其自然宽度；条目段落的左缩进宽度等于字符最多的词条宽度加词条与条目之间的距离，即 \labelwidth+\labelsep，因为用到加法，还需调用 calc 算术宏包。

例 7.31 在论文写作中经常要用到常规列表，有时总感到条目段落的左缩进宽度或者右缩进宽度不太合适，调整起来很麻烦，需要在成堆的命令里查找适合的命令；条目标志的样式以及条目首行缩进的宽度最好也都能在同一环境中自行设定。为此，可采用通用列表自定义一个带有 4 个参数的常规列表环境 Mylist。

```
\begin{Mylist}[标志]{首行缩进}{左缩进宽度}{右缩进宽度}
\item 条目1
\item 条目2
......
\end{Mylist}
```

其中的各种参数说明如下。

标志 可选参数，用于设定条目标志的样式，其默认值设定为 $\bullet$。
首行缩进 设置条目段落首行的缩进宽度。
左缩进宽度 设置条目段落左端与版心左端之间的水平空白宽度。
右缩进宽度 设置条目段落右端与版心右端之间的水平空白宽度。

常规列表环境 Mylist 的定义和应用示例如下。

```
\newenvironment{Mylist}[4][$\bullet$]{
\begin{list}{#1}{\topsep=0pt\itemsep=0pt\parsep=0pt\partopsep=0pt
```

```
\itemindent=#2\leftmargin=#3
\rightmargin=#4}}{\end{list}}
\begin{Mylist}{0mm}{5mm}{9mm}
\item 对每一相互作用总存在一个相等的反作用。
\item 摩擦力正比于正压力，与接触面积无关。
\end{Mylist}
\begin{Mylist}[$\star$]{2em}{8mm}{0mm}
\item 在所有惯性系中力学定律都是相同的。
\item 力学定律在伽利略变换之下是不变的。
\end{Mylist}
```

- 对每一相互作用总存在一个相等的反作用。
- 摩擦力正比于正压力，与接触面积无关。

  ⋆ 在所有惯性系中力学定律都是相同的。

  ⋆ 力学定律在伽利略变换之下是不变的。

在上例中，将各种附加的垂直空白宽度都设置为 0pt，使所有条目段落的行距与环境之外的文本行距相等。

例 7.32 通用列表环境 list 还可以用来创建其他非列表环境，例如创建一个带有上下水平分隔线、具有序号并且外部文本可以引用的推论环境。

```
\makeatletter
\newcounter{Educt}[chapter] \renewcommand\theEduct{\thechapter.\arabic{Educt}}
\newenvironment{Educt}{\vspace{-2.5ex}\small\sffamily%
\begin{list}{}{\leftmargin=0.04\linewidth\rightmargin=\leftmargin}\item[]%
\rule{\linewidth}{1pt}\nopagebreak\par\vspace{-1ex}%
\refstepcounter{Educt}\renewcommand{\@currentlabel}{{\heiti 推论} \theEduct}%
{\heiti 推论 \theEduct}\quad}{\nopagebreak\par\nopagebreak%
\rule[0.5\baselineskip]{\linewidth}{1pt}\vspace{-3ex}\end{list}}
\makeatother
超限归纳法可用\ref{educt:ordinal} 的形式表达:
\begin{Educt}\label{educt:ordinal}
假定 $\alpha$ 是一个序数，$\phi\in A\subset
\alpha$，那么存在序数 $\beta$ 使 $\xi\in A$
对所有的 $\xi<\beta$ 成立，但是
$\beta\notin A$。
\end{Educt}
```

超限归纳法可用**推论** 7.1 的形式表达：

推论 7.1　假定 α 是一个序数，$\phi \in A \subset \alpha$，那么存在序数 β 使 $\xi \in A$ 对所有的 $\xi < \beta$ 成立，但是 $\beta \notin A$。

上例源文件说明如下。

(1) 用命令 \newcounter{Educt}[chapter] 新建一个计数器，作为推论环境的序号计数器；其中可选参数 chapter 表示：如果章计数器 chapter 加 1，这个新建的 Educt 计数器将清零，也就是说该推论环境是以章为排序单位。系统也将随即自动定义一条命令：

```
\newcommand{\theEduct}{\arabic{Educt}}
```

(2) 使用新环境定义命令 \newenvironment 定义一个名为 Educt 的推论环境。

(3) 重新定义当前书签命令 \@currentlabel，使引用格式改为“**推论** 序号”，并将其用计数器命令 \refstepcounter 传递给 Educt 环境中的书签命令 \label。

(4) 在推论的前后用两条醒目的水平实线将其与上下文截然分开，以利于读者查找识别；在线段命令 \rule 的前后使用 \nopagebreak 命令，以防在此处换页。

7.7 通用列表环境 trivlist

通用列表环境 trivlist 是个简化的 list 列表环境，它取消了默认标号和声明两个必要参数，其命令结构为：

```
\begin{trivlist}
\item 条目1
\item 条目2
......
\end{trivlist}
```

在 list 列表环境中使用的各种条目尺寸命令也适用于 trivlist 环境，只是其中 \parsep 被定义为 0pt plus 1pt，而 \leftmargin、\labelwidth 和 \itemindent 都被预置为 0pt。

因为左缩进宽度、标号宽度和首行缩进宽度均为零，故通用列表环境 trivlist 常被用于定义只有一个条目的新环境，条目命令 \item 也作为定义中的一部分，其可选参数通常被省略。例如左对齐环境 flushleft 和右对齐环境 flushright 都是用 trivlist 定义的。

例 7.33 使用 trivlist 通用列表环境定义一个引理环境：标题为黑体，内容为楷书。

```
\newenvironment{Lemma}{\begin{trivlist}\item{\heiti 引理：}\kaishu}{%
\hspace*{\fill}$\diamondsuit$\end{trivlist}}
\begin{Lemma}
如果 a 是一个大于 1 的整数，则 a 的大于 1
的最小因数一定是素数。
\end{Lemma}
```

引理： 如果 a 是一个大于 1 的整数，则 a 的大于 1 的最小因数一定是素数。 ◇

在上例的定义中使用数学符号 $\diamondsuit$ 作为引理结束符号。

7.8 列表宏包 mdwlist

由 Mark Wooding 编写的 mdwlist 列表宏包提供 itemize*、enumerate* 和 description* 共 3 个带星号的列表环境，它们与系统提供的 3 个无星号同名列表环境的区别是所有条目之间的距离等于文本行距，这样列表文本与上下文本更为协调。

此外，该宏包还提供了一个可变化三种词条格式的 basedescript 解说列表环境，具体使用和设置方法请查阅其说明文件。

例 7.34 长短两个词条说明，分别使用 basedescript 解说列表环境的三种词条格式来编写，对比它们的排版结果。

```
\begin{basedescript}{\desclabelwidth{45pt}\desclabelstyle{\nextlinelabel}}
\item [地震烈度] 地震发生时，在波及范围内一定地点地面震动的激烈程度。
\item [地球介质的流变性] 地球介质在外力作用下的流动和变形的性质。流变性与物...有关。
\end{basedescript}
\begin{basedescript}{\desclabelwidth{45pt}\desclabelstyle{\multilinelabel}}
\item [地震烈度] 地震发生时，在波及范围内一定地点地面震动的激烈程度。
\item [地球介质的流变性] 地球介质在外力作用下的流动和变形的性质。流变性与物...有关。
\end{basedescript}
\begin{basedescript}{\desclabelwidth{45pt}\itemsep=-1.0ex}
```

```
\item [地震烈度] 地震发生时，在波及范围内一定地点地面震动的激烈程度。
\item [地球介质的流变性] 地球介质在外力作用下的流动和变形的性质。流变性与物...有关。
\end{basedescript}
```

地震烈度 地震发生时，在波及范围内一定地点地面震动的激烈程度。

地球介质的流变性

地球介质在外力作用下的流动和变形的性质。流变性与物质所处的环境温度、压力和外力作用时间的长短有关。

地震烈度 地震发生时，在波及范围内一定地点地面震动的激烈程度。

地球介质的流变性 地球介质在外力作用下的流动和变形的性质。流变性与物质所处的环境温度、压力和外力作用时间的长短有关。

地震烈度 地震发生时，在波及范围内一定地点地面震动的激烈程度。

地球介质的流变性 地球介质在外力作用下的流动和变形的性质。流变性与物质所处的环境温度、压力和外力作用时间的长短有关。

还可在排序列表环境中使用 mdwlist 宏包提供 \suspend 命令，暂时中止列表功能，插入相关解说文字等非 \item 内容，然后再用 \resume 命令恢复列表功能。

7.9 列表宏包 enumitem

由 Javier Bezos 编写的 enumitem 列表宏包给 itemize、enumerate 和 description 环境命令添加了一个可选参数，可对它们的排版格式进行全面设置。例如常规列表环境：

```
\begin{itemize}[参数1=选项,参数2=选项,...] ......
```

其中参数可分为垂直间距、水平间距、标号和字体等种类，具体可查阅该宏包的说明文件。

例 7.35 用带圈数字符号作为列表标号并衬以黄底蓝边方框，取消附加条目间距。

```
\begin{enumerate}[label=\fcolorbox{blue}{yellow}{\ding{\value*}},
start=172,itemsep=0pt]
\item 建立数学模型。
\item 消除系统误差。
\item 控制数据误差。
\end{enumerate}
```

① 建立数学模型。

② 消除系统误差。

③ 控制数据误差。

列表宏包 enumitem 还提供有多个选项和设置命令，可对三种标准列表环境的排版格式作出更多的变化。

第 8 章　数学式

在科技论文中经常要用到分式、根式、行列式和微积分方程式以及证明、定理等数学表达式，本书将它们统称为数学式。TeX 就是因数学式而生，LaTeX 就是为数学式而长，排版数学式乃是 LaTeX 的最强项，而且是数学式越复杂越能显示出它的优越性，再辅以相关的数学宏包，尤其是 amsmath 公式宏包，将大幅度地扩充 LaTeX 的数学式排版功能，使其排版效果更为精美和专业。

8.1　数学模式

在 LaTeX 中，最常用到的主要有文本模式和数学模式这两种模式。数学模式又可分为行内公式（inline math）和行间公式（display math）两种形式。

行内公式形式是将数学式插入文本行之内，使之与文本融为一体，这种形式适合编写简短的数学式。

行间公式形式是将数学式插在文本行之间，自成一行或一个段落，与上下文附加一段垂直空白，使数学式突出醒目。多行公式、公式组和微积分方程等复杂的数学式都是采用行间公式形式编写。

8.1.1　行内公式

LaTeX 提供了以下三种方法来编写行内公式。

(1) `$ ... $`；

(2) `\( ... \)`；

(3) `\begin{math} ... \end{math}`。

例 8.1　同一个行内公式，分别使用三种方法编写，比较三者的排版效果。

```
抛物线 $ y^{2}=2px $ 的切线方程 \\
抛物线 \(y^{2}=2px \) 的切线方程 \\
抛物线 \begin{math} y^{2}=2px \end{math} 的
切线方程
```

抛物线 $y^2 = 2px$ 的切线方程
抛物线 $y^2 = 2px$ 的切线方程
抛物线 $y^2 = 2px$ 的切线方程

可以看出，三种编写方法的排版结果是完全相同的，不过第一种方法比较常用，因为它性格坚强（见本书编译一章中的说明），使用方便，其缺点是起止符同为 `$`，不能区分起止，常被遗漏，从而造成编译出错。

这三种行内公式的编写方法既可用于段落模式也可用于左右模式。段落中的行内公式应简短，以避免中断换行，因为系统只能在某些数学符号处自动换行。

例 8.2　如果行内公式较长，系统会在 = < > 等关系符和 + - 等二元符处自动换行。

```
函数 $f(x)=a_nx^n+a_{n-1}x^{n-1}+a_{n-2}
x^{n-2}$
```

函数 $f(x) = a_n x^n + a_{n-1} x^{n-1} +$
$a_{n-2} x^{n-2}$

若禁止在关系符或二元符处换行，可使用 `\relpenalty=10000` 或 `\binoppenalty=10000` 赋值命令。这两个控制命令的默认值分别是 500 和 700，其取值范围都是 -10000～10000，它代表从必须到禁止的坚决程度。也可在禁止换行处直接插入 `\nobreak` 命令。

例 8.3 花括号内的数学式无法中断换行，只能完整地从左到右排列，直到凸进右边空。

```
函数 ${f(x)=a_nx^n+a_{n-1}x^{n-1}+a_{n-2}
x^{n-2}}$
```

函数 $f(x) = a_nx^n + a_{n-1}x^{n-1} + a_{n-}$

例 8.4 在换行位置附近若无二元符，行内公式也无法中断，只能完整地从左到右排列。

```
函数 $f(x)=a_n(a_{n-1}(a_{n-2}(a_{n-3}(
\ldots)\ldots)\ldots)$
```

函数 $f(x) = a_n(a_{n-1}(a_{n-2}(a_{n-3}(\ldots)$

例 8.5 解决例 8.4 这类换行问题可采用分段处理的方法。

```
函数 $f(x)=a_n(a_{n-1}(a_{n-2}(a_{n-3}($
$\ldots)\ldots)\ldots)$
```

函数 $f(x) = a_n(a_{n-1}(a_{n-2}(a_{n-3}($ $\ldots)\ldots)\ldots)$

8.1.2 行间公式

LaTeX 提供了以下三种方法来编写行间公式。

(1) `$$ ... $$`；

(2) `\[ ... \]`；

(3) `\begin{displaymath} ... \end{displaymath}`。

例 8.6 同一个行间公式，分别使用三种方法编写，比较三者的排版效果。

```
抛物线
$$ y^{2}=2px $$
的切线方程 \\
抛物线
\[ y^{2}=2px \]
的切线方程 \\
抛物线
\begin{displaymath}
y^{2}=2px
\end{displaymath}
的切线方程
```

抛物线
$$y^2 = 2px$$
的切线方程
抛物线
$$y^2 = 2px$$
的切线方程
抛物线
$$y^2 = 2px$$
的切线方程

可以看出，三种编写方法的排版结果是相同的，不过第 3 种方法，也就是环境命令的方法比较常用，因为起止明确，与上下文截然分开。这三种编写方法只能用于段落模式。

注意：第 1 种编写方法 `$$ ... $$` 是 TeX 的原始方法，它在有些特殊情况下会出问题，例如它不能执行标准文类的 `fleqn` 公式左缩进对齐选项等，所以在编写行间公式时应尽量采用第 2 种或第 3 种方法。但也有个别情况只能使用第 1 种方法来编写，比如例 8.48，否则还需要调用 amsmath 公式宏包来解决此类问题。

在数学模式中不得有空行或 `\par` 换段命令，否则系统将提示出错。

LaTeX 还提供了 `equation` 和 `eqnarray` 两个排序公式环境，可分别用于编写带有序号的单行和多行行间公式。

使用上述方法已足以排版出美观而复杂的行间公式了，但是随着对 LaTeX 的不断改进和拓展，它们已被功能更强大，使用更方便，排版效果更精美的，由各种数学宏包提供的多种数学环境所替代了。

8.2 常用数学宏包

LaTeX 问世前后，美国数学学会（AMS）也在 TeX 的基础上开发出 AMSTeX/AMSLaTeX。LaTeX 对 TeX 的主要改进是将版面设计与文稿内容分开处理以及增加自动排序和交叉引用等排版功能，而对数学式的排版功能没有做过多改进；AMSLaTeX 则是侧重于对数学式排版功能的改进和扩展，尤其是多行公式的排版。两者各有千秋，为了取长补短，1994 年 LaTeX3 项目组将 AMSLaTeX 改编成可以为 LaTeX 调用的宏包套件。

8.2.1 宏包套件 ams

美国数学学会主要有三种类型的出版物：期刊、学报和专著，每一种出版物都有详细严格的排版格式要求。AMSTeX 就是根据这些排版格式要求开发的 TeX 系统，随后它又被移植到 LaTeX，成为可与其他宏包一样调用的宏包套件 ams，以下是该宏包套件中最常用的宏包及其简要说明。

amsbsy 提供两条粗体数学字符命令 `\boldsymbol` 和 `\pmb`，可分别用于具有粗体字符库和没有粗体字符库的数学符号。

amscd 定义 CD 环境，用于排版无对角线箭头的矩形交换图。

amsgen 该宏包定义了一组内部命令供套件中的其他宏包调用。

amsmath 提供多种公式环境以及许多相关的排版命令，可用以改进和提高多行公式、多行上下标等数学结构的排版效果。

amsmidx 可与 ams 宏包套件提供的 amsbook 文类配合生成分类索引。

amsopn 提供命令 `\DeclareMathOperator` 和 `\operatorname`，可用以自定义类似于 `\sin` 和 `\max` 的新算符或函数命令。

amstext 提供一条文本命令 `\text`，可把简短文字插在行间公式的任意位置。

amsthm 提供 `\theoremstyle` 定理样式命令，以便于修改定理类数学表达式的样式；提供 `proof` 证明环境，可自动插入证毕符号 □。

amsxtra 它定义了一组可排版超宽变音符号的命令。

upref 可使交叉引用命令 `\ref` 生成的标号总是保持直立罗马体，即便是在斜体或倾斜体的文本中。

当调用公式宏包 amsmath 时，amsbsy、amsgen、amsopn 和 amstext 这 4 个数学宏包也会同时被自动加载，故无需专门调用。

宏包套件 ams 还提供有 amsart、amsproc 和 amsbook 三个文类，分别用于期刊、学报和专著的稿件排版，可从美国数学学会网站下载最新版本的说明文件。

8.2.2 公式宏包 amsmath 的选项

公式宏包 amsmath 还具有下列选项，可影响运算符的上下标和公式序号的位置。

`centertags` 默认值，它表示用 `split` 环境排版的多行公式的序号垂直居中。

`intlimits` 它指定在行间公式中，积分符号 $\int$ 的上下标分别置于其顶部和底部。

`namelimits` 默认值，它表示在行间公式中，将 det、inf、lim、max 和 min 等算符的下标置于其底部。

`nointlimits` 默认值，它表示无论在行内公式还是在行间公式，积分符号 $\int$ 的上下标都置于其右侧。

nonamelimits 它指定无论在行内公式还是在行间公式，上述 det 等各种算符的下标都置于其右侧。

nosumlimits 指定即使在行间公式中，$\sum$、$\prod$、$\coprod$、$\bigotimes$ 和 $\bigoplus$ 等大型符号（$\int$ 不在其中）的上标和下标仍然置于其右侧。

sumlimits 默认值，它表示在行间公式中将 $\sum$、$\prod$、$\coprod$、$\bigotimes$ 和 $\bigoplus$ 等大型符号（$\int$ 不在其中）的上标和下标分别置于其顶部和底部。

tbtags 它指定用 split 环境排版的多行公式的序号置于最后一行右侧或是第一行的左侧（若在文档类型命令 \documentclass 中启用 leqno 选项，即将公式的序号置于公式左侧）。

8.2.3 宏包套件 amsfonts

宏包套件 amsfonts 是 AMS 根据其印刷和电子出版物以及在线资料库的字符样式要求，编造的一组用于排版数学出版物的数学符号和字体宏包，这些数学字符都是 LaTeX 所没有的。以下是该套件包含的宏包及其说明。

amsfonts 它定义了大写空心粗体字命令 \mathbb 和哥特字体命令 \mathfrak，增加了多种数学字体，例如，粗数学斜体和粗希腊字母下标，求和、积分等大型符号的下标，欧拉数学字体，斯拉夫字体等。

amssymb 它定义了 amsfonts 宏包套件里 msam 和 msbm 字体文件中全部 AMS 数学符号的生成命令。当调用该宏包时，amsfonts 宏包也同时被加载了。

eufrak 定义哥特字体命令 \mathfrak，若已调用 amsfonts 宏包，则该宏包多余。

eucal 它将 \mathcal 命令改为调用欧拉书写体，而不是 CM Caligraphic。

公式宏包 amsmath 和字符宏包 amssymb 是编排数学式时最常用的数学宏包，在导言中使用调用宏包命令 \usepackage{amsmath,amssymb}，就把这两个数学宏包的全部功能都收入源文件中了。

8.2.4 宏包套件 mh

宏包套件 mh 是由以 mathtools 数学工具宏包为主的多个数学宏包组成。数学工具宏包在公式宏包 amsmath 的基础上又提供了许多数学符号和排版命令。当调用 mathtools 数学工具宏包时，它将自动加载 amsmath、calc 和 graphicx 等相关宏包。

8.3 数学符号

可以在数学模式中使用的符号生成命令简称数学符号。LaTeX 提供了很多用于编排各种数学表达式的数学符号，但随着 LaTeX 的应用领域不断扩展，这些符号已远不能满足需要，因此出现了许多符号宏包，可以提供涉及领域更为广泛的数学符号。

数学符号可按其功能分成运算符号、希腊字母等几大类，下面按类简要介绍。

8.3.1 运算符号

在 WinEdt 中

单击符号工具条中的 Math 按钮，可以得到下列在数学式中最常用到的大算符、变音字母和数学结构。

$\sum$	$\prod$	$\coprod$	$\int$	$\oint$	$\bigcap$	$\bigcup$	$\hat{a}$	$\check{a}$	$\breve{a}$	$\acute{a}$	$\grave{a}$
$\bigsqcup$	$\bigvee$	$\bigwedge$	$\bigodot$	$\bigotimes$	$\bigoplus$	$\biguplus$	$\tilde{a}$	$\bar{a}$	$\vec{a}$	$\dot{a}$	$\ddot{a}$
$\widetilde{abc}$	$\widehat{abc}$	$\overleftarrow{abc}$	$\overrightarrow{abc}$	$\overline{abc}$	$\overbrace{abc}$	x^k					
$\underbrace{abc}$	$\underline{abc}$	$\sqrt{abc}$	$\sqrt[n]{abc}$	f'	$\frac{abc}{xyz}$	x_k					

在上列运算符号中，前两行前 7 个，共 14 个大算符，可根据数学式的复杂程度自动调整自身的尺寸。在运算符号中，例如 $\underbrace{abc}$、$\sqrt{abc}$ 等，其中下圆括号或根号的宽度可跟随其中内容的长短变化。

例 8.7 在复数式中标出复数的组成范围及其虚部的范围。

```
\begin{equation*}
A=\overbrace{(a+b+c)+\underbrace{i(d+e+f)}
_{\text{虚数}}}^{\text{复数}}
\end{equation*}
```

$$A=\overbrace{(a+b+c)+\underbrace{i(d+e+f)}_{\text{虚数}}}^{\text{复数}}$$

数学工具宏包 mathtools 提供有可自动伸展的上、下方括号命令：

\overbracket[线宽][括号高度]{数学式}
\underbracket[线宽][括号高度]{数学式}

其中，可选参数*线宽*用于设定括号线的宽度，默认值约为 0.3 ex；可选参数*括号高度*用于设定方括号的高度，其默认值约为 0.7 ex。长度单位采用 ex 的目的是使方括号的几何尺寸能够随同字体尺寸变化。

例 8.8 将例 8.7 中复数式的上下圆括号改为上下方括号。

```
\begin{equation*}
A=\overbracket{(a+b+c)+\underbracket[0.7pt]
[7pt]{i(d+e+f)}_{\text{虚数}}}^{\text{复数}}
\end{equation*}
```

$$A=\overbracket{(a+b+c)+\underbracket[0.7pt][7pt]{i(d+e+f)}_{\text{虚数}}}^{\text{复数}}$$

在 TeXFriend 中

选择下拉菜单中的 Integration 选项，可以得到下列积分符号。

$\int$	$\iint$	$\iiint$	$\iiiint$	$\fint$	$\oint$	$\ointclockwise$	$\ointctrclockwise$	$\varointclockwise$	$\varointctrclockwise$	$\oiint$	$\oiintclockwise$
$\oiintctrclockwise$	$\varoiintclockwise$	$\varoiintctrclockwise$	$\oiiint$	$\oiiintclockwise$	$\oiiintctrclockwise$	$\varoiiintclockwise$	$\varoiiintctrclockwise$	$\sqint$	$\sqiint$	$\sqiiint$	$\idotsint$

上列积分符号由字符宏包 txfonts 提供，其尺寸可根据数学式的复杂程度自动调整。

其他宏包

符号宏包 esint、mathabx、mathdesign、MnSymbol、pxfonts、stmaryrd、txfonts 和 wasysym 等也提供有多种式样的可变尺寸的运算符号。符号宏包 mattens 和 vector 可用于编排张量或向量式。宏包 accents 和 undertilde 可用于编排各种特殊的上、下变音符号，例如 $\mathring{\hbar}$ $\underaccent{\tilde}{a}$ 等。

8.3.2 希腊字母

在 WinEdt 中

单击符号工具条中的 Greek 按钮，可得到下列大写希腊字母和小写希腊字母以及 4 个希伯来文字母，其中大写希腊字母为直立形状，小写希腊字母为斜体形状。

$\Gamma \quad \Delta \quad \Theta \quad \Lambda \quad \Xi \quad \Pi \quad \alpha \quad \beta \quad \gamma \quad \delta \quad \epsilon \quad \varepsilon \quad \zeta \quad \eta \quad \theta \quad \vartheta \quad \iota \quad \kappa \quad \lambda \quad \mu \quad \nu \quad \digamma \quad \beth$

$\Sigma \quad \Upsilon \quad \Phi \quad \Psi \quad \Omega \quad \xi \quad o \quad \pi \quad \varpi \quad \rho \quad \varrho \quad \sigma \quad \varsigma \quad \tau \quad \upsilon \quad \phi \quad \varphi \quad \chi \quad \psi \quad \omega \quad \gimel \quad \daleth$

在上列字母中：最后 4 个是希伯来文字母，需要调用数学字符宏包 amssymb 才能使用；注意希腊字母 ν(nu) 与 υ(silon)、ς(sigma) 与 ζ(zeta) 的字形差异。

粗体希腊字母

使用 LaTeX 提供的粗体数学字体命令 \boldmath，例如：

`{\boldmath $\Gamma+\Delta-\alpha+\beta$}`

可以将 $\Gamma+\Delta-\alpha+\beta$ 转换为 $\boldsymbol{\Gamma+\Delta-\alpha+\beta}$。注意，\boldmath 是声明形式的数学字体命令，且必须用在数学模式之外，否则无效。

斜体大写希腊字母

LaTeX 中的希腊字母，小写为斜体形状，而大写为直立形状。如果要得到斜体形状的大写希腊字母，可使用数学常规字体命令 \mathnormal 或数学斜体命令 \mathit，例如：

`$\mathnormal{\Gamma+\Delta}$, $\mathit{\Gamma+\Delta}$`

可得到斜体形状的大写希腊字母 $\mathit{\Gamma}+\mathit{\Delta}$，$\mathit{\Gamma}+\mathit{\Delta}$。

也可使用公式宏包 amsmath 提供的符号命令，就是在 WinEdt 给出的大写希腊字母命令前加个“var”，例如 `$\varGamma+\varDelta$`，可得到斜体形状的大写希腊字母 $\varGamma+\varDelta$。

粗斜体希腊字母

使用公式宏包 amsmath 提供的粗体符号命令 \boldsymbol，例如：

`$\boldsymbol{\alpha+\beta-\mathit{\Gamma+\Delta}}$`

可将 $\alpha+\beta-\mathit{\Gamma}+\mathit{\Delta}$ 改为粗斜体希腊字母 $\boldsymbol{\alpha+\beta-\mathit{\Gamma}+\mathit{\Delta}}$。

也可以调用由 Diego Puga 编写的数学字体宏包 mathpazo，并使用其提供的数学粗体命令 \mathbold，例如 `$\mathbold{\alpha+\beta-\Gamma+\Delta}$`，将 $\alpha+\beta-\Gamma+\Delta$ 转变为粗斜体希腊字母 $\boldsymbol{\alpha+\beta-\mathit{\Gamma}+\mathit{\Delta}}$。

直立小写希腊字母

通常，希腊字母需要置于数学模式中，小写希腊字母为斜体形状。但有时在正文里需要用到直立形状的小写希腊字母，例如微米 μm、圆周率 π 和基本粒子 β 等数理符号。

调用符号宏包 txfonts，并在 WinEdt 提供的小写希腊字母生成命令的后面加个“up”，例如将 `$\mu$` 改为 `$\muup$`，即可把小写希腊字母 μ 由斜体形状转变为直立形状 μ。

使用 txfonts 符号宏包虽然可以获得直立小写希腊字母，但它也会改变其他数学符号的样式，甚至改变正文的默认字体。

改为调用希腊字母宏包 upgreek 并使用它提供的符号命令，可得到直立小写希腊字母，而不会改变其他字体设置；当这些直立小写希腊字母作为上下标或分数时，其字体尺寸也会得到适当的调整。在 WinEdt 的小写希腊字母生成命令的前面加个“up”，例如将 `$\mu$` 改为 `$\upmu$`，即可把 μ 由斜体变为直立 μ。该宏包有以下 3 个选项可用于选择与周围文本最为协调的一种字体。

Euler	默认值，可产生 Euler Roman 字体的小写希腊字母。
Symbol	可产生 Adobe Symbol 字体的小写希腊字母。
Symbolsmallscale	也是 Adobe Symbol 字体，但尺寸略小，是正常值的 90 %。

8.3.3 函数符号

在 WinEdt 中

单击符号工具条中的 Functions(x) 按钮，可得到下列函数符号。

arccos	arcsin	arctan	arg	cos	cosh	cot	coth	csc	det
dim	exp	gcd	hom	inf	lim	lim inf	lim sup	ker	lg
ln	log	max	min	sec	sin	sinh	sup	tan	tanh

在 TeXFriend 中

选择下拉菜单中的 Functions 选项，除了可以得到上面所列函数符号外，还可得到下列 4 个极限符号。这 4 个极限符号需要调用 amsmath 公式宏包后才能使用。

$\varinjlim$ $\varlimsup$ $\varliminf$ $\varprojlim$

8.3.4 图形符号

在 WinEdt 中

单击符号工具条中的 Symbols 按钮，可得到下列图形符号。

$\aleph$ $\hbar$ $\imath$ $\jmath$ ℓ $\wp$ $\Re$ $\Im$ $\prime$ $\emptyset$ $\angle$ $\flat$ $\natural$ $\sharp$ $\|$ $\dagger$ $\ddagger$ $\S$ $\checkmark$ $\maltese$ $\ulcorner$ $\urcorner$ $\diamond$ $\mho$ $\ldots$ $\cdots$

∞ ∂ ∇ $\triangle$ $\forall$ $\exists$ $\neg$ $\surd$ $\top$ $\bot$ $\backslash$ $\clubsuit$ $\diamondsuit$ $\heartsuit$ $\spadesuit$ $\P$ © $\pounds$ ® $\yen$ $\llcorner$ $\lrcorner$ $\square$ $\cdot$ $\vdots$ $\ddots$

在上列图形符号中：$\aleph$ 是希伯来文字母，读作：阿列夫，常用在集合论中表示基数；$\imath$ 和 $\jmath$ 用于替代上部有附加符号的字母 i 和 j，例如 `$\bar{\imath}+\vec{\jmath}$`，得到 $\bar{\imath}+\vec{\jmath}$；若需直立形的 ı 和 ȷ，可使用 dotlessi 宏包提供的命令编排：`$\mathrm{\dotlessi,\dotlessj}$`；ℓ 常在数学式或文本中替代字母 l 或 1，以免与数字 1 混淆；$\flat$、$\natural$ 和 $\sharp$ 是乐谱符号，如要编排五线谱须使用乐谱宏包 musixdoc 及其音符谱号命令。

8.3.5 定界符号

在 WinEdt 中

单击符号工具条中的 { } 按钮，可得到下列定界符号以及空白命令。

(	[	{	⌊	⌈	⟨	/	|	↑	↓	↕	`\quad`	`\qquad`	`\!`	`\left`
)	]	}	⌋	⌉	⟩	\	‖	⇑	⇓	⇕	`\,`	`\:`	`\;`	`\right`

在上列符号和命令中，`\quad`、`\qquad`、`\!`、`\,`、`\:` 和 `\;` 是水平空白命令，它们既可在数学模式中使用，也可在文本模式中使用。

在 TeXFriend 中

选择下拉菜单中的 delimiter 选项，可以得到下列定界符号。

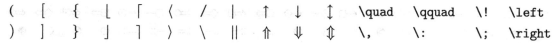

$(\quad) \quad \uparrow \quad \Uparrow \quad [\quad] \quad \downarrow \quad \Downarrow \quad \{ \quad \} \quad \updownarrow \quad \Updownarrow \quad \lfloor \quad \rfloor \quad \lceil \quad \rceil \quad \langle \quad \rangle \quad / \quad \backslash \quad | \quad \|$

$| \quad \| \quad \lmoustache \quad \rmoustache \quad \lgroup \quad \rgroup \quad \ulcorner \quad \urcorner \quad \llcorner \quad \lrcorner \quad \lbag \quad \rbag \quad \Lbag \quad \Rbag \quad \llceil \quad \rrceil \quad \llfloor \quad \rrfloor \quad \llparenthesis \quad \rrparenthesis \quad \llbracket \quad \rrbracket$

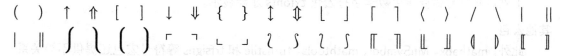

在上列两行定界符号中：第 2 行的第 3、4 两种括号和第 5、6 两种括号的生成命令之前必须配以大尺寸命令 `\big` 或者左右命令 `\left` 与 `\right` 才能使用；第 2 行的第 7 至第 10 个定界符号需要调用数学字符宏包 amssymb 才能使用；第 2 行后 12 个定界符号需要调用符号宏包 stmaryrd 才能显示。

其他宏包

符号宏包 braket、mathabx、mathdesign、MnSymbol、nath 和 yhmath 也提供有多种可变尺寸的定界符号；符号宏包 metre 和 textcomp 还提供有一些用于文本模式的定界符号。

8.3.6 关系符号

在 WinEdt 中

单击符号工具条中的 <>= 按钮，可得到下列二元关系符号。

< ≤ ≺ ⪯ ≪ ⊂ ⊆ ⊑ ∈ ⊢ ≡ ∼ ≃ ≍ ≈ ≅ ≠ ≐ ◁ ▷
> ≥ ≻ ⪰ ≫ ⊃ ⊇ ⊒ ∋ ⊣ ⊨ ⊥ ∣ ∥ ⌣ ⌢ ∝ ⋈ ⊴ ⊵

在上列两行二元关系符号中，最后 4 个符号需要调用数学字符宏包 amssymb 才能显示，否则编译源文件时，将在此停止并提示出错。

单击符号工具条中的 AMS =<> 按钮，可得到下列二元关系符号。

≦ ≧ ⩽ ⩾ ⪕ ⪖ ≲ ≳ ⪅ ⪆ ≊ ≎ ≑ ≗ ≓ ≜ ∽ ∼ ⋍ ≈ ⫅ ⫆ ⪸ ⊲ ⊳ ⊴ ⊵ ⊨ ⊩ ⊪ ⌣
⋖ ⋗ ⋘ ⋙ ≶ ≷ ⋚ ⋛ ⪋ ⪌ ∔ ⋐ ⋑ ⊏ ⊐ ≼ ≽ ⋞ ⋟ ≾ ≿ ⪷ ⌢ ≏ ≎ ∣ ∥ ≬ ⋔ ∝ ∍

上列这些关系符号必须调用数学字符宏包 amssymb 后才能显示。

单击符号工具条中的 AMS NOT =<> 按钮，可得到下列二元否定关系符号。

≮ ≯ ≰ ≱ ⩽̸ ⩾̸ ≦̸ ≧̸ ⪇ ⪈ ⊀ ⊁ ⋠ ⋡ ⋨ ⋩ ⪹ ⪺ ≁ ≇ ⋪ ⋫ ⊈ ⊉ ⫅̸ ⫆̸ ⊊
≨ ≩ ≨ ≩ ⋦ ⋧ ⪉ ⪊ ⊀ ⊁ ∤ ∦ ∤ ∦ ⊬ ⊭ ⊮ ⊯ ⋬ ⋭ ⊋ ⊊ ⊋ ⫋ ⫌ ⫋ ⫌

上列符号需调用 amssymb 宏包后才能使用。也可使用 `\not` 命令，在关系符号等数学符号上加一斜杠，使其成为否定原意的符号，例如 `$\not\in$` 和 `$\notin$`，得到 $\not\in$ 和 $\notin$，但还是后者的外观效果更好些。

如果是需要表示消去数学式中的某一项，可以使用 cancel 宏包所提供的消去命令，例如 `$\cancel{(a+b)}$`，得到 $\cancel{(a+b)}$。

在 TeXFriend 中

选择下拉菜单中的 txfonts-2 选项，可以得到下列二元关系符号以及箭头符号。

□→ ←□ ◇→ ←◇ ○→ ←○ ⊡→ ←⊡ ◈→ ←◈ □⇒ ⇐□ ◇⇒ ⇐◇ ⊙→ ←⊙ ⊡⇒ ⇐⊡ ◈⇒ ⇐◈
:∼ :≈ :− := −: =: ⧁ ⧀ ⦸ ⦸ ::∼ ::≈ ::− ::= −:: =:: ⦶ ⊘ ○ ●
≂ ⇜ ⇠⇢ ⟐ ⋈ ♧ ♤ ♦ ♥ ◆ ⫞ ⫞ ⫴ ⊩ ⫴ ⊪ ⫫ ⊪ ⊞ ⊞
⊸ ⟜ ⟜ ⧟ ⊸ ⟜ ⫯ ⫰ ⫯ ⫰ ⧟ ⋉ ⋊ ⨯ × ⫘ ⫗ ⫘ ≧ ≦
↚ ≉ ≁ ≄ ≄ ≇ ≄ ≄ ≢ ƛ ≪̸ ≫̸ ⪶ ⪵ ⪹ ⪺ ⪶ ⪵ ∉ ∌
⊀ ⊁ ⪹ ⪺ ⪇ ⪈ ⪵ ⪶ ⊄ ⊅ ⋵̸ ⋽̸ ⊈ ⊉ ⫅̸ ⫆̸ ↠̸ ↞̸ ⊮ ƛ
⫽ ⧣ ⧵ ⧥ ⇗ ⇖ ⇘ ⇙ ⇛ ⅋

上列这些符号需要调用数学字符宏包 txfonts 才能显示。

其他宏包

此外，mathabx、MnSymbol、mathtools、turnstile 和 trfsigns 等符号宏包还提供不等关系、三角关系等多种关系符号。例如：

⫛ ⋹ ⫛ ⋹ ⫛ ⋹ ⫛ ⋹ ∉ ⋹ ∉ ⋹ ∌ ⋽ ∌ ⋽ ⊏ ⊑ ⊑ ⊑ ⋤ ⋤ ⊒ ⊐
⊒ ⊒ ⋥ ⋥ ⊂ ⋐ ⊆ ⫅ ⊊ ⫋ ⊃ ⋑ ⊇ ⫆ ⊋ ⫚ ⫚ ⫚ ⫚ ◁ ⊴ ▷ ⊵ ◁

如果使用上列各种关系符号需要调用 mathabx 数学符号宏包。

8.3.7 箭头符号

在 WinEdt 中

单击符号工具条中的 --> 按钮，可得到下列箭头符号。

$\leftarrow\ \Leftarrow\ \rightarrow\ \Rightarrow\ \leftrightarrow\ \Leftrightarrow\ \mapsto\ \hookleftarrow\ \leftharpoonup\ \leftharpoondown\ \leftleftarrows\ \rightrightarrows\ \leftrightarrows\ \rightleftarrows\ \Lleftarrow\ \Rrightarrow\ \leftrightharpoons\ \rightleftharpoons\ \circlearrowleft\ \circlearrowright\ \dashleftarrow\ \dashrightarrow\ \Lsh\ \Rsh\ \upuparrows\ \downdownarrows\ \nleftarrow\ \nrightarrow\ \nLeftarrow$

$\rightleftharpoons\ \hookrightarrow\ \rightharpoonup\ \rightharpoondown\ \uparrow\ \Uparrow\ \downarrow\ \Downarrow\ \updownarrow\ \Updownarrow\ \twoheadleftarrow\ \twoheadrightarrow\ \leftarrowtail\ \rightarrowtail\ \looparrowleft\ \looparrowright\ \curvearrowleft\ \curvearrowright\ \upharpoonleft\ \upharpoonright\ \downharpoonleft\ \downharpoonright\ \rightsquigarrow\ \leftrightsquigarrow\ \multimap\ \nRightarrow\ \nleftrightarrow\ \nLeftrightarrow$

在上列各种箭头符号中有一些需要调用数学字符宏包 amssymb 才能显示。

在 TeXFriend 中

选择下拉菜单中的 Resizable Arrows 选项，可以得到下列弹性箭头符号。

$\overrightarrow{overrightarrow}$ $\overleftarrow{overleftarrow}$ $\underrightarrow{underrightarrow}$ $\underleftarrow{underleftarrow}$

$\overleftrightarrow{overleftrightarrow}$ $\underleftrightarrow{underleftrightarrow}$ $\xleftarrow[thhh]{superscriptsuper}$ $\xrightarrow[thhh]{superscriptsuper}$

这些箭头符号的长度都可以跟随箭杆上字符的多少而变化，其中除了 $\overrightarrow{overrightarrow}$ 和 $\overleftarrow{overleftarrow}$ 外，都需要调用公式宏包 amsmath 才能使用。

其他宏包

符号宏包 esvect、extarrows、fge、hhtensor、mathabx、mattens 和 MnSymbol 还提供有双箭头、否定箭头、鱼叉箭头和羽尾箭头等多种式样的箭头符号。mathtools、extpfeil、extarrows 和 harpoon 等符号宏包也提供许多样式的尺寸可变的箭头符号和长等号。例如：

$\xhookleftarrow{abc}\quad \xhookrightarrow{abc}\quad \xLeftarrow{abc}\quad \xleftharpoondown{abc}\quad \xleftharpoonup{abc}\quad \xleftrightarrow{abc}\quad \xLeftrightarrow{abc}\quad \xleftrightharpoons{abc}\quad \xmapsto{abc}\quad \xRightarrow{abc}\quad \xrightharpoondown{abc}\quad \xrightharpoonup{abc}\quad \xrightleftharpoons{abc}$

当使用上列各种尺寸可变的箭头符号时需调用 mathtools 数学工具宏包。

8.3.8 二元算符

在 WinEdt 中

单击符号工具条中的 +/- 按钮，可得到下列二元算符以及箭头符号。

$\pm\ \mp\ \times\ \div\ \ast\ \star\ \circ\ \bullet\ \cdot\ \cap\ \cup\ \uplus\ \sqcap\ \sqcup\ \vee\ \wedge\ \nearrow\ \searrow\ \longrightarrow\ \longleftarrow\ \longleftrightarrow\ \longmapsto$

$\setminus\ \wr\ \diamond\ \bigtriangleup\ \bigtriangledown\ \triangleleft\ \triangleright\ \oplus\ \ominus\ \otimes\ \oslash\ \odot\ \bigcirc\ \dagger\ \ddagger\ \amalg\ \nwarrow\ \swarrow\ \Longrightarrow\ \Longleftarrow\ \Longleftrightarrow$

这些符号都是由系统提供，不需要调用任何符号宏包。

在 TeXFriend 中

选择下拉菜单中的 stmaryrd 选项，可以得到下列二元算符。

$\varobar\ \varobslash\ \varolessthan\ \varogreaterthan\ \varovee\ \varowedge\ \varoplus\ \varoast\ \obar\ \obslash\ \olessthan\ \ogreaterthan\ \ovee\ \owedge\ \varotimes\ \varodot\ \varominus\ \varoslash\ \varocircle\ \varbigcirc\ \baro\ \minuso\ \binampersand\ \bindnasrepma$

$\boxbox\ \varboxbox\ \boxempty\ \oblong\ \boxbslash\ \boxslash\ \boxdot\ \boxast\ \rhd\ \lhd\ \nplus\ \varcurlyvee\ \Yup\ \Ydown\ \Yleft\ \Yright\ \curlyvee\ \curlywedge\ \curlyveedownarrow\ \curlyveeuparrow\ \curlywedgedownarrow\ \curlywedgeuparrow\ \merge\ \talloblong$

$\interleave\ \sslash\ \fatslash\ \fatbslash\ \talloblong\ \fatbslash\ \trianglelefteqslant\ \trianglerighteqslant\ \subsetplus\ \supsetplus\ \subsetpluseq\ \supsetpluseq\ \subsetpluseq\ \supsetpluseq\ \ntrianglelefteqslant\ \ntrianglerighteqslant\ \leftrightarroweq\ \inplus\ \niplus\ \shortleftarrow\ \llceil\ \rrceil\ \llfloor\ \rrfloor$

$\llparenthesis\ \rrparenthesis\ \llbracket\ \rrbracket\ \bigtriangledown\ \bigtriangleup\ \bigcurlyvee\ \bigcurlywedge\ \bigbox\ \biginterleave\ \bigsqcap\ \bigsqcupplus\ \bignplus\ \bigparallel$

使用这些算符时，需要调用由 Jeremy Gibbons 等人编写的 stmaryrd 符号宏包，该宏包有两个选项，可以控制调入某一部分算符或改变某些算符线型的粗细，其中的 `heavycircles` 选项，可加载大部分算符，并将一些圆形算符的线型变粗，例如 `\oplus`、`\otimes` 等，将另一些圆形算符的线型变细，例如 `\varoplus`、`\varotimes` 等。

其他宏包

符号宏包 mathabx 和 MnSymbol 也能提供几何二元算符等多种二元算符。

8.3.9 省略符号

在数学式中要用到很多样式的省略符号，为便于对比选择，将它们罗列说明如下。

`\cdots`	水平位置与减号等高，例如 `$-\cdots +$`，得到 $-\cdots+$。
`\ddots`	对角省略号，例如 `$A\ddots M$`，得到 $A\ddots M$。多用于矩阵环境。
`\dots`	可用于文本模式，其功能与 `\ldots` 完全相同；但在调用 amsmath 宏包后，该命令在数学模式中，可根据其前后的算符自动地确定省略号的垂直位置，例如 `$A\dots M,+\dots +$`，得到 $A\dots M,+\dots+$。
`\hdotsfor{`n`}`	须调用 amsmath，用于矩阵环境，可横跨 n 列的省略号，见例 8.59 所示。
`\iddots`	反对角省略号，须调用 mathdots 宏包。例如 `$A\iddots M$`，得到 $A\iddots M$。
`\ldots`	可用于文本模式，水平位置与基线平齐，例如 `$A\ldots M$`，得到 $A\ldots M$。
`\vdots`	垂直省略号，例如 `$A\vdots M$`，得到 $A\vdots M$。

8.3.10 其他符号

在 WinEdt 中

单击符号工具条中的 AMS 按钮，可得到下列杂项数学符号。

ℏ ℏ ‵ ∅ △ ▽ Ⓢ ★ ∠ ∢ ∡ ∄ ℧ ∔ ∖ ⋉ ⋊ ⋒ ⋓ ⊞ ⋋ ⋌ ⋏ ⋎ ⊝ ◀ ▶

▲ ▼ □ ■ ◊ ◆ ∁ ℧ ð ⅁ ╱ ╲ 𝕜 ⊼ ⊻ ⩞ ⊟ ⊠ ⊡ ⊛ ⊚ · ⋇ ⊺ ∴ ∵

使用上列这些杂项数学符号需要调用 amssymb 数学字符宏包。

模符号

例 8.9 公式宏包 amsmath 提供了 4 个命令用于排版同余式中的模符号：`\mod`、`\pod`、`\bmod` 和 `\pmod`，其中后两个是对 LaTeX 原有命令的改进。

```
\begin{gather*}
x\equiv y\mod c ; a\pod{n^2}=b \\
\gcd(n,m\bmod n); 26\equiv 14\pmod{12}
\end{gather*}
```

$$x\equiv y\mod c ; a\pod{n^2}=b$$
$$\gcd(n,m\bmod n); 26\equiv 14\pmod{12}$$

在上例所示的 4 个模符号中，`\mod` 和 `\pod` 都是 `\pmod` 的变体。

不可断词的连字符

论文中经常会出现 $\mathit{\Gamma}$-funtion、n-dimensional 和 C-curve 之类的带有连字符的数理名词。为了避免这些专有名词在连字符处被断词，公式宏包 amsmath 专门提供了一条禁止断词命令 `\nobreakdash`，例如 `$\mathit{\Gamma}$\nobreakdash-funtion`。

如果频繁使用某个带连字符的名词，可专门为其定义生成命令，例如：

```
\newcommand{\A}{$C$\nobreakdash-}
\newcommand{\dash}{\nobreakdash-\hspace{0pt}}
```

使用上述所定义的两条命令：`\A curve` 和 `$n$\dash dimensional`，可得到：C-curve 和 n-dimensional。其中第二条定义命令指示系统连字符之前不可断词，而紧跟在连字符之后的单词可以正常断词，以防止凸进右边空，这条命令适用于所有带连字符的英文名词。系统认为 `\hspace{0pt}` 是一个宽度为零的字符，所以可在此处断词。

8.3.11 自定义符号

新算符定义

对数 ln、极限 lim 等是常见的用函数名定义的函数符号，它们均为直立罗马体字。如果经常使用某种特殊名称的符号而在上述符号中找不到，可在导言中使用 amsopn 宏包提供的新算符定义命令：

```
\DeclareMathOperator{算符命令}{算符}
```

来自行定义。该命令还有个带星号的形式，可在行间公式中将新算符的上下标从右侧移至其顶部和底部。这两种命令的应用方法如表 8.1 所示。

表 8.1 两种新算符定义命令的应用方法

应用示例	排版结果
`\DeclareMathOperator{\lna}{ln-a*} \[ \lna_{a\in A} \]`	$\mathrm{ln\text{-}a*}_{a\in A}$
`\DeclareMathOperator*{\lnb}{ln-b*} \[ \lnb_{a\in A} \]`	$\underset{a\in A}{\mathrm{ln\text{-}b*}}$

注意，新算符定义命令将算符中的 - 符号视为连字符而不是减号，将 * 符号排为位置偏上的文本星号，而不是位置居中的数学乘号。

宏包 amsopn 还提供了一个可直接在数学模式中使用的一次性的新算符定义命令：

```
\operatorname{算符}
```

例如 `$\operatorname{newln}_{a\in A}$`，可得到 $\operatorname{newln}_{a\in A}$。该命令也有个带星号的形式，其作用与 `\DeclareMathOperator*` 相同。

使用新算符定义命令有 3 个好处：1. 便于编排数学式。2. 可与单个斜体字母变量明显区别开。3. 系统会自动在新算符的前后添加适量的数学空白。

四角标定义

例 8.10 公式宏包 amsmath 提供了一个四角标定义命令：

```
\sideset{左侧上下标}{右侧上下标}
```

可以在 $\sum$ 和 $\bigcup$ 等大型运算符号的两侧放置上下标。该命令的应用方法如下所示。

```
\[\sideset{^\beta_a}{^\ast_\triangle}
\prod^{n}_{k=1},
\sideset{}{'}\sum_{m=1}^\infty E_{2m+1}\]
```

$$\sideset{^\beta_a}{^\ast_\triangle}\prod^{n}_{k=1},\sideset{}{'}\sum_{m=1}^\infty E_{2m+1}$$

注意，在四角标定义命令 `\sideset` 之后只能使用 `\sum`、`\int` 等大型运算符号，而不能使用 `\Sigma`、P 等非大型运算符号，否则系统将提示出错。虽然 `\sum` 和 `\Sigma` 的编译结果相似，但两者的性质完全不同，且后者也不能自动调整其外形尺寸。

任意指定运算符

例 8.11 可使用命令 `\mathop` 指定任意字符为运算符，并可以在其顶部和底部设置上下标。该命令的应用方法如下所示。

```
\[\sideset{_1}{^{n}}{\mathop{\mathrm{B}}}
\qquad \mathop{A}^{\infty}_{k=1}\]
```

$$\sideset{_1}{^{n}}{\mathop{\mathrm{B}}}\qquad \mathop{A}^{\infty}_{k=1}$$

例 8.12 由 LaTeX 系统提供的 \stackrel{上标}{字符} 命令，以及由 amsmath 公式宏包提供的 \overset{上标} 和 \underset{下标} 命令，也都有将上标或下标放置在指定字符的顶部或底部的功能，还可在命令中使用 \textstyle 等字体档次命令。

```
\begin{equation*} \stackrel{\wedge}{=}\quad \stackrel{\mathrm{def}}{=}\quad
\overset{\infty}{A}\quad
\underset{\textstyle k=1}{A}
\end{equation*}
```

$$\stackrel{\wedge}{=}\quad \stackrel{\mathrm{def}}{=}\quad \overset{\infty}{A}\quad \underset{\textstyle k=1}{A}$$

8.3.12 边框

有时需要将重要的公式或结论置于矩形边框中，以达到醒目凸显的效果。可使用系统提供的 \fbox 边框盒子命令，例如 \fbox{$E=mc^{2}$}，得到 $\fbox{$E=mc^2$}$。如果希望公式的两侧与边框之间再多些空白，可在边框盒子命令前添加长度赋值命令 \mathsurround=5pt，得到 $\fbox{$\;E=mc^2\;$}$。命令 \mathsurround 可在行内公式的前后插入额外水平空白，它的默认值是 0pt。若将边框盒子命令插入其他公式环境，可生成带有边框的行间公式。

例 8.13 使用 \fbox 命令制作一个带边框和序号的行间公式。

```
\begin{equation}
\fbox{$\int^{b}_{a}f(x)\,dx=
-\int^{a}_{b}f(x)\,dx$}
\end{equation}
```

$$\fbox{$\int^{b}_{a}f(x)\,dx=-\int^{a}_{b}f(x)\,dx$} \tag{8.1}$$

注意，在被积函数与微分算子 dx 之间应该使用 \, 命令插入一小段水平空白。由边框宏包 framed 提供的 framed 和 shaded 等环境可用于编排各种宽度为行宽的边框。

公式宏包 amsmath 的边框命令

也可使用公式宏包 amsmath 提供的边框命令 \boxed，它改进了 \fbox 命令，使边框成为一种数学模式，例如 \boxed{E=mc^{2}}，得到 $\boxed{E=mc^2}$；当插入其他公式环境，可成为带有边框的行间公式，同时字体尺寸也会随之增大。

例 8.14 将例 8.13 中的 \fbox 命令改为 \boxed，对比两者的排版效果。

```
\begin{equation}
\boxed{\int^{b}_{a}f(x)\,dx=
-\int^{a}_{b}f(x)\,dx}
\end{equation}
```

$$\boxed{\int^{b}_{a}f(x)\,dx=-\int^{a}_{b}f(x)\,dx} \tag{8.2}$$

盒子宏包 fancybox 的边框命令

例 8.15 还可以调用 fancybox 盒子宏包，并使用其提供的 \shadowbox 或 \doublebox 命令，可制作带有阴影边框或双边框的行间公式。

```
\begin{gather}
\shadowbox{$\int^{b}_{a}f(x)\,dx=
-\int^{a}_{b}f(x)\,dx$}\\
\doublebox{$\displaystyle{%
\int^{b}_{a}f(x)\,dx=
-\int^{a}_{b}f(x)\,dx}$}
\end{gather}
```

$$\int^{b}_{a}f(x)\,dx=-\int^{a}_{b}f(x)\,dx \tag{8.3}$$

$$\displaystyle\int^{b}_{a}f(x)\,dx=-\int^{a}_{b}f(x)\,dx \tag{8.4}$$

颜色宏包 xcolor 的边框命令

例 8.16 可使用颜色宏包 xcolor 提供的彩色盒子命令和彩色边框命令为数学式添加彩色背景或彩色边框。

```
\colorbox{pink}{$\int^{b}_{a}f(x)\,dx
=-\int^{a}_{b}f(x)\,dx$}\\[9pt]
\fboxrule=1pt
\fcolorbox{blue}{pink}{$\int^{b}_{a}f(x)\,dx
=-\int^{a}_{b}f(x)\,dx$}
```

$\int_a^b f(x)\,dx = -\int_b^a f(x)\,dx$

$\boxed{\int_a^b f(x)\,dx = -\int_b^a f(x)\,dx}$

数学工具宏包 mathtools 的边框命令

例 8.17 数学工具宏包 mathtools 提供了一个 `\Aboxed` 边框命令，可在多行公式中为某一行公式生成边框。

```
\begin{align*}
\Aboxed{f(-x) & = -f(x)} \\ & = F(x)
\end{align*}
```

$$\begin{aligned} \boxed{f(-x) &= -f(x)} \\ &= F(x) \end{aligned}$$

抄录宏包 everb 的边框环境

以上边框命令生成的都是左右盒子，只能放置单行文本或数学式，且都不能设定边框的宽度。如果需要设定统一的边框宽度，或者放置多行文本或数学式，就要调用由张林波编写的 everb 宏包，并使用其提供的 `colorboxed` 彩色边框环境：

```
\begin{colorboxed}[边框]
数学式
\end{colorboxed}
```

其中*边框*可选参数有很多子可选参数，它们不仅可用于设定边框的宽度，还可以设置边框各部位的颜色，以下是常用的几个子参数及其说明。

`width=`*宽度*	设置边框的宽度，默认值是 `\hsize`，即当前行的宽度。
`bg=false`	不使用背景颜色。默认值为 `true`，即使用背景色。
`bgcolor=`*颜色*	设置边框的背景颜色，默认值为 `white`。
`fgcolor=`*颜色*	设置边框的前景颜色，即字体颜色，默认值为 `black`。
`box=false`	不使用边框，默认值为 `true`，即使用边框。
`boxcolor=`*颜色*	设置边框线的颜色，默认值为 `black`。

当调用 everb 宏包时，颜色宏包 xcolor 也被自动加载，选项中的*颜色*可直接选用颜色宏包已定义的八种颜色：`black`、`white`、`red`、`green`、`blue`、`cyan`、`magenta` 和 `yellow`，例如 `boxcolor=blue`；如果选择灰色，可用如 `bgcolor={[gray]{`*灰度*`}}`，*灰度*值为 0～1；还可使用 `\definecolor` 命令自行定义所需的颜色。

例 8.18 将例 8.13 中的行间公式改为使用 `colorboxed` 彩色边框环境编写。

```
\begin{colorboxed}[bgcolor=cyan,width=65mm]
\begin{equation}
\int^{b}_{a}f(x)\,dx=-\int^{a}_{b}f(x)\,dx
\end{equation}
\end{colorboxed}
```

$$\int_a^b f(x)\,dx = -\int_b^a f(x)\,dx \qquad (8.5)$$

例 8.19 彩色边框环境 colorboxed 所生成的边框还可以跨页。

```
\begin{colorboxed}[bgcolor={[gray]{0.9}},
width=62mm]
\begin{flalign}
\int^{b}_{a}f(x)\,dx=-\int^{a}_{b}f(x)\,dx
\end{flalign}
\begin{flalign}
\int^{b}_{a}f(x)\,dx=F(b)-F(a)
\end{flalign}
\end{colorboxed}
```

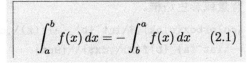

$$\int_a^b f(x)\,dx = -\int_b^a f(x)\,dx \qquad (2.1)$$

$$\int_a^b f(x)\,dx = F(b) - F(a) \qquad (2.2)$$

(1) 上述各种边框都可使用命令如 `\fboxsep=5pt` 和 `\fboxrule=0.6pt` 来设置边框距公式的距离和边框线的粗细，它们默认值分别是 3pt 和 0.4pt。

(2) 本书页面右侧的所有灰色背景框都是使用 colorboxed 彩色边框环境生成的，只是将边框线的粗细设为了 0pt。

8.3.13 符号宏包 unicode-math

如果使用 XeLaTeX 或 LuaLaTeX 编译源文件，可调用由 Will Robertson 和 Philipp Stephani 编写的 unicode-math 符号宏包，它提供了一组数学字体命令和大量的数学符号命令，使用指定的 Unicode 编码的 OpenType 数学字体和相应的符号命令或者编号就可以调用这些符号，具体使用方法可查阅该宏包的说明文件和文件名为 unimath-symbols.pdf 的 Every symbol defined by unicode-math 一文。

8.4 公式环境

LaTeX 提供有 equation 单行公式环境和 eqnarray 公式组环境，前者已经被 amsmath 公式宏包重新定义，并且增加了带星号的 equation* 单行公式环境，后者可以用排版效果更好的 align、multline 或 equation + split 公式环境替代。LaTeX 还提供了一个数组环境 array，数组宏包 array 又对该环境做了功能扩展，使其具有更多的列格式选项。此外，cases 和 mathenv 等数学宏包也提供有多种具备特殊功能的公式环境。

8.4.1 amsmath 的公式环境

公式宏包 amsmath 是由美国数学学会组织编写的，它是 ams 宏包套件中最主要的宏包。现在编写行间公式通常都采用 amsmath 提供的各种公式环境，如表 8.2 所示。

表 8.2 公式宏包 amsmath 提供的各种公式环境

环境名	用途	环境名	用途
align	公式组环境	flalign	公式组环境
align*	公式组环境，无序号	flalign*	公式组环境，无序号
alignat	公式组环境	gather	公式组环境
alignat*	公式组环境，无序号	gather*	公式组环境，无序号

表 8.2（续）

环境名	用途	环境名	用途
aligned	块环境，无序号	gathered	块环境，无序号
alignedat	块环境，无序号	multline	多行公式环境
cases	左花括号环境，无序号	multline*	多行公式环境，无序号
equation	单行公式环境	split	多行公式环境，无序号
equation*	单行公式环境，无序号	subequations	子公式环境

表 8.2 中的公式环境都是行间公式形式；除子公式环境外，所有排序公式环境的序号都是由系统的 equation 计数器提供的。

8.4.2 单行公式环境 equation

例 8.20 单行公式环境 equation 可将一个公式，无论它有多长，排版为一行，并给出一个序号。而由系统提供的 displaymath 环境等效于公式宏包提供的 equation* 环境。

```
\begin{equation}
f(x)=3x^{2}+6(x-2)-1
\end{equation}
```

$$f(x) = 3x^2 + 6(x-2) - 1 \qquad (8.6)$$

公式环境 equation 和 displaymath 都只能用于编排单行公式，其间，换行命令无效，而换段命令为非法，它将造成编译中断，引发系统给出错信息。

8.4.3 数组环境 array

数组宏包 array 对系统提供的数组环境 array 做了功能扩展，其环境命令结构为：

```
\begin{array}[位置]{列格式}
数组行
......
\end{array}
```

其中，参数*位置*和*列格式*的各种选项及其功能与表格环境 tabular 的完全相同，其实 array 就是在数学模式中使用的表格环境。在使用数组环境前，须调用 array 数组宏包。

例 8.21 因为数组环境 array 的列格式中有左、中、右三种列数据对齐方式选项，非常适合多行公式的选择性对齐；此外，还可以在列格式中使用 @-表达式。

```
\begin{equation*}
\left.\begin{array}{>{\kaishu} r c@{}l@{}l}
\text{常数})    & y & = & c \\
\text{直线})    & y & = & cx+d   \\
\text{抛物线}) & y & = & bx^{2}+ cx+d \\
\end{array}\right\} \text{多项式}
\end{equation*}
```

$$\left.\begin{array}{rl} \text{常数)} & y{=}c \\ \text{直线)} & y{=}cx+d \\ \text{抛物线)} & y{=}bx^2+cx+d \end{array}\right\} \text{多项式}$$

在上例中，将数组环境插入 equation* 单行公式环境，使其也能够编排多行公式。

例 8.22 又因为数组环境 array 就是数学模式中的表格环境，所以也可用表格线来划分数组；还可以在数组环境之外使用各种括号。

```
\begin{equation}
A=\left(\begin{array}{c|c}
a_{11} & a_{12} \\ \hline
a_{21} & a_{22}
\end{array}\right)
\end{equation}
```

$$A=\left(\begin{array}{c|c} a_{11} & a_{12} \\ \hline a_{21} & a_{22} \end{array}\right) \tag{8.7}$$

在 array 数组环境中，列与列分隔线之间的水平距离是 \arraycolsep，它们的默认值为 5pt，两列之间的空间就是 10pt；有些情况下这个宽度显得过大，可使用长度赋值命令，如 \arraycolsep=3pt，来缩短这一距离。

LaTeX 不能对较长的行间公式自动分段，虽然 breqn 宏包具有自动分段功能，但其分段处未必是理想位置，最好还是由作者根据公式结构，通常是在 +、- 号处手工分段。

例 8.23 对于较长的公式也可采用 array 环境，将其分为多段处理。下面是两个完全相同的长公式，但编排方式不同，对比两者的排版结果。

```
\begin{equation}
f(t)=e^{-t}(\sin2t+2\sin4t-0.4\sin2t\sin40t)
\end{equation}
\begin{equation}
\begin{array}{r@{~}l}
f(t)=& e^{-t}(\sin2t+2\sin4t-{}\\
  & {}-0.4\sin2t\sin40t)
\end{array}
\end{equation}
```

$$f(t)=e^{-t}(\sin2t+2\sin4t-0.4\sin2t\sin40t) \tag{8.8}$$

$$\begin{array}{r@{~}l} f(t)=& e^{-t}(\sin2t+2\sin4t-{}\\ & {}-0.4\sin2t\sin40t) \end{array} \tag{8.9}$$

在上例中：第一个长公式只采用 equation 环境编排，由于单行公式环境 equation 将其中的公式按左右模式排版，不会自动换行，因此部分公式凸入右边空；而第二个相同的公式，采用 equation + array 编排，就解决了这个问题，所以对较长的行间公式应该采用分段处理的措施，以防公式冲进右侧边空；两对空花括号作为无形算符，以使“-”成为减号而保留其两侧空白，否则将按负号处理而无两侧空白；所有函数名应用其符号命令生成，这样可得到直立罗马体函数名和适当的数学间距，例如不能用 sin 替代 \sin 正弦函数符号命令。

例 8.24 数组环境 array 还可以相互嵌套，或与 equation* 公式环境嵌套。

```
\begin{equation*}
\left(\begin{array}{c@{}c@{}}
\begin{array}{|cc|}\hline
a_{11} & a_{12} \\
a_{21} & a_{22} \\\hline
\end{array} & 0 \\
0 & \begin{array}{|ccc|}\hline
b_{11} & b_{12} & b_{13}\\
b_{21} & b_{22} & b_{23}\\
b_{31} & b_{32} & b_{33}\\\hline
\end{array}\\ \end{array}\right)
\end{equation*}
```

$$\left(\begin{array}{c@{}c@{}} \begin{array}{|cc|}\hline a_{11} & a_{12} \\ a_{21} & a_{22} \\\hline \end{array} & 0 \\ 0 & \begin{array}{|ccc|}\hline b_{11} & b_{12} & b_{13}\\ b_{21} & b_{22} & b_{23}\\ b_{31} & b_{32} & b_{33}\\\hline \end{array}\\ \end{array}\right)$$

例 8.25 调用彩色表格宏包 colortbl，并使用其提供的行、列和单元格背景颜色命令，可以将 array 环境变为彩色数组环境。

```
\begin{equation*}
\left(\begin{array}{c@{}c}
\begin{array}{>{\columncolor[gray]{.8}}c>{\columncolor[gray]{.8}}c}
a_{11} & a_{12} \\ a_{21} & a_{22} \\
\end{array} & 0  \\
0 & \begin{array}{>{\color{white}}c>{\color{white}}c>{\color{white}}c}
\rowcolor{blue}b_{11} & b_{12} & b_{13}\\
\rowcolor{blue}b_{21} & b_{22} & b_{23}\\
\rowcolor{blue}b_{31} & b_{32} & b_{33}\\
\end{array}\\
\end{array}\right)
\end{equation*}
```

$$\left(\begin{array}{cc} \begin{array}{cc} a_{11} & a_{12} \\ a_{21} & a_{22} \end{array} & 0 \\ 0 & \begin{array}{ccc} b_{11} & b_{12} & b_{13} \\ b_{21} & b_{22} & b_{23} \\ b_{31} & b_{32} & b_{33} \end{array} \end{array}\right)$$

例 8.26 在 array 环境中使用 >{$}c<{$} 列格式，还可生成一个文本模式的列，因为增加的数学模式符号 $ 抵消了内在的数学模式符号 $。

```
\begin{equation}
M=\left(\begin{array}{c|>{$}c<{$}}
a_{11} & 数组A \\ \hline
a_{21} & 数组B
\end{array}\right)
\end{equation}
```

$$M=\left(\begin{array}{c|c} a_{11} & \text{数组A} \\ \hline a_{21} & \text{数组B} \end{array}\right) \tag{8.10}$$

例 8.27 可在 array 环境的列格式中使用 @-表达式，生成一个符号列。

```
\[ y=\left\{\begin{array}
{r@{\quad:\quad}l}
-1 & x<0 \\ 0 & x=0 \\ 1 & x>0
\end{array} \right. \]
```

$$y=\left\{\begin{array}{r@{\quad:\quad}l} -1 & x<0 \\ 0 & x=0 \\ 1 & x>0 \end{array}\right.$$

8.4.4 公式组环境 eqnarray

例 8.28 公式组环境 eqnarray 是由系统提供的，其默认公式对齐方式为右对齐。

```
\begin{eqnarray}
E = \hbar \cdot \nu \\
E = m \cdot c^2
\end{eqnarray}
```

$$E=\hbar\cdot\nu \tag{8.11}$$
$$E=m\cdot c^2 \tag{8.12}$$

例 8.29 如果要将例 8.28 中的公式组以等号对齐，可在其两端插入 & 列分隔符号。

```
\begin{eqnarray}
E &=& \hbar \cdot \nu \\
E &=& m \cdot c^2
\end{eqnarray}
```

$$E \;=\; \hbar\cdot\nu \tag{8.13}$$
$$E \;=\; m\cdot c^2 \tag{8.14}$$

插入 & 符号会增添附加空白，可用赋值命令例如 \arraycolsep=0.15em 加以消减。

例 8.30 使用系统命令 \lefteqn 可以使公式行左对齐，并视其宽度为零。

```
\begin{eqnarray*}
\lefteqn{a+b+c=}\\
& & d+e+f+g+h+ \\ & & i+j+k+l+m
\end{eqnarray*}
```

$$\begin{aligned}&a+b+c=\\&\qquad d+e+f+g+h+\\&\qquad i+j+k+l+m\end{aligned}$$

环境 eqnarray* 的功能与 eqnarray 相同，只是不生成公式序号。宏包 subeqnarray 提供的 subeqnarray 环境也与 eqnarray 环境的功能相似，只是所生成的公式序号改为 3.6a、3.6b、3.6c 这种子序号的形式。宏包 eqnarray 将可排序的 eqnarray 环境与可设置列格式的 array 环境结合，定义出一个 equationarray 环境。

8.4.5 公式组环境 align

如果要求公式组或多行公式以其中某个符号对齐，可采用 align 环境，它以 \\ 为分行符，每行都给出序号；它以 & 为分列标志，奇数列右对齐，偶数列左对齐，奇偶列并肩对齐，形成“列对”，这很像列格式为 {rlrl...} 的 array 数组环境，用这种列对的方法可使公式组或多行公式关于某个字符对齐。通常采用二元关系符如等号、加减号等作为对齐符号。

例 8.31 使用 align 公式组环境将多行公式关于等号对齐。

```
\begin{align}
f(x) & = 2(x + 1)^{2}-1\\
     & = 2(x^{2} + 2x + 1)-1\\
     & = 2x^{2} + 4x + 1
\end{align}
```

$$\begin{aligned}f(x)&=2(x+1)^2-1 &(8.15)\\&=2(x^2+2x+1)-1 &(8.16)\\&=2x^2+4x+1 &(8.17)\end{aligned}$$

例 8.32 使用 align 公式组环境将公式组中的公式关于等号对齐。

```
\begin{align}
A_{1} & = B_{1}B_{2} & A_{3} & = B_{1}\\
A_{2} & = B_{3} & A_{3}A_{4} & = B_{4}
\end{align}
```

$$\begin{aligned}A_1&=B_1B_2 & A_3&=B_1 &(8.18)\\A_2&=B_3 & A_3A_4&=B_4 &(8.19)\end{aligned}$$

从上例可以看出，列对之间的空白宽度与列对两侧的空白宽度相等。

例 8.33 在两个公式的左侧加一条表示联立的竖线。

```
\begin{align}
\rule[-8mm]{0.5pt}{11mm}\enskip
& F=f(x)\\[-6mm] & Q(x)=q(y)+F
\end{align}
```

$$\begin{aligned}\Big|\ &F=f(x) &(8.20)\\ \Big|\ &Q(x)=q(y)+F &(8.21)\end{aligned}$$

8.4.6 公式组环境 flalign

例 8.34 公式组环境 flalign 与 align 的功能基本相同，唯一区别是列对之间的距离为弹性宽度，以使公式组两端对齐。将例 8.32 改用 flalign 环境编写，对比两者的排版结果。

```
\begin{flalign}
A_{1} & = B_{1}B_{2} & A_{3} & = B_{1}\\
A_{2} & = B_{3} & A_{3}A_{4} & = B_{4}
\end{flalign}
```

$$\begin{aligned}A_1&=B_1B_2 &\qquad\qquad A_3&=B_1 &(8.22)\\A_2&=B_3 & A_3A_4&=B_4 &(8.23)\end{aligned}$$

在 align 和 flalign 环境中，最短列对间距为 \minalignsep，其默认值是 10pt，可用重新定义命令来调整列对之间的最短距离，例如 \renewcommand{\minalignsep}{15pt}。

8.4.7 公式组环境 alignat

公式组环境 alignat 与 align 环境的功能相似，不同之处在于列对之间的默认距离为 0pt，通常都要插入水平空白命令，以控制列对之间的距离；另外该环境还多了一个参数项，用于设置列对的个数，其数目可大于实际值，但不能小于。

例 8.35 将例 8.32 中的公式组改用 alignat 环境编写，对比两者的排版结果。

```
\begin{alignat}{2}
A_{1} & =B_{1}B_{2}\quad & A_{3} & =B_{1}\\
A_{2} & =B_{3}        & A_{3}A_{4} & =B_{4}
\end{alignat}
```

$$A_1 = B_1B_2 \quad A_3 = B_1 \tag{8.24}$$
$$A_2 = B_3 \quad A_3A_4 = B_4 \tag{8.25}$$

8.4.8 公式组环境 gather

例 8.36 公式组环境 gather 可用来编写中心对称的公式组，它以换行命令 \\ 来区分各个公式，每个公式都与公式行居中对齐，每个公式都有自己的序号。

```
\begin{gather}
\ln y = x \ln x \\ y' = x^{x}(1 + \ln x)
\end{gather}
```

$$\ln y = x\ln x \tag{8.26}$$
$$y' = x^x(1+\ln x) \tag{8.27}$$

8.4.9 子公式环境 subequations

例 8.37 子公式环境 subequations 将其中所有的公式作为一个整体，给出一个主序号，而其中每个公式的序号，即子公式的序号为：主序号 + 子序号。

```
在公式 \eqref{eq:parent} 中
\begin{subequations}\label{eq:parent}
\begin{align}
a & =b+c \\ d & =a+f \label{eq:sub2}
\end{align}
子公式 \eqref{eq:sub2} 也可写作
\begin{equation}
d=b+c+f
\end{equation}
\end{subequations}
```

在公式 (8.28) 中

$$a = b+c \tag{8.28a}$$
$$d = a+f \tag{8.28b}$$

子公式 (8.28b) 也可写作

$$d = b+c+f \tag{8.28c}$$

子公式环境可跨越任意文本和各种公式环境。引用子公式环境命令后的书签，得到的是主序号；引用子公式后的书签，得到的是子公式的序号。主序号是由公式宏包 amsmath 定义的 parentequation 计数器给出；子序号是由系统的 equation 计数器提供。若需将子序号的默认计数形式改为大写英文字母，可在 subequations 环境命令之后紧跟一条重新定义命令 \renewcommand{\theequation}{\theparentequation \Alph{equation}}；如要将子序号从 f 开始，可在环境命令之后紧跟一条计数器命令 \setcounter{equation}{5}；若要将主序号从 8 开始，应在环境命令之前插入一条计数器命令 \setcounter{equation}{7}。

8.4.10 多行公式环境 multline

例 8.38 多行公式环境 multline 可用于编写多行公式，首行左对齐，尾行右对齐，中间行居中对齐，整个公式的序号在尾行给出。

```
\begin{multline}
A^{n}_{m}=m(m-1)\\+(m-2)\\+[m-(n-1)]
\end{multline}
```

$$\begin{multline}A^n_m=m(m-1)\\+(m-2)\\+[m-(n-1)]\tag{8.29}\end{multline}$$

多行公式的首行与公式行的左端之间的距离是 \multlinegap，默认值 10pt，可用长度赋值命令修改此值。还可采用命令 \shoveleft 或 \shoveright 使中间行左对齐或右对齐。

例 8.39 将例 8.38 中多行公式的首行与公式行左端对齐，中间行改为右对齐。

```
\multlinegap=0pt
\begin{multline}
A^{n}_{m}=m(m-1)\\\shoveright{+(m-2)}\\
+[m-(n-1)]
\end{multline}
```

$$\begin{multline}A^n_m=m(m-1)\\\shoveright{+(m-2)}\\+[m-(n-1)]\tag{8.30}\end{multline}$$

长公式如何分行没有一定之规，尽管行内公式都是在关系符或二元符之后换行，但行间公式通常都是在它们之前分行。数学宏包 mathenv 提供了一个排版效果更好的 MultiLine 多行公式环境，并增添书签名可选参数，以便于交叉引用。

8.4.11 多行公式环境 split

多行公式环境 split 也用于排版多行公式，但它与多行公式环境 multline 的区别主要是以下三点。

(1) 用 & 作为分列符，但至多两列；左列右对齐，右列左对齐，形成一个列对，可使多行公式关于某个符号垂直对齐。因此用它排版的多行公式更为整齐美观。如果不用分列符 &，那么所有公式行为一列，且全都与首行公式的右端对齐。

(2) 必须置于除 multline 环境之外的其他公式环境中。

(3) 自身并不生成公式序号，而是由外在公式环境提供，序号垂直居中。

例 8.40 将例 8.31 中的多行公式改用 split 环境编写，对比两者的排版结果。

```
\begin{equation}\begin{split}
f(x) & = 2(x + 1)^{2}-1 \\
     & = 2(x^{2} + 2x + 1)-1 \\
     & = 2x^{2} + 4x + 1
\end{split}\end{equation}
```

$$\begin{split}f(x)&=2(x+1)^2-1\\&=2(x^2+2x+1)-1\\&=2x^2+4x+1\end{split}\tag{8.31}$$

由上例可知，利用 split 环境，在 equation 单行公式环境中也能排版出多行公式；这两种公式环境的嵌套被简称为 equation + split。

8.4.12 块环境 gathered、aligned 和 alignedat

公式环境 gather、align 和 alignat 都可以排版多行公式或公式组，但每行公式都占据了公式行的总宽度，即当前文本行的宽度，也就是说无法将它们作为一个“块”，放入其他公式环境中，成为其他公式的一个组成部分。

因此，公式宏包 amsmath 在上述三种环境功能的基础上又分别派生出三种环境名中带“ed”的块环境，其特点是每行公式只占据自身的自然宽度，这样可在一行中放置多个公式块。所有块环境都不提供序号。

例 8.41 将两个公式组并列放置，并只给出一个序号。

```
\begin{equation}
\begin{aligned}
f(x,y) & = 0 \\ z & = c
\end{aligned}
\quad\text{与}\quad
\begin{gathered}
x = t\cos t \\ z = at
\end{gathered}
\end{equation}
```

$$\begin{aligned} f(x,y) &= 0 \\ z &= c \end{aligned} \quad\text{与}\quad \begin{gathered} x = t\cos t \\ z = at \end{gathered} \tag{8.32}$$

例 8.42 在公式组的右侧用花括号的形式给出简要说明。

```
\begin{equation}\left.
\begin{aligned}
x  & = t\cos t \\ z & = at
\end{aligned}\right\}\text{参数方程}
\end{equation}
```

$$\left.\begin{aligned} x &= t\cos t \\ z &= at \end{aligned}\right\}\text{参数方程} \tag{8.33}$$

因为左、右命令 \left 和 \right 必须成对使用，如只需一个，那另一个也得空置，所以上例中空置一个 \left.。

8.4.13 单花括号环境

左花括号环境 cases

例 8.43 左花括号环境 cases 用于在其他公式环境中排版带有左花括号的公式。

```
\begin{equation}
|x| =
\begin{cases}
 x & \text{如果 $ x\geqslant 0 $} \\
-x & \text{如果 $ x\leqslant 0 $}
\end{cases}
\end{equation}
```

$$|x| = \begin{cases} x & \text{如果 } x\geqslant 0 \\ -x & \text{如果 } x\leqslant 0 \end{cases} \tag{8.34}$$

左花括号环境 subnumcases

例 8.44 在例 8.43 中，两行公式共用一个序号。也可调用 cases 括号宏包，并独立使用其提供的 subnumcases 环境，可将花括号右侧的每行公式都给出一个子序号。

```
\begin{subnumcases}{|x|=}
 x & $ x\geqslant 0 $ \\
-x & $ x\leqslant 0 $
\end{subnumcases}
```

$$|x| = \begin{cases} x & x\geqslant 0 \quad (8.35\text{a}) \\ -x & x\leqslant 0 \quad (8.35\text{b}) \end{cases}$$

括号宏包 cases 提供的环境都有一个必要参数，它用于填写左花括号左侧的内容。

左花括号环境 numcases

例 8.45 也可独立使用 cases 宏包提供的 numcases 环境，为左花括号右侧的每行公式分别给出一个序号。

```
\begin{numcases}{|x|=}
x & $ x\geqslant 0 $\\-x & $ x\leqslant 0 $
\end{numcases}
```

$$|x| = \begin{cases} x & x \geqslant 0 \quad (8.36) \\ -x & x \leqslant 0 \quad (8.37) \end{cases}$$

括号宏包 cases 有个 subnum 选项，启用后可使所有 numcases 环境的功能与 subnumcases 环境相同，即将它们的序号都改为子序号。该宏包的调用命令要置于公式宏包 amsmath 的调用命令之后，以免发生冲突。宏包 mathnev 提供了 EqSystem 和 System 两个左花括号环境，都附有*书签名*可选参数，可用于编排分段函数，但后者只生成一个总序号。

右花括号环境 rcases

例 8.46 数学工具宏包 mathtools 提供了一个 rcases 右括号环境，它可用于编排仅带有右花括号的数学式。

```
\begin{equation*}
\begin{rcases}
\text{正无理数}\\ \text{负无理数}
\end{rcases}\text{无限不循环小数}
\end{equation*}
```

$$\left.\begin{matrix} \text{正无理数} \\ \text{负无理数} \end{matrix}\right\}\text{无限不循环小数}$$

8.4.14 公式中的文字

公式环境中的说明文字应置于 \mbox 命令中。如果已经调用了数学工具宏包或者公式宏包，可改为选用以下 3 条功能更强的文本命令将简短文字插入公式中。

\intertext{*文本*}	由 amsmath 宏包提供，可将*文本*插在多行公式之间，像一个不缩进的段落，字体为常规字体。该命令必须紧跟在换行命令 \\ 或 * 之后。宏包 nccmath 在该命令中增添*距离*可选参数，以调节*文本*与公式的间距。
\shortintertext{*文本*}	数学工具宏包 mathtools 提供的文本命令，其功能与 \intertext 文本命令相同，只是与上下公式行的垂直间距比它要小些。
\text{*文本*}	数学宏包 amstext 所提供的文本命令，它可以把*文本*插在公式的任意位置，字体为常规字体，字体尺寸与所在位置的其他数学字符尺寸相同，例如在上标，就与上标字符的大小相同。

例 8.47 在公式之中和公式之间插入说明文字和标点符号。

```
\begin{align*}
x^{2}+2x+1 & =0 \text{, 即 $ x=-1 $。}\\
\shortintertext{因为 $ f'(x)=2x+2 $, 故}
f'(-1)      & =0\text{。}
\end{align*}
```

$$x^2 + 2x + 1 = 0\text{，即 } x = -1\text{。}$$

因为 $f'(x) = 2x + 2$，故

$$f'(-1) = 0\text{。}$$

从上例可知：(1) 在 3 个数学宏包提供的 3 个文本命令中也可以编排行内数学式；(2) 公式之间不仅用逗号，还应用相应的语句来分隔；(3) 如果一句话的停顿处或结尾是行间公式，则应在其后添加逗号或句号。

8.4.15 公式的序号

排序单位

在文类 book 或 report 中，行间公式是以章为排序单位的，即每一新章开始，公式序号计数器 equation 就被清零。比如第 1 章第 3 个公式的序号是 (1.3)，第 2 章第 1 个公式的序号是 (2.1)。一章中有若干节，若每节中有很多公式，这种排序方式就很难分清某个公式是属于哪一节的。如希望公式能以节为排序单位，可在导言中加入公式宏包提供的排序单位命令：

```
\numberwithin{equation}{section}
```

这样在所有公式的序号里就增加了节序号。例如第 1 章第 3 节第 2 个公式的序号是：(1.3.2)。在文类 article 中，行间公式序号是以全文为排序单位，若希望改为以节为排序单位，也可使用上述排序单位命令。

取消与替代

带星号的公式环境以及 split 和 cases 公式环境都不会给出公式序号，其他不带星号的公式环境都可以为公式自动提供序号。但有时希望公式组中的某些公式有序号，某些没有，某些要另作标记，这就要用到下列序号设置命令。

\eqno{标号}	系统提供的序号设置命令，将它紧跟在 equation* 环境或 \[...\] 形式的公式行后，可在公式右侧人工设置标号。标号可以是任意文本。
\leqno{标号}	作用与 \eqno 相同，只是将标号置于公式的左侧。\eqno 与 \leqno 不能同时在一个公式中使用。
\nonumber	系统提供的取消序号命令。把它插在换行命令 \\ 之前，可取消为该行公式排序而使其无序号。
\notag	公式宏包提供的序号取消命令，使用方法和作用与 \nonumber 命令相同。
\tag{标号}	公式宏包提供的序号设置命令，把它插在换行命令 \\ 之前，可取消为该行公式排序，而以(标号)替代序号。该命令也可用于带星号公式环境中的公式行，使其具有(标号)。
\tag*{标号}	作用与 \tag 相同，只是标号的两侧没有圆括号。

例 8.48 把矩阵方程的序号改为人工标号，并将其置于方程的左侧。

```
$$ \left(\begin{array}{lcr}
a_{11} & a_{12} & a_{13} \\
a_{21} & a_{22} & a_{23}
\end{array}\right)=0 \leqno[A.1] $$
```

$$[A.1] \qquad \left(\begin{array}{lcr} a_{11} & a_{12} & a_{13} \\ a_{21} & a_{22} & a_{23} \end{array}\right)=0$$

例 8.49 将方程组中的每个方程式使用不同样式的序号和标号。

```
\begin{gather}
x^2+y^2 = z^2 \label{eq:r2} \\
x^3+y^3 = z^3 \notag \\
x^4+y^4 = r^4 \tag{$*$} \\
x^5+y^5 = r^5 \tag*{$*$} \\
x^6+y^6 = r^6 \tag{\ref{eq:r2}$'$}
\end{gather}
```

$$x^2+y^2=z^2 \qquad (8.38)$$
$$x^3+y^3=z^3$$
$$x^4+y^4=r^4 \qquad (*)$$
$$x^5+y^5=r^5 \qquad *$$
$$x^6+y^6=r^6 \qquad (8.38')$$

在上例源文件中，利用交叉引用命令 \label 和 \ref 来生成子序号。

例 8.50 可在公式组环境中使用取消序号命令来编排多行公式。

```
\begin{align}
f(t)=& e^{-t}(\sin2t+2\sin4t-{}\nonumber\\
  & {}-0.4\sin2t\sin40t)
\end{align}
```

$$f(t) = e^{-t}(\sin 2t + 2\sin 4t - \\ - 0.4\sin 2t \sin 40t) \quad (8.39)$$

在上例源文件中，使用一对空圆括号作为不可见的普通算符，以使系统判定其前或其后的 - 符号为减号而不是负号，这两者的区别在于符号两侧附加空白的宽度不同。

底部序号

例 8.51 通常多行公式的序号垂直居中，要想把序号置于最后一行末尾，可在公式宏包的调用命令中添加一个底部序号选项，即 \usepackage[tbtags]{amsmath}，这样就可将例 8.40 中多行公式的序号置于尾行右端。

```
\begin{equation}
\begin{split}
f(x) & = 2(x + 1)^{2}-1 \\
     & = 2(x^{2} + 2x + 1)-1 \\
     & = 2x^{2} + 4x + 1
\end{split}
\end{equation}
```

$$\begin{aligned} f(x) &= 2(x+1)^2 - 1 \\ &= 2(x^2 + 2x + 1) - 1 \\ &= 2x^2 + 4x + 1 \end{aligned} \quad (2.1)$$

计数形式

公式序号的默认计数形式是阿拉伯数字，可使用重新定义命令对其进行修改，例如要改为小写英文字母：

```
\renewcommand{\theequation}{\thechapter.\alph{equation}}
```

序号格式

公式序号的默认格式是序号本身外加圆括号。如果希望更改默认格式，例如将圆括号改为方括号，在未调用公式宏包 amsmath 时，可使用下列修改命令：

```
\makeatletter
\renewcommand{\@eqnnum}{{\normalfont \normalcolor [\theequation]}}
\makeatother
```

如果已调用了 amsmath 宏包，可改用下面的定义命令：

```
\makeatletter
\def\tagform@#1{\maketag@@@{[\ignorespaces#1\unskip\@@italiccorr]}}
\makeatother
```

8.4.16 公式中的上下标

行内公式的上下标

在行间公式中，例如 \[\max_{i}\] 的排版结果是 $\displaystyle\max_{i}$，下标在 max 的正下方；而在行内公式中，$\max_{i}$ 的排版结果为 $\max_i$，如要使其仍在正下方，可插入字体尺寸档次命令 $\displaystyle\max_{i}$，得到 $\displaystyle\max_{i}$。

多行上下标

例 8.52 运算符号的多行上下标，可用公式宏包重新定义的堆叠命令 \atop 来分行。

```
\begin{equation}
\sum_{0\leqslant i\atop 0<j<n} P(i,j)
\end{equation}
```

$$\sum_{0\leqslant i\atop 0<j<n} P(i,j) \tag{8.40}$$

例 8.53 也可使用 amsmath 提供的 \substack 命令编排多行上标或下标，在该命令中可使用换行命令 \\ 为上标或下标分行。

```
\begin{equation}
\sum_{\substack{0\leqslant i\\0<j<n}}P(i,j)
\end{equation}
```

$$\sum_{\substack{0\leqslant i\\0<j<n}}P(i,j) \tag{8.41}$$

例 8.54 多行上标或下标有时长短不一，可采用公式宏包提供的 subarray 子数组环境，使其左对齐；采用 mathtools 宏包提供的 \mathclap 命令，以缩小 $\sum$ 与 P 之间的空白。

```
\begin{equation}
\sum_{\mathclap{\begin{subarray}{l}
0\leqslant i\\0<j<n \end{subarray}}}P(i,j)
\end{equation}
```

$$\sum_{\begin{subarray}{l} 0\leqslant i\\0<j<n \end{subarray}}P(i,j) \tag{8.42}$$

子数组环境命令中有个位置参数，它有两个选项：l 表示所有行左对齐，如果改为 c 则表示中心对齐；该参数也可空置，即表示所有行左对齐。命令 \mathclap{数学式} 将数学式装入零宽度盒子并使其居中于插入点。

8.4.17 公式与换页

多行公式的换页

在系统默认条件下，多行公式是可以中间换页的，但调用公式宏包后就不行了，它认为多行公式能否在正确合理的位置换页，取决于每个多行公式的具体结构，这只能由作者分别作出决断。因此，公式宏包 amsmath 提供了一条换页命令 \displaybreak[优先级]，把多行公式的换页权交给了论文作者，如果允许多行公式在某行处换页，可在其换行命令 \\ 前插入该命令，可选参数优先级有 0～4 共 5 个选项，它们代表换页的允许程度；0 表示可以换页但是尽量避免换页；4 是默认值，表示必须在此换页。

还可在导言中加入命令 \allowdisplaybreaks[优先级]，使全文中的所有多行公式都能中间换页，其可选参数优先级与 \displaybreak 的相同，它们也是代表换页的允许程度，默认值是 4。该命令也可插入正文或组合中，使其控制范围内的所有多行公式都能够中间换页；当使用该命令后，可在多行公式的某行中改用 * 作为换行命令，以阻止在该行换页。

当 \displaybreak 与 \allowdisplaybreaks 同时出现时，前者将抑制后者。需要注意的是某些公式环境，例如多行公式环境 split 和块环境 aligned、gathered、alignedat 等，它们将多行公式置于一个不可分割的盒子中，所以上述两条换页命令在这些环境中是不起作用的。可将这种公式环境分解为两个或多个公式环境，以便于换页。

公式的换页位置

根据排版惯例，系统预先设定禁止在行间公式之前换页，也就是说不能将行间公式放在页面的顶部，但可以在行间公式之后换页，即允许将行间公式置于页面的底部。

禁止把公式放在页面顶部很可能会产生孤行，而允许在公式之后换页也会影响页面底部的齐整。如果允许将公式放在页面顶部，可使用赋值命令 `\predisplaypenalty=0`；如果禁止将公式置于页面底部，可使用赋值命令 `\postdisplaypenalty=10000`。这两个控制命令的默认值分别是 10000 和 0，其取值范围都是 -10000～10000。赋值命令放在导言将影响全文，而置于某个公式环境中仅对该公式有效。

注意：很多作者用空行将行间公式环境与上下文分隔，以便于源文件的阅读和修改，但这样系统就无法自动控制公式与上下文之间的垂直空白，作者也难以调整，另外也无法禁止系统在公式之前或之后换页。所以，在行间公式环境与上下文之间不应插入空行。

8.4.18 公式的交叉引用

公式宏包 amsmath 提供了一条引用命令：

`\eqref{书签名}`

用于引用书签命令 `\label{书签名}` 所在公式的序号。

其实用 `\ref` 命令也可以引用公式的序号，它与 `\eqref` 命令的区别在于：如果公式的序号是 (2.8)，前者的引用结果为 2.8，而后者是 (2.8)，换句话说，`\eqref=(\ref)`。

8.5 矩阵环境

8.5.1 行间矩阵

公式宏包 amsmath 提供了 6 种行间公式形式的矩阵环境 matrix、pmatrix、Bmatrix、bmatrix、vmatrix 和 Vmatrix，这些矩阵环境必须置于数学模式中，它们的使用方法类似于数组环境 array，但比它简单，没有位置和列格式参数，各列元素中心对齐。

例 8.55 同一个矩阵，分别使用 6 种行间矩阵环境编写，比较它们的排版结果。

```
\begin{gather*}
\begin{matrix} 1 & 0 \\ 0 &-1\end{matrix}
\begin{pmatrix}1 & 0 \\ 0 &-1\end{pmatrix}
\begin{Bmatrix}1 & 0 \\ 0 &-1\end{Bmatrix}\\
\begin{bmatrix}1 & 0 \\ 0 &-1\end{bmatrix}
\begin{vmatrix}1 & 0 \\ 0 &-1\end{vmatrix}
\begin{Vmatrix}1 & 0 \\ 0 &-1\end{Vmatrix}
\end{gather*}
```

$$\begin{gather*}
\begin{matrix} 1 & 0 \\ 0 &-1\end{matrix}
\begin{pmatrix}1 & 0 \\ 0 &-1\end{pmatrix}
\begin{Bmatrix}1 & 0 \\ 0 &-1\end{Bmatrix}\\
\begin{bmatrix}1 & 0 \\ 0 &-1\end{bmatrix}
\begin{vmatrix}1 & 0 \\ 0 &-1\end{vmatrix}
\begin{Vmatrix}1 & 0 \\ 0 &-1\end{Vmatrix}
\end{gather*}$$

在上述 6 种矩阵环境中，所有列元素都是中心对齐；数学工具宏包 mathtools 分别提供了 6 种同名带星号的具有列格式可选参数的矩阵环境，其列格式的定义与 array 环境的完全相同，默认为居中对齐。

例 8.56 编写一个两行两列的矩阵，其中各列元素全部右对齐。

```
\begin{gather*}\begin{pmatrix*}[r]
1555 & -28 \\16 & -165
\end{pmatrix*}\end{gather*}
```

$$\begin{pmatrix} 1555 & -28 \\ 16 & -165 \end{pmatrix}$$

前面介绍的各种矩阵环境都只能对所有列元素统一设定对齐方向，如果要分别设定各列元素的对齐方向，可在其中嵌套 array 数组环境。

例 8.57 将例 8.56 中矩阵的第一列元素右对齐，第二列元素左对齐。

```
\begin{gather*}\begin{pmatrix}
\begin{array}{rl}
1555 & -28 \\16 & -165
\end{array}
\end{pmatrix}\end{gather*}
```

$$\begin{pmatrix}\begin{array}{rl}1555 & -28 \\ 16 & -165\end{array}\end{pmatrix}$$

矩阵最大列数值是在 MaxMatrixCols 计数器中设定的，默认值是 10。可使用计数器设置命令修改其值。例如需要用到 15 列：\setcounter{MaxMatrixCols}{15}；当超宽矩阵排写完成后应随即将其再改回到默认值。

矩阵中的省略号

例 8.58 如果矩阵 A 有 m 行 n 列，其中的元素可分别用水平、垂直和对角省略号表示。

```
\begin{equation*}
\mathbf{A}_{(m,n)} =
\begin{pmatrix}
a_{11} & \dots  & a_{1n}\\
\vdots & \ddots & \vdots\\
a_{m1} & \dots  & a_{mn}
\end{pmatrix}
\end{equation*}
```

$$\mathbf{A}_{(m,n)} = \begin{pmatrix} a_{11} & \dots & a_{1n}\\ \vdots & \ddots & \vdots\\ a_{m1} & \dots & a_{mn} \end{pmatrix}$$

在上例中，\ddots 是对角省略号，如果需要将其方向反转，可使用 graphicx 插图宏包提供的镜像命令 \reflectbox{$\ddots$}，得到 ⋰；也可直接改为由 mathdots 省略号宏包提供的 \iddots 命令。

矩阵中的虚线

在矩阵中经常采用水平虚线的省略形式表示行元素或者行中部分元素。可使用合并列命令 \multicolumn{*n*}{c}{\dotfill}，或下列命令设置水平虚线：

\hdotsfor[间隔系数]{跨越列数}

其中可选参数间隔系数用于设置虚线中两相邻小圆点之间距离的宽窄程度，其默认值是 1。

例 8.59 在矩阵中使用水平虚线代表部分行元素。

```
\begin{equation*}
A=\begin{bmatrix}
a_{11} & a_{12} & \dots & a_{1n}\\
a_{21} & \hdotsfor{2} & a_{2n}\\
\hdotsfor{4}\\
a_{m1} & a_{m2} & \dots & a_{mn}
\end{bmatrix}
\end{equation*}
```

$$A=\begin{bmatrix} a_{11} & a_{12} & \dots & a_{1n}\\ a_{21} & \hdotsfor{2} & a_{2n}\\ \hdotsfor{4}\\ a_{m1} & a_{m2} & \dots & a_{mn} \end{bmatrix}$$

单位矩阵

例 8.60 对角线元素均为 1，其余元素都是零的方阵被称为单位矩阵。

```
\begin{equation}
```

```
E=\begin{bmatrix}
1\\
& 1 & & \text{{\huge 0}}\\
& & 1\\
& \text{{\huge 0}} & & 1\\
& & & & 1
\end{bmatrix}
\end{equation}
```

$$E=\begin{bmatrix}1\\ & 1 & & \text{{\huge 0}}\\ & & 1\\ & \text{{\huge 0}} & & 1\\ & & & & 1\end{bmatrix} \tag{8.43}$$

从上例可知，要改变数学式中某些数字的字体尺寸，应将其置于 \text 命令中。

矩阵方程

未知数为矩阵的方程称为矩阵方程。

例 8.61 采用 bmatrix 矩阵环境编写一个由 3 行 3 列和 3 行 1 列两个矩阵构成的矩阵方程，每个矩阵底部附加函数说明。

```
\begin{gather}
\underbrace{\begin{bmatrix}
y_{1} & 1 & 1 \\[4pt]
\frac{1}{\sqrt{2}} & y_{2} & 1 \\[4pt]
1 & 1 & y_{3}
\end{bmatrix}}_{Y(s)}
\underbrace{\begin{bmatrix}
v_{1} \\[4pt] v_{2} \\[4pt] v_{3}
\end{bmatrix}}_{V(s)}=0
\end{gather}
```

$$\underbrace{\begin{bmatrix} y_{1} & 1 & 1 \\[4pt] \frac{1}{\sqrt{2}} & y_{2} & 1 \\[4pt] 1 & 1 & y_{3} \end{bmatrix}}_{Y(s)} \underbrace{\begin{bmatrix} v_{1} \\[4pt] v_{2} \\[4pt] v_{3} \end{bmatrix}}_{V(s)}=0 \tag{8.44}$$

线性方程组

例 8.62 关于未知量是一次的方程组称为线性方程组，其一般形式如下。

```
\begin{equation*}\begin{cases}
\begin{array}{*{3}{l@{+}}l@{=}l}
a_{11}x_{1} & a_{12}x_{2} & \cdots &
a_{1n}x_{n} & c_{1}\\
a_{21}x_{1} & a_{22}x_{2} & \cdots &
a_{2n}x_{n} & c_{2}\\
\hdotsfor{5}\\
a_{m1}x_{1} & a_{m2}x_{2} & \cdots &
a_{mn}x_{n} & c_{m}
\end{array}
\end{cases}\end{equation*}
```

$$\begin{cases} a_{11}x_{1} + a_{12}x_{2} + \cdots + a_{1n}x_{n} = c_{1}\\ a_{21}x_{1} + a_{22}x_{2} + \cdots + a_{2n}x_{n} = c_{2}\\ \cdots\cdots\cdots\cdots\cdots\cdots\\ a_{m1}x_{1} + a_{m2}x_{2} + \cdots + a_{mn}x_{n} = c_{m} \end{cases}$$

分块矩阵

编排分块矩阵需要用到水平虚线和垂直虚线，可调用由 Enrico Bertolazzi 编写的块矩阵宏包 easybmat，它提供了一个 BMAT 块矩阵环境，该环境效仿 tabular 环境并在功能上有所精简和扩展，能够排版各种分块矩阵，其环境命令结构为：

```
\begin{BMAT}(矩阵格式){列格式}{行格式}
a & b & ... & n \\
......
\end{BMAT}
```

其中：列格式有 `l`、`c` 和 `r` 三个选项，分别表示左、居中和右对齐；行格式有 `t`、`c` 和 `b` 三个选项，分别表示顶边、居中和底边对齐；矩阵格式较复杂，可查阅该宏包的说明文件。块矩阵宏包还有两个选项，分别是 `thinlines` 和 `thiklines`，可用以改变虚线的粗细。

例 8.63 将三行三列的矩阵 A 用虚线分为 4 个子矩阵。

```
\begin{equation*}
A= \begin{bmatrix}
\begin{BMAT}(@,30pt,20pt){cc.c}{cc.c}
a_{11} & a_{12} & a_{13} \\
a_{21} & a_{22} & a_{23} \\
a_{31} & a_{32} & a_{33}
\end{BMAT}
\end{bmatrix}
\end{equation*}
```

$$A=\left[\begin{array}{cc:c} a_{11} & a_{12} & a_{13} \\ a_{21} & a_{22} & a_{23} \\ \hdashline a_{31} & a_{32} & a_{33} \end{array}\right]$$

上例中：矩阵格式参数里的 @ 符号用于表示取消行列高宽的自动平衡；30pt 和 20pt 分别是列宽度和行高度。块矩阵宏包 easybmat 可能会与 array、booktabs 等表格宏包发生冲突。在调用该宏包时，还将自动加载 easy 宏包。由 pmat 宏包提供的 pmat 环境也可以排版分块矩阵。上例还可采用 array 环境和 arydshln 宏包提供的虚线命令及虚线列格式来编排。

边界矩阵

例 8.64 LaTeX 提供了一条 `\bordermatrix` 命令，可用来编排边界矩阵，其特点是第 1 行第 1 列通常空置，其右下方的所有元素被包括在左右圆括号中。

```
\begin{equation} \bordermatrix{
~ & 1    & 2 \cr
1 & a_{1} & a_{2} \cr
2 & a_{3} & a_{4}}
\end{equation}
```

$$\bordermatrix{ ~ & 1 & 2 \cr 1 & a_{1} & a_{2} \cr 2 & a_{3} & a_{4}} \tag{8.45}$$

在上例的源文件中，`\cr` 是 TeX 基本命令，它表示一行数据结束，但其作用不能完全与换行命令 `\\` 等同，所以在此处不能改为使用 `\\` 换行命令。上例也可采用 blkarray 宏包提供的 `blockarray` 和 `block` 环境来编排，后者用于改变局部列元素的列格式。

8.5.2 行内矩阵

例 8.65 公式宏包 amsmath 还提供了一个行内矩阵环境 `smallmatrix`，用它可以在文本行内编写小型矩阵。

```
分块矩阵 $ F=\big(\begin{smallmatrix}
A & D \\ C & B \end{smallmatrix}\big) $, 其中
$A$ 和 $B$ 分别为 $m$ 阶和 $n$ 阶可逆矩阵。
```

分块矩阵 $F=\big(\begin{smallmatrix} A & D \\ C & B \end{smallmatrix}\big)$，其中 A 和 B 分别为 m 阶和 n 阶可逆矩阵。

如果需要调整行内矩阵与两侧文本的间距，可使用 `\mathsurround` 长度数据命令。

8.6 定理环境

在论文写作中经常要用到定理、定义和证明等定理类型的数学表达式，它们的共同特点是自成一个或多个段落，首行有标题及其序号，其中的陈述字体可不同于上下文的字体，并与上下文有适当距离，以示区别。

8.6.1 系统的定理环境

LaTeX 提供了一个定义定理类环境的命令：

```
\newtheorem{环境名}[计数器名]{标题}[排序单位]
```

该命令定义的定理类环境，可用于编写定理类型的数学表达式。其中各参数的说明如下。

- 环境名 给所定义的定理类环境起的名称，它不得与现有环境重名，否则系统将提示出错。每定义一个环境名，系统就会自动创建一个同名的计数器，用于为所定义的定理类环境排序。
- 计数器名 可选参数，如果希望所定义的定理类环境与已定义的某个定理类环境混合排序，就可在其中填写该环境的计数器名，也就是该定理类环境的环境名；如果省略这个可选参数，则表示本定理类环境单独排序。
- 标题 用于设置定理类表达式的标题，如 Theorem、定理、证明和引理等。
- 排序单位 可选参数，用于设定排序单位，如果是 chapter，则每一新章开始时所定义定理类环境的计数器清零；该可选参数的默认值是以全文为排序单位。

当这条定义命令设置完成后，就可使用所定义的定理类环境：

```
\begin{环境名}[副标题]
定理类数学陈述
\end{环境名}
```

来编写定理类数学表达式了，其中可选参数副标题是用于对标题的补充说明。

例 8.66 使用 \newtheorem 命令定义两个定理类环境。

```
\newtheorem{Definition}{定义}[chapter] \newtheorem{Theorem}[Definition]{定理}
\begin{Definition}
若 $\displaystyle\lim_{x\rightarrow x_{0}} f(x)=f(x_{0})$,%
则称 $f(x)$ 在 $x_{0}$ 点连续。
\end{Definition}
\begin{Theorem}[正弦]
$\dfrac{a}{\sin A}=\dfrac{b}{\sin B}=%
\dfrac{c}{\sin C}=2R$
\end{Theorem}
\begin{Definition}
设 n 为自然数，则 $n!=1\cdot2\cdot3\cdots n$,
规定 $1!=0$。
\end{Definition}
```

定义 8.1 *若* $\lim\limits_{x\rightarrow x_0} f(x)=f(x_0)$，*则称* $f(x)$ *在* x_0 *点连续。*

定理 8.2 (正弦) $\dfrac{a}{\sin A}=\dfrac{b}{\sin B}=\dfrac{c}{\sin C}=2R$

定义 8.3 *设* n *为自然数，则* $n!=1\cdot2\cdot3\cdots n$，*规定* $1!=0$。

在上例中，定义环境 Definition 独自排序，其排序单位是章；定理环境 Theorem 与定义环境 Definition 混合排序；命令 \displaystyle 可使 lim 的下标置于其底部。

8.6.2 定理宏包 ntheorem

系统提供的定理类排版环境已经可以满足论文的基本写作要求，但它排版的格式是固定的，如果要改变陈述字体、标题字体或者序号计数形式等就很困难，因为系统没提供任何定理方面的修改命令。为了解决这个问题，出现了一些定理宏包，常用的有 amsthm、theorem 和 ntheorem 等，其中功能较强使用较广的是由 Wolfgang May 和 Andreas Schedler 编写的定理宏包 ntheorem，它提供了一组设置命令，可以修改用 `\newtheorem` 命令定义的定理类环境的排版格式，下面是其中经常用到的设置命令及其说明。

`\newframedtheorem`
: 定义四周带边框的定理类环境，其语法和语义与命令 `\newtheorem` 的相同，使用该命令前须调用边框宏包 framed，并选用定理宏包 ntheorem 的 `framed` 选项；这种带边框的数学表达式可以跨页。

`\newshadedtheorem`
: 定义四周带边框并有阴影的定理类环境，其语法和语义与 `\newtheorem` 的相同，使用该命令前须调用边框宏包 framed 和绘图宏包 pstricks，并启用定理宏包的 `framed` 选项。

`\qedsymbol{结束符}` 和 `\qed`
: 如果希望某个定理类表达式换用其他结束符，可以先用命令 `\qedsymbol` 来定义，然后在该表达式中使用命令 `\qed` 将结束符置于右下角。

`\renewtheorem`
: 用它可对已定义的定理类环境重新定义，其语法和语义与命令 `\newtheorem` 的完全相同，但对同名计数器并不清零。

`\theorembodyfont{字体命令}`
: 设置表达式中陈述的字体；其中字体命令可以是各种字体设置命令。

`\theoremheaderfont{字体命令}`
: 设置表达式中标题的字体；其中字体命令可以是各种字体设置命令。

`\theoremindent`
: 表达式的左缩进宽度，默认值为 `0cm`，只能使用刚性长度对其重新赋值。

`\theoremnumbering{计数形式}`
: 设置序号的计数形式，它的默认值是 `arabic`，可改为采用 `alph`、`Alph`、`roman`、`Roman`、`greek`、`Greek`、`chinese` 或 `fnsymbol` 计数形式。

`\theorempostskipamount`
: 表达式与下文的距离，默认值是 `\topsep`，也可用弹性长度为其重新赋值。

`\theorempreskipamount`
: 表达式与上文的距离，默认值是 `\topsep`，即 `9pt plus 3pt minus 5pt`，可用长度赋值命令对其修改，长度值可以是弹性的。

`\theoremseparator{符号}`
: 设置标题与陈述之间的分隔符号，符号通常为空格或是冒号，默认为空格。

`\theoremstyle{格式}`
: 定理宏包 ntheorem 预定义了多种定理类表达式的排版格式，可用该命令调用；其中格式是所选预定格式的名称。

\theoremsymbol{结束符}

设置表示表达式结束的符号，它可将结束符置于所有定理类表达式的右下角；结束符可以是任意字符；在使用这条命令之前必须在定理宏包调用命令中添加 thmmarks 选项。

定理宏包有一个 amsmath 选项，如果在写作时已经用到了 amsmath 公式宏包，就要启用这个选项，以便与其兼容。注意，调用公式宏包的命令应放在调用定理宏包命令之前，因为后者对前者中的某些命令做了重新定义。定理宏包还有 thref 和 hyperref 两个选项，它们可用于对交叉引用功能的扩展和对链接宏包 hyperref 的兼容。

默认设置

如果在调用定理宏包时没有指定任何选项，那么该宏包对定理类环境的默认设置为：

```
\theoremstyle{plain}          \theoremsymbol{}
\theoremnumbering{arabic}     \theoremindent0cm    \theoremseparator{}
\theorembodyfont{\itshape}    \theoremheaderfont{\normalfont\bfseries}
```

按照这组默认设置，所排版的定理类数学表达式的格式与系统提供的相同。

预定格式

定理宏包 ntheorem 在其内部预定义了多种定理类数学表达式的排版格式，以下是这些预定格式的名称及其简要说明。

plain	与系统提供的定理类环境的排版格式相同。
break	标题和序号单独一行。
change	标题与序号位置调换。
changebreak	标题和序号单独一行，标题与序号位置调换。
margin	序号置于左边空。
marginbreak	标题和序号单独一行，序号置于左边空。
nonumberplain	与 plain 格式相似，但是没有序号，可用于编写证明。
nonumberbreak	与 break 格式相似，但是没有序号。
empty	无标题，无序号，可有副标题。

在编写定理类数学表达式时，可先用命令 \theoremstyle 选取大致适合的格式，然后再用定理宏包提供的各种设置命令进行修改。

举例说明

例 8.67 定义一个无序号的证明环境 Proof，证明字体为常规字体，结束符是 [证毕]。

```
\theoremstyle{nonumberplain} \theoremheaderfont{\heiti}
\theorembodyfont{\normalfont}
\theoremsymbol{[证毕]}
\newtheorem{Proof}{证明}
\begin{Proof}
向量积 $A\times B=E$ 是一个向量，它的模在数
值上等于以向量 $A$ 和 $B$ 为边所作平行四边
形...。
\end{Proof}
```

证明 向量积 $A \times B = E$ 是一个向量，它的模在数值上等于以向量 A 和 B 为边所作平行四边形...。 [证毕]

注意，在证明内容之后与环境结束命令之前不得留有空行，否则结束符将被忽略。

例 8.68 定义一个定理环境 Definit，其标题与陈述的分隔符改为冒号，结束符为 ◇。

```
\theoremstyle{plain} \theoremseparator{:} \qedsymbol{$\diamondsuit$}
\newtheorem{Definit}{定理}
\begin{Definit}
\begin{equation}
\int^{z}_{z_{0}}f(z)dz=\mathit{\Phi}(z)-
\mathit{\Phi}(z_{0})
\end{equation}
\begin{itemize}
\item $f(z)$ 是解析函数
\item $\mathit{\Phi}'(z)=f(z)$
\item $z_{0},z$ 为 $D$ 内任意两点
\end{itemize}\qed
\end{Definit}
```

定理 1:

$$\int_{z_0}^{z} f(z)dz = \Phi(z) - \Phi(z_0) \qquad (8.46)$$

- $f(z)$ *是解析函数*
- $\Phi'(z) = f(z)$
- z_0, z *为* D *内任意两点* ◇

例 8.69 定义一个四周带边框的定理环境 important，定理标题为黑体，内容为楷书。

```
\theoremstyle{break}
\theoremheaderfont{\heiti}
\theorembodyfont{\kaishu}
\theorempostskipamount=-15pt
\newframedtheorem{important}{定理}
\begin{important}[康托]\vspace{-2mm}
假定 A 不是空集，那么
\[card(A)<card(^{A}2)\leqno{\square}\]
\end{important}
```

定理 1 **(康托)**
假定 A 不是空集，那么

$$\square \qquad card(A) < card(^{A}2)$$

在上例中，利用 \leqno 命令将结束符置于表达式的左下角。

例 8.70 定义一个四周带边框并有阴影的公理环境，其结束符是 ■。

```
\theoremstyle{changebreak}
\theoremsymbol{\rule{1ex}{1ex}}
\def\theoremframecommand{%
\psshadowbox[linecolor=black]}
\newshadedtheorem{MostImportant}{公理}
\begin{MostImportant}[Important]\vspace{3mm}
对于任何事物 $x$ 和 $y$，都存在着一个
集 $\{x,y\}$，$\{x,y\}$ 的仅有的元素
是 $x$ 和 $y$。
\end{MostImportant}
```

1 公理 (Important)
对于任何事物 x 和 y，都存在着一个集 $\{x, y\}$，$\{x, y\}$的仅有的元素是 x 和 y。 ■

在上例源文件中，\theoremframecommand 是由定理宏包提供的边框命令，用于设置绘图宏包 pstricks 所提供阴影盒子 \psshadowbox 的边框和背景颜色。上例必须使用 LaTeX → dvi2ps → ps2pdf 的编译方法才能得到正确结果。

定理宏包 ntheorem 还有生成定理目录等辅助功能；该宏包的说明文件中附有很多定理编排示例，可供参考。

8.7 交换图

在范畴论中，经常用交换图的形式来表示态射与态射之间的关系。对于不含对角线箭头的矩形交换图，可使用 amscd 宏包提供的 CD 环境来绘制。

例 8.71 CTeX 附带的符号工具 TeXFriend 提供了一个典型的交换图示例，选择其下拉菜单中 Table,CD 选项所示的交换图，就可自动生成下列交换图的排版命令。

```
\[\begin{CD}
\mathcal{A} @>{\rm superscript}>{\rm
subscript}> \mathcal{B} @>>>
\mathcal{C}@<<< \mathcal{E}\\
@VVV @VVV @A{left}A{right}A @VVV\\
\mathcal{U} @>>> \mathcal{V} @=
\mathcal{W}@<<< \mathcal{X}
\end{CD}\]
```

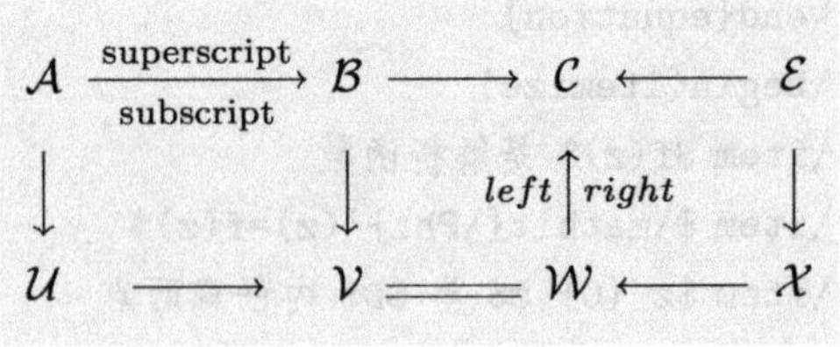

宏包 amscd 定义：命令 `@>>>`、`@<<<`、`@VVV` 和 `@AAA` 分别给出向右、向左、向下和向上的箭头；`@=` 和 `@|` 给出双水平线和双垂直线。

如果交换图中含有对角线箭头，可调用由 Paul Burchard 创作的 pb-diagram 交换图宏包来编写，该宏包提供了一个 diagram 绘图环境和一组绘图命令。

例 8.72 编写一个含有两个对角线箭头的交换图，并用虚箭头表示未知或待定的态射。

```
\begin{displaymath}
\begin{diagram}
\node{A} \arrow{e,t}{a} \arrow{s,l}{c} \arrow{ese}
\node{B^*} \arrow{e,t}{b^*}
\node{C} \arrow{s,r}{d} \arrow{wsw} \\
\node{D} \arrow[2]{e,b,..}{e} \node[2]{E}
\end{diagram}
\end{displaymath}
```

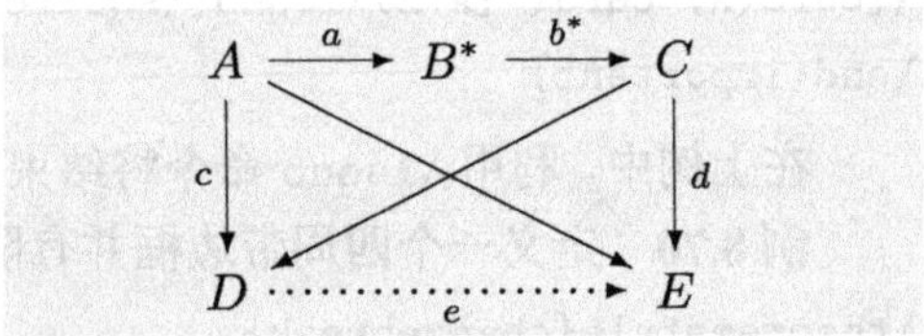

编写复杂的交换图还可以调用专门绘制交换图的 xy 宏包，其具体编写方法可从 CTAN 查阅该宏包的说明文件 XY-pic User's Guide 和 XY-pic Reference Manual。

8.8 数学字体

数学字体就是可以在数学模式中使用的字体。本节主要介绍系统和一些常用数学宏包提供的数学字体及其字体命令。

8.8.1 WinEdt 中数学字体

单击符号工具条中的 Math 按钮，可看到以下 6 个字符。

$\mathbb{N}$ $\mathbb{B}$ $\mathbf{B}$ $\mathcal{C}$ $\mathfrak{F}$ T

上列 6 个字符分别代表 6 种数学字体，单击其中的某一字符，就可以得到该字体参数形式的字体命令；其中的 $\mathbb{N}$ 字体需要调用数学字体宏包 dsfont 才能使用，$\mathbb{B}$ 字体和 $\mathfrak{F}$ 字体需要调用 amssymb 数学字符宏包。

8.8.2 TeXFriend 中数学字体

选择下拉菜单中的 cal-frak-bbm 选项，可得到下列 6 种数学字体的字符命令。

$\mathscr{A}\ \mathscr{B}\ \mathscr{C}\ \mathscr{D}\ \mathscr{E}\ \mathscr{F}\ \mathscr{G}\ \mathscr{H}\ \mathscr{I}\ \mathscr{J}\ \mathscr{K}\ \mathscr{L}\ \mathscr{M}\ \mathscr{N}\ \mathscr{O}\ \mathscr{P}\ \mathscr{Q}\ \mathscr{R}\ \mathscr{S}\ \mathscr{T}\ \mathscr{U}\ \mathscr{V}\ \mathscr{W}\ \mathscr{X}\ \mathscr{Y}\ \mathscr{Z}$

$\mathcal{A}\ \mathcal{B}\ \mathcal{C}\ \mathcal{D}\ \mathcal{E}\ \mathcal{F}\ \mathcal{G}\ \mathcal{H}\ \mathcal{I}\ \mathcal{J}\ \mathcal{K}\ \mathcal{L}\ \mathcal{M}\ \mathcal{N}\ \mathcal{O}\ \mathcal{P}\ \mathcal{Q}\ \mathcal{R}\ \mathcal{S}\ \mathcal{T}\ \mathcal{U}\ \mathcal{V}\ \mathcal{W}\ \mathcal{X}\ \mathcal{Y}\ \mathcal{Z}$

$\mathfrak{A}\ \mathfrak{B}\ \mathfrak{C}\ \mathfrak{D}\ \mathfrak{E}\ \mathfrak{F}\ \mathfrak{G}\ \mathfrak{H}\ \mathfrak{I}\ \mathfrak{J}\ \mathfrak{K}\ \mathfrak{L}\ \mathfrak{M}\ \mathfrak{N}\ \mathfrak{O}\ \mathfrak{P}\ \mathfrak{Q}\ \mathfrak{R}\ \mathfrak{S}\ \mathfrak{T}\ \mathfrak{U}\ \mathfrak{V}\ \mathfrak{W}\ \mathfrak{X}\ \mathfrak{Y}\ \mathfrak{Z}$

$\mathbb{A}\ \mathbb{B}\ \mathbb{C}\ \mathbb{D}\ \mathbb{E}\ \mathbb{F}\ \mathbb{G}\ \mathbb{H}\ \mathbb{I}\ \mathbb{J}\ \mathbb{K}\ \mathbb{L}\ \mathbb{M}\ \mathbb{N}\ \mathbb{O}\ \mathbb{P}\ \mathbb{Q}\ \mathbb{R}\ \mathbb{S}\ \mathbb{T}\ \mathbb{U}\ \mathbb{V}\ \mathbb{W}\ \mathbb{X}\ \mathbb{Y}\ \mathbb{Z}$

$\mathbb{a}\ \mathbb{b}\ \mathbb{c}\ \mathbb{d}\ \mathbb{e}\ \mathbb{f}\ \mathbb{g}\ \mathbb{h}\ \mathbb{i}\ \mathbb{j}\ \mathbb{k}\ \mathbb{l}\ \mathbb{m}\ \mathbb{n}\ \mathbb{o}\ \mathbb{p}\ \mathbb{q}\ \mathbb{r}\ \mathbb{s}\ \mathbb{t}\ \mathbb{u}\ \mathbb{v}\ \mathbb{w}\ \mathbb{x}\ \mathbb{y}\ \mathbb{z}$

$\mathbb{0}\ \mathbb{1}\ \mathbb{2}\ \mathbb{3}\ \mathbb{4}\ \mathbb{5}\ \mathbb{6}\ \mathbb{7}\ \mathbb{8}\ \mathbb{9}\ [\![\ ]\!]\ <\ >\ (\!(\ )\!)\ \alpha\ \beta\ \gamma\ \delta\ \epsilon\ \zeta\ \eta\ \theta\ \iota\ \kappa$

$\lambda\ \mu\ \nu\ \xi\ \pi\ \rho\ \sigma\ \tau\ \upsilon\ \phi\ \chi\ \psi\ \omega$

上列 6 种字符除第 2 种外，其他还需调用 bbm、mathbbold 或 mathrsfs 数学字体宏包。

8.8.3 字体与排版效果

在系统中各种数学字符的字体已被预定，直接使用数学字符命令就可排版出精致的数学式，但毕竟字体风格单一，不能满足各种审美爱好和排版需求。因此不断出现各种数学字体宏包，只要调用它们就能改变所编排数学式的字体，下面就用同一个行间公式做对比说明。

系统默认

$$\int_{-1}^{1}\frac{f(x)}{\sqrt{1-x^2}}dx=\frac{\pi}{n}\sum_{k=1}^{n}f\left(\cos\frac{2k-1}{2n}\pi\right)+\frac{\pi}{2^{2n-1}(2n)!}f^{(2n)}(\theta)$$

调用字体宏包 anttor

$$\int_{-1}^{1}\frac{f(x)}{\sqrt{1-x^2}}dx=\frac{\pi}{n}\sum_{k=1}^{n}f\left(\cos\frac{2k-1}{2n}\pi\right)+\frac{\pi}{2^{2n-1}(2n)!}f^{(2n)}(\theta)$$

调用该宏包时还要选用它的 `math` 选项。该宏包用重新定义命令将系统默认的 `cmr` 字族改为 `antt` 字族。

调用字体宏包 arev

$$\int_{-1}^{1}\frac{f(x)}{\sqrt{1-x^2}}dx=\frac{\pi}{n}\sum_{k=1}^{n}f\left(\cos\frac{2k-1}{2n}\pi\right)+\frac{\pi}{2^{2n-1}(2n)!}f^{(2n)}(\theta)$$

该宏包将系统默认的罗马体字族 `cmr` 和等线体字族 `cmss` 都改为 `fav` 字族，默认的等宽体字族 `cmtt` 改为 `fvm` 字族。

调用字体宏包 cmbright

$$\int_{-1}^{1}\frac{f(x)}{\sqrt{1-x^2}}dx=\frac{\pi}{n}\sum_{k=1}^{n}f\left(\cos\frac{2k-1}{2n}\pi\right)+\frac{\pi}{2^{2n-1}(2n)!}f^{(2n)}(\theta)$$

该宏包用重新定义命令 `\renewcommand{\familydefault}{\sfdefault}` 将系统默认的字体由罗马体改为等线体。

调用字体宏包 euler

$$\int_{-1}^{1}\frac{f(x)}{\sqrt{1-x^2}}dx=\frac{\pi}{n}\sum_{k=1}^{n}f\left(\cos\frac{2k-1}{2n}\pi\right)+\frac{\pi}{2^{2n-1}(2n)!}f^{(2n)}(\theta)$$

数学字体宏包 euler 还定义了 `\mathfrak` 和 `\mathscr` 两个参数形式的数学字体命令。

调用字体宏包 eulervm

$$\int_{-1}^{1}\frac{f(x)}{\sqrt{1-x^2}}dx=\frac{\pi}{n}\sum_{k=1}^{n}f\left(\cos\frac{2k-1}{2n}\pi\right)+\frac{\pi}{2^{2n-1}(2n)!}f^{(2n)}(\theta)$$

该公式与前面一个公式的区别是阿拉伯数字的字体不同。

调用字体宏包 fourier

$$\int_{-1}^{1}\frac{f(x)}{\sqrt{1-x^2}}dx=\frac{\pi}{n}\sum_{k=1}^{n}f\left(\cos\frac{2k-1}{2n}\pi\right)+\frac{\pi}{2^{2n-1}(2n)!}f^{(2n)}(\theta)$$

调用字体宏包 fouriernc

$$\int_{-1}^{1}\frac{f(x)}{\sqrt{1-x^2}}dx=\frac{\pi}{n}\sum_{k=1}^{n}f\left(\cos\frac{2k-1}{2n}\pi\right)+\frac{\pi}{2^{2n-1}(2n)!}f^{(2n)}(\theta)$$

该宏包将系统默认的罗马体字族 cmr 改为 fnc 字族。

调用字体宏包 iwona

$$\int_{-1}^{1}\frac{f(x)}{\sqrt{1-x^2}}dx=\frac{\pi}{n}\sum_{k=1}^{n}f\left(\cos\frac{2k-1}{2n}\pi\right)+\frac{\pi}{2^{2n-1}(2n)!}f^{(2n)}(\theta)$$

调用该宏包时还要选用它的 math 选项，即 \usepackage[math]{iwona}；该宏包还将系统默认的罗马体字族 cmr 改为 iwona 字族。

调用字体宏包 kmath

$$\int_{-1}^{1}\frac{f(x)}{\sqrt{1-x^2}}dx=\frac{\pi}{n}\sum_{k=1}^{n}f\left(\cos\frac{2k-1}{2n}\pi\right)+\frac{\pi}{2^{2n-1}(2n)!}f^{(2n)}(\partial)$$

在调用 kmath 字体宏包时，它将自动加载 txfonts 字体宏包。

调用字体宏包 mathdesign

$$\int_{-1}^{1}\frac{f(x)}{\sqrt{1-x^2}}dx=\frac{\pi}{n}\sum_{k=1}^{n}f\left(\cos\frac{2k-1}{2n}\pi\right)+\frac{\pi}{2^{2n-1}(2n)!}f^{(2n)}(\theta)$$

调用该宏包时还要选用它的 charter 选项，即 \usepackage[charter]{mathdesign}。

调用字体宏包 mathpazo

$$\int_{-1}^{1}\frac{f(x)}{\sqrt{1-x^2}}dx=\frac{\pi}{n}\sum_{k=1}^{n}f\left(\cos\frac{2k-1}{2n}\pi\right)+\frac{\pi}{2^{2n-1}(2n)!}f^{(2n)}(\theta)$$

该宏包将系统默认的罗马体字族 cmr 改为 pplj 字族。

调用字体宏包 mathptm

$$\int_{-1}^{1}\frac{f(x)}{\sqrt{1-x^2}}dx=\frac{\pi}{n}\sum_{k=1}^{n}f\left(\cos\frac{2k-1}{2n}\pi\right)+\frac{\pi}{2^{2n-1}(2n)!}f^{(2n)}(\theta)$$

该宏包将系统默认的罗马体字族由 cmr 改为 ptm 字族。

调用字体宏包 mathptmx

$$\int_{-1}^{1}\frac{f(x)}{\sqrt{1-x^2}}dx=\frac{\pi}{n}\sum_{k=1}^{n}f\left(\cos\frac{2k-1}{2n}\pi\right)+\frac{\pi}{2^{2n-1}(2n)!}f^{(2n)}(\theta)$$

它与前一个公式的主要区别是其中的希腊字母为斜体，而前者是直立体。

调用字体宏包 pxfonts

$$\int_{-1}^{1}\frac{f(x)}{\sqrt{1-x^2}}dx=\frac{\pi}{n}\sum_{k=1}^{n}f\left(\cos\frac{2k-1}{2n}\pi\right)+\frac{\pi}{2^{2n-1}(2n)!}f^{(2n)}(\theta)$$

字体宏包 pxfonts 将系统默认的罗马体字族由 cmr 改为 pxr 字族。

8.8.4 数学字体命令

如果需要改变某个数学式的字体或数学式中某些字符的字体，可使用 LaTeX 或者各种数学字体宏包提供的数学字体命令进行修改。常用的数学字体命令及其说明如表 8.3 所示。

表 8.3 常用数学字体命令及其说明

应用示例	排版结果	说明
`\bm{ABCdef123}`	$\boldsymbol{ABCdef123}$	粗体，须调用 bm 宏包
`\boldmath $ABCdef123$`	$\boldsymbol{ABCdef123}$	粗体，须在数学模式之外使用
`\boldsymbol{ABCdef123}`	$\boldsymbol{ABCdef123}$	粗体，须调用 amsbsy 宏包
`\mathbb{ABCD}`	$\mathbb{ABCD}$	须调用 amsfonts 宏包，仅用于大写字母
`\mathbf{ABCdef123}`	$\mathbf{ABCdef123}$	粗文本罗马体
`\mathcal{ABCDEFG}`	$\mathcal{ABCDEFG}$	书写体，仅用于大写字母，声明形式 `\cal`
`\mathds{ABCDE}`	$\mathbb{ABCDE}$	须调用 dsfont 宏包，仅用于大写字母
`\mathfrak{ABCde}`	$\mathfrak{ABCde}$	须调用 amsfonts 宏包，仅用于英文字母
`\mathit{ABCdef123}`	$\mathit{ABCdef123}$	文本斜体
`\mathnormal{ABCdef123}`	$\mathnormal{ABCdef123}$	letters 字体，声明形式 `\mit`
`\mathrm{ABCdef123}`	$\mathrm{ABCdef123}$	文本罗马体
`\mathscr{ABCD}`	$\mathscr{ABCD}$	须调用 mathrsfs 宏包，仅用于大写字母
`\mathsf{ABCdef123}`	$\mathsf{ABCdef123}$	文本等线体
`\mathtt{ABCdef123}`	$\mathtt{ABCdef123}$	文本等宽体
`\pmb{ABCdef123}`	$\pmb{ABCdef123}$	粗体，须调用 amsbsy 宏包
`\textfrak{ABCdef123}`	ABCdef123	哥特字体，须调用 yfonts 宏包
`\textswab{ABCdef123}`	ABCdef123	施瓦巴赫字体，须调用 yfonts 宏包
`\textgoth{ABCdef123}`	ABCdef123	哥特字体，须调用 yfonts 宏包
`\textbsi{ABCdef123}`	ABCdef123	手写体，须调用 pbsi 宏包
`\unboldmath $ABCdef123$`	$ABCdef123$	默认数学字体，须在数学模式之外使用
`\varmathbb{ABCD}`	$\mathbb{ABCD}$	须调用 txfonts 宏包，仅用于大写字母

在表 8.3 中，`\boldmath` 是个声明形式的粗体序列转换命令，必须在数学模式之外使用，该命令可将具有粗体序列的数学字符，包括加减号、等号和各种括号，全部转换为粗体；而命

令 \unboldmath 则相反，它可将其后的所有数学字符转换为常规数学字体。\boldsymbol 是个粗体序列转换命令，它可将具有粗体序列的数字、非字母符号和希腊字母转换为粗体，将英文字母转换为粗斜体，有些无法用 \mathbf 命令转换为粗体的数学字符就可使用该命令。

例 8.73　由 amsfonts 宏包提供的 \mathbb 命令只能生成空心大写英文字母，如果需要空心的小写英文字母、阿拉伯数字或大小写希腊字母，可改为使用 mathbbol 空心字宏包。

```
\usepackage[bbgreekl]{mathbbol}
$\mathbb{ABCDEFghijk1234567890}$\par
$\mathbb{\Gamma\Delta\Theta\Lambda}$
$\bbalpha\bbbeta\bbrho\bbmu\bbomega$
```

ABCDEFghijk1234567890
ΓΔΘΛ αβρμω

在上例源文件中，选项 bbgreekl 表示启用空心小写希腊字母命令，这些空心字命令就是在系统的小写希腊字母命令名前分别增添 bb。

在表 8.3 中，有 \textfrak 等 4 个以 \text 打头的字体命令，它们既可用于数学模式也可用于文本模式；字体宏包 dsfont 所默认提供的是双画罗马体大写字母，如果启用该宏包的 sans 选项，则命令 \mathds 生成的将是双画等线体大写字母；\pmb 粗体命令是将字符复制 3 次，然后错位叠加，产生粗体效果。对于那些没有粗体序列的数学字符，就可以使用这个命令，其缺点是加粗的字符不够清晰，所以称其为“穷人的粗体（**p**oor **m**an's **b**old）”。

例 8.74　用 \pmb 命令生成的粗体符号的上下标都被置于其右侧，且间距也不合适，如果要置于粗体符号的顶部和底部，还需要使用 \mathop 命令。

```
\begin{equation*}
\sum_{n=0}^{\infty}x^{n} \qquad
\pmb{\sum}_{n=0}^{\infty}x^{n} \qquad
\mathop{\pmb{\sum}}_{n=0}^{\infty}x^{n}
\end{equation*}
```

$$\sum_{n=0}^{\infty}x^{n} \qquad \pmb{\sum}_{n=0}^{\infty}x^{n} \qquad \mathop{\pmb{\sum}}_{n=0}^{\infty}x^{n}$$

在上例中，命令 \mathop 指示系统将其中的字符作为大算符，如同 $\sum$ 等来处理。

8.8.5　数学字体选择命令

字体选择宏包 fontspec 还提供有一组数学字体选择命令，如果使用 XeLaTeX 或 LuaLaTeX 编译源文件，就可在导言中使用这些命令来修改数学字体。

\setboldmathrm[特征]{字体}	设置当遇到数学粗体命令 \boldmath 时使用 \mathrm 命令的字体应转换的字体。
\setmathrm[特征]{字体}	设置当遇到数学罗马体命令 \mathrm 时应转换的字体。
\setmathsf[特征]{字体}	设置当遇到数学等线体命令 \mathsf 时应转换的字体。
\setmathtt[特征]{字体}	设置当遇到数学等宽体命令 \mathtt 时应转换的字体。

上述数学字体选择命令中的特征和字体参数的说明详见第 119 页**本机字体**一节。

例 8.75　使用数学字体选择命令重新设置数学罗马体和数学粗体的字体。

```
\setmathrm{FreeSerifItalic.otf}
\setboldmathrm{FreeSerifBoldItalic.otf}
$y=-2px$, {\boldmath$y=-2px$}\par
$\mathrm{y=-2px}$,\boldmath$\mathrm{y=-2px}$
```

$y=-2px$, $\boldsymbol{y=-2px}$
$y=-2px$, $\boldsymbol{y=-2px}$

此外，由 Andrew Gilbert Moschou 编写的 mathspec 宏包在数学字体方面对 fontspec 宏包做了功能扩展，提供了更为丰富细致的数学字体设置命令，具体用法详见其说明文件。

8.8.6 自定义数学字体

如果需要自行定义一种数学字体，可在导言中使用数学字体定义命令：

```
\DeclareMathAlphabet{命令}{编码}{字族}{序列}{形状}
```

其中命令是由作者自行命名的数学字体命令，它不得与已有数学字体命令重名，否则将覆盖其原定义。该命令所定义的数学字体命令是参数形式的，且只能用在数学模式中。

例 8.76 定义一种数学倾斜形状字体，并与其粗体以及常规数学字体作比较。

```
\DeclareMathAlphabet{\mathsl}{OT1}{cmr}{m}{sl}
$abcdefgABCDEFG123$\par
$\mathsl{abcdefgABCDEFG123}$\par
\boldmath$\mathsl{abcdefgABCDEFG123}$
```

$abcdefgABCDEFG123$
abcdefgABCDEFG123
abcdefgABCDEFG123

数学字体分常规和粗体两种数学样式，它们的字体属性各不相同，通常是序列属性不同。而使用 \DeclareMathAlphabet 命令定义的 \mathsl 数学字体命令没有样式的区分，也就是适用于这两种样式，所以在上例中使用粗体命令 \boldmath 并不起作用。

如果要设置或修改某种数学字体的某种样式的字体属性，可在导言中使用设置命令：

```
\SetMathAlphabet{命令}{样式}{编码}{字族}{序列}{形状}
```

其中：命令必须是已有的包括用 \DeclareMathAlphabet 命令定义的数学字体命令；样式参数有 normal 和 bold 两个选项，分别表示常规和粗体数学样式。

例 8.77 在例 8.76 中添加对粗体数学样式的设置命令，对比排版结果。

```
\DeclareMathAlphabet{\mathsl}{OT1}{cmr}{m}{sl}
\SetMathAlphabet{\mathsl}{bold}{OT1}{cmr}{bx}{sl}
$abcdefgABCDEFG123$\par
$\mathsl{abcdefgABCDEFG123}$\par
\boldmath$\mathsl{abcdefgABCDEFG123}$
```

$abcdefgABCDEFG123$
abcdefgABCDEFG123
abcdefgABCDEFG123

8.9 精细调整

从整体来看，LaTeX 排版的数学公式已经非常精美，但在复杂公式的个别细节之处，如能人工微调一下字符间距或字符尺寸等，就会使之更加完美。

8.9.1 水平间距调整

统一调整

数学模式中的所有空格都将被忽略，例如 `$ab$` 与 `$a b$` 的排版结果是相同的。如果需要插入空格，必须在每个空格前添加反斜杠符号，例如 `$a\ \ b$`，可在 a 与 b 之间插入两个空格。通常无需在数学式中插空格，但由于所使用的数学字体不同，有时需要对数学字符的间距进行微调。系统提供有 3 条数学符号的水平间距设置命令，如表 8.4 所示。

表 8.4 水平间距设置命令及其说明

水平间距设置命令	说明	默认值
\thinmuskip	算符如“sin”与其他符号间距	3mu
\medmuskip	二元符如“−”号与其他符号间距	4mu plus 2mu minus 4mu
\thickmuskip	关联符如“=”号与其他符号间距	5mu plus 5mu

下面举例说明这 3 条命令的作用，如表 8.5 所示。该表所显示的是分别将上述 3 条水平间距设置命令的默认值缩减为 0mu 和放大一倍的间距调整效果。

表 8.5 水平间距设置命令应用示例

应用示例		排版结果
系统默认	\$f(x)=x+2\sin x-\sqrt{2}\$	$f(x)=x+2\sin x-\sqrt{2}$
\thinmuskip=0mu	\$f(x)=x+2\sin x-\sqrt{2}\$	$f(x)=x+2\mathrm{sin}x-\sqrt{2}$
\thinmuskip=6mu	\$f(x)=x+2\sin x-\sqrt{2}\$	$f(x)=x+2\ \sin\ x-\sqrt{2}$
\medmuskip=0mu	\$f(x)=x+2\sin x-\sqrt{2}\$	$f(x)=x{+}2\sin x{-}\sqrt{2}$
\medmuskip=8mu	\$f(x)=x+2\sin x-\sqrt{2}\$	$f(x)=x\ \ +\ \ 2\sin x\ \ -\ \ \sqrt{2}$
\thickmuskip=0mu	\$f(x)=x+2\sin x-\sqrt{2}\$	$f(x){=}x+2\sin x-\sqrt{2}$
\thickmuskip=10mu	\$f(x)=x+2\sin x-\sqrt{2}\$	$f(x)\ \ =\ \ x+2\sin x-\sqrt{2}$

局部调整

上述 3 条命令是对某种运算符号与其他数学符号水平间距的统一调整，但有时希望对某个符号组合中的符号间距进行单独的局部调整，例如 $L\frac{di}{dt}$，希望 L 与 $\frac{di}{dt}$ 的距离稍微远些，再例如 $x^{1/2}$，希望其中的 1 与 / 的距离稍微近些，等等。

在系统和公式宏包提供的长度设置命令中，共有 9 条可用于调整任意符号之间的水平间距。两个 I 的自然间距为 II，若在其间分别插入这些命令，排版效果如表 8.6 所示。

表 8.6 长度设置命令及其水平间距调整效果

正间距			负间距		
长度设置命令	简化命令	效果	长度设置命令	简化命令	效果
\thinspace	\\,	I I	\negthinspace	\\!	Ⅱ
\medspace	\\:	I I	\negmedspace		I
\thickspace	\\;	I I	\negthickspace		I
\enskip		I I			
\quad		I I			
\qquad		I I			

表 8.6 中的各种简化命令容易记忆，使用方便，但它们很可能会与某些宏包产生冲突，这时可将简化命令改为正规的长度设置命令；这些长度设置命令可用于任何模式之中。

如果觉得上列这些长度设置命令使用起来过于繁杂，可以全部改用公式宏包 amsmath 提供的水平间距调整命令 \mspace{宽度}。一个 \negthinspace 相当于 \mspace{-3mu}，其中 mu 是系统定义的数学长度单位，是 \mspace 命令专用的长度单位，既不能省略，也不能更换其他长度单位。水平间距调整命令 \mspace 只能用在数学模式中；该命令所插入的空白宽度可跟随数学字符的大小变化，因为它所使用的数学长度单位 mu 是相对长度单位，其变化正比于字体尺寸的变化。

符号之间的空白调整

系统将数学符号分为普通(ord)、运算(op)、二元(bin)、关系(rel)、开始(open)、结束(close)、标点(punct)和内部(inner)共 8 个类型，其中内部符是由 \left 和 \right 命令生成的符号。系统将根据数学式中各种符号的类型，在其间插入相应的空白以保证排版的美观。而所插入空白的宽度与其两侧符号的类型有关，具体宽度如表 8.7 所示，表中的行标题为左侧符号，列标题为右侧符号，在两者的交汇处就是所插入空白的宽度。

表 8.7 符号之间的空白宽度

符号类	普通符	运算符	二元符	关系符	开始符	结束符	标点符	内部符
普通符	0	\,	(\:)	(\;)	0	0	0	(\,)
运算符	\,	\,	*	(\;)	0	0	0	(\,)
二元符	(\:)	(\:)	*	*	(\:)	*	*	(\:)
关系符	(\;)	(\;)	*	0	(\;)	0	0	(\;)
开始符	0	0	*	0	0	0	0	0
结束符	0	\,	(\:)	(\;)	0	0	0	(\,)
标点符	(\,)	(\,)	*	(\,)	(\,)	(\,)	(\,)	(\,)
内部符	(\,)	\,	(\:)	(\;)	(\,)	0	(\,)	(\,)

在表 8.7 中：0 表示不插入空白；* 表示不可能出现；圆括号表示如果使用 \scriptstyle 或 \scriptscriptstyle 字体档次命令，该空白将不被插入。

字母、数字和符号 ! ? . | / ‘ @ " 属于普通符；符号 + - * 属于二元符，但它们在上标中被视为普通符；符号 , ; 为标点符；符号 : 是关系符，若要改为标点符可改用 \colon 命令；任何一个符号在花括号 {} 内都改为普通符。

例如 $a - b = - \max \{x, y\}$，系统将根据其中符号的类型，分别自动地插入相应宽度的空白，如下所示。

a	\:	-	\:	b	\;	=	\;	-	\,	\max	\{	x	,	\,	y	\}
普通		二元		普通		关系		普通		运算	开始	普通	标点		普通	结束

最终排版结果为 $a - b = - \max\{x, y\}$。由于关系符后不可能紧跟二元符，所以系统自动将上式中等号后的 - 符号定义为普通符，即负号而不是减号。

上述数学符号的分类是系统预定义的。系统还提供有符号类型命令 \mathord、\mathop、\mathbin、\mathrel、\mathopen、\mathclose、\mathpunct 和 \mathinner，它们分别代表 8 种符号类型，作者可以使用这些类型命令来修改数学式中某个或某些符号的类型，以调整这些符号与其他符号的间距。

例 8.78 分别使用 \mathrel、\mathbin 和 \mathop 符号类型命令来调整数学式中符号两侧的空白宽度和上下标位置。

```
\[A\tilde{=} B, C\neg D, \top_{b}^{a}\]
\[A\mathrel{\tilde{=}} B, C
\mathbin{\neg} D, \mathop{\top}_{b}^{a}\]
```

$$A\tilde{=}B, C\neg D, \top_{b}^{a}$$
$$A \mathrel{\tilde{=}} B, C \mathbin{\neg} D, \mathop{\top}_{b}^{a}$$

从上例可以看出，符号类型命令 \mathop 不但可以改变符号两侧的空白宽度，还可以将符号的上下标位置由其右侧改为顶部和底部。

若将命令 \showlists 插在数学式之后，例如 $a+b=c\showlists$，并单独用 TeX 编译，可在其编译过程文件中看到系统内部是如何设置符号间空白的。

8.9.2 垂直间距调整

公式与上下文的间距调整

LaTeX 预定义了 4 条垂直间距设置命令，它们都是长度数据命令，用于控制行间公式与上下文之间的距离，如表 8.8 所示。

表 8.8 公式与上下文的垂直间距设置命令及其说明

垂直间距设置命令	说明	默认值
\abovedisplayshortskip	短公式与上方文本间距	0pt plus 3pt
\abovedisplayskip	长公式与上方文本间距	11pt plus 3pt minus 6pt
\belowdisplayshortskip	短公式与下方文本间距	6.5pt plus 3.5pt minus 3pt
\belowdisplayskip	长公式与下方文本间距	11pt plus 3pt minus 6pt

如果行间公式的左端位于上方文本末端的右侧，则该公式被称为短公式；否则就是长公式。通常，短公式的上方已经有将近一行的空白，所以它与上方文本间距的默认值为 0pt，与下方文本间距的默认值也比长公式要窄些。举例如下。

短公式为

$$f(x) = 2\sin(\alpha x + \beta) - 3\cos(\alpha x + \beta)$$

下面同样的公式，但它的左端位于本行文本末端的左侧，因此变为长公式

$$f(x) = 2\sin(\alpha x + \beta) - 3\cos(\alpha x + \beta)$$

从以上两个内容完全相同的行间公式可以看出，短公式与上文的实际垂直间距明显要比长公式窄。对长、短公式分别设置不同的上下文间距，其目的就是使长、短公式与上下文之间的垂直间距看起来均匀一致，基本相等。

如果在正文中使用 \small 或 \footnotesize 字体尺寸命令，表 8.8 中 4 条垂直间距设置命令的默认值将会相应减小，而使用其他字体尺寸命令并不会改变。

可根据需要，使用长度赋值命令，例如 \abovedisplayskip=8pt，修改行间公式与上下文之间的距离。

表 8.8 中的命令只能用在正文，它们既可用在正文之首以调整全文的公式与上下文间距，也可用在单行公式环境或公式环境组合之中以调整某个公式与上下文的间距。还可用这些命令来控制论文的页数，尤其是有页数限制的学术论文，如果论文仅超出规定页数几行，可将

公式与上下文的垂直间距缩小些；如果尾页留有较大空白，也可将垂直间距放松一些。论文的文本行距都有具体规定，但对公式与上下文的垂直间距一般没有明确要求。

多行公式的间距调整

由公式组或多行公式环境生成的多行公式，其行间附加垂直空白高度为 `\jot`，默认值是 3pt，可用对该长度数据命令重新赋值来调整多行公式的行间距离。采用其他环境编排的多行公式，如果对 `\jot` 命令重新赋值无效，可用 `\\[高度]` 的方法来调整局部行间距离。

例 8.79 两个相同的多行公式，只是后者加大了行距，对比两者的排版效果。

```
\begin{cases}
x(u)=\dfrac{a+u}{a-u}\\
y(u)=\dfrac{b+u}{b-u}
\end{cases}
\begin{cases}
x(u)=\dfrac{a+u}{a-u}\\[15pt]
y(u)=\dfrac{b+u}{b-u}
\end{cases}
```

$$\begin{cases} x(u)=\dfrac{a+u}{a-u}\\ y(u)=\dfrac{b+u}{b-u} \end{cases} \qquad \begin{cases} x(u)=\dfrac{a+u}{a-u}\\[15pt] y(u)=\dfrac{b+u}{b-u} \end{cases}$$

文本行的间距调整

例 8.80 系统要在两文本行之间插入适量的行间空白，以确保行距为 `\baselineskip`，若两行的间隙小于 `\lineskiplimit`，默认值 0pt，则插入的行间空白为 `\lineskip`，默认值 1pt。当因行内公式造成两行间隙过小，影响排版美观时，可修改默认的行间空白设定。

```
若两直角边的长度之比为 $\dfrac{P}{Q}$，那么...
\lineskiplimit=1pt \lineskip=4pt
若两直角边的长度之比为 $\dfrac{P}{Q}$，那么...
```

若两直角边的长度之比为 $\dfrac{P}{Q}$，那么其斜边的长度...

若两直角边的长度之比为 $\dfrac{P}{Q}$，那么其斜边的长度...

组合符号的间距调整

有些组合符号的高度因其中字母的高低而不同，当两个不同高度的字母组合在一起使用时就显得不够美观。可使用数学支柱命令 `\mathstrut` 来统一组合符号的高度。

例 8.81 两组相同的组合符号，前者高低不一，后者高度统一，对比排版效果。

```
$\overline{x} \otimes \overline{t}$\qquad
$\overline{x\mathstrut} \otimes
\overline{t\mathstrut}$
```

$\overline{x} \otimes \overline{t}$ $\qquad$ $\overline{x\mathstrut} \otimes \overline{t\mathstrut}$

命令 `\mathstrut` 只是创建了一个零宽度盒子，其高度和深度与当前的圆括号相同。

8.9.3 字符尺寸调整

文本字体的大小可用字体尺寸命令来调整，而数学式中的字体则不行，因为它是动态的，系统会根据自己的审美标准和文本的字体尺寸，对处于数学式中不同位置的字符，自动确定其大小。例如 $2\frac{1}{2}$，同一个数字 2，作为系数就大些，作为分数就小些。也就是说，字符的大小与它在数学式中所处的位置有关。

字符尺寸档次命令

LaTeX 把数学式中处于不同位置的数学字符的尺寸分成 4 个档次，其实际尺寸与当前文本字体尺寸相关。可使用相应的档次命令改变数学式中的字符尺寸，如表 8.9 所示。

表 8.9 档次命令与排版效果

档次命令	行内公式	行间公式
系统默认	$\textstyle\int_0^1 \frac{x^{p-1}p}{(1-x^n)^{\frac{p}{n}}}dx,\ \sum_{n=1}^{\infty},\ \lim_{n\to\infty}$	$\displaystyle\int_0^1 \frac{x^{p-1}p}{(1-x^n)^{\frac{p}{n}}}dx,\ \sum_{n=1}^{\infty},\ \lim_{n\to\infty}$
`\displaystyle`	$\displaystyle\int_0^1 \frac{x^{p-1}p}{(1-x^n)^{\frac{p}{n}}}dx,\ \sum_{n=1}^{\infty},\ \lim_{n\to\infty}$	$\displaystyle\int_0^1 \frac{x^{p-1}p}{(1-x^n)^{\frac{p}{n}}}dx,\ \sum_{n=1}^{\infty},\ \lim_{n\to\infty}$
`\textstyle`	$\textstyle\int_0^1 \frac{x^{p-1}p}{(1-x^n)^{\frac{p}{n}}}dx,\ \sum_{n=1}^{\infty},\ \lim_{n\to\infty}$	$\textstyle\int_0^1 \frac{x^{p-1}p}{(1-x^n)^{\frac{p}{n}}}dx,\ \sum_{n=1}^{\infty},\ \lim_{n\to\infty}$
`\scriptstyle`	$\scriptstyle\int_0^1 \frac{x^{p-1}p}{(1-x^n)^{\frac{p}{n}}}dx,\ \sum_{n=1}^{\infty},\ \lim_{n\to\infty}$	$\scriptstyle\int_0^1 \frac{x^{p-1}p}{(1-x^n)^{\frac{p}{n}}}dx,\ \sum_{n=1}^{\infty},\ \lim_{n\to\infty}$
`\scriptscriptstyle`	$\scriptscriptstyle\int_0^1 \frac{x^{p-1}p}{(1-x^n)^{\frac{p}{n}}}dx,\ \sum_{n=1}^{\infty},\ \lim_{n\to\infty}$	$\scriptscriptstyle\int_0^1 \frac{x^{p-1}p}{(1-x^n)^{\frac{p}{n}}}dx,\ \sum_{n=1}^{\infty},\ \lim_{n\to\infty}$

从表 8.9 可以看出：(1) 对于行内公式，系统默认使用的是文本档次命令 `\textstyle`，即对公式中的普通字符，例如 dx；对分式字符或普通字符的上下标，例如 $\frac{a}{b}$ 或 a^a，使用的是标号档次命令 `\scriptstyle`；而对分式字符的上下标或上下标的上下标，例如 $\frac{a^a}{b}$ 或 a^{b^b}，使用的是次标档次命令 `\scriptscriptstyle`；(2) 对于行间公式，系统默认使用的是展示档次命令 `\displaystyle`，它对公式中的普通字符仍然采用文本档次命令，只是将分式字符和分式字符的上下标分别改用文本档次命令和标号档次命令设置，也就是将这两种字符的尺寸分别提高了一个档次，此外它将积分和求和等大型符号的尺寸由文本档次提高到展示档次。

此外，对于相同尺寸档次的字符，分子及其上标的位置要略高于分母及其上标的位置，例如 $\dfrac{x^2}{x^2}$，注意对比分数中指数 2 与 x 的垂直位置。

使用这 4 个字符尺寸档次命令既可对整个数学式的字符尺寸进行调整，也可对其中部分字符的尺寸做修改。

从表 8.9 还可看出，字符尺寸不同，会影响某些数学式的结构式样，例如在默认条件下，行内公式的级数上下标在级数符的右侧，如要改成在级数符的上下，有以下两个方法。

(1) 加大字体尺寸，即 `$\displaystyle\sum^{\infty}_{n=1}$`，得到 $\displaystyle\sum^{\infty}_{n=1}$，但是字符尺寸偏大，与文本行不太协调。

(2) 插入 `\limits` 极限命令，即 `$\sum\limits^{\infty}_{n=1}$`，得到 $\sum\limits^{\infty}_{n=1}$，基本不影响文本行距。极限命令可将后跟的上下标置于其前运算符的极限位置。

也可在使用 `\displaystyle` 档次命令的公式中，用非极限命令 `\nolimits` 将 $\sum$、$\prod$、lim 和 max 等运算符号的上下标移至其右侧。

如果希望将论文中所有行内公式默认的文本档次命令改为展示档次命令，可在导言中加入 `\everymath{\displaystyle}` 命令；若要将所有行间公式默认的展示档次命令改为文本档次命令，可在导言中加入 `\everydisplay{\textstyle}` 命令。

改变数学字符大小

由于数学字符的大小与文本字体的尺寸相关联，因此也可用字体尺寸命令来改变数学式中的字符大小。例如 `$\frac{a}{b}$`，得到 $\frac{a}{b}$，而 `{\LARGE$\frac{a}{b}$}`，得到 $\frac{a}{b}$。但使用字体尺寸命令无法改变 $\sum$、$\int$ 等大型符号的尺寸，对于这些符号应采用档次命令或者调用 amsmath 宏包。档次命令的调整幅度较大，没有字体尺寸命令那么细腻；字体尺寸命令虽不能直接用于数学模式，但可用在盒子命令 \mbox 中，而盒子命令可在数学模式中畅通无阻。此外，数学宏包 nccmath 还提供了一个 \medmath 命令，其作用介于档次命令 \textstyle 与 \displaystyle 之间。

例 8.82 上标 B 较小，用 \displaystyle 偏大，改为 \medmath 适中，对比排版结果。

```
$A^{B} A^{\displaystyle B} A^{\medmath B}$
```

$A^B A^{\displaystyle B} A^B$

自行设定字符尺寸

数学式中不同位置的字符尺寸还可以在导言中使用数学字符尺寸命令来自行设定：

\DeclareMathSizes{*展示尺寸*}{*文本尺寸*}{*标号尺寸*}{*次标尺寸*}

其中 4 个参数均为各种字符的尺寸，它们的默认长度单位都是 pt，其中第一个参数*展示尺寸*必须与当前的文本字体尺寸完全相等，该命令才会生效。因此，可针对不同字体尺寸的文本，分别设置相应的数学字符尺寸命令，而它们各自互不影响。如果在文档类型命令中选用 10pt 或者 11pt 常规字体尺寸选项，则系统的预定义分别为 \DeclareMathSizes{10}{10}{7}{5} 和 \DeclareMathSizes{10.95}{10.95}{8}{6}。如果在正文中使用了五号字体，那么中文字体宏包 ctex 的预定义是 \DeclareMathSizes{10.54}{10.54}{7}{5}。

8.9.4 公式左缩进宽度调整

行间公式默认的对齐方式是居中对齐。如果在文档类型命令的可选参数中使用了 fleqn 选项，就会使所有的行间公式都改为左缩进对齐，其缩进的宽度为 \mathindent，它的默认值是 2.5em。可使用长度赋值命令，例如 \mathindent=2em，来修改左缩进宽度。

启用 fleqn 选项后，系统将调用 fleqn.clo 选项执行文件，它对 \[...\]、equation 和 eqnarray 行间公式环境做了重新定义。

8.9.5 分式调整

单分数

公式宏包 amsmath 提供了两条可以用于调整单分数字体大小的命令：\dfrac 和 \tfrac，前者主要是用来加大行内公式中单分数的字体尺寸，例如 \$\frac{a}{b+c}\$，可得到 $\frac{a}{b+c}$，而 \$\dfrac{a}{b+c}\$，则得到 $\dfrac{a}{b+c}$；后者主要用于减小行间公式中单分数的字体。这两条命令其实就是命令 \displaystyle\frac 和 \textstyle\frac 的简化形式。

例 8.83 两组分式，分别用 \frac 和 \tfrac 分式命令编写，比较两者的排版效果。

```
\begin{equation*}
\frac{1}{k}\ln A, \tfrac{1}{k}\ln A, \sqrt{
\frac{1}{k}\ln A}, \sqrt{\tfrac{1}{k}\ln A}
\end{equation*}
```

$$\frac{1}{k}\ln A, \tfrac{1}{k}\ln A, \sqrt{\frac{1}{k}\ln A}, \sqrt{\tfrac{1}{k}\ln A}$$

连分数

公式宏包 amsmath 提供了一个用于编写连分数的分式命令：

\cfrac[*分子位置*]{*分子*}{*分母*}

其中，可选参数*分子位置*有 l、c、r，即左、中、右 3 个选项，c 为默认值，即分子居中。

例 8.84 两个相同的连分数，后者改用 \cfrac 命令编写，比较两者的排版效果。

```
\begin{gather}
\frac{1}{\sqrt{2}+\frac{1}{\sqrt{3}+
\frac{1}{\sqrt{4}+\cdots}}}\\
\cfrac{1}{\sqrt{2}+\cfrac{1}{\sqrt{3}+
\cfrac[r]{1}{\sqrt{4}+\cdots}}}
\end{gather}
```

$$\frac{1}{\sqrt{2}+\frac{1}{\sqrt{3}+\frac{1}{\sqrt{4}+\cdots}}} \tag{8.47}$$

$$\cfrac{1}{\sqrt{2}+\cfrac{1}{\sqrt{3}+\cfrac[r]{1}{\sqrt{4}+\cdots}}} \tag{8.48}$$

在上例源文件中，省略号 \cdots 表示分母中的其他二元算符和数字。

二项式系数

例 8.85 二项式系数可看成带括号而没分数线的分式，它通常用 \choose 命令来编写。

```
\begin{equation*}
{n+1 \choose k}={n \choose k}+{n \choose k-1}
\end{equation*}
```

$${n+1 \choose k}={n \choose k}+{n \choose k-1}$$

例 8.86 公式宏包 amsmath 提供了 3 个编写二项式系数的命令：\binom、\tbinom 和 \dbinom，前者使用的字体尺寸档次是由系统确定，第二个使用 \textstyle，而后者使用的是 \displaystyle。

```
\begin{equation*}
\binom{n+1}{k}=\tbinom{n}{k}+\dbinom{n}{k-1}
\end{equation*}
```

$$\binom{n+1}{k}=\tbinom{n}{k}+\dbinom{n}{k-1}$$

自定义分数式

公式宏包 amsmath 提供了一个可自定义分数式格式的通用分式命令：

\genfrac{*左定界符*}{*右定界符*}{*分数线高度*}{*字体档次*}{*分子*}{*分母*}

其中各参数的说明如下。

左、右定界符 可以是各种括号，也可以空置，表示无定界符。

分数线高度 设置分数线的高度。若设为 0pt，表示没有分数线；若是空置，则表示使用系统预定义的高度。

字体档次 该参数可以空置，表示交由系统确定；也可以是 0、1、2 或 3 中的一个数，它们分别代表数学字体档次命令 \displaystyle、\textstyle、\scriptstyle 和 \scriptscriptstyle。

例 8.87 3 个相同的分式，分别使用不同的通用分式命令设置，比较排版结果。

```
\begin{equation*}
\genfrac{\langle}{\rangle}{}{}{n}{x-a}\quad
\genfrac{(}{)}{0pt}{}{n}{x-a}\quad
\genfrac{[}{]}{1pt}{}{n}{x-a}
\end{equation*}
```

$$\genfrac{\langle}{\rangle}{}{}{n}{x-a}\quad\genfrac{(}{)}{0pt}{}{n}{x-a}\quad\genfrac{[}{]}{1pt}{}{n}{x-a}$$

其实，在前面曾经提到的 \dfrac、\tfrac 和 \dbinom 等分式命令都是使用通用分式命令 \genfrac 所定义的。

斜分数

在文本行中时常会出现简单的分数式，例如 $\frac{1}{3}$、$\frac{a+b}{a-b}$，与周围文字不太协调，最好改为斜分数的形式：$1/3$、$(a+b)/(a-b)$。但斜分数 $1/3$ 容易误理解为 1 或 3，最好是有高低的斜分数形式，一看便知这是个分数。

可调用 Axel Reichert 编写的斜分数宏包 nicefrac 并使用其提供的 `\nicefrac[\sf]{1}{3}` 命令，得到斜分数 $1/3$，该命令也可用于数学模式。

或调用由 Morten Høholm 编写的斜分数宏包 xfrac 并使用其提供的 `\sfrac{1}{3}` 命令，得到斜分数 $1/3$，效果会更好些，该命令亦能用于数学模式。

例 8.88 如果在行间公式中要用到斜分数，可调用由 Paul Ebermann 编写的 faktor 斜分数宏包，并使用其提供的 `\faktor` 斜分数命令。

```
\begin{equation}
\faktor{\sum_{i=1}^n k[X]}{\sum_{i=1}^n j[X]
\cdot\theta_i}
\end{equation}
```

$$\sum_{i=1}^{n} k[X] \Big/ \sum_{i=1}^{n} j[X]\cdot\theta_i \tag{8.49}$$

在上例源文件中，除了要调用斜分数宏包外，还需要调用 amssymb 数学符号宏包。

8.9.6 根式调整

根号调整

在有多个根式的数学公式中，根号因其中字符高低不同而深浅各异，斜率不一。可使用长度设置命令 `\vphantom` 增加根式的高度和深度。

例 8.89 两组相同的根式，前者高低不一，根号斜率各异，而后者高低一致，进而根号的斜率也都相同。

```
\[\sqrt{a}\sqrt{f}\sqrt{a_{j}^{3}}\]
\[\sqrt{a\vphantom{a_{j}^{3}}}
\sqrt{f\vphantom{a_{j}^{3}}}
\sqrt{a_{j}^{3}}\]
```

$$\sqrt{a}\sqrt{f}\sqrt{a_{j}^{3}}$$

$$\sqrt{a\vphantom{a_{j}^{3}}}\sqrt{f\vphantom{a_{j}^{3}}}\sqrt{a_{j}^{3}}$$

例 8.90 公式宏包 amsmath 提供了一个调整根号的命令 `\smash[位置]{根底数}`，其中可选参数位置有 `b`、`t` 和 `bt` 三个选项，后者为默认值，它们各自的功能可用以下各种根式的排版结果来说明。

```
\begin{eqnarray*}
\sqrt{a}\sqrt{y}\sqrt{f}\sqrt{a^{3}_{j}}\\
\sqrt{\smash[b]{a}}\sqrt{\smash[b]{y}}...\\
\sqrt{\smash[t]{a}}\sqrt{\smash[t]{y}}...\\
\sqrt{\smash{a}}\sqrt{\smash{y}}...\\
\end{eqnarray*}
```

$$\sqrt{a}\sqrt{y}\sqrt{f}\sqrt{a^{3}_{j}}$$

$$\sqrt{\smash[b]{a}}\sqrt{\smash[b]{y}}\sqrt{\smash[b]{f}}\sqrt{\smash[b]{a^{3}_{j}}}$$

$$\sqrt{\smash[t]{a}}\sqrt{\smash[t]{y}}\sqrt{\smash[t]{f}}\sqrt{\smash[t]{a^{3}_{j}}}$$

$$\sqrt{\smash{a}}\sqrt{\smash{y}}\sqrt{\smash{f}}\sqrt{\smash{a^{3}_{j}}}$$

可以看出，根号调整命令 `\smash` 使根号斜率趋于一致；其中选项 `b` 消减了根号的自然深度，而维持其自然高度；选项 `t` 消减了根号的自然高度，而维持其自然深度；选项 `bt` 将根号的自然深度和高度都做了消减，使所有根号的高深一致。可根据实际排版情况确定适合的选项，在例 8.90 中，选项 `b` 的排版效果最佳。

根指数调整

有时根指数的位置偏低或太靠近根号。公式宏包 amsmath 提供了两条根指数调整命令 \leftroot{n} 和 \uproot{n}，可分别使根指数向左和向上移动 n 个数学单位，n 如为负值则向相反方向移动。

例 8.91 编写 4 个相同的根式，但其根指数的位置各不相同，对比排版效果。

```
\[\sqrt[k]{b}
=\sqrt[\leftroot{-1}\uproot{1}k]{b}
=\sqrt[\leftroot{-2}\uproot{4}k]{b}
=\sqrt[\leftroot{-2}\uproot{-4}k]{b}\]
```

$$\sqrt[k]{b}=\sqrt[\leftroot{-1}\uproot{1}k]{b}=\sqrt[\leftroot{-2}\uproot{4}k]{b}=\sqrt[\leftroot{-2}\uproot{-4}k]{b}$$

从上例的编译结果可看出，第二个根式的根指数位置比较恰当，而第一个根式的有些偏左，第三个根式的偏上，第四个根式的偏下。

8.9.7 定界符调整

常用的定界符主要是各种括号。为了能够调整定界符的尺寸大小以适应其中数学结构的高低，LaTeX 系统提供有 \big、\Big、\bigg 和 \Bigg 共 4 个档次的加高命令，以及 \left 和 \right 两个自动确定高度命令，公式宏包 amsmath 又对这些命令的性能做了改进。

例 8.92 编写 6 个字体尺寸相同的分式，但各自的定界符高矮不一，对比排版效果。

```
\begin{equation*}
(\frac{a}{b}), \big(\frac{a}{b}\big),
\Big(\frac{a}{b}\Big), \bigg(\frac{a}{b}
\bigg), \Bigg(\frac{a}{b}\Bigg),
\left(\frac{a}{b}\right)
\end{equation*}
```

$$(\frac{a}{b}), \big(\frac{a}{b}\big), \Big(\frac{a}{b}\Big), \bigg(\frac{a}{b}\bigg), \Bigg(\frac{a}{b}\Bigg), \left(\frac{a}{b}\right)$$

有时也会将斜杠 / 或反斜杠 \backslash 作为定界符，也可以使用 \big 等 4 个档次的加高命令来调整它们在数学式中的高度。

通常对于较复杂的数学结构就直接采用 \left 和 \right 左右命令，让系统根据情况自动设置定界符的高度，而不必用 \big 等加高命令一档一档地试。但是 \left 和 \right 命令并非适合所有情况，当数学结构中有上下标时，它们会使定界符的高度明显超过上下标；如果只有上标或下标，它们仍按上下标都有来处理。

例 8.93 编写 4 个结构相同的级数式，所不同的是两个级数符号无上下标，另两个只带有下标，并分别使用加高和左右命令来控制其定界符的高度，对比四者的排版结果。

```
\begin{equation*}
\bigg[\sum x \bigg]^{2},
\left[\sum x \right]^{2},
\bigg[\sum_j x \bigg]^{2},
\left[\sum_j x \right]^{2}
\end{equation*}
```

$$\bigg[\sum x \bigg]^{2}, \left[\sum x \right]^{2}, \bigg[\sum_j x \bigg]^{2}, \left[\sum_j x \right]^{2}$$

从上例可以看出，前两个级数式中没有上下标，其中使用左右命令 \left 和 \right 的效果较好；而后两个有下标，其中使用加高命令 \bigg 的效果较好。

例 8.94 当数学式中的定界符嵌套时，一般都希望外层的定界符略大于内层的定界符，但使用左右命令 \left 和 \right 做不到这一点，而是要用 \big 加高命令。

```
\begin{equation*}
\left[(a+b)-c\right], \big[(a+b)-c\big]
\end{equation*}
```

$$\left[(a+b)-c\right], \big[(a+b)-c\big]$$

花括号、方括号和圆括号可成对使用也可单个使用，但是 \left 和 \right 命令必须成对使用；如果公式中只有一个左花括号，除了用“\left\{”之外，还要在其右侧某处空置一个带小圆点的 \right 命令，即：“\right.”，它可生成一个不可见的右定界符，反之亦然。

例 8.95 当命令 \left 和 \right 在与 array 环境配合时，环境命令中的位置选项 t 或 b 将对定界符产生意外的影响。

```
\begin{equation*}
\left(\begin{array}[t]{c} a\\b\\c \end{array}\right)
\left[\begin{array}[c]{c} a\\b\\c \end{array}\right]
\left\{\begin{array}[b]{c} a\\b\\c
\end{array}\right\}
\left\{\begin{array}[t]{c} a\\b\\c
\end{array}\right.
\end{equation*}
```

$$\left(\begin{array}[t]{c} a\\b\\c \end{array}\right)
\left[\begin{array}[c]{c} a\\b\\c \end{array}\right]
\left\{\begin{array}[b]{c} a\\b\\c \end{array}\right\}
\left\{\begin{array}[t]{c} a\\b\\c \end{array}\right.$$

为了解决例 8.95 所示的问题，David Carlisle 编写了定界符宏包 delarray，它允许将定界符置于 array 环境中列格式参数的两侧，并将 \left 和 \right 命令隐含其中，以消除位置选项的影响。

例 8.96 调用 delarray 定界符宏包，将例 8.95 中的各种定界符改为置于 array 环境中列格式参数的两侧，对比两例的排版结果。

```
\begin{equation*}
\begin{array}[t]({c}) a\\b\\c \end{array}
\begin{array}[c][{c}] a\\b\\c \end{array}
\begin{array}[b]\{{c}\} a\\b\\c \end{array}
\begin{array}[t]\{{c}. a\\b\\c \end{array}
\end{equation*}
```

$$\begin{pmatrix} a\\b\\c \end{pmatrix}
\begin{bmatrix} a\\b\\c \end{bmatrix}
\left\{\begin{matrix} a\\b\\c \end{matrix}\right\}
\left\{\begin{matrix} a\\b\\c \end{matrix}\right.$$

例 8.97 左、右命令必须成对地出现在同一行中，如果一对括号分处两行，就要虚设一对左、右命令，并根据情况确定是否使用垂直支柱以保证左、右括号的高度一致。

```
\begin{align*}
f=&2\left(\frac{x^{3}}{3}+5x^{2}+\right.\\
  &\left.+1\vphantom{\frac{x^{2}}{3}}\right)
\end{align*}
```

$$\begin{aligned}
f=&2\left(\frac{x^{3}}{3}+5x^{2}+\right.\\
&\left.+1\vphantom{\frac{x^{2}}{3}}\right)
\end{aligned}$$

在例 8.97 的第二行公式源文件中，使用 \vphantom 命令生成一个与第一行公式等高的不可见垂直支柱，以保证分处两行的左、右圆括号的高度一致。

如果论文中的数学式较多，分别使用左右命令或者加高命令就很麻烦，可调用由 Michal Marvan 编写的 nath 数学符号宏包，它能根据数学结构的高低自动调整定界符的大小。

8.9.8 序号位置调整

当行间公式较长，占用了序号位置时，序号将下移一行，使序号与公式之间产生一段垂直距离，如果希望调整这段距离，可使用提升序号命令：\raisetag{提升高度}，其中提升高度如果为负值，表示序号将向下移动。

例 8.98 两个相同的行间公式，都因为过长而迫使其序号下移一行，不过后者将序号提升了 3 pt，对比两者的排版结果。

```
\begin{gather}
y'=X_{0}(x)+X_{1}(x)y+X_{2}(x)y^{2}\\
y'=X_{0}(x)+X_{1}(x)y+X_{2}(x)y^{2}
\raisetag{3pt}
\end{gather}
```

$$y' = X_0(x) + X_1(x)y + X_2(x)y^2 \tag{8.50}$$

$$y' = X_0(x) + X_1(x)y + X_2(x)y^2 \tag{8.51}$$

8.9.9 未知空白的确定

有时为了多个数学式能够上下对齐，需要留出一定的水平空白，但很难测定空白的确切宽度。遇到这种情况可使用仿真空白命令 \hphantom{字符串}，它可以精确地预留出排版字符串所需的水平空白。

例 8.99 两组相同的不等式，前者是默认的居中对齐，而使两行不等式上下交错，后者采用 \hphantom 命令，使两行不等式上下对齐。

```
\begin{gather*}
-3p \geqslant x \geqslant -n\\
p \geqslant y \geqslant -n
\end{gather*}
\begin{gather*}
-3p \geqslant x \geqslant -n\\
\hphantom{-3}p \geqslant y \geqslant -n
\end{gather*}
```

$$\begin{gather*} -3p \geqslant x \geqslant -n\\ p \geqslant y \geqslant -n \end{gather*}$$

$$\begin{gather*} -3p \geqslant x \geqslant -n\\ \hphantom{-3}p \geqslant y \geqslant -n \end{gather*}$$

8.9.10 变音符号调整

双变音符号

例 8.100 双变音就是在数学符号上方叠加两个变音符号。

```
\[ \acute{\acute{A}},\bar{\bar{B}}, \breve{\breve{C}},\check{\check{D}},
\ddot{\ddot{E}},\dot{\dot{F}},
\grave{\grave{G}},\hat{\hat{H}},
\tilde{\tilde{I}},\vec{\vec{J}} \]
```

$$\acute{\acute{A}},\bar{\bar{B}},\breve{\breve{C}},\check{\check{D}},\ddot{\ddot{E}},\dot{\dot{F}},\grave{\grave{G}},\hat{\hat{H}},\tilde{\tilde{I}},\vec{\vec{J}}$$

可以看出，两个变音符号不是垂直叠加，而是偏向一边，只要调用公式宏包 amsmath 就可解决这个问题：

```
\[ \acute{\acute{A}},\bar{\bar{B}}, \breve{\breve{C}},\check{\check{D}},
\ddot{\ddot{E}},\dot{\dot{F}},
\grave{\grave{G}},\hat{\hat{H}},
\tilde{\tilde{I}},\vec{\vec{J}} \]
```

$$\acute{\acute{A}},\bar{\bar{B}},\breve{\breve{C}},\check{\check{D}},\ddot{\ddot{E}},\dot{\dot{F}},\grave{\grave{G}},\hat{\hat{H}},\tilde{\tilde{I}},\vec{\vec{J}}$$

超宽变音符号

例 8.101 系统提供两个变宽变音符号，如 `$\widehat{xy}$` 和 `$\widetilde{xyz}$`，可得到 $\widehat{xy}$ 和 $\widetilde{xyz}$。但这两个变音符号的可变宽度是有限的，最宽为 4 个大写字母。如果需要超宽变音符号，可采用 $(WXyZ)^{\wedge}$ 的变音标注形式来替代 $\widehat{WXyZ}$。变音符号宏包 amsxtra 提供了一组相关的变音符号命令，其功能可用以下变音符号的排版结果说明。

```
\begin{gather*}
(WXyZ)\sphat  \quad (WXyZ)\spcheck \\
(WXyZ)\spbreve\quad (WXyZ)\sptilde \\
(WXyZ)\spdot  \quad (WXyZ)\spddot \\
(WXyZ)\spdddot
\end{gather*}
```

$$(WXyZ)\hat{}\quad (WXyZ)^{\vee}$$
$$(WXyZ)\breve{}\quad (WXyZ)^{\sim}$$
$$(WXyZ)^{\cdot}\quad (WXyZ)^{\cdot\cdot}$$
$$(WXyZ)^{\cdots}$$

多点变音符号

例 8.102 LaTeX 提供有单点变音符号 `\dot` 和双点变音符号 `\ddot`，如果需要三点和四点变音符号，可使用 amsmath 提供的 `\dddot` 和 `\ddddot` 命令。

```
$ \dot{L} \qquad \ddot{M} \qquad \dddot{Q}
\qquad \ddddot{R} $
```

$\dot{L} \qquad \ddot{M} \qquad \dddot{Q} \qquad \ddddot{R}$

粗体变音符号

可使用 `\mathbf` 命令生成粗体变音符号，例如 `$\mathbf{\hat{A}}$`，得到 $\mathbf{\hat{A}}$。

8.9.11 标点符号的调整

标点符号的位置

例 8.103 行内公式中的标点符号应放在数学模式之中，而行内公式后的应放在数学模式之外，例如 `$x=a，y=b$`，应改为 `$x=a$`，`$y=b$`，否则逗号后的空格被忽略，且无法在此换行，可能造成公式凸出文本行右侧。行间公式中的或其后的标点符号都应放在数学模式中。

```
如果 $f(x,y)=0$, 可以得出 \[y=f(x)\text{。}\]
```

如果 $f(x,y)=0$，可以得出
$$y=f(x)\text{。}$$

省略号的调整

系统提供了两个省略号命令：`\ldots` 和 `\cdots`，前者生成的 3 个圆点与逗号、顿号的位置平齐，后者的与加、减号的中心平齐。在什么情况用什么省略号并没有一定之规，通常跟在加减号后的用 `\cdots`，跟在逗号或顿号后的用 `\ldots`。根据 AMS 出版物的排版惯例，公式宏包 amsmath 定义了以下一组省略号命令以适应不同情况的需要。

`\dotsc`	紧跟在逗号后面的省略号。
`\dotsb`	紧跟在二元算符或关系符后面的省略号。
`\dotsm`	紧跟在乘积后面的省略号。
`\dotsi`	紧跟在积分符后面的省略号。
`\dotso`	用于其他情况的省略号。

若常用到类似 $x_1, x_2, \ldots, x_n$ 的表达式，也可用上列省略号命令定义相应的替代命令。

例 8.104　在下文不同位置使用不同的省略号命令，以说明各种省略号命令的用途。

```
Then we have the series $A_1, A_2,\dotsc$,
the regional sum $A_1+A_2 +\dotsb $,
the orthogonal product $A_1 A_2 \dotsm $,
and the infinite integral
\[\int_{A_1}\int_{A_2}\dotsi.\]
```

Then we have the series $A_1, A_2,\dotsc$, the regional sum $A_1+A_2 +\dotsb$, the orthogonal product $A_1 A_2 \dotsm$, and the infinite integral

$$\int_{A_1}\int_{A_2}\dotsi.$$

8.9.12　算符的缩放

有时两个相同的算符前后并排使用，但是后者归属于前者，所以希望前者的尺寸略大于后者。可调用 relsize 缩放宏包，并使用其提供的放大命令 `\mathlarger`，或者调用 graphicx 插图宏包，并使用其提供的缩放命令 `\scalebox`，对前一个算符进行放大。

例 8.105　编写 4 组相同的二重级数符号，对于并排使用的第一个级数符号，各组的处理方法有所不同，对比它们的排版效果。

```
\begin{equation*}
\sum\sum^{\infty}_{n=1}\quad \mathlarger{\sum}\sum^{\infty}_{n=1}\quad
\mathlarger{\mathlarger{\sum}}
\sum^{\infty}_{n=1}\quad
\scalebox{1.6}{$\sum$}\sum^{\infty}_{n=1}
\end{equation*}
```

$$\sum\sum^{\infty}_{n=1}\quad \sum\sum^{\infty}_{n=1}\quad \sum\sum^{\infty}_{n=1}\quad \sum\sum^{\infty}_{n=1}$$

8.9.13　上下标位置调整

积分符的上下标

例 8.106　定积分的上下标通常都位于积分符的右侧；如果希望将上下标分别置于积分符的顶端和底端，可使用 `\mathop` 命令；但这条命令是以积分符的水平中线作为端线，而积分符具有一定的斜度，致使上下标与积分符的实际上下端产生一段水平偏差；可以改为使用命令 `\limits` 来解决这个问题；也可以直接使用 `\intop` 命令；如果在 `\intop` 命令之后再插入 `\nolimits` 命令，也可将上下标改回到积分符的右侧。

```
\[ \int^{b}_{a}\quad
\mathop{\int}^{b}_{a}\quad
\int\limits^{b}_{a}\quad
\intop^{b}_{a}\quad
\intop\nolimits^{b}_{a}\]
```

$$\int^{b}_{a}\quad \mathop{\int}^{b}_{a}\quad \int\limits^{b}_{a}\quad \intop^{b}_{a}\quad \intop\nolimits^{b}_{a}$$

下标位置的调整

例 8.107　如果一个算符有上标，其下标的位置要比没有上标的低一些，若希望这两种情况的下标位置能够保持一致，可在无上标的算符上添加一个空上标。

```
$X_{n}Y^{m}_{n}$, $X_{n}^{}Y^{m}_{n}$
```

$X_{n}Y^{m}_{n}$, $X_{n}^{}Y^{m}_{n}$

也可以调用 subdepth 下标深度宏包，以统一全文中所有下标的位置。该宏包将上标的位置略微抬高了一些，如果希望上标仍保持在原位置，可启用该宏包的 `low-sup` 选项。

例 8.108 由于算符为数学斜体，当使用上下标时，下标会明显偏向左侧。如果需要上下标垂直对齐，可在算符后添加一个空字符。

```
$P_{2}^{2}$, $P{}_{2}^{2}$
```

$P_2^2, P{}_2^2$

上下标位置交错

例 8.109 上下标通常是上下对齐的，但也有些符号，如有的张量符号，要求上下标的位置上下错开，这时可在需错开处插入一个空字符。

```
$T_i{}^{jk}{}_l$
```

$T_i{}^{jk}{}_l$

上例也可采用张量符号宏包 tensor 提供的命令来编排：`$T\indices{_i^{jk}_l}$`。

8.9.14 标题中的大型符号

通常大型数学符号，例如 $\sum$、$\int$ 等，只能给出一种尺寸，这在常规字体尺寸的正文中使用是很适合的，但是如果出现在章节标题中就显得太小了。可以调用 type1cm 宏包或者调用由 Frank Mittelbach 和 Rainer Schöpf 编写的 exscale 宏包来解决这个问题，这两个宏包都可以根据这些大型符号所在位置，自动对其进行相应的放大。

例 8.110 章节标题中有大算符 $\int$，比较不使用和使用 type1cm 宏包这两者的排版结果。

```
\chapter{Integral $\int f(x)dx$}
\section{Integral $\int f(x)dx$}
```

Integral

$\int f(x)dx$

7.1 Integral $\int f(x)dx$

```
\usepackage{type1cm}
......
\chapter{Integral $\int f(x)dx$}
\section{Integral $\int f(x)dx$}
```

Integral

$\int f(x)dx$

7.1 Integral $\int f(x)dx$

8.9.15 导数符的位置

例 8.111 导数符可用右单引号生成，但它不能按上标处理，否则位置偏高，尺寸偏小。

```
$x^{'}x^{'2}$, $x'x'^{2}$
```

$x^{'}x^{'2}, x'x'^{2}$

8.9.16 加减号与正负号

当符号 + 或 - 的两端都有算符时，系统认为它们是加减号，并在其两侧插入适量的数学空白，例如 `$a-b$`，得到 $a-b$；如果只是一端有算符，而另一端为空，则认为是正负号，就不在其间插数学空白，例如 `$-b$`，得到 $-b$。

这种判断方法在大多数情况下是正确的，但在某些多行公式环境的换行处或者下一行的起始处，就可能会出现误判。为了避免出现这种问题，可在加减号空置的一端追加一对空花括号，作为无形算符，例如 `${}-b$`，得到 ${}-b$。具体应用可查阅本章的例 8.23。

8.10 算法

算法是解决某一问题的步骤和方法的有序集合，是计算机科学中的一个重要概念。

编排算法可以调用由 Christophe Fiorio 所编写的 algorithm2e 算法宏包，并使用其提供的算法环境 algorithm 和相关算法命令。该宏包具有很多选项，它们可影响算法的排版样式，以下是其中较常用的选项及其说明。

boxed 在整个算法内容的四周添加边框。边框宽度和上下边框与算法的间距可分别用长度数据命令 \fboxrule 和 \fboxsep 来调整，其默认值各为 0.4pt 和 3pt。

lined 在某一算法步骤的起始与结束之间排印一条垂直线，以明显标示该步骤的作用范围，比如例 8.112 中的 **begin** 与 **end** 之间。

linesnumbered 在每行算法语句前增添行号，但注释行不在其中。

vlined 与 lined 选项的作用相似，但在条件算法步骤的结束处排印一段水平线以替代结束符 **end**，见例 8.112 中 **for** 下的线段，使用该选项可减少很多无算法语句行。

算法环境被定义为浮动环境，其中的所有算法内容成为一个不可分割的浮动体，如同系统提供的 table 表格浮动环境，它们的命令结构也相同：

```
\begin{algorithm}[位置]
算法内容
\end{algorithm}
```

其中位置可选参数的选项和功能也与浮动环境 table 的相同，并且还多出一个 H 选项，它可强制将算法内容就地放置，这些选项可同时选用，例如 [bhHpt]。算法环境还有一个带星号的形式，可用在双栏格式中编排跨栏算法。

算法命令可分为算法排版命令和算法设置命令两类，前者必须置于算法环境中，而后者有些则须置于算法环境之前。以下是在编排算法时最常用的算法命令及其简要说明。

基本命令	
\;	生成一个分号，作为一段算法语句的结束标志，后续语句换行排版。
\DontPrintSemicolon	禁止换行命令 \; 生成分号。
\BlankLine	空行命令，即在算法语句之间插入一段高为 1ex 的垂直空白。
\tcc{注释}	注释命令，用于 C 语言注释，排版为：/* 注释 /*。
\tcp{注释}	注释命令，用于 C++ 语言注释，排版为：// 注释。
标题命令	
\caption{标题内容}	生成格式为“Algorithm 序号：标题内容”的算法标题；可重新定义 \algorithmcfname 命令，将标题名改为：算法；其中“:”为分隔符，可用命令 \SetAlgoCaptionSeparator{分隔符} 另行设定。
\listofalgorithms	算法目录命令，生成标题名为 List of Algorithms 的算法目录。可重新定义 \listalgorithmcfname 命令，将标题名改为：算法目录。
\SetAlCapSkip{高度}	设置算法标题与算法之间的垂直距离，其中高度的默认值是 0ex。
输出入命令	
\KwData{输入信息}	排版为：**Data:** 输入信息。
\KwIn{输入信息}	排版为：**In:** 输入信息。

`\KwOut{输出信息}` 排版为：**Out:** 输出信息。

`\KwResult{输出信息}` 排版为：**Result:** 输出信息。

条件命令

`\eIf{条件}{肯定语句}{否定语句}` 排版为：**if** 条件 **then** 肯定语句 **else** 否定语句 **end**。

`\For{条件}{循环语句}` 排版为：**for** 条件 **do** 循环语句 **end**。

`\ForAll{条件}{循环语句}` 排版为：**forall** 条件 **do** 循环语句 **end**。

`\ForEach{条件}{循环语句}` 排版为：**foreach** 条件 **do** 循环语句 **end**。

`\If{条件}{肯定语句}` 排版为：**if** 条件 **then** 肯定语句 **end**。

`\Repeat{结束条件}{循环语句}` 排版为：**repeat** 循环语句 **until** 结束条件; 。

`\While{条件}{循环语句}` 排版为：**while** 条件 **do** 循环语句 **end**。

关键词命令

`\Begin{算法命令和语句}` 排版为：**begin** 算法命令和语句 **end**，见例 8.112 所示。

`\KwTo` 排版为：**to**。

`\Return{语句}` 排版为：**return** 语句。

例 8.112 求这样的三位数，它们等于其各位数字的立方和，例如 $153 = 1^3 + 5^3 + 3^3$。

```
\begin{algorithm}[ht]
\KwData{a, b, c, i: integer}
\Begin{
clrscr\;
\For{i:=100 \KwTo 999}{
\Begin{
c:=i mod 10; \tcp{取个位数}
b:=(i div 10) mod 10\;
a:=i dvi 100\;
\If{i=a*a*a+b*b*b+c*c*c}{writeln(i:6)}
}}}
\end{algorithm}
```

Data: a, b, c, i: integer
begin
  clrscr;
  for *i:=100* **to** *999* **do**
    begin
      c:=i mod 10; // 取个位数
      b:=(i div 10) mod 10;
      a:=i dvi 100;
      if *i=a*a*a+b*b*b+c*c*c* **then**
        writeln(i:6)
    end
end

算法宏包 algorithm2e 提供有丰富的算法排版命令和算法设置命令，比如算法字体、边空宽度和标题格式等算法设置命令，作者可根据算法编排的需要查阅选用这些命令。

在 Windows 中，选择“开始”→“所有程序”→ CTeX → Help → Mathematics 命令，可以自动打开一个名为 Higher Mathematics 的 PDF 文件，这是最重要的 LaTeX 教材 The LaTeX Companion 一书的第 8 章，很有参考价值。

第 9 章 插图

西方学者常说：A picture is worth a thousand words，据说是源自中国的成语：百闻不如一见，把它译为一图胜千言，非常准确地表达了这个成语最初的意思，就是说，一幅图形可以简单明确地表达很多错综复杂、千言万语都难以描述的事物信息。当然有些精辟的文字也是图形难以替代的，例如：“大漠孤烟直，长河落日圆”，那给人以苍凉、壮美和思乡的感受就无法用图形来描绘。所以，一篇优秀的论文应该是图文并茂，相得益彰。

论文中的插图既是研究成果真实准确的表述，也是作者计算机绘图水平和插图技巧的展示。LaTeX 的绘图功能比较简单，如果使用与 LaTeX 相关的各种绘图宏包或绘图工具，例如 pgf、pstricks、tikz 和 METAPOST 等，也可以画出非常复杂的图形，但缺点是作图不直观，绘画命令繁多，不易熟练掌握。现在，通常是用 Excel、Matlab 和 Visio 等功能强大的可视绘图工具先把图形画好，例如条形图、流程图和曲线图等，然后插入到 LaTeX 源文件中。所以本书不再详细介绍如何用 LaTeX 绘图，而着重于如何插图到 LaTeX 源文件中。如果有读者希望了解 LaTeX 绘图技巧，可查阅相关文献 [20]。

9.1 图形的种类

现在，图形的存储格式很多，一般来讲可将它们分为两大类：位图图形和向量图形。无论哪种图形都是以数字形式存储，只是它们的解释方法各不相同。

9.1.1 位图图形

位图图形，也称点阵图形，在技术上称为栅格图像，它使用称作像素的小方形组成的网格来表示图像。每个像素都有自己特定的位置和颜色值。处理位图图像时，所编辑的是像素，而不是对象或形状。位图图形是连续色调图像（如照片或数字绘画）最常用的图形文件格式，因为它可以表现阴影和颜色的细微层次。位图图形与分辨率有关，也就是单位长度中像素的数量。一幅位图图形确定后，其像素数量固定不变，无论放大还是缩小只不过是改变每个像素的尺寸大小。因此，如果在屏幕上对位图图形进行缩放、旋转或以低于创建时的分辨率来打印，都会丢失其中的细节，或出现锯齿现象，造成失真。

分辨率越高，图形的清晰度就越高；像素的颜色值（色深）越多，图形的色彩就越逼真，如果色深为 8bit 只有 256 种颜色，而 24bit 色深可得到 1 600 万种颜色，但图形文件的尺寸也会随之急剧增大。

位图图形还可分为无损压缩格式和有损压缩格式。无损压缩的优点是能够完好地保存图形的像素信息，但是压缩率比较低。有损压缩技术可以大幅度地压缩图形文件，但会使图形的质量降低。常用的图形文件中 TIFF、PNG 和 GIF 是无损压缩格式，JPG 是有损压缩格式。

9.1.2 向量图形

向量图形是由用数学公式定义的线段和曲线组成的图形，这些线段和曲线称为向量。改变这些向量的位置、形状、长短或颜色都不会影响图形的品质。向量图形与分辨率无关，也就是说，可以将其任意缩放或旋转，按任意分辨率打印，都不会失真。因此，向量图形最适合表现醒目的图形。

由于图形中的所有向量都是用数学公式表示和存储的，所以向量图形文件的尺寸一般都较小。因为计算机显示器只能用网格显示图像，所以不论是向量图形还是位图图形，在屏幕上均以像素的方式显示图形。

9.1.3 位图与向量图比较

向量图形与位图图形最大的区别是，前者不受分辨率的影响，作为插图时可以任意放大或缩小而不会影响其清晰度。位图图形作为插图时要以实际大小插入源文件中，而不要用插图命令将大图缩小，这样既浪费内存，又会造成图形失真。

位图图形占用的存储空间要比向量图形大很多，而向量图形的显示速度要比位图图形慢很多，因为它还有个向量计算过程。

两种图形各有其优缺点。位图图形将每个像素的位置和颜色转换为一组数据，这样能够非常精确地描述图形中的每一细节，所以内容复杂的图形或是照片适合用位图图形的方式存储。向量图形存储的是图形中各种向量的算法，图形的缩放不会影响显示精度，所以各种图表和工程设计图适于存储为向量图形。

9.1.4 图形格式

以下是可以直接在源文件中使用的图形文件格式的说明。

EPS

Encapsulated Post Script，内嵌式 Postscript 语言文件格式，是一种混合图形文件格式，它可在一个文件内记录位图图形、向量图形以及文字信息，它支持 Lab、CMYK、RGB、索引颜色、双色调、灰度和位图颜色模式，但不支持 Alpha 通道。如果需要打印 EPS 文件，必须使用 PostScript 打印机。几乎所有的绘图和排版软件都支持 EPS 格式的图形。

用写字板打开 EPS 图形文件，可以在最前面几行中找到类似下面所示的一条语句：

```
%%BoundingBox: 0 0 200 100
```

它表示该图形左下角的坐标是 (0,0)，右上角的坐标是 (200,100)，而图形坐标的默认长度单位是 bp，1 bp 约等于 0.35 mm，也就是说这幅图形的宽度是 70 mm，高度是 35 mm。

PS

PostScript，一种页面描述和编程语言，专门为打印图形和文字而设计，它可以精确地描述任何平面文字和图形。PS 格式文件的输出不依赖输出设备或输出介质，不论是打印在纸上还是显示在屏幕上，其结果都是相同的。PS 文件还具有独立于操作系统的优点，所以无论使用何种操作系统都可以正确地阅读和打印。

PS 文件是以文本方式存储的，与 HTML 文件类似，可用写字板打开编辑浏览。PS 将文本和图形用直线和三次贝塞尔曲线表示，因此可任意地移动、缩放或旋转。PS 文件在输出时由解释程序将这些数学描述指令转换成相应点线而形成图文。

JPG（JPEG）

Joint Photographic Experts Group，联合图像专家组，是一种有损压缩格式，它通过删除冗余的图像和颜色信息，以获得较高的压缩率同时保持适当的图像质量。由于它采用平衡像素之间亮度色彩的压缩算法，因而有利于表现带有渐变色彩且没有清晰轮廓的图像，如风景照片等具有连续色调的图像。它支持 CMYK、RGB 和灰度颜色模式，但不支持含 Alpha 通道的图像信息。JPG 图形文件在打开时自动解压缩，压缩率越高，得到的图像品质越低；压缩率越低，得到的图像品质越高。

JPG 格式图形文件的扩展名可以是 `.jpg` 或者是 `.jpeg`，两者互换对文件本身没有任何影响，这是由于 DOS 时代所限，类似的情况还有 `.htm` 与 `.html` 等。

PNG

Portable Network Graphics，便携网络图形，是一种无损压缩位图图形文件格式，开发于 20 世纪 90 年代中期，用于无损压缩和在网页中显示图像。它汲取 JPG 的优点，并采用无损压缩技术，既把图像文件压缩到极限以利于网络传输，又能保留所有与图形质量相关的信息，而 JPG 是以牺牲图形质量来换取高压缩率；PNG 支持 24 位图像并产生无锯齿状边缘的背景透明度；PNG 格式支持无 Alpha 通道的 RGB、索引颜色、灰度和位图模式的图像。PNG 保留灰度和 RGB 图像中的透明度，可以使图形与背景融为一体。它的显示速度很快，只需要下载 1/64 的图像信息就可以显示出低分辨率的预览图像；PNG 还支持透明图形制作。

PDF

Portable Document Format，便携式文件格式，是一种灵活的、跨平台、跨应用程序的通用文件格式。基于 PostScript 成像模型，PDF 文件可完整地保存并精确地显示源文件的所有字体、格式以及向量和位图图形，而不论创建源文件的是什么应用程序和操作系统。该格式文件还可以包含超文本链接、声音和动态影像信息，支持特长文件，可完全搜索，集成度和安全可靠性都很高。

PDF 与 PS 相比，PDF 的优势在于它可对图像和文本进行压缩，同一个源文件，保存为 PDF 格式的文件要比 PS 格式的小很多。例如一个 292 KB 的 PS 文件经转换为 PDF 文件后只有 97 KB。

9.2 图形的插入

当需要在源文件中插入图形时，首先应调用由 David Carlisle 编写的 graphicx 插图宏包，它基于早前的 graphics 插图宏包，是对其插图功能的扩展和加强；然后在插图处使用该宏包提供的相关命令。

9.2.1 插图宏包的选项

插图宏包 graphicx 的可选参数具有多个选项，其中最常用是下列两个：

`draft` 将正文中所有插图用与其外形尺寸相同的方框替代，在方框内只显示插图名，这样可加快文件的显示或打印速度，大幅度减小文件的占用空间。

`final` 默认值，可用于抑制文档类型命令中通用选项 `draft` 对插图宏包的作用。

9.2.2 插图命令

在 graphicx 宏包提供的各种与插图有关的命令中，最常用的就是插图命令：

```
\includegraphics[参数1=选项,参数2=选项,...]{插图}
```

其中，*插图*是所需插入图形的名称，包括扩展名；可选*参数*可分为外形参数、裁切参数和布尔参数三类子参数，以下是这些子参数的名称及其选项说明。

(1) 外形参数的名称及其选项说明。

`height` 设定插图的高度，可使用系统认可的任何通用长度单位。

`totalheight` 设定插图的总高度。总高度 = 高度 + 深度，见第 319 页图 9.2 所示。

`width` 设定插图的宽度。

`scale` 设定插图的缩放系数，可以是任意十进制数；例如 `scale=2`，表示将插图实际尺寸放大两倍后插入文件中；如果为负值，则表示在缩放的同时，将插图顺时针旋转 180°。

`angle` 设定旋转插图的度数，正值表示逆时针旋转，而负值则为顺时针旋转。例如 `angle=90`，表示将插图逆时针旋转 90° 插入文件中。

`origin` 设定插图旋转点的位置，默认值是插图的基准点，该参数共有 12 个选项，如图 9.1 所示。例如 `origin=c`，表示围绕插图的中心旋转。

`bb` 设定 EPS 格式插图的 BoundingBox 值。例如 `bb=0 0 150 300`，它表示插图的左下角坐标是 (0,0)，右上角坐标是 (150,300)。如果使用 `bb` 参数给出了 BoundingBox 值，则插图命令就不再需要读取 EPS 格式插图文件中的 BoundingBox 值，所以当 EPS 文件中的 BoundingBox 数据丢失或出错时就可以使用这个参数。

(2) 裁切参数的名称及其选项说明。

`viewport` 用于设定插图的可显示区域。该参数由 4 个数字确定，前两个是可显示区域左下角的坐标值，而后两个是右上角的坐标值，坐标长度单位为 bp，这类似于 `bb` 参数，所不同的是该坐标是相对于 BoundingBox 的左下角。如果 BoundingBox：0 0 300 400，设定 `viewport=0 0 71 71`，则表示只显示插图左下角 25 mm^2 的区域；若 `viewport=229 329 300 400`，则表示只显示插图右上角 25 mm^2 的区域。必须使用 `clip` 或 `clip=true` 才能遮蔽显示区域以外的图形。

`trim` 也是用于设置显示区域，不过用它设定的 4 个数字分别表示要从插图的左、下、右、上 4 个边裁切或拼接的宽度值，长度单位是 bp，正值表示裁切宽度，负值表示拼接宽度。例如 `trim=14 28 0 -14`，表示将图形的左边裁 5 mm，下边裁 10 mm，右边不裁，上边拼接 5 mm 宽的空白。必须使用 `clip` 或 `clip=true` 才能遮蔽显示区域以外的图形。

(3) 布尔参数的名称及其选项说明。

`keepaspectratio` 如果设定的宽度与高度或总高度不成比例，将会造成插图失真。设置该参数后，将按原图的高宽比例缩放到所设定的宽度或高度，但不会超出所设定的高度或宽度值。

`clip` 如果 `clip=false`，默认值，表示显示整个插图，即使部分图形在显示区域以外；如果是 `clip` 或 `clip=true`，表示使用 `viewport` 或 `trim` 参数设定的显示区域以外的部分图形将不显示。

`draft` 草稿形式，如果 `draft=false`，也是默认值，表示正常插入图形；如果是 `draft` 或 `draft=true`，将用一个与插图尺寸相同的方框取代所插图形，方框内是插图名，这样可加快文件的显示或打印速度，而又不影响整体排版结果。

final 定稿形式，默认值，表示正常插入图形。

上述参数可多个同时选用，各参数之间应用半角逗号分隔；bb、viewport 和 trim 选项的默认长度单位都是 bp，也可改用系统认可的其他通用长度单位。

(1) 如果在插图命令中只设定了插图的高度或者宽度，那插图的宽度或者高度将按原图比例进行缩放。

(2) 如果没有使用外形参数来设定插图的外形尺寸，那么插图命令将按图形的实际尺寸把图形插入到文件中。

段落中的插图

例 9.1 由于插图命令既不会结束当前行也不会结束当前段，所以可把图形插入某一段落的文本行内。

```
这张图
\includegraphics[scale=0.5]{graphics.pdf}
是 PDF 格式的图形。
```

这张图  是 PDF 格式的图形。

例 9.2 无论在段落之中或在段落之间，通常都将插图置于单独一行之中。

```
这张图
\begin{center}
\includegraphics{graphics.pdf}
\end{center}
是 PDF 格式的图形。
```

这张图

是 PDF 格式的图形。

例 9.3 论文中的每幅插图都应在其前的正文中明确提及，即每幅插图的序号都应在其前的正文中被引用。因此，插图都是置于图形浮动环境，这样可使用图表标题命令为插图生成带有序号的标题，也可在该命令中使用交叉引用命令，还可将插图标题编入插图目录。

```
图 \ref{fig:1} 是 PDF 格式的图形。
\begin{figure}[!ht]\centering
\includegraphics{graphics.pdf}
\caption{插图标题\label{fig:1}}
\end{figure}
```

图 3.5 是 PDF 格式的图形。

图 3.5 插图标题

选项顺序与排版结果

插图命令 \includegraphics 是从左到右依次处理命令中各个参数的选项，因此选项先后顺序的不同很可能导致不同的排版结果。

例 9.4 同一幅插图，同样的旋转角度和总高度，只因为在插图命令中给出的先后顺序不同，所产生的排版结果明显不同。

```
\begin{center}
\includegraphics[%
angle=90,totalheight=10mm]{graphics.pdf}
\includegraphics[%
totalheight=10mm,angle=90]{graphics.pdf}
\end{center}
```

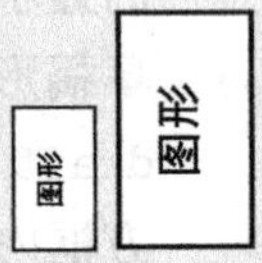

带星号的插图命令

若要不显示用 viewport 或 trim 参数设定的显示区域以外的图形，也可不使用 clip 参数而改用带星号的插图命令。例如：

```
\includegraphics[viewport=0 0 15 15,clip]{graphics.eps}
\includegraphics*[viewport=0 0 15 15]{graphics.eps}
```

这两条命令是等效的。

旋转点的选择

在插图命令中的旋转点可选参数 origin 共有 12 个选项，它们分别表示的旋转点位置如图 9.1 所示。

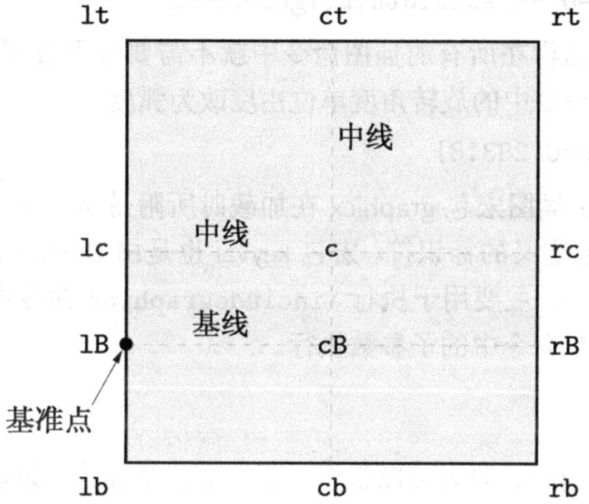

图 9.1　图形中旋转点位置示意图

在图 9.1 中：l、c、r 分别表示左边、中线、右边 3 条垂直线；t、c、B、b 分别表示顶线、中线、基线、底线 4 条水平线。这 7 条线上的 12 个交叉点就是图形旋转点的可选位置。例如 origin=rb，表示将旋转点选在图形的右下角。

需要说明以下几点。

(1) 表示旋转点位置的两个字母的排列顺序可以任意调换，例如 cB 与 Bc，它们都是表示基线中点。

(2) 字母 c 是表示水平中线还是垂直中线，这要视与其组合的字母而定。例如 cb，表示垂直中线与底线的交叉点，即底线中点。

(3) 如果旋转点位置仅指定了一个字母，那另一个字母即默认为 c。例如 c 它等效于 cc，r 等效于 rc。

例 9.5　当多个插图并排，其中有的插图旋转 90°，为了使所有插图的底边对齐或顶边对齐，可重新设定插图的旋转点位置。

```
\begin{center}
\includegraphics[%
origin=rb,angle=-90]{graphics}
\includegraphics{graphics}
\includegraphics[%
origin=lt,angle=-90]{graphics}
\end{center}
```

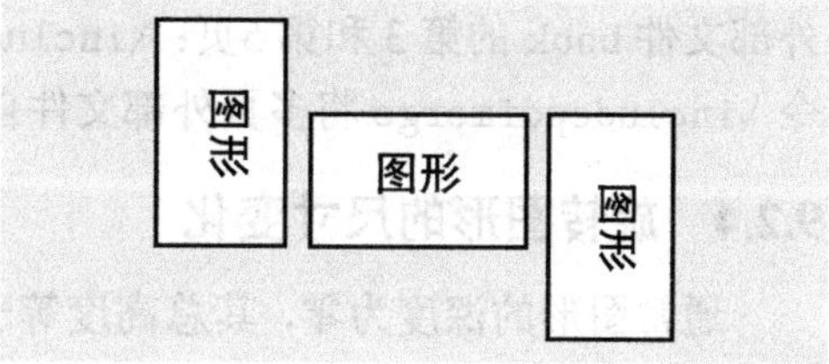

在上例源文件中，将左右两图的旋转点分别改为右下角和左上角。为了能够控制插图旋转后的总高度，可在插图命令中使用 totalheight 可选参数。

插图尺寸的运算

如调用 calc 宏包，还可在插图命令中使用算术式来设置插图的外形尺寸。例如将插图的宽度设置为比行宽短 20 mm：\includegraphics[width=\textwidth-20mm]{...}。

参数的统一设置

若论文中插图很多，且插图命令中某些参数的设置完全相同，可用 \setkeys 命令统一设置这些参数。例如所有插图的宽度都为行宽的 80 %，高 35 mm，则可使用命令：

```
\setkeys{Gin}{width=0.8\textwidth,height=35mm}
```

来统一设置高宽参数，这样在所有的插图命令中就不需要分别设置插图的高宽了。再例如，将所有插图命令和旋转命令中的旋转角度单位由度改为弧度：

```
\setkeys{Grot}{units=6.28318}
```

命令 \setkeys 是由插图宏包 graphicx 在加载时所附带 keyval 宏包提供的，其中的 Gin 和 Grot 是 graphicx 宏包定义的标识符。宏包 keyval 也是由 David Carlisle 编写的，它是宏包套件 graphics 的成员之一，主要用于执行 \includegraphics 命令中各种子参数的功能。该宏包也可用于对其他宏包命令中的子参数执行。

9.2.3 插图搜索

论文中的插图有多有少。如果插图很多，通常是按章存放；如果插图较少，整篇论文可用一个文件夹存放插图；此外有些插图可能是从其他文件夹中借用的。那么，如何告知插图命令寻找这些插图的路径呢？插图宏包 graphicx 提供了一条插图路径命令：

```
\graphicspath{{路径1}{路径2}{路径3}...}
```

其中每个路径都用花括号括起来，即使只有一个路径也不例外。插图路径命令所默认的图形搜索路径是当前文件夹，即为论文源文件所在的文件夹。举例如下。

- \graphicspath{{Figure/}}，它告知插图命令在当前文件夹下的子文件夹 Figure 中寻找插图。也可写作 \graphicspath{{./Figure/}}，其中 ./ 表示当前文件夹。
- \graphicspath{{eps/}{pdf/}}，告知插图命令在当前文件夹下的 eps 子文件夹和 pdf 子文件夹中寻找插图。如果所使用的是 Mac OS 操作系统，那么插图路径命令的格式应改为 \graphicspath{{:eps:}{:pdf:}}。
- \graphicspath{{d:/mypicture/png/}}，告知插图命令在 D 盘根文件夹 mypicture 下的子文件夹 png 中寻找插图。

注意，应用斜杠符号 / 作为路径符号，若用反斜杠符号 \，将被提示出错。

如果插图是整页的外部 PDF 格式文件，应使用 pdfpages 宏包提供的插图命令，例如插入外部文件 book 的第 3 和第 5页：\includepdf[pages={3,5}]{book.pdf}；还可使用合并命令 \includepdfmerge 将多页外部文件自动缩小合并后插入一页之中。

9.2.4 旋转图形的尺寸变化

通常图形的深度为零，其总高度等于高度，当图形旋转后，其高度、宽度和深度都发生了变化，如图 9.2 所示。

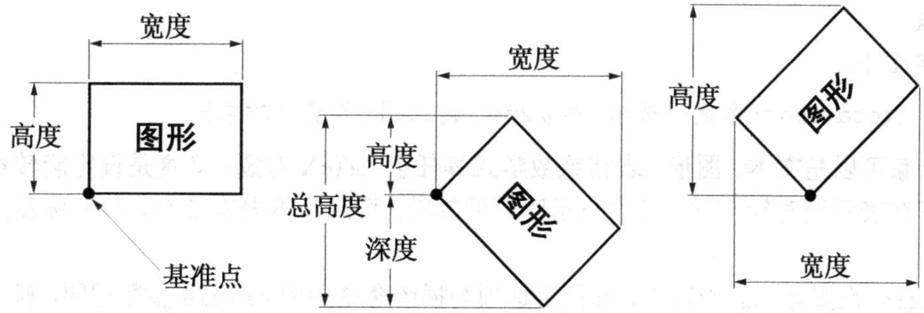

图 9.2 图形旋转与高宽深的变化

在图 9.2 中，分别将图形顺时针旋转 45° 和逆时针旋转 45°。可以看出，顺时针旋转时，图形的高度在减小，深度在增加，如果图形旋转到 90°，即 `angle=-90`，其高度就变为零，此时在插图命令中设置任何高度值都将被提示出错：`Division by 0`；基准点以下的图形高度称为深度，当图形逆时针旋转，一直到 90° 时，其深度仍为零，只是高度相当于原图的宽度，宽度相当于高度。

9.2.5 旋转点与图形对齐

例 9.6 旋转图形时，默认的旋转点就是该图形的基准点。虽然图形可以被旋转的东倒西歪，但它们的基准点仍然保持在同一条水平线上。

```
\begin{center}
\includegraphics{graphics}
\includegraphics[angle=-45]{graphics}
\includegraphics[angle=45]{graphics}
\end{center}
```

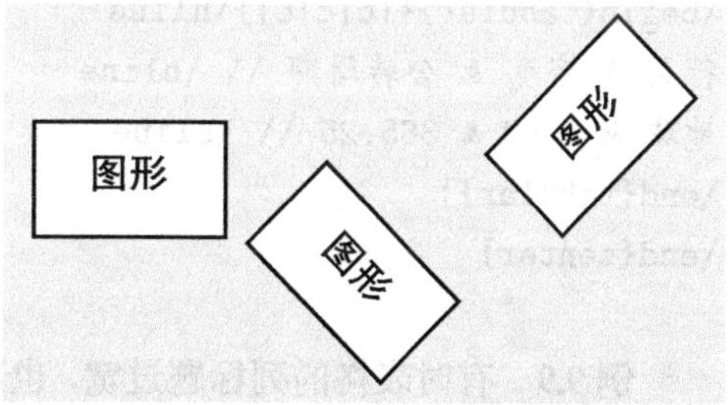

在上例中，将水平放置的图形分别顺时针和逆时针旋转了 45°，可以看出这三个图形的基准点仍在同一水平线上。

例 9.7 从例 9.6 中也可以看出，采用基准点作为旋转点，将会改变图形的中心位置，多个旋转图形摆在一行，高低不齐。为了使旋转图形的中心对齐，可使用插图命令的旋转点参数 `origin`，将旋转点放在图形的中心。

```
\includegraphics{graphics}
\includegraphics[origin=c,angle=-45]
{graphics}
\includegraphics[origin=c,angle=45]
{graphics}
```

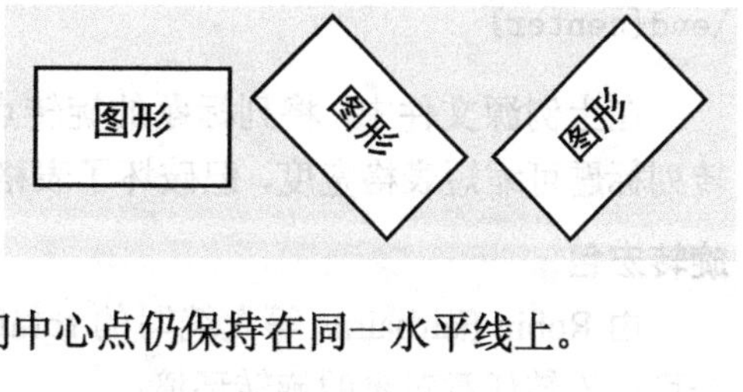

从上例可看出，插图经旋转后东倒西歪，但它们中心点仍保持在同一水平线上。

9.2.6 任意对象的旋转和缩放

插图命令 `\includegraphics` 只能对图形进行旋转或缩放，插图宏包 graphicx 另外提供了 5 条命令，可以对任意 LaTeX 对象，如文本、图形或表格，进行旋转或缩放。

旋转对象

旋转命令：

```
\rotatebox[参数1=选项,参数2=选项,...]{角度}{对象}
```

其中，对象可以是文本、图形、表格或数学式等任意 LaTeX 对象；角度是设定旋转对象的角度值，正数表示逆时针旋转，负数表示顺时针旋转；可选子参数有 3 个，其名称及其选项说明如下。

`origin` 设置对象的旋转点，其位置选项与插图命令中的 `origin` 参数相同，默认旋转点是对象的基准点。

`x,y` 以对象的基准点为坐标原点，给出旋转点的坐标值。例如：`x=3mm,y=4mm`，表示旋转点位于基准点以上 4 mm，以右 3 mm。

`units` 设置旋转角度的单位，默认为度并逆时针旋转，如果设为 `units=-360`，表示旋转单位为度且顺时针旋转；如果设为 `units=6.283185`，表示旋转单位为弧度且逆时针旋转。

例 9.8 如果表格宽度超过版面宽度，而表格高度小于版面宽度，可使用旋转命令将整个表格逆时针旋转 90°。

```
\begin{center}
\rotatebox{90}{%
\begin{tabular}{|c|c|c|}\hline
行星 & 密度 & 公转周期 \\ \hline
地球 & 5.52 & 365.25 \\ \hline
\end{tabular}}
\end{center}
```

行星	密度	公转周期
地球	5.52	365.25

例 9.9 有时表格的列标题过宽，也可将其旋转 90°，以控制表格的总宽度。

```
\begin{center}
\begin{tabular}[c]{|c|c|c|}\hline
行星 & 密度 & \rotatebox[x=0pt,y=-\depth]{90}
{表面重力加速度~} \\ \hline
地球 & 5.52 & 9.78 \\ \hline
\end{tabular}
\end{center}
```

行星	密度	表面重力加速度
地球	5.52	9.78

在上例源文件中，将列标题的旋转点由默认的基准点改为左下角。从上例可以看出，旋转列标题可缩短表格宽度，但破坏了表格美观，且有碍阅读表格，故应慎用。

旋转宏包

由 Robin Fairbairns 等人编写的 rotating 旋转宏包利用 `\rotatebox` 等命令定义了下列 3 个可以旋转任意对象的旋转环境：

```
\begin{sideways}      \begin{turn}{角度}      \begin{rotate}{角度}
对象                  对象                    对象
\end{sideways}        \end{turn}              \end{rotate}
```

其中：第一个环境可将对象逆时针旋转 90º；第二和第三个环境都可将对象旋转任意角度，而后者将对象视为一个空格，无论如何旋转，都不会改变对象的高度和宽度，这样对象很可能会与上下文重叠，但也可利用此特性制作各种文字特效。

例 9.10 将火箭速度表的列标题逆时针旋转 45º 以避免表格过宽。

```
\begin{tabular}{cccc}
\begin{rotate}{45}飞往地点\end{rotate} &
\begin{rotate}{45}发射速度\end{rotate} &
\begin{rotate}{45}环绕速度\end{rotate} &
\begin{rotate}{45}逃逸速度\end{rotate} \\
\hline
月球 & 10.5 & 1.7 & 2.4 \\
火星 & 11.5 & 3.5 & 5.0 \\
水星 & 13.5 & 3.0 & 4.3 \\\hline
\end{tabular}
```

目标行星	发射速度	环绕速度	逃逸速度
月球	10.5	1.7	2.4
火星	11.5	3.5	5.0
水星	13.5	3.0	4.3

注意，如使用 LaTeX 编译源文件，大多数 DVI 文件阅读器不支持文本旋转，只有将其转换为 PDF 文件才能在 PDF 文件阅读器中正确显示。

缩放对象

缩放命令有两种，一种是设定缩放系数：

\scalebox{水平缩放系数}[垂直缩放系数]{对象}

其中，水平缩放系数是设定对象宽度的放大倍数；垂直缩放系数是设定对象高度的放大倍数，如果该可选参数没有给出，即默认其等于水平缩放系数；如果水平缩放系数设为负值，表示还要将对象左右反转 180°；如果垂直缩放系数设为负值，表示还要将对象上下颠倒 180°；如果两个系数都为负值，则表示既要反转又要颠倒。

另一种缩放命令是直接设定缩放对象的外形尺寸，它还有个带星号的形式，这两者的区别在于高度的控制，前者控制插图的高度，后者是总高度：

\resizebox{宽度}{高度}{对象}　\resizebox*{宽度}{总高度}{对象}

如果命令中的宽度或高度用感叹号！代替，则表示将对象按照高度或宽度并保持原高宽比例进行缩放。

例 9.11 将“缩放”两个字分别使用不同缩放系数进行缩放，对比两者的排版结果。

```
\begin{center}
\scalebox{5}[1]{缩}\scalebox{2}[4]{放}
\end{center}
```

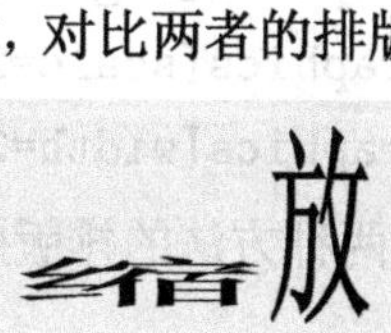

例 9.12 也可使用尺寸测量命令 \height、\width、\totalheight 和 \depth 来表示对象的原始外形尺寸。

```
\begin{center}
\resizebox{5\width}{\height}{缩}
\resizebox{2\width}{4\height}{放}
\end{center}
```

从例 9.11 和例 9.12 可知，利用缩放命令能够创造出任意尺寸、任意高宽比的字体。

例 9.13 利用缩放命令还可以制作出很多文字特效。

```
\begin{center}
\Huge\bf\makebox[0pt][l]{\scalebox{1}[-1]{%
\color[gray]{0.7}{Hello CHINA}}}Hello CHINA
\end{center}
```

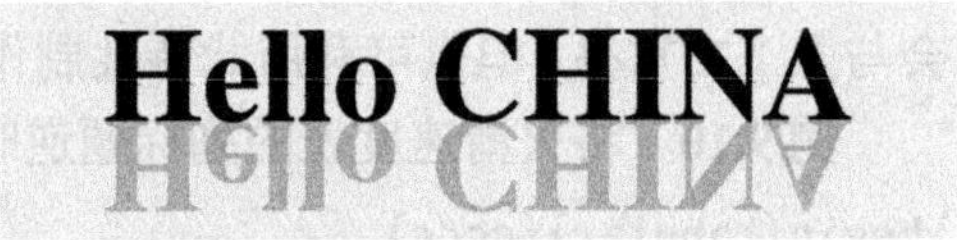

例 9.14 缩放与旋转结合可创造出更为复杂文字特效。

```
\fbox{\resizebox{5cm}{20mm}{%
\rotatebox{45}{\parbox{30mm}{\centering
\LaTeXe 排版系统
\LaTeXe 排版系统
\LaTeXe 排版系统
\LaTeXe 排版系统}}}}
```

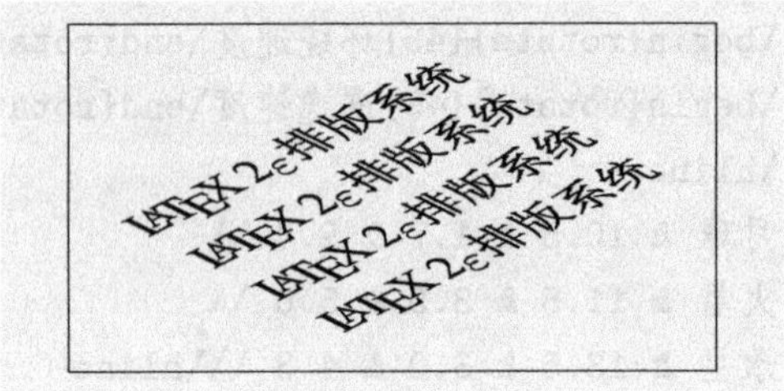

镜像对象

镜像命令：

\reflectbox{对象}

它能够将对象左右反转 180°，产生镜像效果。

例 9.15 两个“镜像”，将后者左右反转 180°，并灰色处理，对比排版结果。

```
\begin{center}
镜像 \reflectbox{\color[gray]{0.6}{镜像}}
\end{center}
```

实际上，镜像命令相当于缩放命令 \scalebox{-1}[1]{对象}。

这 5 条任意对象的旋转和缩放命令也可用于处理图形，例如：

```
\rotatebox{90}{\includegraphics{graphics.pdf}}
\scalebox{2}{\includegraphics{graphics.pdf}}
\resizebox{20mm}{!}{\includegraphics{graphics.pdf}}
```

但它们可以分别用下面 3 条插图命令替代：

```
\includegraphics[angle=90]{graphics.pdf}}
\includegraphics[scale=2]{graphics.pdf}}
\includegraphics[width=20mm]{graphics.pdf}}
```

虽然这两种方法的排版效果相同，但后者应是首选，因为它的速度更快效率更高。

9.2.7 编译程序与图形格式

编译源文件通常使用 PDFLaTeX 或者 LaTeX 编译程序，前者支持 PNG、PDF 和 JPG 格式的图形文件，后者只支持 EPS 和 PS 格式的图形文件。插图命令可以自动识别这两种编译程序，如果在插图命令的*图形名*中没有给出插图的扩展名，若使用 LaTeX 编译程序，插图命令会自动寻找扩展名为 .eps 的图形文件，找到后自动地为其加上扩展名；若使用 PDFLaTeX 编译程序，插图命令将按照扩展名为 .png、.pdf、.jpg、.jpeg、.PNG、.PDF、.JPG、.JPEG 的顺序查找，找到后自动为其加上扩展名。

例 9.16 在插图命令中使用草稿模式，且不给出插图的扩展名，检查插图命令是否能够根据插图路径命令，找到所需的插图，并补充其扩展名。

```
\graphicspath{{9Figure/}}
这张图
\begin{center}
\includegraphics[draft]{graphics}
\end{center}
是 PDF 格式的图形。
```

这张图

9Figure/graphics.pdf

是 PDF 格式的图形。

通常应该在插图命令中给出图形文件的扩展名，以便缩短搜索图形文件的时间，避免内存空耗。如果插图命令没找到适合的插图，系统将会中止编译并给出错误信息：`cannot find image file`。如果是希望两种编译程序都能够使用，那么同一幅插图应该有 EPS 和 PDF（或 PNG 或 JPG）两种格式的图形文件，并在插图命令中不给出扩展名，而由其自行判别。

9.2.8 图形格式的转换

当使用 LaTeX 编译程序，非 EPS 格式图形必须全都转换为 EPS 格式图形；如果使用的是 PDFLaTeX 或 XeLaTeX 编译程序，图形格式应为 JPG、PDF 或 PNG，否则也要转换。

图形格式的转换方法有两种，一是利用各种绘图软件将图形另存为所需要的图形格式，二是使用图形处理软件进行格式转换。

使用绘图软件转换

使用绘图软件转换图形格式便捷直观，还可对图形的外形尺寸和色彩等进行调整。常用绘图软件所支持的图形格式转换如表 9.1 所示。

表 9.1 常用绘图软件的图形格式转换

绘图软件	打开或粘贴格式									另存格式	
	bmp	dwg	gif	jpg	pdf	png	tif	vsd	wmf	eps	pdf
Acrobat	√		√	√	√	√	√	√		√	√
CorelDRAW	√	√	√	√	√	√	√	√	√		√
Illustrator	√	√	√	√	√	√	√		√	√	√
Photoshop	√		√	√	√	√	√			√	√
PowerPoint	√		√	√		√	√	√	√		√
Visio	√	√	√	√		√	√	√	√		√

表 9.1 中的绘图软件 Visio 并不能直接将图形另存为 pdf 格式，而是采用 Acrobat 安装到 Visio 上的 Adobe PDF 工具，间接转换为 pdf 格式，还可再由 Acrobat 转换为 eps 格式；比较而言，由这两个软件组合转换的图形文件尺寸较小，失真度较低。

使用图形处理软件转换

用绘图软件转换图形格有时转换效果不佳或转换后的文件尺寸过大。采用图形处理软件转换图形格式要麻烦些，但转换质量较高，文件尺寸较小。下面介绍几种免费的图形处理软件，它们各有特色和侧重，可根据实际转换效果决定取舍。

(1) **ImageMagick** 一种功能强大的图形处理软件，可以在 http://www.imagemagick.org/ 网站免费下载，它能够运行于各种主流操作系统，其最主要的功能就是将图形从一种格式转换为另一种格式，可转换的图形格式包括 TIFF、JPG、GIF、PNG、EPS 和 PDF 等几十种。它是个命令行工具，其命令格式为：

    convert 输入图形名 输出图形名

软件安装后，选择“开始”→“运行”命令，在弹出的“运行”对话框中输入 cmd，然后单击“确定”按钮，再在打开的 DOS 命令窗中输入图形格式转换命令。例如，将 D 盘根文件夹 pic 中的 PNG 格式图形 `001.png` 转换为 EPS 格式图形 `001.eps`：

```
convert d:\pic\001.png d:\pic\001.eps
```

然后按回车键，就可在 pic 文件夹中出现图形文件 `001.eps`。如果需要转换的图形文件很多，可采用通配符的方法，把同一格式的所有图形一次性地转换完成，例如：

```
convert d:\pic\*.gif d:\pic\image.png
```

然后按回车键，这样就把 pic 文件夹中的所有 GIF 格式文件都自动地转换为 `image-0.png`、`image-1.png`、`image-2.png`、……。为了便于在 Windows 系统中使用，可用 Windows 的记事本将上两例编写成一个例如名为 `myMagick.dat` 的批处理文件：

```
convert d:\pic\001.png d:\pic\001.eps
convert d:\pic\*.gif d:\pic\image.png
```

然后将其存放到 pic 文件夹以外的任何文件夹中，双击 `myMagick.dat`，它就可以自动地完成上两例的图形格式转换工作；如果*输入图形*被修改，只要再双击这个批处理文件，*输出图形*就会被自动刷新。

(2) **bmeps** 免费的命令行图形格式转换工具，可将 PNG、JPG 和 TIFF 格式图形转换为 EPS 格式图形。CTeX 已附带 bmeps，所以无须另行下载安装。bmeps 命令行格式为：

    bmeps 选项 输入图形名 输出图形名

例如，将 D 盘 pic 文件夹中 PNG 格式的黑白图形 `01.png` 和彩色图形 `02.png` 转换为 EPS 格式图形，选择“开始”→“运行”命令，在弹出的“运行”对话框中输入 cmd，然后单击“确定”按钮，再在打开的 DOS 命令窗中输入图形格式转换命令：

```
bmeps d:\pic\01.png d:\pic\01.eps
bmeps -c d:\pic\02.png d:\pic\02.eps
```

其中，`-c` 是彩色选项，它表示需要进行彩色图形的格式转换；如果在转换命令中没有给出彩色选项，则默认为进行黑白图形的格式转换。也可将上例中的两行 bmeps 命令制作成批处理文件，以便随时在 Windows 中进行图形格式转换。

(3) **IrfanView** 一个免费的图像编辑/格式转换程序，适用于全系列的 Windows 操作系统，支持几乎所有的主流图形格式，可以批量格式转换、批量重命名、JPG 无损旋转，支持拖放操作，具有调整图像大小、调整颜色深度、添加文字、特效处理等图像编辑功能。该软件可以从 http://www.irfanview.com/ 下载。

(4) **GIMP** 一款跨平台的免费开放的图形处理软件，可运行于 Windows、Linux 和 Mac 等操作系统，具有旋转、缩放、裁剪等图形处理功能，支持 GIF、JPG、PNG、XPM、TIFF、TGA、

MPEG、PSD、PDF、PCX、BMP 和 EPS 等图形格式，并可对这些格式进行转换。该软件可以从 http://www.gimp.org/ 下载。

9.2.9 多图并列

如果有多个外形尺寸较小的插图，可利用小页环境实现多图水平并列显示。

例 9.17 将两个小尺寸的裂隙环谐振示意图及其等效电路图并排显示，以便对照分析。

```
\begin{figure}[!h]
\begin{minipage}{0.5\linewidth} \centering
\includegraphics{fig1.pdf}\caption{SRR 的外形示意图}
\end{minipage}
\begin{minipage}{0.5\linewidth} \centering
\includegraphics{fig2.pdf}\caption{SRR 的等效电路图}
\end{minipage}
\end{figure}
```

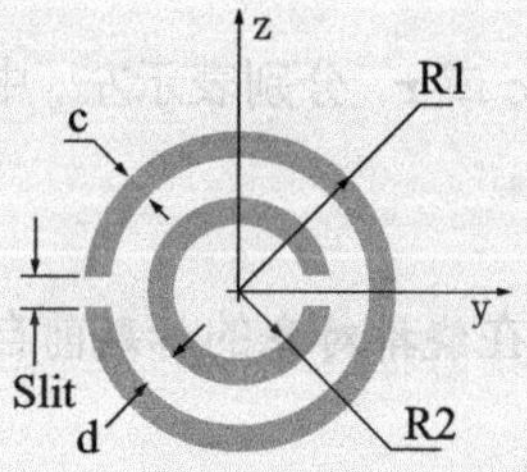

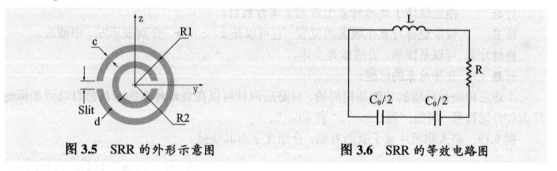

图 3.5 SRR 的外形示意图

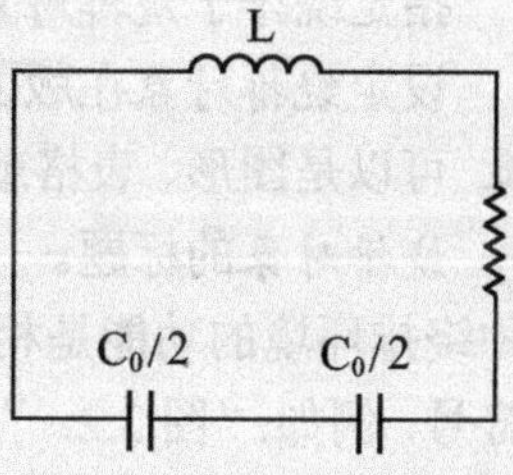

图 3.6 SRR 的等效电路图

9.2.10 插图的边框

可采用颜色宏包 xcolor 提供的彩色边框命令为插图添加可设置颜色的边框。

例 9.18 一幅插图的四周都是白色，为其添加灰色边框以显示该插图的幅面范围。

```
\fboxrule=1.2pt \fboxsep=0pt
\fcolorbox{gray}{white}{
\includegraphics{lines.pdf}}
```

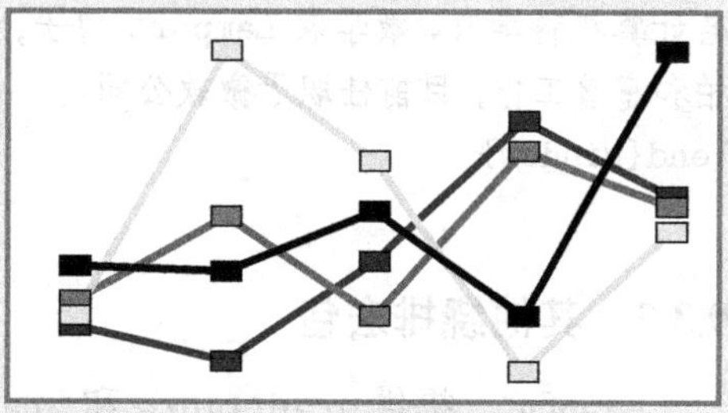

9.3 图文绕排

通常，插图都是插在两段文本之间，单独一行，水平居中，左右两侧留有相同宽度的空白。但有时图形很小，如徽标或某人照片等，如果也是独处一行，那两侧的空白区域就远大于插图幅面，看起来很不协调。最好是能将图形插于文本行之内，即将图形置于版面的左侧、右侧或者就在中间，而文本围绕插图排列。

9.3.1 绕排宏包 picinpar

由 Friedhelm Sowa 所编写的绕排宏包 picinpar 提供了三种可用于图文绕排的 `window`、`figwindow` 和 `tabwindow` 绕排环境：

```
\begin{window}[行数,位置,{绕排对象},{标题}]
绕排文本
\end{window}
```

```
\begin{figwindow}[行数,位置,{绕排对象},{标题}]
绕排文本
\end{figwindow}
```

```
\begin{tabwindow}[行数,位置,{绕排对象},{标题}]
绕排文本
\end{tabwindow}
```

其中各种参数的简要说明如下。

行数	指定绕排于绕排对象上方的文本行数目。
位置	设定绕排对象在版面的位置，它可以是 `l`、`c` 或 `r`，分别表示左、中或右。
绕排对象	可以是图形、表格或是文本。
标题	绕排对象的标题。

上述三种绕排环境的功能是相同的，只是后两种可以在绕排对象的标题前自动添加标题标志和分隔符号，例如："图 3.2：","表 4.6："。

例 9.19 将人物照片置于版面右侧，介绍文字对其绕排。

```
\begin{window}[2,r,{\includegraphics[%
width=22mm]{Lamport.jpg}},{}]
1985 年，LaTeX 问世，它构筑在 TeX 的基础之上，
并且加进了很多新功能，使得用户可以更为方便地
利用 TeX 的强大功能。右图就是其开发者，美国著
名计算机科学家、数学家 Lamport 博士，他曾在康
柏和惠普工作，目前任职于微软公司。
\end{window}
```

1985 年，LaTeX 问世，它构筑在 TeX 的基础之上，并且加进了很多新功能，使得用户可以更为方便地利用 TeX 的强大功能。右图就是其开发者，美国著名计算机科学家、数学家 Lamport 博士，他曾在康柏和惠普工作，目前任职于微软公司。

9.3.2 其他绕排宏包

wrapfig	提供 `wrapfigure` 和 `wraptable` 两环境，可在小页环境中对图表绕排。
floatflt	提供 `floatingfigure` 和 `floatingtable` 环境，可按左右页确定绕排位置。

9.4 页面背景

9.4.1 墙纸宏包 wallpaper

调用由 Michael H.F. Wilkinson 编写的墙纸宏包 wallpaper，并使用其提供的各种墙纸命令可生成封面底纹、页面水印等背景图形。

\TileSquareWallPaper{平铺数}{图形名}

将图形像铺瓷砖一样铺满每个页面，平铺数是设定图形沿页面左侧平铺到右侧的数量，该值必须是正整数，该命令将根据此值自动对图形按其原有高宽比例进行缩放。

\ThisTileSquareWallPaper

该命令的参数和功能与 \TileSquareWallPaper 的相同，只是仅对当前页有效。

\TileWallPaper{图宽}{图高}{图形名}

将图形像铺瓷砖一样铺满每个页面，图宽和图高是设定图形的宽度和高度。

\ThisTileWallPaper

该命令的参数和功能与命令 \TileWallPaper 的相同，只是它仅对当前页有效。

\CenterWallPaper{缩放系数}{图形名}

将图形置于每页的中心，缩放系数是设定对图形的放大倍数，该值应为正数。

\ThisCenterWallPaper

该命令的参数和功能与命令 \CenterWallPaper 的相同，只是仅对当前页有效。

\ULCornerWallPaper{缩放系数}{图形名}

将图形置于每页的左上角。

\ThisULCornerWallPaper

该命令的参数和功能与 \ULCornerWallPaper 的相同，只是它仅对当前页有效。

\URCornerWallPaper{缩放系数}{图形名}

将图形置于每页的右上角。

\ThisURCornerWallPaper

该命令的参数和功能与 \URCornerWallPaper 的相同，只是它仅对当前页有效。

\LLCornerWallPaper{缩放系数}{图形名}

将图形置于每页的左下角。

\ThisLLCornerWallPaper

该命令的参数和功能与 \LLCornerWallPaper 的相同，只是它仅对当前页有效。

\LRCornerWallPaper{缩放系数}{图形名}

将图形置于每页的右下角。

\ThisLRCornerWallPaper

该命令的参数和功能与 \LRCornerWallPaper 的相同，只是它仅对当前页有效。

\ClearWallPaper

清除背景设置。

墙纸宏包 wallpaper 需要 calc、eso-pic、graphicx、ifthen 和 xcolor 等相关宏包的支持，当调用墙纸宏包时，这些辅助宏包也将同时被加载。

例 9.20 把 TeX 用户组织的徽标作为页面背景图案，将图形 TUG 徽标像铺瓷砖一样，从左下角到右上角，铺满整个页面，并按所设值，每行恰好铺满 4 块“瓷砖”；但是在高度上没有控制，所以在页面顶部出现了半块瓷砖的现象，如果图形是无序的条纹并无大碍，如果是文字等很对称的图形，就显得不美观了。

```
\TileSquareWallPaper{4}{TUGlog.pdf}
\chapter{TeX 用户组织}
第一个 TeX 用户组织于 1980 年 2 月 22 日,
在斯坦福大学成立, 简称 TUG。
```

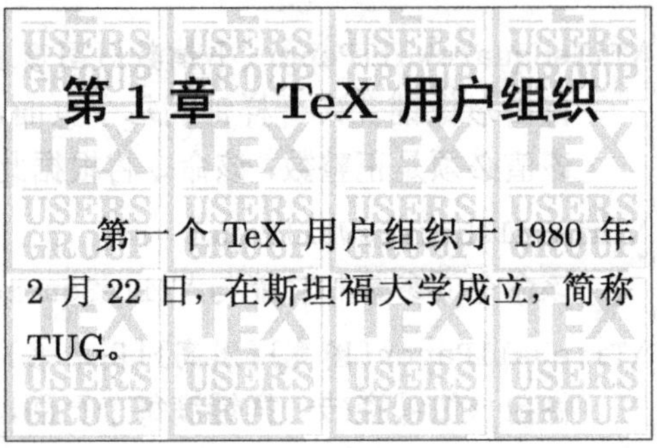

例 9.21 将例 9.20 中的墙纸命令改为可控制背景图形宽度和高度的墙纸命令。

```
\TileWallPaper{0.25\paperwidth}{%
0.333\paperheight}{TUGlog.pdf}
\chapter{TeX 用户组织}
第一个 TeX 用户组织于 1980 年 2 月 22 日,
在斯坦福大学成立, 简称 TUG。
```

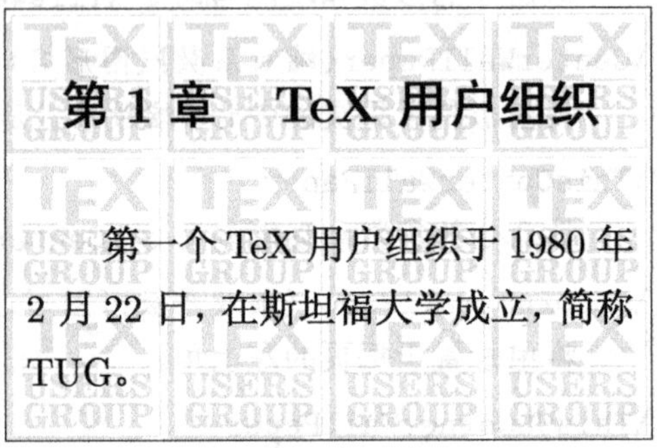

上例改用的墙纸命令具有宽度和高度两个方向的控制参数，可以防止出现半块瓷砖的现象，但它改变了背景图形原有的高宽比，造成图形变形，正所谓有一利必有一弊。

例 9.22 将 TeX 用户组织的徽标置于当前页的中心，作为该页的背景图案。

```
\ThisCenterWallPaper{0.5}{TUGlog.pdf}
\chapter{TeX 用户组织}
第一个 TeX 用户组织于 1980 年 2 月 22 日,
在斯坦福大学成立, 简称 TUG。
```

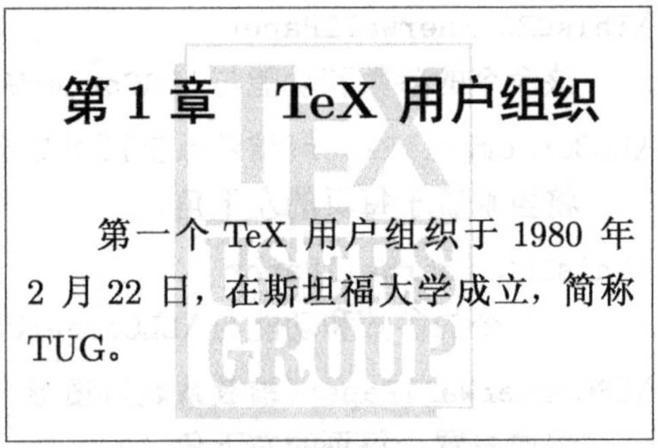

例 9.23 使用 `\ThisTileWallPaper` 墙纸命令设计论文封面的底纹图案。

```
\ThisTileWallPaper{\paperwidth}{%
\paperheight}{stripe.png}
\vspace*{2mm}
\begin{center}
{\Huge\heiti 时间简史}\\[12pt]
史蒂芬 · 霍金 著
\end{center}
```

在上例源文件中，对于同一个底纹图形，如果设定不同的平铺数或高宽比或缩放系数，将会产生不同的视觉效果。

墙纸宏包 wallpaper 提供的所有墙纸命令可作用于整个页面，但不能将其限制在小页环境或盒子中。如果要将图形或文字作为小页或盒子的背景图案，可调用 fancybox 宏包，并使用其提供的 \boxput 命令。

9.4.2 草稿宏包 draftcopy

撰写一篇论文往往要几易其稿，每次完稿后都要打印出来，请导师或有关人员审阅校对，为了表示此稿非最终稿，阅读者可直接在稿件上删改，通常在稿件的首页标明“草稿”字样。

由 Jürgen Vollmer 编写的 draftcopy 宏包可以在文稿的每一页或所选页的页面显示背景文字 DRAFT，其颜色为灰色，效果如同水印。该宏包有很多选项，各有不同功能，以下是最常用的选项及其说明。

`none`	在任何页都不显示斜跨页面的背景文字 DRAFT。
`first`	仅在首页显示斜跨页面的背景文字 DRAFT。
`firsttwo`	仅在前两页显示斜跨页面的背景文字 DRAFT。
`all`	默认值，在所有页显示斜跨页面的背景文字 DRAFT，如图 9.3 所示。
`outline`	将背景文字转变为空心字体。
`light`	背景文字的颜色为浅灰色。
`dark`	默认值，背景文字的颜色为深灰色。
`bottom`	在所有页底部显示背景文字 DRAFT，若同时选用 none，效果如图 9.4 所示。
`timestamp`	在斜跨页面的背景文字 DRAFT 下方增添日期和时间，如图 9.5 所示；如果使用 \draftcopyVersion 命令，还可以添加版本编号。

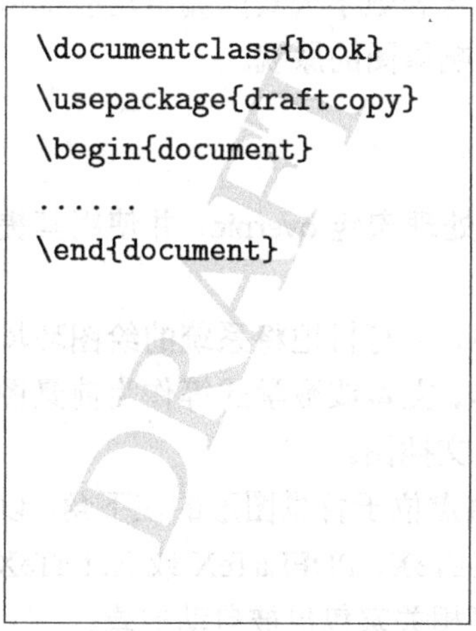
\documentclass{book}
\usepackage{draftcopy}
\begin{document}
......
\end{document}
DRAFT

图 9.3 斜跨页面的背景文字

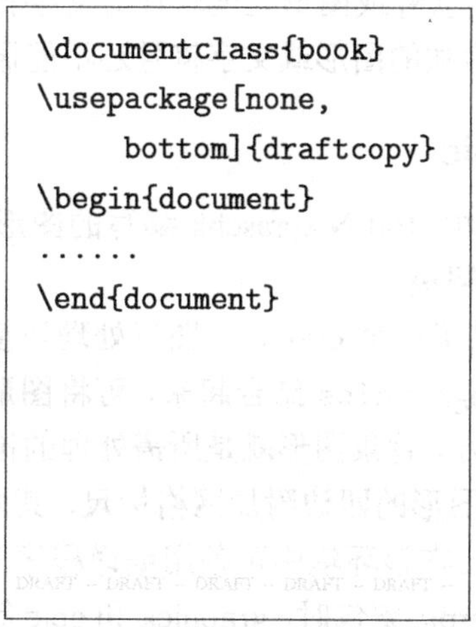
\documentclass{book}
\usepackage[none,
bottom]{draftcopy}
\begin{document}
......
\end{document}
DRAFT – DRAFT – DRAFT – DRAFT – DRAFT –

图 9.4 底部背景文字

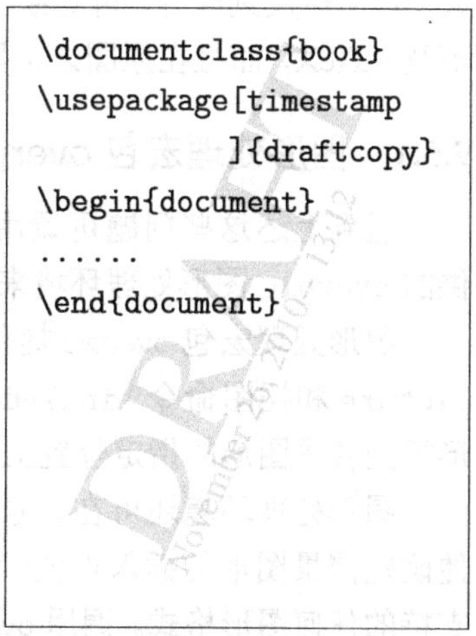
\documentclass{book}
\usepackage[timestamp
]{draftcopy}
\begin{document}
......
\end{document}
DRAFT
November 26, 2010 – 13:12

图 9.5 增添日期和时间

草稿宏包 draftcopy 还提供了一组只能在导言中使用的命令，可用于对背景文字的修改和设置，这些命令及其说明如下。

\draftcopySetGrey{*灰度*}	设置背景文字的*灰度*，其值在 0～1 之间，即在黑白之间。
\draftcopyFirstPage{*页码*}	设置首页的*页码*。
\draftcopyLastPage{*页码*}	设置末页的*页码*。
\draftcopyName{*背景文字*}{*系数*}	设置*背景文字*及其尺寸比例*系数*。
\draftcopySetScale{*系数*}	设置斜跨页面的背景文字尺寸比例*系数*。

\draftcopyPageX{水平位移}	设置斜跨页面的背景文字水平位移量，其预定值是 0。
\draftcopyPageY{垂直位移}	设置斜跨页面的背景文字垂直位移量，其预定值是 0。
\draftcopyBottomX{水平位移}	设置页面底部的背景文字水平位移量，其预定值是 0。
\draftcopyBottomY{垂直位移}	设置页面底部的背景文字垂直位移量，其预定值是 0。
\draftcopyVersion{版本编号}	设置文稿的版本编号，例如 \draftcopyVersion{V3.2}。

(1) 在 \draftcopyName 设置命令中，背景文字只能是英文字母，不能含有符号命令或中文；系数通常为正整数，如果取负值，斜跨页面的背景文字将反转 180°；宏包 draftcopy 预置的背景文字是 DRAFT，其尺寸比例系数为 215；系数的改变只影响斜跨页面的背景文字尺寸，而不影响底部背景文字的尺寸。

(2) 如果要在背景文字或版本编号中插入两个以上的空格，可使用 \space 空格命令。

(3) 草稿宏包 draftcopy 仅支持 LaTeX → dvi2ps → ps2pdf 编译方法，如果采用其他编译方法将不能显示背景文字。

9.4.3 其他页面背景宏包

eso-pic	提供一组命令，可将图形或文字作为背景或前景插入任一页面的任意位置。
textpos	提供一个可设置背景色和边框色的 textblock 文本块环境。

9.5 图形处理

论文写作时，经常希望在插图中添加说明文字、专业符号、数学公式，或对插图局部放大，附加标尺刻度等，可是绘图软件或图形处理软件对文字符号和数学公式的编辑功能都远不及 LaTeX，而且在原图之上附加的图形或文字符号还不能影响原图的原貌。

9.5.1 图形处理宏包 overpic

遇到上述这些问题可调用由 Rolf Niepraschk 编写的图形处理宏包 overpic，并使用其提供的 overpic 图形处理环境来解决。

图形处理宏包 overpic 提供了一个 overpic 图形处理环境，它有机地将系统的绘图环境 picture 和插图命令 \includegraphics 结合起来，可将图形、文本或数学式等作为前景图形插到背景图形的指定位置上方。背景图形就是所需处理的论文插图。

图形处理环境还可在背景图形的四边附加网格标尺，其原点位于背景图形的左下角，以便确定前景图形的插入点位置；在该环境中可使用编译程序 LaTeX、PDFLaTeX 或 XeLaTeX 支持的任何图形格式。调用 overpic 宏包时，graphicx 和 epic 等相关宏包也被自动加载。

宏包的选项

图形处理宏包 overpic 的可选参数有以下 3 个选项，可在调用时根据需要选用。

percent	默认值，表示将背景图形较长一边的长度设为 100，较短一边的长度由两边之比确定。例如两边之比是 0.8，则较短一边的长度为 80，即系统自动将长度单位命令 \unitlength 设置为较长一边长度的 1/100，标尺刻度和插入点坐标都将使用这个相对长度单位。
permil	背景图形较长一边的长度设定为 1000，较短一边的长度由两边之比来确定。
abs	表示标尺刻度和插入点坐标都将使用刚性长度单位，默认为 pt。

图形处理环境

图形处理环境 overpic 的命令格式为：

```
\begin{overpic}[参数1=选项,参数2=选项,...]{背景图形名}
前景图文命令
\end{overpic}
```

其中各种参数的简要说明如下。

前景图文命令　可以是各种字体命令、能够在绘图环境 picture 中使用的所有绘图命令以及 graphicx 宏包提供的插图命令和任意对象的旋转、缩放命令。

参数　它除了具有与插图命令 \includegraphics 相同的可选子参数及其选项以外，还多出了 3 个子参数，以下是它们的名称及其选项说明。

grid 表示在图形的四边附加网格标尺。

tics 设定标尺刻度的分度值，即一格所表示的尺寸数值。如果使用宏包选项 percent 或 abs，其默认值是 10；如果使用宏包选项 permil，其默认值是 100。

unit 设置标尺刻度的长度单位，如果使用宏包选项 abs，它采用刚性长度单位，默认值是 pt，可用 unit=1mm，将长度单位改为 mm；如果使用宏包选项 percent 或 permil，它们分别采用相对长度单位：较长一边长度的百分之一，或较长一边长度的千分之一，此时对子参数 unit 的任何设置都无效。

例 9.24　使用上述 3 个子参数，在插图上附加网格标尺，以便确定插图中某些地点的位置和相互距离。

```
\begin{overpic}[width=65mm,grid,tics=10,%
unit=1mm]{fig-map.jpg}
\end{overpic}
```

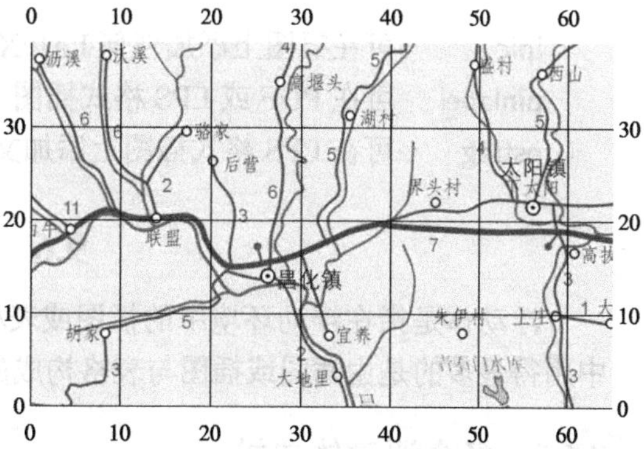

例 9.25　在绘图命令 \put 中使用插图命令 \includegraphics，可将局部放大图作为前景图形插在背景图形之上，以产生画中画的效果。

```
\begin{overpic}[unit=1mm]{fig-map1.jpg}
\put(15,16){\includegraphics{fig-map2.jpg}}
\end{overpic}
```

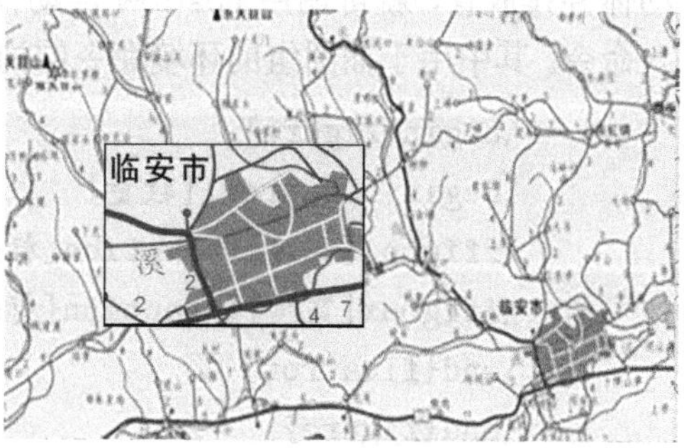

在例 9.24 源文件中，为了便于测量和换算插图中各地点的位置及其相互距离，还使用了 unit 参数，将坐标的长度单位设置为 mm。当在 overpic 环境命令中使用 unit 参数修改标尺的长度单位时，还须在 overpic 宏包的调用命令中添加 abs 选项。

在例 9.25 中，前景放大图的插入点坐标为：$x = 15\,\text{mm}$，$y = 16\,\text{mm}$。

还可使用 overpic 环境命令和 \includegraphics 插图命令的外形参数，分别对背景图形和前景图形进行缩放、裁剪和旋转等图形处理，并可修改 \put 命令中的坐标值，调整前景图形的插入点位置。而这些图形处理措施并不会改变背景图形和前景图形的原貌，它们仍可在其他地方被再调用和再处理。

例 9.26 很多绘图软件可以很方便地绘制出具有多维坐标的各种复杂曲线，但对数学式的编辑处理能力都不强，可使用 overpic 环境来弥补这一不足。

```
\begin{overpic}[width=65mm,%
height=40mm]{fig-curve4.png}
\unitlength=1mm
\Large\boldmath
\put(38,20){\rotatebox{69}{$x^{2}=y$}}
\end{overpic}
```

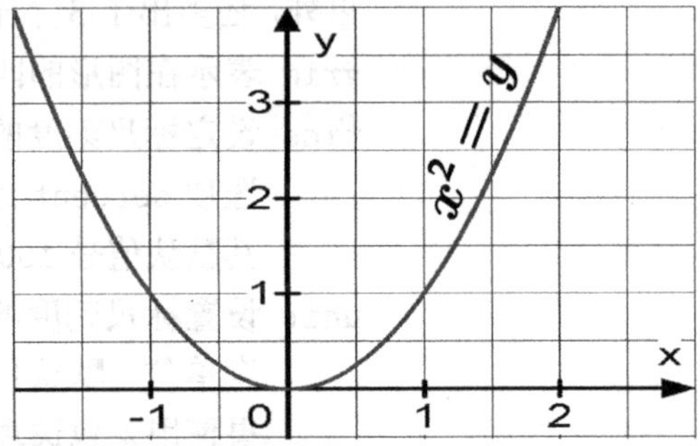

上例中的坐标函数图也可使用 pgfplots 绘图宏包提供的绘图环境和命令来绘制。该宏包将自行加载 graphicx、pgf、tikz 和 xcolor 等多个相关宏包。

9.5.2 其他图形处理宏包

lpic	可在插图上添加任何 LaTeX 对象，如文本、数学式以及坐标等。
pinlabel	可在 PDF 或 EPS 格式插图上添加文本或数学式。
psfrag	可在 EPS 格式插图上添加文本、数学式或图形等。

9.6 浮动体组

浮动体是指在浮动环境中的插图或表格。多个集中摆放的浮动体称为浮动体组。在论文中用得最多的是由插图或插图与表格构成的浮动体组，而很少用到由表格构成的浮动体组。

9.6.1 多个浮动体并排

有时为了更好地对比分析说明，或出于对页面美观的考虑，希望将多个可独立使用的浮动体并排放置，就可调用 floatrow 浮动体宏包，并使用其提供的 floatrow 环境以及各种插入命令。其中用于插图组的环境命令结构为：

```
\begin{figure}
\begin{floatrow}[数量]
\ffigbox[宽度]{\caption{标题1}}{图形1}
\ffigbox[宽度]{\caption{标题2}}{图形2} ......
\end{floatrow}
\end{figure}
```

用于表格组的环境命令结构为：

```
\begin{table}
\begin{floatrow}[数量]
\ttabbox[宽度]{\caption{标题1}}{表格1}
\ttabbox[宽度]{\caption{标题2}}{表格2} ......
\end{floatrow}
\end{table}
```

用于插图与表格混组的环境命令结构为：

```
\begin{figure}
\begin{floatrow}[数量]
\ffigbox[宽度]{\caption{标题1}}{图形1} ......
\killfloatstyle
\ttabbox[宽度]{\caption{标题2}}{表格1} ......
\end{floatrow}
\end{figure}
```

上述三种环境命令结构中的各种参数和命令说明如下。

数量	可选参数，用于设定并排放置的浮动体数量，其默认值是 2。
\ffigbox	图形插入命令，其中可选参数宽度用于设定插图标题的宽度，如果标题在浮动体之上或之下；或者是设置浮动体的宽度，如果标题在浮动体的侧面。如果设置的宽度为 \FBwidth，表示采用浮动体的自然宽度。宽度的默认值是 \hsize，即是 \ffigbox 或 \ttabbox 盒子的宽度： \hsize=[\textwidth-\columnsep*(数量-1)]/数量 这相当于多栏排版；如果并排放置的前一个浮动体的宽度设为 \FBwidth，那么后一个浮动体的宽度可设为 \Xhsize，以占据剩余的文本行宽度。
\killfloatstyle	当插图与表格这两类浮动体混组时，中间应插入此命令，因为这两类浮动体的对齐方式和标题格式有所不同。
\ttabbox	表格插入命令，其中可选参数宽度的定义与 \ffigbox 命令的相同，但它的默认值是 \FBwidth。

由于 floatrow 宏包是对 float 宏包的功能扩展，其核心的宏命令都是源自 float 和 rotfloat 宏包，所以这两个宏包不应被调入，以免冲突。环境 floatrow 也可以不用插于浮动环境之中而独立使用，只是部分浮动功能丧失，但其中的标题命令 \caption 仍可继续使用。

并排浮动体的对齐方式

当插图与表格这两种浮动体混组时，floatrow 宏包提供了以下三种对齐方式命令，可在图表的插入命令之前使用。

\TopFloatBoxes	指定后者的顶部与前者的顶部对齐。
\CenterFloatBoxes	指定后者的中心与前者的中心对齐。
\BottomFloatBoxes	默认值，指定后者的底部与前者的底部对齐。

并排浮动体的格式设置

可以使用在侧标题中提到的设置命令 \floatsetup，对浮动体组的格式进行设置，其中与浮动体组相关的参数及其选项如下。

captionskip 设置标题与浮动体之间的垂直距离，它的默认值是 10pt。

floatrowsep 浮动体之间的距离，其选项与侧标题中的 capbesidesep 参数相同。

例 9.27 将两幅插图并排摆放，每幅插图所占据的行宽相等。

```
\begin{figure}[!h]
\begin{floatrow}
\ffigbox{\caption{SRR 的外形示意图}}{\includegraphics{fig1.pdf}}
\ffigbox{\caption{SRR 的等效模型，其中 D2 为等效环内径，S 是螺线间距。}}{%
\includegraphics[height=32mm]{fig18.pdf}}
\end{floatrow}
\end{figure}
```

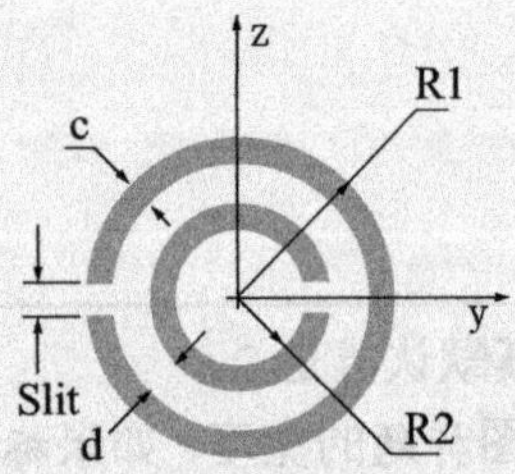

图 2.1 SRR 的外形示意图

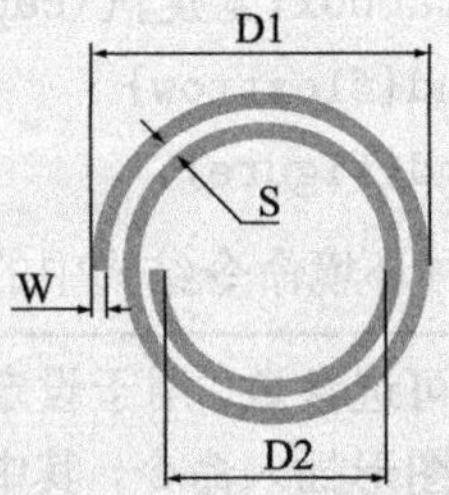

图 2.2 SRR 的等效模型，其中 D2 为等效环内径，S 是螺线间距。

从上例可以看出，并排放置的插图是以它们的底边对齐的。

例 9.28 将例 9.27 中两幅插图的标题宽度分别设置为 \FBwidth 和 \Xhsize。

```
\floatsetup[figure]{style=Boxed}
\begin{figure}[!h]
\begin{floatrow}
\ffigbox[\FBwidth]{\caption{SRR 的外形示意图}}{\includegraphics{fig1.pdf}}
\ffigbox[\Xhsize]{\caption{SRR 的等效模型，其中 D2 为等效环内径，S 是螺线间距。}}{%
\includegraphics{fig18.pdf}}
\end{floatrow}
\end{figure}
```

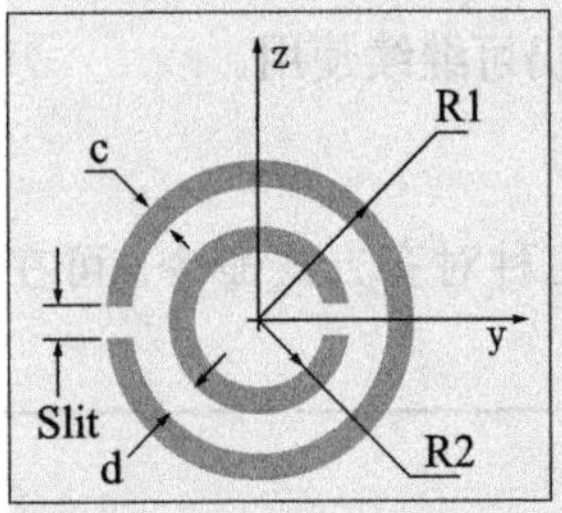

图 2.1 SRR 的外形示意图

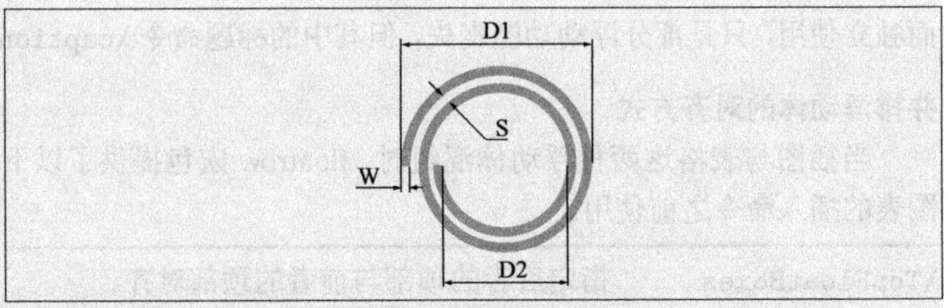

图 2.2 SRR 的等效模型，其中 D2 为等效环内径，S 是螺线间距。

在上例中，首先使用 \floatsetup 命令将两个插图所占据的范围用边框显示出来；命令 \floatsetup 具有很可选多子参数，每个子参数都有多个选项，这些子参数及其选项的详细说明，可参见 floatrow 宏包的说明文件。

例 9.29 将两个数据相关的表格并排放置，标题宽度分别等于其表格的宽度。

```
\begin{table}[!h]
\floatsetup{floatrowsep=qquad,captionskip=5pt} \tabcolsep=9pt
\begin{floatrow}
\ttabbox{\caption{各种无线通信网络的技术数据}}{%
\begin{tabular}{|c|c|c|}\hline
规范     & 频率   & 速率      \\\hline  802.11  & 2.4\:GHz & 2\:Mbps  \\\hline
802.11a & 5\:GHz & 54\:Mbps \\\hline  802.11b & 2.4\:GHz & 11\,Mbps \\\hline
\end{tabular}}
\ttabbox{\caption{网络数据比较}}{%
\begin{tabular}{|c|c|c|c|}\hline
~    & 802.11b  & 蓝牙      & HomeRF    \\\hline
频率 & 2.4\:GHz & 2.4\:GHz & 2.4\:GHz \\\hline
范围 & 100\:M   & 10\:M     & 50\:M     \\\hline
\end{tabular}}
\end{floatrow}
\end{table}
```

表 2.1 各种无线通信网络的技术数据

规范	频率	速率
802.11	2.4 GHz	2 Mbps
802.11a	5 GHz	54 Mbps
802.11b	2.4 GHz	11 Mbps

表 2.2 网络数据比较

	802.11b	蓝牙	HomeRF
频率	2.4 GHz	2.4 GHz	2.4 GHz
范围	100 M	10 M	50 M

从上例可以看出，并排放置的表格是以它们的顶边对齐的。

例 9.30 把一幅插图与一个表格混排于一行，由于表格标题的默认宽度是表格的自然宽度，为了对称，插图标题的宽度设为 \FBwidth。

```
\tabcolsep=9pt\floatsetup{floatrowsep=fill}
\begin{figure}[!h]
\begin{floatrow}\CenterFloatBoxes
\ffigbox[1.2\FBwidth]{\caption{SRR 的等效电路图}}{\includegraphics{fig2.pdf}}
\killfloatstyle
\ttabbox{\caption{802.11b 网络的技术数据}}{%
\begin{tabular}{|c|c|c|}\hline
规范 & 频率 & 速率 \\\hline  802.11b & 2.4\:GHz & 11\,Mbps \\\hline
\end{tabular}}
\end{floatrow}
\end{figure}
```

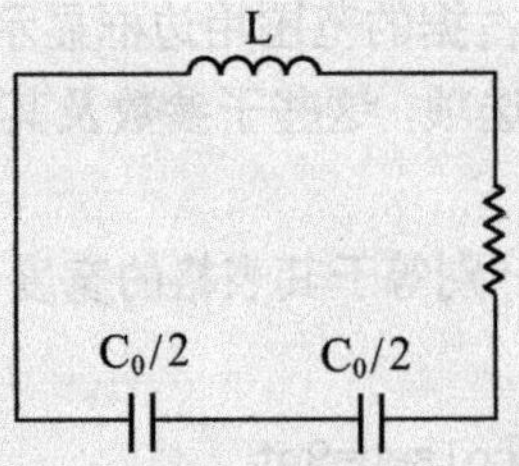

图 2.1 SRR 的等效电路图

表 2.1 802.11b 网络的技术数据

规范	频率	速率
802.11b	2.4 GHz	11 Mbps

在上例中，将表格与插图的对齐方式设定为中心对齐。

例 9.31 将两幅技术相关的插图并排放置，它们的标题分别置于插图的左侧和右侧，且左侧标题右对齐，右侧标题左对齐。

```
\begin{figure}[!h]
\begin{floatrow} \captionsetup{labelsep=newline,justification=raggedleft}
\floatsetup{capbesideposition=left}
\fcapside[\FBwidth]{\caption{CPW 结构的剖面图}}{\includegraphics{fig4.pdf}}
\captionsetup{justification=raggedright} \floatsetup{capbesideposition=right}
\fcapside[\FBwidth]{\caption{SRR-CPW 的立体示意图}}{\includegraphics{fig5.pdf}}
\end{floatrow}
\end{figure}
```

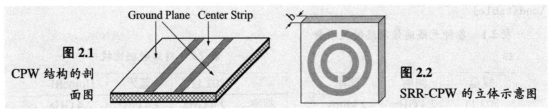

图 2.1
CPW 结构的剖面图

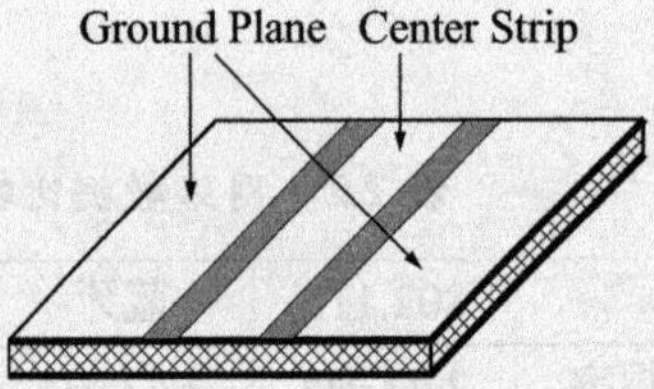

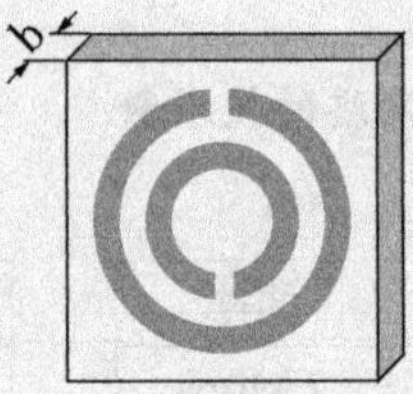

图 2.2
SRR-CPW 的立体示意图

在上例中，由于两幅插图的侧标题对齐方式和位置不同，所以需要分别在每个侧标题命令 \fcapside 之前，使用 \captionsetup 和 \floatsetup 命令进行单独设置。

9.6.2 子浮动体组

在论文写作中，有时需要同时用多个图形从不同角度来解释或证明某一论述，这些图形相互关联各不独立，必须组合使用。通常对这样的插图组，只给出一个统一排序总序号和总标题，而其中的每个插图分别给出子序号和子标题。表格也有类似的做法。这种具有总序号和子序号的浮动体组称为子浮动体组。

子浮动体环境 subfloatrow

浮动体宏包 floatrow 提供有一个子浮动体环境 subfloatrow，它可以创建子浮动体组，其环境命令结构为：

```
\begin{subfloatrow}[数量]
图形、表格插入命令
\end{subfloatrow}
```

其中，数量是用于指定该环境中子浮动体的数量，其默认值是 2。此外，还需要调用 subfig 宏包，用以支持 subfloatrow 环境。

子浮动体组的格式设置

可使用设置命令 \floatsetup，对子浮动体组的排版格式进行设置，其中相关的参数及其选项说明如下。

subfloatrowsep 子浮动体之间的水平距离，其选项与侧标题中的 capbesidesep 参数的选项相同。

子浮动体组的标题格式设置

还可以使用 caption 标题宏包提供的标题设置命令 \captionsetup[浮动体类型]{...}，分别设置子浮动体组的总标题格式和子标题格式，该命令中可选参数浮动体类型的选项分别是 figure、table、subfloat、subfigure 和 subtable，如果省略这个可选参数，则表示其设置适用于所有类型的浮动体。

子序号的计数形式

子浮动体组中的每个子浮动体都有一个子标题，每个子标题都有一个子序号。子序号的默认计数形式是小写英文字母。可在导言中使用 caption 宏包提供的命令：

\DeclareCaptionSubType[计数形式]{浮动体类型}

来修改子序号的计数形式。命令中的各种参数说明如下。

计数形式　可选参数，其选项有 alph(默认值)、Alph、roman、Roman 和 chinese。

浮动体类型　该参数的选项是 figure 或 table。

带星号的子浮动体环境

浮动体宏包 floatrow 还提供了一个带星号的子浮动体环境 subfloatrow*，它与不带星号的区别在于：其中的标题命令 \caption 恢复了原有排序功能，即子序号与总序号同样参与统一排序。

例 9.32 将 SRR 的三种等效电路图采用插图组的形式并排显示。

```
\begin{figure}[!h]
\ffigbox[\FBwidth]{}{{%
\begin{subfloatrow}[3]
\ffigbox[1.5\FBwidth]{\caption{星形等效电路}}{\includegraphics{fig36.pdf}}
\ffigbox[1.5\FBwidth]{\caption{四端等效电路}}{\includegraphics{fig35.pdf}}
\ffigbox[1.5\FBwidth]{\caption{三角形等效电路}}{\includegraphics{fig43.pdf}}
\end{subfloatrow}}\caption{SRR 的三种等效电路图}}
\end{figure}
```

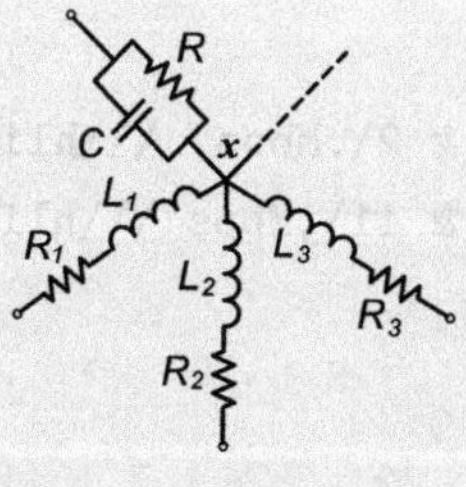

图 (2.1) 星形等效电路

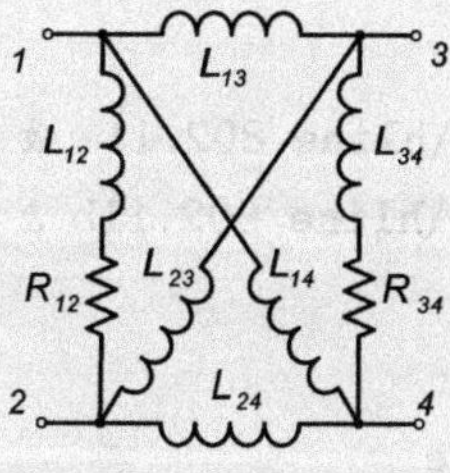

图 (2.2) 四端等效电路

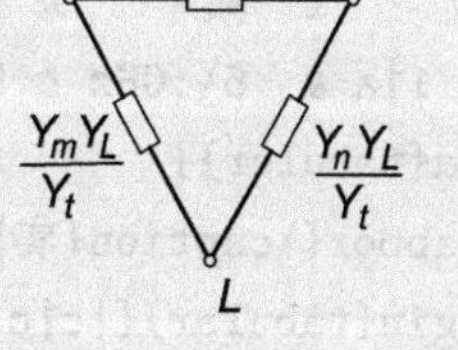

图 (2.3) 三角形等效电路

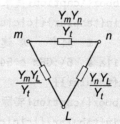

图 2.4 SRR 的三种等效电路图

在上例中，根据文本行的宽度，将每个插图的标题宽度设置为插图宽度的 1.5 倍。

例 9.33 也可以使用侧标题命令把插图组的总标题改到右侧，并垂直居中。

```
\begin{figure}[!h]
\captionsetup{labelsep=newline}
\floatsetup{capbesideposition={right,center},facing=yes}
\captionsetup[subfigure]{labelformat=brace,textfont=md,labelfont=up}
\fcapside[\FBwidth]{}{{%
\begin{subfloatrow}
\ffigbox[\FBwidth]{\caption{S 参数曲线}}{\includegraphics{fig25.pdf}}
\ffigbox[\FBwidth]{\caption{CPW 的谐振曲线}}{\includegraphics{fig22.pdf}}
\end{subfloatrow}}
\caption{S 参数曲线与 CPW 的谐振曲线比较}}\vspace{0.5mm}
\end{figure}
```

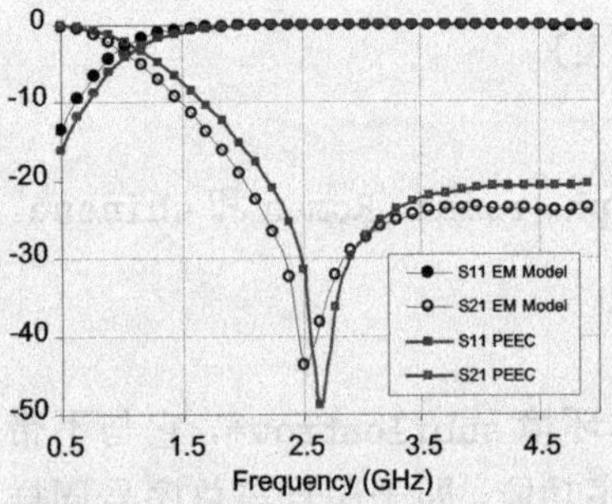

图 2.1) S 参数曲线

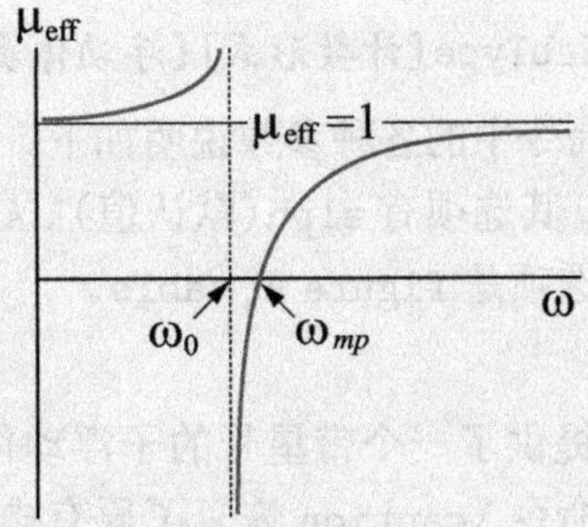

图 2.2) CPW 的谐振曲线

图 2.3
S 参数曲线与CPW 的谐振曲线比较

在上例中，首先使用 \captionsetup 和 \floatsetup 命令设置插图组的总标题格式，再用 \captionsetup[subfigure]{...} 命令设置子插图的标题格式。

例 9.34 多个数据相关的表格，也可以使用 subfloatrow 环境编排，构成表格组。

```
\floatsetup{subfloatrowsep=qquad}
\captionsetup[subtable]{labelfont=bf,textfont=sl}
\begin{table}[!h]
\ttabbox{}{%
\begin{subfloatrow}
\ttabbox{\caption{技术规范}}{%
\begin{tabular}{|c|c|c|}\hline
规范    & 频率   & 速率     \\\hline 802.11  &  2.4\:GHz & 2\:Mbps  \\\hline
802.11a &  5\:GHz & 54\:Mbps \\\hline 802.11b &  2.4\:GHz & 11\,Mbps \\\hline
\end{tabular}}
\ttabbox{\caption{实际应用}}{%
\begin{tabular}{|c|c|c|c|}\hline
~     & 802.11b   & 蓝牙      & HomeRF    \\\hline
频率 & 2.4\:GHz  & 2.4\:GHz & 2.4\:GHz \\\hline
范围 & 100\:M    & 10\:M    & 50\:M     \\\hline
```

```
\end{tabular}}
\end{subfloatrow}\caption{各种无线通信网络的技术数据}}
\end{table}
```

表 2.3 各种无线通信网络的技术数据

表 (2.1) *技术规范*

规范	频率	速率
802.11	2.4 GHz	2 Mbps
802.11a	5 GHz	54 Mbps
802.11b	2.4 GHz	11 Mbps

表 (2.2) *实际应用*

	802.11b	蓝牙	HomeRF
频率	2.4 GHz	2.4 GHz	2.4 GHz
范围	100 M	10 M	50 M

在上例中，将子序号的字体设为粗体，子标题的字体设为倾斜体。

- 在默认条件下，浮动环境中的插图或表格是左对齐的，而其标题却是居中对齐，很不协调，经常需要使用 \centering 居中命令。当调用 floatrow 宏包后，它可使浮动环境中的图表自动居中。
- 在 CTAN 的 floatrow 宏包文件夹中还附有多篇应用示例文件，很有参考价值。

子浮动体命令 \subfloat

由 Steven Douglas Cochran 编写 subfig 浮动体宏包，是个主要用于创建子浮动体组的宏包，它提供有多个设置命令，其中最常用的是子浮动体命令：

```
\subfloat[标题]{图形或表格}
```

它可在浮动环境中创建子浮动体组。

浮动体宏包 subfig 的可选参数及其选项与 caption 宏包的基本相同，只是前者用于设置子标题和子序号的格式，而后者用于设置总标题及其序号的格式。

在 \subfloat 命令的*图形或表格*参数中，还可以直接使用 \put 和 \line 等绘图命令以及 \color 等颜色命令，用来为子浮动体添加说明文字或简单图形。

例 9.35 将 RC 并联电路的电路图、元件明细表、频率特性图和 Q 值曲线图，共 4 个相关联的图表，用图表组的形式显示，每个图表有子序号和子标题。

```
\begin{figure}[!h]
\centering
\subfloat[电路图]{\includegraphics{fig44.pdf}\label{subfig:1}}\hspace{30pt}
\subfloat[元件表]{\begin{tabular}[b]{cccc}\hline
C1  & 0.36\:pF & R1 & 1.5\:k \\
C2  & 0.22\:pF & R2 & 8.2\:k \\
C3  & 0.11\,pF & R3 & 4.7\:k \\ \hline\vspace{3mm}
\end{tabular}}\\
\subfloat[频率特性]{\includegraphics{fig46.pdf}}\hspace{30pt}
\subfloat[Q 值曲线]{\includegraphics{fig45.pdf}}
\caption{$\pi$ 型~RC 串并联电路\label{fig:circuit}}
\end{figure}
图 \ref{fig:circuit} 是由图 \ref{subfig:1} 等 4 个子图形和表格构成的图表组。
```

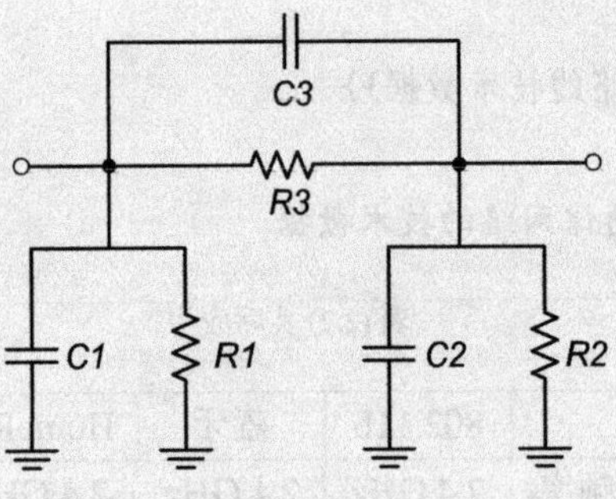

(a) 电路图

C1	0.36 pF	R1	1.5 k
C2	0.22 pF	R2	8.2 k
C3	0.11 pF	R3	4.7 k

(b) 元件表

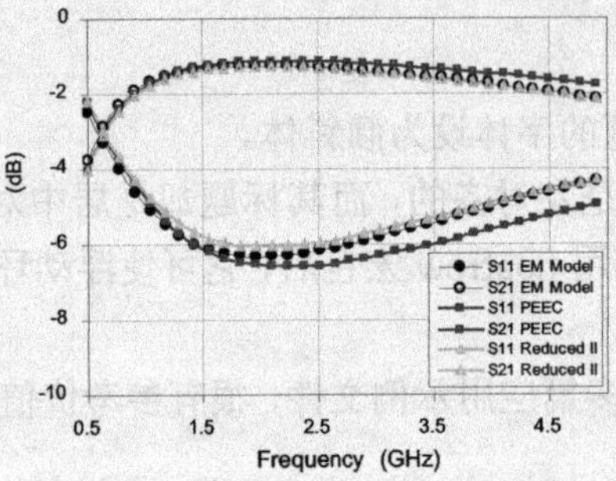

(c) 频率特性

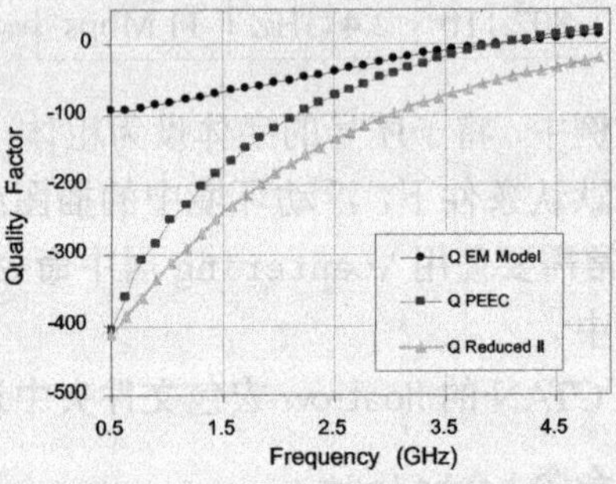

(d) Q 值曲线

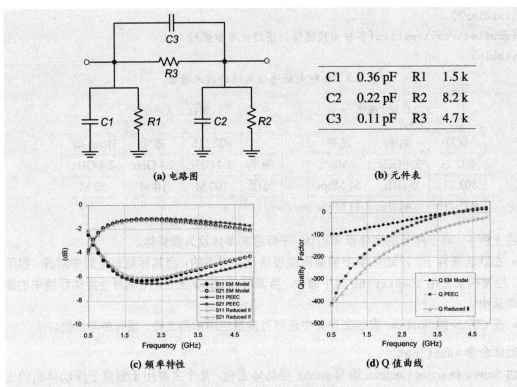

图 6.8 π 型 RC 串并联电路

图 6.8 是由图 6.8a 等 4 个子图形和表格构成的图表组。

从上例中可以看出，子标题的字体尺寸小于总标题的字体，如果要使两者字体尺寸相同，可使用标题设置命令 `\captionsetup[subfloat]{font=normal}`。

当调用 subfig 宏包时，caption 宏包也同时被加载，所以可直接使用 `\captionsetup` 命令分别对总标题和子标题的格式进行设置。

9.7 动画影音

论文如果是电子版的还可插入动画影音等多媒体文件，使之直接在论文中播放。

若多媒体文件格式为 AVI、MPG、MOV 或 WAV，可使用 multimedia 宏包提供的 `\movie` 命令，其详细介绍见本书 13.3.8 节：**影像**。

若多媒体文件格式为 JPG、MPS、PDF 或 PNG，可使用 animate 宏包提供的影像命令：

```
\animategraphics[放映设置]{放映速率}{文件名}{起始页码}{结束页码}
```

若多媒体文件格式为 FLV、MP3、MP4 或 SWF，可使用 media9 宏包提供的影像命令：

```
\includemedia[放映设置]{预告标志}{文件名}
```

以上两条影像命令的具体使用方法的讲解可查阅其宏包的说明文件。

第 10 章　正文工具

本章提到的正文是指论文中的正文部分，通常标题前有章节序号的内容称为论文的正文。正文之前和正文之后的内容，如目录、摘要和参考文献等，都是为正文服务的工具，它们的作用就是帮助读者更便利地了解和阅读正文。

10.1　摘要

论文的正文之前都要求有摘要，学位论文还要求有中文和英文两种摘要。摘要是对正文内容不加注释和评论的简短概述，它本身应是一篇完整的短文，可独立使用，比如被其他文件引用等，所以在摘要中要尽量避免出现脚注、交叉引用、数学式以及非通用的符号或术语等内容。

10.1.1　摘要环境

文类 report 和 article 都提供有编写摘要的 abstract 摘要环境：

```
\begin{abstract}
摘要内容
\end{abstract}
```

该环境可以自动生成用粗体字居中排版的摘要标题：Abstract，如果希望改换这个标题，例如改为 Summary，可对其标题名命令重新定义：\renewcommand{\abstractname}{Summary}。如果调用了中文标题宏包 ctexcap，该标题将自动改为黑体中文：**摘要**。若希望保持原有英文标题，可使用该宏包可选参数中的 nocap 选项，也可对摘要标题名命令重新定义。

文类 report 默认摘要环境排版的论文摘要为单独页，即进入摘要环境就另起一页，退出时再换一页；摘要标题页没有页码，如果摘要为多页，从第二页起页码从 2 开始计数，摘要之后内容的页码再从 1 开始计数。如果不需要摘要为单独页，可使用文类 report 可选参数中的 notitlepage 选项。

文类 article 默认摘要环境排版的论文摘要紧接上下文，不另起新页；如果希望摘要为单独页，可启用该文类的 titlepage 选项，这时摘要的页码与 report 默认时的相同。

文类 book 并没有提供摘要环境，这是因为学位论文等中长篇论著的摘要都是自成一章，通常采用章命令 \chapter* 来生成摘要标题并编写摘要内容。

摘要环境 abstract 或者带星号章命令 \chapter* 所生成的摘要标题，在默认情况下是不会被编入章节目录和进入页眉的。如果希望将摘要标题也写进目录和页眉，则需要分别使用 \addcontentsline 和 \markboth 命令。

10.1.2　自定义摘要环境

文类 report 和 article 所提供摘要环境的排版格式相同而且难以修改，如果对现有摘要环境 abstract 的排版格式不满意，可自定义一个排版格式能够灵活设置的摘要环境。

例 10.1　利用系统提供的通用列表环境 list 来自定义一个 Abstract 摘要环境，要求摘要标题为黑体、摘要内容为楷体、每段首行默认缩进为两个汉字的宽度并能调整、摘要文本左右缩进宽度相等且可设定。

```
\newenvironment{Abstract}[2][2em]{%
\heiti\chapter*{摘 要}\list{}{%
\itemindent=#1 \listparindent=\itemindent%
\leftmargin=#2 \rightmargin=\leftmargin%
\parsep=0pt}\kaishu\item}{\endlist}
\begin{Abstract}[1.5em]{2.5em}
虽然无理数起源于几何学，但负数和复数....。
\end{Abstract}
```

摘要

虽然无理数起源于几何学，但负数和复数都是起源于代数学。

在上例源文件中，在自定义的 Abstract 环境命令中设置了两个参数，其中一个是可选参数，其默认值是 2em，另一个参数用于设置摘要文本的左右缩进宽度；使用章命令 \chapter* 生成的摘要标题将新起一页，若不要另起新页，可改用节命令 \section*。

10.2　目录

目录的作用是帮助读者总览论文各章节的主要论述内容，快速准确地查阅相关论述。目录是最重要的正文工具，所以它都是放在正文之前，以便引导读者。论文中的目录主要有章节目录、插图目录和表格目录三种。通常 6 页以上的论文都应设置章节目录，中长篇论文且其中插图或表格较多时才设置插图目录或表格目录。

10.2.1　章节目录

论文的章节目录(简称目录)通常都设在摘要之后，正文之前，所以可在这个位置插入系统提供的章节目录命令：

```
\tableofcontents
```

在编译源文件时，该命令就会在这个位置自动生成章节目录。标准文类 book 和 report 将目录作为单独的一章，具有独立的目录标题页，它通常都位于论文的右页；而文类 article 将目录作为一节，与正文相连。

要对源文件连续编译两次才能生成正确的目录，第一次编译，系统对所有层次标题自动排序并获得这些标题所在页的页码，然后按照章节目录命令的要求，将这些标题的内容、序号和页码写入与源文件同名的 .toc 章节标题记录文件中；在第二次编译时，章节目录命令根据 .toc 中的标题信息自动生成目录。

例 10.2　在一篇电磁场论文的正文之前，使用目录命令生成章节目录。

```
\tableofcontents
\chapter{绪论} ......
\section{场 (field) 概念} ......
\subsection{向量分析} ......
\subsubsection{柱坐标} ......
\chapter{电磁场} ......
```

目录

第一章　绪论　2
　1.1　场 (field) 概念 . . . .　2
　　1.1.1　向量分析 . . . . . .　9
第二章　电磁场　28

在本书的第 2 章“图 2.2　中长篇论文源文件的典型结构”图中有个“创建目录子源文件 contents.tex”，通常其中只有一条命令，那就是 \tableofcontents 章节目录命令；在该子源文件中，还可以使用 \pagestyle 和 \markboth 等命令，对目录页的版式进行单独设置。

由层次标题、指引线和页码组成的文本行称为目录的条目；如果层次标题是章标题，则称该文本行为章条目，是节标题，则称节条目，依此类推。

10.2.2 目录深度

如果采用 book 文类，所生成的章节目录中包含有章标题、节标题和小节标题这三个层次的标题，也就是说其默认的目录深度是 2，与默认的标题排序深度相同。在例 10.2 中，层次深度为 3 的小小节标题：柱坐标，就没有被排入目录。文类 report 和 article 的默认目录深度分别为 2 和 3。

有时小节标题太多使目录过于冗长，有时希望将小小节标题也排入目录，这就需要修改默认的目录深度。在系统中，控制目录深度的是 `tocdepth` 目录深度计数器，改变它的计数值就可以改变目录的深度。

例 10.3 改变目录深度，将例 10.2 中的小小节标题也排入目录。

```
\setcounter{tocdepth}{3}
\tableofcontents
\chapter{绪论} ......
\section{场 (field) 概念} ......
\subsection{向量分析} ......
\subsubsection{柱坐标} ......
\chapter{电磁场} ......
```

目录

第一章 绪论 **2**
1.1 场 (field) 概念 2
1.1.1 向量分析 9
柱坐标 27
第二章 电磁场 **28**

在上例源文件中，使用计数器设置命令 `\setcounter` 将目录深度由默认的 2 改为 3，这样小小节标题也就能够被排入章节目录了。

10.2.3 目录页的页码

系统默认的页码计数形式是阿拉伯数字，所以在例 10.3 中目录页与其后各章节的页码都是连续阿拉伯数字。

通常论文目录页的页码计数形式是阿拉伯数字或大写罗马数字，其后各章的页码也是阿拉伯数字，但第 1 章的起始页码都是 1，这就需要使用页码设置命令 `\pagenumbering` 对不同内容页面的页码计数形式或起始页码分别加以设置。

例 10.4 将例 10.2 中目录页的页码改为大写罗马数字，正文的页码仍改回阿拉伯数字。

```
\tableofcontents
\pagenumbering{Roman}
\chapter{绪论}
\pagenumbering{arabic} ......
\section{场~(field) 概念} ......
\subsection{向量分析} ......
\subsubsection{柱坐标} ......
\chapter{电磁场} ......
```

目录

第一章 绪论 **1**
1.1 场 (field) 概念 2
1.1.1 向量分析 8
第二章 电磁场 **27**

I

如果是使用子源文件的方式将各章节调入主源文件，也可在包含命令 `\include` 之前使用 `\pagenumbering` 命令，以控制各章节以及各种正文工具的页码计数形式和起始页码。

10.2.4 目录格式的修改

从例 10.2 中可以看出，默认的目录格式为：章标题中的中文字体是黑体，节标题和小节标题中的是宋体；章标题与页码之间没有指引线，节和小节标题与页码之间附有指引线，它与标题的基线平齐；节标题和小节标题向右阶梯缩进。

目录的结构尺寸

通常对目录格式的要求并不严格，上述默认格式可基本满足各种论文的需要。如果要对目录条目的外形尺寸进行修改，就应了解系统对目录的结构尺寸设定，如图 10.1 所示。

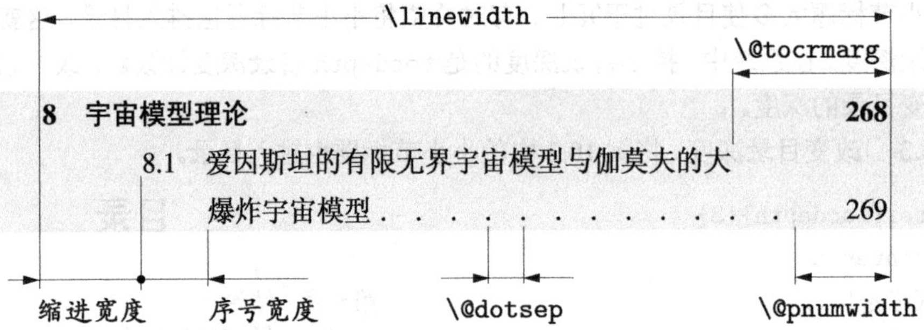

图 10.1　目录的结构尺寸示意图

目录中每种层次条目的*缩进宽度*和*序号宽度*是由 `\l@层次名` 设置命令控制的，而这些设置命令大都又是由条目行命令定义的：

```
\@dottedtocline{层次深度}{缩进宽度}{序号宽度}
```

例如标准文类 book 和 report 对节条目和小节条目的缩进宽度和序号宽度的定义分别为：

```
\newcommand*{\l@section}{\@dottedtocline{1}{1.5em}{2.3em}}
\newcommand*{\l@subsection}{\@dottedtocline{2}{3.8em}{3.2em}}
```

可使用重新定义命令对这两条设置命令重新赋值；而章条目设置命令 `\l@chapter` 的默认缩进宽度和序号宽度分别是 `0em` 和 `1.5em`，该命令的定义比较复杂，通常无需修改，如要改动可查阅有关文献 [4, p. 50]。系统构造目录的具体讲解可查阅 tocloft 宏包的说明文件。

图 10.1 中的三条核心命令是由标准文类提供的，都可用重新定义命令为其重新赋值，它们所控制的目录结构尺寸说明如下。

`\@dotsep`	指引线中相邻两圆点之间的距离，默认值为 `4.5`，默认单位是 mu，而且只能用这个单位。如果该长度值被设置的足够大，那么指引线将消失。
`\@pnumwidth`	预留页码宽度，即为排印页码而预留的空白宽度，默认值 `1.55em`，足以容纳三位数。若实际页码宽度大于预留页码宽度，多出的部分将凸入右边空。
`\@tocrmarg`	标题行左缩进宽度，默认值是 `2.55em`。为了避免断词等原因，可以使用弹性长度为该命令赋值。注意：`\@tocrmarg` 应大于等于 `\@pnumwidth`。

目录设置宏包 titletoc

系统并没有提供专用于修改目录格式的用户命令，如果要对标题字体、指引线样式等目录格式进行全面的修改，可调用由 Javier Bezos 编写的 titletoc 目录设置宏包。该宏包有 3 个选项，不过通常无须选用，主要是使用它提供的一组用于修改目录格式的设置命令。

(1) 目录格式命令，它是在修改目录格式时最常用的设置命令：

\titlecontents{标题名}[左间距]{标题格式}{标题标志}{无序号标题}{指引线与页码}[下间距]

其中各种参数的功能简要说明如下。

标题名 设置所需修改的某一层次标题格式的标题名，如 chapter、section 等层次标题名，或是 table 和 figure 图表标题名。

左间距 可选参数，但不能省略，它用于设置标题内容与版心左边缘之间的距离。如果设为负值，标题内容将凸入左边空。

标题格式 设置标题的整体格式，如字体、字体尺寸、与上一个标题的垂直距离等。该参数可以空置。

标题标志 设置标题标志的格式，如序号格式、序号宽度，序号与标题内容之间的间距等。该参数不能空置，否则标题将无标题标志。

无序号标题 设置无序号标题的格式，如字体、字体尺寸等。该参数可以空置。

指引线与页码 设置标题与页码之间的指引线样式以及页码的格式，该参数如果空置，标题将无指引线和页码。

下间距 可选参数，用于设置标题排版后还需要执行的命令，例如与下个标题的垂直间距等。该参数常被省略。

当使用该命令设置某一层次标题与上一个或下一个标题的垂直间距时，应使用 \addvspace 而不是 \vspace 长度设置命令，以免与其他标题所设的垂直间距叠加；该命令既可在导言中使用，也可在正文中使用，以对不同目录设置不同的排版格式。

(2) 标题标志命令，这是两条可在目录格式命令中定义标题标志格式的设置命令：

\thecontentslabel 和 \contentslabel[格式]{宽度}

第一条命令表示没有任何附加格式设置的标题标志。第二条命令中的可选参数*格式*用于设置标题标志的格式，其默认值为 \thecontentslabel；*宽度*是设置标题标志所占据的宽度，如果所设宽度超过标题标志的自然宽度，标题标志将左对齐。

(3) 页码格式命令，它是两条可在目录格式命令中定义页码格式的设置命令：

\thecontentspage 和 \contentspage[格式]

第一条命令表示没有任何附加格式设置的标题页码。第二条命令中的可选参数*格式*用于设置标题页码的格式，其默认值为 \thecontentspage。

10.2.5 插图目录和表格目录

插图目录和表格目录通常位于章节目录之后，正文之前。

插图目录

如果论文中有很多插图，为了便于查阅，可使用插图目录命令：

\listoffigures

来创建插图目录。在第一次全文编译时，系统对所有插图的标题自动排序并分别获得它们所在页的页码，然后按照插图目录命令的要求将所有插图的标题内容、序号和页码逐一写入与源文件同名的 .lof 插图标题记录文件；在第二次全文编译时，插图目录命令根据 .lof 文件中的插图标题信息和预定的排版格式自动生成插图目录。

表格目录

如果论文中有很多表格，为了便于查阅，可使用表格目录命令：

```
\listoftables
```

来创建表格目录。在第一次全文编译时，系统对所有表格的标题自动排序并分别获得它们所在页的页码，然后按照表格目录命令的要求将所有表格的标题内容、序号和页码逐一写入与源文件同名的 .lot 表格标题记录文件；在第二次全文编译时，表格目录命令根据 .lot 文件中的表格标题信息和预定的排版格式自动生成表格目录。

图表目录深度的修改

如果在论文中使用 subfig 宏包命令插入了多个子图形或子表格，并且希望将这些子图形或子表格的标题也能进入插图或表格目录，可在插图或表格目录命令之前修改插图或表格目录深度：`\setcounter{lofdepth}{2}` 或 `\setcounter{lotdepth}{2}`。

在以上两个计数器设置命令中，lofdepth 和 lotdepth 都是由 subfig 宏包提供的插图目录深度计数器和表格目录深度计数器。

图表目录格式的修改

插图目录和表格目录的排版格式也可使用 titletoc 宏包提供的目录格式命令来修改，但它必须置于导言中才有效。

例 10.5 将插图目录中标题名的字体设置为黑体，标题内容的字体为楷体。

```
\titlecontents{figure}[12mm]{\kaishu}
{\contentslabel[\heiti 图~\thecontentslabel]{12mm}}{}
{\titlerule*[0.5pc]{$\cdot$}\contentspage[{\makebox[0pt][r]{\thecontentspage}}]}
```

插图

在编译源文件时，系统并不会将标题名“图”与序号一同写入 .lof 插图标题记录文件，如果希望插图目录中的插图标题具有完整的标题标志，可在目录格式命令的标题标志参数中加入标题名“图”，如例 10.5 所示。

从例 10.5 可以看出，在图表目录中，不同章的图表条目之间附加了一段垂直空白，其默认值是 10pt。生成这段垂直空白的长度命令是系统在创建 .lof 文件时自动插入的。

10.2.6 目录中的附加条目

章节目录中的条目是由 \chapter 和 \section 等章节命令生成的，插图或表格目录中的条目是由在浮动环境 figure 或 table 中的图表标题命令 \caption 生成的；而带星号的章节命令和图表标题命令以及摘要、参考文献等环境创建的无序号标题，则不能进入目录。如果希望某个无序号标题也能被排入目录，可在该标题或环境命令之后使用附加条目命令：

```
\addcontentsline{扩展名}{条目类型}{条目文本}
```

它将通过标题记录文件向目录增添附加条目及其页码。命令中的各种参数说明如下。

扩展名 标题记录文件的扩展名，如果所附加条目的是章节目录，*扩展名*为 `toc`；如果是插图目录，则为 `lof`；如果是表格目录，则为 `lot`。

条目类型 所附加条目的格式类型，如果*扩展名*为 `toc`，那么*条目类型*可以是 `chapter`、`section` 等不带反斜杠的章节命令名；如果为 `lof`，则是 `figure`；如果为 `lot`，则是 `table`。

条目文本 可以是带星号命令或摘要等环境生成的无序号标题，也可以是其他需要向目录添加的文字符号。

在第一次编译时，附加条目命令将*条目类型*和*条目文本*及其所在页码写入相应*扩展名*的标题记录文件；在第二次编译时，相应的目录命令将对应标题记录文件中的所有内容依次写入相应的目录。

如果希望在附加条目前添加一个标记，如编号或符号等，可以在 `\addcontentsline` 命令中的*条目文本*前插入命令：

```
\protect\numberline{标记}
```

其中 `\protect` 用于保护“脆弱”命令，详见第 423 页第 11.6 节说明。

此外，系统还提供了另一条附加条目命令：

```
\addtocontents{扩展名}{文本}
```

它可以将任意文本和相关格式命令写入目录或在创建目录时被执行，但它不会将所在页码写入目录。在命令中，*文本*可以是任意字符或 `\addvspace`、`\newpage` 等调整某一条目格式的命令，该参数是个联动参数，详见第 423 页第 11.6.1 节说明。

例 10.6 使用附加条目命令将论文中的索引标题及其分类标题都加入章节目录。

```
\addcontentsline{toc}{chapter}{索引}
\addtocontents{toc}{\protect\addvspace{1.5ex}}
\addcontentsline{toc}{section}{%
\protect\numberline{A、}人名}
\addcontentsline{toc}{section}{%
\protect\numberline{B、}地名}
```


在上例源文件中，使用附加条目命令 `\addtocontents` 将目录中“索引”与“人名”两条目之间的距离设定在 1.5 ex。若要在部条目下方添加一根水平线，也可使用附加条目命令：

```
\part{部标题内容} \addtocontents{toc}{\protect\hrulefill\par}
```

如需在某处换页或调整某页的版心高度，也可分别使用附加条目命令：

```
\addtocontents{toc}{\protect\newpage}
\addtocontents{toc}{\protect\enlargethispage{2\baselineskip}}
```

还可以利用 `\addtocontents` 附加条目命令将图形插入目录中。

调用 tocbibind 宏包后可自动将参考文献、索引和插图等标题及其页码添加到目录中，也可启用该宏包的相关选项来禁止某类标题进入目录。

10.2.7 双栏目录

如果目录中的章节条目很多，但标题内容又都很简短，这会使目录页面看起来很空旷。为了能使目录页面的内容紧凑，信息量加大，可采用双栏目录形式。

如果需要排版双栏目录，可调用由 Martin Schröder 编写的 multitoc 多栏目录宏包，其可选参数有 3 个选项：toc、lof 和 lot，可分别在 \tableofcontents、\listoffigures 和 \listoftables 命令所在位置自动生成双栏章节目录、双栏插图目录和双栏表格目录。

例 10.7 若把例 10.3 中的目录改为双栏排版，可将 \usepackage[toc]{multitoc} 调用宏包命令添加在导言中，就能在 \tableofcontents 命令的位置自动生成双栏章节目录。

目录

第一章 绪论 **1**
1.1 场 (field) 概念 1
1.1.1 向量分析 8
柱坐标 26
第二章 电磁场 **27**

(1) 双栏目录的栏间距离为 \columnsep，其默认值是 10pt，可使用长度赋值命令修改这个长度数据命令的默认值。

(2) 多栏目录宏包 multitoc 默认生成的是双栏目录，如果需要改为三栏目录，可在章节目录命令之前加入重新定义命令 \renewcommand{\multicolumntoc}{3}。

10.2.8 混合目录

混合目录就是将插图目录、表格目录和章节目录中的两者或三者合为一个目录。

图表混合目录

有的论文插图很多，表格较少，可不必专门设置表格目录，而将其合并到插图目录中，形成图表目录，反之亦然。虽然插图和表格标题都是由 \caption 命令生成的，但在创建插图和表格目录时分别将标题信息数据写入插图标题记录文件 .lof 和表格标题记录文件 .lot，这是 book 等标准文类使用 \def\ext@figure{lof} 和 \def\ext@table{lot} 命令定义的。要使插图和表格标题出现在同一个目录中，就要使其在创建目录时将标题信息数据写入同一个标题记录文件。

例 10.8 将论文中的所有插图标题和表格标题合并生成一个图表目录。

```
\makeatletter \renewcommand{\ext@table}{lof} \makeatother
\renewcommand{\listfigurename}{图表目录} \listoffigures
\chapter{数字滤波器}
\begin{table}
\caption{基本参数比较表} ......
\end{table}
\chapter{信号处理}
\begin{figure}
...... \caption{A/D~变换示意图}
\end{figure}
```

图表目录

表 1.1 基本参数比较表 · · · · · · · · · · 2

图 2.1 A/D 变换示意图 · · · · · · · · · · 3

(1) 上例按照例 10.5 的做法，先在导言中分别使用 \titlecontents 命令将黑体“**图**”和“**表**”加在插图和表格标题的序号之前。

(2) 上例重新定义 \ext@table 命令，当使用 \listoffigures 命令创建插图目录时，它也能将 table 环境中的表格标题信息数据写入 .lof 插图标题记录文件。

章节和图表混合目录

插图和表格可各自单独设置目录或合并成一个目录，但由于在图表目录中每个条目只有所在章的序号，无法直接说明它们在正文中与所在章节内容的关系，所以有时图表目录要与章节目录前后对照来看，很不方便。

例 10.9 将插图目录和表格目录都融入到章节目录，使三者混合成为一个综合目录。

```
\makeatletter \renewcommand{\ext@figure}{toc} \renewcommand{\ext@table}{toc}
\makeatother  \tableofcontents
\chapter{数字滤波器}
\section{单位脉冲响应}
\begin{table}
\caption{基本参数比较表} ......
\end{table}
\chapter{信号处理}
\begin{figure}
...... \caption{A/D~变换示意图}
\end{figure}
```

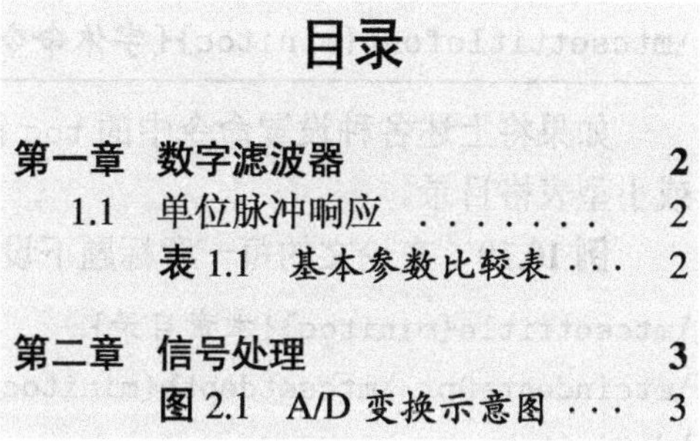

在上例源文件中使用两个重新定义命令，将图表标题信息都写入章节标题记录文件。

10.2.9 简明目录

有些论著的篇幅很长，内容很丰富，各种层次的标题很多，其章节目录的页数也很多，有的可多长达几十页。为了便于读者能够快速地了解长篇论著的大致内容，可在其章节目录之前设置一个简明目录。调用由 Jean-Pierre F. Drucbert 编写的简明目录宏包 shorttoc，并在章节目录命令 \tableofcontents 之前使用该宏包提供的简明目录命令：

\shorttoc{*目录标题*}{*目录深度*}

就可以创建一个简明目录。例如：

```
\shorttoc{简明目录}{1}   % 目录深度设为 1，只显示层次深度为 0 和 1 的章和节标题
\setcounter{tocdepth}{3} % 由于设置简明目录，将章节目录的默认深度由 2 改为 3
\tableofcontents
```

需要注意的是多栏目录宏包 multitoc 对用 shorttoc 宏包创建简明目录不起作用。

10.2.10 小型目录

有些长篇论著除了在正文前面设有章节目录之外，还在正文中每个章标题之下设置一个小型目录，只显示本章以下各层次标题，使读者能够对该章的主要论述内容一目了然。

调用由 Jean-Pierre F. Drucbert 编写的小型目录宏包 minitoc 并使用其提供的设置命令就可以创建小型目录，以下是其中最常用的设置命令及其说明。

\dominitoc 从 .toc 章节标题记录文件中提取小型目录所需的标题信息数据，该命令必须置于章节目录命令之前。

\minitoc 小型目录命令，它可在所处位置创建小型目录；该命令通常紧随章命令之后。

\mtcindent 小型目录中的条目左、右缩进宽度，其默认值是 24pt。

\mtcsetdepth{minitoc}{*目录深度*}　小型目录的默认深度是 2，如果需要改变目录深度可使用该命令。

\mtcsetfont{minitoc}{*层次名*}{*字体命令*}　修改小型目录中某层次条目的字体，*层次名*可以是 section、subsection 等。例如将节条目的字体尺寸改为 \small，其中英文为罗马体，中文为楷书：\mtcsetfont{minitoc}{section}{\small\rmfamily\kaishu}。

\mtcsettitle{minitoc}{*目录标题*}　小型目录的默认标题是 Contents，如果需要改变目录标题可使用该命令。

\mtcsettitlefont{minitoc}{*字体命令*}　修改小型目录的目录标题字体。

如果将上述各种设置命令中的 toc 都改为 lof 或 lot，还可用它们来创建小型插图目录或小型表格目录。

例 10.10　在论文的每一章标题下设置一个小型目录，以提示读者每章的大致内容。

```
\mtcsettitle{minitoc}{本章目录}
\mtcindent=0pt \mtcsetdepth{minitoc}{3}
\dominitoc
\tableofcontents
\chapter{绪论}
\minitoc
\section{场~(field) 概念} ......
\subsection{向量分析} ......
\subsubsection{柱坐标} ......
\chapter{电磁场} ......
```

第一章　绪论

本章目录

1.1	**场 (field) 概念**	**3**
1.1.1	向量分析	3
	柱坐标	3

(1) 多栏目录宏包 multitoc 对用 minitoc 宏包创建小型目录不起作用。

(2) 小型目录宏包 minitoc 有个 tight 选项，可使小型目录中的条目间距更为紧凑。

(3) 宏包 minitoc 还附有很多示例文件及其源文件，例如从其中的 mtc-3co.tex 可得知如何创建三栏小型目录。

10.2.11　附加目录

除了章节、插图和表格这三种系统已预定义的文本元素目录以外，作者还可以自定义其他文本元素的目录，例如有些论文中的示例或附录的数量较多，可在正文之前章节目录之后附加一个示例目录或附录目录，以便于读者查阅。

创建一种新的目录需要使用系统内部命令：

\@starttoc{*扩展名*}

它可创建一个以*扩展名*为扩展名的条目记录文件，并可将所有*扩展名*参数相同的附加条目命令中条目信息数据写入该文件，还可读取和刷新该文件。

例 10.11　根据第 399 页例 10.49 中的附录，在其正文之前创建一个附录目录。

```
\makeatletter
\newcommand{\listofappendix}{\chapter*{附录}\@starttoc{app}} \makeatother
\newcommand{\appchapter}[1]{
                    \chapter{#1}\addcontentsline{app}{chapter}{附录~\thechapter~~#1}}
```

```
\newcommand{\appsection}[1]{
                  \section{#1}\addcontentsline{app}{section}{\thesection~~#1}}
\listofappendix
\appendix
\appchapter{MATLAB 程序}
\appsection{傅立叶函数曲线}
......
\appsection{频率响应曲线}
......
```

附录

附录 A MATLAB 程序 3
A.1 傅立叶函数曲线 3
A.2 频率响应曲线 3

(1) 上例第一条新定义命令是用于定义附录目录创建命令 `\listofappendix`，其中设定命令 `\@starttoc` 所创建的条目记录文件的扩展名为 `.app`。

(2) 上例第二和第三条新定义命令用于简化附加条目命令 `\addcontentsline`，以便于使用；其中的 `chapter` 指示系统将该条目按照章节目录中的章条目格式排版，`section` 则是按节条目格式排版。

10.2.12 本书目录格式的设置

为了使目录条目集中紧凑，以便于读者能够快速查阅，本书章节目录采用双栏排版，其格式设置为：

```
\usepackage{titletoc} \usepackage[toc]{multitoc}
\titlecontents{chapter}[4em]{\addvspace{2.3mm}\bf}{%
        \contentslabel{4.0em}}{}{\titlerule*[5pt]{$\cdot$}\contentspage}
\titlecontents{section}[4em]{}{\contentslabel{2.5em}}{}{%
        \titlerule*[5pt]{$\cdot$}\contentspage}
\titlecontents{subsection}[7.2em]{}{\contentslabel{3.3em}}{}{%
        \titlerule*[5pt]{$\cdot$}\contentspage}
```

其中，每个章标题为黑体，其上方附加 2.3 mm 垂直空白；所有层次标题及其页码的字体尺寸均为五号字；所有标题与其页码之间的指引线都采用由 `$\cdot$` 数学符号构成的虚线。

10.3 脚注

脚注是对正文中某些词语的补充说明，它被置于所在版心的底部，紧接页脚，故而得名。通常脚注的内容与正文没有直接关系，但对理解正文有所帮助。脚注将读者的注意力从正文中引开，从而打乱了阅读顺序，所以在正文中应尽量减少使用脚注，尤其避免在一页中出现多个脚注，脚注的内容应尽可能简短，以便读者尽快回到正文中。

10.3.1 脚注命令

可使用系统提供的脚注命令

```
\footnote[序号]{脚注内容}
```

排版脚注。在脚注命令中，可选参数*序号*通常不需要给出，它是用于作者自行设定该脚注的序号值，但必须是正整数；如果当前脚注序号的计数形式不是阿拉伯数字，系统可将该值转换为当前计数形式对应的字符。

通常，每使用一次脚注命令，脚注计数器 footnote 就自动加 1；如果在脚注命令中使用序号可选参数，自行给出脚注序号，则该脚注命令不会引起脚注计数器动作，也就不会影响其他脚注的正常排序。

脚注命令应紧插在所需注释的文字或者术语之后；如果是语句，应紧插在其标点符号之前，且两者之间不得留有空格。编译时系统将在 \footnote 命令插入处的上方生成一个脚注序号，而在当前版心的底部排版出相同的脚注序号和*脚注内容*，并在脚注的上方画出一条 0.4\columnwidth 宽 0.4pt 高的水平脚注线，用以区分于正文。

例 10.12 分别对下文中祖冲之的生卒年份和圆周率的定义作出脚注。

```
南北朝时著名数学家祖冲之\footnote{公
元 429-500}发明了一种计算方法，从而得到了
更为准确的圆周率\renewcommand{%
\thefootnote}{\Alph{footnote}}%
\footnote[1]{圆周长与直径之比}值。
```

南北朝时著名数学家祖冲之[1]发明了一种计算方法，从而得到了更为准确的圆周率[A]值。

[1]公元 429-500
[A]圆周长与直径之比

在上例中使用了脚注命令的序号可选参数，指定该脚注的序号，并将其计数形式改为大写英文字母。

(1) 脚注命令 \footnote 可用在段落和数学模式中，但不能用于左右模式中；也不能在*脚注内容*中再使用脚注命令；在绝大多数命令的参数中都不能使用脚注命令。

(2) 在脚注中可以含有数学式、表格和插图等内容，但因在脚注命令中不能使用浮动环境，所以不能直接用 \caption 命令为脚注中的图表创建标题，不过在实际应用中很少有在脚注中编排图表的。

(3) 在脚注命令中不能使用抄录命令，如果在脚注内容中含有带反斜杠的字符串，例如 LaTeX 命令，可改用等宽体字体命令加字符串命令的方式来处理。

例 10.13 将文件中提到的抄录命令采用脚注的方式给出具体说明。

```
抄录命令\footnote{\texttt{\string\verb}}
不能在脚注命令中使用。
```

抄录命令[1]不能在脚注命令中使用。

[1]\verb

(1) 在脚注命令 \footnote 中可以使用书签命令 \label，这样就能在正文中利用 \ref 命令来引用脚注。

(2) 如果脚注的数量较多，内容较长，不能在当前页全部排完，系统会自动将剩余部分放到下一页的底部；如果希望尽量将所有脚注都能排在当前页，可将脚注分页控制命令赋予极端值：\interfootnotelinepenalty=10000，这是个计数器命令，默认值为 100。

(3) 若在正文中有连续多个注释对象使用同一个脚注，可在第一个注释对象之后使用脚注命令 \footnote{*脚注*}，而在第二个注释对象以及后续所有注释对象之后分别使用脚注序号命令 \footnotemark[\value{footnote}]。

10.3.2 脚注的调整

脚注的序号

脚注序号的默认计数形式是阿拉伯数字。若需改换计数形式，例如改为小写英文字母，可对脚注计数器的计数形式重新定义：\renewcommand{\thefootnote}{\alph{footnote}}。

在采用 book 或者 report 文类的论文中，脚注是以章为排序单位的，即每章中第一个脚注的序号都是 1。如果论文中的脚注很少，希望脚注能以全文为排序单位，可在导言中调用由 David Carlisle 编写的 remreset 宏包，并在其后加入以下命令：

```
\makeatletter \@removefromreset{footnote}{chapter} \makeatother
```

在采用 article 文类的论文中，脚注是以全文为排序单位的，若要改为以节为排序单位，可调用 amsmath 公式宏包并在其后插入下列命令：

```
\numberwithin{footnote}{section}
\renewcommand{\thefootnote}{\arabic{footnote}}
```

若希望脚注以页为排序单位，可调用由 Joachim Schrod 编写的 footnpag 脚注序号宏包，它可自动将标准文类以及其他大多数文类对脚注的排序改为以页为单位，而且不仅是对阿拉伯数字计数形式，对其他计数形式的脚注排序也都有效，但需要经过两次编译才能得到正确的结果，因为其中涉及交叉引用。

脚注的字体

脚注的字体默认为罗马体，中文为宋体，字体尺寸是 `\footnotesize`。如果需要修改脚注的字体，可对字体尺寸命令 `\footnotesize` 重新定义。例如将脚注字体尺寸改为 `\small`，英文为等线体，中文为仿宋体：`\renewcommand{\footnotesize}{\small\sf\fangsong}`。

脚注的间距

在排版脚注时，系统在每个脚注之前都插入一个不可见支柱，它的高度是用脚注尺寸命令 `\footnotesep` 控制的，其默认值为 `6.65pt`，该命令的作用范围如图 10.2 所示。

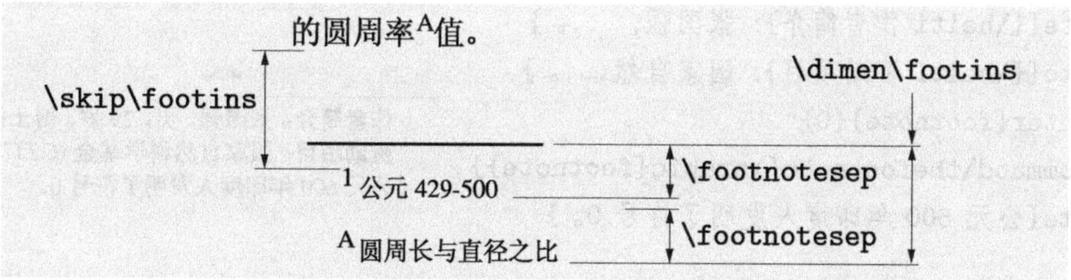

图 10.2 脚注尺寸命令示意图

当脚注尺寸命令 `\footnotesep` 的长度值小于默认值时，脚注与脚注之间的垂直距离为 `\baselineskip`；当大于默认值时，这个无形支柱将上一行脚注或脚注线顶起，使脚注之间以及脚注与脚注线之间的距离加大。因此可使用长度赋值命令，例如 `\footnotesep=9pt`，来加大脚注之间的距离。

脚注与正文的间距

脚注与正文之间的距离是由脚注尺寸命令 `\skip\footins` 控制的，这是个 TeX 基础数据命令，默认值为 `9pt plus 4pt minus 2pt`，其作用范围如图 10.2 所示；命令 `\skip` 表示弹性长度，而刚性长度用 `\dimen` 表示。如需调整脚注与正文之间的距离，可对这个脚注尺寸命令重新赋值，例如 `\skip\footins=8mm plus 1mm`。

从图 10.2 可知，脚注线从正文与脚注之间穿过，所以脚注与正文之间的实际距离还与脚注尺寸命令 `\footnotesep` 有关，若其值加大，脚注与正文的间距也将加大。

脚注的高度

脚注是版心的一部分。每页脚注的最大高度是由 TeX 长度数据命令 \dimen\footins 控制的，其默认值是 8in，约为 203 mm，也就是说在极端情况下，有可能整页都是脚注。可使用 \dimen\footins=30mm 长度赋值命令，将脚注的高度限制在 30 mm 以内。

脚注线的调整

脚注线从高度为 \skip\footins 的空白中穿过，自身并不占据任何垂直空间。脚注线是由脚注线命令 \footnoterule 生成的，文类 book 对这条 TeX 扩展命令做了重新定义：

```
\renewcommand{\footnoterule}{%
  \vspace*{-3pt}\hrule width 0.4\columnwidth height 0.4pt \vspace*{2.6pt}}
```

其中，水平画线命令 \hrule 不同于画线命令 \rule，因为后者将开始一个段落，相当一行文字，用它画零高度的线段，很难计算出其上下需要消除的垂直空白宽度；前后两个 \vspace* 垂直空白命令，分别用于调整脚注线与正文和脚注之间的距离。

如果希望修改脚注线的长度、粗细及其与正文和脚注之间的距离等，可对脚注线命令重新定义。由于脚注线命令涉及脚注线与正文和脚注的间距，所以对该命令的重新定义，也将影响脚注与正文之间的距离。

无序号的脚注

有时某些词语的脚注不希望带有序号，或某个页面的脚注不需要带序号，可在这些脚注命令之前使用重新定义命令删除序号，也可在其后使用重新定义命令恢复序号。

例 10.14 将作者简介和资助项目作为无序号的脚注，之后正文中的脚注恢复排序。

```
\renewcommand\thefootnote{}
\footnote{{\heiti 作者简介}：张国强，...。}
\footnote{{\heiti 资助项目}：国家自然...。}
\setcounter{footnote}{0}
\renewcommand\thefootnote{\arabic{footnote}}
\footnote{公元 600 年印度人发明了符号 0。}
```

作者简介：张国强，男，29 岁，博士研究生。
资助项目：国家自然科学基金 (GZJ7806)。
[1]公元 600 年印度人发明了符号 0。

10.3.3 双栏中的脚注

在双栏中的脚注分别置于各自所在栏的底部，但统一排序。如果调用 Frank Mittelbach 编写的 ftnright 宏包，可将当前页中的所有脚注全都集中到右栏的底部；该宏包必须配合标准文类的双栏选项 twocolumn 使用，否则系统将提示出错。

最好将 ftnright 宏包的调用命令放在导言的最后，以免该宏包对双栏脚注的设置被其他宏包的相关定义命令所覆盖。

10.3.4 小页中的脚注

在文件环境中可以使用脚注，在小页环境中也可以使用脚注，而且脚注就在小页的底部，而不是在页面的底部。小页脚注与小页正文之间的距离是 \skip\@mpfootins，它的默认值为 \skip\footins。

表格在文件环境中不能使用脚注，而在小页环境中却可以使用脚注。有时为了在表格中使用脚注，不得不将表格搬进小页环境中。

例 10.15 在文件环境和小页环境中分别使用脚注命令，对比两者的排版结果。

```
月球/地球质量\footnote{物质的量度}比为
0.012\:3。\par
\begin{minipage}{63mm}
地球赤道\footnote{零度纬线}半径是 6\:378\:km。
\end{minipage}
```

月球/地球质量[1]比为 0.012 3。
地球赤道[a]半径是 6 378 km。

[a]零度纬线

[1]物质的量度

带有脚注的小页环境最好不要相互嵌套，以免造成脚注序号重叠或脚注位置错乱。

在文件环境中，脚注命令使用的序号计数器是 footnote，其默认计数形式是阿拉伯数字；在小页环境中，脚注命令使用的序号计数器是 mpfootnote，其默认计数形式是小写英文字母，所以两种脚注各自独立排序，互不影响。

10.3.5 脚注统一排序

小页环境中的脚注单独排序，造成一页“两制”，使得脚注隶属关系错综复杂。如果希望小页环境中的脚注能与文件环境中的脚注统一排序，可使用脚注序号命令和脚注文本命令：

\footnotemark[*序号*] \footnotetext[*序号*]{*脚注内容*}

来替代脚注命令 \footnote，其中可选参数*序号*通常被省略，它用于自行设定脚注序号，但必须是阿拉伯数字。脚注序号命令 \footnotemark 应紧插在需要注释的文字之后，若省略*序号*参数，它将脚注序号计数器 footnote 加 1，然后提取其值，在其所处位置生成脚注序号；而脚注文本命令 \footnotetext 必须放在小页环境之外，如果省略*序号*参数，它从脚注序号计数器提取当前值，连同*脚注内容*编排到版心底部。这样小页环境中的脚注与文件环境中的脚注都统一使用脚注序号计数器来排序，所有*脚注内容*都统一编排到版心底部。

也就是说，上述两条命令将脚注命令 \footnote 的功能分解成两部分，一个负责在小页环境里面生成序号，另一个其实就是不在正文中生成序号的 \footnote 命令。在左右盒子命令、浮动环境或某些数学环境中不能使用脚注命令，也可采用这两条命令生成脚注。

例 10.16 将例 10.15 中的两个单独排序的脚注改为统一排序。

```
月球/地球质量\footnote{物质的量度}比为
0.012\:3。\par
\begin{minipage}{63mm}
地球赤道\footnotemark 半径是 6\:378\:km。
\end{minipage} \footnotetext{零度纬线}
```

月球/地球质量[1]比为 0.012 3。

地球赤道[2]半径是 6 378 km。

[1]物质的量度
[2]零度纬线

例 10.17 通常在脚注命令中不能再使用脚注命令，因此脚注中不能再有脚注。这个问题也可采用上述两条命令的变通做法来解决。

```
惯性定律\footnote{即牛顿\footnotemark
第一定律}认为任何物体...
\footnotetext{英国物理学家}
```

惯性定律[1]认为任何物体...

[1]即牛顿[2]第一定律
[2]英国物理学家

通常，脚注序号命令和脚注文本命令是成对使用的。如果在小页环境中使用两次脚注序号命令，则其后的两个脚注文本命令所生成的脚注序号都是 2。为了解决这个问题，可将第一个脚注文本命令改为 \footnotetext[1]{*脚注内容*}。

如果在小页环境中使用两次脚注序号命令，而它们的脚注内容是相同的，则第二个脚注序号命令应改为 \footnotemark[1]，且使用一个脚注文本命令就可以了。

10.3.6　表格中的脚注

在 tabular 和 array 表格环境中不能使用脚注命令 \footnote，虽然在 longtable 和 tabularx 表格环境中可以正确地处理脚注命令，但脚注不能跟随表格之后，而是与正文中其他脚注一起放在页面底部，并统一排序。

将 longtable 环境置于小页环境

例 10.18　如果希望脚注能够紧跟在表格的下方，并单独排序，可将 longtable 表格环境置于小页环境中。

```
\begin{minipage}{60mm} \renewcommand{\thefootnote}{\thempfootnote}
\begin{longtable}{ll}
\caption{\kaishu 全世界的各种移动通信系统}\\
\hline
AMPS\footnote{贝尔实验室于 1969 年开始研究，
1983 年投入使用。}          & 移动电话服务系统\\
GSM\footnote{数字技术。}& 全球移动通讯系统\\
CDMA\footnotemark          & 码分多址通信系统\\
NMT\addtocounter{mpfootnote}{-1}
\footnotemark      & 北欧移动电话系统\\\hline
\end{longtable}
\end{minipage}
```

表 10.1　全世界的各种移动通信系统

AMPS[a]	移动电话服务系统
GSM[b]	全球移动通讯系统
CDMA[b]	码分多址通信系统
NMT [a]	北欧移动电话系统

[a]贝尔实验室于 1969 年开始研究，1983 年投入使用。

[b]数字技术。

在上例源文件中，为了获得多个相同的脚注序号，故利用 \footnotemark 脚注序号命令专门生成序号；由于小页环境的脚注计数器是 mpfootnote，而脚注序号命令所显示的是脚注计数器 footnote 的值，即 \thefootnote，所以使用重新定义命令将 mpfootnote 的值赋予 \thefootnote；计数器命令 \addtocounter 将 mpfootnote 的值减 1，以使其后的脚注序号命令所生成的脚注序号也减 1。

将 tabular 等环境置于小页环境

例 10.19　也可以将 tabular、array 或者 tabularx 表格环境置于小页环境中。

```
\begin{minipage}{60mm} \renewcommand{\thefootnote}{\thempfootnote}
\begin{tabular}{ll}
\multicolumn{2}{c}{\kaishu 全世...}\\\hline
AMPS\footnote{贝尔实验室于 1969 年开始研究，
1983 年投入使用。}          & 移动电话服务系统\\
GSM\footnote{数字技术。}& 全球移动通讯系统\\
CDMA\footnotemark          & 码分多址通信系统\\
NMT\addtocounter{mpfootnote}{-1}
\footnotemark      & 北欧移动电话系统\\\hline
\end{tabular}
\end{minipage}
```

全世界的各种移动通信系统	
AMPS[a]	移动电话服务系统
GSM[b]	全球移动通讯系统
CDMA[b]	码分多址通信系统
NMT [a]	北欧移动电话系统

[a]贝尔实验室于 1969 年开始研究，1983 年投入使用。

[b]数字技术。

使用 threeparttable 环境

从以上两例可以看出，使用小页环境生成表格脚注比较烦琐，表格标题和脚注的宽度可能超出表格。为此，可调用由 Donald Arseneau 编写的 threeparttable 表格宏包，并使用其提供的 threeparttable 环境，顾名思义，其中含有以下 3 个部分。

(1) 表格环境，可以是 tabular、tabular* 或 tabularx 等表格环境。

(2) 标题命令 \caption{标题}，用于生成表格的标题，它可置于表格环境之前或其后。

(3) 表格脚注环境 tablenotes。

在 threeparttable 表格环境中能够使用 \caption 标题命令，因此可把它视为不可浮动的 table 环境；如果希望它能够浮动，可将其再置于 table 或 table* 环境中。

例 10.20 将例 10.19 中的表格改用 threeparttable 环境编排。

```
\begin{threeparttable}
\caption{全世界的各种移动通信系统}
\begin{tabular}{ll}\hline
AMPS\tnote{a} & 移动电话服务系统\\
GSM\tnote{b}  & 全球移动通讯系统\\
CDMA\tnote{b} & 码分多址通信系统\\
NMT\tnote{a}  & 北欧移动电话系统\\\hline
\end{tabular}
\begin{tablenotes}\footnotesize
\itema 贝尔实验室于 1969 年开始研究，...。
\itemb 数字技术。
\end{tablenotes}
\end{threeparttable}
```

表 10.2 全世界的各种移动通信系统

AMPS[a]	移动电话服务系统
GSM[b]	全球移动通讯系统
CDMA[b]	码分多址通信系统
NMT[a]	北欧移动电话系统

[a] 贝尔实验室于 1969 年开始研究，1983 年投入使用。
[b] 数字技术。

在上例源文件中，\tnote{标记} 是 threeparttable 宏包提供的脚注标记命令，用它先在需要注解的地方作出脚注标记，然后在 tablenotes 环境中，相当于解说列表环境，对每个标记进行注解说明。表格宏包 threeparttable 并未提供表格标题格式修改命令，该例表格标题的格式是在图表标题宏包 caption 调用命令中设置的。

脚注标记的修改 脚注标记命令 \tnote 中的标记是用命令 \TPTtagStyle 定义的。如果需要修改标记的格式，可对该命令重新定义。例如 \renewcommand{\TPTtagStyle}{\textit}，可将标记的字体由直立形状改为斜体形状。

宏包和环境的选项 表格宏包 threeparttable 的可选参数有以下 4 个选项。

flushleft	表格脚注与表格左侧对齐，默认为脚注左端缩进 1.5em。
normal	默认选项，恢复默认格式。
online	脚注标记与脚注内容同在一行，字体尺寸相同，默认为上标形式。
para	所有表格脚注作为一个段落，默认是每个脚注作为一个段落。

以上选项也可作为 threeparttable 环境中 tablenotes 环境命令的可选参数选项，以便对单个环境中表格脚注的格式进行设置，例如 \begin{tablenotes}[flushleft]。

表格环境 threeparttable 有个可选位置参数，它有 3 个垂直位置选项，分别是 t、c 和 b，其定义与 tabular 环境的相同，但默认值为 t。

表格宏包 ctable 提供的 \ctable 命令具有比 threeparttable 更强的表格排版功能。

10.3.7 脚注宏包 footmisc

脚注命令 `\footnote` 所生成的脚注，其格式单一，不便修改。由 Robin Fairbairns 编写的脚注宏包 footmisc 对脚注命令 `\footnote` 进行了功能扩展，作者只要在调用该宏包时选取其可选参数中的不同选项，就可以得到各种不同格式的脚注。以下是该宏包的选项及其说明。

`flushmargin` 与 `marginal` 选项相似，只是脚注序号更靠近脚注文本：

> [1]1852 年斯托克斯在研究光致发光的光谱时，提出了一个论断：发光的波长总是大于激发光的波长。
>
> [2]相干喇曼光谱学始于 1962 年的受激喇曼振荡的发现：当入射光的强度达到某一水平时，喇曼信号变为类似于激光束了。

`marginal` 脚注首行不缩进，脚注序号凸进左边空：

> [1] 1852 年斯托克斯在研究光致发光的光谱时，提出了一个论断：发光的波长总是大于激发光的波长。
>
> [2] 相干喇曼光谱学始于 1962 年的受激喇曼振荡的发现：当入射光的强度达到某一水平时，喇曼信号变为类似于激光束了。

`multiple` 如果某个术语后面有连续两个脚注，则在该处生成的脚注序号为 12，这很可能会误导读者；采用该选项后，所生成的脚注序号变为 1,2。

`norule` 取消脚注线。

`para` 将一页中所有脚注合为一个段落，适用于一页中有多个简短脚注：

> [1] 1852 年斯托克斯在研究光致发光的光谱时，提出了一个论断：发光的波长总是大于激发光的波长。 [2] 相干喇曼光谱学始于 1962 年的受激喇曼振荡的发现：当入射光的强度达到某一水平时，喇曼信号变为类似于激光束了。

`perpage` 将脚注以页为排序单位，但须经两次编译。

`ragged` 所有脚注文本左对齐，避免因默认的两端对齐而被断词：

> [1]1852 年斯托克斯在研究光致发光的光谱时，提出了一个论断：发光的波长总是大于激发光的波长。
>
> [2]相干喇曼光谱学始于 1962 年的受激喇曼振荡的发现：当入射光的强度达到某一水平时，喇曼信号变为类似于激光束了。

`side` 将脚注改为边注形式，其优点是脚注靠近被注释的文字。使用该选项时，最好同时选用 `ragged` 选项。

`splitrule` 若当前页的脚注内容排不完，系统会将剩余部分放到下一页的底部，其脚注线的默认长度与前一页的相同，如果使用该选项，则下一页的脚注线长度等于栏宽。

`stable` 允许在章节命令中使用脚注命令，并可避免脚注随同章节标题出现在目录或页眉之中。该问题也可用章节命令的可选参数来解决。

`symbol` 将脚注的阿拉伯数字序号转换为各种符号：

> *1852 年斯托克斯在研究光致发光的光谱时，提出了一个论断：发光的波长总是大于激发光的波长。
>
> †相干喇曼光谱学始于 1962 年的受激喇曼振荡的发现：当入射光的强度达到某一水平时，喇曼信号变为类似于激光束了。

symbol 可转换的符号共有 9 种，所以脚注的数量不能超过这个数字，否则系统将提示出错。

symbol* 与 symbol 选项的作用基本相同，当同时选用 perpage 选项时，前者更为稳定，且当脚注数量超过 9 时并不提示出错，而是将两个或多个相同的符号并联，形成新的符号，这样可转换的符号增加到 16 个，若脚注的数量超过这个数字，则其后脚注的序号改为阿拉伯数字 17、18、……。

上述选项有些是可同时选取的，如 \usepackage[perpage,para,symbol*]{footmisc}。此外，还可以使用 footmisc 宏包提供的脚注边空命令：

```
\footnotemargin
```

来调整每个脚注首行缩进的宽度，这是一个长度数据命令，它的默认值是 1.8em，如果将其赋值：\footnotemargin=0pt，则相当于使用了 flushmargin 选项；如果设为负长度，脚注序号将凸入左边空，若启用 marginal 选项，它实际上是执行 \footnotemargin=-0.8em 长度赋值命令。

10.4 尾注

很多论文或学术著作把每一章中的注释集中放到该章的结尾，或是将正文中所有注释都集中放到论著的结尾，这种注释方法称为尾注。

LaTeX 系统没有尾注功能。如果需要创建尾注可调用由 John Lavagnino 编写的 endnotes 尾注宏包，并使用它提供的尾注命令和尾注生成命令：

```
\endnote{尾注内容}  \theendnotes
```

其中，第一条命令用于生成上标形式的尾注序号，并将*尾注内容*写入与源文件同名的尾注记录文件 .ent；第二条命令用在每章或全文的结尾处，它将自动生成标题：Notes，并把 .ent 文件中的所有尾注内容排版到该标题之下。

例 10.21 把一段文本中对祖冲之的生卒年份和圆周率的注释作为尾注，将其放到该章的末尾，尾注的标题改为“本章注释”。

```
南北朝时著名数学家祖冲之\endnote{公元 429-500}发明了一种计算方法，从而得到了更为准确的圆周率\endnote{圆周长与直径之比}值。
\renewcommand{\notesname}{本章注释}
\theendnotes
\setcounter{endnote}{0}
```

南北朝时著名数学家祖冲之[1]发明了一种计算方法，从而得到了更为准确的圆周率[2]值。

本章注释

[1]公元 429-500

[2]圆周长与直径之比

在上例中，使用重新定义命令将尾注的标题名命令 \notesname 的定义由 Notes 改为“本章注释”；在尾注生成命令 \theendnotes 之后，使用计数器赋值命令 \setcounter 将尾注计数器 endnote 清零，以使下一章的尾注序号再从 1 开始。

尾注命令与脚注命令并不冲突，所以在正文中既可以有脚注，也可以有尾注。在尾注中可以含有插图和表格；在尾注命令中可以使用浮动环境，所以还可以使用 \caption 图表标题命令，来为插图或表格创建标题。

10.5 边注

边注与脚注和尾注的功能相似，都是对正文中某些词语的注释，只是边注将注释内容写在被注释词语的左侧或右侧边空中。边注与脚注和尾注不同的地方就是它没有序号，因为边注就在被注释词语的旁边，再有就是边注的字体尺寸与正文的常规字体尺寸相同，比脚注字体尺寸大。

10.5.1 边注命令

可使用 LaTeX 提供的边注命令：

```
\marginpar[左边注内容]{右边注内容}
```

来编写边注，其中可选参数*左边注内容*的默认值是*右边注内容*。如果在边注命令中没有给出可选参数，那么*右边注内容*有几点说明如下。

(1) 在单页排版时，将被写入右边空。

(2) 在双页排版时，将被写入外侧边空，即左页的左边空或右页的右边空。

(3) 在双栏排版时，则被写入左栏的左边空或右栏的右边空。

如果给出了*左边注内容*可选参数，则有以下几点说明。

(1) 在单页排版时，*右边注内容*被写入右边空；*左边注内容*被忽略。

(2) 在双页排版时，若边注在左页，其左边空只显示*左边注内容*；若在右页，其右边空只显示*右边注内容*。

(3) 在双栏排版时，若边注在左栏，其左边空只显示*左边注内容*；若在右栏，其右边空只显示*右边注内容*。

边注的第一行与边注命令所在行平齐，即两者的基线对齐。如果一行中有两个边注命令，那么系统只能将第二个边注排版在第一个边注的下方。

例 10.22 边注的宽度有限，其内容应尽量简短明确，既要起到指引读者的作用，又要避免分散其注意力，所以很多论著中的边注只是一个符号，比如，用指向符号以引起读者对这部分内容的重视。

```
从能量的观点来看，\marginpar[\raggedleft%
\HandRight]{\HandLeft}第二类永动机并不违反
热力学第一定律，它之所以不能实现，是因为违反
了热力学第二定律。
```

从能量的观点来看，第二类永动机并不违反热力学第一定律，它之所以不能实现，是因为违反了热力学第二定律。

在上源文件例中，使用了符号宏包 bbding 所提供的左手和右手指向符号命令，这样无论在左页还是右页，手指总是指向这段内容。

10.5.2 边注的位置调整

LaTeX 还提供了一组调整边注位置的命令，以下是这些命令及其说明。

`\normalmarginpar`	按照默认的边空位置排版边注。在使用了 `\reversemarginpar` 命令之后，当需要恢复默认状态时，就可使用该命令。
`\marginparpush`	边注与边注之间的最短垂直距离，默认值为 5pt。也可使用长度赋值命令对其重新设值。

\marginparsep	边注与版心之间的距离，默认值是 7pt。可使用长度赋值命令调整该距离，例如 \addtolength{\marginparsep}{2pt}，将该距离加长 2 pt。
\marginparwidth	边注的宽度，默认值是 106pt。可使用长度赋值命令修改此值。
\reversemarginpar	将边注排版到与默认边空位置相反的边空中。

10.5.3 边注的使用问题

(1) 由于边注命令不会因出现段落结束标志而另起一行，所以当其被插在某个段落首行的第一个字符之前时，该边注的第一行将与命令所在行的上一行文本平齐。为解决这个问题，可在该边注命令之前插入一个水平空白命令 \hspace{0pt}，系统将把它当作一个宽度为零的单词，而另起一行。

(2) 系统不能对边注的第一个单词进行断词。如果边注宽度较窄，第一个单词又很长，那么这个单词很可能会因不能被断词而超出边注宽度。为解决这个问题也是在边注内容前插入命令 \hspace{0pt}，这样在系统看来，原来的第一个单词就变为第二个单词了，于是就可以对其断词处理了。

(3) 对于上述两个潜在的问题，也可自定义一个新的边注命令来预防，例如：

```
\newcommand{\Mynote}[1]{\hspace{0pt}\marginpar{\kaishu\small\hspace{0pt}#1}}
```

这样就可用 \Mynote{边注内容} 来替代 \marginpar{边注内容}。在新定义命令中，还顺便将边注的字体尺寸改为 \small，中文字体改为楷书。

(4) 所有边注文本默认为左对齐。有时为了使边注排版美观，希望左边空中的边注文本能够向右对齐，即与版心的左侧对齐，可以在边注命令中的边注内容前插入 \flushright 右对齐命令。

(5) 脚注可以自动分页，而边注不能，况且边注的宽度很狭窄，所以边注的内容一定要简短，尤其是靠近版心底部的边注更要注意，以防超过版心底线。

10.5.4 边注中的图表

在边注命令中可以使用插图命令和表格环境，但不能使用浮动环境，所以不能直接使用 \caption 图表标题命令为边注中的插图或表格创建标题。如果希望边注中的插图或表格具有带序号的标题，可调用标题宏包 caption，它可使作者在浮动环境之外使用图表标题命令。

例 10.23 在某些内容较深奥的段落边空中设置一个弯道绕行标志，用以提示普通读者可先绕过这部分内容，它并不会影响对后续内容的阅读和理解。

```
\marginparwidth=20mm
\captionsetup{type=figure,font=footnotesize}
为了适应不同的读者，在有些论著的段落边注中有个
弯道标志\marginpar{%
\centering\includegraphics{danger.pdf}%
\caption{弯道标志}}，表示这一部分较深奥，可先
绕过去，这些细节并不影响后续的阅读。
```

为了适应不同的读者，有些论著的段落边注中有个弯道标志，表示这一部分较深奥，可先跳过去，这些细节并不影响后续的阅读。

图 3.6 弯道标志

在上例源文件中，\captionsetup 是标题宏包 caption 提供的标题设置命令，其中 type 参数的选项是 figure，标题以“图……”开头，如为 table，则以“表……”开头；参数 font 用于设定标题的字体及其尺寸。

10.6 索引

在中长篇论著中会涉及很多专业词语及其论述，它们分散在各章节中。如果为了寻找某个词语的论述，把论文从头翻到尾，既费时费力，又很难找到完整的论述。因此，建立索引是非常必要的。林语堂在 1917 年就指出：“近世学术演进，索引之用愈多，西人治事，几乎无时无处不用索引以省时而便事。”，此后胡适、梁启超等人还发起过“索引运动”。

将在正文论述中涉及的重要词语，如专业名词、符号、人名等，以及它们所处的页码汇总，并分门别类按某种排序规则顺序排列于论著之后，作为供读者查询的文献资料称为索引，它可帮助读者便捷地搜索所关心的词语并指引读者迅速找到该词语所在位置。附有清晰完备的内容索引是一篇优秀论著的重要标志之一。

10.6.1 索引的创建过程

准备工作

在创建索引时首先要做下列准备工作。

(1) 在导言中插入索引宏包 makeidx 调用命令，该宏包没有可选参数。

(2) 将创建索引命令 `\makeindex` 插入导言中，它将启动索引文件的创建工作。

(3) 将排版索引命令 `\printindex` 插在需要生成索引的位置，通常是论文的结尾，它将在此处排版索引。

创建索引四步骤

在论文中创建索引需要执行 4 个步骤，为了能够直观地说明索引的创建过程，下面举一个简单的索引创建示例。

例 10.24 在论文 mydoc 的第 5 页和第 9 页分别提及人名：张衡和陈景润，在第 7 页和第 12 页分别出现地名：北京和乌鲁木齐，将这四个词语按人名和地名分类创建索引。

```
第 5 页：...张衡\index{人名!张衡}...
第 7 页：...北京\index{地名!北京}...
第 9 页：...陈景润\index{人名!陈景润}...
第 12 页：...乌鲁木齐\index{地名!乌鲁木齐}...
```

(1) mydoc.tex

```
\indexentry{人名!张衡}{5}
\indexentry{地名!北京}{7}
\indexentry{人名!陈景润}{9}
\indexentry{地名!乌鲁木齐}{12}
```

(2) mydoc.idx

```
\begin{theindex}
  \item 地名
    \subitem 北京, 7
    \subitem 乌鲁木齐, 12
  \indexspace
  \item 人名
    \subitem 陈景润, 9
    \subitem 张衡, 5
\end{theindex}
```

(3) mydoc.ind

索引

地名
- 北京，7
- 乌鲁木齐，12

人名
- 陈景润，9
- 张衡，5

(4) mydoc.pdf

以上显示的是索引在创建过程中的四种文件形态，即创建索引需要进行以下 4 个步骤。

(1) 在源文件中，分别在需要检索的词条之后插入索引命令：

\index{关键词}

该命令中的关键词最终将转变为索引中的一个条目。因为要挑选和分析确定读者在检索时所需的词条，这项工作比较烦琐，可在论文完稿后再逐一插索引命令，也可在写作过程中边写边插。索引命令应该紧跟需要检索的词语，其间不应留有空格，以防生成多余空白或从中换页造成索引页码错误。索引命令中的关键词可含有排序条目、实际条目和各种分类符，详见后续说明。在上例中，! 就是一个输入分类符，它表示在其前面的条目层下新开一个条目层，即条目嵌套；最多允许嵌套三层，分别用 0、1 和 2 表示，第 0 层就是最外层，这样可形成主条目、子条目和子子条目，三层条目嵌套。

(2) 编译源文件，创建索引命令 \makeindex 将所有索引命令中的关键词及其所在页码转换为对应的索引条目命令 \indexentry 中的两个参数，并写入与源文件同名的 .idx 索引记录文件，它只是将所有关键词按原始顺序排列，也未作任何格式处理。

(3) 单击 WinEdt 工具栏中的 I 按钮或选择 TeX → Make Index 命令，*MakeIndex* 对索引记录文件中的条目进行排序和格式化处理，并写入索引环境 theindex 中，然后将其输出为与源文件同名的 .ind 索引排版文件。*MakeIndex* 是 Pehong Chen 用 C 语言编写的数据处理程序，主要用于创建分类索引，其默认的条目排序规则为：符号、数字、大写字母和小写字母，中文是按其拼音字母排序。book 等标准文类都提供有 theindex 索引环境以及配合使用的 4 个条目命令。

\item	第 0 层条目命令。该命令原为列表环境中的条目命令，book 等标准文类将其重新定义。
\subitem	第 1 层条目命令，其条目向右缩进 20pt。
\subsubitem	第 2 层条目命令，其条目向右缩进 30pt。
\indexspace	在每个新条目组开始之前所附加的垂直空白，它的默认值为 10pt plus 5pt minus 3pt。

(4) 再次编译源文件，其中的排版索引命令 \printindex 将 .ind 文件内容读入源文件，最终排版出索引。索引排版文件 .ind 中的索引环境 theindex 将开启新一页，自动生成索引标题：Index，并将所有条目以双栏格式排版；如果调用了中文标题宏包，它可将索引标题自动改为“索引”。

如果索引命令中有数学符号，例如 \index{$\sum$}，在索引条目中将变为 $\sum$，但对其排序是以 $\sum$ 为准的。

图示索引创建过程

上述索引创建过程可以用图 10.3 简明形象地说明。

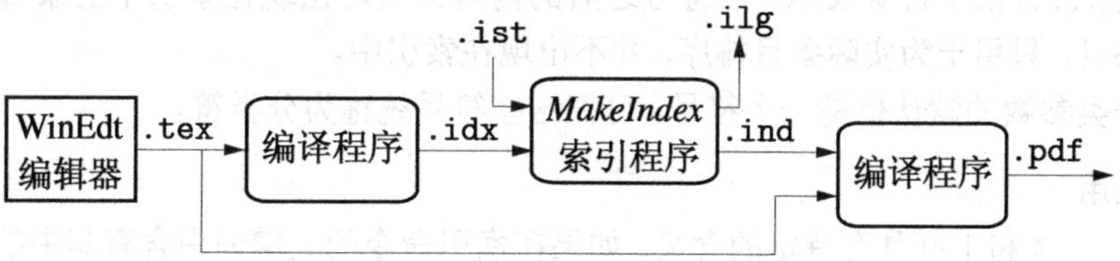

图 10.3 索引创建过程示意图

在图 10.3 中：.ilg 是 *MakeIndex* 运行记录文件，其内容为所有条目的排序过程和出现的错误，供分析参考之用；.ist 是索引格式文件，在通常情况下，*MakeIndex* 使用自带的索引格式文件，其中列出各种输入分类参数和输出分类参数及其默认值，如表 10.3 和表 10.4 所示，作者无须另外提供索引格式文件。

10.6.2 输入与输出分类参数

输入分类参数

输入分类参数用在 *MakeIndex* 的输入文件 .idx 中，即在 \index 命令中，对词语进行分类设置，它们的名称、用途和默认值如表 10.3 所示。

表 10.3 输入分类参数表

输入分类参数	属性	默认值	说明
keyword	字符串	"\\\\indexentry"	关键字，它通知 *MakeIndex* 所要处理的文件。根据 C 语言，反斜杠 \ 符号要用 \\\\ 来实现
arg_open	符号	'{'	关键字的参数起始符
arg_close	符号	'}'	关键字的参数结束符
range_open	符号	'('	指示页码范围的起始符
range_close	符号	')'	指示页码范围的结束符
level	符号	'!'	新条目层指示符
actual	符号	'@'	实际条目指示符
encap	符号	'|'	它指示其后的内容是对页码格式的设置
quote	符号	'"'	转义符。它可将紧随其后的具有特殊含义的符号转变为普通符号
escape	符号	'\\\\'	该符号通常无任何意义，除非后跟转义符，它使其失去转义功能，因为 \\" 是 TeX 的变音命令
page_compositor	字符串	"-"	复合页码的分隔符。例如页码：II-12，表示第 II 章的第 12 页

(1) 分类参数中，属性是字符串的默认值需括以双引号，该值可以包含任意字符，其最大长度为 2 048；属性是符号的默认值需括以单引号，该值是个单一的符号。

(2) 分类参数 keyword 的默认值是索引条目命令 \indexentry，它通知 *MakeIndex* 处理 .idx 文件中的所有索引条目命令。

(3) 实际条目指示符 @ 表示：该符号之后的内容为实际出现在索引中的条目，之前的内容是排序条目，只用于为实际条目排序，并不出现在索引中。

很多分类参数的默认值是一个符号，可把这些符号统称为分类符。

转义符的应用

分类符 !、@ 和 | 都具有特定的含义，如果在索引命令的关键词中含有其中的符号，就需要使用转义符使其转变为普通符号。

例 10.25 将论文第 6 页中的一个邮件地址编入索引。

```
第 6 页：\index{chen"@sina.com}
```

chen@sina.com，6

在上例源文件中，实际条目就是 chen@sina.com；如果没有插入转义符，则 chen 是排序条目，而 sina.com 才是实际条目。

页码的设置

例 10.26 分类符 | 用于对页码设置的界定。比如，在论文第 8 页提到费马方程，将这个条目的页码改为粗体字。

```
第 8 页：费马方程\index{费马方程|textbf}
```

费马方程，**8**

上例中的索引命令在 .ind 文件中被转变为“\item 费马方程，\textbf{8}”，即 |xxx，将被转变为 \xxx{n}，其中，xxx 可以是任何不含反斜杠的字体命令名，n 为页码。

例 10.27 将例 10.26 中对页码的设置改为蓝色。

```
\newcommand{\Indc}[1]{\textcolor{blue}{#1}}
第 8 页：费马方程\index{费马方程|Indc}
```

费马方程，8

例 10.28 通常对 3 个以上的连续页码都采用简化表示形式，例如：3–5。对这种范围页码的字体设置就要用到分类符 |、(和)。假设分别在第 3、4、5 页出现 3 次“祖冲之”，将这个条目的范围页码改为等线体字。

```
第 3 页：\index{祖冲之|(textsf}
第 4 页：\index{祖冲之}
第 5 页：\index{祖冲之|)}
```

祖冲之，3–5

在上例中，第 4 页的索引命令有无都不影响最终的结果。在论文中，围绕某个词语的论述可能要跨多页，在索引命令中就要用到对范围页码的设置。

例 10.29 若词条“祖冲之”的叙述要连续多页，可用例 10.28 的做法，以得到范围页码。

```
祖冲之\index{祖冲之|(}是中国南北朝时期杰出
的数学家、天文学家、机械制造家，....。祖冲
之\index{祖冲之|)}还经过多年测算，....
```

祖冲之，35–37

条目的引用

例 10.30 有些关联条目可以相互引用，这也要用到对页码的设置。

```
\renewcommand*{\see}[2]{{\kaishu 见} #1}
第 5 页：\index{九章算术}
第 7 页：\index{刘徽|see{九章算术}}
```

九章算术，5
刘徽，见 九章算术

索引宏包 makeidx 已对命令 \see 定义为 \newcommand*\see[2]{\emph{see} #1}，故上例对其重新定义，其中第 2 个参数空置，就是为了在执行 .ind 文件中 \see{九章算术}{7} 命令时，忽略其第 2 个参数：页码。

输出分类参数

输出分类参数是用在 *MakeIndex* 的输出文件 .ind 中，对索引的排版格式进行分类设置，它们的名称、用途和默认值如表 10.4 所示。

表 10.4 输出分类参数表

输出分类参数	属性	默认值	说明
输出环境			
preamble	字符串	"\\begin{theindex}\n"	进入输出环境。在 C 语言里面 \n 是换行符，表示另起一行
postamble	字符串	"\n\n\\end{theindex}\n"	退出输出环境
起始页码			
setpage_prefix	字符串	"\n\\setcounter{page}{"	起始页码的前部设置
setpage_suffix	字符串	"}\n"	起始页码的后部设置
新条目组			
group_skip	字符串	"\n\n\\indexspace\n"	开始一个新条目组之前所附加的垂直空白
heading_prefix	字符串	""	新条目组标题的前部设置。例如可以用它设置标题的字体："{\\Large\\bf"
heading_suffix	字符串	""	新条目组标题的后部设置。例如可以将它设置为："\\hfill}\\nopagebreak\n"
headings_flag	数字	0	新条目组标题标志，0 表示无标题；正数表示标题首字母大写；负数为标题首字母小写
symhead_positive	字符串	"Symbols"	当 headings_flag 为正数时的符号条目组的标题名
symhead_negative	字符串	"symbols"	当 headings_flag 为负数时的符号条目组的标题名
numhead_positive	字符串	"Numbers"	当 headings_flag 为正数时的数字条目组的标题名
numhead_negative	字符串	"numbers"	当 headings_flag 为负数时的数字条目组的标题名
条目层指示			
item_0	字符串	"\n \\item "	第 0 层条目指示符
item_1	字符串	"\n \\subitem "	第 1 层条目指示符
item_2	字符串	"\n \\subsubitem "	第 2 层条目指示符
item_01	字符串	"\n \\subitem "	第 1 层第 1 个条目指示符
item_x1	字符串	"\n \\subitem "	第 1 层第 1 个条目指示符，当第 0 层条目没有页码时
item_x2	字符串	"\n \\subsubitem "	第 2 层第 1 个条目指示符，当第 1 层条目没有页码时

表 10.4（续）

输出分类参数	属性	默认值	说明
item_12	字符串	"\n \\subsubitem "	第 2 层第 1 个条目指示符
页码分隔			
delim_0	字符串	", "	第 0 层条目与其首个页码之间的分隔符。可改为："\\hfill"
delim_1	字符串	", "	第 1 层条目与其首个页码之间的分隔符。例如，可以将它改换为："\\dotfill" 等
delim_2	字符串	", "	第 2 层条目与其首个页码之间的分隔符
delim_n	字符串	", "	不同页码之间的分隔符
delim_r	字符串	"--"	页码区间符。例如 5-8
delim_t	字符串	""	分页页码列表之后的分隔符，对没有此列表的条目无效
页码设置			
encap_prefix	字符串	"\\"	页码设置的前部
encap_infix	字符串	"{"	页码设置的中部
encap_suffix	字符串	"}".	页码设置的后部
页码排序			
page_precedence	字符串	"rnaRA"	各种计数形式的页码排序规则
条目行			
line_max	数字	72	每行最大长度
indent_space	字符串	"\t\t"	条目第二行起的缩进空间。\t 是 C 语言中的水平制表符，相当于按一次 Tab 键
indent_length	数字	16	条目第二行起的缩进空间宽度，它的默认值相当于按两次 Tab 键的宽度

(1) 新条目组的标题根据条目内容默认为 Symbols、Numbers 或 26 个英文字母。

(2) 分类参数 group_skip 的默认值也以可改为 "\n\n\\vspace{30pt plus 12pt}\n" 等弹性长度。

(3) 例如在第 6 页有条索引命令：\index{...|textbf}，其页码部分将被页码分类参数处理为：encap_prefix textbf encap_infix 6 encap_suffix，即 \textbf{6}。

(4) 各种计数形式的页码排序规则默认为 "rnaRA"，即小写罗马数字 r 优先，然后是阿拉伯数字 n、小写字母 a、大写罗马数字 R，最后是大写字母 A。如果改变这五个字母的前后顺序，也就改变了页码排序规则的默认顺序。

(5) 分类参数 item_0、item_1 等默认值中不同宽度的空白，是用于 .ind 文件中，对不同层次的条目命令产生不同宽度的缩进，以便明确条目的隶属关系。

(6) 如果某个条目对应的页码数量很多，长度超出 line_max，将缩进 indent_space 转排到下一行，缩进宽度为 indent_length。

10.6.3 修改分类参数

有时很多条目中含有 @，例如电子邮件地址等，同时 @ 又是输入分类参数中的实际条目指示符，这就需要反复使用转义符加以区别，很不方便，希望能将这个指示符换成其他符号，比如 *。再有，索引中的条目都是左对齐，右端参差很不美观，最好是两端对齐。

为了解决上述的两个问题，就要修改相关输入分类参数和输出分类参数的默认值，其具体方法如下。

(1) 修改输入分类参数中实际条目指示符和输出分类参数中第 0 层条目与其首个页码之间的分隔符为：

```
actual '*'
delim_0 "\\hfill "
```

如果论文源文件名是 mybook，那么将这两条赋值语句存为 mybook.ist，放到源文件所在的文件夹中，它就成为自定义的索引格式文件。

(2) 将索引命令 \index 中的实际条目指示符改用 *。

(3) 编译源文件。

(4) 选择 Accessories → WinEdt Console 命令，在 WinEdt 编辑区的底部分出一个操作窗，其标题是 Console - Command Prompt，单击操作窗上的 ■ 按钮，然后在 DOS 提示符 > 后输入下列命令行：

```
makeindex -s mybook.ist mybook.idx
```

最后按回车键，它将生成索引排版文件 mybook.ind。

(5) 再次编译源文件，完成索引的排版。

例 10.31 按上述方法将论文中的邮件地址编入索引。

```
第 3 页: \index{wang@sina.com}
第 4 页: \index{浙江*zhang@pub.zjinfo.net}
第 5 页: \index{江苏*chen@sina.com}
```

wang@sina.com	3
chen@sina.com	5
zhang@pub.zjinfo.net	4

10.6.4 makeindex 命令

使用上述方法可以对其他分类参数的默认值进行修改，以改变索引的排版格式，其中的 makeindex 命令是用于启动 *MakeIndex* 程序，该命令具有很多可选参数：

makeindex[-c][-g][-i][-l][-o *ind*][-p *num*][-q][-r][-s *ist*][-t *log*][*idx0 idx1* ...]

其中各种参数的含义如下。

- -c　在条目排序时忽略其前后的空格。默认为这些空格将作为符号参与排序。
- -g　将默认的条目排序规则改为：符号、小写字母、大写字母和数字。
- -i　使用标准输入作为输入文件。如果采用该选项，同时 -o 选项没给出，则输出为标准输出。

-l 使用字母排序，它将忽略条目中的空格。默认为字词排序，它将空格视为符号，优先于字母。

-o *ind* 指定输出文件 *ind* 的名称，例如：mybook.ind。默认输出文件的文件名与第一个输入文件 *idx0* 的文件名相同，扩展名为 .ind。

-p *num* 设定索引的起始页码 *num*，它用于由多个输入文件生成的索引。

-q 不发送错误信息。默认为发送错误信息。

-r 禁用连续页码的简化形式。例如 3 个连续页码，默认可表示为：1-3，而采用该选项后，则表示为：1,2,3。

-s *ist* 指定索引格式文件 *ist* 的名称，例如 -s mybook.ist；其默认值是 latex.ist，系统还提供有 din.ist、gind.ist、icase.ist、iso.ist 等索引格式文件。

-t *log* 指定运行记录文件 *log* 的名称，例如 -t mydoc.log。作为默认，运行记录文件的文件名与第一个输入文件 *idx0* 的文件名相同，扩展名为 .ilg。

idx0 idx1... 输入文件名，如果未给出扩展名，将被自动添加为 .idx；如果未找到所指定的文件，*MakeIndex* 将中止工作。

(1) 由于 *MakeIndex* 把空格当作普通字符看待，所以 \index{abac}、\index{␣abac} 和 \index{abac␣} 三条索引命令将分别生成 3 个索引条目，其中符号 ␣ 表示空格。

(2) 因为系统把多个连续的空格视为一个空格，所以索引命令 \index{arc␣␣jet} 与 \index{arc␣jet} 将只生成一个索引条目。

10.6.5 修改索引的栏数

索引默认为双栏排版，但有时条目很多而内容简短，每个条目只有几个字，对应的页码也只一两个，双栏排版显得很空旷。如果希望将索引改为三栏排版，可调用 multicol 多栏排版宏包，并对索引环境 theindex 重新定义：

```
\makeatletter
\renewenvironment{theindex}{%
\begin{multicols}{3}[\chapter*{\indexname}]
\addcontentsline{toc}{chapter}{\indexname}%
\parindent=0pt\thispagestyle{plain}\let\item\@idxitem}{\end{multicols}}
\makeatother
```

其中，命令 \addcontentsline 的作用是将索引标题加入章节目录中；\let 是 TeX 基本命令，其功能相当于 \newcommand 或 \renewcommand 命令。

10.6.6 索引页码的链接

索引在论文的最后，其条目页码指向前面正文的各个页面，当在计算机中阅读论文，通过索引查找相关论述时，要反复上下推拉竖向滚动条，很不方便。

调用链接宏包 hyperref，它可以在 .idx 文件的索引条目命令 \indexentry 参数中自动添加 |hyperpage，使所有条目页码都具有链接功能，点击索引页码就能迅速准确地定位到所指示的页面。如果已对页码做过设置，例如 \index{...|textsf}，将页码改为等线体，hyperref 将忽略这一设置。如果希望索引中所有页码的字体都为等线体，同时还具有链接功能，就要做以下三件事。

(1) 在 hyperref 宏包的调用命令中关闭自动索引链接功能：

```
\usepackage[hyperindex=false]{hyperref}
```

(2) 将所有索引命令中对页码的设置都改为：\index{...| }。注意，在分类符 | 之后应空一格。

(3) 自行编制索引格式文件 .ist，其内容为：

```
encap_prefix "\\textsf{\\hyperpage"
encap_infix "{"
encap_suffix "}}"
```

然后按前面介绍的修改分类参数的方法，对源文件进行编译。

10.6.7 分类索引

通常论文之后只有一个索引，其中只有一种类型的词条，例如专业名词或科技符号；如果有多种类型的词条也可使用分类参数加以分类处理，成为一个综合性的索引。这种单一索引的缺点是查阅不便，在目录中无法分别显示索引条目的类别及其起始页码。

若需将每种类型的词条分别生成独立的索引，可改用由 F. W. Long 编写的 multind 分类索引宏包，它分别在 \makeindex、\index 和 \printindex 命令中添加了一个*类别*参数，还在 \printindex 命令中添加第二个参数：*索引标题*，该参数内容将进入目录和页眉。

本书最后所附的 3 个分类索引就是采用 multind 分类索引宏包生成的，该宏包的具体使用方法可以本书为例。

源文件编写

(1) 在导言中加入调用 multind 宏包命令和 3 个分类索引的创建命令：

```
\usepackage{multind}
\makeindex{command}
\makeindex{package}
\makeindex{environment}
```

(2) 在正文中出现的命令、宏包和环境名后分别插入下列相应的索引命令：

```
\index{command}{关键词}
\index{package}{关键词}
\index{environment}{关键词}
```

(3) 在需要生成索引的位置加入以下 3 个排版索引命令：

```
\printindex{command}{命令索引}
\printindex{package}{宏包索引}
\printindex{environment}{环境索引}
```

编译过程

(1) 采用 PDFLaTeX 编译源文件，得到 command.idx、package.idx 和 environment.idx 共 3 个索引记录文件。

(2) 分别运行下列数据处理程序：

```
makeindex -s mybook.ist command.idx
makeindex -s mybook.ist package.idx
makeindex -s mybook.ist environment.idx
```

得到 command.ind、package.ind 和 environment.ind 共 3 个索引排版文件。

(3) 再次采用 PDFLaTeX 编译源文件，在生成的 PDF 文件中出现 3 个分类索引，它们的标题分别是命令索引、宏包索引和环境索引。

10.6.8 本书的索引

本书的内容索引分为命令索引、宏包索引和环境索引 3 个分类索引，其具体制作方法可参见 10.6.7 **分类索引**一节的说明。为了避免重复输入，本书事先自定义了 3 条命令：

```
\newcommand{\Com}[1]{\texttt{\symbol{92}#1}\index{command}{%
                                        #1@\texttt{\symbol{92}#1}}}
\newcommand{\Pac}[1]{\textsf{#1}\index{package}{#1@\textsf{#1}}}
\newcommand{\Env}[1]{\texttt{#1}\index{environment}{#1@\texttt{#1}}}
```

这样在书写命令、宏包或环境的同时也插入了索引命令。

本书索引格式文件 mybook.ist 的内容如下：

```
delim_0 "\\quad\\hfill "
```

即改用空间来分隔每个条目与其首个页码，两者之间的最小间距为 1 em 宽。

(1) 在分类索引宏包 multind 对排版索引命令 \printindex 的定义中，有一条双栏命令 \twocolumn[{\Large\bf #2}]，本书在其中添加 \centering 命令，使索引标题居中。

(2) 在对排版索引命令的定义中，有一条 \addcontentsline{toc}{section}{#2} 附加条目命令，本书将其中的 section 改为 chapter，使索引标题作为章标题被引入目录。

(3) 在对排版索引命令的定义中，有一条右标志命令 \markright{#2}，因本书采用双页排版，故将其改为 \markboth{#2}{#2}，使左右页的页眉都能显示索引标题。

(4) 本书限定每个索引条目内容不得超过一行，对于多出的页码全部手工删除。

例 10.32 在论文第 9 页有 3 个不同类型的检索词语，分别制作 3 个分类索引。

```
表格宏包 \Pac{longtable} 提供了一个可以
排版多页表格的表格环境 \Env{longtable} 以
及 \Com{LTleft} 等控制命令。
\printindex{command}{命令索引}
\printindex{package}{宏包索引}
\printindex{environment}{环境索引}
```

命令索引

\LTleft 9

上例只显示了所生的 3 个分类索引的第一个索引：命令索引。

10.7 术语表

术语包括缩略语是某一学科的学术专门用语。大部分术语都有严格、明确和公认的定义，所以在论文中可直接使用这些术语而不必解释。但有些术语的定义很复杂，或是没有明确的定义，或是近年新出现的，还未广泛使用，为了便于理解，可将这些术语及其定义汇总，按字母顺序排印在正文之后，成为术语表，供读者查阅。

10.7.1 术语表的创建过程

术语表的创建过程与索引的创建是相同的，但具体细节有很大区别。

准备工作

在创建术语表时首先要做下列准备工作。

(1) 调用由 Nicola Talbot 编写的 glossary 术语表宏包。

(2) 将创建术语表命令 `\makeglossary` 紧跟在调用术语表宏包命令之后，它将启动术语表文件的创建工作。创建术语表命令原本是由系统提供的，它必须在导言中使用，术语表宏包对这条命令做了重新定义，可自动生成 `.ist` 术语表格式文件。

(3) 将排版术语表命令 `\printglossary` 插在需要生成术语表的位置，通常是在论文的后部，索引之前，该命令将在所处的位置排版术语表。

创建术语表四步骤

创建术语表通常也需要 4 个步骤。

(1) 分别在需要解释的术语之后插入术语命令：

`\glossary{关键词}`

其中参数*关键词*可同时有 5 个子参数，其名称与设定值说明如下。

`name=` 术语名，要用一对花括号括起来。

`description=` 术语的定义内容，要用一对花括号括起来。

`sort=` 设定排序依据，可用一个或多个字母作为该术语的排序依据，默认是按术语名的字母顺序排序；如术语名是中文，应使用其拼音字母作为排序依据。

`format=` 对页码字体的设置，它可以是任何不含反斜杠的字体命令名，例如 `textbf` 以及 `hyperpage` 等。此外，如果已调用了链接宏包 hyperref，并在术语表宏包调用命令中使用链接选项，即 `\usepackage[hyper=true]{glossary}`，则子参数 `format` 还有下列选项。

- `hyperrm` 页码为罗马体，具有链接功能。
- `hypersf` 页码为等线体，具有链接功能。
- `hypertt` 页码为等宽体，具有链接功能。
- `hyperbf` 页码为粗体，具有链接功能。
- `hypermd` 页码为常规字体，具有链接功能。
- `hyperit` 页码为斜体，具有链接功能。
- `hypersl` 页码为倾斜体，具有链接功能。
- `hyperup` 页码为直立体，具有链接功能。
- `hypersc` 页码为小型大写体，具有链接功能。
- `hyperem` 页码为 `\emph` 字体，具有链接功能。

`number=` 其值可以是 `chapter` 或 `section`，即用该术语所在章或节的序号取代页码，默认为该术语所在的页码。

(2) 编译源文件，创建术语表命令 `\makeglossary` 将所有术语命令中的关键词及其所在页码都写入与源文件同名的 `.glo` 术语记录文件中，该文件只是将所有关键词按照原始顺序排列，也未作任何格式处理。此外，如果源文件名为 `mydoc`，术语表宏包还将自动创建一个名为 `mydoc.ist` 的术语表格式文件。

(3) 选择 TeX → Make Glossary 命令，或选择 Accessories → WinEdt Console 命令，在分出的操作窗上单击按钮，并在 DOS 提示符 > 后输入下列命令行：

```
makeindex -s mydoc.ist -t mydoc.glg -o mydoc.gls mydoc.glo
```

然后按回车键，两者都可生成术语表排版文件 mydoc.gls。

(4) 再次编译源文件，其中的排版术语表命令 \printglossary 将 .gls 文件内容读入源文件，最终排版出论文术语表。.gls 文件中的术语表环境 theglossary 是由 glossary 术语表宏包提供的，如果源文件所选用的文类是 book 或者 report，该环境将新启一页，并自行生成格式为 \chapter* 的术语表标题：Glossary；如果是 article 文类，将不起新页，只自行生成格式为 \section* 的标题。可重新定义术语表标题名命令 \glossaryname，将术语表标题的英文名换为中文名。

如果参数 name 的值中含有命令，例如 name={\textsf{UN}}，则应使用 sort=UN，为其排序；如果术语名是中文，例如，重力，则必须使用汉语拼音 sort=zhongli，为其排序，sort 参数不能省略，否则可能会出现错误提示。

如果源文件使用的是 book 或者 report 文类，子参数 number 的值可以选为 chapter；若是 article 文类，则只能用 number=section。

图示术语表创建过程

上述术语表的创建过程可以用图 10.4 简明形象地说明。

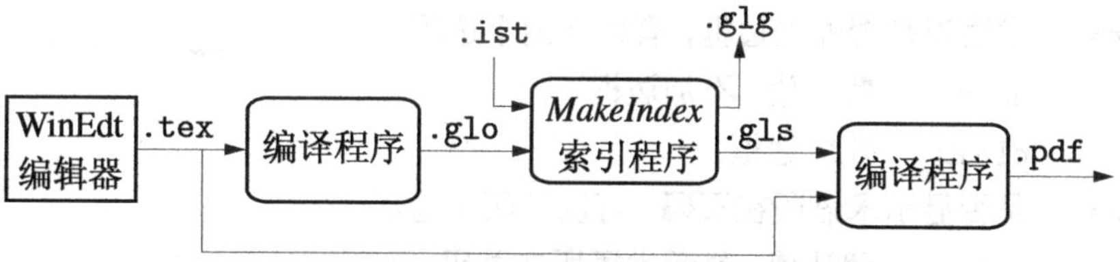

图 10.4 术语表创建过程示意图

在图 10.4 中：.glg 是 *MakeIndex* 生成的运行记录文件，其内容为术语的排序过程和出现的错误，供分析参考之用。.ist 是术语表格式文件，在通常情况下，使用术语表宏包自动生成的 .ist 术语表格式文件就可以了。也可以根据表 10.4 对自动生成的术语表格式文件中的输出分类参数进行修改。

例 10.33 将论文第 2 页和第 3 页中的两个物理术语编入术语表。

```
第 2 页：\glossary{name={简谐振动},%
description={物体在与位移成正比的恢复力作用下，其水平位置附近按正弦规律所作的往复运动},sort=jianxie}
第 3 页：\glossary{name={重力加速度},%
description={由地心引力和地球自转引起的离心力的合力造成物体在真空中下落的加速度},sort=zhongli}
\renewcommand{\glossaryname}{术语表}
\descriptionwidth=39mm
\printglossary
```

术语表

简谐振动 物体在与位移成正比的恢复力作用下，其水平位置附近按正弦规律所作的往复运动, 2

重力加速度 由地心引力和地球自转引起的离心力的合力造成物体在真空中下落的加速度, 3

10.7.2 术语表宏包的选项

术语表宏包 glossary 具有一个可选参数，它又分为多个子参数，而每个子参数又有多个选项，变换这些参数的选项将会改变术语表的排版格式。

`style=` 术语表排版类型，可有下列 4 种选项。

- `list` 采用 `description` 解说列表环境排版术语表。
- `altlist` 采用 `description` 环境排版术语表，但定义内容另起一行。
- `super` 采用 `supertabular` 表格环境排版术语表。
- `long` 默认值，采用 `longtable` 表格环境排版术语表。

`cols=` 当用表格环境排版术语表时，可使用的列数，它有以下两个选项。

- `2` 默认值，术语一列，定义和页码一列。
- `3` 术语、定义和页码各一列。

`header=` 当用表格环境排版术语表时，是否设置列标题，它有以下两个选项。

- `none` 默认值，不设置列标题。
- `plain` 加入列标题。术语列和定义列的标题内容分别默认为：Notation 和 Description，页码列的标题默认为空置；可对命令 `\entryname`、`\descriptionname` 和 `\glspageheader` 重新定义，以修改各列标题的内容。

`border=` 术语表是否外加边框，有以下两个选项。

- `none` 默认值，不加边框。
- `plain` 外加边框。

`number=` 是否显示术语所在页码，有以下两个选项。

- `page` 默认值，显示术语所在页码。
- `none` 不显示术语所在页码。

`toc=` 术语表标题是否写入章节目录，有以下两个选项。

- `false` 默认值，不写入章节目录。
- `true` 写入章节目录。如果调用了链接宏包 hyperref，从目录可以链接到术语表标题之下，看不到标题。

`hypertoc=` 其功能与 `toc` 相似，但下列选项须在调用 hyperref 之后才能使用。

- `false` 默认值，不写入章节目录。
- `true` 写入章节目录。从目录可以链接到术语表标题。

`hyper=` 调用 hyperref 后，术语表中的页码是否具有链接功能，有以下两个选项。

- `false` 默认值，没有链接功能。
- `true` 具有链接功能。

`section=` 是否将术语表作为论文中无序号的一节，有以下两个选项。

- `false` 默认值，如果所用文类没有提供章命令，例如 article 文类，才将术语表作为无序号的一节。
- `true` 将术语表作为无序号的一节，无论所用文类是否提供章命令。

上述这些参数可同时选用多个，其间应使用半角逗号来分隔。

(1) 参数值是布尔变量的，其值可省略，例如 `toc` 与 `toc=true` 是等效的。

(2) 参数 border、header 和 cols 不能与 style=list 或 style=altlist 在一起使用，因为前 3 个参数是为用表格环境排版而设置的。

(3) 如果术语名较长，使用 altlist 选项更为合适。

例 10.34 将例 10.33 中的术语改用三列编排，每列都加上列标题。

```
\usepackage[header,cols=3]{glossary}
......
\descriptionwidth=28mm
\renewcommand{\glossaryname}{术语表}
\renewcommand{\entryname}{术语}
\renewcommand{\descriptionname}{说明}
\renewcommand{\glspageheader}{页码}
\printglossary
```

术语表

术语	**说明**	**页码**
简谐振动	物体在与位移成正比的…。	2
重力加速度	由地心引力和地球自转…。	3

上例中，选用了术语表宏包的列标题 header 和列数量 cols 两个参数，并重新定义了 3 个列标题的默认值；命令 \descriptionwidth 用于调整术语表解说部分的宽度。

术语表默认是单栏排版。术语表中的术语定义或解释通常是对其完整定义的高度概括，内容简短扼要，因此术语表也可改为双栏排版。

例 10.35 将例 10.33 中的两条术语改为使用双栏排版术语表。

```
\usepackage[style=altlist]{glossary}
\renewcommand{\glossaryname}{\vspace{-5.0em}} \raggedcolumns \columnsep=10mm
\begin{multicols}{2}[\chapter*{术语表}] \printglossary
\end{multicols}
```

术语表

简谐振动

物体在与位移成正比的恢复力作用下，其水平位置附近按正弦规律所作的往复运动。2

重力加速度

由地心引力和地球自转引起的离心力的合力造成物体在真空中下落的加速度。3

在上例源文件中，采用了 style 参数的 altlist 选项，改用 description 解说列表环境排版双栏术语表，因为默认所用的 longtable 表格环境不能于双栏格式；使用多栏排版宏包 multicol 提供的 multicols 环境是为了使术语表的两栏底部基本平衡。如果使用 style 参数的 super 选项，虽然 supertabular 表格环境也可以双栏排版，但它必须先排满左栏才排右栏，不能做到两栏平衡排版。

术语表宏包 glossary 的作者后来又将其改进为 glossaries 宏包，它支持缩写词、支持多种语言，用户可自定义术语表的样式，但使用也较复杂。

10.8 参考文献

参考文献是作者在从事科学研究过程中和在所撰写论文中，直接或间接使用他人科研成果或引用他人学术论著而做的标注。参考文献的内容包括专著及其析出文献、连续出版物及其析出文献、专利文献和电子文献等文献资料信息。参考文献通常位于论文正文之后，索引之前，故又称其为：文后参考文献。参考文献的作用和意义可以扼要地归纳为以下几点。

- 体现科学技术的发展历程及其继承性。
- 尊重和保护他人的著作权。
- 简化论述，缩短论文篇幅。
- 指明论文的理论依据，便于编辑和审稿人准确评价论文的学术、技术水平。
- 与读者共享相关信息资源。

参考文献既是科学研究的理论基础和实践起点，也是论文的重要组成部分，它与正文共同构成对科研过程的完整表述。

10.8.1 参考文献环境

标准文类 book 等都提供有可以排版参考文献列表的 thebibliography 参考文献环境以及可在该环境中使用的 \bibitem 文献条目命令：

```
\begin{thebibliography}{最大序号}
\bibitem[文献序号1]{检索名1} 文献信息1
\bibitem[文献序号2]{检索名2} 文献信息2
......
\end{thebibliography}
```

其中各种参数的说明如下。

最大序号 用于测定文献列表中文献序号的最大宽度，以便确定文献列表的左缩进宽度；只要将最大的序号填入最大序号中，它的自然宽度将被该环境在内部使用命令 \settowidth{\labelwidth}{[最大序号]} 自动测定；最大序号可以是任意字符串。通常，序号是一位数的用 9，两位数的用 99 作为最大序号。

文献序号 可选参数，用于自行设定该条文献在参考文献列表中的序号，它可以是任意字符串；通常文献序号参数都被省略，环境将按该文献条目命令的原始顺序给出阿拉伯数字的文献序号，并置于方括号中。

检索名 为该条文献信息起的简短名称，以区别其他文献条目，并为在正文中引用该文献时所使用，其作用与书签命令 \label 中的书签名相同；检索名可以由任意英文字母和阿拉伯数字组成，该参数可区分大小写字母。

文献信息 用于著录文献的作者、题名、出版者和出版年份等文献信息项目，具体著录项目和著录格式应遵照 GB/T 7714—2005《文后参考文献著录规则》国家标准的规定，或者学校、出版机构的相关要求。

如果源文件所使用的是 book 或 report 文类，参考文献环境将用章命令 \chapter* 创建以 Bibliography 为标题的一章；若是 article 文类，则用节命令 \section* 生成以 References 为标题的一节。

参考文献环境是一种专用的排序列表环境，它生成的文献标号是由文献序号和一对方括号组成。为了便于记忆和防止混淆，通常采用作者姓氏加出版年份后两位数作为每个文献条目的检索名，例如 Lamport98。

例 10.36 专著是指以单行本或多卷册形式，在一定期限内出版的非连续出版物，它包括以各种载体形式出版的图书、古籍、学位论文、技术报告、会议文集、汇编和丛书等。

```
\begin{thebibliography}{99}
\bibitem{PEEBLES} PEEBLES P Z, Jr. Probability, random variable, and random signal
principles [M]. 4th ed. New York: McGraw Hill, 2001: 100-110.
\bibitem{Sun} 孙玉文. 汉语变调构词研究 [D]. 北京: 北京大学出版社, 2000.
\end{thebibliography}
```

参考文献

[1] PEEBLES P Z, Jr. Probability, random variable, and random signal principles [M]. 4th ed. New York: McGraw Hill, 2001: 100-110.

[2] 孙玉文. 汉语变调构词研究[D]. 北京：北京大学出版社, 2000.

由于本书源文件调用了中文标题宏包 ctexcap，所以上例中的参考文献标题被自动转换为中文，并使其居中。

例 10.37 连续出版物是指载有卷期号或年月顺序号、无限期连续发行的出版物。连续出版物的析出文献是指可以从整本连续出版物中分离出来的具有独立题名的文献。

```
\begin{thebibliography}{KANAMOPI}
\bibitem[KANAMOPI]{KANAMOPI} KANAMOPI H. Shaking without quaking [J]. Science,
1998, 279(5359): 2063-2064.
\bibitem{Liu} 刘武，郑良，姜础. 元谋古猿牙齿测量数据的统计分析及其在分类研究上的意
义 [J]. 科学通报，1999, 44(23): 2481-2488.
\end{thebibliography}
```

参考文献

[KANAMOPI] KANAMOPI H. Shaking without quaking [J]. Science, 1998, 279(5359): 2063-2064.

[1] 刘武, 郑良, 姜础. 元谋古猿牙齿测量数据的统计分析及其在分类研究上的意义[J]. 科学通报, 1999, 44(23): 2481-2488.

在编译源文件时，参考文献环境还将每条文献的检索名及其序号写入与源文件同名的引用记录文件 .aux 中，以备在正文引用时查询。

条目间距的调整

在参考文献列表中，文献条目之间的距离为 \itemsep，它的默认值是 4.5pt plus 2pt minus 1pt；如果希望调整文献条目之间的垂直距离，可以在参考文献环境中对该长度数据命令重新赋值，例如 \addtolength{\itemsep}{-1.5pt}，将文献条目间距的默认值改为 3pt plus 2pt minus 1pt。

序号格式的修改

如果希望修改参考文献列表中文献序号的格式，例如将文献序号的字体改为等线体，可对内部命令 \@biblabel 重新定义：

```
\makeatletter \renewcommand{\@biblabel}[1]{[\textsf{#1}]} \makeatother
```

如果希望取消文献序号两侧的方括号，可对内部命令 \@biblabel 重新定义：

```
\makeatletter \renewcommand{\@biblabel}[1]{#1.} \makeatother
```

10.8.2 参考文献的引用

如果要在正文中引用参考文献列表中的文献时，可在引文之后插入文献引用命令：

```
\cite[附加信息]{检索名1,检索名2,...}
```

其中各参数的说明如下。

检索名 就是文献条目命令 \bibitem 中的检索名，引用哪条文献，就指定哪条文献的检索名。可指定多个检索名，其间须用半角逗号分隔且不留空格。

附加信息 可选参数，可用于对所引用文献的注解，例如所引用文献的篇幅很长，可使用附加信息说明所参考内容的页码范围。

在第一次编译源文件时，文献引用命令将其中的检索名写入 .aux 引用记录文件；再次编译时，系统在 .aux 文件中比对文献引用命令写入的检索名与参考文献环境写入的检索名及其序号，以确定各个文献引用命令所分别对应的文献序号，并用一对方括号作为引用标志将文献序号括起来插在引文之后，成为引用标号。读者可根据引用标志中的文献序号查找文后参考文献列表中对应的文献信息，再根据这条文献信息检索该文献的全文。

参考文献的引用也是一种交叉引用，所以源文件必须经过连续两次编译才能获得正确的排版结果。在第一次编译时，文献引用命令所在位置被排版为 [?]，第二次编译时才将问号换为所引用文献的序号，如果仍然是问号则表示这个交叉引用有问题，系统将给出警告信息。

例 10.38 在正文中引用例 10.37 中的两条参考文献。

```
...可参考~\cite[p.~26]{KANAMOPI}。\\
...可参考~\cite{Liu}, ...\\
...可参考~\cite{KANAMOPI,Liu} ...\\
...可参考~\cite[第~5--7~页]{Liu}。
```

...可参考 [KANAMOPI, p. 26]。
...可参考 [1], ...
...可参考 [KANAMOPI, 1] ...
...可参考 [1, 第 5–7 页]。

文献引用命令 \cite 可以置于引文的结束处，也可以置于引文的逗号或句号之前，但应避免紧跟在其后。为了防止在引文与引用标号之间被换行，可以在其间插入不可换行的空格符 ~，即 ~\cite{...}，将两者连为一体。在上例源文件中，命令 \cite 可选参数里的空格符也是为了防止被从中换行或换页。

10.8.3 引用格式的修改

在引用标志中如果有多个文献序号，可能会出现 [4, 6, 5] 这种跳号现象，文献序号之间的间隔也无法调整。可调用由 Donald Arseneau 编写的 cite 引用格式宏包：

```
\usepackage[格式]{cite}
```

来解决各种引用格式问题，其中可选参数格式有以下选项。

adjust 默认值，在引文与 \cite 命令之间自动插入一个空格。
例如：移动\cite{Des4,Des5} 通信，排版结果：移动 [4, 5] 通信。

biblabel 将参考文献列表中所有文献序号改为上标形式。

compress 默认值，将引用标志中 3 个以上的连续序号改为范围序号。
例如：移动 \cite{Des6,Des4,Des5} 通信，排版结果：移动 [4–6] 通信。

noadjust 不在引文与 \cite 命令之间自动插入一个空格。
例如：移动\cite{Des4,Des5} 通信，排版结果：移动[4, 5] 通信。

nocompress 不将引用标志中 3 个以上的连续序号改为范围序号。
例如：移动 \cite{Des6,Des4,Des5} 通信，排版结果：移动 [4,5,6] 通信。

nosort 不对引用标志中的序号排序。
例如：移动 \cite{Des6,Des4} 通信，排版结果：移动 [6,4] 通信。

nospace 取消分隔逗号后的空格。
例如：移动 \cite{Des6,Des4} 通信，排版结果：移动 [4,6] 通信。

ref 在序号前加入参考文献缩写：Ref.。
例如：移动 \cite{Des6,Des4} 通信，排版结果：移动 [Ref. 4, 6] 通信。

sort 默认值，对引用标志中的序号按升序排列。
例如：移动 \cite{Des6,Des4} 通信，排版结果：移动 [4, 6] 通信。

space 在用于序号分隔的逗号后插入一个完整的空格。
例如：移动 \cite{Des6,Des4} 通信，排版结果：移动 [4, 6] 通信。

super 取消引用标志，将其中的序号改用上标形式显示。
例如：移动\cite{Des6,Des4}通信，排版结果：移动^{4,6}通信。
注意：在 \cite 命令中不能有附加信息可选参数，否则仍按默认选项。

在文献引用标志中时常会有用逗号分隔的两个或多个文献序号，或者范围页码等附加信息，使用 cite 宏包还可以防止被从中换行或者换页。

10.8.4 文献信息分段

标准文类 book、report 和 article 都有一个 openbib 选项，若启用该选项，可使参考文献列表中的每个段落文本从第二行起向右缩进 \bibindent，其默认值为 1.5em。

文献条目命令 \bibitem 将所有文献信息排版为一个段落。如果某条文献信息文本较长，希望将其分为若干个段落，就可启用 openbib 选项并在该文献信息中插入 \newblock 分段命令，将其后的文本另起一段。

例 10.39 将文献信息文本按作者、题名和卷期等其他项目分为 3 个段落。

```
\bibitem{Wright02} Tim Wright and Andy Cockburn.
\newblock Mulspren: a multiple language simulation programming environment.
\newblock In {\em HCC '02: Proceedings of the IEEE 2002 Symposia on Human
Centric Computing Languages and Environments (HCC'02)}, page 101, Washington,
DC, USA, 2002. IEEE Computer Society.
```

[1] Tim Wright and Andy Cockburn.
Mulspren: a multiple language simulation programming environment.
In *HCC '02: Proceedings of the IEEE 2002 Symposia on Human Centric Computing Languages and Environments (HCC'02)*, page 101, Washington, DC, USA, 2002. IEEE Computer Society.

在上例源文件中，使用了两个 \newblock 分段命令，将该条目的所有文献信息分为 3 个段落，其中第 3 个段落从第二行起向右缩进 1.5 em，这个默认缩进宽度可以使用长度赋值命令例如 \bibindent=2em 的方法来重新设定。

10.8.5 文献管理程序 BibTeX

使用 thebibliography 环境排版文后参考文献，简单直观，很适合只有少量文献条目的短篇论文。但在某些场合它就会显露出很多不足之处。

(1) 通常在正文中出现的文献序号的顺序应与文后参考文献列表中的文献顺序相同，但是对章节的调整，对内容的修改，都可能导致序号顺序的混乱。

(2) 在修改论文时，如果删除对某条文献的引用，可能造成正文中的文献序号出现空号，而文后参考文献列表中出现一个未被引用的文献条目；如果新增一个文献的引用，可能会使正文中的文献序号出现跳号。

(3) 很多学校和出版机构对参考文献的著录格式都有各自的要求。比如，有的要求所有文献条目用阿拉伯数字按原始顺序排序，有的要求按照在正文中引用文献的先后排序，有的则要求根据作者名-出版年份排序。为了满足不同出版者的不同著录格式要求，有时不得不对所有文献信息的著录格式重新逐一进行修改。

(4) 如果多人分工合写一篇论文，而在每人负责撰写的章节中都可能会出现参考文献的引用，那么对各章节参考文献的协调管控更为烦琐。

(5) 有时就某一领域的研究撰写多篇论文，其参考文献的内容基本相同，但由于文献条目顺序和著录格式等问题，还是要分别编辑修改文后参考文献。

对于中长篇论文或是多篇论文写作，如果改为使用由 Oren Patashnik 编写的文献管理程序 BibTeX，来创建参考文献，上述问题都可以迎刃而解。

BibTeX 是 LaTeX 附带的一种文献管理程序，其标识符为 BIBTEX，为了书写方便，本书仍按通用方式将其写作 BibTeX。

参考文献的创建过程

使用 BibTeX 文献管理程序创建参考文献的过程如图 10.5 所示。

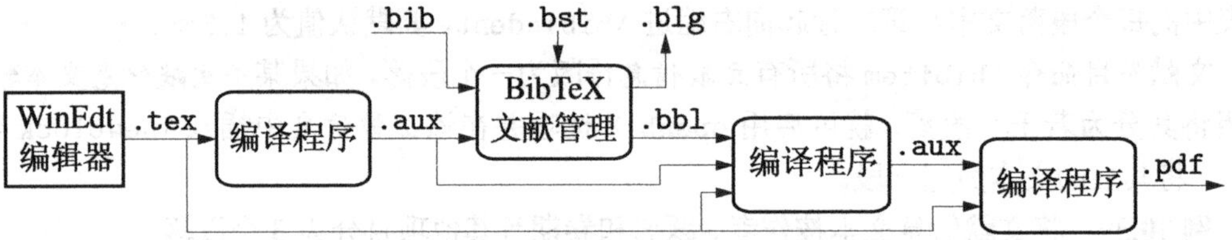

图 10.5 使用 BibTeX 创建参考文献的过程示意图

(1) 首先编译源文件，系统将正文中所有文献引用命令 `\cite` 中的检索名以及所指定的文献数据库名和文献格式文件名，写入 .aux 引用记录文件。文献数据库是储存文献信息的文件，其扩展名为 .bib；文献格式文件用于设置参考文献的排版格式，例如字体、缩写和排序方式等，其扩展名是 .bst。

(2) 在 WinEdt 中选择 TeX → BibTeX 命令，或者单击 B 快捷按钮，运行 BibTeX 文献管理程序，它按照 .aux 文件的记录，将指定的文献数据库文件 .bib 和文献格式文件 .bst 调入，经过对这 3 个文件的处理，输出一个文献排版文件 .bbl，该文件其实就是用参考文献环境 thebibliography、文献条目命令 `\bibitem` 和字体命令等编辑而成的参考文献源文件。BibTeX 还将文件处理过程写入与源文件同名的 .blg 过程记录文件，其中包括错误和警告信息等内容，可供分析参考。

(3) 再次编译源文件，系统将 .bbl 文件调入 .tex 源文件中，并将正文中每个文献引用命令 `\cite` 所对应的文献序号写入 .aux 引用记录文件。

(4) 第三次编译源文件，系统根据引用记录文件将正文中所有文献引用命令 `\cite` 改换为所对应的文献标号。

填写文献数据库

在使用 BibTeX 之前，必须先自行创建文献数据库，就是将所引用文献的各项信息按规定的格式填写，并以扩展名 .bib 保存。

文献分类 在 BibTeX 中，它把所有文献分为以下 14 种标准的类型，因为不同类型的文献需要填写的文献信息是不同的，例如期刊就需要填写卷号，而专著则不需要。所以在填写文献数据库时应先确定该文献属于哪一种类型。

article	期刊和杂志等连续出版物中的文章。
book	有明确出版者的专著。
booklet	已经印刷和装订但无出版者或发行者的著作。
conference	会议论文集中的论文。
inbook	专著的某一部分，通常没有标题，例如某一章节，或某一页码范围。
incollection	专著的某一部分，具有独立的标题。
inproceedings	会议论文集中的论文。与 conference 类型相似，但两者中的信息字段有所不同。
manual	技术文件。
mastersthesis	硕士论文。
misc	无法划归任何类型的著作。
phdthesis	博士论文。
proceedings	会议论文集。
techreport	学校或其他机构发表的报告，通常都有编号。
unpublished	未正式出版的标有作者和题名的著作。

字段名 每种文献类型设有若干个相关的信息字段。每个信息字段是由字段名、等号和信息文本组成，信息文本通常括在花括号或半角双引号中。信息字段之间使用半角逗号分隔。以下是在标准文献类型中各种信息字段所使用的字段名及其说明。

address	出版机构(publisher)的地址。对于著名的出版机构只要给出城市名或忽略这个字段；较小的出版社则应给出完整的地址。
annote	文献注释，例如内容简介等。该字段将新启一段，故首字母应大写。
author	作者姓名。英文姓与名的输入方式应符合 BibTeX 规定，见后续说明。
booktitle	论著的题名，其中部分是被引用的。对于 book 类型的文献，题名所用的字段名为 title。
chapter	所引用文献的章或节的序号。
crossref	本条文献如果要引用数据库中的另一条文献，可在此字段中填写该文献的检索名。
edition	文献版本。它应该是个序数词，例如 Second 或“第二版”等，英文序数词的首字母应大写，有些文献格式文件会将其转换为小写。
editor	文献编辑的姓名。
howpublished	文献的发布方式，例如 On the internet、“网页”等。
institution	出版机构的名称，可使用其缩写，例如 ACM、NCITS 等。
journal	期刊的名称，可使用缩写。

key	关键词，如果没有 author 和 editor 信息，它可用于字母排序、交叉引用和创建标签。注意，不要将该字段名与 \cite 命令中的检索名混淆。
month	文献的发表月份，如未发表，则是该文献的写作月份。英文月份名应采用小写的三字母缩写形式，如 jan、feb、mar 等。
note	其他对读者有用的文献信息。该字段的英文首字母应大写。
number	杂志、期刊、技术报告或系列丛书的序号、编号或卷号。
organization	会议的主办机构或技术文件 manual 的发布机构。
pages	文献页码，可以是一个或多个页码，或是范围页码。例如 28、16-23 等。
publisher	文献出版机构的名称。
school	论文作者所在院校的名称。
series	系列丛书或多卷集著作的名称。
title	文献的题名。
type	文献的形式。对于 phdthesis 类型的文献，可以是 Dissertation、Ph.D. Thesis 等，对于 techreport 类型的文献，可以是 Reserch Note、Technical Report 等。
year	文献的出版年份，若未出版则是文献的写作年份。

不同文献类型设有不同的信息字段，这些信息字段可分为以下三种。

(1) 必要字段，必须要填写的字段，否则将给出警告信息。如果所需的文献信息已包含在其他字段中，也可对警告不予理睬。

(2) 可选字段，可填可不填的字段。如果不填写不会产生任何问题，如果认为这段文献信息对读者有帮助也可填写。

(3) 忽略字段，既不是该文献类型中的必要字段也不是其可选字段，BibTeX 将忽略这种字段。因此，可将一些不出现在参考文献中的文献信息写入这种字段，例如将文献的摘要写入 abstract 字段中。

填写示例 当填写文献数据库时，在 WinEdt 中选择 File → New 命令，产生一个空白编辑区；再选择 Insert → BibTeX Items 命令，就可以看到列有上述文献类型名称的菜单，例如要著录某一期刊文章的文献信息，可选择该菜单中的 Article 选项，将在编辑区中自动产生该文献类型所设的信息字段：

```
@ARTICLE{*,                              pages =        {*},
  AUTHOR =       {*},                    month =        {*},
  TITLE =        {*},                    note =         {*},
  JOURNAL =      {*},                    abstract =     {*},
  YEAR =         {*},                    keywords =     {*},
  volume =       {*},                    source =       {*},
  number =       {*},                 }
```

其中的符号和信息字段说明如下。

@	每条文献信息的起始符。如果取消这个符号，其后的文本 BibTeX 认为都是注释内容而予以忽略。
*	是替代符号，表示在此填写相关文献信息，其中第一个 * 符号位置必须填写该文献信息的检索名。

AUTHOR 等 信息字段名，其中大写的表示该字段是必要字段，小写的为可选字段，如某个必要字段没有填写，BibTeX 将在 .blg 过程文件中给出警告信息。

将该期刊文章的各种文献信息项目分别填写到对应的信息字段中，就完成了对一条文献信息的著录。照此方法将所需的所有文献信息分门别类地填写，然后将此文件命名并以 .bib 为扩展名保存到源文件所在的文件夹中，就完成了文献数据库的创建工作。

例 10.40 创建一个名为 expbib.bib 的文献数据库，其中有一条专著文献记录和一条会议论文集论文的文献记录。

```
@BOOK{Bernard03,
  AUTHOR =     {Bernard Desgraupes},
  TITLE =      {{\LaTeX}, {A}pprentissage, guide et r{\'e}f{\'e}rence},
  PUBLISHER = {Vuibert},
  YEAR =       {2003},
  address =    {Paris},
  edition=     {second},
  month =      {mar}}
@INPROCEEDINGS{Vikas01,
  AUTHOR =     {Kawadia, Vikas},
  TITLE =      {Protocols for Media Access Control and Power Control in Wireless
               Networks},
  BOOKTITLE = {40th IEEE Conference on Decision and Control},
  YEAR =       2001,
  month =      mar }
```

在上例数据库文件中，用作者名加出版年份后两位数作为该条文献的检索名，以利于记忆和在正文中引用。

(1) 为避免某些文献格式文件 .bst 将文献信息中的大写字母转换成小写字母，造成编译错误，可将其置于花括号中，如例 10.40 中的 {\LaTeX} 和 {A}pprentissage。

(2) 若文献信息中有变音字母，例如 ä，应将其生成命令置于花括号中，即 {\"{a}}。

(3) 如果某一字段的信息文本是个单一的数字，就可以不用花括号，例如 YEAR=2001，而 pages=5--7 则会将 --7 丢失。

(4) 由于不同的文献排版格式对月份名的拼写有全拼或者缩写的不同要求，所以应将月份信息采用 3 个字母的缩写形式填写，并取消花括号，交由 BibTeX 确定如何拼写，如例 10.40 中的第二条文献信息所示。

(5) 在信息字段之中或信息字段之间，不能直接使用 % 符号作为注释符，否则将造成错误或信息丢失。

(6) 对于欧美人士的姓名可有两种填写方法：{名 姓} 或者 {姓, 名}，如例 10.40 所示。再例如 {Young, David S.}，排版结果为：David S. Young。

(7) 如果在一个字段中需要填写多个英文姓名，可以用 and 从中分隔，例如：{Goossens, Michel and Mittelbach, Frank}，排版结果为：Michel Goossens and Frank Mittelbach。如果人名较多，不必逐一填写，可在主要责任人名后用 and others 表示，其排版结果为：et al。

(8) 没有相应信息填写的或认为没有必要填写的可选字段，可以删除。

(9) BibTeX 不能区分大小写字母，如果有两个文献条目的检索名分别填写为 `IEEE09` 和 `ieee09`，它将不知所措。

填写文献数据库的工作非常细致烦琐，但却一劳永逸，以后撰写所有相关论文都可以使用这个文献数据库，而且还可以不断地向该数据库添加所需的文献记录。

文献数据库管理工具 JabRef 如果对于条目很多的文献数据库创建和修改，采用上述方法既不直观又不方便。可改为使用由 Morten Alver 和 Nizar Batada 编写的 JabRef 文献数据库管理工具，它将各种文献类型及其信息字段表格化，只要将所有文献信息填写到相应的表格中，然后存盘，就完成了文献数据库的创建工作；也可以用 JabRef 工具打开已有的 `.bib` 数据库文件，对表格中的各项文献信息数据进行修改或补充。该工具软件可在 Windows、Linux 或 Mac 操作系统中运行，能够处理中文，可与 WinEdt、Emacs 等文本编辑器配合使用，其下载网址是 http://jabref.sourceforge.net/。

指定数据库和格式文件

创建了文献数据库后就可以在所需排版参考文献的位置，使用系统提供的文献格式命令和文献数据库命令：

```
\bibliographystyle{文献格式名}
\bibliography{文献数据库1,文献数据库2,...}
```

来排版参考文献。这两条命令中的参数说明如下。

文献格式名 用于指定排版参考文献所使用的文献格式文件名，无须加 `.bst` 扩展名。

文献数据库 用于指定所用的文献数据库文件名，不需要加扩展名 `.bib`，如果用到多个文献数据库，它们的文件名应用半角逗号分隔，且不留空格。

文献格式命令 `\bibliographystyle` 将所指定文献格式文件名写入 `.aux` 引用记录文件；文献数据库命令 `\bibliography` 有两个功能：一是将所指定的文献数据库名写入 `.aux` 文件，二是在每次编译源文件时尝试读取由 BibTeX 生成的 `.bbl` 文献排版文件，并将其插在自身所处位置。其实文献格式命令可以放在源文件中的任何位置，但通常都将它和文献数据库命令放在一起，以便于寻找和修改文献格式。

不同版本的 LaTeX 系统所附带的文献格式文件多少不等，以下是最常用的文献格式文件及其排版格式说明。

`plain` 将所引用的文献信息按字母顺序排序，其比较次序为作者姓名、出版年份和题名，如果仍不能确定先后，将以在正文中的引用顺序为准。例如：

```
The device \cite{Vikas01} is special \cite{Bernard03}.
\bibliographystyle{plain} \bibliography{expbib}
```

The device [2] is special [1].

References

[1] Bernard Desgraupes. *LaTeX, Apprentissage, guide et référence*. Vuibert, Paris, second edition, mar 2003.

[2] Vikas Kawadia. Protocols for media access control and power control in wireless networks. In *40th IEEE Conference on Decision and Control*, March 2001.

上例所使用的 `expbib.bib` 文献数据库，就是在例 10.40 中创建的；可以看出，由于月份字段 `month` 的填写格式不同，其排版结果也不相同。

unsrt 不分类(unsorted)，就按照在正文中引用文献的先后顺序，为所有被引用的文献排序，其文献排版格式与 plain 基本相同：

> The device [1] is special [2].
>
> **References**
>
> [1] Vikas Kawadia. Protocols for media access control and power control in wireless networks. In *40th IEEE Conference on Decision and Control*, March 2001.
>
> [2] Bernard Desgraupes. *LaTeX, Apprentissage, guide et référence*. Vuibert, Paris, second edition, mar 2003.

alpha 用文献的作者姓名前 3 个字母 + 出版年份的后两位数作为文献序号，如果出现相同的序号，则会根据排序结果分别在相同的序号后追加 a，b，……，以示区别；排序方法和排版格式与 plain 相同：

> The device [Kaw01] is special [Des03].
>
> **References**
>
> [Des03] Bernard Desgraupes. *LaTeX, Apprentissage, guide et référence*. Vuibert, Paris, second edition, mar 2003.
>
> [Kaw01] Vikas Kawadia. Protocols for media access control and power control in wireless networks. In *40th IEEE Conference on Decision and Control*, March 2001.

abbrv 将文献中作者名和月份名的拼写改为缩写，显得文献信息紧凑简洁，其排序方法和排版格式与 plain 相同：

> The device [2] is special [1].
>
> **References**
>
> [1] B. Desgraupes. *LaTeX, Apprentissage, guide et référence*. Vuibert, Paris, second edition, mar 2003.
>
> [2] V. Kawadia. Protocols for media access control and power control in wireless networks. In *40th IEEE Conference on Decision and Control*, Mar. 2001.

在 abbrv 中还可以使用预先定义的期刊名称缩写。

ieeetr 国际电气电子工程师协会 IEEE 期刊文献格式：

> The device [1] is special [2].
>
> **References**
>
> [1] V. Kawadia, "Protocols for media access control and power control in wireless networks," in *40th IEEE Conference on Decision and Control*, Mar. 2001.
>
> [2] B. Desgraupes, *LaTeX, Apprentissage, guide et référence*. Paris: Vuibert, second ed., mar 2003.

文献格式文件 ieeetr.bst 是较早的版本，目前 IEEE 期刊和会议论文集所用的文献格式文件是 IEEEtran.bst，但两者没有明显的差别。还可以在 CTAN 网站查找到 IEEEtran.bst 的说明文件：IEEEtran_bst_HOWTO.pdf，以及可用作模板的文献数据库文件：IEEEexample.bib。

acm 美国计算机学会期刊文献格式，基本格式与 abbrv 类似，只是作者姓名采用“姓，名”的形式，姓名字体改为小型大写字体，日期可置于圆括号中：

The device [2] is special [1].

References

[1] DESGRAUPES, B. *LaTeX, Apprentissage, guide et référence*, second ed. Vuibert, Paris, mar 2003.

[2] KAWADIA, V. Protocols for media access control and power control in wireless networks. In *40th IEEE Conference on Decision and Control* (Mar. 2001).

`siam` 美国工业和应用数学学会期刊文献格式，文献条目按作者姓名的字母顺序排序，作者姓名为小型大写字体，文献标题为斜体，除与 `note` 信息字段之间是句号外，其他信息字段之间都采用逗号分隔：

The device [2] is special [1].

References

[1] B. DESGRAUPES, *LaTeX, Apprentissage, guide et référence*, Vuibert, Paris, second ed., mar 2003.

[2] V. KAWADIA, *Protocols for media access control and power control in wireless networks*, in 40th IEEE Conference on Decision and Control, Mar. 2001.

`apalike` 美国心理学学会出版物文献格式，用作者姓氏和出版年份作为文献序号，其排序方法与 `plain` 相同：

The device [Kawadia, 2001] is special [Desgraupes, 2003].

References

[Desgraupes, 2003] Desgraupes, B. (2003). *LaTeX, Apprentissage, guide et référence*. Vuibert, Paris, second edition.

[Kawadia, 2001] Kawadia, V. (2001). Protocols for media access control and power control in wireless networks. In *40th IEEE Conference on Decision and Control*.

`amsplain` 美国数学学会出版物文献格式：

The device [2] is special [1].

References

[1] Bernard Desgraupes, *LaTeX, Apprentissage, guide et référence*, second ed., Vuibert, Paris, mar 2003.

[2] Vikas Kawadia, *Protocols for media access control and power control in wireless networks*, 40th IEEE Conference on Decision and Control, March 2001.

`abstract` 用作者名 + 出版年份的后两位数作为文献序号，并以此排序：

The device [Vikas01] is special [Bernard03].

References

[Bernard03] Bernard Desgraupes. *LaTeX, Apprentissage, guide et référence*. Vuibert, Paris, second edition, mar 2003.

[Vikas01] Vikas Kawadia. Protocols for media access control and power control in wireless networks. In *40th IEEE Conference on Decision and Control*, March 2001.

`agsm` 澳大利亚政府出版物文献格式，用作者姓氏 + 出版年份作为文献序号；还需调用 harvard 文献格式宏包：

The device (Kawadia 2001) is special (Desgraupes 2003).

References

Desgraupes, B. (2003), *LaTeX, Apprentissage, guide et référence*, second edn, Vuibert, Paris.

Kawadia, V. (2001), Protocols for media access control and power control in wireless networks, *in* '40th IEEE Conference on Decision and Control'.

在以上文献格式示例中，前 4 例被称为标准文献格式，它们的排版格式基本相同，主要区别在于文献序号的生成方式，其他文献格式大都是在此基础上的各种变化。

常用文献格式文件

很多国际组织、专业学会和出版机构都提供有相关出版物的文献格式文件，其中较常用的如表 10.5 所示。

表 10.5 常用文献格式文件及其说明

文件名	说明	文件名	说明
abbrv	标准文献格式	jtb	JTB 期刊文献格式
abbrvnat	abbrv 变体，需 bibnat 宏包	kluwer	Kluwer 出版物文献格式
abstract	增 abstract 字段的 alpha 格式	nar	NAR 期刊文献格式
acm	ACM 期刊文献格式	nature	Nature 杂志文献格式
agsm	澳大利亚政府出版物文献格式	osa	OSA 期刊文献格式
alpha	标准文献格式	phaip	AIP 期刊文献格式
amsalpha	AMS 出版物文献格式	phcpc	CPC 刊物文献格式
amsplain	AMS 出版物文献格式	phiaea	IAEA 会议文献格式
annotate	增设 annote 字段的 alpha 格式	phjcp	JCP 期刊文献格式
annotation	增设 annote 字段的 plain 格式	phnf	Nuclear Fusion 文献格式
apa	APA 出版物文献格式	phnflet	NFL 文献格式
apalike	apa 变体，需 apalike 宏包	phpf	Physics of Fluids 文献格式
astron	Astronomy 期刊文献格式	phppcf	多种物理期刊文献格式，需 apalike
bbs	BBS 期刊文献格式，需 apalike	phrmp	RMP 期刊文献格式
cbe	CBE 文献格式	plain	标准文献格式
humanbio	Human Biology 期刊文献格式	plainnat	plain 变体，需 bibnat 宏包
humannat	Human Nature 期刊文献格式	siam	SIAM 期刊文献格式
ieeetr	IEEE 期刊文献格式	unsrt	标准文献格式
IEEEtran	IEEE 期刊文献格式	unsrtnat	unsrt 变体，需 bibnat 宏包

有些文献格式需要相关宏包的支持，例如在指定 abbrvnat 文献格式时，还应调用 bibnat 文献宏包。因此，当所指定的文献格式不能正常使用或者得不到规定的排版结果时，应查看其 .bst 文件中的说明。

未引用的文献

(1) 如果曾参考某篇文献但并未在正文中直接引用，或者是已在正文中直接提及某文献作者姓名或文献题名，可采用非引用命令：

```
\nocite{检索名}
```

使参考文献列表中出现该文献信息条目。

(2) 文献管理程序 BibTeX 通常只是将在正文中被引用的文献信息排版到参考文献列表中，还可以使用非引用命令：

```
\nocite{*}
```

将所指定文献数据库中的全部文献信息都排版到参考文献列表中。

文献排版格式的修改

通常只要变换 \bibliographystyle 命令中的文献格式名，就可以自动改变参考文献列表中所有文献信息的排版格式。

(1) 如果对文献格式文件有明确要求，可在系统中查找，绝大部分文献格式文件都存放在系统的 /bibtex/bst 文件夹中。

(2) 如果只知道文献排版格式的要求，而不知道文献格式文件名，可比对前面所列各种文献格式示例，以确定文献格式文件名。如果没有完全相同的，可找出比较接近的文献格式文件进行修改，具体修改方法可上网查阅 Ki-Joo Kim 所著《A BibTeX Guide via Examples》一文的第五节：Modifying Bibliography Style Files。

(3) 向所投稿的出版机构查询是否提供有相关出版物所需的文献格式文件。

(4) 在采用某些文献排版格式时，BibTeX 对中文文献的排序可能不准确。如果希望修改，可打开由 BibTeX 生成的 .bbl 文献排版文件，自行调整中文文献的排列顺序。

条目间距的调整

采用 BibTeX 创建参考文献后，无法直接调整文献条目之间的距离。如果需要调整文献条目间距，例如要将条目间距增加 2pt，可在文献数据库命令之前加入命令：

```
\makeatletter
\renewcommand{\@openbib@code}{\addtolength{\itemsep}{2pt}}
\makeatother
```

其中 \@openbib@code 是参考文献环境内部的一个空命令，用于在使用 openbib 选项时，插入条目尺寸修改命令，以改变文献信息的排版格式；如果使用了 openbib 选项，还可以在重新定义命令中加入对段距的修改，例如 \parsep=1pt。

10.8.6 文献格式宏包 natbib

由 Patrick W. Daly 编写的 natbib 文献格式宏包，将文献按其序号分为数字（numbers）和作者姓氏 + 出版年份（authoryear）两种形式来处理。例如参考文献环境或 plain 文献格式生成的文献序号就是数字形式的，而 alpha 文献格式生成的文献序号是作者姓氏 + 出版年份形式的，该宏包默认的处理形式也是作者姓氏 + 出版年份形式。

文献格式宏包具有下列选项，可很方便地对正文中的文献引用标号的格式进行设置。

angle	引用标志改为一对角括号。
colon	引用标号中的多个文献序号改用分号加以分隔，默认为逗号。
compress	可将引用标号中三个以上的、自然升序排列的文献序号，改用范围序号，例如 [1,2,3] 改为 [1-3]。

curly	引用标志改为一对花括号。
numbers	文献序号为数字形式，默认为 authoryear。
round	引用标志改为一对圆括号。
sectionbib	将参考文献列表作为一个无序号的节。
sort	引用标号中的多个文献序号由小到大，按升序排列。
sort&compress	将引用标号中的多个文献序号按升序排列，若其中有 3 个以上的连续序号，则改用范围序号，例如 [3-5]。
square	引用标志改为一对方括号。
super	引用标号改为上标形式，且只有文献序号无方括号。

在调用 natbib 文献格式宏包时，首先要确认文献序号的形式，如果是数字形式，就应启用 numbers 选项，否则很可能在编译时会提示出错。例如将 acm 文献格式生成的引用标号改为上标形式：\usepackage[numbers,super,square]{natbib}。

该包还提供有很多修改文献排版格式的命令，其中最常用的命令及其简要说明如下。

\bibfont	文献字体命令，默认为当前字体及其尺寸。可使用该命令修改文献字体，例如 \renewcommand{\bibfont}{\sf\small}。
\bibnumfmt	文献标号命令，用于设置文献标号的格式。例如文献序号字体改为粗体，取消方括号，改用冒号：\renewcommand{\bibnumfmt}[1]{\textbf{#1}:}。
\bibpreamble	文献前言命令，如果希望在参考文献标题之后，所有文献条目之前，添加一段文献说明文字，就可使用该命令。例如 \renewcommand{\bibpreamble}{下列所有参考文献都能从 AMS 的网络服务器中下载}。
\bibsection	文献标题命令，参考文献的标题名是用章节命令 \chapter* 或 \section* 预定义的，例如要修改标题名，并希望有其序号以便自动进入目录，可重新定义该命令：\renewcommand{\bibsection}{\section{参考文献}}。
\bibsep	条目间距命令，默认值为 9pt plus 4pt minus 2pt。可使用长度赋值命令修改此值，例如 \bibsep=9pt。
\citenumfont	引用序号字体命令，如果希望将正文中的引用序号字体改为等线体，就可使用命令：\renewcommand{\citenumfont}[1]{\textsf{#1}}。

文献格式宏包适用于对文献环境格式、4 种标准文献格式及其他大部分文献格式的修改，但也会与某些文献格式发生冲突，或产生意外的结果。

10.8.7 章文献宏包 chapterbib

参考文献大都是置于正文之后，但对于中长篇论著来说前后翻阅就很不方便，所以有些篇幅很长的论著将每章中所引用的文献放在其结尾处，以便于读者查阅。

在每章的结尾处加入 \bibliographystyle 文献格式命令和 \bibliography 文献数据库命令，再调用由 Donald Arseneau 编写的章文献宏包 chapterbib，它能利用子源文件调入命令 \include，在每章之后创建该章的参考文献。

例 10.41 在主源文件 mybook.tex 中的每章之后设置该章所引用的参考文献，其中第一章的参考文献是以引用的先后来排序，第二章以作者名 + 出版年份来排序，并要求每章的参考文献应紧随其后，不得另起新页。

```
\documentclass[oneside,openany]{book}
\usepackage[sectionbib]{chapterbib}
\begin{document}
\include{chapter1}
\include{chapter2}
\end{document}
```

子源文件 chapter1.tex:

```
The device \cite{Vikas01} is
special \cite{Bernard03}.
\bibliographystyle{unsrt}
\bibliography{expbib}
```

子源文件 chapter2.tex:

```
They \cite{Vikas01} work
hard \cite{Bernard03}.
\bibliographystyle{abstract}
\bibliography{expbib}
```

The device [1] is special [2].

Bibliography

[1] Vikas Kawadia. Protocols for media access control and power control in wireless networks. In *40th IEEE Conference on Decision and Control*, March 2001.

[2] Bernard Desgraupes. *LaTeX, Apprentissage, guide et référence*. Vuibert, Paris.

They [Vikas01] work hard [Bernard03].

Bibliography

[Bernard03] Bernard Desgraupes. *LaTeX, Apprentissage, guide et référence*. Vuibert, Paris, second edition, mar 2003.

[Vikas01] Vikas Kawadia. Protocols for media access control and power control in wireless networks. In *40th IEEE Conference on Decision and*

(1) 文类 book 或 report 是将参考文献作为无序号的一章来处理，即使用 `\chapter*`，它使参考文献另启一页。若希望每章的参考文献紧跟其后，可采用 chapterbib 章文献宏包提供的 `sectionbib` 选项，它能将 `\chapter*` 命令改为 `\section*` 命令。

(2) 上例源文件的编译方法是：首先编译主源文件；然后分别对每个子源文件运行文献管理程序，用以分别生成文献排版文件 `chapter1.bbl` 和 `chapter2.bbl`；最后再连续两次编译主源文件。即全编译过程是 PDFLaTeX `mybook.tex` → BibTeX `chapter1.tex` → BibTeX `chapter2.tex` → PDFLaTeX `mybook.tex` → PDFLaTeX `mybook.tex`。

10.8.8 文献宏包 biblatex

由 Philipp Lehman 编写的 biblatex 文献宏包具有大量的文献格式选项，并提供一组环境和命令，可用于排版各种格式的文后文献包括分章文献、分类文献和文献索引以及章后文献，使用和编译简便，支持德、法、俄等多种语言文字。详细讲解请查阅该宏包的说明文件。

例 10.42 将文后参考文献以作者姓名的字母顺序为序来编排。

```
\documentclass{article}
\usepackage[style=numeric]{biblatex}
\addbibresource{expbib.bib}
\begin{document}
The device \cite{Vikas01} is special
\cite{Bernard03}.
\printbibliography
\end{document}
```

The device [2] is special [1].

References

[1] Bernard Desgraupes. *LaTeX, Apprentissage, guide et référence*. second. Paris: Vuibert, 2003.

[2] Vikas Kawadia. “Protocols for Media Access Control and Power Con-

上例源文件的编译顺序为 PDFLaTeX → BibTeX → PDFLaTeX。调用 biblatex 宏包时将自动加载 etex、keyval 和 ifthen 等相关宏包。在系统的 MiKTeX/doc/latex/biblatex/example 文件夹内存有大量的 biblatex 宏包应用示例，可供参考。

10.8.9 在线文献数据库

(1) http://www.math.utah.edu/~beebe/bibliographies.html，Nelson H. F. Beebe's Bibliographies Page，Nelson 是犹他大学数学系教授，在其网站中提供有 ACM、IEEE 和 SIAM 等多种科技期刊的 BibTeX 数据库文件。

(2) http://liinwww.ira.uka.de/bibliography/index.html，The Collection of Computer Science Bibliographies，计算机科学文献库，收集了数百万份计算机科学方面的文献资料，其中包括期刊、会议、技术报告等，并提供大量的 BibTeX 文献数据库文件。该库每周更新，因此可检索到最新的文献。

(3) http://citeseer.ist.psu.edu/，Scientific Literature Digital Library and Search Engine，这是一个科学文献数字图书馆和搜索引擎，主要集中在计算机和信息科学的文献检索，它可以提供文献的摘要和 BibTeX 数据库记录。

10.9 链接

使用交叉引用命令可以引用论文中的插图、表格、章节标题、文本和参考文献等，在生成的 PDF 格式文件中，引用与被引用双方以序号或页码确定引用关系；在章节目录中，系统自动为章节标题附加了页码；在论文的索引中，系统将每个条目在正文中出现的页码都列于其后。这些定位措施有利于读者确定所查阅内容的准确位置，但对长篇论文或多页文献、多页索引来说，多次前后往返翻阅，很容易打乱阅读的连贯性，从而产生厌倦情绪；此外，论文中的网页和邮件地址也都无法直接与互联网链接。

调用由 Heiko Oberdiek 和 Sebastian Rahtz 所编写的链接宏包 hyperref 就可以解决上述各种问题，它扩展和改进了系统中所有与引用有关的命令，使得在有交叉引用的地方和目录的标题或页码，以及索引的页码等都具有超文本链接的功能，就像网页中的网址，只要单击它们就能立即链接到指定的页面；它提供有网址链接命令，可将论文中的网址和邮件地址直接接入互联网；它还可以在 Acrobat 阅读器的左侧为论文创建可开闭和折叠的书签式章节目录，以便在阅读时查找链接，如图 10.6 所示；它还具有反向引用功能，可在引用位置与参考文献之间实现双向链接，成为名副其实的交叉引用。

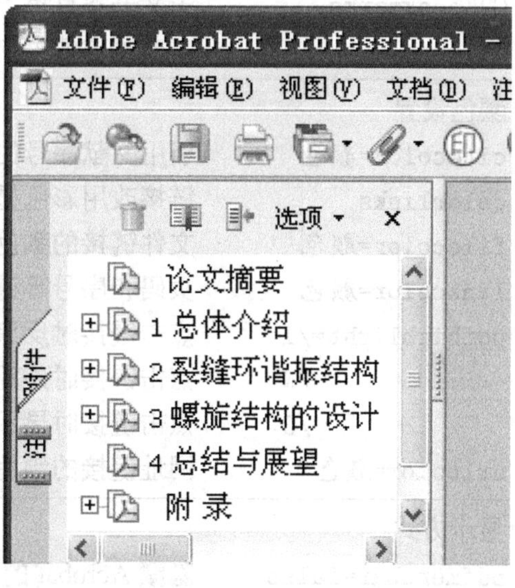

图 10.6 Acrobat 中的书签式章节目录

由于链接宏包 hyperref 对交叉引用等很多系统命令做了重新定义，所以应将它的调用命令置于导言的结尾，以免被其他宏包的相关定义命令所覆盖。

10.9.1 链接宏包的选项

链接宏包 hyperref 的可选参数是由多个可选子参数组成的，而每个子参数大都有两个以上的选项，这些选项各有其功能，可在调用命令中根据需要，有选择地进行设置：

```
\usepackage[参数1=选项,参数2=选项,...]{hyperref}
```

其中最常用到的子参数及其选项说明如表 10.6 所示。

表 10.6 链接宏包 hyperref 的常用子参数及其选项的功能说明

子参数及其选项	功能说明
链接设置	
backref	文献反向链接，返回引用处所在节，默认为只能正向引用
breaklinks	允许多行链接文本，默认为 false
draft	关闭所有链接选项，默认为开启所有链接选项，即 draft=false
final=false	关闭所有链接选项，默认为开启所有链接选项，即 final
hyperindex=false	不生成索引的页码链接，默认为生成索引的页码链接
linktocpage	用目录中的页码做链接，默认是用目录中的标题做链接
pagebackref	文献反向链接，返回引用处所在页码，默认为只能正向引用
书签设置	
bookmarks=false	不在 Acrobat 中创建书签目录，默认为创建书签目录
bookmarksnumbered	书签中添加章节序号，默认为无章节序号
bookmarksopen	展开书签目录展开深度内的所有章节标题，默认为只展开章标题
bookmarksopenlevel=0	书签目录展开深度为章标题
1	书签目录展开深度为节标题，默认值
2	书签目录展开深度为小节标题
CJKbookmarks	中文书签目录，当章节标题中有中文时必须使用该参数
unicode	在书签中使用 Unicode 编码字符
颜色设置	
citecolor=颜色	引用文献序号的颜色，默认值是 green
colorlinks	链接改用彩色显示，默认为红色边框
filecolor=颜色	文件链接的颜色，默认值是 magenta
linkcolor=颜色	页码和序号等链接的颜色，默认值是 red
pdfhighlight=/I	点击链接时反黑，默认值
/N	点击链接时外观不变
/O	点击链接时显示黑色边框
urlcolor=颜色	网址链接的颜色，默认值为 magenta
显示方式	
pdfmenubar=false	隐藏 Acrobat 的菜单栏，默认为显示 Acrobat 的菜单栏
pdftoolbar=false	隐藏 Acrobat 的工具条，默认为显示 Acrobat 的工具条
pdfpagemode=UseNone	无书签目录和缩略图，默认值
UseThumbs	显示缩略图
UseOutlines	显示书签目录
FullScreen	全屏显示

表 10.6（续）

子参数及其选项	功能说明
pdfstartview=Fit	整个页面适合 Acrobat 视窗，默认值，即打开 PDF 文件时，整个页面可完整地在 Acrobat 视窗中显示
FitH	页面宽度适合 Acrobat 视窗宽度，即页面宽度 = 视窗宽度
FitV	页面高度适合 Acrobat 视窗高度，即页面高度 = 视窗高度
FitB	版心适合 Acrobat 视窗，即整个版心都能在视窗中显示
FitBH	版心宽度适合 Acrobat 视窗宽度，即文本行的宽度 = 视窗宽度
XYZ	自定放大率，例如 {XYZ 0 0 2}，表示显示原点为页面左下角，将页面放大 2 倍
文档说明	
pdfauthor={姓名}	设置 Acrobat 文档属性中作者字段的内容，默认为空
pdfkeywords={关键字}	设置 Acrobat 文档属性中的关键字字段的内容，默认为空
pdfsubject={主题}	设置 Acrobat 文档属性中主题字段的内容，默认为空
pdftitle={标题}	设置 Acrobat 文档属性中标题字段的内容，默认为空
驱动程序	
dvipdfm	配合 dvi2pdf 转换程序。当使用 dvi2pdf 时，应启用该选项
dvipdfmx	配合 dvi2pdf 转换程序
dvips	配合 dvi2ps 转换程序
hypertex	配合 HyperTeX 编译程序，默认值
pdftex	配合 PDFLaTeX 编译程序
ps2pdf	配合 ps2pdf 转换程序
xetex	配合 XeLaTeX 编译程序

10.9.2 选项设置命令

表 10.6 中的部分参数及其选项也可改为使用 hyperref 链接宏包提供的选项设置命令：

```
\hypersetup{参数1=选项,参数2=选项,...}
```

来设定。该命令既可在导言中使用，也可在正文中使用。

注意，表 10.6 中的某些参数只能在导言中，且只能在链接宏包的调用命令中使用，例如书签参数 bookmarks=false 等；而有些参数则可以在源文件的任何地方使用，例如颜色参数 citecolor 等，因此这些参数可用在选项设置命令中，以对局部页面的链接样式进行设置。

10.9.3 反向链接

默认的文献链接方式是由正文指向论文末尾的文献列表，即正向链接，点击引用的文献序号，就会链接到文献列表的该序号文献条目处，非常便捷。但是，在看完文献条目后却不能反链接到正文中的引用位置。通常在正向链接时并不留意该链接所在的页码，所以很难直接返回到阅读位置，只好使用 PDF 阅读器的滚动条，不胜其烦地上下求索。这种只能正向链接的情况，对撰写、校对或阅读长篇论文来说，仍然感到很不方便。

如果采用链接宏包的 pagebackref 或 backref 反向链接参数，文献列表中的每个条目尾部就会出现所有引用处的页码或节序号，单击页码或节序号就可以返回到引用处的页面或引用处所在节的节标题页面，实现反向链接，也实现了真正意义上的交叉引用。

例 10.43 采用链接宏包的反向链接参数，在参考文献列表中创建反向链接。

```
\usepackage[pdftex,pagebackref,colorlinks]{hyperref}
......
\begin{thebibliography}{1}
\bibitem{Hawking} 史蒂芬 $\cdot$ 霍金,《时
间简史》, 科学技术出版社, 1994 年。\par
\bibitem{Y.Cao3}E. J. Denlinger, ``Losses
of microstrip lines," \textit{IEEE Trans
Microwave Theory Tech}., vol. MTT-28, pp.
513-522, June 1980.\par
\end{thebibliography}
```

参考文献

[1] 史蒂芬 · 霍金,《时间简史》，科学技术出版社，1994 年。12, 24

[2] E. J. Denlinger, “Losses of microstrip lines,” *IEEE Trans Microwave Theory Tech.*, vol. MTT-28, pp. 513-522, June 1980. 23, 35, 47

在上例中，每个文献条目之后都要追加一个换段命令 \par，或空一行，否则在编译时系统可能会给出错误信息或是引用页码的位置出错；如果不使用反向链接就不必如此。

反向链接和 Acrobat 书签都需要经过连续两次编译才能获得正确的排版结果。

10.9.4 网址链接

链接宏包提供了多种形式的网址链接命令，下面是最常用的两种：

\url{网址} \href{网址}{文本}

其中，*网址*用于设置网页、邮件或 ftp 等互联网地址；*文本*可以是网页名称、邮件名称等网址说明文字。这两种网址链接命令的功能是一样的，点击它们就可以打开相应的网页或邮件收发软件，所不同的是 \href 命令将*网址*隐含在*文本*中。

上述两个网址链接命令也可用于对硬盘文件的链接，例如将当前文件夹或上一文件夹或 E 盘 mybook 文件夹中的示例文件打开：\url{./example.pdf} 或 \url{../example.pdf} 或 \url{e:/mybook/example.pdf}。

例 10.44 分别使用 \url 和 \href 这两种网址链接命令制作网页和邮件地址链接，对比两者的排版结果。

```
\usepackage[pdftex,colorlinks]{hyperref}
\url{http://www.xinhuanet.com/}\\
\href{http://www.xinhuanet.com/}{新华网}\\
\url{ftp://ftp.ctex.org/CTAN}\\
\hypersetup{urlcolor=blue}
\href{ftp://ftp.ctex.org/CTAN}{CTAN 中国}\\
\url{mailto:tousu@315ch.com}\\
\href{mailto:tousu@315ch.com}{315 投诉信箱}
```

http://www.xinhuanet.com/
新华网
ftp://ftp.ctex.org/CTAN
CTAN 中国
mailto:tousu@315ch.com
315 投诉信箱

在上例中，还使用了选项设置命令 \hypersetup，将其后 3 个网址的颜色由默认的紫红色改为蓝色；当光标悬停在上例右侧的网址或网名上时，光标形状由箭头变为手指，并出现内容为网址的文本框，它提示这是一个超文本链接。

(1) 网址链接命令 \url 可以像抄录命令 \verb 那样逐字抄录网址，如果其中有空格符 ~ 或下标符 _ 等专用符号，就不会造成显示和链接错误，但反斜杠符号 \ 除外，若是作为路径符号，应将其改为斜杠符号 /。

(2) 如果网址比较长，网址链接命令可以在网址两个单词之间的非字母符号处换行，且不会添加连字符。例如网址 www.ctan.org，就可以在 www. 处或 www.ctan. 处换行。再例如路径 e:/mybook/example.pdf，可在 e: 处或 e:/mybook/ 处或 e:/mybook/example. 处换行。

(3) 由 \url 命令生成的网址默认为等宽体字体，如果希望网址字体能与当前的文本字体相同，可使用链接宏包提供的网址字体命令：

```
\urlstyle{same}
```

其中 same 表示使用当前文本字体，如果改为 sf 或 rm 则表示使用等线体或罗马体字体。

10.9.5 页码链接

索引和术语表等参考资料通常都位于论文的末尾，其中的条目页码指向正文中的各个页面，如果是电子版论文，前后翻阅查找很不方便。链接宏包专门提供了一个页码链接命令：

```
\hyperpage{页码}
```

该命令既可自动被插在索引条目命令中，使索引页码具有链接功能，也可由作者有选择地使用。页码链接命令 \hyperpage 的具体使用方法，详见本章中的索引和术语表两节。

10.9.6 无形节命令

调用链接宏包 hyperref 后可以自动为目录中的所有条目增添链接功能，但它对目录中的附加条目链接不够准确，只能链接到该条目标题所在页的前一页或前一章节标题，其原因是该宏包将附加条目命令 \addcontentsline 所处的页面或章节作为其链接定位，而带星号的章命令、参考文献环境等还要另起一页，这就造成了附加条目链接位置的误差。

为此 hyperref 宏包提供了一个用于修正链接误差的无形节命令：

```
\phantomsection
```

它相当插入一个不可见的节命令 section*{} 作为链接定位。该命令常与附加条目命令配合使用，例如将该命令插于索引的附加条目命令之前：

```
\cleardoublepage \phantomsection
\addcontentsline{toc}{chapter}{\indexname} \printindex
```

若索引命令是用包含命令 \include 调入的，也可不使用 \cleardoublepage 清双页命令。

还有，在某段文本或图表后插入 \label 书签命令，当使用 \ref 命令引用时，得到的是该书签命令所在章节的序号，点击这个序号将被链接到该章节标题，而不是书签命令所在行，这两者有时会相差好几页。若在书签命令之前加入无形节命令，就可以直接链接到书签命令所在行了。

10.9.7 本书的链接设置

本书为了便于写作和修改，也使用了链接宏包 hyperref 及其相关的可选子参数：

```
\usepackage[pdftex,CJKbookmarks,bookmarksnumbered,bookmarksopen,
            pdftitle={LaTeX2e Paper Typesetting Manual},pdfauthor=Huwei,
            colorlinks=true,pdfstartview=FitH,citecolor=blue,linktocpage,
            linkcolor=blue,urlcolor=blue]{hyperref}
```

10.10 行号

在校对或者修改论文草稿时，通常都希望在每行文本之前的边空中能够增设临时的行号，以便审稿人在修改意见中可以准确地指出文本位置；当论文定稿后，这些临时行号应能方便地消除而不影响正文。有时需要引用某几行文本，例如计算机程序等，因此也需要专门对这些内容给出固定的行号。

当需要增设行号时，可调用行号宏包 lineno 并启用其相关选项。该宏包是由 Stephan I. Böttcher 和 Uwe Lück 编写的，它可以在全文或所选段落的每行文本左边空或右边空中添加连续递增的行号，还可以用交叉引用命令引用某个行号或该行号所在页码。该宏包不能给浮动环境或边注命令所生成的文本行编号。

宏包的选项

当需要对文本行进行编号时，可调用行号宏包 lineno 并使用其可选参数的相关选项：

```
\usepackage[位置]{lineno}
```

其中*位置*可选参数有下列选项。

`displaymath`	默认值，对 `linenomath` 环境中的行间公式不给出行号。
`left`	默认值，将行号置于左边空。
`mathlines`	对 `linenomath` 行号数学环境中的行间公式给出行号。
`modulo`	行号逢 5 和逢 10 显示。
`pagewise`	每页的行号从 1 开始。
`right`	将行号置于右边空。
`running`	默认值，全文行号连续。
`switch`	行号全文连续并置于外侧边空：偶数页在左侧，奇数页在右侧。
`switch*`	行号全文连续并置于内侧边空：偶数页在右侧，奇数页在左侧。

以上这些选项可根据需要组合使用，其间须用半角逗号分隔。

行号命令

只是调用行号宏包并不能生成行号，还需要使用其提供的各种行号命令。上述所有宏包选项的功能，除 `displaymath` 外，也都可以使用相关的行号命令获得。以下是最常用的一组行号命令及其使用说明。

`\internallinenumbers`

可在段落盒子命令或小页环境中使用的行号起始命令，默认起始行号为 1 或是接续之前的行号。

`\linelabel{书签名}`

行书签命令，可插在被引用的文本行中，其作用如同书签命令 `\label`；*书签名*是专为该行书签命令起的名字，以便区别于其他行书签命令；*书签名*的命名方法与书签命令中书签名相同。可在需要引用的位置使用引用命令 \ref{书签名} 或者 \pageref{书签名}，就可以得到被引用文本所在的行号或该行号所在页码。注：行书签命令不能用在行间公式中，可改用书签命令引用公式序号。

\linenumberfont

行号字体命令，其默认值为 \normalfont\tiny\sffamily，可以使用重新定义命令 \renewcommand 修改此值。

\linenumbers[起始行号]

行号起始命令，它若在导言中将对全文文本行进行连续编号；若在正文中仅对其后的文本行进行连续编号；命令中的可选参数起始行号可以是任意整数，其默认值为 1 或是接续之前的行号。

\linenumbersep

行号与版心侧边之间的距离，默认值是 10pt；可使用长度赋值命令修改此值。

\linenumberwidth

行号宽度，默认值是 10pt，行号在这个宽度内右对齐；可使用长度赋值命令修改此值。例如：\linenumberwidth=12pt。

\modulolinenumbers[间隔数]

设置其后的文本每相隔多少行给出一个行号，可选参数间隔数可以是任意正整数，例如 2、10 等，其默认值是 5。

\nolinenumbers

停止编号命令，不对其后的文本行进行编号。注：linenumbers 行号环境中的文本行不受该命令的影响。

\resetlinenumber[行号]

设置其后文本行的起始行号，可选参数行号可以是任意整数，其默认值是 1。

在有些学术期刊提供的模板即 .cls 文类文件中有 draft 选项，启用后将自动调用 lineno 宏包和 \linenumbers 命令，故作者无须另行调用行号宏包。

局部文本的行号

如果只是需要对正文中局部文本行给出行号，可将这部分文本置于 lineno 行号宏包提供的 linenumbers 行号环境中：

```
\begin{linenumbers}[起始行号]
文本
\end{linenumbers}
```

其中可选参数起始行号可以是任意整数，其默认值为 1 或是接续之前的行号。

例 10.45 将两段文本从 20 起，给出连续的行号。

```
\begin{linenumbers}[20]
两个或更多的波可以在同一地点独立地传播。
\end{linenumbers}\par
\begin{linenumbers}
在介质中，任何质点...个波动造成的位移之和。
\end{linenumbers}\par
```

20 两个或更多的波可以在同一地
21 点独立地传播。
22 在介质中，任何质点的位移只
23 是各个波动造成的位移之和。

上例没有给第二个 linenumbers 环境设置起始行号，它就自动接续之前的行号。也可以将局部文本置于行号宏包提供的带星号的行号环境中：

```
\begin{linenumbers*}[起始行号]
文本
\end{linenumbers*}
```

它与 linenumbers 环境的区别在于每个 linenumbers* 环境中的文本行号都是从 1 或是从自行设定的起始行号开始。

例 10.46 将例 10.45 中两段文本的行号都改为从 1 开始。

```
\begin{linenumbers}
两个或更多的波可以在同一地点独立地传播。
\end{linenumbers}\par
\begin{linenumbers*}
在介质中，任何质点...个波动造成的位移之和。
\end{linenumbers*}\par
```

1 两个或更多的波可以在同一地
2 点独立地传播。
1 在介质中，任何质点的位移只
2 是各个波动造成的位移之和。

行号宏包只能对完整段落的文本行进行编号。完整段落的标志就是在段落的结束处有换段命令 \par，或在其下方有一行空白。

数学式的行号

在默认情况下，即在 \linenumbers 命令下，lineno 对行间公式并不给出行号，如果希望全文中所有行间公式都能给出行号，可使用 lineno 宏包的 mathlines 选项。

有些公式环境生成的行间公式，是由系统将其分为一行或多行，但并未使用 \par 命令，因此不是完整段落，lineno 无法对其编号。如果需要对这些行间公式编制行号，就要将其公式环境置于 lineno 提供的 linenomath 行号数学环境中：

```
\begin{linenomath}
公式环境
\end{linenomath}
```

例 10.47 将公式环境 equation 置于 linenomath 环境中，以获得行号。

```
\begin{linenomath}
\begin{equation}
  b_1 = a_{11}x_1 + a_{12}x_1
\end{equation}
\end{linenomath}
```

1 $$b_1 = a_{11}x_1 + a_{12}x_1 \tag{2.6}$$

如果不希望某个行间公式参与文本行的编号，可将该公式环境置于 linenomath* 环境中。如果没有使用 lineno 宏包的 mathlines 选项，但又需要对某个行间公式加以行号，也可将该公式环境置于 linenomath* 环境中。

盒子中的行号

因为段落盒子命令、小页环境或表格环境中的文本被装入一个盒子，所以无论其中有多少行，在默认条件下 lineno 都视其为一行，只给出一个行号。如果希望由段落盒子命令或小页环境排版的文本行都能给出行号，可在其中使用内部行号命令 \internallinenumbers。

例 10.48 将段落盒子中的文本与其前后的文本统一给出连续的行号。

```
\linenumbers
开普勒定律也被...定律。根据开普勒定律: \par
\nolinenumbers
\begin{center}
\fbox{\parbox{0.8\textwidth}{%
\internallinenumbers\linenumbersep=25pt
行星绕太阳运动的轨道是以...为焦点的椭圆。}}
\end{center}\par
\linenumbers
后来，牛顿在数学上严格地证明了开普勒定律。
```

1 开普勒定律也被称为行星运动
2 定律。根据开普勒定律：

3 行星绕太阳运动的轨道是以
4 太阳为焦点的椭圆。

5 后来，牛顿在数学上严格地证
6 明了开普勒定律。

在上例中，命令 `\nolinenumbers` 停止对其后的文本行编号，以免对边框盒子只给出一个行号；长度赋值命令 `\linenumbersep=25pt` 用于调整盒子中文本的行号与版心左侧边之间的水平距离，使其与上下文的行号垂直对齐。

10.11 附录

附录是排印于正文之后的与论文相关的各种科研技术资料，是对论文的补充说明，以便于读者查证和理解正文。附录的内容可以是原始数据、计算程序、统计图表、系统框图、算式推导过程等，这些资料内容烦琐而冗长不宜放在正文中，但它却是对研究方法和研究结果正确性的重要佐证。

10.11.1 附录命令

附录通常位于正文之后参考文献之前，可在此处使用附录命令：

    \appendix

三个标准文类都提供有这条命令，它不生成也不影响任何文本。对于 book 和 report 文类，该命令的作用如下。

(1) 将层次名 Chapter 改为 Appendix。

(2) 将章计数器 `chapter` 和节计数器 `section` 清零。

(3) 将章计数器的计数方式由阿拉伯数字改为大写英文字母。

对于 article 文类，该命令的作用如下。

(1) 将节计数器 `section` 和小节计数器 `subsection` 清零。

(2) 将节计数器的计数方式由阿拉伯数字改为大写英文字母。

例 10.49 将论文中各种插图所使用的 MATLAB 程序编入附录。

```
\appendix
\chapter{MATLAB 程序}
\section{傅立叶函数曲线} ......
\section{频率响应曲线} ......
```

附录 A MATLAB 程序

A.1 傅立叶函数曲线

......

A.2 频率响应曲线

在附录命令之后仍可使用各种章节命令，分层次地编排附录内容，只是章标题的层次名以及章或节标题的序号计数形式有所改变，以区别于正文。

由于每个附录文件的标题都是用章节命令 \chapter 和 \section 生成的，所以这些标题可自动被写入页眉和章节目录。

10.11.2 附录宏包 appendix

由 Will Robertson 和 Peter Wilson 编写的 appendix 附录宏包提供了一个 appendices 附录环境和一组与附录标题相关的命令，该宏包还具有多个选项，其名称和功能说明如下。

toc 在章节目录中的所有附录条目前加入一个名为“Appendices”的条目。可以使用重新定义命令：\renewcommand{\appendixtocname}{附件}，将该条目名改为“附件”。

page 在 appendices 环境位置之前生成一个名为“Appendices”的标题页，该页标题可使用命令 \appendixpagename 重新定义。

titletoc 如果正文后的附录文件标题是：Appendix A MATLAB，它在目录中显示为：A MATLAB；使用该选项后，则显示改为：Appendix A MATLAB。其中 Appendix 可使用命令 \appendixname 重新定义。

将例 10.49 中的附录命令 \appendix 改为附录环境 appendices，并根据需要选择适合的宏包选项，就可以很方便地对附录标题的排版格式进行设置。

10.12 附件

附录只能是纯文本或图片且要全部排印于正文之后，有时其篇幅比正文还要长，使论文显得很冗长。如果论文采用电子版或光盘版发表，可将附录改为附件，所附文件可以是各种文本、音频和视频格式文件，如同电子邮件中的附件。编排附件应调用由 Heiko Oberdiek 编写的 attachfile2 附件宏包并使用其提供的附件命令：

```
\attachfile[参数1=选项,参数2=选项,...]{文件名}
```

其中最常用的参数及其选项说明如下，其他参数可查阅该宏包的说明文件。

author 填写该附件的作者姓名。

color 设置附件图标的颜色，例如 red、{[rgb]{1,0,.5}} 或 {[gray]{.5}} 等，默认为 {[rgb]{1,.9,.8}}，浅褐色。

description 可用于填写该附件的简要说明。

icon 附件图标的样式，默认为 PushPin，另有 Graph、Paperclip 和 Tag 三个选项。

例 10.50 在论文末尾添加波函数和源文件两个附件，其图标分别是图钉和回形针。

```
\section*{附件}
波函数 \attachfile[author=Huwei,color=yellow]{wave.tex},
源文件 \attachfile[description=LaTeX source file,icon=Paperclip]{wave.tex}
```

上例如使用 XeLaTeX 编译，在 author 和 description 参数中可使用中文。

第 11 章　编译

将源程序转变为目标程序的过程称为编译，这种转变需要相关的编译程序。对于 LaTeX 排版系统，它既是一种编程语言，同时又是这种语言的“翻译”，即它最终就是要将用 LaTeX 编程语言编写的源文件经过编译转变为 PDF 文件，这一过程也就是通常所说的排版。对源文件的编译过程主要可分为以下几个步骤。

(1) 词法分析，对由字符组成的单词进行处理，从左至右逐个字符地对源文件进行扫描，产生一个个的单词符号。

(2) 语法分析，分析单词符号串是否形成符合语法规则的语法单位，如命令、环境和表达式等，检查它们之间的语法关系是否正确。

(3) 错误处理，在编译过程中如果发现源文件有错误，尽量纠正或限制其影响范围，尽可能避免中断编译。

(4) 目标代码，这是编译的最终目的，即生成能够被 SumatraPDF、Reader 或者 Acrobat 等 PDF 阅读器识别的 PDF 格式文件。

(5) 信息记录，将编译过程中的各种信息保存到辅助文件中。在每次编译后至少要输出两个辅助文件：一个是 .aux 引用记录文件，它记录了全文中所有交叉引用信息，以便为再次编译时提供相关数据；另一个是 .log 编译过程文件，它记录了整个编译过程，其中包括错误信息与警告信息，可作为源文件的修改依据。

11.1　编译方法

将源文件转变为 PDF 文件的编译方法有很多种，其中最常用的主要有三种，它们的编译过程如图 11.1 所示。

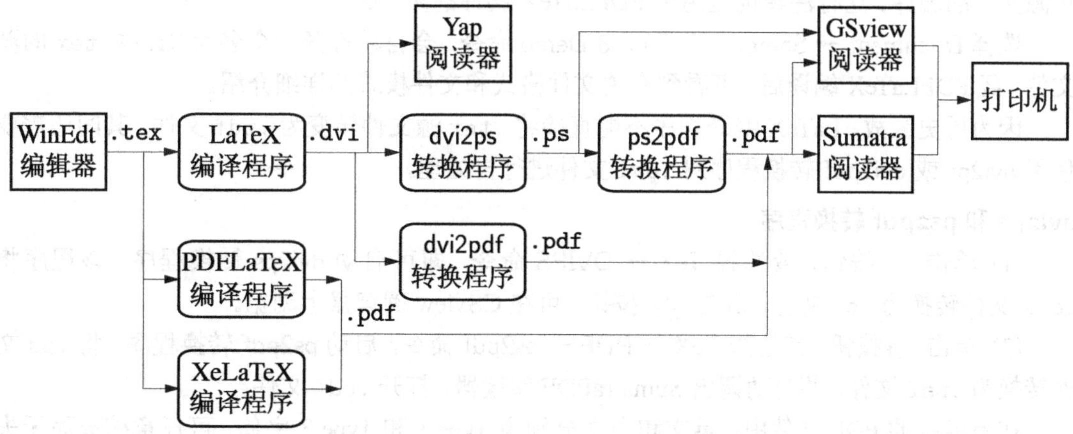

图 11.1　源文件编译过程示意图

从图 11.1 中可以看出，从最初的使用文本编辑器 WinEdt 编辑产生的 .tex 源文件至最终的 .pdf 文件分别有 LaTeX、PDFLaTeX 和 XeLaTeX 三种编译途径，其中经 LaTeX 编译后，还要再经过 dvi2ps 和 ps2pdf 转换程序，或者 dvi2pdf 转换程序才能生成 .pdf 文件，而另两种编译方法可以直接得到 .pdf 文件。各种编译方法其实就是对 LaTeX 源文件的不同解释，不同排版方式，其结果也各不相同。

11.1.1 使用 LaTeX 编译

(1) 选择菜单栏的 Document → Document Settings 命令，或双击状态栏的 TeX，在弹出的对话框中选取 Format 选项卡，确认或设置文件格式为 `ANSI`；然后选取 CP Converter 选项卡，确认或设置文件格式为 `ANSI`，代码页选项为 Default ANSI code page。（如果源文件都是 `ASCII` 字符，即论文是纯英文的，这一步可省略，因为 `UTF-8` 兼容 `ASCII`。）

(2) 单击编译按钮右侧的下拉按钮，在调出的下拉菜单中点选 LaTeX 命令，在编译按钮上立即显示其图标，表示该按钮被订制为专用于 LaTeX 编译。

(3) 单击编译按钮，或在菜单栏中选择 TeX → LaTeX 命令，即可启动 LaTeX 编译程序。该编译程序所生成的仅是 `.dvi` 文件。

(4) 单击 按钮，或选择 Accessories → Preview 命令，就可以在弹出的 Yap 阅读器中看到所编译的 `.dvi` 文件。

DVI 格式文件是一种与显示设备无关的文件，即它在任何输出设备如打印机或显示器中的输出结果都是相同的，这说明 DVI 文件中的所有元素，从版面设置到字符位置都被固定。在 DVI 文件中仅含有字体描述信息，并未将字体嵌入其中，只有当显示该文件时，才由阅读器或打印机根据字体描述信息将相应的字体调入，因此文件尺寸很小，显示速度很快。

DVI 文件中的中、英文字体均为 pk 位图字体，容易失真，不够美观。DVI 文件不能查找、选择和复制。LaTeX 编译程序只支持 EPS 和 PS 格式图形，所以其他格式的图形必须事先被转换为 EPS 或 PS 格式图形才能插入源文件。

由于 WinEdt 支持多种文件格式，为了使源文件在打开或另存为时 WinEdt 能够正确检测其格式，以免编译出错，建议在源文件的起始命令之前加入一行注释：

```
% !Mode:: "TeX:ACP:Hard"
```

其中 `Hard` 表示禁止自动变换行宽。这行注释指示 WinEdt：本文件是 `ANSI` 格式，但它不会影响源文件的编译。这行注释也适用于 PDFLaTeX 编译的源文件。

选择 Document → Samples → UTF-8 Demo 命令，会自动打开一个名为 `UTF-8.tex` 的源文件，经 PDFLaTeX 编译后，可看到有关文件格式和文件模式的详细介绍。

因为历史缘故，LaTeX 编译程序不能直接将 `.tex` 源文件转变为 `.pdf` 文件，其间还需要使用 dvi2ps 或 dvi2pdf 转换程序对 `.dvi` 文件进行再处理。

dvi2ps 和 ps2pdf 转换程序

(1) 单击 按钮，或选择 TeX → DVIPS 命令，即可启动 dvi2ps 转换程序。该程序将 `.dvi` 文件转换为 `.ps` 文件，点击 按钮，可在 GSview 阅读器上浏览。

(2) 单击 按钮，或选择 TeX → PDF → ps2pdf 命令，启动 ps2pdf 转换程序，将 `.ps` 文件转换为 `.pdf` 文件，并自动调出 SumatraPDF 阅读器，打开 `.pdf` 文件。

在所转换的 PDF 文件中，英文和中文分别为 Type 1 和 Type 3 字体，可任意缩放而无失真；可对英文进行全文查找、复制和粘贴，而对中文无效。

dvi2pdf 转换程序

单击 快捷按钮，或者选择 TeX → PDF → dvi2pdf 命令，可启动 dvi2pdf 转换程序，它能直接将 `.dvi` 文件转换为 `.pdf` 文件，并自动调出 SumatraPDF 阅读器，打开 `.pdf` 文件。

在所转换的 PDF 文件中，英文为 Type 1 字体，中文为 TrueType 字体，这两种字体都是向量字体，可任意缩放。

转换程序 dvi2pdf 支持多字节编码和 CID-keyed 字体技术，在由它转换的 PDF 文件中的中文可以进行全文查找，也可将其中的中文复制后粘贴到其他文件中。

11.1.2 使用 PDFLaTeX 编译

(1) 选择菜单栏的 Document → Document Settings 命令，或双击状态栏的 TeX，在弹出的对话框中选取 Format 选项卡，确认或设置文件格式为 `ANSI`；然后选取 CP Converter 选项卡，确认或设置文件格式为 `ANSI`，代码页选项为 Default ANSI code page。(如果源文件都是 `ASCII` 字符，即论文是纯英文的，这一步可省略。)

(2) 单击编译按钮右侧的下拉按钮，在调出的下拉菜单中选择 PDFLaTeX 命令，在编译按钮上立即显示其图标，表示该按钮被订制为专用于 PDFLaTeX 编译。

(3) 单击编译按钮，或者选择 TeX → PDF → PDFLaTeX 命令，可立即启动 PDFLaTeX 编译程序，它能将 `.tex` 文件直接编译成为 `.pdf` 文件。

(4) 单击按钮，或选择 Accessories → Preview 命令，将调出 SumatraPDF 阅读器，并且自动打开 `.pdf` 文件。

在所生成的 PDF 文件中，英文为 Type 1 字体，中文为 TrueType 字体，但是只能对英文进行查找、复制和粘贴，不能对中文进行查找，也不能复制和粘贴，否则得到的是乱码，因为每个汉字是作为一个图形嵌入版面的。

PDFLaTeX 支持 JPG、PNG 和 PDF 格式图形，其他格式的图形应事先转换格式，否则无法编译。如果是由 LaTeX 编译改为 PDFLaTeX 编译，也可在 graphicx 插图宏包调用命令之后再调入 epstopdf 宏包，它可自动将源文件中的 EPS 格式图形转换为 PDF 格式图形。

编译程序 PDFLaTeX 支持 hyperref 宏包的链接功能，可使所生成的 PDF 文件具有超文本链接功能，可在文件内部或与外部网络建立链接。

11.1.3 使用 XeLaTeX 编译

(1) 选择菜单栏的 Document → Document Settings 命令，或双击状态栏的 TeX，在弹出的对话框中选取 Format 选项卡，确认或设置文件格式为 `UTF-8`。

(2) 单击编译按钮右侧的下拉按钮，在调出的下拉菜单中选择 XeLaTeX 命令，在编译按钮上立即显示其图标，表示该按钮被订制为专用于 XeLaTeX 编译。

(3) 单击编译按钮，或者选择 TeX → PDF → XeLaTeX 命令，可立即启动 XeLaTeX 编译程序，它能将 `.tex` 文件直接编译成为 `.pdf` 文件。

(4) 单击按钮，或选择 Accessories → Preview 命令，将调出 SumatraPDF 阅读器，并且自动打开 `.pdf` 文件。

编译程序 XeLaTeX 支持多字节编码和 CID-keyed 字体技术，在编译生成的 PDF 文件中，中英文字体为 TrueType 或 OpenType 向量字体，中文可以进行全文查找和复制粘贴。

XeLaTeX 支持 BMP、EPS、JPG、PDF 和 PNG 格式图形，支持 hyperref 宏包的链接功能，可使所生成的 PDF 文件具有超文本链接功能，可在文件内部或与外部网络建立链接。

由于 WinEdt 支持多种文件格式，为了使源文件在打开或另存为时 WinEdt 能够正确测定其格式，以免编译出错，应在源文件的起始命令之前加入一行注释：

```
% !Mode:: "TeX:UTF-8:Hard"
```

这行注释指示 WinEdt：本文件是 `UTF-8` 格式。

11.1.4 编译方法的确定

通常所投稿的出版机构都有自己的写作模板，从其文字说明、插图格式要求或转换程序选项，如 dvips 等，就可得知所规定的编译方法。

如果论文以 PDF 格式文件发表，其编译方法可综合以下因素加以确定。

(1) 宏包因素。现在大部分宏包文件都支持各种编译，但有少数宏包只支持某种编译，例如 pstricks 绘图宏包只支持 LaTeX → dvi2ps → ps2pdf 编译，否则就提示出错或者编译结果不正确，如果源文件中有这种宏包，那只能采用其支持的编译方法。

(2) 中文查找。如果希望在所生成的 .pdf 文件中能够对中文进行查找以及复制粘贴等编辑工作，就必须使用 LaTeX → dvi2pdf 或 XeLaTeX 编译方法。

(3) 插图格式。如果论文中的插图较多，且其格式大多为 PDF、JPG 或 PNG，就应该考虑使用 PDFLaTeX 或 XeLaTeX 编译，以免过多的图形格式转换和图形失真。

(4) 字体选择。如果在源文件中选用了 CTeX 之外的字体，就只能采用 XeLaTeX 编译。

(5) 方便快捷。撰写一篇论文要经过成百次的编译，所以编译方法要简便快捷，以减少累积耗费的时间。使用 PDFLaTeX 或 XeLaTeX 编译都可直接生成 PDF 文件，但后者效果更佳。

(6) 历史因素。目前很多学术出版机构对稿件编译仍采用 LaTeX 或 PDFLaTeX，这种状况还要持续若干年。如果论文还打算向这些机构投稿，应考虑在这两种编译方法中选择。

11.2 宏包安装

CTeX 系统都附带有常用的宏包，不同版本的系统所附带宏包的数量会有所不同。但随着时间的推移或应用范围的扩展，系统中的一些宏包被淘汰或者需要更新，有些应用中涉及的宏包系统没有附带，这就需要更新旧宏包或者添加新宏包，即需要宏包安装。

无论是更新宏包还是添加宏包，通常都要到 CTAN 网站或其镜像网站下载所需的宏包。在 CTAN 中，有时可查到所需的 .sty 宏包文件，这种文件下载后可以直接使用；但有时找不到所需的 .sty 宏包文件，而只能找到一个同名的 .dtx 文件和一个同名的 .ins 文件，其实所需的 .sty 文件就融解在同名的 .dtx 文件中，而同名的 .ins 文件就是用来从 .dtx 文件中解析出所需的宏包文件。

11.2.1 程序说明文件分解

早期的宏包文件都以 .sty 文件形式出现，其中全部是宏命令，可直接安装使用，而另外附带 DVI 或 PDF 格式的宏包说明文件。这种宏命令程序与其解释说明分家的做法，不利于对宏命令程序的阅读理解。

宏包文件应当易于阅读，容易理解，以利正确使用，且便于他人修改完善。所以后来在编写宏命令文件时，总要先说明编写的原因、目的和用途，然后才开始编写具体宏命令程序；在一些烦琐复杂的内部命令处，附加详细的注释；在专门提供给用户使用的命令或环境处，都给出使用说明，或举例说明使用方法。这样，最终写成的是宏命令程序与说明示例融为一体的程序说明文件，其扩展名为 .dtx，它的含义是 doctex。这种宏命令文件的编写方式被称作文学化编程。可使用扩展名为 .ins 的分解文件将 .dtx 文件中的宏命令分离出来，作为宏包文件使用。因此现在很多宏包文件都是以 *.dtx 和 *.ins 的文件形式成对出现。这两种文件的具体使用方法如下。

(1) 将所查找到的 .dtx 和 .ins 文件下载到同一文件夹中。

(2) 在 WinEdt 中打开 .dtx，将其视为 LaTeX 源文件，用 PDFLaTeX 对其进行两次编译，可得到该宏包 PDF 格式的说明文件。连续两次编译的目的是为了得到正确的交叉引用和章节目录。如果对 .dtx 文件编译后还生成有 .idx 文件，则表明该宏包的说明文件中有索引，故还需对其采用索引生成处理。

(3) 在 WinEdt 中打开 .ins，将其视为 LaTeX 源文件，用 PDFLaTeX 对其进行编译，它可将 .dtx 文件中夹杂着注释说明文字的宏命令程序剥离出来，生成扩展名为 .sty 的宏包文件以及其他相关文件。

另外，也有只有一个 .ins 文件的情况，那就是作者将 .dtx 文件并入了 .ins 文件中；用 PDFLaTeX 对其进行编译，就可以解析出 .dtx 和 .sty 等相关文件；再使用 PDFLaTeX 对所解析出的 .dtx 文件进行编译，就可以得到 .pdf 宏包说明文件。

在 CTAN 中，通常与 .dtx 和 .ins 文件在一起的还有一个 readme.txt 文件，它可以用写字板打开，其内容是宏包及其相关文件的生成和使用说明，应仔细阅读以利正确使用这些文件，避免走弯路。

11.2.2 安装或更新宏包

在 Windows 中选择“开始”→“所有程序”→ CTeX → MiKTeX → Maintenance (Admin) → Package Manager (Admin) 命令，弹出宏包管理器，其中列出了所有该版本 MiKTeX 可配置的宏包名称；对于 Full 版本的 CTeX，所列宏包已全部安装，Basic 版本的仅有少量安装；可使用宏包管理器通过网络对所列宏包选择安装、更新或卸载。也可使用宏包管理命令来安装或更新宏包。例如要安装 xcolor 宏包，可在 DOS 提示符 > 后输入命令：

```
mpm --verbose --install xcolor
```

如果需要更新全部已安装的宏包，可输入命令：

```
mpm --verbose --update
```

在安装或更新宏包的同时，其说明文件也被安装或更新。

11.2.3 添加新宏包

如果所需要的宏包不在宏包管理器的列表中，可使用手动安装的方式将新宏包添加到系统中，其安装步骤如下。

(1) 在 CTAN 或相关网站下载所需的宏包文件及其相关文件。

(2) 将该宏包的程序说明文件分解。若直接是 .sty 宏包文件，此步省略。

(3) 在系统存放宏包的 /MiKTeX/tex/latex 文件夹下新建一个与新宏包同名的子文件夹，将新宏包文件及其相关文件复制粘贴到该子文件夹中。

(4) 在系统存放宏包说明文件的 /MiKTeX/doc/latex 文件夹下新建一个与新宏包同名的子文件夹，将新宏包说明文件复制粘贴到该子文件夹中。

(5) 选择“开始”→“所有程序”→ CTeX → MiKTeX → Maintenance (Admin) → Settings (Admin) 命令，在弹出的对话框中选择 General → Refresh FNDB 选项，系统对文件名数据库进行刷新，待刷新完毕，单击“确定”按钮，退出。注意，每当添加新宏包或新文类，都必须刷新文件名数据库，否则系统无法找到。

11.2.4 自制宏包

如果定义了很多新命令和新环境，并且对论文格式做了很多修改设置，使得源文件的导言部分冗长而杂乱。这种情况最好自己编制一个例如名为 myformat 的宏包：

(1) 将导言中的所有定义、设置和调用宏包命令都剪贴到一个空白的文件编辑区中，并在第一行插入提供宏包命令 \ProvidesPackage{myformat}，该命令告诉系统这个自制宏包的名称，在最后一行添加 \endinput 结束输入命令。

(2) 将该文件取名为 myformat.sty 并保存到源文件所在的文件夹中。该自制宏包也可作为新宏包添加到系统存放宏包的文件夹中。

(3) 将原来冗长的导言内容改为一条 \usepackage{myformat} 调用宏包命令。

11.3 文件类型说明

在源文件编写和编译过程中要使用或者可能涉及到各种类型的文件，它们可大致分为工作文件和辅助文件两类。下面将各种常用文件归纳并作简要说明，以备在编译出问题时查找、修改或是删除。

11.3.1 工作文件

工作文件包括字体文件、宏包文件和论文源文件等。工作文件的特点是可修改但不能删除，否则在编译时会出现错误或警告信息。有些工作文件作者会经常用到，有些很少用到，有些则根本不会直接用到。以下是主要工作文件的扩展名以及该种文件的用途说明。

.afm	Adobe Font Metric，Type 1 字体描述文件，ASCII 格式，描述某种字体中每个字符的度量，如高度、宽度、深度和字间距调整(kerning)等，还有连体字的处理(ligature)。
.bib	文献数据库文件。
.bst	BibTeX 文献格式文件。
.cfg	由文类或宏包调用的配置文件。
.clo	由文类或者宏包文件调用的选项执行文件。例如使用 book 文类的 11pt 选项，该文类将调用 bk11.clo 选项执行文件。
.cls	文类文件，可用文档类型命令 \documentclass 调用。
.conf	字体路径文件，ASCII 格式，用于指示系统查询字体。
.def	定义文件。例如 T1 编码定义文件是 t1enc.def。
.doc	文类或宏包等程序文件的说明文件，可用 WinEdt 打开阅读。
.drv	驱动文件，用于输入 .dtx 文件，以生成宏包文件的说明文件
.dtx	包含文类或宏包文件及其相关文件和说明文件的程序说明文件。
.fd	字体定义文件，声明某一字族所具有的不同属性字体及其字体名，用于系统寻找相应的字体文件。
.fdd	定义文件 .fd 的说明文件，它是一种特殊形式的 .dtx 文件。
.fmt	系统格式文件，二进制格式，各种排版命令的定义就存储其中。LaTeX 运行的就是 latex.fmt，而 TeX 是 plain.fmt。
.ins	同名 .dtx 文件的分解文件，用 PDFLaTeX 编译，可得到同名 .sty 等文件。
.ist	索引或术语表格式文件。

.ldf	语言定义文件，例如对某种语言断词规则、日期格式的定义，对附录、参考文献等标题预定名的定义。
.ltx	系统的源程序文件，是生成 .fmt 文件的基础，例如 latex.ltx、fonttext.ltx 等。
.map	字体映射文件，ASCII 格式，指示字体名称和与其对应的字体描述文件名称。
.mbs	主控文件，包含全部文献格式命令，用于生成 .bst 文献格式文件。
.mf	Metafont text file，使用 METAFONT 语言的字体描述文件，ASCII 格式，用于创建同名的 .tfm 字体描述文件和 .pk 位图字体文件，这两个文件确定一种字体。
.otf	OpenType font，OpenType 字体文件，可用 FontLab 等字体编辑器查看。字体文件用于描述某种字体中每个字符的形状。
.pfa	Printer Font ASCII，Type 1 字体文件，ASCII 格式的 .pfb 文件。
.pfb	Printer Font Binary，Type 1 字体文件，二进制格式，可用 FontLab 字体编辑器查看。
.pfm	Printer Font Metrics，Type 1 字体描述文件，二进制格式的 .afm 文件。
.pk	位图字体文件。位图字体也称点阵字体。pk 字体主要用于 .dvi 文件中的字体显示。
.pl	字体描述文件，ASCII 格式，用于生成 .tfm 文件。
.sfd	子字体定义文件。
.sty	宏包文件，可用命令 \usepackage 调用。
.tex	用 LaTeX 命令写作论文的源文件或者用于调用的 LaTeX 命令文件。
.tfm	TeX Font Metric，字体描述文件，二进制格式。这种描述文件用于系统规划版面，因为它含有字体的外形尺寸信息，例如每个字符的高度、宽度和深度以及连体字和斜体补偿等尺度信息，但它并无字体的形状信息。
.ttf	TrueType 字体文件，向量字体也称全真字体。
.vf	虚拟字体文件，二进制格式，用于 .dvi 文件显示。每个 .vf 文件有一个同名 .tfm 文件。该文件中并没有字体，它只是提供一种用其他字体创建某种字体的方法。
.vpl	虚拟字体描述文件，ASCII 格式，用于生成 .vf 和 .tfm 文件。

11.3.2 工作文件列表

在源文件的导言中通常要调用一些宏包，而有些宏包自身还要再自行加载相关的宏包或者定义、配置文件；在正文中，改变默认的字体，系统也会自动调取相关的字体定义文件；系统还会自动调入子源文件、图形文件等所需的工作文件。如果需要了解系统在编译源文件的过程中所调用的全部工作文件，可在导言中加入文件列表命令：

```
\listfiles
```

当源文件编译到 \end{document} 时，文件列表命令将把系统所使用的各种工作文件，按照调用的先后顺序，全部罗列在 .log 编译过程文件中；在所列的每个工作文件后，大都还附有版本序号、发布年份等简短说明。

例如，使用 \listfiles 命令后，可在 .log 文件中看到，当调用 ctexcap 中文标题宏包时，它还将自行加载相关的宏包文件、定义文件和配置文件等二十多个工作文件。

在 .log 中的文件列表中不包括 LaTeX 自身所调用的相关文件；文件列表只列出所调用工作文件的名称，而没有给出它们的调用路径，如果要查看某一文件，需根据其名称在系统文件夹下自行查找。

11.3.3 辅助文件

辅助文件是在源文件编译的过程中自动生成的文件，其特点是可随时删除，在下次编译时又会自动生成。以下是常用辅助文件的扩展名以及该种文件的用途。

.aux	引用记录文件，用于再次编译时生成引用页码或引用章节序号。
.bak	源文件备份文件，当 .tex 源文件存盘时由系统自动创建。例如 mylatex.tex.bak。
.bbl	由 BibTeX 编辑 bib 后创建的文献文件，再次编译时带入源文件生成文献列表。
.blg	BibTeX 处理 .bib 等文件的过程记录文件。
.dbj	批处理文件，由 makebst 工具在创建 .bst 文献格式文件时生成。
.dvi	用 LaTeX 编译程序对源文件编译后生成的输出文件。
.ent	由尾注命令 \endnote 创建的尾注记录文件。
.glg	*MakeIndex* 处理 .glo 文件的过程记录文件。
.glo	术语记录文件。
.gls	*MakeIndex* 处理 .glo 文件后创建的术语表排版文件。
.idx	索引记录文件。
.ilg	*MakeIndex* 处理 .idx 文件的过程记录文件。
.ind	*MakeIndex* 处理 .idx 文件后创建的索引排版文件。
.lof	插图标题记录文件，用于再次编译时生成插图目录。
.log	编译过程文件，记录编译源文件的过程以及出现的警告和错误信息。
.lot	表格标题记录文件，用于再次编译时生成表格目录。
.out	链接宏包 hyperref 创建的书签文件，主要记录章节标题及其序号。
.pdf	由 PDFLaTeX 等编译、转换程序生成的 PDF 格式文件。
.ps	由 dvi2ps 对 .dvi 文件转换后创建的 PS 格式文件。
.synctex	同步文件，ASCII 格式，用于 PDF 文件与其源文件之间正反向搜索。
.thm	定理记录文件，由 ntheorem 定理宏包生成。
.toc	章节标题记录文件，用于再次编译时生成章节目录。

11.4 错误信息与警告信息

在论文写作过程中由于疏忽或者使用不当等原因很可能出现命令编排或书写问题，在编译源文件时，系统就会发现这些问题。有些问题比较严重，系统无法处理，只能停止编译，给出错误信息，等待作者处理；有些问题不算严重，系统可以容忍或是自行处理，就无须停止编译，而是发出警告信息，以提醒注意，而由作者决定是采取措施解决问题，还是默认系统的处理结果。错误信息和警告信息都会显示在操作窗中并被写入 .log 编译过程文件中。

11.4.1 编译过程文件

当编译时，在编辑区底部分出的操作窗中不断地滚动显示编译进程。如果发现问题无法继续编译，系统在给出错误信息后中断编译，滚动显示也将停止在错误信息处，等待处理，所以可实时地看到错误信息；如果发现的问题不影响编译，系统在给出警告信息后继续编译。警告信息在操作窗中一闪而过，根本看不清楚。因此，在编译中断或编译结束时，系统还会生成一个扩展名为 .log 的编译过程文件，其内容包括在操作窗中滚动显示的所有信息以及其他附加信息，例如所调用宏包的版本信息，字体的属性信息等。当因出现错误而停止编译时，应手动处理错误，使编译重新进行直到结束，才能得到完整的编译过程文件。

(1) 在 WinEdt 工具栏中，单击 (Errors...) 按钮，在编辑区的底部分出一个编译过程文件显示窗，其中就是当前源文件的编译过程文件。通常编译过程文件的内容繁杂冗长，为了能够快速准确地找到错误信息，可单击显示窗上方的 (Next Error) 或 (Previous Error) 错误查找按钮，直接将光标定位到错误信息所在行。

(2) 在编译过程文件显示窗中，双击标明行号的错误信息或警告信息，光标可直接定位到源文件相应行号处，并高亮显示。

(3) 但是，编译过程文件显示窗没有查找、复制、另存和打印等文本处理功能，如果需要，可在 WinEdt 菜单栏中选择 Document → LOG File 命令，便在 WinEdt 的文本编辑区中显示出当前源文件的编译过程文件。

11.4.2 错误信息及其处理

系统所给出的错误信息来自于两个方面，一方面是 LaTeX 本身，其错误信息以 `! LaTeX Error:` 为前导；另一方面是系统的核心 TeX，其错误信息以 `!` 为前导。先要了解所给出错误信息的含义，然后才能着手查找和解决错误。

如果对所调用宏包提供的环境或命令使用不当，很多宏包也会给出错误信息。通常这些错误信息是以“`! Package` *宏包名* `Error:`”为前导，例如，公式宏包 amsmath 给出的错误信息就是以 `! Package amsmath Error:` 为前导的。

错误信息的处理

一个错误信息主要是由两部分组成：一部分是错误原因，它是系统对错误性质的判断；另一部分是错误位置，通常系统用行号和编译断点指示错误所在的地点。

例 11.1 有一段文本：“在射频世界中\textfb{频率}一词非常重要。”，其中将粗体命令 `\textbf` 错写为 `\textfb`。在编译时，系统不认识这条命令，不知如何处置，只能停止编译，发出错误信息：

```
! Undefined control sequence.
l.4 在射频世界中\textfb
                        {频率}一词非常重要。
?
```

等待回应。该错误信息的说明如下。

(1) 第一行指出错误原因，上例的错误原因是所使用的命令未被定义。也就是说，系统发现了自己不认识的命令。

(2) 第二行指出错误位置，在上例中未被定义的命令就是位于第 4 行且处于编译断点的 `\textfb`，就是它造成编译在此中断。

(3) 第三行表示尚未编译的内容。

(4) 第四行只有一个问号，它表示系统在向作者询问如何处理这个错误。

通常根据错误原因和错误位置就可以很快地查找和改正造成编译中断的错误，并重新进行编译。如果仍不理解错误信息，不知道该怎么办，也可输入一个问号，反问系统如何处理，这时系统将会给出以下提示信息：

```
Type <return> to proceed, S to scroll future error messages,
R to run without stopping, Q to run quietly,
I to insert something, E to edit your file,
1 or ... or 9 to ignore the next 1 to 9 tokens of input,
H for help, X to quit.
?
```

根据这些提示信息，输入回车或者输入不同的字符后回车，可得到不同的编译结果，其中字母的大小写均可。各种操作及其结果说明如下。

输入回车 对于轻微错误，系统将尽可能修复或跳过该错误，继续进行编译，在例 11.1 中，就是忽略错误命令 \textfb；对于严重错误，系统将再次给出错误信息。

输入 S 除非找不到所需的文件，遇到所有错误都不停顿，而是尽可能修复或是跳过该错误，继续进行编译，直到全文结束。这相当于对每个错误信息自动输入回车来处理。错误信息仍将在操作窗口显示并记录到 .log 文件中。

输入 R 类似于 S，但比它的功能还强，即使找不到所需的文件也不停顿。

输入 Q 类似于 R，但比它的功能还强，不仅可以无停顿地进行编译，而且不再显示后续的编译信息，只是将这些内容写入 .log 文件。这是一种快速而不计后果的错误处理方式。

输入 I 在输入 I 后，需要跟随输入要在断点处插入的替代命令；系统将首先读入这行插入命令，用以替代出错的命令，然后读入断点后的内容。在例 11.1 中，如果输入：i\textbf，将使“频率”二字变为黑体，并完成这段文本的排版。如果输入：i\stop，将终止编译，仅显示断点之前的排版结果。

输入 X 表示退出，系统将断点前的编译过程写入 .log 文件并将已编译的页面输出，然后退出编译，断点之后的源文件内容因出错而被放弃。

输入 E 类似于 X，但退出后将 WinEdt 编辑区的光标指向出错的位置，在例 11.1 中就是第 4 行，以便纠正错误，重新编译。

输入 1-9 这表示可输入一个小于 100 的正整数，系统将在断点之后删除相同数量的半角字符，然后等待下一步回应。一个汉字相当于两个半角字符；而一个 LaTeX 命令，无论长短，均视为一个半角字符。

输入 H 寻求帮助，系统将对该错误给出更为详细具体的说明，并提出改正错误的方法，供参考。对于例 11.1，系统将给出下列错误信息说明：

```
The control sequence at the end of the top line
of your error message was never \def'ed. If you have
misspelled it (e.g., '\hobx'), type 'I' and the correct
spelling (e.g., 'I\hbox'). Otherwise just continue,
and I'll forget about whatever was undefined.
```

其中 \def 是 TeX 基本命令，相当于 \newcommand 或 \renewcommand。

行号的问题

(1) 系统也有漏洞。例如，在导言中使用重新定义命令将章序号的计数形式改为大写罗马数字：\renewcommand{\thechapter}{\Romen{chapter}}，编译时系统仅查其重新定义的命令是否曾被定义，而不检查定义的内容，所以不能及时发现计数形式命令的拼写错误；只有在正文中遇到 `\chapter` 命令时系统才感到不对头，而给出错误信息，其中行号是章命令 `\chapter` 所在行的行号。不过这个行号只是与错误有关联的行号，而不是错误所在行的行号，甚至还可能不是当前源文件的行号。

(2) 在例 11.1 错误信息的第二行，`l.4` 是行号，表示错误出在该行中，但它没有指明是哪个文件的行号。如果源文件是由多个子源文件组成的，就需要根据操作窗或 `.log` 文件记录的编译过程，来确定错误信息中所指示的是哪个子源文件的行号。

常见错误原因

造成中断编译的错误各种各样，系统会针对这些错误分别给出相应的错误信息，指示错误的可能原因。以下列出最常见的由系统给出的错误信息中的错误原因及其简要说明。

`Argument of 命令 has an extra }`

某个参数形式的命令只有一个右花括号，例如 `\mbox}`、`\cline 1-2}` 等。

`Bad character code (编号)`

在字符命令 `\symbol` 中给出的编号有误。

`Bad \line or \vector argument`

在直线命令 `\line` 中或向量命令 `\vector` 中设置了负长度或无效的角度。

`Bad math environment delimiter`

在数学模式中使用了不相符定界符，例如 `\[` 或 `\(`；或者在文本模式中使用了不相符的定界符，例如 `\]` 或 `\)`。应检查这些命令的使用是否恰当。如果只需要左括号，应在右命令后加上一个半角句号，例如 `$\left(\frac{a}{b}\right.$`，得到 $\left(\frac{a}{b}\right.$。

`\begin{环境1} on input line 行号 ended by \end{环境2}`

环境的开始命令与结束命令中的环境名不相符，或者有开始命令而无结束命令等。通常是因拼写有误而引发该错误，例如 `\end{figrue}`，应改为 `\end{figure}`。

`Can be used only in preamble`

在源文件正文中使用了只能在导言中使用的命令，例如 `\usepackage`、`\nofiles` 等。

`Cannot be used in preamble`

在导言中使用了只能用于源文件正文的命令，例如在导言中使用了 `\nocite` 命令。

`\caption outside float`

在浮动环境之外使用了 `\caption` 图表标题命令。

`Command 命令 already defined`

使用命令 `\newcommand`、`\newenvironment`、`\newlength`、`\newsavebox`、`\newtheorem` 或 `\newcounter` 自定义的命令、环境、长度或计数器等已经被定义过了。该错误信息还会提供参考文献：see p.192 of the manual，即由 Leslie Lamport 编写的 LaTeX: A Document Preparation System 一书的第 192 页。

`Command \end{itemize} invalid in math mode`

在常规列表环境中使用数学模式符不当，例如 `\item $y=2x`，系统就会给出这条信息。

`Command 命令 not provided in base LaTeX2e`

在标准 LaTeX2e 中没有这条命令，例如 `\mho`、`\Join`、`\Box`、`\unlhd`、`\sqsubset`、`\lhd`、`\sqsupset` 或 `\leadsto` 等符号命令，须调用提供这些命令的 amssymb 符号宏包。

Command 命令 invalid in math mode

所指示的命令不能用在数学模式中而只能用在文本模式中。

Command 命令 unavailable in encoding 编码

在编码字体中没有该字符命令，例如 \textperthousand，可调用 textcomp 宏包解决。

Corrupted NFSS tables

字体替代出问题。例如源文件中设定的甲字体系统没有配置，它便试图通过 NFSS 寻找替代字体，而 NFSS 提供的替代字体竟然是甲字体或是根本不存在的字体。

Counter too large

当计数器的计数形式为字母或脚注标识符时，计数值超出了其可能的计数范围。

Dimension too large

所设置的长度值太大，其绝对值超出系统所能处理的最大值。

Display math should end with $$

如果行间公式以 $$ 开始，那也应以 $$ 结束，若结尾只有一个 $，将会引发该错误信息。

Double subscript

在数学式中出现双下标，例如 x_{2}_{3}，应改为 x_{2_{3}}，其结果是 x_{2_3}。

Double superscript

在数学式中出现双上标，例如 x^{2}^{3}，应改为 x^{2^{3}}，其结果是 x^{2^3}。

Encoding scheme '编码' unknown

在字体命令中，例如 \fontencoding，使用了未知的编码。这可能是编码名拼写错误，或者是没有事先用 fontenc 宏包或 \DeclareFontEncoding 命令来调用该编码。

Environment 环境 undefined

所指示的环境未被定义，例如在重新定义环境命令中或在环境命令中使用了未被定义的或拼写错误的环境名。应改用新环境定义命令或检查环境名的拼写；如果所用环境是某个宏包提供的，应查看该宏包是否被调用。

Extra alignment tab has been changed to \cr

在 array 或 tabular 环境中，一行的列数量超出了在列格式中所设置的列数量，即一行中的分列符 & 多出来了，这很可能是在行尾遗漏了 \\ 换行命令。如果在某行中使用命令 \multicolumn 合并两列以上，那么该行的分列符数量须相应减少。

Extra \right

在一个数学式中只有 \right 命令，而没有与之匹配的 \left 命令。这两条命令必须成对使用，但不能被 & 符号分隔或置于不同的组合之中。

Extra }, or forgotten $

括号不匹配或数学模式起止符 $ 未成对使用，或遗漏了一个 {、\[、\(或 $，例如 $x}$。

Extra }, or forgotten \endgroup

某环境以命令 \begin{环境} 开始，但在结束命令 \end{环境} 之前多出一个 } 定界符。开始命令和结束命令应成对出现，转换为系统内部命令为 \begingroup 和 \endgroup。导致该错误的原因很可能是在环境文本中遗留了一个无用的 } 定界符。

Extra }, or forgotten \right

括号不匹配，或者是在左、右命令之间含有分列符，例如 \left(a+ & b \right)=c\\ 出现在 align 公式组环境中，就会引发该错误信息。

File ‘文件’ not found

没有找到所指定的文件。这很可能是文件名拼写错误或者是寻找的路径有问题；如果文件是宏包或文类，也可能是未被安装。

File ended while scanning use of 命令

这是错误信息“Runaway 位置?”的具体部分，它指出错误出自命令，很可能是该命令遗漏了右花括号。例如：\fbox{text，就会造成这种错误。

Float(s) lost

由于浮动环境相互嵌套或浮动环境与各种盒子命令嵌套出现的错误。

Font family ‘编码+字族’ unknown

在使用字形定义命令 \DeclareFontShape 设置某一字体的形状之前没有先使用字族定义命令 \DeclareFontFamily 设定该字体的编码和字族。

Font 字体 not found

所指示的字体没找到。可能是该字体未安装，即没有找到其 .tfm 字体描述文件，或者相关的字体文件有误，例如命令 \DeclareFontShape 中的参数拼写不正确等。

Font 字体=描述文件 not loadable: 原因

无法加载所设定的字体，其原因有二：Metric (TFM) file not found 或者 Bad metric (TFM) file。例如使用命令 \usefont{T1}{abc}{m}{n} 调用 T1 编码的 abc 字体，在编译时因没有找到所需的 abc8t.tfm 字体描述文件而给出错误信息：

Font T1/abc/m/n/10=abc8t at 10pt not loadable: Metric (TFM) file not found.

I can’t find file ‘文件’

这是 TeX 提供的错误信息，它表示没有找到所要读取的文件，例如 \input abcd；如果是改为 \input{abcd}，将由 LaTeX 给出 File ‘abcd’ not found 错误信息。

I can’t write on file ‘文件’

无法将数据写入文件中，这可能是该文件被设为只读或对其文件夹无写权限。

Illegal character in array arg

在 array 或 tabular 环境，或在 \multicolumn 命令的列格式中，遗漏了选项或使用了无效的字符，还有一个可能就是没有调用 array 表格宏包。

Illegal parameter number in definition of 命令

在定义命令 \newcommand、\renewcommand、\providecommand、\newenvironment 或者 \renewenvironment 中所使用参数的数量超出了所设定的数量。

Illegal unit of measure (pt inserted)

在长度赋值命令中给出了无效的长度单位，这可能是长度单位拼写错误或是遗漏了长度单位。即就是所设置的长度为零，也要给出长度单位。

Improper alphabetic constant

在某些命令或环境中有其不支持的字符，例如在 lstlisting 环境中使用了中文字符。

Improper \hyphenation will be flushed

在断词命令中使用了变音命令或非字母符号。例如 \hyphenation{Ji-m\'e-nez} 就会导致这种错误信息出现，可使用命令 \usepackage[T1]{fontenc} 来解决这个问题，因为 T1 编码的 cmr 字体可以提供对应 \'e 命令的单独字符 é。

\include cannot be nested

命令 \include 不能嵌套，即在用 \include 命令调入的文件中不能再含有该命令。

\< in mid line

表格环境 tabbing 的左移命令 \< 出现在表格行之中。该命令只能用在一行之首。

Limit controls must follow a math operator

命令 \limits 或 \nolimits 必须紧跟在 \int、\sum 等算符命令之后。

Lonely \item--perhaps a missing list environment

在列表环境之外使用了 \item 条目命令。

Misplaced alignment tab character &

在表格环境之外使用了 & 分列符。

Misplaced \noalign

其中 \noalign 是 TeX 基本命令，用于表格行的排列。例如 \hline 命令没有用于 \\ 之后，或用在表格环境之外，都会引发该错误信息。

Misplaced \omit

合并列命令 \multicolumn 只能用在表格行之首或紧跟分列符 & 之后，如果在表格数据之中就会引发该错误信息，其中 \omit 是 TeX 基本命令，用于修改列格式。

Missing \begin{document}

缺少 \begin{document} 文件环境命令，也可能是在导言之中或之前含有文本，还可能是在文档类型命令中遗漏了左端的转义符 —— 反斜杠：documentclass{book}。

Missing control sequence inserted

在新定义、重新定义或新长度定义命令的第一个参数中没有使用反斜杠符号开头。

Missing delimiter (. inserted)

左右定界符有误。例如 `$\left{\frac{A}{B} \right.$`，就会产生这条错误信息，应改为 `$\left\{\frac{A}{B} \right.$`，可得到单花括号分数 $\left\{\frac{A}{B}\right.$。

Missing \endcsname inserted

将命令作为了环境名或计数器名。例如 \setcounter{\section}{2}，就会引发这条错误信息，应改为 \setcounter{section}{2}。

Missing \endgroup inserted

不能嵌套的环境相互嵌套。例如在 eqnarray 环境中嵌入 displaymath 环境。

Missing @-exp in array arg

在 array 或 tabular 环境，或在 \multicolumn 命令的列格式中，所使用的 @-表达式中没有给出表达式。

Missing { inserted 或 Missing } inserted

在命令中缺少左或右花括号，或遗漏参数。例如 `$\int_}$` 或 `$\lim_{x$`；再例如，在表格环境中使用遗漏了第 3 个参数的 \multicolumn{2}{c} 合并列命令。

Missing $ inserted

可能是数学命令没有用在数学模式中，或是遗漏了公式环境的结束命令，或是直接使用了专用符号 $。例如 \sum，应改为 `$\sum$`；如果要显示 $ 符号，应该采用 \$。

missing # inserted in alignment preamble

在表格环境中没有对其列格式参数进行设置，例如：\begin{tabular}{||}......。

Missing number, treated as zero

没有给出或给出了错误的数据或长度。例如，小页环境命令中的宽度必要参数被空置或遗漏。再例如，要得到当前页码，应使用页码命令 \thepage，而不是 \value{page}，该数据命令只能作为其他命令的参数，而不能独立使用。

Missing p-arg in array arg

在 array 或 tabular 环境，或在 \multicolumn 命令的列格式中，所使用的 p 选项没有设置宽度值。

Missing \right. inserted

在数学式中只有 \left 命令，而无与之匹配的 \right 命令。

No counter '计数器' defined

在 \setcounter、\addtocounter、\newcounter 或 \newtheorem 命令中所使用的计数器未被定义。该错误的原因可能是计数器名拼写不正确。

No \title given

未给出题名命令 \title，题名生成命令 \maketitle 无法工作。

Not a letter

断词命令 \hyphenation 的参数中含有非字母符号。例如 \hyphenation{doe-n't}，其中符号 ' 不是字母。

Not in outer par mode

在段落盒子命令或小页环境中不能使用浮动环境，也不能使用边注命令，否则系统将会给出该错误信息。

Number too big

在使用计数器赋值命令对某计数器赋值时，其值超出可接受的最大数值。

Option clash for package 宏包

同一个宏包被调用两次，而每次所使用的宏包选项相互冲突。例如两次调用行号宏包且选项冲突：\usepackage[left]{lineno}，\usepackage[right]{lineno}。另外，由于宏包还可以自动调用其他宏包，所以也可能出现同一个宏包被调用两次的现象。

Paragraph ended before 命令 was complete

这是错误信息"Runaway 位置?"的具体部分，它指出错误出自命令，可能是该短命令的参数中含有换行命令或空白行。

\pushtabs and \poptabs don't match

在 tabbing 表格环境中，堆栈命令与弹出命令没有成对地使用。

Runaway 位置?

某个命令有错误，错误位置可以是 argument、definition、preamble 或 text；在此错误信息之下，系统还将给出更为具体的错误信息 [8, p. 909]。

Something's wrong--perhaps a missing \item

在列表环境或参考文献环境中都必须以条目命令 \item 或 \bibitem 作为前导，否则都将引发该错误信息。

Suggested extra height (高度) dangerously large

对本页加高命令 \enlargethispage 设置的高度超过了最大可设值。

Tab overflow

在一个 tabbing 表格环境中最多允许使用 13 个列宽命令，否则将提示出错；如果这些命令不是同时需要，可采用堆栈命令或取消命令来解决。

TeX capacity exceeded, sorry [原因 = 数值]

超出 TeX 的能力范围。主要是因为超出了 TeX 内部设置的某一存储空间或者限定值，出现这种错误可以细分为 14 种原因 [1, p. 300]，例如加载字体过多、浮动体过大过多，或者 \input 命令嵌套层数过多等 [8, p. 915]。

Text line contains an invalid character

在输入文件中含有非打印字符，例如控制字符等。其原因是该文件在编辑后未按“文本”类型保存。

There's no line here to end

在两个段落之间无意义地使用换行命令。如果需要在两个段落之间留出一行空白，应使用 \vspace 垂直空白命令。

This file needs format ‘所需版本’ but this is ‘当前版本’

所用文类或某个宏包与当前版本的 LaTeX 系统不兼容，通常所需版本要高于当前版本。

This may be a LaTeX bug

这可能是 LaTeX 本身的一个缺陷。

Too deeply nested

列表环境相互嵌套的层数太多，通常不能超过 4 层。

Too many }'s

在正文中遗留了无用的右花括号。例如 \textsf{abc}} 就会导致引发这条错误信息。

Too many columns in eqnarray environment

在 eqnarray 公式组环境中，一行出现 2 个以上的 & 分列符。

Too many unprocessed floats

未处理的浮动体数量超出设定值。如果在一个段落中使用了过多的边注命令，也会产生这一错误信息。

命令 undefined

在 \renewcommand 命令中的命令并未定义过。这可能是命令名拼写错误或者应改为使用 \newcommand 命令。

Undefined control sequence

所使用的命令未被定义。通常是命令名拼写错误，例如，把 \small 写成了 \smell；也可能是提供命令的宏包没有调用。

Undefined tab position

所使用的制表命令 \>、\<、\+ 或 \- 超出了由列宽命令 \= 定义的制表位置。

Unknown option ‘选项’ for ‘宏包’

在 \usepackage 命令中使用了当前宏包未定义的选项，其原因可能是选项名拼写错误，或是所给出的选项是在高版本宏包文件中定义的，而当前宏包的版本较低。

Use of 命令 doesn't match its definition

如果命令是 LaTeX 命令，可能是其语法错误；也可能是在某个命令的联动参数中使用了脆弱命令，例如，在节命令中插入了脚注命令，见第 11.6 节说明。

\usepackage before \documentclass

调用宏包命令不能置于文档类型命令之前，否则在编译时将出现这条错误信息。

You can't use 'macro parameter character #' in *模式* mode.

在文本中出现专用符号 #。其中*模式*可以是 math、horizontal 或者 vertical 等。如果要显示这个专用符号，应使用 \# 命令。

\verb ended by end of line

抄录命令的作用仅限于所在文本编辑行内，其中参数不能换行，参数定界符也不能换行或遗漏，定界符必须相同，可以是两个左括号，但不能是一对括号，否则都将报此错。

\verb illegal in command argument

抄录命令不能出现在其他命令的参数中，否则报错。

如果编译中断，但没有给出任何错误信息，而只是显示了一个 * 符号，这通常是指示该源文件遗漏了最后一条命令：\end{document}，可输入命令 \stop 用以退出编译。

缩小疑点范围

上述大部分错误信息都很好理解，一看就明白，因此错误也就会很快找到并改正；但有些错误信息比较笼统晦涩，看后莫名其妙，如果论文的篇幅很长，又不能充分理解错误信息，就很难快速准确地找到错误位置。

如果出现看不懂的错误信息，可用注释符 % 将怀疑有问题的文本先注释掉，再编译，看看错误信息是否消失，用排除法逐步缩小疑点范围，直到发现错误起因。也可将源文件结束命令 \end{document} 改插到正文中部，如果编译还是出错，可将该命令再向前插，否则向后移动，采用这种分段进退的方法也会很快查到错误所在位置。有些错误信息虽然一时看不明白，但在找到错误位置时却会发现原来如此。

11.4.3 警告信息及其处理

系统所给出的警告信息也是来自两个方面，一方面是 LaTeX 本身，其警告信息以“LaTeX Warning:”或“LaTeX Font Warning:”为前导；另一方面是系统核心 TeX，它发出的警告信息没有任何前导字符，而是直接给出警告内容，例如：Overfull ⋯。

如果对所调用宏包提供的环境或命令使用不当，很多宏包也会给出警告信息，通常这些警告信息是以“Package *宏包名* Warning:”为前导。

警告信息的处理

警告信息中指出的问题虽然不会造成中断编译，但也应引起重视，因为这些问题大都会影响到论文排版的外观效果。警告信息也是涉及方方面面，其中最常见的有两类，一类是尺寸溢出，另一类是字体替代。

例 11.2 编译后在 .log 文件中有下列一条警告信息，这也是最常见的警告信息。

```
Overfull \hbox (12.78574 too wide) in paragraph at lines 8--10
```

这条警告信息指出，在编译源文件的第 7 行至第 9 行时，系统没有找到适合的换行点，只好降低排版标准，而使该行宽度超出版心宽度 12.785 74 pt，导致部分文本凸进右边空。显然，这个溢出问题直接破坏了版面整齐划一的排版效果，应该及时予以纠正。

出现上述问题的原因很可能是在换行处有抄录命令 \verb 等参数不能换行的命令或行内公式，致使其中的文本不能正常换行。如果这种溢出问题只是个别现象，可调整该段落的语法修辞或语句顺序，以便在换行处避开其参数不能换行的命令或行内公式；如果这种溢出问题比较多，且难以调整，可将这些内容置于 sloppypar 环境中，该环境可以加大单词之间距离的弹性范围，避免横向溢出。

例 11.3 一段文本：The word \textbf{\texttt{frequency}} is very important.，其中企图将 frequency 改用粗宽等宽体字体，以强调其重要性。经编译后在 .log 文件中有下列一条警告信息。

```
LaTeX Font Info: Font shape 'OT1/cmtt/bx/n' in size <10.95> not available
                 Font shape 'OT1/cmtt/m/n' tried instead on input line 5.
```

这条警告信息指出，系统并没有粗宽序列的等宽体字体，只好用常规序列的等宽体字体替代。这个字体使用问题并不影响版面尺寸，但没有达到要凸显 frequency 的目的。

应将例 11.3 中的 \textbf{\texttt{frequency}} 改换为 \textbf{frequency}，这样既可使 frequency 醒目，又可消除警告信息。

常见警告信息

以下列出常见的由系统给出的警告信息及其简要说明。

Citation '*检索名*' on page *页码* undefined on input line *行号*

命令 \cite 或 \nocite 中的*检索名*未被 \bibitem 命令定义，或是需要再次编译源文件，也可能要运行 BibTeX。

Command *命令* invalid in math mode on input line *行号*

将用于文本模式的命令用在了数学模式中。

Empty 'thebibliography' environment on input line *行号*

在参考文献环境中没有使用文献条目命令。

Float too large for page by XXpt *位置*

浮动体的高度超出版心的高度，超出部分的高度 = XXpt。

Font shape '*字体属性*' in size <*字体尺寸*> not available

没找到所需字体。该警告信息的下一行将说明系统使用了何种字体以替代所需的字体。

Font shape '*字体属性1*' undefined, using '*字体属性2*' instead *位置*

没有*字体属性1*的字体，用*字体属性2*的字体替代。例如 \fontseries{b}\ttfamily，就会引发警告，因为在系统预定义的字体中没有粗宽序列的等宽体字体，只能用常规序列的等宽体字体替代。*位置*指示问题出于何处。

'h' float specifier changed to 'ht'

将浮动环境的位置选项 h 改为 ht。

'!h' float specifier changed to '!ht'

将浮动环境的位置选项 !h 改为 !ht。

Label '*书签名*' multiply defined

作为交叉引用标志的*书签名*被重复定义。

Label(s) may have changed. Rerun to get cross-references right

需要再次编译全文，以获得正确的交叉引用结果。

Marginpar on page *页码* moved

上一个边注内容占据了下一个边注的首行位置，则下一个边注只有向下移动。

No \author given

在使用命令 \maketitle 生成题名及其相关信息时，没有给出作者命令，即论文只有题名而没有作者名。

No file 文件

当包含命令 \include 没有找到所指定的文件时就会发出这一警告。

Option argument of \twocolumn too tall on page 页码

由双栏命令的可选参数生成的段落总高度超出版心高度。

Overfull \hbox (XXpt too wide) 位置

在位置处没有适合的换行点，造成所排版内容超出版心右边，超出部分的宽度为 XX pt。

Overfull \vbox (XXpt too high) 位置

在位置处没有适合的换页点，造成所排版内容超出版心底边，超出部分的高度为 XX pt，因其大于告警值 \vfuzz（默认值为 0.1pt）而给出该警告信息。其中 \vbox 为内部垂直盒子命令，此处表示版心盒子。

Reference '书签名' on page 页码 undefined on input line 行号

引用命令 \ref 或 \pageref 中的书签名未被书签命令 \label 定义。

Some font shapes were not available, defaults substituted

某些字体没有找到，使用默认的字体替代。

There were multiply-defined labels

在两个或两个以上的书签命令或文献条目命令中使用了同一个书签名或检索名。

There were undefined references

命令 \ref 或 \cite 中的书签名或检索名，未被命令 \label 或 \bibitem 定义。

Underfull \hbox (badness 数字) 位置

表示位置中的单词间距过宽，其状态参数 badness 值超过数字，该警告信息可能是因使用宽松环境或宽松命令引起的，也可能是由于出现额外垂直空白，例如连续使用了两个换行命令 \\，或在换行命令之下留有一行空白。

Underfull \vbox (badness 数字) 位置

当在位置处所编排文本、插图或表格的高度超出版心剩余高度较多时，系统只能将其移至下一页，因提前换页造成当前页各行间距拉大，使该页的状态参数 badness 值超过数字而引发此警告。

Unused global option(s): [选项1,选项2,...]

在文档类型命令中所使用的某个或某些选项有误，很可能是选项名拼写错误，或是具有该选项的宏包已被删除。

You have requested release '要求版本日期' of LaTeX, but only release '当前版本日期' is available

所选用的文类或所调用的某个宏包要求更高版本的 LaTeX。要解决该问题应更新系统。

11.5 子源文件

有些论文的篇幅很长，如果全部内容都编排在一个源文件中，其编译时间就很长，出现问题后查找修改很不方便。对于中长篇论文写作，最好采用主源文件与子源文件的模块方式，将论文中的每一章作为一个子源文件，就像一个个文件模块，然后在主源文件中使用系统提供的包含命令：

```
\include{子源文件名}
```

分别将所有子源文件按顺序调入。这样在主源文件中，增加或删除一章只是增加或删除一条 \include 命令；调整章节的前后顺序，只是调整各 \include 命令的前后顺序。

子源文件也可以作为独立的章节内容被其他论文的主源文件调用。

子源文件的扩展名也是 .tex。在包含命令 \include 中的*子源文件名*可省略扩展名，系统会自动添加。因为子源文件要被调入主源文件的正文中，所以子源文件不需要导言，其内容也不用置于文件环境中。通常子源文件就是以章命令 \chapter 开头的源文件。

系统还提供了一个输入命令：

```
\input{文件名}
```

它也可以将子源文件或其他文件调入主源文件中，如果所调入的是子源文件，*文件名*可以省略扩展名 .tex，否则*文件名*要带有扩展名。

如果命令 \include 或 \input 所要调入的文件不与主源文件同在一个文件夹中，则要指明该文件的调取路径。例如，子源文件存放在主源文件夹下的子文件夹 document 中，则其包含命令应为 \include{document/*子源文件名*}。

11.5.1 子源文件的选择

论文总是从前往后一章一章地写，所以在写作或修改某一章时，通常也都希望只调入该章子源文件，其他章子源文件暂不调入，以免查找麻烦，编译费时。如果将其他章子源文件的调入命令先注释掉，等需要时再恢复，可控制子源文件的调入与否，但子源文件之间的交叉引用就可能不正常。为了解决主源文件分段编译的问题，可以在主源文件的导言中使用系统提供的专门用于编译调试的子源文件选择命令：

```
\includeonly{子源文件名1,子源文件名2,...}
```

命令中指定的*子源文件名*应选自包含命令 \include 中的*子源文件名*；如果指定两个以上的子源文件名，其间应用半角逗号分隔，并可含有空格；在所有包含命令中，只有其子源文件名与 \includeonly 命令中指定的子源文件名相同的包含命令才会被执行，其他包含命令将不被执行；而 \includeonly{}，表示所有包含命令都不执行。

如果未被调入的子源文件曾被编译过，其中章节标题、序号、页码、交叉引用和各种计数器等的信息数据都将被记录在该子源文件的 .aux 引用记录文件中，这样虽然该子源文件在这次编译时未被调入主源文件，但系统仍能通过其 .aux 文件获得该子源文件的相关信息数据。因此，在用 \include 命令调入的子源文件中，不应有 \newcounter 新计数器命令，若需要可将其放到导言中，否则在使用 \includeonly 命令时很可能会中断编译，提示某某计数器未定义。

当需要全文编译时，可在 \includeonly 命令中指定所有子源文件名，也可以将该命令注释或删除掉。

为了避免主、子源文件名称混淆，可在主源文件开始处使用 \marginpar{\jobname.tex} 命令，它将在第一页的边空中生成主源文件名，其中 \jobname 命令可提取主源文件名。

11.5.2 两种调入命令的区别

包含命令 \include 与输入命令 \input 这两种文件调入命令虽然主要都是用来调入子源文件，但在很多细节之处有很明显的区别，使用不同的调入命令，其排版结果会有所不同，表 11.1 所示为两者功能差异的对比说明。

表 11.1 两种文件调入命令的功能区别

\include	\input
• 只能在正文中使用，不能在导言中使用	• 既可在正文中使用，也可在导言中使用
• 新起一页，将子源文件的内容插入到包含命令所在位置	• 不起新页，直接将子源文件的内容插入到输入命令所在位置
• 编译时输出*子源文件名*.aux 文件，可为交叉引用提供数据	• 编译时无 .aux 文件输出，在部分章节编译时，交叉引用可能会出错
• 不能嵌套，即用 \include 调入的子源文件中不能再有 \include，但可以改用输入命令 \input	• 可以嵌套，即用 \input 调入的子源文件中可以再有 \input，还可以有包含命令 \include，且嵌套深度无限
• 命令 \includeonly 可中止其作用	• 命令 \includeonly 对其不起作用
• 只能调入扩展名为 .tex 的子源文件，不能调入其他扩展名的文件	• 可调入扩展名为 .tex 的子源文件，也可调入其他扩展名的文件
• 调入子源文件后还要再新起一页才结束命令，即以 \clearpage 命令结束	• 调入子源文件或其他文件后即结束命令，不起新页
• 如果没有找到所要调入的子源文件，并不中止编译，只给出警告信息：No file *子源文件名*.tex.	• 如果没有找到所要调入的文件，将中止编译，给出错误信息：File‘*文件名*.*扩展名*’not found.

由于上述两种文件调入命令的功能区别，包含命令 \include 仅用在主源文件的正文中调入章或节子源文件，而输入命令 \input 的使用就比较灵活，它既可在主源文件的正文中调入章或节子源文件或其他文件，还可在子源文件或其他文件中使用，也能在导言中使用。

11.5.3 导言中的子源文件

有时为了写作方便或是根据各种需要，会在导言中调用很多宏包、修改系统或宏包的一些默认设置、定义很多专用命令或是环境等，这使得导言看起来冗长而杂乱，也不利于阅读与修改。因此，可将上述导言内容分门别类地存进不同的子源文件，通常是将所有宏包调用命令存入一个子源文件，其他设置和定义命令存入另一个子源文件，然后在导言中分别使用输入命令 \input 将这些子源文件再调入导言，这样可清晰明了地显示导言的组成结构。

11.5.4 分段编译

有的论著篇幅很长，如三、四百页以上，其中插图又很多，进行全文编译的时间较长，而且由于大量占用内存等原因，很容易造成无错中断。为了解决这一问题可采用分段编译的方法。分段编译就是利用 \includeonly 命令对子源文件及其引用记录文件 .aux 的控制处理功能，将主源文件分成几段，逐段编译，而各段之间的交叉引用并不受影响。

通常，长篇论著的开头有目录，结尾是索引，所以分段编译需要掌握正确的编译次序，才能得到正确的排版结果。例如将下列主源文件 mybook.tex：

```
\documentclass{book}
\usepackage{index} \makeindex ......
\begin{document}
\include{contents}     % 调入目录子源文件，其中可包括封面、前言等内容
\include{chapter1}     % 调入第 1 章子源文件
\include{chapter2}     % 调入第 2 章子源文件
\include{index}        % 调入索引子源文件，其中可含有参考文献、附录等内容
\end{document}
```

分为两段编译，其编译方法分步说明如下。

(1) 在主源文件的导言中加入子源文件选择命令 \includeonly{contents,chapter1}，然后编译主源文件 mybook.tex。

(2) 将导言中的子源文件选择命令改为 \includeonly{chapter2,index}，然后：① 编译主源文件 mybook.tex。② 运行索引程序 *MakeIndex*。③ 编译主源文件 mybook.tex，将所生成的 mybook.pdf 文件改名为 mybook2.pdf，这就是带有全文索引的第二段 PDF 文件。

(3) 将导言中的子源文件选择命令改为 \includeonly{contents,chapter1}，然后：① 连续两次编译主源文件 mybook.tex。第一次编译时，系统将 chapter2.aux 中的第 2 章各层次标题数据信息传递给章节标题记录文件 mybook.toc；第二次编译时，系统将 mybook.toc 文件中的全文章节标题及其页码完整地写入章节目录。② 将所生成的 mybook.pdf 文件改名为 mybook1.pdf，这就是带有全文目录的第一段 PDF 文件。

这样，mybook1.pdf 和 mybook2.pdf 就是主源文件 mybook.tex 经过分段编译后生成的两个 PDF 文件。也可以再使用 Acrobat 阅读器中的“插入页面”功能，将 mybook2.pdf 插在 mybook1.pdf 之后，使两者合为一个完整的 PDF 文件。

通常每个子源文件及其图形文件都存放在各自文件夹中，例如子源文件 chapter2.tex 存放在主源文件夹下的 ch2 文件夹中，那么，其调入命令应为 \include{ch2/chapter2}，子源文件选择命令则是 \includeonly{ch2/chapter2,...}。

11.5.5 文件管理器

如果子源文件很多且分散在主文件夹下的各个子文件夹中，并与图形文件和辅助文件混在一起，在查找和管理子源文件时就很不方便。

可将主源文件作为当前文件，然后选择 Project → Set Main File 命令，或单击按钮，告知 WinEdt 该文件是主源文件；再选择 View → Tree 命令，或单击按钮，在编辑区的左侧分出一个文件管理器，它将主源文件及其所有子源文件以文件树的形式单独列出，其样式与功能类似 Windows 的资源管理器。

如果再选择 View → Gather 命令，或单击按钮，还会在编辑区的底部分出一个文件分析器，其中分别列出所有标题、环境和交叉引用等文件信息，并给出统计数据，点击其中的任意文件信息，都会自动打开相关的子源文件并将光标定位到对应的信息行。

采用文件管理器不仅便于子源文件的管理，而且在编排或者修改子源文件后可直接进行编译，而不需要再点开主源文件作为当前文件后进行编译。在编写子源文件的过程中要进行

多次编译，若设定了主源文件，就可避免在与子源文件之间反复切换。如果需要编译其他源文件，可选择 Project → Remove Main File 命令，取消主源文件管理。

11.6 命令的脆弱与坚强

有时需要在某个命令的参数中插入命令，例如在节命令中加个脚注命令，用以对节标题中的专业词语作说明：`\section{北斗系统\footnote{CNSS}的应用}`，但是在编译时会提示出错。如果在脚注命令前加入保护命令：`\protect\footnote{CNSS}`，或者在节命令前添加 cprotect 宏包提供的保护命令：`\cprotect\section{...}`，就可以通过编译，其排版结果为：**北斗系统[1]的应用**，并在页面底部添加脚注：[1]CNSS 。可是问题又来了，在论文的章节目录中也出现了脚注序号，其页面底部也有相同的脚注，甚至在页眉中也有脚注序号。

11.6.1 脆弱命令与联动参数

造成上述问题的原因是在第一次编译源文件时，脚注命令 `\footnote{CNSS}` 随同节命令一起被写入 `.toc` 标题记录文件；在第二次编译时，系统在按照 `.toc` 文件提供的数据生成章节目录时，又把脚注命令执行了一遍。当一个命令是另一个命令的一部分时，就有可能出现类似问题，这是某些 LaTeX 命令所具有的“副作用”。

因此，那些在其前面必须使用保护命令才能正常执行的命令被称为脆弱命令，而那些使其中的命令变为脆弱命令的参数被称为联动参数。

(1) 凡是有可能被牵连到章节目录、表格目录、插图目录、页眉或页脚等处的命令，如章节命令、图表标题命令和书签命令等，其参数均为联动参数。

(2) 命令 `\thanks` 的参数是联动参数，命令 `\bibitem` 的可选参数也是联动参数。

对于脆弱命令的补救措施就是添加保护命令 `\protect`，它告诉 LaTeX，将其后的命令正常处理，但不应功能扩展。

在上例中，添加保护命令后虽然能通过编译，但仍不能解决“联动”问题。可使用章节命令的 `[目录标题内容]` 可选参数来解决联动问题。例如：

```
\section[北斗系统的应用]{北斗系统\protect\footnote{CNSS}的应用}
```

系统将把章节命令中的可选参数内容作为章节标题排版到章节目录和页眉中。

另外，也可在导言中调用脚注宏包：`\usepackage[stable]{footmisc}`，以避免章节标题中的脚注随同章节标题出现在目录或页眉之中。

11.6.2 常用命令的性格

任何 LaTeX 命令，不是脆弱就是坚强。表 11.2 列举了一些常用命令的“性格”。

表 11.2 常用的脆弱命令与坚强命令

脆弱	坚强
`\(`， `\)`， `\[` ， `\]`	`$ $`， `$$ $$`
`\\`， `\\*`， `\newline`	`\par`
`\caption`， `\footnote`， `\label`	
`\cite`， `\nocite`	

表 11.2（续）

脆弱	坚强
\footnotemark，\footnotetext	
\includeonly，\include	\input
\index，\glossary	
\linebreak，\nolinebreak	\-，\hyphenation
\markboth，\markright	
\makebox，\framebox	\mbox，\fbox
\newcommand，\renewcommand	
\newcounter	\value，\the计数器
\newenvironment，\renewenvironment	
\newlength	\stretch，\setlength
\newtheorem	
\pagebreak，\nopagebreak	\newpage，\clearpage
\parbox，\raisebox	
\rule	
\setcounter，\addtocounter	\arabic 等计数形式命令
\underline	\overline
\vfill	\hfill，\fill
\vline，\hline，\cline	\multicolumn
\vspace，\vspace*	\hspace，\hspace*
	\left，\right
用于 picture 环境的命令	所有长度命令
\Large 等字体尺寸命令	\texttt 等字体设置命令

任何带有可选参数的命令都是脆弱的。抄录命令 \verb 是最脆弱的命令，它不能直接出现在任何命令中，即就是使用 \protect 命令也不行，除非加入 \cprotect 命令。

调用由 Frank Mittelbach 等人编写的 fixltx2e 宏包，可以使数学模式命令 \(、\)、\[、\] 和 \makebox、\parbox 等盒子命令的性格变得坚强。也可以采用由 makerobust 宏包所提供的 \MakeRobustCommand{已有命令} 命令，使脆弱的已有命令转为坚强。

11.7 宏包冲突

因调用某个宏包而产生的问题称为宏包冲突。宏包冲突可分为宏包之间冲突和宏包与系统冲突，而冲突又可分为直接冲突和间接冲突两种。直接冲突就是直接造成编译中断，作者必须采取措施加以解决；间接冲突不会造成编译中断，但它引发的问题却是五花八门，例如字体改变、符号变样或者环境功能异常等。

11.7.1 宏包之间冲突

若调用 amssymb 和 SIunits 宏包，就会引起直接冲突，系统将停止编译并给出错误信息：

```
The command \square was already defined. Possibly due to the amssymb package.
```

上述错误信息指出，这两个宏包都定义了一条同名的命令：\square，可一个是在数学模式中生成四方形，而另一个是在文本或数学模式中生成平方上标。为此，SIunits 宏包专门提供了一个 squaren 选项，以防与 amssymb 宏包发生冲突。

若虽调用了 SIunits 宏包，但并不使用其提供的 \square 命令，也可查找到该宏包文件，将这条命令的定义命令注释掉；只要不对外提供源文件，就可采用这种办法来解决类似的宏包冲突问题。导致这种冲突的根源是所有命令的命名空间均为全文，这是系统的一个缺陷。

11.7.2 宏包与系统冲突

宏包与系统的冲突大都是间接冲突。例如有时调用 txfonts 符号宏包只是要用到其中的一个符号命令，但该宏包却暗中把系统字体都给修改了：

```
\renewcommand{\rmdefault}{txr}
\renewcommand{\ttdefault}{txtt} \renewcommand{\sfdefault}{txss}
```

这样论文中的字体就变样了。例如将等宽体字体的 begin 改成了 begin，同时也可能将其他宏包提供的符号变了样，例如将符号宏包 textcomp 提供的千分号 ‰ 变成了 ‰。

若只使用 txfonts 宏包提供的符号命令，并不希望修改全文的字体，可查找到该宏包文件，将上述的重新定义命令注释掉；也可在该宏包调用命令之后紧跟 3 条重新定义命令：

```
\renewcommand{\rmdefault}{cmr}
\renewcommand{\ttdefault}{cmtt} \renewcommand{\sfdefault}{cmss}
```

用以恢复系统原先的字体定义。如果只是需要改变局部或者个别字词的字体，可在正文中使用相应的字体命令，例如只需要将 begin 的字体改为 begin，可使用字体命令：

```
{\usefont{OT1}{txtt}{m}{n} begin}
```

在使用 pxfonts 等符号宏包时也都存在类似的宏包冲突问题。

11.8 文件合并

有时为了满足某种需要对某个宏包作了修改，并将其改名后保存在源文件夹中，成为源文件所附带的专用宏包文件；若采用了子源文件的形式，主源文件还要附带多个子源文件；有些源文件还要附带文献数据库文件、索引或术语表格式文件等工作文件。如果通过电子邮件等网络方式传递源文件，这些附带文件也要随同发送，而对方接收到一堆文件，不知哪个是源文件或主源文件，哪些是它的附带文件，经常要多次打开查看才能确定。

为了解决上述问题，系统提供了一个附带文件环境 filecontents：

```
\begin{filecontents}{文件名}
文件内容
\end{filecontents}
```

将该环境插在 \documentclass 命令之前，再将一个附带文件的内容置于该环境中，*文件名*就是这个附带文件的名称，如果不给出扩展名，则默认为 .tex。这样，这个附带文件就并入了源文件中。例如这个附带文件的*文件名*是 Subfile.tex，源文件名为 Mydoc，当编译源文件时，系统就会调用 Subfile.tex 文件，并将它复制到源文件所在文件夹中。在这个复制文件的开头，系统将自动添加三行注释：

```
%% LaTeX2e file 'Subfile.tex'
%% generated by the 'filecontents' environment
%% from source 'Mydoc' on 2012/08/26.
```

系统还提供了一个带星号的附带文件环境 `filecontents*`，其区别就是在它复制的文件中没有上述三行注释。

在文档类型命令 `\documentclass` 之前可以有任意个附带文件环境，也就是说所有附带的专用工作文件都可以并入源文件，使它们成为一个文件。经过对源文件的编译，在系统将所有附带文件环境中的文件都复制到源文件所在的文件夹中后，就可以将源文件中的所有附带文件环境都删除了。

11.9 编译技巧

一篇论文源文件要经过反复修改多次编译，在每次编译过程中总会发现一些问题，很多时间都耗费在编译以及查找、分析和解决问题上，如果能够充分利用与查找问题有关的宏包、编辑器和阅读器的搜索功能以及网上帮助等资源，可收到事半功倍的效果。

11.9.1 局部编译

论文中通常会有很多表格和数学式，而每个较复杂的表格或数学式往往要经过反复修改和多次编译才能获得正确满意的结果。如果只为了检验表格或数学式的编排正确性而每次都进行全文编译，所累积耗费的时间将会很长。可用光标选取所编排的表格或数学式，然后选择 Accessories → Compile Selected 命令，系统即可对所选取的内容进行局部编译，其结果会在自动弹出的 SumatraPDF 阅读器中显示。

11.9.2 命令检查

系统在对源文件进行编译时，首先检查命令语句的使用方法是否正确，然后才对源文件进行编译。检查命令语句的速度很快，但编译时间相对较长。在论文写作过程中，大多数编译的目的就是为了确认某些命令的运用是否正确，尤其是在编写复杂的数学式或表格时，所以没有必要每次都全文编译并显示结果。为此，可在导言中调用 syntonly 语法宏包并在其后添加 `\syntaxonly` 命令；这样在编译时，系统仅对源文件中的命令语句进行检查，如果发现问题，会停止编译并给出错误信息；当命令语句检查完毕，不再编译源文件，而是结束编译。当需要全文编译以生成 PDF 文件时，可将上述两条命令注释或删除。

命令 `\syntaxonly` 在检查到中文标点符号时可能会提示出错，可临时将导言中的中文字体宏包 ctex 注释掉，等命令语句检查完毕再恢复。

11.9.3 字体检查

通常编译后自动生成的 `.log` 文件中已有很多与字体有关的信息，如果还希望了解更为详尽具体的字体信息，可调用字体追踪宏包 tracefnt，它可以追踪并显示系统对字体的加载、替代和使用情况。该宏包的可选参数有多个选项，可用以设定在编译时所提供字体信息的内容，以下是这些选项及其说明。

`debugshow` 全面显示和记录各种字体信息，包括文本字体和数学字体，包括在进入和退出环境或组合时字体的改变和恢复信息等。

`errorshow` 有关字体的所有警告信息将不在操作窗中显示，而是记录到编译过程文件 `.log` 中。因为字体替代等警告信息意味着不理想的排版结果，需要通过 `.log` 文件仔细分析加以解决。

`infoshow` 默认值，将所有字体信息包括字体警告信息和附加字体信息，显示在操作窗中和编译过程文件中。

`loading` 显示所加载的外部字体文件名称。这些外部字体文件名称不包括在调用该宏包之前由系统或其他宏包预先加载的字体文件名称。

`pausing` 将所有字体警告信息等同错误信息，使编译中止，等待处理。

`warningshow` 与字体有关的警告信息也同其他错误信息一起显示在操作窗中。这样，与未使用该宏包的效果相同。

注意，该宏包可能会造成版面改变或输出不正常，所以在源文件最终编译前应将它删除或注释掉。

11.9.4 正向搜索

使用 LaTeX 对源文件进行编译后生成 `.dvi` 文件。如果希望查看源文件中某个公式环境的排版效果，可将光标置于该环境中，然后在 WinEdt 的菜单栏中，选择 TeX → DVI Search 命令，或在工具栏中单击 快捷按钮，就会在弹出的 Yap 阅读器中显示出该公式，在其行首有一个灰色空心小圆圈，它表示光标在当前源文件中的位置。如果双击灰圈所在行，还可返回到源文件的光标所在行。

11.9.5 反向搜索

源文件经过 LaTeX 编译后，可在 Yap 中看到排版结果，通常肯定会发现很多问题或不满意的地方，比如标点符号或字词输入有误，公式、表格或插图的位置编排不合适等。如果反过来在成百上千行的源文件中分别查找这些问题所在位置，然后进行修改，既烦琐又费时，因为这种查找而累积的耗费可能要几个小时，甚至更多。

其实只要使用 Yap 的反向搜索功能就可轻易地解决上述问题：在 Yap 中，双击需要修改的内容，光标即刻返回源文件，并停留在该内容所在行前，并使该行以高亮显示。

如果源文件经编译最终生成的是 PDF 文件，也可在 SumatraPDF 阅读器中，双击需要修改的内容，光标即刻返回源文件，并停留在该内容所在行前，并使该行以高亮显示。

11.9.6 自动打开阅读器

一篇论文通常要经过成百次的编译，每次编译后，还要单击相关按钮或选择相关命令才能打开阅读器，显示编译结果。如果希望能够根据所使用的编译程序或转换程序自动打开相应的阅读器，可在 WinEdt 中选择 Options → Execution Modes 命令，弹出一个对话框：

(1) 在 Accessories 选项区域的列表框中选择 LaTeX 选项，然后在 Process Flow 选项区域中选中 Wait for Execution to finish → Start Viewer 复选框。

(2) 在 Accessories 选项区域的列表框中选择 dvi2ps 选项，然后在 Process Flow 选项区域中选中 Wait for Execution to finish → Start Viewer 复选框。

(3) 在 Accessories 选项区域的列表框中选择 ps2pdf 选项，然后在 Process Flow 选项区域中选中 Wait for Execution to finish → Start Viewer 复选框。

(4) 在 Accessories 选项区域的列表框中选择 dvi2pdf 选项，然后在 Process Flow 选项区域中选中 Wait for Execution to finish → Start Viewer 复选框。

(5) 在 Accessories 选项区域的列表框中选择 PDFLaTeX 选项，然后在 Process Flow 选项区域中选中 Wait for Execution to finish → Start Viewer 复选框。

(6) 在 Accessories 选项区域的列表框中选择 XeLaTeX 选项，然后在 Process Flow 选项区域中选中 Wait for Execution to finish → Start Viewer 复选框。

(7) 单击 OK 按钮，退出阅读器设置。

11.9.7 使用 Adobe 阅读器

按照上述设置，当使用 PDFLaTeX 编译后，自动打开的是 SumatraPDF 阅读器。如果希望改用 Adobe 的 Reader 或 Acrobat 阅读器，可在 SumatraPDF 中选择“文件”→“在 Adobe Reader 中打开”命令即可。

如果希望在编译后能够直接自动打开 Reader 或 Acrobat 阅读器，可作下列设置。

(1) 在 WinEdt 中选择 Options → Execution Modes 命令。

(2) 在弹出的 Execution Modes 对话框中，打开 PDF Viewer 选项卡。

(3) 在所显示的选项卡中，单击 PDF Viewer Executable 选项区域中的 Browse 按钮，打开 Windows 的资源管理器。

(4) 查找选定 Reader 或 Acrobat 的可执行文件 `Reader.exe` 或 `Acrobat.exe`，然后单击“打开”按钮。

(5) 在返回的 Execution Modes 对话框中，分别单击其底部的 Apply 按钮和 OK 按钮，退出阅读器设置。

注意，Adobe 阅读器不具有 SumatraPDF 阅读器的反向搜索功能，所以 `.synctex` 同步文件就失去了作用，可在打开的 PDF Viewer 选项卡中，将默认选项 Use -synctex ··· 取消，以禁止在编译时生成同步文件。

11.9.8 清理辅助文件

有时会发现虽然已经修改了交叉引用或章节标题，但编译后的引用或目录仍是修改前的样子，这是因为在修改源文件后没有清除相应的辅助文件。在编译时，系统总是先试图读取这些文件，然后才刷新；有时就不刷新，只有找不到所需文件，系统才重新创建。因此在遇到类似的问题时，应立即清除相应的辅助文件。

但是要一个一个地去寻找这些辅助文件并分别将它们删除是件很麻烦的事情。可以单击 WinEdt 工具栏中的回收站  快捷按钮，或者在菜单栏中选择 Tools → Erase Output Files 命令，随即弹出一个对话框：

(1) 在 Summary 列表框中，选取所要清除辅助文件的扩展名。

(2) 单击 Delete Now 按钮，所选择的辅助文件都被清除。

(3) 单击 OK 按钮，对话框消失。

11.9.9 禁止刷新辅助文件

每次编译时，系统都要对大部分辅助文件进行刷新。在论文初稿全文编译后，通常还要再按章节修改编译，这样就打乱了全文编译时的交叉引用和章节目录。如果希望在分段编译时仍能保持全文编译时的有关数据，可在导言中加入命令：

```
\nofiles
```

它可以禁止系统对引用记录文件 .aux、章节标题记录文件 .toc、插图标题记录文件 .lof 和表格标题记录文件 .lot 等辅助文件的刷新，但不会影响对 .dvi 和 .pdf 文件的刷新。

需要注意的是，由于 \nofiles 命令禁止对引用记录文件的刷新，这会影响对 longtable 表格的修改，因为长表格环境要将分页信息写入引用记录文件。

11.9.10 显示书签名

在长篇论文中通常都涉及很多交叉引用，如果引用错误或书签名书写错误，编译后将得到错误的序号、页码或两个问号，这些错误数据大都与文本行中的其他数字和符号混在一起，很难被明显地发现。由 David Carlisle 编写的书签名显示宏包 showkeys 重新定义了 \label、\ref、\pageref、\cite 和 \bibitem 命令，可在边空和引用位置分别显示书签命令和引用命令中的书签名或检索名，这样在引用中出现的各种错误就会比较容易地被发现。

书签名显示宏包 showkeys 还有多个选项，可影响书签名的显示方式，以下是其中最常用的两个选项及其说明。

color 所显示的书签名颜色默认为黑色，容易与正文混淆，使用该选项后，书签名颜色改为灰色，并可使用颜色定义命令来修改灰度。

final 取消显示书签名的功能。当检查完交叉引用的正确性后就可使用该选项，使源文件恢复正常；如果在文档类型命令中使用了 final 选项，可省略该选项。

为了能够更为明显地区分，还可以将书签名改为彩色的，例如将引用命令中的书签名颜色改为红色，书签命令中的书签名改为蓝色：

```
\definecolor{refkey}{rgb}{1,0,0} \definecolor{labelkey}{rgb}{0,0,1}
```

例 11.4 论文源文件第 6.2 节中应为“公式 (\ref{equ:a})”，编译后得到“公式 (6.1)”，如果错写为“公式 (\ref{sec:a})”，得到的是“公式 (6.2)”。

```
\usepackage[color]{showkeys}
\section{函数\label{sec:a}}
通常把 y 对 x 的依赖关系用公式 (\ref{sec:a})
来表示:
\begin{equation}\label{equ:a}
y=f(x)
\end{equation}
```

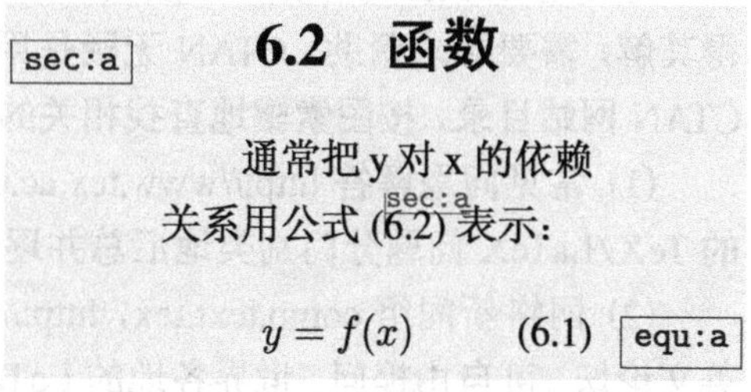

从上例可看出，“公式”后的书签名并不是公式书签命令的而是节书签命令的，这显然是书签名引用有误；如果不调用 showkeys 宏包来检查，类似的错误就很可能被蒙混过去。

如果仅需要查看书签命令的使用情况，可调用由 Norman Gray 编写的 showlabels 书签名显示宏包，它能够在书签命令 \label 所在行的边空中显示其书签名。宏包 refcheck 也可用于显示书签名及查找多余的书签、未引用的公式和参考文献。

11.9.11 显示索引关键词

在中长篇论著中需要检索的词条有很多，有些词条的使用频率又很高，但索引命令都是作者用手工逐一插入，很容易造成词条遗漏、词条拼写错误、词条分类错误以及词条页码错误，而这些问题又很难被直接发现。

调用由 Leslie Lamport 编写的显示索引宏包 showidx，它可从页面一侧边空的顶部开始，以边注的形式，按照先后顺序，逐条显示该页所有索引命令中的关键词。由于关键词中含有词条内容以及词条分类和排序信息，这样可以比较明显地发现上述各种索引词条的问题。

显示索引宏包没有任何选项，也没有提供任何命令，将它调入源文件后在编译时即可生效。如果页面的边空宽度比较窄，不能完整地显示每条关键词，可临时改变页面宽度；如果默认的边注宽度不够宽，每条关键词不能在一行中完整地显示，也可临时修改边注宽度。当全文的索引词条检查完毕，应将显示索引宏包的调用命令注释或删除掉，并恢复原先的页面宽度和边注宽度设置。

11.9.12 利用草稿选项

在编译时，如果系统因无法断词等原因而没有找到恰当的换行位置，将造成当前行的宽度超出预设文本行的宽度 `\textwidth`，但是系统并不停止编译，而只是在 `.log` 文件中给出警告信息：`overfull \hbox`。有时这种超宽只有几个 pt，不容易被发现。

三种标准文类都有 `draft` 草稿选项，选用后在编译时它可在每个超宽行的右侧边空中添加一个黑色的小方块▮，作为超宽标志，以提醒作者注意此行超宽。有些行超宽不多，肉眼几乎分辨不出来，所以并不影响页面美观，可以容忍；如果有些行超宽较多，那就必须采取措施加以消除。对于因无法断词造成的超宽通常采用三种办法来解决，一是调整修辞，二是使用宽松环境或宽松命令，再有就是插入智能换行命令。

当处理完全文中的所有超宽问题后，再将草稿选项删除。

使用草稿选项将导致所有插图被相同尺寸的方框替代。如果希望不使用草稿选项而能显示超宽标志，可在导言中加入 `\overfullrule=5pt` 命令。

11.9.13 寻求帮助

在使用 LaTeX 写作论文以及编译过程中，肯定会遇到这样那样的问题，有些问题百思不得其解，需要寻求帮助。CTAN 无疑是用于自助的最重要的网上资料库，可根据问题类型和 CTAN 网站目录，按图索骥地查找相关的说明文件。此外还可以通过下列网站寻求帮助。

(1) 常见问题解答 http://www.tex.ac.uk/faq，是由英国的 TeX 用户组织编写，它将最常见的 TeX/LaTeX 问题分门别类地汇总并逐一解答。

(2) 网络新闻组 comp.text.tex，http://compgroups.net/comp.text.tex/，它是最著名的 LaTeX 英文论坛，可自由提问，世界各地的 LaTeX 爱好者会为用户答疑解惑。

(3) LaTeX 网络帮助 Hypertext Help with LaTeX，http://www.giss.nasa.gov/tools/latex/，这个网站主要是向 LaTeX 用户提供参考资料，它们分为主题、命令和环境三个部分。

(4) 国际 TeX 用户组织 TUG 网站，http://www.tug.org/，设有资料查阅、软件下载和组织活动等栏目。

(5) CTEX 论坛，http://bbs.ctex.org/，由 CTEX 网站所设，是国内规模最大的 TeX/LaTeX 中文论坛，注册会员已有 9 万多人，其中设有求助区、研究讨论区、图形技术和计算机/网络等多个版块。

(6) ChinaTEX 论坛，http://bbs.chinatex.org/forum.php，设有资源、培训等多个版块。

(7) LaTeX 编辑部，http://zzg34b.w3.c361.com/，它将在线教程、常用宏包等 LaTeX 资料名目分类编辑并给出链接和简要说明。

第 12 章　浮动体处理

浮动体是一种可以“浮动”但不能分割的文本元素，它主要是指嵌于浮动环境 figure 和 table 中的插图和表格，也可以是调用 float 等宏包创建的其他类型的浮动体。

在正常情况下，系统对浮动体的处理总是恰到好处。但有时因为浮动体的数量、外形尺寸等参数超出了系统的限定值，使得系统无法将浮动体放到作者所指定的位置。为了解决各种浮动体的放置问题，就需要了解系统是如何放置浮动体的，它对浮动体都有哪些限制要求，进而根据实际需要，对浮动体的布局、外形尺寸以及系统的各种浮动定位运算参数等，进行适当的调整。

12.1　浮动体的控制参数

经常遇到的有关浮动体的放置问题主要有以下几个。

(1) 指定将浮动体置于版面中的某个位置，但系统却把它挪了位，通常是被移到下一页甚至更靠后。

(2) 系统将某一行之后的所有浮动体都移至所在章的结尾处放置，或者都移至全文的结尾处放置。

(3) 中止编译，系统给出错误信息：Too many unprocessed floats。

系统没能将浮动体放置到预定的位置，其原因有多种，例如版面中浮动体的数量超过规定值，浮动体与版心的高度比超过默认值等。为了查找出现这些故障的确切原因，首先要了解系统是如何控制浮动体的放置，知道为什么系统没有采纳浮动环境中位置参数的建议，而执意将浮动体放到它认为合适的地方，然后根据情况确定是调整控制参数还是修改浮动体的预定位置或外形尺寸。

下述各种控制参数中除指明用于双栏版面跨栏浮动体外，均适用于对单栏版面的浮动体或双栏版面中栏内浮动体的控制。如果在导言中修改这些控制参数，将全文有效；如果是在正文中修改，则影响其后的版面。

12.1.1　数量控制

系统定义了 4 个数量控制计数器，如表 12.1 所示，它们用来控制在文本页中放置浮动体的数量，以免在一个版面中出现过多的浮动体。

表 12.1　数量控制计数器及其作用

计数器名	作用
bottomnumber	设定一文本页的底部最多允许放置浮动体的数量，默认值是 1
dbltopnumber	设定双栏版面的顶部最多允许放置跨栏浮动体的数量，默认值是 2
topnumber	设定一文本页的顶部最多允许放置浮动体的数量，默认值是 2
totalnumber	设定一文本页中最多允许放置浮动体的数量，默认值是 3

上述计数器对浮动页不起作用；如果在浮动环境命令的位置参数中使用了 ! 选项，系统将取消这些计数器对浮动体的数量控制作用。这 4 个计数器的默认值可使用计数器赋值命令

来修改，例如 \setcounter{totalnumber}{4}，可将任意文本页中最多允许放置浮动体的数量由 3 个改为 4 个。

12.1.2 比值控制

系统首先要检测浮动体的高度，以计算出它与版心高度的比值，再根据浮动环境的位置选项和各种比值控制参数，经过浮动定位运算，才能确定放置浮动体的位置。各种比值控制参数是分别由下列控制数据命令表示的。

\bottomfraction	在一文本页中，被置于版心底部的所有浮动体的高度与版心高度的最大比值，默认值是 0.3，任何高度超过版心高度 30 % 的浮动体都将被阻止置于版心底部。
\dblfloatpagefraction	作用与 \floatpagefraction 类似，只是它用于双栏版面对跨栏浮动体的比值控制，其默认值也是 0.5。
\dbltopfraction	作用与 \topfraction 类似，只是它用于双栏版面对跨栏浮动体的比值控制，其默认值也是 0.7。
\floatpagefraction	在任意的一个浮动页中，所有浮动体的总高度与版心高度的最小比值，它的默认值是 0.5。因此，浮动页中的空白与版心的比值不会超过 1-\floatpagefraction。
\textfraction	在一文本页中，文本占据整个版心的最小比例，默认值是 0.2，这意味着浮动体占据整个版心的最大比例不能超过 80 %。
\topfraction	在一文本页中，被置于版心顶部的所有浮动体的高度与版心高度的最大比值，默认值是 0.7，任何造成高度超过版心高度 70 % 的浮动体都将被阻止置于当前版心顶部。

如果在浮动环境命令的位置参数中使用了 ! 选项，则所有用于文本页的比值控制参数将失去控制作用，而用于浮动页的比值控制参数仍然有效。

上述比值控制参数的默认值，可采用对所代表的控制数据命令重新定义的方法来修改。例如 \renewcommand{\textfraction}{0.3}，将文本占据整个版心的最小比值改为 0.3。

12.1.3 比值参数的修改原则

在修改这些比值控制参数的默认值时应该慎重，不合理的设置将导致拙劣的排版结果，因此应遵循以下的比值调整原则。

(1) 文本比例 \textfraction 不应小于 0.15，否则易读性明显下降。如果某一浮动体的高度超过版心高度的 85 %，把它放到浮动页中的效果要比挤在文本页里好得多。

(2) 顶部浮动体比例 \topfraction 不应大于 1-\textfraction，否则将造成系统浮动定位运算的混乱。

(3) 不要在版心底部放置过多的浮动体，通常底部浮动体比例 \bottomfraction 要小于顶部浮动体比例 \topfraction。应避免 \bottomfraction 大于 1-\textfraction，不然也会导致系统浮动定位运算的混乱。

(4) 若 \floatpagefraction 的值大于 \topfraction，当遇有带 tp 位置选项的浮动体，其高度比大于 \topfraction 却小于 \floatpagefraction 时，就会造成既不能放在文本页的顶部，也不能放在浮动页中，只好暂时搁置，直到所在章排版结束时将其置于单独一页，放在该章的末尾。为了避免出现这类问题，浮动页中浮动体的高度比应满足下列不等式：

\floatpagefraction ⩽ \topfraction-0.05

\floatpagefraction ⩽ \bottomfraction-0.05

然而，\floatpagefraction 的默认值并不满足第二个不等式，因此在处理带有 bp 或 hbp 选项的浮动体时，有可能出现搁置的问题。不等式中的 0.05 是偏差修正值。在文本页中，浮动体的高度 = 浮动体的自然高度 + 与标题的间距 + 标题的高度 + 与上下文的间距；在浮动页中，浮动体的高度 = 浮动体的自然高度 + 与标题的间距 + 标题的高度。同一个浮动体在不同类型的版面中，其高度的统计结果有所不同，造成的比值偏差约为 5 %。

12.1.4 间距控制

系统提供了一组控制浮动体之间或浮动体与上下文之间距离的参数，这些间距控制参数都是用长度数据命令表示的，它们的默认值都是弹性长度，有的甚至使用了 fil 长度单位，使其具有很强的伸展能力，以便使系统在安置浮动体时具有更大的灵活性。

\dblfloatsep	其作用与 \floatsep 类似，只是它被用于双栏版面对跨栏浮动体的间距控制，默认值也是 12pt plus 2pt minus 2pt。
\dbltextfloatsep	作用与 \textfloatsep 类似，只是它用于双栏版面对跨栏浮动体与文本的间距控制，其默认值也是 20pt plus 2pt minus 4pt。
\floatsep	版心顶部或者版心底部浮动体之间的垂直距离，它的默认值是 12pt plus 2pt minus 2pt。
\intextsep	文本行之间的浮动体（使用 h 位置选项）与上下文之间的距离，其默认值为 12pt plus 2pt minus 2pt。
\textfloatsep	版心顶部或底部的浮动体与文本之间的距离，它的默认值是 20pt plus 2pt minus 4pt。
\@fpbot	浮动页中，版心底部的浮动体与版心底边之间的距离，它的默认值是 0pt plus 1fil。
\@fpsep	浮动页中浮动体之间的距离，默认值为 8pt plus 2fil。
\@fptop	浮动页中，版心顶部的浮动体与版心顶边之间的距离，它的默认值是 0pt plus 1fil。

间距参数的修改

上述这些间距控制参数的默认值可使用长度赋值命令来修改。例如：

```
\intextsep=8pt plus 3pt minus 1pt
```

将浮动体与上下文的间距改为 8 pt 并可伸长至 11 pt 或缩短到 7 pt。又例如：

```
\makeatletter \@fpsep=10pt plus 2pt \makeatother
```

将浮动页中浮动体之间的距离改为 10 pt～12 pt。

浮动页中的空白高度

在同一浮动页中如果出现多个 fil 间距，它们将按默认值的比例占据版心空间。例如，浮动体之间的空白高度就是它们距版心顶边或底边空白高度的两倍。

12.1.5 位置控制

系统总是优先考虑将浮动体放置在当前页的顶部，但这样有可能使浮动体出现在其浮动环境所在位置之前，造成论述次序颠倒。所以通常都不希望当前页中的浮动体被置于当前页的顶部；有时也不希望浮动体出现在当前页的底部。为了解决这些问题，可使用系统提供的浮动体位置控制命令：

```
\suppressfloats[位置]
```

其中可选参数位置有 t 和 b 两个选项，选择前者将阻止其后的浮动体置于当前页的顶部；选择后者将阻止其后的浮动体置于当前页的底部；这两个选项不能同时选用；若省略了这个可选参数，该命令将阻止其后的浮动体被置于当前页。

命令 \suppressfloats 只能在正文中使用，在导言中使用无效；此外，如果浮动环境命令中带有 ! 位置选项，该命令的阻止作用将失效。

如果希望全文都可绝对阻止浮动体被置于当前页顶部，可调用由 Frank Mittelbach 编写的 flafter 宏包，它迫使所有浮动体都不能被放置在其浮动环境所在页的顶部，无论浮动环境是否带有 ! 位置选项。该宏包没有任何选项，只要将其加载随即生效。当然，这种做法可能会出现前一章节的浮动体被置于后续章节的问题。

12.1.6 控制参数的调整

如果希望在任意文本页中能够最多放置 4 个插图，可将总量计数器 totalnumber 的默认值改为 4，也可以将多个插图放在一个浮动环境中，以减少浮动体的数量，但如果 4 个插图的总高度比值超过 80 %，这些插图还是放不下；如果再减小文本比值 \textfraction 的默认值，4 个插图有可能放在同一页，但排版效果就很差了。这种情况应考虑适当缩小插图尺寸，使 4 个插图的总高度比低于 80 %。

所以，浮动体的数量控制参数可根据浮动体的高度做适当修改，而比值控制参数和间距控制参数不要轻易修改，因为它们是保证排版质量的底线。

12.2 浮动体的位置调整

图形浮动体按出现的顺序放置，不能先后颠倒。因此，如果一个图形浮动体无法按指定位置放置，则阻止其后的图形浮动体放置，系统只好暂时搁置这些图形浮动体，直到当前章或全文结束时，再将这些被搁置的图形浮动体集中放到结尾处的浮动页中；表格浮动体也是如此。当被搁置的浮动体总数超过 18 个时，系统将中止编译并给出错误信息：Too many unprocessed floats。

显然，把很多图表放到章节或全文结尾处既不美观也不利于阅读，系统是不得已而为之，况且这种图表要是超过 18 个，系统也不干了，因为这要空耗大量内存。

为了防止浮动体被搁置，除了适当修改控制参数，使违规变为合法外，最主要还是从浮动体自身入手，并可结合使用相关宏包，多方面综合治理。

12.2.1 检查、调整和清理

(1) 检查每个浮动环境的位置选项是否过于苛刻，切勿仅给出 h 选项。如果系统因某种原因不能将浮动体就地放置，那只有被搁置，而且其后的所有浮动体都跟着倒霉。所以应尽量多给出几个位置选项，使系统有更多的选择余地。例如 \begin{figure}[!ht] 或者使用默认选项 \begin{figure}。

(2) 当论文中有很多插图和表格时，不要连续摆放，应将这些图表的说明分析段落分别插入其中，并适当缩小图表的尺寸，用以加大图表所在版面的文本比例；使用浮动体位置控制命令 \suppressfloats，减少不必要的图表堆积，尽量将它们疏散到更多的版面中，避免超出控制参数的数量限定，这样既有利于系统按照作者的意愿放置这些图表，也便于读者对这些图表的阅读和理解。

(3) 当某个图表仅差一点就是在当前页排不下，只好被移到下一页顶部时，可在换页点之前插入加长命令，例如 \enlargethispage{5pt}，使当前页的文本高度略微增加一些。

(4) 在三、四个浮动体之后的适当位置使用清页命令 \clearpage，它可以强制系统立即处理此前所有被搁置的浮动体：将它们的位置选项都视为 p 并按先后顺序排版出来，然后新开始一文本页。如果是双页排版，并且希望所新开始的文本页为奇数页，也可改用清双页命令 \cleardoublepage，但它有可能产生一个偶数空白页。实际上，章命令 \chapter 和文件环境结束命令 \end{document} 中都隐含有清页命令，所以被搁置的浮动体会置于所在章或全文的结尾。

12.2.2 float 宏包

如果有些图表尺寸较大，其高度超出比值控制参数，但又非常希望就地放置，若浮动到其他地方会造成引述混乱，这时可调用由 Anselm Lingnau 编写的 float 宏包，并使用它为浮动环境定义的一个新位置选项：H，即 \begin{figure}[H] 或 \begin{table}[H]。如果说位置选项 h 是建议系统：就地放置，而 H 则是命令系统：就地放置。

位置选项 H 只能单独使用，不能与其他位置选项组合使用，例如 Hht 或 hH，系统将视其违法或失去 H 选项的强制作用。

12.2.3 afterpage 宏包

使用清页命令 \clearpage 虽然简单有效，可迫使系统立即处理被搁置的浮动体，但也可能导致过早地结束当前页的排版，在其下方遗留大片空白，造成各页面的底部参差不齐，影响全文的整体美感。

可调用由 David Carlisle 编写的浮动体处理宏包 afterpage 并使用其提供的命令：

```
\afterpage{\clearpage}
```

它先用其后面的文本把当前页排满，然后在新开始一页之前执行清页命令。

宏包 float 提供的 H 位置选项虽然可使浮动体就地放置，但很可能会造成之前页面出现大量空白。其实，很多作者使用 H 位置选项的目的，并非必须就地放置，而是只要在其附近就可以，不要浮动得太远。如果改用命令：

```
\afterpage{\clearpage\begin{figure}[H] ...... \end{figure}}
```

当浮动体不宜就地放置时，系统可将部分后续文本提到它前面来排版，并确保该浮动体被放置在下一页的顶部。

命令 \afterpage 的作用就是将作为其参数给出的任何命令延迟到当前页排版结束之后，换页开始之前才执行。该命令是个脆弱命令，且不能在浮动环境或者双栏排版中使用。

12.2.4 placeins 宏包

也可以调用由 Donald Arseneau 编写的 placeins 宏包，并在可能被搁置的浮动体之后，插入该宏包提供的 \FloatBarrier 命令，它也隐含 \clearpage 命令，同样可以迫使系统立即处理被搁置的浮动体，但并不新开一页。

宏包 placeins 有个 section 选项，如果希望所有被搁置的浮动体能够在它们所在节的末尾排版出来，就可以使用这个选项，即 \usepackage[section]{placeins}，该选项将重新定义节命令 \section，使其首先执行 \FloatBarrier 命令。

12.2.5 morefloats 宏包

若论文中的图表确实很多，且允许将它们搁置到所在章或全文的结尾，为避免因被搁置的浮动体过多而引起系统报错，可调用由 Don Hosek 编写的 morefloats 宏包，它将系统对被搁置浮动体的限额由 18 个改为 36 个。该宏包还有两个选项，可用于设定增加浮动体限额的数量，例如 morefloats=7 或 maxfloats=25，两者的效果是相同的。当然，如果仍然不能正常处置这些浮动体，该宏包也只是延迟错误信息的发出。

12.2.6 mcaption 宏包

如果希望将插图或者表格的标题置于边空中，可调用由 Stephan Hennig 编写的 mcaption 宏包，并在 figure 或 tabular 浮动环境的内侧插入该宏包提供的 margincap 环境，它可将图表标题置于图表外侧的边空中，标题的位置与图表的底边平齐。该宏包还有个 top 选项，启用后可使标题的位置改为与图表的顶边平齐。

第 13 章　幻灯片 —— beamer

学位论文答辩或学术会议上通常都有 5～20 分钟的论文陈述，为了在这么短的时间内使听众能够迅速准确地了解论文的主要内容和研究成果，在陈述过程中放映幻灯片是非常直观、生动和高效的方法。

采用 LaTeX 制作幻灯片主要有两个好处，其一它是 PDF 格式，可不受操作系统和应用软件的约束，在任何计算机中都能放映；其二是它优异的数学式排版功能，可将论文中的各种复杂的数学式直接搬到幻灯片中。

现在已经有多种可以用于制作幻灯片的文类或者宏包，例如 beamer、foiltex、seminar、prosper、pdfslide、pdfscreen 和 slides 等，它们各有特色，其中较为常用的是 beamer 幻灯文类，它的特点主要如下。

(1) 幻灯片的源文件可使用 PDFLaTeX、XeLaTeX 或 LuaLaTeX 编译，直接生成 PDF 格式的幻灯文件，也可使用 LaTeX → dvi2ps → ps2pdf 的编译方法，但不支持 LaTeX → dvi2pdf 的编译方法。任何计算机的应用软件中都有 PDF 格式文件的阅读器，所以走到哪里都不用担心幻灯片的放映问题。

(2) 绝大部分 LaTeX 命令仍然有效：章节目录用 `\tableofcontents` 生成，`itemize` 环境创建常规列表，使用 `\section` 和 `\subsection` 的层次结构。

(3) 提供大量多种类型的主题样式，可方便地更改幻灯片的整体风格，或是对某一局部的样式、字体和颜色等细节进行修改。

(4) 具有多种动画功能，使用和调整也很方便，可形象生动地演示各种过程的分解动作，有助于加深印象和理解。

本章专门介绍使用幻灯文类 beamer 制作陈述幻灯片。

13.1　基本结构

幻灯文类 beamer 是由 Till Tantau 编写的，是 CTeX 附带的一个用于制作幻灯片的文类，用它制作幻灯片与用 book 文类写论文一样，其源文件也是分为导言和正文两个部分，大部分 LaTeX 命令和环境都可以照搬到 beamer 中；由于幻灯片的特殊性，beamer 自身又提供了大量的专用命令和环境，以便于对幻灯片中的各种细节进行修饰。

使用文档类型命令 `\documentclass` 调用 `beamer.cls` 幻灯文类文件时，amsfonts、amsmath、amssymb、amsthm、enumerate、geometry、graphics、graphicx、hyperref、ifpdf、keyval、xcolor、xxcolor 和 url 等多个相关用途的宏包也同时被自动加载，所以在制作幻灯片时不必再单独调用这些宏包，以免发生冲突。

例 13.1　用一个最简单的例子来说明使用 beamer 幻灯文类制作中文陈述幻灯片的源文件基本结构。

```
\documentclass[14pt,hyperref={CJKbookmarks=true}]{beamer}
\usepackage[space,noindent]{ctex}
\usetheme{AnnArbor}
\setbeamercolor{normal text}{bg=black!10}
\begin{document}
```

```
\kaishu
\title[题名简称]{论文题名}
\subtitle[副题简称]{论文副题}
\author[主要作者]{作者甲 \and 作者乙}
\institute[院系简称]{院系全称}
\date[会议简称 2012]{会议全称, 2012}
\logo{\includegraphics{TeXlogo.pdf}}
\begin{frame}
\titlepage
\end{frame}
\section{概述}
\subsection{基本理论}
\begin{frame}{帧标题}{副标题}
基本理论的要点 1、2、3...
\end{frame}
\section{研究方法}
\begin{frame}{研究方法}
研究和实验方法简介...
\end{frame}
\subsection{主要论点和依据}
\begin{frame}{主要论点和依据}
根据计算机模拟和实验...
\end{frame}
\section{总结}
\subsection{研究意义与创新点}
\begin{frame}{总结}
通过大量研究表明...
\end{frame}
\end{document}
```

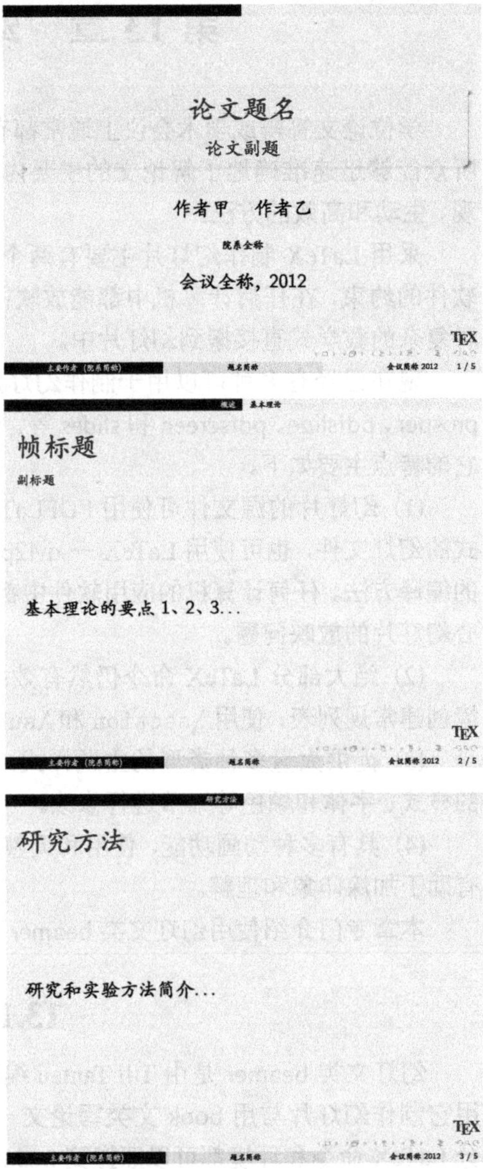

上例源文件及其排版结果简要说明如下。

(1) 右侧所示的幻灯片是上例的前 3 幅，上例有 5 帧共生成 5 幅幻灯片；在每幅幻灯片的右下角显示的是帧码，例如：2/5，表示本幻灯片共有 5 帧，当前显示的是第 2 帧。

(2) 在每幅幻灯片的顶部都有一个顶边导航条(headline)，除第一幅题名外，每幅顶边导航条都显示节标题和小节标题。

(3) 在底部还有一个底边导航条(footline)，分别显示作者姓名、院系简称、题名(title)简称、会议简称和帧码。

(4) 在底边导航条的右上方，是一组用于前后幅切换的符号形按钮，它们被称作符号条(navigation symbols)。

(5) 在符号条的右端上方是徽标(logo)，它是用 \logo 命令引入的插图，通常是校徽或是会徽，也可以是任意文本。上例徽标的图案是 TEX。

(6) 幻灯文类分别给题名信息命令 \author、\date 和 \title 添加了一个可选参数。

13.1.1 幻灯文类的选项

幻灯源文件中的第一条命令就是文档类型命令：

```
\documentclass[参数1,参数2,...]{beamer}
```

其中，幻灯文类 beamer 的可选参数是由多个可选子参数组成的，每个子参数又有多个选项，以下是这些子参数及其选项和作用说明。

字体尺寸

8-12pt	设置字体尺寸分别为 8、9、10、11 和 12pt，默认值为 11pt。
14pt	设置字体尺寸为 14pt。
17pt	设置字体尺寸为 17pt。
20pt	设置字体尺寸为 20pt。
bigger	较默认值大些，相当于设置 12pt。
smaller	较默认值小些，相当于设置 10pt。

字体

mathsans	数学字体使用斜等线体。
mathserif	数学字体使用斜罗马体。
sans	默认值，文本字体为等线体，数学字体为斜等线体。
serif	文本字体为罗马体，数学字体是斜罗马体。

色调

blackandwhite	将幻灯片的主色调改为黑色或浅灰色。
blue	将幻灯片的主色调改为深蓝色或浅蓝色。
brown	将幻灯片的主色调改为棕色或浅棕色。
red	将幻灯片的主色调改为暗红色或浅红色。
xcolor=	beamer 会自动调用 xcolor 颜色宏包，在默认情况下，只能使用其预定义的 red、black 等 19 种颜色名，如果指定下列选项可使用更多的颜色名(每个颜色名及所代表的颜色可参见 xcolor 宏包的说明文件)。 dvipsnames　定义了 68 种 cmyk 颜色名。 svgnames　定义了 151 种 rgb 颜色名。 x11names　定义了 371 种 rgb 颜色名。

对齐

c	每幅幻灯片中的内容垂直居中。
t	每幅幻灯片中的内容顶对齐。

数学式

envcountsect	定理、定义等默认以全文为排序单位，使用该选项则改以节为排序单位，例如第二节第一个定理的序号为：2.1。
fleqn	行间公式由默认的水平居中对齐改为左缩进对齐。
leqno	行间公式的序号位置由默认的右侧改为左侧。

noamsthm 取消自动加载定理宏包 amsthm 和公式宏包 amsmath，以避免与其他数学宏包，如 ntheorem 等产生冲突。

notheorems 关闭 beamer 定义的定理类环境，例如 theorem、example 等，但仍加载定理宏包 amsthm。

其他

aspectratio 每幅幻灯片的宽高比，其默认值是 aspectratio=43，即宽高比为 4:3。如果要改为 16:9，可采用 aspectratio=169。

draft 各种导航条被用灰色长方条取代，插图用方框替代，符号条也被取消。该选项可用于源文件调试，加快编译速度。

handout 取消符号条和叠层等动画效果，以便于全文打印。

trans 功能类似于 handout 选项，用于制作透明幻灯片。

hyperref= beamer 会自动加载链接宏包 hyperref，并进行相应的设置，若需要增加或取消某项设置就可使用该选项。如果节或小节标题中含有中文，就必须增加设置：hyperref={CJKbookmarks=true}。这项对链接宏包的可选参数设置，也可改由 \hypersetup 命令来执行。

compress 尽可能压缩导航条中的内容，例如将节标题和小节标题合为一行，这样可缩小导航条的宽度，增大每幅幻灯片的有效显示区域。

table 该选项的作用就是在 beamer 文类自动加载颜色宏包 xcolor 时，为其添加 table 选项，这样在编排彩色表格时才能使用由它提供的行颜色命令 \rowcolors。

在 beamer 的可选参数中还有个 CJK 中文选项，但它与中文字体宏包 ctex 的有关设置冲突，所以不能使用。

13.1.2 帧环境

从例 13.1 可以看出，幻灯片源文件的正文部分主要是由一系列的帧环境 frame 组成的，除题名命令、节和小节命令以及相关的设置命令外，幻灯片中节和小节的内容都必须置于帧环境中。帧环境的命令结构为：

```
\begin{frame}[位置]{帧标题}{副标题}
内容
\end{frame}
```

其中位置可选参数的选项及其说明如下。

allowdisplaybreaks 允许多行公式中间换幅，该选项必须与 allowframebreaks 选项同时使用，否则无效。

allowframebreaks 当帧环境中的内容过多，超出一幅幻灯片所能显示的范围时，超出部分就看不到了；如果使用该选项，帧环境就能自动换幅，即可根据内容多出的情况自动增加若干个帧环境。

b 每幅幻灯片中的内容底对齐。

c 默认值，即每幅幻灯片中的内容垂直居中。帧环境的 t、c 选项优先于 beamer 的 t、c 选项。

`t`	每幅幻灯片中的内容顶对齐。
`fragile`	它告诉 beamer，帧环境中的内容是“脆弱”的，不能按通常的意义来编译，例如在使用抄录环境 `verbatim` 时就要添加此选项。
`label=`*标签名*	*标签名*是为该帧设定的名称，以作为跳转或重复命令识别的目标。
`plain`	取消各种导航条和徽标，以便创建其他样式的导航条或是显示一张满幅的插图等。
`squeeze`	压缩文本行之间的行距。
`shrink`	帧环境中的内容超出一幅幻灯片所能显示的范围时，超出部分就看不到了，如果使用该选项，可自动缩小帧环境中所有内容的字体尺寸，并压缩行距，使帧环境中的全部内容都能够放在一幅幻灯片里。使用本选项时，squeeze 选项也就自动被启用了。

帧环境命令中的*帧标题*和*副标题*两个参数也可省略，而分别改用 `\frametitle{`*帧标题*`}` 和 `\framesubtitle{`*副标题*`}` 命令。

换幅

通常，每个帧环境 `frame` 只生成一幅幻灯片，如果帧环境中的内容过多需要换幅或是使用叠层命令，就会生成多幅幻灯片。

叠层命令的功能就是把帧环境中的内容，按照事先设定的方式分解到若干层中，而每一层就是一幅幻灯片，逐幅显示，就可以产生动画的效果。

帧码与页码

在 beamer 中，计算幻灯片的数量有两种方法，第一种是帧码（frame number），幻灯片的总帧码等于源文件中帧环境的数量；第二种是页码（page number），幻灯片的总页码等于所有帧环境生成的幻灯片的幅数之和，一幅幻灯片就像图书的一页，故称页码。

13.2 五类主题

在例 13.1 中所示源文件的第 3 条命令是 `\usetheme{AnnArbor}`，它是 beamer 提供的演示主题调用命令，其中 `AnnArbor` 是演示主题的一种，如果将它改为 `Hannover`，则幻灯片就变为图 13.1 所示的样式。

在图 13.1 中，幻灯片的顶边和底边导航条都被取消，取而代之的是一个位于左侧的侧边导航条（sidebar），从上到下分别显示题名简称、作者姓名、节标题和小节标题。

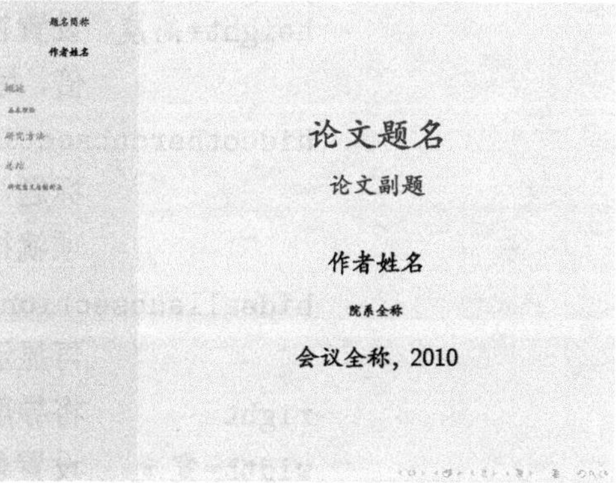

图 13.1 `Hannover` 演示主题

幻灯文类 beamer 提供有五类主题：外部主题、内部主题、颜色主题、字体主题和演示主题；每类主题又有多种样式，每种主题样式文件就是一个宏包，每类主题的调用命令就相当于宏包调用命令 `\usepackage`。改换某类主题的某种样式，将改变幻灯片的某些局部细节或是整体风格。可根据陈述时间、陈述内容和个人喜好，自行选择和搭配这些主题。例如 60 分钟的陈述幻灯片应设有侧边导航条，而 10 分钟以内的就没必要了。

13.2.1 外部主题

幻灯文类预定义了多种幻灯片的外部主题，一种外部主题就是一种幻灯片的基本外观样式，它设定幻灯片中是否有顶边、底边或侧边导航条，以及它的位置和显示样式等。调用某种外部主题可使用命令：

```
\useoutertheme[样式]{外部主题}
```

其中外部主题的名称及其功能说明如下。

- `default` 只有符号条，没有任何导航条，是最基本的配置，帧标题(frametitle)左对齐，徽标的位置在每幅幻灯片的右下角。
- `infolines` 增添顶边导航条，并中分两段，左段显示当前节标题，右段显示当前小节标题；增添底边导航条，其等分三段，左段显示作者姓名和院校名称，中段显示论文题名简称，右段显示日期和帧码。
- `miniframes` 添加顶边导航条，它分为三层，上层显示所有节标题，中层用若干小圆圈表示该节中帧的数量，下层显示当前小节标题。该主题的样式可选参数有下列常用选项。
  - `footline=authorinstitute` 增添底边导航条，显示作者姓名以及院校的名称。
  - `footline=authortitle` 增添底边导航条，显示论文题名简称和作者姓名。
  - `footline=institutetitle` 增添底边导航条，显示论文题名简称和院校名称。
  - `subsection=false` 取消在顶边导航条中显示当前小节标题。
- `shadow` 该主题是 `split` 的扩展，除了具有与 `split` 相同的功能外，它还可以在顶边导航条或帧标题的底部添加阴影，以产生立体感。
- `sidebar` 增加左侧导航条，自上至下显示题名简称、作者姓名、节标题以及小节标题，`\section*` 和 `\subsection*` 标题也可在导航条中显示，而目录则不显示这两种标题；徽标的位置设在每幅幻灯片的左上角。该主题的样式可选参数有下列选项。
  - `height=高度` 设置帧标题条的高度，其默认值是帧标题字体行高的 2.5 倍，足以排版两行帧标题以及一行帧副题。
  - `hideothersubsections` 在侧边导航条中，除节标题外只显示当前小节标题，其他小节标题不再显示。当小节数量较多时，该选项就很有用处。
  - `hideallsubsections` 在侧边导航条中，只显示节标题，所有小节标题不再显示。
  - `right` 将导航条置于右侧。
  - `width=宽度` 设置侧边导航条的宽度，其默认值是帧标题字体行高的 2.5 倍；如果设为 `0pt`，则侧边导航条消失。
- `smoothbars` 与 `miniframes` 主题的功能基本相同，不同之处在于前者的导航条背景色与帧标题背景色过渡得比较平滑。该主题的样式可选参数有一个选项。

subsection=false 取消在顶边导航条中显示当前小节标题；该参数的默认选项是 true。

smoothtree 该主题的功能与 tree 类似，不同之处主要是没有树形指引线，其次是每种背景色之间有一段平滑的过渡色。

split 增设顶边导航条，中分两段，左段显示节标题，每个节标题占一行，右段显示当前节中各小节标题，每个小节标题占一行，如使用 beamer 的 compress 选项，可将左段各节标题和右段各小节标题压缩到一行；添加底边导航条，中分两段，左段显示作者姓名，右段显示题名简称。

tree 添加顶边导航条，并将其分为上中下三行，上行显示题名简称，中行显示当前节标题，下行显示当前小节标题，两行之间使用树形指引线联接，表示从属关系。

13.2.2 内部主题

幻灯文类预定义了多种幻灯片的内部主题，它设定了某些文本元素的内部细节，例如，常规列表(itemize)的条目标记、排序列表(enumerate)的条目序号以及各种模块等的外观样式。调用某一内部主题可使用命令：

```
\useinnertheme[样式]{内部主题}
```

其中内部主题的名称及其功能说明如下。

default 默认值，它定义了论文题名、作者姓名、各种列表、插图和表格标题、各种模块、摘要、脚注和参考文献等文本元素的样式。

circles 将常规列表的条目标记(itemize item)由小三角改为小圆盘；将排序列表的条目序号(enumerate items)添加背景小圆盘；将目录中每个条目前加一个小圆盘。

rectangles 将常规列表的条目标记由小三角改为小方块；将排序列表的条目序号添加背景小方块；将目录中每个条目前加一个小方块。

rounded 将常规列表的条目标记由小三角改为小圆球；将排序列表的条目序号添加背景小圆球；将目录中每个条目前加一个小圆球；将题名和各种模块的背景框四角由直角改为圆弧。该主题的样式可选参数有以下一个选项。

shadow 给各种模块(block)的底边框添加阴影，以产生立体感。

13.2.3 颜色主题

幻灯文类预定义了多种幻灯片的颜色主题，一种颜色主题就是一种幻灯片的基本色调。调用某种颜色主题可使用命令：

```
\usecolortheme[样式]{颜色主题}
```

其中颜色主题的名称及其功能说明如下。

default 默认值，它定义了论文题名、作者姓名、各种列表、插图和表格标题、各种模块、摘要、脚注和参考文献等文本元素的前景和背景颜色。其中常规文本(normal text)白底黑字，示例模块的标题字体是暗绿色，论文题名、节标题和帧标题的字体均为暗蓝色。

albatross 主背景(background canvas)、各种导航条和各种模块的背景均为深蓝色或青色，常规文本字体改为金黄色，每幅幻灯片以深蓝和金黄为主色调。如果论文陈述环境的光线较暗，这种深色调不利于听众观看。该主题的样式可选参数只有以下一个选项。

overlystylish 每幅幻灯片的中部有一段渐变色。

beaver 顶边导航条和底边导航条的背景变为暗红色、灰色和浅灰色，字体改为白色和暗红色；帧标题的背景为浅灰色，字体为暗红色；左侧导航条的背景为浅灰色。

beetle 常规文本为黑色，背景为灰色；题名、帧标题和节标题为白色；顶边、底边和左侧导航条背景色为深蓝和青色。主色调为黑白灰。

crane 证明等模块的标题背景为橙色，文本背景为黄色；示例模块的标题背景是绿色，文本背景是浅绿；顶边和底边导航条的背景为橙色和黄色。

dolphin 将顶边和底边导航条的背景换成深蓝、蓝色和浅蓝色。

dove 常规文本白底黑字；顶边和底边导航条以及所有模块均为白底黑字。该颜色主题适用于黑白打印。

fly 常规文本灰底黑字；顶边和底边导航条背景色均为灰色，左侧导航条的背景为深灰色；论文题名、帧标题和节标题等均为灰底白字。

lily 该主题主要用于取消其他主题对各种模块背景色的设置，恢复为白色。

orchid 定理类模块的标题背景为深蓝色，文本背景为浅蓝色；示例模块的标题背景是深绿色，文本背景为浅绿色。

rose 证明等模块的标题背景为浅蓝，文本背景为浅淡蓝；示例模块(example)的标题背景是浅绿，文本背景是浅淡绿。

seagull 所有模块的标题为浅灰色，背景为灰色；左侧、顶边和底边导航条中的字体为黑色，背景为深灰色、灰色和浅灰色。

seahorse 将论文题名、帧标题、顶边导航条和底边导航条等的背景改为浅蓝色或浅淡蓝色。

sidebartab 该颜色主题适用于所有带侧边导航条的外部主题，它可将侧边导航条中当前节或小节标题的背景色加深或变浅，产生类似于下拉菜单的效果，以区别于其他标题，因此可用它指示幻灯放映及论文陈述的进度。

structure 使用该主题时必须在其样式可选参数中使用下列任一选项指定颜色，它可将论文题名、帧标题、节标题和侧边导航条等的字体颜色以及符号条的颜色改为所指定的颜色。

named=*颜色名* 其中*颜色名*必须是在 xcolor 宏包中已定义的颜色名。例如 \usecolortheme[named=yellow]{structure}，将该主题色调设为黄色。

RGB=*三原色值* 例如 \usecolortheme[RGB={128,0,0}]{structure}，设为暗红色。

whale 将顶边和底边导航条的字体改为白色，背景换成黑色、深蓝和蓝色。

wolverine 论文题名和帧标题的背景为金黄色，左侧导航条背景是橘红色。

在 beamer 中，每幅幻灯片的背景是由两层组成：下层是 background canvas 主背景层，上层是 background 次背景层，而所有文本元素都在这两层之上。主背景层提供主背景色，次背景层则用于设置栅格或背景图案等。在有侧边导航条的幻灯片中，侧边导航条具有自己的背景层 sidebar canvas。

13.2.4 字体主题

幻灯文类预定义了多种字体主题，一种字体主题就是一种幻灯片的字体样式，它设定了幻灯片中标题、数学式等文本元素和导航条中的字体属性。调用某种字体主题可使用命令：

```
\usefonttheme[样式]{字体主题}
```

其中*字体主题*的名称及其功能说明如下。

- `default` 各种标题和文本的字体均为等线体，数学式中的字体为斜等线体。
- `serif` 各种标题和文本的字体都改为直立罗马体，该主题的*样式*可选参数具有下列选项。
  - `stillsansserifmath` 指定数学式中的字体仍为斜等线体。
  - `stillsansserifsmall` 侧边、顶边和底边导航条中的字体仍为等线体。较小的文字采用等线体更易于阅读。
  - `stillsansseriflarge` 各种标题的字体仍用等线体。标题用等线体，文本为罗马体，是最流行的字体组合。
  - `stillsansseriftext` 所有常规文本字体仍为等线体。
  - `onlymath` 只有数学式中的字体改为斜罗马体。
- `structurebold` 各种标题的字体和各种导航条中的字体改为粗体，该主题的*样式*可选参数有下列选项。
  - `onlysmall` 只将各种导航条中的字体改为粗体。
  - `onlylarge` 只将各种标题的字体改为粗体。
- `structureitalicserif` 各种标题的字体和各种导航条中的字体改为斜罗马体。该主题的*样式*可选参数具有下列选项。
  - `onlysmall` 只将各种导航条中的字体改为斜罗马体。
  - `onlylarge` 只将各种标题的字体改为斜罗马体。
- `structuresmallcapsserif` 各种标题的字体和各种导航条中的字体改为小型大写字体。该主题的*样式*可选参数具有下列选项。
  - `onlysmall` 只将各种导航条中的字体改为小型大写字体。
  - `onlylarge` 只将各种标题的字体改为小型大写字体。

字体主题命令不能改变字体的默认字族，如果需要，则须另行调用相关的字体宏包，例如 arev、bookman、helvet、mathptmx 或 times 等，或者重新定义系统的默认字族。

13.2.5 演示主题

幻灯文类预定义了多种演示主题，一种演示主题就是一种幻灯片的整体样式，它详细地定义了幻灯片中的所有细节，主要是上述四种主题的不同组合。调用演示主题可使用命令：

```
\usetheme[样式]{演示主题}
```

其中*演示主题*的名称及其功能可按导航条的有无分述如下。

无导航条

`default` 默认值，只附带符号条，常规文本白底黑字，论文题名、帧标题和节标题等为白底蓝字。实际上该主题就是采用以下四个主题组合而成的。

`\useoutertheme{default} \useinnertheme{default}`
`\usecolortheme{default} \usefonttheme{default}`

`Pittsburgh` 只有符号条，帧标题由默认的左对齐改为右对齐。

`Rochester` 只有符号条，帧标题蓝底白字，左对齐。该主题的样式可选参数只有以下一个选项。

`height=高度` 设定帧标题条的高度。

侧边导航条

`Berkeley` 带有左侧导航条和符号条。左侧导航条蓝底白字，从上至下显示题名简称、作者姓名、节和小节标题。

`Goettingen` 带有右侧导航条和符号条。右侧导航条为浅蓝底黑字，由上至下显示题名简称、作者姓名、节标题和小节标题。

`Hannover` 带有左侧导航条和符号条。左侧导航条浅蓝底黑字，由上至下显示题名简称、作者姓名、节标题和小节标题。

`Marburg` 带有右侧导航条和符号条。右侧导航条深蓝底白字，由上至下显示题名简称、作者姓名、节标题和小节标题。

`PaloAlto` 带有左侧导航条和符号条。左侧导航条蓝底白字，由上至下显示题名简称、作者姓名、节标题和小节标题。

顶边导航条

`Antibes` 带有顶边导航条和符号条。顶边导航条显示带有指引线的树形章节目录，字体是白色，背景为青色。

`Darmstadt` 带有顶边导航条和符号条。顶边导航条黑底白字，显示节和小节标题。

`JuanLesPins` 带有顶边导航条和符号条。顶边导航条显示树形章节目录，字体是白色，背景为青色。

`Montpellier` 带有顶边导航条和符号条。顶边导航条有上下两条蓝色装饰线，中间白底黑字，显示带有指引线的树形章节目录。

`Singapore` 带有顶边导航条和符号条。顶边导航条显示节标题，每一帧用一个圆点表示，浅蓝底色深蓝字体。

底边导航条

`Boadilla` 只有底边导航条和符号条。底边导航条等分为三段，左段显示作者姓名和院校名称，深蓝底白字；中段显示题名简称，蓝底白字；右段显示日期和帧码，浅蓝底黑字。该主题的样式可选参数只有以下一个选项。

`secheader` 增加顶边导航条，中分两段，左段深蓝底白字，显示当前节标题，右段蓝底黑字，显示当前小节标题。

`Madrid` 只有底边导航条和符号条。底边导航条等分为三段，左段显示作者姓名和院校名称，黑底白字；中段显示题名简称，深蓝底白字；右段显示日期和帧码，蓝底白字。

顶边和底边导航条

AnnArbor 带有顶边、底边导航条和符号条。顶边导航条从中分为两段，左段显示节标题，字体为橘红色，背景为青色；右段显示小节标题，字体为黑色，背景为橘黄色。底边导航条等分为三段，左段显示作者姓名和院校名称，字体为橘红色，背景为深蓝色；中段显示题名简称，字体为青色，背景为橘黄色；右段显示日期和帧码，字体为黑色，背景为黄色。

CambridgeUS 带有顶边、底边导航条和符号条。顶边导航条从中分为两段，左段褐底白字，显示当前节标题；右段灰底褐字，显示当前小节标题。底边导航条等分为三段，左段褐底白字，显示作者姓名和院校名称；中段浅灰底褐字，显示题名简称；右段灰底褐字，显示日期和帧码。

Copenhagen 带有顶边、底边导航条和符号条。顶边导航条从中分为两段，左段黑底白字，显示节标题，右段蓝底白字，显示小节标题。底边导航条也中分两段，左段黑底白字，显示作者姓名，右段蓝底白字，显示题名简称。

Warsaw 与 Copenhagen 类似，不同之处是在题名、帧标题和各种模块的背景框外添加阴影，以产生立体感。

徽标的有无及其位置的高低，与所选用的演示主题或外部主题有关。在例 13.1 的图中，徽标在每幅幻灯片的右下角，而在图 13.1 中，就没有徽标，其实两者只是所调用的演示主题不同而已。可使用命令 \insertlogo{徽标} 在当前位置插入徽标。

演示主题与颜色主题的各种组合所生成的各种幻灯样式可查阅网页：

http://deic.uab.es/~iblanes/beamer_gallery/

http://www.hartwork.org/beamer-theme-matrix/

13.3 创建帧

当幻灯片的整体样式选定后，就可以在帧环境中编排每幅幻灯片的内容了，其中最常用的文本元素主要是：文本模块、定理类模块、常规列表、文本盒子、表格、插图和影像等。帧数量的多少取决于陈述时间的长短，通常为每分钟一帧。

13.3.1 定理类模块

模块(blocks)是 beamer 中一种环境类型，它可以创建一个矩形区域，并将其分为标题(block title)和文本(block body)两个部分，采用不同的背景色加以区别。

beamer 定义了很多定理类模块环境，它们是 corollary、definition、definitions、example、examples、fact、lemma、problem、proof、solution 和 theorem，可直接使用这些环境来排版定理类数学表达式。由于用途不同，其中两个示例模块的背景色与其他定理类模块的背景色有明显区别。

每种定理类模块环境和示例模块环境都有一个可选参数，除 proof 证明环境外，都是用于生成副标题；而证明环境的可选参数可用于改变证明模块的标题名。

例 13.2 将几种定理类模块环境和示例模块环境置于一帧之中，对比排版结果。

```
\documentclass{beamer}
\usecolortheme{crane} \useinnertheme[shadow]{rounded}
```

```
\beamersetaveragebackground{black!10}
\begin{document}
\begin{frame}{Theorems and such}
\begin{definition}
A triangle ... called a \alert{right triangle}.
\end{definition}
\begin{theorem}
In a right triangle, the ... two other sides.
\end{theorem}
\begin{proof}
Draw line a through points ... 180 degrees.
\end{proof}
\begin{example}
$3x^{3}+2x^{2}+x+1=0$
\end{example}
\end{frame}
\end{document}
```

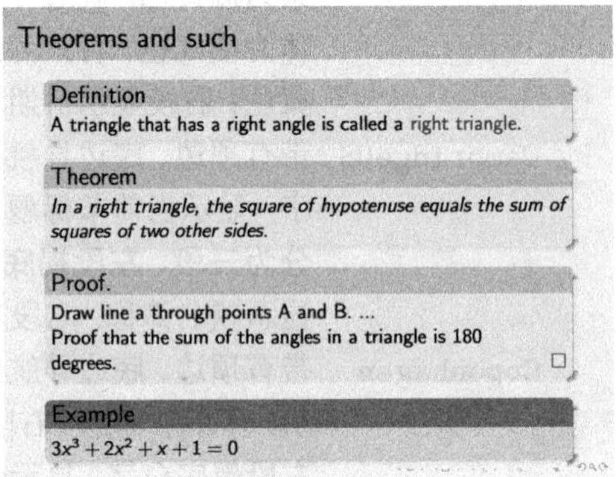

上例源文件说明如下。

(1) 命令 \beamersetaveragebackground{颜色} 用于设置帧背景的颜色。

(2) 警示命令 \alert 将其中的文本字体改为红色，它的作用类似于 \emph 命令，用于强调某一词语。如果将 \alert 改为 \structure，则其中文本的颜色将变成深蓝色。

(3) 证明模块环境 proof 可在证明结束处自动生成证毕符号：□，该符号是由 \qed 命令生成的。

例 13.3 如果要将例 13.2 中的各种定理类数学表达式改为中文，就要调用中文字体宏包，并使用新定理命令 \newtheorem，另行定义相应的中文定理类模块环境。

```
\documentclass{beamer}
\usepackage[space,noindent]{ctex}
\usecolortheme{crane}
\useinnertheme[shadow]{rounded}
\beamersetaveragebackground{black!10}
\setbeamertemplate{theorems}[numbered]
\begin{document}
\newtheorem{THeorem}{定理}
\newtheorem{DEfinition}{定义}
\newtheorem{PRoof}{证明}
\theoremstyle{example}
\newtheorem{EXemple}{示例}
\begin{frame}{定理类模块}
\begin{DEfinition}
有一个角是直角的三角形称为直角三角形。
\end{DEfinition}
```

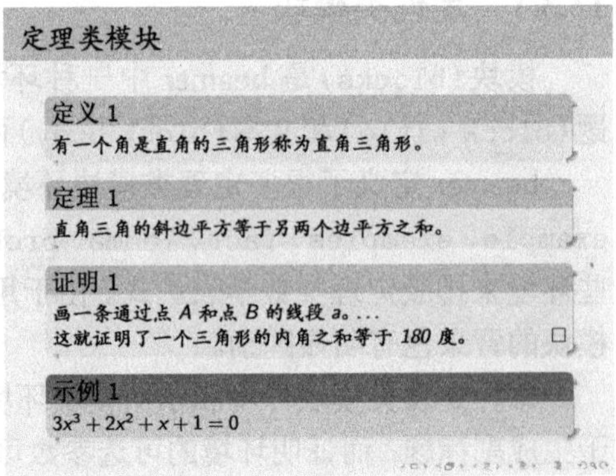

```
\begin{THeorem}
直角三角的斜边平方等于另两个边平方之和。
\end{THeorem}
\begin{PRoof}
画一条通过点 A 和点 B 的线段 a。\dots\\ 这就证明了一个三角形的内角之和等于 180 度。\qed
\end{PRoof}
\begin{EXemple}
$3x^{3}+2x^{2}+x+1=0$
\end{EXemple}
\end{frame}
\end{document}
```

上例源文件说明如下。

(1) 样式设置命令 \setbeamertemplate{theorems}[numbered] 是给定理类模块的标题添加序号，如果在整个幻灯片中的定理类数学表达式不多，可取消该命令。

(2) 定理格式命令 \theoremstyle 用于调用预定义的定理类表达式的格式，共有三种可选格式：definition、example 和 plain，其中 plain 为默认格式。

(3) 命令 \qed 用于生成正方形证毕符号。在 proof 模块环境中已内置了证毕符号。

13.3.2 三种文本模块

文类 beamer 还定义了常规 block、示例 exampleblock 和强调 alertblock 三种文本模块环境，它们与定理类模块环境基本相同，也是创建一个分标题和文本两个部分的矩形区域，所不同的是它们的标题可由作者自行设置，并以不同的背景颜色来区别其文本的性质。

例 13.4 在一帧内使用三种不同的文本模块环境，对比其排版效果。

```
\begin{frame}{三种色调的文本模块}
\begin{block}{基本性质}
$\frac{a}{b}=\frac{am}{bm}$
\end{block}
\begin{exampleblock}{举例}
$\frac{a}{b}\cdot\frac{c}{d}=\frac{ac}{bd}$
\end{exampleblock}
\begin{alertblock}{\heiti 注意！}
在分式中，分母不能为零。
\end{alertblock}
\end{frame}
```

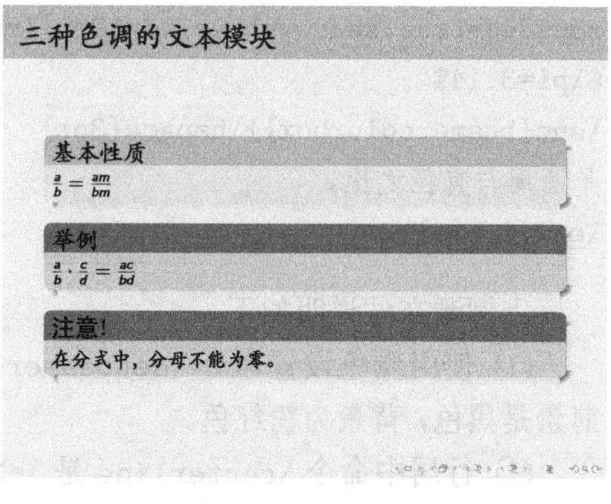

在三种文本模块环境命令中都有一个必要参数，它用于设置该文本块的标题。各种模块标题的字体可以不同，但同一种的字体应保持一致。所有英文标题要么首字母大写其余都小写，要么每个单词首字母大写，切勿两种书写形式混用。

13.3.3 两种文本盒子

幻灯文类 beamer 提供有两种用于修饰文本的文本盒子环境：一个是 beamercolorbox 彩色盒子环境，另一个是 beamerboxesrounded 圆角盒子环境。

彩色盒子环境

彩色盒子环境的命令结构为：

```
\begin{beamercolorbox}[形状]{beamer颜色}
内容
\end{beamercolorbox}
```

其中，beamer颜色 是指用颜色设置命令 \setbeamercolor 自定义的颜色名，它可包含前景色和背景色；可选参数形状的常用选项及其说明如下。

center	文本与盒子水平居中对齐，默认为左对齐。
colsep=宽度	设置文本与盒子四边之间的距离。
colsep*=宽度	设置文本与盒子上、下边之间的距离。
rounded=true	将盒子的四个直角改为圆角。
shadow=true	给盒子的底边添加阴影，以产生立体感，该选项须与 rounded=true 选项合用才能生效。
wd=宽度	设置盒子的宽度，其默认值为 \textwidth，即文本行的宽度。

例 13.5 将两个彩色文本盒子分别插在文本行之间和文本行之内。

```
\begin{frame}{彩色盒子} \setbeamercolor{mycolor}{fg=black,bg=pink}
如果正整数 $x,y,z$ 能够满足下列不定方程：\\
\centerline{\begin{beamercolorbox}[rounded=true,shadow=true,wd=26mm]{mycolor}
$x^{2}+y^{2}=z^{2}$ \end{beamercolorbox}}
则它们叫做勾股数。\\[20pt]
圆周率
\hspace{2pt}\raisebox{-2mm}{%
\begin{beamercolorbox}[%
rounded=true,shadow=true,wd=19mm]{mycolor}
$\pi=3.14$
\end{beamercolorbox}}\hspace{3pt}
是圆周与直径之比。
\end{frame}
```

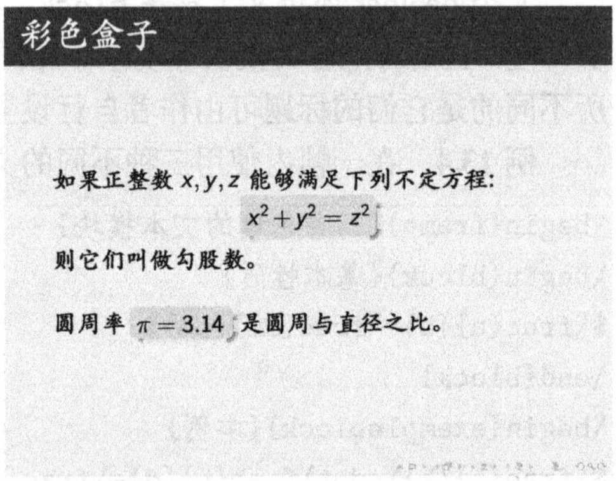

上例源文件说明如下。

(1) 使用颜色设置命令 \setbeamercolor 自定义一个名为 mycolor 的 beamer颜色，其前景是黑色，背景为粉红色。

(2) 行居中命令 \centerline 是 TeX 扩展命令，LaTeX 的居中命令 \centering 和居中环境 center 在彩色盒子环境中不起作用。

(3) 由于彩色盒子是与文本行底对齐的，垂直位移命令 \raisebox 是将彩色盒子下移，使其与文本行中心对齐。

圆角盒子环境

彩色盒子的四角默认为直角，必须启用 rounded 选项才能改为圆角，而圆角盒子则不需要，它的另一个特点是带有标题区域，可以为盒子中的文本加个点睛的小标题。圆角盒子环境的命令结构为：

```
\begin{beamerboxesrounded}[样式]{标题}
内容
\end{beamerboxesrounded}
```

其中样式可选参数的选项及其说明如下。

`upper=beamer颜色`	指定标题区域的前景和背景颜色，beamer颜色可以使用已经定义的 beamer 元素名来表示，例如 title、block body 等，也可以是用颜色设置命令 \setbeamercolor 自行定义的 beamer颜色名来表示，如例 13.5 所示。
`lower=beamer颜色`	指定文本区域的前景和背景颜色。
`width=宽度`	设置盒子的宽度。
`shadow=true`	给盒子的底边添加阴影，以产生立体感。

例 13.6 在幻灯片中为了凸显费马猜想，将其置于圆角盒子中，并分别给盒子的标题区和文本区设置前景和背景颜色。

```
\begin{frame}{圆角盒子}
\setbeamercolor{myupcol}{fg=white,bg=purple}
\setbeamercolor{mylowcol}{fg=black,bg=pink}
\begin{beamerboxesrounded}[upper=myupcol,%
lower=mylowcol,shadow=true]{费马猜想}
当~$n$ 是一个大于~2 的整数时，则\\
\centerline{$x^{n}+y^{n}=z^{n}$}\\
这个不定方程没有正整数解。\\[25pt]
1995 年英国数学家...证明费马猜想完全可以成立。
\end{beamerboxesrounded}
\end{frame}
```

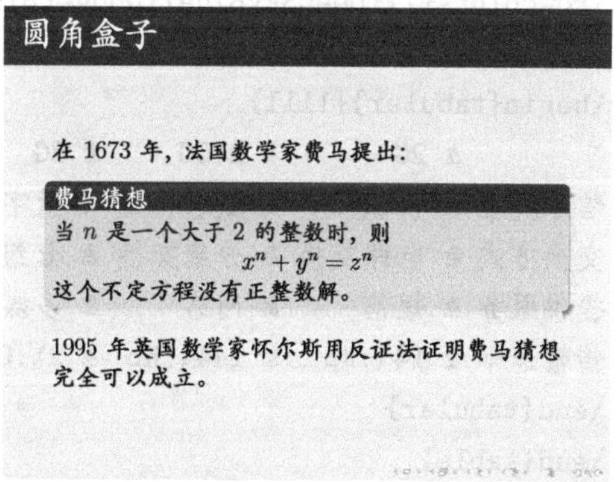

在上例源文件中，分别定义了 myupcol 和 mylowcol 两个 beamer颜色。

13.3.4 列表

在论文陈述幻灯片中使用最多的文本元素就是列表。编写列表最常用的就是常规列表环境 itemize 和排序列表环境 enumerate，它们可直接在帧环境中使用，也可再置于 block 等模块环境中，使其具有立体感和动感。

例 13.7 在幻灯片中将开普勒定律采用排序列表的形式表述。

```
\begin{frame}{列表的应用举例}
\begin{block}{开普勒定律}
\begin{enumerate}
\item 行星绕太阳运动的轨道是...焦点的椭圆。
\item 行星与太阳的连线在相等...相等的面积。
\item 不同行星在其轨道上公转...立方成正比。
\end{enumerate}
\end{block}
\end{frame}
```

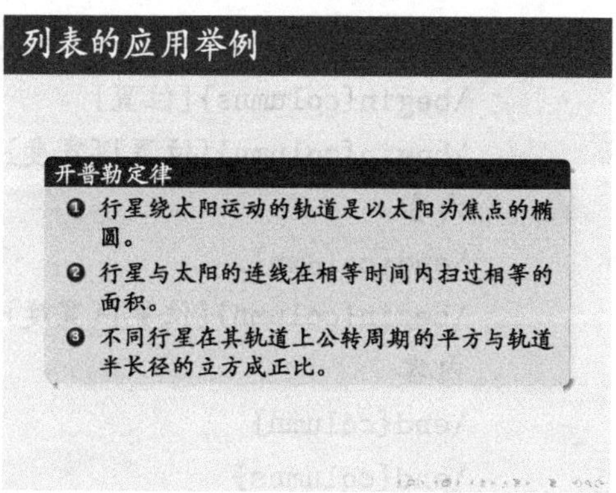

在 beamer 中，常规列表环境 itemize 或排序列表环境 enumerate 可以嵌套 3 层，但通常不应超过 2 层，最好是不要嵌套，以利听众阅读。

13.3.5 表格

在帧环境中可使用 tabular 等表格环境，也可使用 table 浮动环境，但其位置选项将被忽略。若表格较多或较长，可采用多帧或使用帧环境的 allowframebreaks 选项。

例 13.8 在幻灯片中显示各种移动通信系统的性能比较表。

```
\documentclass[table,14pt,xcolor=svgnames]{beamer}
\usepackage[space,noindent]{ctex}
\usetheme[height=12mm]{Rochester} \beamersetaveragebackground{black!10}
\renewcommand{\tablename}{表} \linespread{1.0}
\begin{document}
\begin{frame}{表格} \kaishu
\begin{table} \extrarowheight=7pt
\rowcolors{1}{DeepSkyBlue}{DodgerBlue}
\caption{各种移动通信系统的比较}
\begin{tabular}{llll}
~          & 2G       & 2.5G     & 3G          \\
信号类型 & 模拟     & 数字     & 数字        \\
交换方式 & 电路交换 & 分组交换 & 分组交换    \\
提供服务 & 短信     & 网络     & 多媒体      \\
传输速率 & 14\:Kb   & 144\:Kb  & 2\:000\:Kb
\end{tabular}
\end{table}
\end{frame}
\end{document}
```

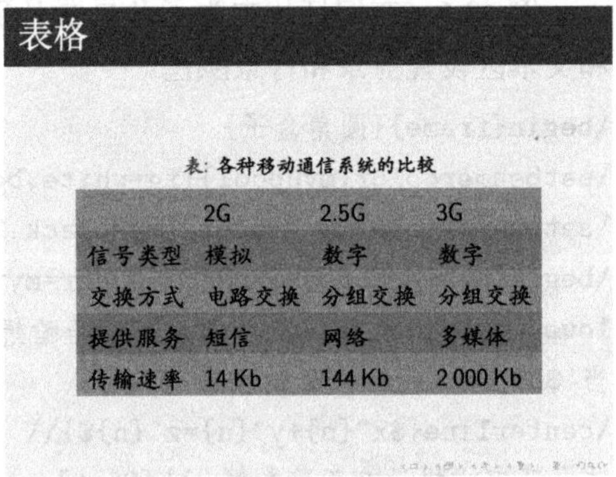

在默认情况下 \caption 图表标题命令并不生成序号；可使用样式设置命令为图表标题添加序号。通常在幻灯片中，表格或插图的标题都不加序号，以免画蛇添足，除非听众手中有陈述幻灯片或讲稿的复印件。

13.3.6 多栏

文类 beamer 提供的 columns 多栏环境可以将一幅幻灯片分成多栏，通常为两栏，这样便于在插图旁边放置说明文字。该环境的命令结构为：

```
\begin{columns}[位置]
\begin{column}[位置]{宽度}
内容
\end{column}
\begin{column}[位置]{宽度}
内容
\end{column}
\end{columns}
```

其中，column 是 columns 的子环境，它构建 columns 环境中的每一栏。columns 环境的位置参数有以下多个选项，而 column 环境的位置参数只有下列前 4 个选项。

b　　各栏底行对齐。

c　　各栏中心对齐；如果没有使用 beamer 的选项 t，则该选项为默认值。

t　　各栏第一行基线对齐；如果使用 beamer 的选项 t，则该选项为默认值。

T　　各栏第一行顶部对齐。

totalwidth=宽度 设置各栏所占据的总宽度。

onlytextwidth 相当于将各栏所占据的总宽度设置为 totalwidth=\textwidth。

例 13.9 用幻灯片展示微带线的电磁场分布图，并在其右侧作简要说明。

```
\begin{frame}{将一帧分为两栏}
\texttt{columns} 环境可以将一帧分成多栏，通常为两栏，这样便于在插图旁边放置说明文字。
\begin{columns}[onlytextwidth]
\begin{column}{0.55\textwidth} \includegraphics[width=\columnwidth]{fig9.pdf}
\end{column}
\begin{column}{0.45\textwidth}
左图是微带线四周电场与磁场的分布情况，其中：
\begin{itemize}
\item 红线为磁力线
\item 蓝线是电力线
\item 刻度单位为毫米
\end{itemize}
\end{column}
\end{columns}
\end{frame}
```

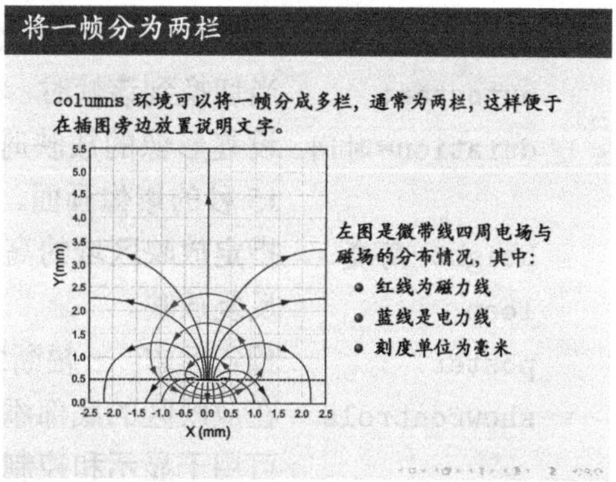

上例源文件说明如下。

(1) 使用多栏环境 columns 将其中内容分为两栏，由于以插图为主，故设置插图栏略宽于说明栏；两栏的总宽度设置为与文本行宽度相等。

(2) 在插图命令 \includegraphics 中，将插图的宽度设置为 \columnwidth，即与该栏的宽度相等，使插图占满栏宽。

13.3.7 插图

插图是听众最容易理解和接受的论文解说手段。幻灯文类 beamer 已自动加载了 graphicx 插图宏包，所以可直接使用其提供的插图命令，该命令的各种选项在帧环境中仍然有效。在前面介绍多栏环境的例 13.9 中就使用了插图命令。

在帧环境中可使用 table 浮动环境，但其位置选项将被忽略。

通常插图放在幻灯片的左侧，说明文字放在右侧，因为人们习惯于从左到右阅读。插图中的字体尺寸应接近周边的文本字体尺寸，使得坐在后排的听众也能看清插图中的文字。

13.3.8 影像

在陈述幻灯中还可以放映相关的录像或照片等影像资料，其格式应为 AVI、MOV、MPG 或 WAV 等主流多媒体文件格式。

例 13.10 在幻灯片中播放一段与论文内容相关的影像资料。

```
\documentclass{beamer}
\usetheme[height=14mm]{Rochester}
\beamersetaveragebackground{black!10}
\usepackage{multimedia}
\begin{document}
\begin{frame}[plain]
\movie[autostart,width=1.333\textheight,%
height=\textheight,poster]{}{mydv.avi}
\end{frame}
\end{document}
```

在上例的幻灯片中只要单击断裂电影胶片图案，就可以放映影像资料了。在上例源文件中调用了多媒体宏包 multimedia 并使用它提供的影像命令：

`\movie[放映]{预告标志}{影像文件名}`

其中可选参数*放映*的常用选项及其说明如下。

autostart	当切换到该帧时，将自动放映影像资料。
duration=*时间*	设置影像的放映时间，单位是 s，例如 duration=15s，表示只放映前 15 秒的影像画面。
height=*高度*	指定放映区域的高度。
loop	反复放映。
poster	预告标志：一幅断裂的电影胶片图案。
showcontrols	在放映区的底部添加一个进度条，其左端设有“暂停\放映”双向按钮，可用于显示和控制影像的放映进度。
start=*时间*	设置放映影像的起始时间，单位是 s，例如 start=10s,duration=5s，表示只放映第 10 秒至第 15 秒的影像画面，这两个选项组合可用于放映影像中的某一片段。
width=*宽度*	指定放映区域的宽度。

在影像命令中，*预告标志*是用来设置放映预告的，它既可以是文本，也可以是用插图命令植入的图片。该参数项不能与可选参数的 poster 选项同时使用。

例 13.11 将例 13.10 的源文件稍加修改就可以进行满幅放映。

```
\documentclass{beamer}
\usetheme[height=14mm]{Rochester}
\beamersetaveragebackground{black!10}
\usepackage{multimedia}
\begin{document} \hoffset=-1cm
\begin{frame}[plain]
\movie[width=\paperwidth,%
height=\paperheight,poster]{}{mydv.avi}
\end{frame}
\end{document}
```

数码摄像机或照相机所拍摄画面的宽高比通常是 4:3，也可以做到 16:9，因此在设置影像放映区域的宽度和高度时，也要符合所放映画面的宽高比，以免出现影像变形失真。

幻灯文类 beamer 默认的帧幅为宽 `\paperwidth=12.8cm`，高 `\paperheight=9.6cm`，其比值正好是 4:3。

多媒体宏包 multimedia 是 beamer 幻灯文类套件中的一个功能扩展宏包，但是它并不依赖 beamer，可完全独立使用。

如果在幻灯片的某一幅中使用影像命令插入一段无画面的音乐，当该幅放映结束时，音乐并不停止。因此可使用例如 `\movie[autostart]{}{background.wav}` 命令，为幻灯片添加背景音乐。如果希望控制语音文件的播放，应改为使用多媒体宏包提供的语音命令：

`\sound[播放]{预告标志}{语音文件名}`

其中可选参数*播放*的常用选项及其说明如下。

`autostart`	当切换到该幅时，将自动播放语音文件。
`automute`	当前幅结束时停止语音播放。
`loop`	反复播放。
`channels=`	设定声道数，该参数有两个选项，1 为单声道，2 为双声道；如果语音文件为单声道，该参数则无需设定。

13.3.9 参考文献

例 13.12 各种与创建参考文献有关的命令在 beamer 中仍然有效，而且它还为文献条目的标号提供了 4 个样式命令，其中 `\beamertemplatearticlebibitems` 为默认值。

```
\begin{frame}{参考文献}
\begin{thebibliography}{10}
\beamertemplatebookbibitems
\bibitem{Suyi}苏宣. {\heiti 天文学新概论}.
\newblock 华中理工大学出版社. 2000.
\beamertemplatearticlebibitems
\bibitem{Lebow}Lebow Irwin.
\newblock {\em Information Highways ...}.
\newblock IEEE Press. New York. 1995.
\beamertemplatearrowbibitems
......
\beamertemplatetextbibitems
......
\end{thebibliography}
\end{frame}
```

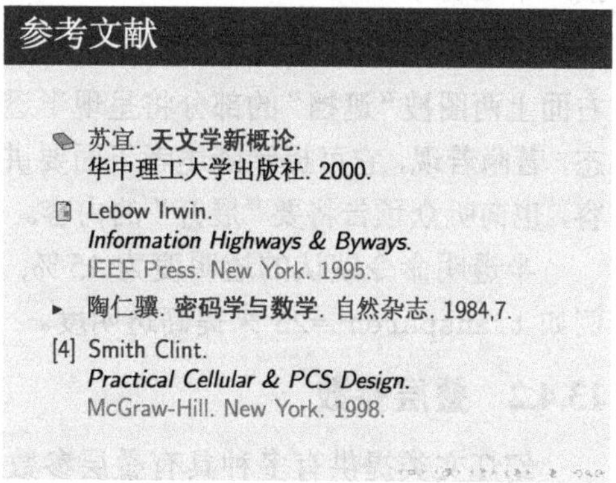

13.4 叠层控制

叠层控制就是将原本一幅的内容分解到多幅中，即形成多层重叠，然后按照指定的层次顺序显示，以产生动画效果。产生叠层控制功能的是各种叠层命令或叠层环境。

13.4.1 暂停命令

例 13.13 将例 13.7 中的列表改为讲解一条显示一条，以免分散听众的注意力。

```
\begin{frame}{列表的应用举例}
\begin{block}{开普勒定律}
\begin{enumerate}
\item 行星绕太阳运动的轨道...焦点的椭圆。
\pause
\item 行星与太阳的连线在相...相等的面积。
\pause
\item 不同行星在其轨道上公...立方成正比。
\end{enumerate}
\end{block}
\end{frame}
```

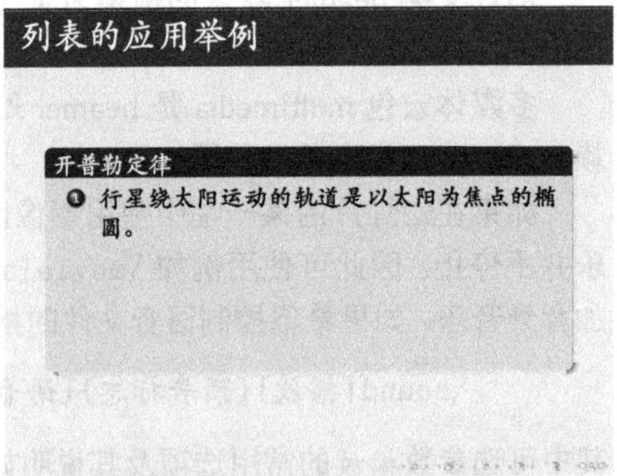

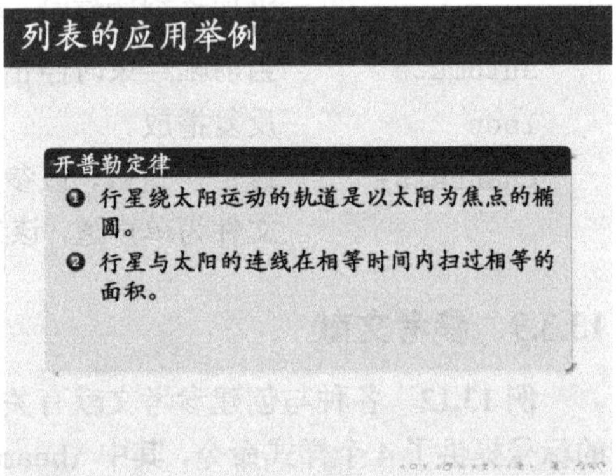

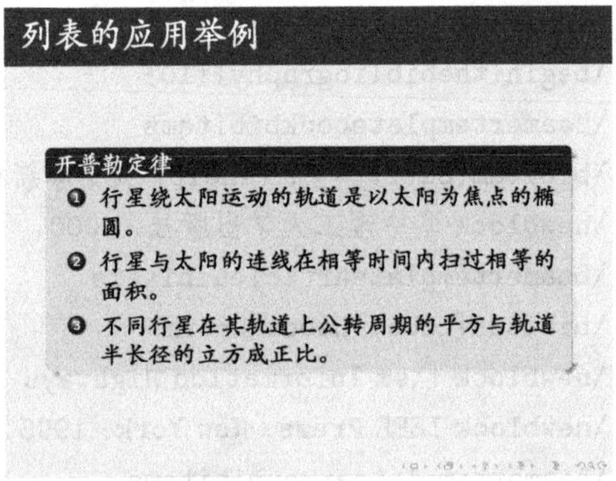

在上例源文件中，\pause 是暂停命令，其作用是：当前幻灯片就显示到此为止，已显示的内容和剩余内容转到下一幅幻灯片。暂停命令是一种叠层命令，每个暂停命令将增加一层，输出就多一幅。上例将生成 3 幅幻灯片，逐幅显示就会形成排序列表逐条显示的动画效果。

暂停命令的作用将一直持续到下一个暂停命令，或者出现 \onslide 命令，或者当前帧环境结束。

在例 13.13 中，如果在排序列表环境之前插入半透明命令：

\setbeamercovered{transparent}

右面上两图被“遮挡”的部分将呈现半透明的状态，若隐若现，它可提示陈述者下面要讲到的内容，也向听众预告将要“展开”的内容。

半透明命令默认的透明度为 15 %；可改用例如 transparent=25 来提高透明度。

13.4.2 叠层参数

幻灯文类提供有多种具有叠层参数的叠层命令和叠层环境，它还在一些 LaTeX 命令和环境以及某些宏包命令中添加了叠层参数，使之成为叠层命令或叠层环境。

叠层参数是用一对角括号表示的可选参数，格式为：<*叠层*>，其中*叠层*是指定的层次序号或序号范围。例如 <1> 表示第 1 幅；<1-> 表示第 1 幅及其后各幅；<3-5> 表示第 3 幅到第 5 幅；<-3> 表示第 3 幅及其前各幅；<-3,5-6,8-> 表示除第 4 幅和第 7 幅之外的所有幅；<0> 表示取消叠层命令的作用或取消显示后续各幅；<+> 表示层次序号自动加 1，若上一幅的层次序号是 2，则当前的叠层参数为 <3>；<+-> 表示层次序号顺序增加；<.> 表示当前层；<.-> 表示当前层及其后各层。

幻灯文类还在部分叠层命令和各种叠层环境的叠层参数中添加有动作参数，它也是可选参数，用 <叠层|动作> 表示，它是功能扩展的叠层参数，其格式为：<叠层1|动作@叠层2>，其中，叠层1和叠层2是指定的层次序号或序号范围，叠层2应在叠层1的范围之内，否则动作无法起作用。动作参数的选项及其说明如下。

`alert` 将叠层2中的文本颜色改为红色，以起到警示作用。

`invisible` 遮挡叠层2中的文本，但保留其所占空间。

`only` 显示叠层2中的文本，否则遮挡，且不保留其所占空间。

`uncover` 默认值，即显示叠层1中的文本；如果使用该选项，则显示叠层2中的文本。在遮挡时保留文本所占空间。

`visible` 显示叠层2中的文本，否则遮挡，但保留其所占空间。

叠层命令

已定义的各种叠层命令及其简要说明如下。

<table>
<tr><td>\action<叠层|动作>{文本}</td><td>相当于 \动作<叠层>{文本}。</td></tr>
<tr><td>\againframe<叠层>[位置]{标签}</td><td>复制标签帧的叠层内容，位置选项与帧环境同。</td></tr>
<tr><td>\alert<叠层>{文本}</td><td>将叠层中文本的颜色改为红色，以起到警示作用。</td></tr>
<tr><td>\alt<叠层>{默认文本}{替代文本}</td><td>在叠层中显示默认文本，否则显示替代文本。</td></tr>
<tr><td>\bibitem<叠层>[文献序号]{检索名}文献信息</td><td>显示叠层中的文献信息。</td></tr>
<tr><td>\color<叠层>{颜色}文本</td><td>将叠层中文本的颜色改为颜色。</td></tr>
<tr><td>\emph<叠层>{文本}</td><td>将叠层中文本的字体改为倾斜体。</td></tr>
<tr><td>\footnote<叠层>[序号]{脚注内容}</td><td>在叠层中显示脚注内容。</td></tr>
<tr><td>\hyperlink<叠层>{目标<层序号>}{文本}</td><td>从文本链接到目标，层序号为可选参数。</td></tr>
<tr><td>\hypertarget<叠层>{目标}{文本}</td><td>将文本所在帧的叠层作为链接目标。</td></tr>
<tr><td>\includegraphics<叠层>[参数]{插图}</td><td>在指定层的当前位置显示插图。</td></tr>
<tr><td>\invisible<叠层>{文本}</td><td>遮挡叠层中文本，但保留其所占空间。</td></tr>
<tr><td>\item<叠层|动作>[标志]条目</td><td>在叠层显示条目，否则遮挡，但仍保持其所占据空间。</td></tr>
<tr><td>\label<叠层>{书签名}</td><td>仅对叠层中文本有效的书签命令。</td></tr>
<tr><td>\only<叠层>{文本}</td><td>在叠层显示文本，否则消除，不保持文本所占据空间。</td></tr>
<tr><td>\onslide<叠层>{文本}</td><td>显示叠层的内容，其中文本也是可选参数。</td></tr>
<tr><td>\structure<叠层>{文本}</td><td>高亮显示叠层的文本。</td></tr>
<tr><td>\textbf<叠层>{文本}</td><td>在叠层将文本字体改为粗体。</td></tr>
<tr><td>\textit<叠层>{文本}</td><td>在叠层将文本字体改为斜体。</td></tr>
<tr><td>\textrm<叠层>{文本}</td><td>在叠层将文本字体改为罗马体。</td></tr>
<tr><td>\textsf<叠层>{文本}</td><td>在叠层将文本字体改为等线体。</td></tr>
<tr><td>\textsl<叠层>{文本}</td><td>在叠层将文本字体改为倾斜体。</td></tr>
<tr><td>\transduration<叠层>{秒数}</td><td>设置指定层的显示秒数。</td></tr>
<tr><td>\uncover<叠层>{文本}</td><td>在叠层显示文本，否则遮挡，但仍保持其所占据空间。</td></tr>
<tr><td>\visible<叠层>{文本}</td><td>类似 \uncover，只是在使用半透明命令时，后者遮挡的文本处于半透明状态，而前者则仍完全不可见。</td></tr>
</table>

叠层环境

已定义的各种叠层环境及其简要说明如下。

<table>
<tr><td>\begin{abstract}<叠层|动作></td><td>摘要环境。</td></tr>
<tr><td>\begin{actionenv}<叠层|动作></td><td>相当于 \begin{动作env}<叠层>。</td></tr>
<tr><td>\begin{alertblock}<叠层|动作>{标题}</td><td>强调模块环境。</td></tr>
<tr><td>\begin{alertenv}<叠层></td><td>警示环境，将叠层中文本变为红色。</td></tr>
<tr><td>\begin{block}<叠层|动作>{标题}</td><td>常规模块环境。</td></tr>
<tr><td>\begin{definition}<叠层|动作>[副标题]</td><td>定义模块环境。</td></tr>
<tr><td>\begin{description}[<叠层|动作>][最长词条]</td><td>解说列表环境，最长词条控制缩进宽度。</td></tr>
<tr><td>\begin{enumerate}[<叠层|动作>][标号样式]</td><td>排序列表环境。</td></tr>
<tr><td>\begin{example}<叠层|动作>[副标题]</td><td>示例模块环境。</td></tr>
<tr><td>\begin{exampleblock}<叠层|动作>{标题}</td><td>示例模块环境。</td></tr>
<tr><td>\begin{frame}<叠层>[<叠层|动作>][位置]{帧标题}{副标题}</td><td>帧环境，各参数均为可选。</td></tr>
<tr><td>\begin{invisibleenv}<叠层></td><td>遮挡叠层中文本，但保留其所占空间。</td></tr>
<tr><td>\begin{itemize}[<叠层|动作>]</td><td>常规列表环境。</td></tr>
<tr><td>\begin{onlyenv}<叠层></td><td>显示叠层的内容，否则消除。</td></tr>
<tr><td>\begin{quotation}<叠层|动作></td><td>引用环境。</td></tr>
<tr><td>\begin{quote}<叠层|动作></td><td>引用环境。</td></tr>
<tr><td>\begin{proof}<叠层|动作>[标题]</td><td>证明模块环境。</td></tr>
<tr><td>\begin{structureenv}<叠层></td><td>高亮显示环境。</td></tr>
<tr><td>\begin{theorem}<叠层|动作>[副标题]</td><td>定理模块环境。</td></tr>
<tr><td>\begin{verse}<叠层|动作></td><td>诗歌环境。</td></tr>
<tr><td>\begin{uncoverenv}<叠层></td><td>显示叠层的内容，否则遮挡。</td></tr>
<tr><td>\begin{visibleenv}<叠层></td><td>功能与 \visible 命令相同。</td></tr>
</table>

13.4.3 逐层显示

逐层显示就是按照自然顺序或是指定顺序逐一显示叠层中的每幅幻灯片。

列表

例 13.14 例 13.13 是个列表条目逐条显示的示例，但如果列表的条目较多，逐条使用暂停命令就很麻烦。可将所有暂停命令删除，改为使用叠层参数。

```
\begin{enumerate}
\item<1-> 行星绕太阳运动的...焦点的椭圆。
\item<2-> 行星与太阳的连线...相等的面积。
\item<3-> 不同行星在其轨道...立方成正比。
\end{enumerate}
```

例 13.15 若在例 13.14 中增减条目或改变条目次序或使用暂停命令，就要修改每个条目命令中叠层参数的层次序号，如果改用 <+-> 叠层参数就可避免会出现这种问题。

```
\begin{enumerate}
\item<+-> 行星绕太阳运动的...焦点的椭圆。
```

```
\item<+-> 行星与太阳的连线...相等的面积。
\item<+-> 不同行星在其轨道...立方成正比。
\end{enumerate}
```

例 13.16 若将例 13.15 中的 `<+->` 叠层参数改用于排序列表环境命令则更为简便。

```
\begin{enumerate}[<+->]
\item 行星绕太阳运动的...焦点的椭圆。
\item 行星与太阳的连线...相等的面积。
\item 不同行星在其轨道...立方成正比。
\end{enumerate}
```

例 13.17 在例 13.16 中，在显示第 1 条时强调“椭圆”，在显示另两条时恢复原状。

```
\begin{enumerate}[<+->]
\item 行星绕太阳运动的...焦点的\alert<.>{椭圆}。
\item 行星与太阳的连线...相等的面积。
\item 不同行星在其轨道...立方成正比。
\end{enumerate}
```

例 13.18 还可在例 13.16 中增加动作参数，使每个新出现的条目文本的颜色变为红色。

```
\begin{enumerate}[<+-|alert@+>]
......
\end{enumerate}
```

例 13.19 也可在例 13.16 中增加动作参数，使每幅只显示一个条目文本。

```
\begin{enumerate}[<+-|only@+>]
......
\end{enumerate}
```

例 13.20 也可将例 13.19 中列表环境的叠层参数移至其帧环境中，显示结果是相同的。

```
\begin{frame}[<+-|only@+>]
......
\end{frame}
```

复制

例 13.21 将例 13.16 中的第 2 幅复制到下一帧，即第 4 幅的内容与第 2 幅的相同。

```
\begin{frame}[label=planet]{开普勒定律}
\begin{enumerate}[<+->]
......
\end{enumerate}
\end{frame}
\againframe<2>[plain]{planet}
```

在上例的复制命令中使用 `plain` 选项，用以取消复制幅中的帧标题和导航条。

文本

例 13.22 将达·芬奇的名言分为 3 幅，当前幅文本为蓝色，第 4 幅是姓名，红色。

```
\begin{frame}{科学研究}
\textsf<1>{\color<1>{blue}人类的...，}
\textsf<2>{\color<2>{blue}假如不...，}
\textsf<3>{\color<3>{blue}便不能...。}\\
\color<4>{red}\hspace{12em} 达 · 芬奇
\end{frame}
```

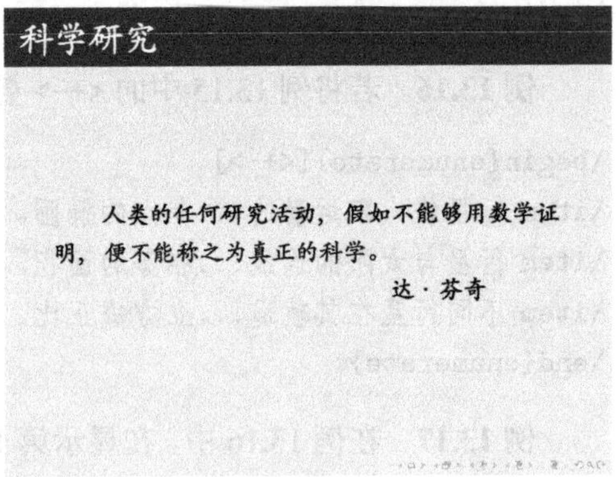

上例源文件中的 3 个等线体命令用于创建叠层文本；3 个颜色命令使当前层的文本改为蓝色。上例共 4 幅，右图是其中的第 3 幅。

抄录

可使用 verbatim 环境来抄录算法或语言程序，但不能逐行显示，变换字体颜色，很呆板。可采用幻灯文类提供的 semiverbatim 半抄录环境，因为其中的 \、{ 和 } 三个符号仍能保持其特殊用途，如果需要显示它们，可使用 \\、\{ 和 \}。

例 13.23 将 3 条 C 语言程序逐条显示，并将当前条的字体颜色改为红色。

```
\begin{frame}[fragile]{C 语言程序}
\begin{semiverbatim}
\uncover<1->{\alert<1>{if(x>=0)}}
\uncover<2->{\alert<2>{    if(x>0) y=1;}}
\uncover<3->{\alert<3>{else y=-1}}
\end{semiverbatim}
\end{frame}
```

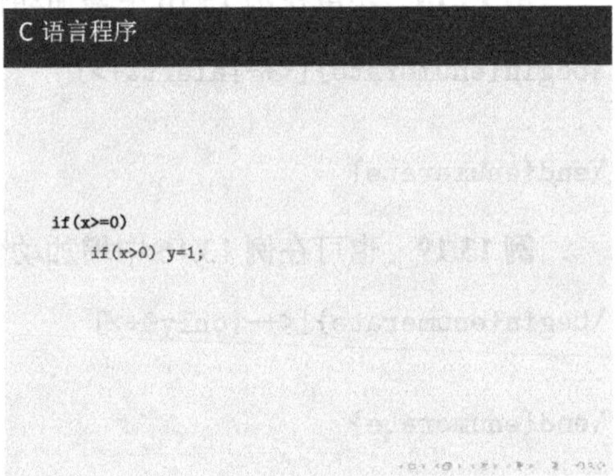

当需要使用抄录环境时，必须启用帧环境的 fragile 选项。上例共生成 3 幅幻灯片，右侧显示的只是其中的第 2 幅。

表格

例 13.24 使用叠层命令将例 13.8 中的表格改变为逐行显示。

```
\begin{tabular}{llll}
~        & 2G       & 2.5G     & 3G          \\
信号类型 & 模拟     & 数字     & 数字        \onslide<2->\\
交换方式 & 电路交换 & 分组交换 & 分组交换    \onslide<3->\\
提供服务 & 短信     & 网络     & 多媒体      \onslide<4->\\
传输速率 & 14\:Kb   & 144\:Kb  & 2\:000\:Kb
\end{tabular}
```

例 13.25 使用叠层命将例 13.8 中的表格改变为逐列显示。

```
\begin{tabular}{l<{\onslide<2->}l<{\onslide<3->}l<{\onslide<4->}l<{\onslide}}
......
\end{tabular}
```

数学式

例 13.26 采用叠层命令将多行公式改为逐行显示。

```
\begin{align}
A &= B \\ \uncover<2->{&= C \\} \uncover<3->{&= D \\} \notag
\end{align}
```

插图

例 13.27 采用叠层控制，在一帧幻灯片中逐一变换 3 幅插图。

```
\includegraphics<1>[width=\textwidth]{image1.pdf}
\includegraphics<2>[width=0.7\textwidth]{image2.pdf}
\includegraphics<3>[width=\textwidth]{image3.pdf}
```

例 13.28 如果一帧中有 3 幅插图，可进行逐幅显示，最后形成一组插图。

```
\includegraphics<1->[width=.3\textwidth]{image1.pdf}
\includegraphics<2->[width=.3\textwidth]{image2.pdf}
\includegraphics<3->[width=.3\textwidth]{image3.pdf}
```

例 13.29 如果是由 3 幅图形叠加而成的插图，可使用 `\llap` 命令进行逐幅显示，最后形成一幅叠加图。

```
\includegraphics<1->{first.pdf}
\llap{\includegraphics<2->{second.pdf}}
\llap{\includegraphics<3->{third.pdf}}
```

在上例中，`\llap{对象}` 是个 LaTeX 命令，它将对象装入零宽度盒子并置于插入点的左侧，类似零宽度盒子命令 `\makebox[0pt][r]{对象}` 的作用，这样对象就会与左侧原有内容重叠。命令 `\rlap{对象}` 则是向右侧放置，类似零宽度盒子命令 `\makebox[0pt][l]{对象}` 的作用。在很多情况中上述两种命令可与功能相似的零宽度盒子命令互换。

插图局部放大

有时插图的某些部分比较复杂，听众不易看清楚，用一两句话也解释不清楚，最好能将插图做局部放大，遇到这种情况可使用帧放大命令：

```
\framezoom<初始层><放大层>[边框](左上角坐标)(宽度,深度)
```

它实际上也是一种叠层命令，其中各种参数及其说明如下。

初始层	指定需要局部放大的图层序数，通常是 1，叠层的最上层，即当前幅。
放大层	指定局部放大后的图层序数，通常是叠层的第 2 层，第 3 层，……。
边框	只有 `border` 一个参数，就是在需要放大的区域四周设置边框，用以指示需要放大的区域范围。边框线的默认宽度是一个像素，可用 `border=2` 改为两个像素；边框的默认颜色是 50 % gray，也可使用设置命令将边框改为其他颜色，例如绿色：`\hypersetup{linkbordercolor={0 1 0}}`。
左上角坐标	指定需要放大的区域的左上角坐标，该坐标系是以整个文本区域的左上角为原点。
宽度,深度	分别指定需要放大的区域的宽度和深度。

例 13.30　将高德纳先生上身照片中的头部做局部放大。

```
\begin{frame}{插图-放大}
\framezoom<1><2>[border](10mm,5mm)(%
45mm,31mm)
\includegraphics[height=\textheight]{%
Knuth.jpg}
\end{frame}
```

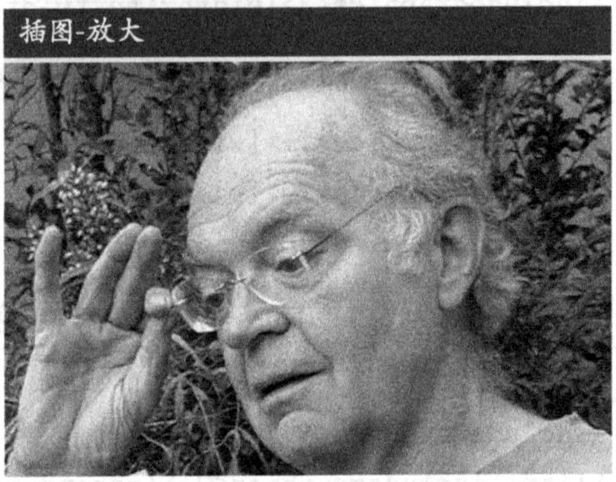

在上例中，帧放大命令设置的叠层为两层，将当前幅即第 1 层指定为初始层，放大层的位置指定在第 2 层，如果将两层位置对调，放大命令就成为缩小命令了。

原图是 TeX 创始人高德纳先生在看自由软件杂志。为了能够看清大师的模样，使用帧放大命令在其头部设置了一个放大区域，其范围如灰色线框所示，单击这个区域或按 Down 键，就可以切换到下一幅。

如果感觉这个灰色线框有损画面的美观，可将帧放大命令中的边框参数取消。

13.4.4　跳转显示

如果有些内容需要反复讲解，或根据现场听众提问，临时改变陈述顺序，例如转到事先准备的附录内容，然后再转回跳转点，这就要用到跳转显示。

本帧跳转

例 13.31　在一个列表之后设一跳转按钮，点击后可重新回到第 1 幅。

```
\begin{frame}{物理 1}
\begin{itemize}
\item<1-> 高能宇宙射线。
\item<2-> 场离子显微镜。
\item<3-> 穿越辐射探测。
\end{itemize}
\hyperlink{}{\beamergotobutton{返回}}
\end{frame}
```

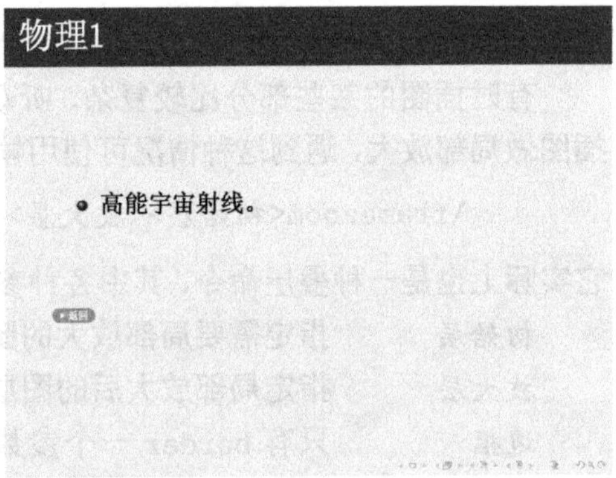

在上例源文件中 \beamergotobutton 是按钮命令。右图是点击按钮后返回到第 1 幅。

跨帧跳转

例 13.32　从例 13.31 可知，超链接命令默认目标是所在帧的第 1 幅。如果要跳转到下一帧的第 3 幅，就要在超链接命令和目标帧环境中分别给出对应的目标名。

```
\begin{frame}{物理 1} ......
\hyperlink{physics2<3>}{\beamergotobutton{跳至物理 2 的第 3 条}}
```

```
\end{frame}
\begin{frame}[label=physics2]{物理 2} ......
\end{frame}
```

例 13.33 也可在例 13.32 的源文件中改用超目标命令，其显示效果相同。

```
\begin{frame}{物理 1} ......
\hyperlink{physics2}{\beamergotobutton{跳至物理 2 的第 3 条}}
\end{frame}
\begin{frame}{物理 2}
\hypertarget<3>{physics2}{} ......
\end{frame}
```

13.5 设置命令

尽管幻灯文类 beamer 提供了大量的主题样式可供选择，但有时对幻灯片的局部细节还是希望能够单独自行设置，为此 beamer 对各种 beamer 元素的样式、颜色和字体提供了相应的设置命令和元素插入命令。

幻灯文类 beamer 还提供有尺寸设置命令 \setbeamersize，主要用于设置文本边空和侧边导航条的宽度；该命令必须在导言中使用。

13.5.1 beamer 元素

(1) 以下是常用的，可用于样式、颜色和字体设置命令的已定义 beamer 元素。

background	次背景。
background canvas	主背景。
caption	插图或表格的标题。
enumerate item	排序列表第一层的条目标志。
footline	底边导航条。
frametitle	帧标题。
headline	顶边导航条。
itemize item	常规列表第一层的条目标志。
logo	为每幅幻灯片设置徽标。
navigation symbols	符号条。
qed symbol	定理类模块环境 proof 中的证毕符号。
section in head/foot	顶边或底边导航条中的节标题。
section in sidebar	侧边导航条中的节标题。
sidebar left	左侧边导航条。
sidebar right	右侧边导航条。
subsection in head/foot	顶边或底边导航条中的小节标题。
title page	用命令 \titlepage 生成的题名页。

(2) 以下是常用的，可用于颜色和字体设置命令的已定义 beamer 元素。

alerted text	用 \alert 命令生成的强调文本。
block title	定理类模块和常规模块 block 的标题区。

block body	定理类模块和常规模块 block 的文本区。
block title alerted	强调模块 alertblock 的标题区。
block body alerted	强调模块 alertblock 的文本区。
block title example	示例模块 example 和 exampleblock 的标题区。
block body example	示例模块 example 和 exampleblock 的文本区。
caption name	插图或表格的标题名。
framesubtitle	帧副题。
item	常规列表的标志和排序列表的标号。
page number in head/foot	底边或顶边导航条中的帧码或页码。
title	论文题名。

(3) 以下是常用的，可用于样式设置命令的已定义 beamer 元素。

blocks	三种文本模块。
enumerate items	排序列表各层的条目标志。
itemize items	常规列表各层的条目标志。
items	常规列表的标志和排序列表的标志。
sidebar canvas left	左侧边导航条背景。
sidebar canvas right	右侧边导航条背景。
theorems	定理类模块。

(4) 以下是常用的，可用于颜色设置命令的已定义 beamer 元素。

normal text	列表文本、模块文本等常规文本。

如需详尽的 beamer 元素以及元素插入命令列表，可查阅：

http://www.cpt.univ-mrs.fr/~masson/latex/Beamer-appearance-cheat-sheet.pdf

13.5.2 样式设置命令

样式设置命令主要有以下两种形式，可根据情况选用：

```
\setbeamertemplate{beamer元素}{定义}
\setbeamertemplate{beamer元素}[样式]
```

其中定义方法或样式选项与所设定的 beamer元素 有关，具体可查阅幻灯文类的说明文件。

13.5.3 颜色设置命令

```
\setbeamercolor{beamer元素}{fg=颜色,bg=颜色}
```

其中，fg 和 bg 分别表示前景即字体和背景；颜色可以是颜色宏包 xcolor 预定义的各种颜色名或是颜色表达式，例如：red!50!green!20!blue。

使用颜色设置命令可修改在 beamer 中已定义 beamer元素 的前景和背景颜色，也可用它来自行定义新 beamer元素 的前景和背景颜色，以便被某些设置命令引用，参见例 13.6。

13.5.4 字体设置命令

```
\setbeamerfont{beamer元素}{定义}
```

其中，参数定义具有多个子参数，以下是这些子参数及其选项说明。

size=　　字体的尺寸，可以是 \small、\large 等所有 LaTeX 字体尺寸命令。

series=	字体的序列：\bfseries，默认为 \mdseries。
shape=	字体的形状，可以是 \itshape 和 \scshape，默认为 \upshape。
family=	字体的字族，可以是 \rmfamily 和 \ttfamily，默认为 \sffamily。如果调用了 ctex 宏包，还可使用其提供的 \heiti 等 6 种中文字体命令。

对于 size 子参数，幻灯文类 beamer 还定义 \Tiny 和 \TINY 两条字体尺寸选项命令，可用于设置非常小的文本字体；size 子参数也可以空置，表示不改变原定字体尺寸。

13.5.5 尺寸设置命令

\setbeamersize{*宽度*}

其中*宽度*参数的常用选项及其说明如下。

sidebar width left=*宽度*	设置左侧导航条的宽度。
sidebar width right=*宽度*	设置右侧导航条的宽度。
text margin left=*宽度*	设置文本的左侧边空宽度，默认值是 1cm。
text margin right=*宽度*	设置文本的右侧边空宽度，默认值是 1cm。

13.5.6 元素插入命令

在编排幻灯片时可能要修改原有主题设置或在帧环境中加入一些幻灯元素，如日期、帧码和徽标等。幻灯文类提供有丰富的插入命令，可用于各种元素的改换或添加。以下是最常用插入命令及其简要说明。

\insertframenumber	插入当前的帧码。
\insertframesubtitle	插入帧副标题，若未使用帧副标题，该插入命令无效。
\insertframetitle	插入帧标题，若未使用帧标题，该插入命令无效。
\insertlogo	在当前位置插入*徽标*，如果之前已使用了 \logo{*徽标*} 命令，否则该插入命令无效。
\insertpagenumber	插入当前的页码。
\insertshortauthor	如果之前已使用了 \author[*作者简称*]{*作者全称*} 命令，插入*作者简称*；若未使用其*作者简称*可选参数，插入*作者全称*；如果没有使用 \author 命令，则该插入命令无效。
\insertshortdate	如果已使用了 \date[*会议简称 年份*]{*会议全称，年份*} 命令，插入*会议简称 年份*；若未使用该命令的*会议简称 年份*可选参数，插入*会议全称，年份*；如果没使用 \date 命令，插入当前日期。
\insertshorttitle	如果之前已经使用了 \title[*题名简称*]{*题名全称*} 命令，插入*题名简称*；若未使用其*题名简称*可选参数，插入*题名全称*；如果没有使用 \title 命令，则该插入命令无效。
\inserttitle	如果之前已经使用了 \title[*题名简称*]{*题名全称*} 命令，插入*题名全称*；如果没使用 \title 命令，则该插入命令无效。
\inserttotalframenumber	插入总帧码。

上述插入命令中有的还带有可选参数，但因很少使用故未列出。这些插入命令既可用在样式设置命令中也可单独用在帧环境中。

13.5.7 举例说明

所有的 beamer 元素都可以使用上述三种设置命令来重新定义。下面对经常需要修改的 beamer 元素举例说明。

题名

(1) 设置论文题名的字体颜色和背景颜色分别为蓝色和黄色：

```
\setbeamercolor{title}{fg=blue,bg=yellow}
```

(2) 使用颜色表达式为论文题名分别设置字体颜色和背景颜色：

```
\setbeamercolor{title}{fg=red!80!black,bg=red!20!white}
```

(3) 设置论文题名的字体为小型大写形状：

```
\setbeamerfont{title}{shape=\scshape}
```

帧标题

(1) 将帧标题由默认的左对齐改为中心对齐，其位置降低两毫米：

```
\setbeamertemplate{frametitle}{\vspace{2mm}\centerline\insertframetitle\par}
```

(2) 设置帧标题和帧副题的字体颜色及其背景颜色分别为黑色和橙色：

```
\setbeamercolor{frametitle}{fg=black,bg=orange}
```

(3) 设置帧标题的字体为罗马体字族，粗宽序列，尺寸是 \LARGE：

```
\setbeamerfont{frametitle}{family=\rmfamily,series=\bfseries,size=\LARGE}
```

图表标题

(1) 给插图或表格的标题添加序号：

```
\setbeamertemplate{caption}[numbered]
```

(2) 将插图或表格标题的字体改为仿宋体：

```
\setbeamerfont{caption}{shape=\fangsong}
```

(3) 将插图或表格标题的标题名，即“图”或“表”的字体改为黑体：

```
\setbeamerfont{caption name}{shape=\heiti}
```

符号条

(1) 设置符号条的样式：

```
\setbeamertemplate{navigation symbols}[样式]
```

其中，样式参数具有以下两个选项。

vertical	将符号条垂直放置。
only frame symbol	只留一个换帧符号按钮。

(2) 取消符号条：

```
\setbeamertemplate{navigation symbols}{}
```

或者直接使用取消符号条命令：

```
\beamertemplatenavigationsymbolsempty
```

因为使用键盘中的 Up 和 Down 键就可以前后换帧，所以可不使用符号条。

文本

(1) 设置常规文本如列表或模块的文本字体颜色和主背景颜色分别为蓝色和红紫色：

```
\setbeamercolor{normal text}{fg=blue,bg=magenta}
```

(2) 设置用 `\alert` 命令生成的强调文本的字体颜色为紫色：

```
\setbeamercolor{alerted text}{fg=purple}
```

(3) 设置文本的左边空和右边空的宽度分别为 10 mm 和 12 mm：

```
\setbeamersize{text margin left=10mm}
\setbeamersize{text margin right=12mm}
```

如果带有侧边导航条，则左边空或右边空宽度就是文本与导航条之间的距离。这两条命令只能用在导言中。

列表

(1) 将常规列表的标志样式改为右指箭头、球形、圆形、方形或三角形：

```
\setbeamertemplate{itemize item}{$\Rightarrow$}
\setbeamertemplate{itemize item}[ball]
\setbeamertemplate{itemize item}[circle]
\setbeamertemplate{itemize item}[square]
\setbeamertemplate{itemize item}[triangle]
```

(2) 将排序列表的标号样式改为球形、圆形或方形：

```
\setbeamertemplate{enumerate item}[ball]
\setbeamertemplate{enumerate item}[circle]
\setbeamertemplate{enumerate item}[square]
```

(3) 将常规列表和排序列表各层的条目标志都改为球形。

```
\setbeamertemplate{items}[ball]
```

(4) 将常规列表第一层的条目标志圆点尺寸减小，位置提高 1 mm。

```
\setbeamertemplate{itemize item}{\raisebox{1mm}{\tiny\textbullet}}
```

(5) 将各层列表的条目标志颜色改为红色白底。

```
\setbeamercolor{item}{fg=red,bg=white}
```

(6) 将常规列表第二层的条目标志改为 – 符号。

```
\setbeamertemplate{itemize subitem}{--}
```

定理类模块

(1) 给定理类模块的标题添加序号：

```
\setbeamertemplate{theorems}[numbered]
```

(2) 将证明模块环境 `proof` 自动生成的证毕符号由 □ 改为 ■：

```
\setbeamertemplate{qed symbol}{$\blacksquare$}
```

(3) 如果要改变定理类模块的标题区颜色，例如将前景和背景分别改为蓝色和橙色，可使用颜色设置命令：

```
\setbeamercolor{block title}{fg=blue,bg=orange}
```

(4) 设置定理类模块的文本区字体颜色和背景颜色：

```
\setbeamercolor{block body}{fg=颜色,bg=颜色}
```

当改变模块标题区的颜色后，文本区的颜色也会随之自动改变，以使两者同处于一个色系之中。而改变模块文本区的颜色后，标题区的颜色不会随之变化。

(5) 如果要改变示例模块的标题区颜色，例如，将前景与背景分别改为白色和黑色，可使用颜色设置命令：

```
\setbeamercolor{block title example}{fg=white,bg=black}
```

数学式

(1) 将所有数学公式的颜色设置为蓝色：

```
\setbeamercolor{math text}{fg=blue}
```

(2) 将所有行内公式的颜色设置为暗红色：

```
\setbeamercolor{math text inlined}{fg=red!50!black}
```

(3) 将所有行间公式的颜色设置为深绿色：

```
\setbeamercolor{math text displayed}{fg=green!40!black}
```

(4) 将公式中的文本颜色设置为黄色：

```
\setbeamercolor{normal text in math text}{fg=yellow}
```

背景

(1) 设置垂直渐变主背景颜色：

```
\setbeamertemplate{background canvas}[vertical shading][bottom=颜色,top=颜色]
```

其中的颜色选项还有 middle=颜色，midpoint=颜色。

(2) 将次背景设置为栅格：

```
\setbeamertemplate{background}[grid][step=栅格间距,color=颜色]
```

其中栅格间距的默认值是 5mm，其默认颜色是前景色的 10 %。

(3) 设置主背景的颜色：

```
\setbeamercolor{background canvas}{bg=颜色}
```

底边导航条

(1) 将底边导航条中的帧码计数改为页码计数：

```
\setbeamertemplate{footline}[page number]
```

在 beamer 幻灯文类中，所有演示主题或外部主题都是以帧码计数的，而放映幻灯片的 Acrobat、Reader 等 PDF 阅读器都是以页码计数的，如果要使两者的计数方式一致，就可采用这条样式设置命令。

(2) 将底边导航条设置为会议名称居中，其左侧是帧码：

```
\setbeamertemplate{footline}[text line]{%
    \llap{\insertframenumber\hspace{-5mm}}\centerline{\strut 2012 ABC 会议}}
```

说明：1. 如果希望幻灯片首幅即题名幅不显示帧码，可将该底边设置命令放到第二个帧环境之前，而将该底边设置命令中的插入帧码命令删除后放到第一个帧环境之前。2. 设置命令中的支柱命令 \strut 可生成一个宽度为零，总高度等于行距的不可见支柱。

侧边导航条

(1) 分别设置左侧和右侧导航条的渐变背景色：

```
\setbeamertemplate{sidebar canvas left}[渐变方向][样式]
\setbeamertemplate{sidebar canvas right}[渐变方向][样式]
```

其中，渐变方向有以下两种选择。

vertical shading	垂直渐变，则样式参数的常用选项如下。	
	top=颜色	设置导航条顶部的颜色。
	bottom=颜色	设置导航条底部的颜色。
horizontal shading	水平渐变，则样式参数的常用选项如下。	
	left=颜色	设置导航条左侧的颜色。
	right=颜色	设置导航条右侧的颜色。

例如设置左侧导航条的背景色从浅蓝色向蓝色水平渐变：

```
\setbeamertemplate{sidebar canvas left}[horizontal shading][%
                    left=cyan,right=blue]
```

(2) 分别设置左侧和右侧导航条的宽度：

```
\setbeamersize{sidebar width left=宽度}
\setbeamersize{sidebar width right=宽度}
```

13.6 数字时钟

论文陈述通常都有规定的时间长度，为了充分利用和控制这段时间，可在幻灯片的帧码附近设置一个数字时钟，这样便于看到当前时间和当前帧码，及时调整陈述进度。

例 13.34 在幻灯片的底边导航条右侧添加数字时钟，以不断提示注意控制时间。

```
\documentclass{beamer}
\usepackage[timeinterval=1]{tdclock} \beamersetaveragebackground{black!10}
\usetheme{Boadilla}
\begin{document}
\title{Digital Clock} \author{Luis \& Juan}
\date[\initclock\tdtime]{\today}
\maketitle
\begin{frame}
......
\end{frame}
\end{document}
```

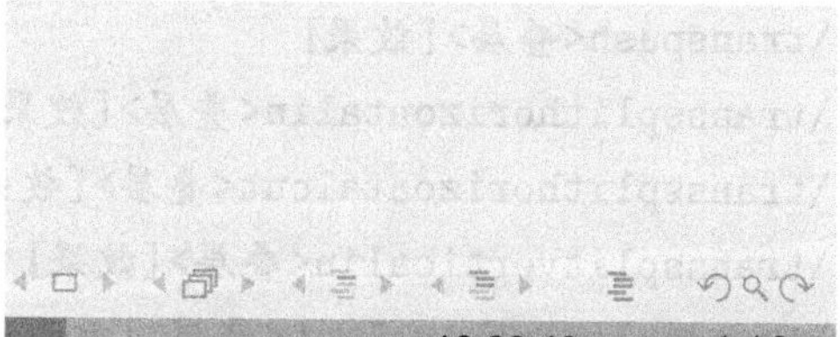

在上例右侧图中显示的是幻灯片右下角区域，其中数字时钟所显示的时间与放映幻灯片的计算机时钟同步。在上例源文件中调用了由 Luis Randez 编写的 tdclock 数字时钟宏包，并

使用该宏包提供的 \initclock 等时钟命令。如果在 CTeX 中没有这个数字时钟宏包，可以从 CTAN 下载。该宏包具有多个选项，其中最常用的选项及其说明如下。

timeinterval=*秒数* 设置数字时钟每隔多少秒更新一次，*秒数*可以是任意正整数，其默认值是 29。

font=*字体* 设置数字时钟的字体，它的选项有 Cour、CourBI、CourI、Helv、HelvBI、HelvI、Times、TimesBI 和 TimesI，可变换 9 种字体。

timeduration=*持续时间* 设置预计陈述的持续时间，它可以是任意正整数或小数，默认单位为分钟。当到达 90 %(默认值，可重新设定)的*持续时间*时，数字时钟变为橙色；当到达*持续时间*时，数字时钟变为红色。

timewarningfirst=*百分数* 设置到达持续时间的*百分数*，可设值为 1～100 以内的任意整数，其默认值为 90。

colorwarningfirst=*颜色* 到达*百分数*的*持续时间*后数字时钟的*颜色*，默认值为橙色。

colorwarningsecond=*颜色* 设置到达*持续时间*后数字时钟的*颜色*，其默认值为红色，以提示陈述者已经超时。

fillcolorwarningsecond=*背景颜色* 设置当到达*持续时间*后数字时钟的*背景颜色*，其默认值为透明，即不改变原背景颜色。

13.7 渐变命令

通常前后两幅幻灯片是直接瞬间切换，中间没有过渡过程。幻灯文类提供有下列多种渐变命令，可在两幅切换时加入多种样式的逐渐变换过程，产生奇幻的动画效果。

\transblindshorizontal<*叠层*>[*效果*]	水平百叶窗。
\transblindsvertical<*叠层*>[*效果*]	垂直百叶窗。
\transboxin<*叠层*>[*效果*]	四边向中心收缩。
\transboxout<*叠层*>[*效果*]	中心向四边扩散。
\transcover<*叠层*>[*效果*]	本幅从左向右擦除，同时下一幅跟随进入。
\transdissolve<*叠层*>[*效果*]	棋盘融化。
\transduration<*叠层*>{*秒数*}	显示*秒数*秒后自动换幅。
\transfade<*叠层*>[*效果*]	本幅淡出，同时下一幅淡入。
\transglitter<*叠层*>[*效果*]	融化加横向擦除。
\transpush<*叠层*>[*效果*]	本幅从左向右推出，同时下一幅跟随进入。
\transsplithorizontalin<*叠层*>[*效果*]	上下向中间闭合。
\transsplithorizontalout<*叠层*>[*效果*]	中间向上下张开。
\transsplitverticalin<*叠层*>[*效果*]	左右向中间闭合。
\transsplitverticalout<*叠层*>[*效果*]	中间向左右擦除。
\transuncover<*叠层*>[*效果*]	从左向右推出。
\transwipe<*叠层*>[*效果*]	由下至上擦除。

在所有渐变命令中，除了 \transduration 命令外，都有一个*效果*可选参数，它有两个子参数，其选项和说明如下。

`duration=秒数` 指定渐变过程的时间，默认单位是 s，默认值为 1。

`direction=角度` 指定渐变的方向，默认单位是°，可选值有 0、90、180、270 和 315。

例如 `\transpush<2>[duration=2]`，当向第 2 幅切换时，前一幅被推出，第 2 幅被推入，其过程历时两秒钟。注意，渐变功能必须在全屏显示条件下才会起作用。

13.8 注意事项

在编排论文陈述幻灯片时应注意以下几点。

(1) 两次编译。幻灯片的源文件必须使用 PDFLaTeX 或其他编译程序连续编译两次，才能保证目录和帧码的正确。

(2) 简明扼要。一段文字，最好不要超过两行，一是听众不易阅读，难以理解；二是幻灯文类 beamer 没有文本两端对齐和自动断词的功能，多行文本会造成右端参差不齐。陈述幻灯的内容不要超过四节，其中切勿使用脚注。图表要简单明确，让人能在短时间内迅速了解主要数据信息。

(3) 慎用动画。在演示工作流程或计算方法等分步过程时，可考虑使用动画，因其生动直观，有助于听众的理解。建议不要使用任何与陈述内容无关的动画，以免转移听众的注意力，影响陈述的效果。

(4) 慎用数学式。很多人认为用 PPT 做幻灯片其陈述效果要好些，究其原因是它的数学式编辑能力较差，所以在 PPT 中很少用到数学式，反而使得论文陈述简明易懂；用 LaTeX 做幻灯片，反映陈述效果不佳的主要原因就是过度地使用其优异的数学式排版功能，使听众看得眼花缭乱，莫名其妙。

(5) 陈述排练。幻灯片制作完成后，最好能事先在宽大的场所做几次模拟陈述，这样可检验陈述用时，以便控制陈述节奏，同时根据现场大屏幕的视觉效果，调整幻灯片的色彩明暗和字体尺寸。

参考文献

[1] Donald E. Knuth. The TEX book. Addison-Wesley, 1993.

[2] Leslie Lamport. LATEX: A Document Preparation System: User's Guide and Reference Manual. Addison-Wesley, 1994.

[3] Helmut Kopka, Patrick W. Daly. A Guide to LATEX: Document Preparation for Beginners and Advanced Users. Addison-Wesley, 1995.

[4] Frank Mittelbach, et al. Standard Document Classes for LATEX version 2e. CTAN, 1997.

[5] AMS. User's Guide for the amsmath Package. CTAN, 2002.

[6] Michael Doob. A Gentle Introduction to TEX: A Manual for Self-study. CTAN, 2002.

[7] Apostolos Syropoulos, et al. Digital Typography Using LATEX. Springer, 2003.

[8] Frank Mittelbach, Michel Goossens, et al. The LATEX Companion. Addison-Wesley, 2004.

[9] Victor Eijkhout. TEX By Topic, A TEXnician's Reference. CTAN, 2004.

[10] Helmut Kopka, Patrick W. Daly. A Guide to LATEX: and Electronic Publishing. 4th ed. Addison-Wesley, 2004.

[11] Johannes Braams, David Carlisle, et al. The LATEX 2_ε Sources. CTAN, 2005.

[12] Peter Flynn. A beginner's introduction to typesetting with LATEX. CTAN, 2005.

[13] Michael Wiedmann. References for TEX and Friends. CTAN, 2005.

[14] LATEX3 Project Team. LATEX 2_ε for authors. CTAN, 2005.

[15] Herbert Voß. Math Mode. CTAN, 2006.

[16] Tobias Oetiker, et al. The Not So Short Introduction to LATEX 2_ε. CTAN, 2006.

[17] Keith Reckdahl. Using Imported Graphics in LATEX and pdfLATEX. CTAN, 2006.

[18] George Grätzer. More Math Into LATEX. Springer, 2007.

[19] Leslie Lamport, et al. Standard Document Classes for LATEX version 2e. CTAN, 2007.

[20] Michel Goossens, et al. The LATEX Graphics Companion. 2nd ed. Addison-Wesley, 2007.

[21] Christian Schenk. MiKTEX 2.9 Manual. http://www.miktex.org/, 2010.

[22] Karl Berry, et al. LATEX: Structured documents for TEX. CTAN, 2011.

[23] Stefan Kottwitz. LATEX Beginner's Guide. Packt Publishing, 2011.

[24] Wikibooks. LaTeX. http://en.wikibooks.org/wiki/LaTeX/, 2012.

[25] M.R.C. van Dongen. LATEX and Friends. Springer, 2012.

[26] CTEX 网站及其论坛. http://www.ctex.org/, http://bbs.ctex.org/forum.php.

[27] ChinaTEX 网站及其论坛. http://www.chinatex.org/, http://bbs.chinatex.org/forum.php.

[28] LaTeX 编辑部网站. http://zzg34b.w3.c361.com/.

[29] 博格斯(美). 小波与傅立叶分析基础(英文版). 北京: 电子工业出版社, 2002.

[30] 李平. LATEX 2_ε 及常用宏包指南. 北京: 清华大学出版社, 2004.

[31] 吴凌云. CTEX FAQ(常见问题集). CTEX, 2005.

[32] 吴聪敏, 吴聪慧. cwTEX排版系统. http://www.math.sinica.edu.tw/tex/cxbook3.pdf, 2005.

[33] 陈志杰, 赵书钦, 万福永. LATEX 入门与提高(第二版). 北京: 高等教育出版社, 2006.

[34] www.ctex.org. ctex 宏包说明. CTEX, 2011.

命令索引

宏包索引

环境索引

後記

壬辰年九月

胡偉

本書在編寫時既想面面俱到又希望簡短精煉、不致連篇累牘使人望而却步。書中介紹的宏包都是在論文寫作時最常用的。但隨着老宏包的不斷改進、新宏包的不斷涌現、這些最常用的宏包已不見得是使用最方便、功能最强大的、其中一些宏包、盡管我們還在使用、已逐漸并不斷地被其他宏包所超越所替代、由于篇幅所限、這些後起之秀祇能另外著文介紹。書中對各種宏包的介紹都是選其主要功能、而有些宏包的輔助功能甚至連宏包本身的説明文件都未必説得很清楚。例如某個宏包命令祇是一筆帶過、甚至都没提到、祇有當打開該宏包文件時才發現還有這麽一條很有用的命令。所以説爲了能够更準確地使用宏包、更充分地發揮宏包的效用、讀者還需要詳細閱讀宏包説明以及宏包文件。很多人抱怨命令太多很難記憶、急用時又找不到或找不全。爲此本書盡量將系統命令、環境命令、符號命令和宏包命令分門别類集中列表説明、比如長度命令、表格命令等。所以祇要通讀一遍本書、了解大致内容就可以了、在論文寫作時、需要哪方面的命令就去查閱相關的列表和説明、就如同查字典。如果是初學者、祇要看完前五章就可以實用了、其他各章可根據需要隨時查閱、它們之間没有必然聯系。書到用時方恨少、有些讀者可能會覺得意猶未盡、例如圖形繪制、宏包編寫等書中都未深入涉及、這方面的内容打算今後有機會另寫專文介紹。本書祇能陪您到此、以後就看您的了。

本篇後記是按照中華書局一九六二年出版的《古文觀止》一書的版式編寫、採用 XeLaTeX 編譯、其源文件收録于隨書附帶的資料光盤。